U0906929

中 国 国 家 标 准 汇 编

2010 年修订-29

中国标准出版社　编

中国质检出版社
中国标准出版社

北　京

图书在版编目（CIP）数据

中国国家标准汇编：2010年修订．29/中国标准出版社编．—北京：中国标准出版社，2012

ISBN 978-7-5066-6538-4

Ⅰ．①中…　Ⅱ．①中…　Ⅲ．①国家标准-汇编-中国-2010　Ⅳ．①T-652.1

中国版本图书馆CIP数据核字(2011)第187743号

中国质检出版社
中国标准出版社 出版发行

北京市朝阳区和平里西街甲2号(100013)
北京市西城区三里河北街16号(100045)

网址:www.spc.net.cn
总编室:(010)64275323　发行中心:(010)51780235
读者服务部:(010)68523946

中国标准出版社秦皇岛印刷厂印刷
各地新华书店经销

*

开本 880×1230　1/16　印张 33.25　字数 897 千字
2012年1月第一版　2012年1月第一次印刷

*

定价 220.00 元

出 版 说 明

1.《中国国家标准汇编》是一部大型综合性国家标准全集。自1983年起，按国家标准顺序号以精装本、平装本两种装帧形式陆续分册汇编出版。它在一定程度上反映了我国建国以来标准化事业发展的基本情况和主要成就，是各级标准化管理机构，工矿企事业单位，农林牧副渔系统，科研、设计、教学等部门必不可少的工具书。

2.《中国国家标准汇编》收入我国每年正式发布的全部国家标准，分为"制定"卷和"修订"卷两种编辑版本。

"制定"卷收入上一年度我国发布的、新制定的国家标准，顺延前年度标准编号分成若干分册，封面和书脊上注明"20××年制定"字样及分册号，分册号一直连续。各分册中的标准是按照标准编号顺序连续排列的，如有标准顺序号缺号的，除特殊情况注明外，暂为空号。

"修订"卷收入上一年度我国发布的、修订的国家标准，视篇幅分设若干分册，但与"制定"卷分册号无关联，仅在封面和书脊上注明"20××年修订-1，-2，-3，……"字样。"修订"卷各分册中的标准，仍按标准编号顺序排列(但不连续)；如有遗漏的，均在当年最后一分册中补齐。需提请读者注意的是，个别非顺延前年度标准编号的新制定的国家标准没有收入在"制定"卷中，而是收入在"修订"卷中。

读者配套购买《中国国家标准汇编》"制定"卷和"修订"卷则可收齐上一年度我国制定和修订的全部国家标准。

3.由于读者需求的变化，自1996年起，《中国国家标准汇编》仅出版精装本。

4.2010年我国制修订国家标准共2846项。本分册为"2010年修订-29"，收入新制修订的国家标准29项。

中国标准出版社

2011年8月

目　　录

目　　录

ICS 91.220
P 97

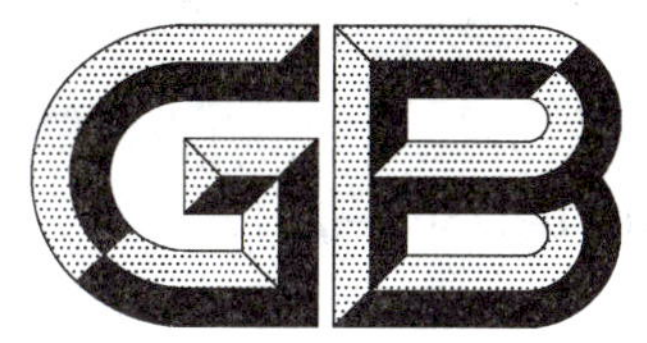

中华人民共和国国家标准

GB/T 17808—2010
代替 GB/T 17808—1999

道路施工与养护机械设备 沥青混合料搅拌设备

Road construction and road maintenance machinery and equipment—Asphalt mixing plant

2010-12-01 发布　　2011-03-01 实施

中华人民共和国国家质量监督检验检疫总局
中国国家标准化管理委员会　发布

前　言

本标准是对 GB/T 17808—1999《沥青混凝土搅拌设备》的修订。

本标准与 GB/T 17808—1999 相比，主要变化如下：

——格式按照 GB/T 1.1—2000、GB/T 20000.2—2001 和 GB/T 20000.1—2002 的要求进行编写；

——标准名称更改为《道路施工与养护机械设备　沥青混合料搅拌设备》；

——引用标准改为规范性文件，并对引用的标准进行了修改，增加了部分引用标准；

——定义改为术语和定义，删除了原有的全部定义，另外增加了 6 条术语和定义；

——分类中删除了产品型号的命名方法和标记示例；

——技术要求中修改了计量精度、烟尘排放浓度、燃油消耗率、噪声、可靠性等技术性能指标；

——增加了物料动态计量精度、烟尘黑度和有害气体排放的技术要求和试验方法内容；

——增加了添加剂计量精度的技术性能指标和相关技术要求；

——增加或修改了干燥滚筒、提升机、振动筛、搅拌器等零部件的使用寿命指标；

——修改了成品料仓的保温性能技术指标和试验方法内容；

——增加了安全与环保内容；

——修改了烟尘排放试验方法；

——修改了生产率、燃油消耗率的试验方法和修正系数；

——修改了故障分类表和设备检验项目表；

——删除了主要几何参数的测量、运行参数的测量、滚筒热效率、密封性性能试验和绝缘性试验。

本标准代替 GB/T 17808—1999《沥青混凝土搅拌设备》。

本标准的附录 A 为资料性附录。

本标准由中国机械工业联合会提出。

本标准由全国建筑施工机械与设备标准化技术委员会(SAC/TC 328)归口。

本标准起草单位：长沙中联重工科技发展股份有限公司、福建南方路面机械有限公司、镇江华晨华通路面机械有限公司、河南陆德筑机股份有限公司、北京加隆工程机械有限公司、中交西安筑路机械有限公司。

本标准主要起草人：尹友中、朱晓峰、易星辉、张航、杨永生、李世坤、彭琼梅、李祥兰。

本标准所代替标准的历次版本发布情况为：

——GB/T 17808—1999。

道路施工与养护机械设备 沥青混合料搅拌设备

1 范围

本标准规定了道路施工与养护机械设备 沥青混合料搅拌设备(以下简称沥青搅拌设备)的分类、技术要求、试验方法、检验规则、标志、包装、运输、贮存、质量保证要求和供应的成套性。

本标准适用于沥青混合料搅拌设备。

2 规范性引用文件

下列文件中的条款通过本标准的引用而成为本标准的条款。凡是注日期的引用文件,其随后所有的修改单(不包括勘误的内容)或修订版均不适用于本标准,然而,鼓励根据本标准达成协议的各方研究是否可使用这些文件的最新版本。凡是不注日期的引用文件,其最新版本适用于本标准。

GB 150 钢制压力容器

GB/T 1955 建筑卷扬机

GB/T 3766 液压系统通用技术条件(GB/T 3766—2001,eqv ISO 4413:1998)

GB 5226.1 机械安全 机械电气设备 第1部分:通用技术条件(GB 5226.1—2002,IEC 60240-1:2000,IDT)

GB 7258 机动车运行安全技术条件

GB/T 7920.11 道路施工与养护设备 沥青混合料搅拌设备 术语和商业规格(GB/T 7920.11—2006,ISO 15642:2003,IDT)

GB/T 7932 气动系统 通用技术条件(GB/T 7932—2003,ISO 4414:1998,IDT)

GB/T 10595 带式输送机

GB/T 14249.2 电子衡器通用技术条件

GB 16297 大气污染物综合排放标准

GB/T 17410 有机热载体炉

GB 50057 建筑物防雷设计规范

JB/T 3926.2 垂直斗式提升机 技术条件

JB/T 5000.3 重型机械通用技术条件 第3部分:焊接件

JB/T 5000.4 重型机械通用技术条件 第4部分:铸铁件

JB/T 5000.6 重型机械通用技术条件 第6部分:铸钢件

JB/T 5000.11 重型机械通用技术条件 第11部分:配管

JG/T 5011.11 建筑机械与设备 装配通用技术条件

JG/T 5011.12 建筑机械与设备 涂漆通用技术条件

JG/T 5012 建筑机械与设备 包装通用技术条件

JG/T 5079.2 建筑机械与设备 噪声测量方法

JTG F40 公路沥青路面施工技术规范

JTJ 052 公路工程沥青及沥青混合料试验规程

3 术语与定义

GB/T 7920.11 确立的以及下列术语和定义适用于本标准。

3.1

固定式沥青搅拌设备　fixed asphalt mixing plant

固定安装，转场时需全部或大部分借助运输工具的沥青搅拌设备。

3.2

移动式沥青搅拌设备　movable asphalt mixing plan

全部或大部分设有行走装置，转场时以借助牵引机构作为主要运输工具的沥青搅拌设备。

3.3

标准工况　standard operating mode

环境温度 20 ℃、标准大气压下，冷骨料平均含水率 5%，以柴油为燃料，热骨料温度 160 ℃或成品料温度 140 ℃时，对应为中粒式普通沥青混合料的工况。

3.4

燃油消耗率　fuel consumption rate

在标准工况下，对于连续式沥青搅拌设备每生产 1 吨成品料或对于间歇式沥青搅拌设备每生产 1 吨热骨料，滚筒燃烧器所消耗的柴油量。

注：柴油热值按 46 055 kJ/kg 计算。

3.5

静态标定计量精度(简称静态精度)　static accuracy

为标准砝码标定的精度，以标准砝码的值与示值之差值对标准砝码约定值的相对误差，以百分数表示。

3.6

动态配料计量精度(简称动态精度)　dynamic accuracy

以实际称量的物料值与设定值之差值对设定值的相对误差，以百分数表示。对连续计量的设备，可用示值替代设定值。

4　分类

4.1　产品分类

4.1.1　滚筒连续式沥青搅拌设备

混合料的搅拌在滚筒内完成，且进、出料流为连续的沥青搅拌设备。由冷料供给系统、干燥-搅拌滚筒、燃烧器、成品料提升机、成品料仓、粉料供给系统、沥青供给系统、导热油加热炉、除尘系统、电气控制系统等组成。

4.1.2　强制间歇式沥青搅拌设备

混合料的搅拌在强制式搅拌器内完成，且进、出料流为间歇性的沥青搅拌设备。由冷料供给系统、干燥滚筒、燃烧器、热骨料提升机、振动筛、热骨料仓、计量系统、搅拌器、成品料提升机、成品料仓、粉料供给系统、沥青供给系统、导热油加热炉、除尘系统、电气控制系统等组成。

4.2　产品主参数

沥青搅拌设备以额定生产率为产品主参数，并优先选用表 1 系列值。

表 1　沥青搅拌设备主参数系列表

项　目	主参数
额定生产率/(t/h)	20、25、30、40、60、80、100、120、160、200、240、280、320、360、400、440、480

5　技术要求

5.1　整机技术性能

整机技术性能指标及允许偏差应符合表 2 的规定。

表 2 沥青搅拌设备技术性能指标及允许误差

序号	技术性能指标		单位	允许偏差	
				强制间隙式	滚筒连续式
1	生产能力		t/h	≥设计值	
2	热骨料温度稳定精度		℃	±9	
3	成品料温度稳定精度		℃	±5	±5
4	温度计计量精度		℃	±3	±3
5	燃油消耗率		kg/t	≤7	≤6.5
6	沥青含量偏差		%	±0.3	±0.5
7	沥青针入度损失率		%	＜15	＜20
8	静态标定计量	骨料计量精度	%	±0.5	±0.5
9		粉料计量精度	%	±0.5	±0.5
10		沥青计量精度	%	±0.25	±0.5
11		添加剂计量精度	%	±0.25	±0.5
12	动态配料计量	骨料计量精度	%	±2.5	±2.5
13		粉料计量精度	%	±2.5	±2.5
14		沥青计量精度	%	±2.0	±2.0
15		添加剂计量精度	%	±2.5	±2.5
16	烟尘排放浓度(袋式除尘)		mg/Nm^3	≤100	≤100
17	烟尘排放浓度(湿式除尘)		mg/Nm^3	≤200	≤200
18	烟气黑度(林格曼级)		级	≤Ⅰ	≤Ⅰ
19	环境噪声		dB(A)	≤85	≤83
20	操作人员耳边噪声		dB(A)	≤70	≤70
21	可靠性	首次故障前工作时间	h	≥100	≥100
22		平均无故障工作时间	h	≥120	≥120
23		可靠度	%	≥85	≥85
注：额定生产率和燃油消耗率：对于强制式搅拌设备，以额定工况下的热骨料温度作为计算依据；对于滚筒式搅拌设备，以额定工况下成品料温度作为计算依据。					

5.2 基本要求

5.2.1 沥青搅拌设备应具有较好的适应性，能满足各种沥青混合料的施工要求。

5.2.2 沥青搅拌设备生产的沥青混合料应均匀一致，其技术指标符合 JTG F40 规范要求。

5.3 一般要求

5.3.1 沥青搅拌设备应按规定程序批准的图样及技术文件制造，装配符合 JG/T 5011.11 规范要求。

5.3.2 焊缝应平整、匀称、无缺陷，并符合 JB/T 5000.3 规范要求。

5.3.3 铸件表面应整洁，不得有气孔、疏松等缺陷，并符合 JB/T 5000.4、JB/T 5000.6 规范要求。

5.3.4 管路和接头应清洁畅通，密封可靠，并符合 JB/T 5000.11 规范要求。

5.3.5 液压系统应符合 GB/T 3766 规范要求。

5.3.6 漆膜质量应符合 JG/T 5011.12 规范要求。

5.3.7 设备应运输方便，吊装、运输符合相关标准规定。

5.4 移动式搅拌设备拖行性能要求

5.4.1 当各运输单元由轮式牵引车拖行时，行驶速度应不高于 20 km/h。各部件连接可靠，无松动、变形和损坏等现象。

5.4.2 拖行时各运输单元的尺寸界限为：总高 4.5 m，总宽 3 m，总长 20 m。

5.4.3 最小转弯直径不大于 60 m，最小离地间隙不小于 265 mm。

5.4.4 运输单元的轴荷应满足相关规范要求，不偏离设计值的±2.0%。

5.4.5 当以 20 km/h 速度行驶时，最大制动距离应符合 GB 7258 的规定。

5.5 总成技术要求

5.5.1 冷料供给系统

5.5.1.1 冷料供给系统由冷料仓、给料机、集料皮带输送机及斜皮带输送机等组成。

5.5.1.2 冷料仓仓容积和供料能力应满足沥青搅拌设备最大生产能力要求，供料稳定、可靠。

5.5.1.3 冷料仓采用多仓结构，其数量应满足混合料的级配需要；细料仓应装有破拱装置。

5.5.1.4 滚筒式沥青搅拌设备的冷料供给系统应安装有计量装置，并符合 GB/T 14249.2 规定要求。

5.5.1.5 各给料机的供料量应在一定范围内无级可调。

5.5.1.6 各冷料仓应设置独立的出料量调节装置，操作方便，并能有效锁定。

5.5.1.7 皮带输送机应符合 GB/T 10595 相关要求，工作时皮带无跑偏、打滑、物料溢出等现象。

5.5.1.8 系统应设置超规格料剔除装置。

5.5.1.9 系统应设置安全防护和紧急停车装置。

5.5.2 干燥滚筒/干燥-搅拌滚筒

5.5.2.1 间歇式沥青搅拌设备为干燥滚筒，滚筒式沥青搅拌设备则为干燥-搅拌滚筒。均由机架、滚筒、滚圈、托轮、挡轮、进出料箱等组成。

5.5.2.2 滚筒的生产能力应满足沥青搅拌设备在标准工况下生产能力的要求。

5.5.2.3 滚筒应运转平稳，无冲击振动，工作时轴向窜动应不大于 3 mm。

5.5.2.4 滚筒内部的提料叶片应合理布置、拆装方便，其材料应为耐磨耐热的钢板。

5.5.2.5 筒体、滚圈、挡轮的使用寿命应不小于 10 000 h，托轮的使用寿命应不小于 5 000 h。

5.5.2.6 滚筒的安装倾角和转速应满足生产能力要求。

5.5.2.7 滚筒出料口应能安装测温装置。

5.5.2.8 出料口和进、出料箱部位不应漏料。

5.5.3 燃烧器

5.5.3.1 燃烧器由送风系统、燃料供给系统、喷嘴、比例调节装置、点火及电气控制系统等组成。

5.5.3.2 供热能力应满足搅拌设备最大生产能力的需要。

5.5.3.3 应点火迅速，并设有火焰监测、熄火保护等安全装置，稳定可靠。

5.5.3.4 应能稳定燃烧，空气-燃料比例调节方便。

5.5.3.5 火焰形状应和滚筒良好配合，火焰刚性好，不允许有明显偏斜。

5.5.3.6 高温区应采用耐热钢板制造，如需要安装耐火材料时，应方便更换。

5.5.3.7 供油管路中应设置过滤器、溢流阀、压力表。

5.5.3.8 重油燃烧器应配备重油储存、加热、过滤及轻、重油切换等装置。

5.5.3.9 煤粉燃烧器应配有煤粉输送和轻油点火系统，煤粉的适应性好，炉膛结渣少、易清理。

5.5.4 热骨料提升机

5.5.4.1 由壳体、链条、链轮、料斗和动力装置等组成。

5.5.4.2 提升能力应满足搅拌设备最大生产能力的要求。

5.5.4.3 应完全密封，工作时无漏料、冒灰现象。

5.5.4.4 应符合 JB/T 3926.2 的相关要求，设有张紧和防逆转装置，运转平稳。

5.5.4.5 链条、链轮的使用寿命不少于 5 000 h。

5.5.4.6 料斗应采用耐磨钢板制造，并方便更换。

5.5.4.7 壳体的进、出料槽应铺设有耐磨钢板。

5.5.5 振动筛

5.5.5.1 由箱体、筛网、振动机构和动力装置等组成。

5.5.5.2 筛分能力应满足搅拌设备最大生产能力的要求。

5.5.5.3 筛网规格的配置应满足沥青混合料级配的要求。

5.5.5.4 筛网应有张紧装置，工作时不应有二次振动，拆装方便。

5.5.5.5 应运转平稳、灵活，每层筛网的筛分效率应不低于 85%。

5.5.5.6 振幅应可调，筛体两侧板上对称点的振幅差值不大于 0.5 mm，横向摆动不大于 1 mm。

5.5.5.7 振动筛装配后，对称点弹簧高度误差不大于 5 mm。

5.5.5.8 轴承应润滑良好，能满足最大工作负荷要求。

5.5.6 热骨料仓

5.5.6.1 容量应能满足级配及连续生产的要求，贮存量不少于 10 个批次的搅拌器容量。

5.5.6.2 各料仓之间不允许有窜料现象，仓门单独使用，开、关灵活，关闭后无漏料现象。

5.5.6.3 各料仓内应分别安装有料位计，并至少在一个仓内设有温度传感器。

5.5.6.4 各料仓应设有过量溢料通道及供抽样、观察使用的窗口。

5.5.7 计量系统

5.5.7.1 计量能力应满足设备最大生产能力要求，其准确度应满足表 2 的规定。

5.5.7.2 骨料计量的最小显示感量值为 1 kg。

5.5.7.3 粉料、沥青和添加剂的计量最小显示感量值为 0.1 kg。

5.5.7.4 应设有防止粉尘外溢的防护装置，在垂直方向应无卡阻现象。

5.5.7.5 沥青称量桶应设有加热保温装置和防止沥青溢流的装置。

5.5.8 搅拌器

5.5.8.1 搅拌器为强制式，由壳体、搅拌轴、搅拌叶片、搅拌臂、衬板和动力装置等组成。

5.5.8.2 搅拌能力应满足标准工况下搅拌设备生产能力的要求。

5.5.8.3 容积和转速应满足最大搅拌能力要求。

5.5.8.4 搅拌叶片、搅拌臂、衬板采用耐磨材料制造，方便更换；叶片、衬板的使用寿命应不少于 5 万批次；搅拌臂的使用寿命应不少于 8 万批次。

5.5.8.5 卸料门应开、关灵活，关闭后无漏料、漏灰现象。

5.5.8.6 应设置通风管道、检查门及安全保护装置或警示标志。

5.5.8.7 下部通车高度不低于 3.3 m，通车宽度不小于 3 m。

5.5.9 粉料供给系统

5.5.9.1 粉料供给系统的供粉量应满足各种沥青混合料级配的要求。

5.5.9.2 粉罐的贮量应保证搅拌设备在标准工况下，连续工作不小于 6 h。

5.5.9.3 粉罐应设有料位计，罐体应设有除尘装置、通气口和防起拱的疏松装置。

5.5.9.4 采用气力送粉时，粉罐应设有安全阀；当仓内压力超过 4 900 Pa 时，系统应自动排气降压。

5.5.9.5 储存回收粉的料仓应设有多余粉料排出装置。

5.5.10 沥青供给系统

5.5.10.1 沥青供给系统的供给量应满足各种沥青混合料级配的要求。

5.5.10.2 沥青罐贮量应保证搅拌设备在标准工况下，连续工作不小于 8 h。

5.5.10.3 沥青罐的加热装置应能保证各种沥青加热的要求，其升温速度应达到(9～15)℃/h。

5.5.10.4 沥青罐、沥青泵、管道、阀门等应有加热及保温措施；沥青罐内沥青每小时的温度下降值不大于初始温度与环境温度差值的2.3%。

5.5.10.5 沥青罐应设置取样口、液位指示器和温度计。

5.5.11 导热油加热炉

5.5.11.1 供热能力应满足搅拌设备最大生产能力时所需要的热量要求。

5.5.11.2 制造单位必须取得国家相关的安全合格证和生产许可证。

5.5.11.3 应具有自动控制功能和全过程安全防护措施。

5.5.11.4 其他性能要求应符合GB/T 17410的规定要求。

5.5.12 成品料提升机

5.5.12.1 按输送方式可分为刮板输送机和运料小车两种方式。

5.5.12.2 提升能力应满足搅拌设备最大生产率的要求。

5.5.12.3 刮板输送机完全密封，工作面应铺设有耐磨钢板，并方便更换，底部设有加热装置。

5.5.12.4 刮板输送机应设有张紧装置和防逆转装置，运转平稳，无卡阻现象。

5.5.12.5 刮板输送机提升机链条、链轮的使用寿命不少于5 000 h。

5.5.12.6 刮板输送机刮料板应采用耐磨钢板制造，并方便更换。

5.5.12.7 小车轨道工作面应设有耐磨钢板，小车运行平稳、定位准确，不允许有出轨或卡轨现象。

5.5.12.8 小车卸料门开启灵活，关闭时不漏料；并能在规定的时间内，卸料干净。

5.5.12.9 小车牵引钢丝绳、卷筒、制动器等应安全可靠，符合GB/T 1955规定要求。

5.5.13 成品料仓

5.5.13.1 料仓的贮量应保证搅拌设备在最大生产能力下至少连续工作30 min。

5.5.13.2 料仓应有防止搅拌好的沥青混合料产生离析的装置。

5.5.13.3 应设有保温措施，并至少在卸料仓门设有加热装置。

5.5.13.4 料仓内的沥青混合料在12小时内，温度下降值不大于10 ℃。

5.5.13.5 应设置高料位指示器。

5.5.13.6 下部的放料高度不低于3.3 m，通车宽度不少于3 m。

5.5.14 除尘系统

5.5.14.1 除尘系统由引风机、烟囱、初级除尘器、二级除尘器及电气控制系统组成。

5.5.14.2 除尘器的烟尘排放浓度和烟尘黑度应满足表2规定要求。

5.5.14.3 氧化硫等有害气体的排放浓度应符合GB 16297的规定要求。

5.5.14.4 引风机的风量和风压应满足沥青搅拌设备最大生产能力的要求，并具有调节装置。

5.5.14.5 袋式除尘器应具有低温、高温、超高温保护和负压检测等安全装置。

5.5.14.6 袋式除尘器滤袋应具有自动清洁功能，清洁周期和间隔时间调节方便。

5.5.14.7 湿式除尘器应设有污水回收利用装置，与污水接触的管道、设备需防腐处理。

5.5.15 电气控制系统

5.5.15.1 电气控制系统应满足搅拌设备的各种工艺要求，操作简单，功能扩展方便。

5.5.15.2 中心控制室应隔热、隔音，环境舒适；操作位置应有良好的工作视野和合理的操作区域。

5.5.15.3 动力配电、电气控制应符合GB 5226.1的有关规定，系统运行稳定、可靠。

5.5.15.4 控制系统应具有手动、半自动、全自动运行方式；可动态显示和控制各生产环节，具有配方输入、参数设定、数据管理、误差补偿、故障诊断和报表储存、打印等功能。

5.5.15.5 控制系统应具有良好的抗干扰能力、连锁保护及报警功能。

5.5.16 气路控制系统

5.5.16.1 系统压力和供气量应与搅拌设备的最大生产能力相匹配，并符合GB/T 7932规定要求。

5.5.16.2 气路系统应配置过滤器、油雾器、减压阀、油水分离器，维修保养方便。

5.5.16.3 气路系统应配有贮气罐、安全阀，安全阀的开启压力不大于该装置的安全设定值。

5.5.17 **安全与环保**

5.5.17.1 沥青搅拌设备应在合适位置贴有安全警示标志，指示标牌应清晰、易懂。

5.5.17.2 工作平台、扶梯、栏杆等应符合相关规范要求，安全可靠。

5.5.17.3 外露联轴器、皮带传动装置等旋转部位应设有防护装置。

5.5.17.4 压力表、温度计、安全阀等安全装置应完整、灵敏可靠，压力容器应符合 GB 150 的要求。

5.5.17.5 燃油罐应设置阻火器和防雨设施。

5.5.17.6 搅拌设备在生产过程中某一系统出现故障时，相应的系统应能连锁保护。

5.5.17.7 沥青搅拌设备各部分应设置有效的粉尘外溢防护装置。

5.5.17.8 沥青搅拌设备制造商应提示用户配备灭火器和具备防雷措施，防雷设施和接地网应请有资质的专业单位设计施工，并符合 GB 50057 的有关要求。

6 试验方法

6.1 试验准备及要求

6.1.1 试验场地：

a) 搅拌设备作业场地应为平整坚实地面上，场地面积应满足设备安装要求，并保证运输的畅通和料场的堆放；料的存放量应保证搅拌设备至少连续工作 6 h 以上。

b) 拖行试验场地应为平整、坚实的三级路面或跑道，其直线长度不小于样机以最高车速行驶 20 s 的距离，外加 30 m 的助跑距离；路面宽度不小于样机最大宽度的 2 倍。试验路段两端应具有 180°转向区域。路面纵向坡度不大于 0.5%，横向坡度不大于 1.0%。

6.1.2 试验仪器的准备：

试验所用的仪器设备必须经过国家法定计量检定机构检定或认可，且在其检定周期内。试验前应进行仪器的校准和标定，其精度要求应符合表 3 要求。

表 3 仪器测量精度要求

被测参数	精度要求	被测参数	精度要求
长度尺寸	±0.2%	温度	±1.0 ℃
容积	±1.0%	压力	±0.5 kPa
质量	±0.5 kg	微压	±2.0%
时间	±0.1 s	转速	±0.5%
角度	±10′	声压级	±0.5 dB(A)
林格曼黑度	±0.5 级	流量	±1.0%

6.1.3 原材料的准备：

试验用骨料、粉料、沥青等原材料应符合 JTG F40 标准要求，骨料的堆放应尽量避免混合、离析现象。冷骨料的平均含水量约为 5%，粉料的含水量不应大于 1%，并无结团现象。

6.1.4 样机的准备：

a) 由设备制造商提供试验样机一台，并提供出厂检验记录、验收技术条件或其他文件，将设计的主要性能参数填入附录 A 中的表 A.1；

b) 按产品使用说明书的有关规定，对搅拌设备进行调试、磨合；磨合时间不得少于 50 h。磨合结束后，按产品使用说明书的要求进行保养。设备磨合情况及试验记录填入表 A.2。

6.2 移动式搅拌设备轴荷测量

6.2.1 试验条件：

a) 样机各总成、部件、附件及附属装置(包括随车工具)，必须按规定装备齐全，并装在规定的装置上。调整状况应该符合设备技术条件的规定，并按规定加注润滑油。

b） 轮胎气压应符合使用说明书的规定，误差不应超过±10 kPa。

c） 样机各部分应清洁、干净，无油污、泥土或其他污物。

d） 样机外侧可动的附件或附属装置应处于正常工作状态(如拖挂钩等)。

6.2.2 试验仪器设备：

地中衡(精度为0.5%)、水平尺、钢卷尺(量程30 m)。

6.2.3 试验方法：

a） 样机被测单元的前轮停在地中衡外，后轮留在地中衡上，并保持机身水平，所测量值为该状态下后轴分配载荷。

b） 样机的后轮停在地中衡外，前轮留在地中衡上，并保持机身水平，所测量值为该状态下前轴分配载荷。

6.2.4 试验结果：

试验结果按表A.3记录。

6.3 移动式搅拌设备拖行试验

6.3.1 最小转弯直径试验

6.3.1.1 试验条件：

a） 被试验样机应符合6.2.1a)～c)规定要求；

b） 场地应平整、坚实，面积不少于60 m×60 m。

6.3.1.2 试验仪器设备：

钢卷尺(量程30 m)、喷迹器等。

6.3.1.3 试验方法：

a） 牵引车分别以最低行驶速度进行前进方向极限位置的左转弯和右转弯；

b） 分别测量两种转向时牵引车前外轮胎面中心在地面上形成的最大轨迹圆直径(即最小转弯直径)和被测单元车体离转向中心最远点所形成的轨迹圆直径(即水平通过直径)。

6.3.1.4 试验结果：

试验结果按表A.4记录。

6.3.2 制动性能试验

6.3.2.1 试验条件：

a） 试验场地应符合6.1.1b)的要求，地面干燥；

b） 被试验设备应符合6.2.1中要求；牵引车按规定加注燃油、润滑油、冷却液、制动油等，确保牵引车正常工作；发动机启动后，水温、油温、油压、气压应达到规定值；

c） 试验应在无雨、无雾天气进行；地面风速不大于3.0 m/s。

6.3.2.2 试验仪器设备：

制动性能测试仪、标杆、温度计、风速仪等。

6.3.2.3 试验方法：

a） 被试验单元制动试验的初速度取20 km/h，其初速度允许偏差不应大于设定值的±5%；

b） 被测单元设备在加速到设定的初速度并稳速行驶10 m左右，即可按其极限制动能力进行制动；

c） 试验过程中测定设备的制动初速度和制动距离，试验往返重复两次，取其平均值作为测量值；

d） 实测制动距离按式(1)进行修正：

$$L_z = L_z'(v_0/v_0')^2 \qquad \cdots\cdots(1)$$

式中：

L_z——修正后的制动距离，单位为米(m)；

L_z'——实测制动距离，单位为米(m)；

v_0——设定初速度，单位为千米每小时(km/h)；

v_0'——实测初速度，单位为千米每小时(km/h)。

6.3.2.4 试验结果：

试验结果按表 A.5 记录。

6.3.3 **拖行状态试验**

6.3.3.1 试验条件：

试验条件应符合 6.3.2.1 的要求。

6.3.3.2 试验仪器设备：

行驶速度测量仪(五轮仪或光电测速仪)、卷尺、秒表、风速仪等。

6.3.3.3 试验方法：

a) 试验过程中，被测单元的拖行速度应不低于 20 km/h，拖行距离不小于 20 km。

b) 检查项目见表 A.6，并测定拖行时间。

6.3.3.4 试验结果：

试验结果按表 A.6 记录。

6.4 **重量计量精度的检测**

6.4.1 **静态计量精度的检测**

6.4.1.1 试验条件：

a) 无雨，气温：10 ℃～35 ℃；

b) 搅拌设备样机安装、调试完成后。

6.4.1.2 试验仪器设备：

二级秤或二级测力计，相应等级的标准砝码或器具。

6.4.1.3 试验方法：

a) 将空秤斗往复推动几次，静止后观察称量仪表每次显示数值是否一致，否则应予以检查和调整。

b) 根据不同功能的配料秤，分别以 50%和 100%满量程进行加、卸载，记录仪器的每一次的显示值和砝码值。试验重复三次，结果取平均值。

6.4.1.4 试验结果：

a) 试验结果按表 A.7 记录。

b) 计量精度按式(2)、式(3)计算：

$$\Delta_i = \frac{m_i' - m_i}{m_i'} \times 100\% \qquad \cdots\cdots(2)$$

$$\Delta = \frac{1}{3}\sum_{i=1}^{3} |\Delta_i| \qquad \cdots\cdots(3)$$

式中：

Δ_i——某一次采样的计量精度；

m_i——某一次采样的显示值，单位为千克(kg)；

m_i'——某一次采样的砝码值，单位为千克(kg)；

Δ——计量精度的平均值。

6.4.2 **动态称量精度的检测**

6.4.2.1 试验条件：

a) 原材料准备应符合 6.1.3 的规定；

b) 搅拌设备样机稳定运转，燃烧器可不工作；

c） 动态精度的测定必须在静态精度校正以后进行。

6.4.2.2 试验仪器设备：

地中衡(精度为0.5%)、二级秤或二级测力计、运料车、料斗、沥青桶等。

6.4.2.3 试验方法：

a） 根据不同功能的配料秤，分别以50%和100%满量程进行配料试验，记录每一次的物料的设定值和实际测量值。试验重复三次，取平均值；两次试验的间隔时间应大于15 min。

b） 对连续式搅拌设备，分别以50%和100%满量程进行配料试验，在物料出口处接料，用秒表计时。骨料接料时间每次不少于5 min，沥青和粉料接料时间每次不少于10 s，记录每次的实测值和设定值，试验重复三次，结果取平均值；两次试验间隔时间不少于10 min。

6.4.2.4 试验结果：

a） 试验结果按表A.8记录。

b） 计量精度按式(2)、式(3)计算，但其中的m_i为物料的实测值，m_i'为设定值。

6.5 温度计计量精度的测量

6.5.1 试验条件：

试验条件：无雨，风速不大于3 m/s。

6.5.2 试验仪器设备：

温度计、秒表。

6.5.3 试验方法：

用保温容器盛装一定温度的液体，介质温度约150 ℃，用标准的温度计和被测的温度传感器同时测量，感温头埋入深度不小于20 cm，每隔15 min读取温度值一次，记录温度计的实测值和温度传感器测量装置的显示值。

6.5.4 试验结果：

试验结果按表A.9记录。

6.6 成品料仓保温性能试验

6.6.1 试验条件：

a） 无雨，风速不大于3 m/s；

b） 成品料仓内充满沥青混合料，料温不低于140 ℃，不高于160 ℃；

c） 成品料仓加热装置正常工作。

6.6.2 试验仪器设备：

温度计、计时器等。

6.6.3 试验方法：

a） 至少用3个温度计，垂直料仓壁平行布置，拆入深度不少于30 cm。最高点温度计比仓内料位低50 cm，最低点温度计比卸料门高30 cm，其他温度计则在高、低温度计之间均匀布置。

b） 保温试验12 h，同时记录环境温度。

6.6.4 试验结果：

a） 绘制保温性能曲线(温度-时间曲线)；

b） 试验结果按表A.10记录。

6.7 沥青罐温升及保温性能试验

6.7.1 试验条件：

a） 无雨，风速不得大于3 m/s；

b） 沥青罐内充满约110 ℃的沥青；

c） 导热油炉正常工作，导热油温度达到设定要求。

6.7.2 试验仪器设备：

温度计、计时器等。

6.7.3 试验方法:

a) 将温度传感器垂直安置于沥青液面下 30 cm 处。

b) 温升试验:沥青罐以额定速度进行加温,开启沥青泵使沥青循环,沥青温度稳速上升后,开始记录温度,试验进行 1.5 h,每隔 15 min 记录一次温度。

c) 保温性能试验:将沥青加热至 160 ℃后,加热装置停止工作,并关闭循环阀及各通孔,保温试验进行 12 h,同时记录环境温度。

6.7.4 试验结果:

a) 分别绘制温度-时间曲线;

b) 试验结果按表 A.11、表 A.12 分别记录。

6.8 作业性能试验

6.8.1 骨料含水率试验

6.8.1.1 试验条件:

a) 无雨,骨料自然堆积;

b) 搅拌设备在额定工况下连续稳定工作,滚筒式搅拌设备,不加入沥青。

6.8.1.2 试验仪器设备:

天平(精度 0.01 g)、烘箱、取样盒等。

6.8.1.3 试验方法:

a) 冷骨料含水率检测:设备额定生产时,在集料皮带机出口取样,料样重约 8 kg,拌匀后用四分法取 2 kg 作为一个样品,在 105 ℃±5 ℃的烘箱中烘 8 h,并称量烘干前后料样的质量。试验共进行 5 次,结果取平均值。

b) 热骨料残余含水率检测:设备额定生产时,在干燥滚筒出口料取样,料样重约 8 kg,拌匀后用四分法取 2 kg 作为一个样品,在 160 ℃下烘 8 h,并称量烘干前后料样的质量。试验共进行 5 次,结果取平均值。

6.8.1.4 试验结果:

试验结果按表 A.13、表 A.14 记录。

6.8.2 温度稳定性能试验

6.8.2.1 试验条件:

搅拌设备在标准工况下连续工作。

6.8.2.2 试验仪器设备:

温度计、计时器。

6.8.2.3 试验方法:

和生产率试验时同时进行,试验时在滚筒出料口取样,强制间隙式沥青搅拌设备为干燥后的热骨料,滚筒连续式沥青搅拌设备为搅拌好的成品料,取样后 2 min 之内完成料温的检测,约 3 min 取样检测一次,连续 20 次。

6.8.2.4 试验结果:

a) 试验结果按表 A.15、表 A.16 记录。

b) 试验数据按式(4)~式(9)计算。

温度稳定性按式(4)计算:

$$\gamma_1 = \begin{cases} \delta_1 + 1.96\sigma_1 & \delta_1 \geqslant 0 \\ \delta_1 - 1.96\sigma_1 & \delta_1 < 0 \end{cases} \qquad \cdots\cdots(4)$$

式中:

γ_1——温度稳定性;

δ_1——系统偏差,%;

σ_1——标准差,%。

系统偏差和温度平均值分别按式(5)、式(6)计算:

$$\delta_1 = t_c - \bar{t} \qquad \cdots\cdots(5)$$

$$\bar{t} = \frac{1}{n}\sum_{i=1}^{n} t_i \qquad \cdots\cdots(6)$$

式中:

t_c——温度设定值,单位为摄氏度(℃);

$\bar{t}$——温度平均值,单位为摄氏度(℃);

n——温度测量总次数;

t_i——第 i 次测取的温度值,单位为摄氏度(℃)。

标准差按式(7)计算:

$$\sigma_1 = \sqrt{\frac{1}{n-1}\sum_{i=1}^{n}(t_i - \bar{t})^2} \qquad \cdots\cdots(7)$$

温度稳定度按式(8)计算:

$$W_1 = \frac{\sigma_1}{\bar{t}} \times 100\% \qquad \cdots\cdots(8)$$

式中:

W_1——温度稳定度,%。

测试值极限偏差按式(9)计算:

$$s_1 = t_{max(min)} - t \qquad \cdots\cdots(9)$$

式中:

s_1——测试值极限偏差;

$t_{max(min)}$——所测温度最大值或最小值,单位为摄氏度(℃)。

6.8.3 生产率试验

6.8.3.1 试验条件:

a) 无雨;

b) 搅拌设备在标准工况下连续作业,且热料仓不等料、不溢料,生产的热料或混合料符合 JTG F40 要求。

6.8.3.2 试验仪器设备:

地中衡、秒表、温度计、运料车等。

6.8.3.3 试验方法:

a) 将各运料车编号,在装车前测定空车质量,装车后测定满载车质量,满载车质量之和减去空车量之和即为每次试验时间内的产量,同时测定每次的试验时间;

b) 生产率的试验也可用标定的各种计量器具所计量的物料值进行计算;

c) 试验期内,同时记录冷骨料温度、热料温度、成品料温度、烟气温度、沥青温度等参数,试验进行三次,结果取平均值。

6.8.3.4 试验结果:

a) 试验结果按表 A.17 记录;

b) 试验数据处理。

生产率按式(10)计算:

$$Q = 3.6 \times \frac{M}{t} \qquad \cdots\cdots(10)$$

式中：

Q——成品料实测生产率，单位为吨每小时(t/h)；

M——实测的成品料产量，单位为千克(kg)；

t——测试时间，单位为秒(s)。

6.8.4 燃油消耗率试验

6.8.4.1 试验条件符合 6.8.3.1 的规定。

6.8.4.2 试验仪器设备：

流量计、计时器。

6.8.4.3 试验方法：

a) 和生产率试验时同时进行，用流量计测量出生产率试验期间内滚筒燃烧器所消耗的燃料量；

b) 对强制式搅拌设备而言，试验过程中，热料仓不能出现等料、溢料的情况。

6.8.4.4 试验结果：

a) 试验结果按表 A.18 记录；

b) 试验数据处理。

单位时间内，实际测量的燃油消耗按式(11)计算：

$$m=\frac{m_1}{t}\times 3\ 600 \qquad \cdots\cdots(11)$$

对于滚筒式搅拌设备，燃油消耗率按式(12)计算：

$$m_0=\frac{m}{Q} \qquad \cdots\cdots(12)$$

式中：

m——实测燃油消耗，单位为千克每小时(kg/h)；

m_1——实测燃油消耗量，单位为千克(kg)；

m_0——燃油消耗率，单位为千克每吨(kg/t)。

如生产工况、燃料种类和标准工况有差别，燃油消耗率按式(13)修正计算：

$$m_0=k_r\frac{m}{Q_0}=k_r\frac{m}{k_1 Q} \qquad \cdots\cdots(13)$$

式中：

Q_0——修正生产率，单位为吨每小时(t/h)，$Q_0=k_1Q$；

k_1——滚筒式搅拌设备的工况修正系数；

k_r——燃料修正系数。

工况修正系数 k_1 按式(14)计算：

$$k_1=\frac{(593-t_1+0.46t_3)w+20(t_4-t_1)+C_L(t_4-t_L)q}{5\ 265+2.3t_3+C_L(140-t_L)q} \qquad \cdots\cdots(14)$$

燃料修正系数按式(15)计算：

$$k_r=\frac{Q_{dw}}{46\ 055} \qquad \cdots\cdots(15)$$

式中：

t_1——冷骨料实际温度，单位为摄氏度(℃)；

t_3——烟气温度，单位为摄氏度(℃)；

w——冷骨料含水率，%；

t_4——成品料温度，单位为摄氏度(℃)；

C_L——沥青比热，单位为千焦每千克摄氏度[kJ/(kg·℃)]；

t_L——沥青工作温度，单位为摄氏度(℃)；

q——沥青含量,%;

Q_{dw}——实际使用的燃料低位发热值,单位为千焦每千克(kJ/kg)。

注:生产率修正时,热料的残余含水率忽略不计。

对于强制式搅拌设备,燃油消耗率按式(16)计算:

$$m_0 = \frac{m}{Q'} \qquad \cdots\cdots\cdots\cdots (16)$$

式中:

Q'——滚筒的热骨料生产率,单位为吨每小时(t/h)。

热骨料生产率按实测的设备生产率减除混合料得沥青含量和粉料含量后推算得出,其计算按式(17)计算。有条件时,可以通过实测的方法测量滚筒干燥骨料的生产能力,其试验方法参见6.8.3.3。

$$Q' = Q(1 - q - f) \qquad \cdots\cdots\cdots\cdots (17)$$

式中:

q——沥青含量,%;

f——粉料含量,%。

如生产工况、燃料种类和标准工况有差别,燃油消耗率按式(18)修正计算:

$$m_0 = k_r \frac{m}{Q_0{}'} = k_r \frac{m}{k_2 Q'} \qquad \cdots\cdots\cdots\cdots (18)$$

式中:

$Q_0{}'$——修正热骨料生产率,单位为吨每小时(t/h),$Q_0{}' = k_2 Q'$;

k_2——强制式搅拌设备的工况修正系数。

工况修正系数 k_2 按式(19)计算:

$$k_2 = \frac{(593 - t_1 + 0.46t_3)w + 20(t_5 - t_1)}{5\,265 + 2.3t_3} \qquad \cdots\cdots\cdots\cdots (19)$$

式中:

t_3——烟气温度,单位为摄氏度(℃);

t_5——热骨料温度,单位为摄氏度(℃)。

注:生产率修正时,热料的残余含水率忽略不计。

6.8.5 振动筛筛分效率试验

6.8.5.1 试验条件同6.8.3.1要求。

6.8.5.2 试验仪器设备:

天平(精度0.5 g)、方孔标准筛、取样盒等。

6.8.5.3 试验方法:

a) 在各热料仓取样口或卸料口下取样,每种料采样5次,每次采样量规定为:最小粒径筛对应样重5 kg,筛网从小到大,样重依次递增3 kg,直至取样完毕。

b) 如需要从料车上取样,应确保料斗内无存料,各种料单独放出;在其堆积高度2/3处采样,采样点深度不小于20 cm,取样重同上。

c) 根据振动筛筛孔尺寸,选择同样筛孔尺寸的方孔标准筛,分别对各种热料进行筛分试验。

6.8.5.4 试验结果:

a) 试验结果按表A.19记录;

b) 筛分效率按式(20)计算:

$$\eta_z = \frac{g_1}{g_0} \times 100\% \qquad \cdots\cdots\cdots\cdots (20)$$

式中:

η_z——筛分效率,%;

g_0——试样总质量，单位为克(g)；

g_1——通过量，单位为克(g)。

6.9 **骨料级配组成分析**

6.9.1 试验条件：

应符合6.8.3.1的规定。

6.9.2 试验仪器设备：

台秤、天平、标准筛、取样盒等。

6.9.3 试验方法：

按生产配合比，从各料仓出口分别取样，用四分法取样约2 kg，进行筛分试验，分离出各级粒径的料组，称量后列表。对滚筒式搅拌设备，从冷料仓出口取样，强制式搅拌设备，从热料仓出口取样。

6.9.3.1 试验结果：

a) 实验结果按表A.20记录；

b) 绘制级配曲线。

6.10 **成品料质量指标分析**

6.10.1 试验条件应符合6.8.3.1的规定。

6.10.2 试验仪器设备：

抽提仪、台秤、天平、离心机、温度计、取样盒等。

6.10.3 试验方法：

a) 在成品料仓或搅拌器出料口，用专用容器直接采集料样，每次采集5 kg以上试验用料，每隔3 min取一次料，连续取样20次，每个试样按四分法提取2 kg左右，按JTJ 052要求对成品料进行抽提筛分试验，分析沥青含量偏差和成品料中的骨料级配组成；

b) 如在成品料车上取料，应在其堆积高度2/3处采样，采样点深度不小于20 cm，取样重量方法同上。

6.10.4 试验结果及数据处理：

a) 试验结果按表A.21、表A.22、表A.23记录；

b) 试验数据处理。

沥青含量偏差按式(21)计算：

$$\gamma_2=\begin{cases}\delta_2+1.96\sigma_2 & \delta_2\geqslant 0\\ \delta_2-1.96\sigma_2 & \delta_2<0\end{cases} \qquad \cdots\cdots(21)$$

式中：

γ_2——沥青含量偏差，%；

δ_2——系统偏差，%；

σ_2——标准差，%。

系统偏差按式(22)计算：

$$\delta=\overline{X}-X \qquad \cdots\cdots(22)$$

$$\overline{X}=\frac{1}{n}\sum_{i=1}^{n}X_i \qquad \cdots\cdots(23)$$

式中：

$\overline{X}$——沥青含量平均值，%；

X——沥青含量设定值，%；

n——沥青含量试样总数；

X_i——第i次测取的沥青含量值，%。

标准差按式(24)计算：

$$\sigma=\sqrt{\frac{1}{n-1}\sum_{i=1}^{n}(X_i-\overline{X})^2} \quad \cdots\cdots(24)$$

沥青稳定度按式(25)计算：

$$W_2=\frac{\sigma_2}{\overline{X}}\times 100\% \quad \cdots\cdots(25)$$

式中：

W_2——沥青含量稳定度。

测试值极限偏差按式(26)计算：

$$S_2=X_{\max,\min}-X \quad \cdots\cdots(26)$$

式中：

S_2——沥青含量测试值极限偏差；

$X_{\max,\min}$——所测沥青含量最大值或最小值。

6.11 沥青材料性能下降程度检测

6.11.1 试验条件：

a) 应符合 6.8.3.1 的规定；

b) 检查原始沥青，其针入度、延度、软化点三项指标应符合 JTG F40 的规定。

6.11.2 试验仪器设备：

天平、温度计、针入度仪、延度仪、软化点仪等。

6.11.3 试验方法：

a) 从沥青罐进口或沥青罐车出口提取 1 L 原始沥青，直接进行路用性能三大指标试验；

b) 从沥青罐出口或搅拌器沥青喷洒口处提取 1 L 成品沥青，直接进行路用性能三大指标试验；

c) 沥青路用性能三大指标试验方法按 JTJ 052 的规定进行。

6.11.4 试验结果：

a) 试验结果按表 A.24 记录；

b) 指标变化率按式(27)计算：

$$L=\frac{A-B}{A}\times 100\% \quad \cdots\cdots(27)$$

式中：

L——指标变化率；

A——原始抽提沥青指标数值；

B——成品料抽提沥青指标数值。

6.12 环保参数测定

6.12.1 噪声试验

6.12.1.1 试验条件：

a) 天气为无雨，风速不大于 3 m/s；

b) 试验场地应在空旷场地进行；距最大噪声源 50 m 范围内不应有大的反射物(如建筑物、围墙等)，背景本底噪声应比所测样机噪声低 10 dB(A)以上；

c) 声级计附近除测量者外，其他人员应在测量噪声者之后；

d) 搅拌设备在额定工况下稳定运行，设备带有的其他辅助设备亦是噪声源，测量时是否开动应按正常使用情况而定。

6.12.1.2 试验仪器设备：

声级计、卷尺。

6.12.1.3 试验方法：

a) 环境噪声测定时，先在距最大噪声源的半径 30 m 的圆周上等分 8 个测量点，标记为 A、B、C、D、E、F、G、H，然后在测点上将测试拾音器距地面 1.2 m，用三角架固定，并平行于底面，对准最大噪声源；

b) 操作工位噪声测定时，关闭门窗，测点布置在操作人员耳旁 100 mm 处，拾音器对准最大噪声源；

c) 测试方法按 JG/T 5079.2 有关规定进行。

6.12.1.4 试验结果及数据处理：

a) 试验结果按表 A.25、表 A.26 记录；

b) 试验数据处理按 JG/T 5079.2 有关规定进行。

6.12.2 烟尘排放试验

6.12.2.1 试验条件：

a) 天气为无雨，风速不大于 3 m/s；

b) 搅拌设备在额定工况下连续稳定作业。

6.12.2.2 试验仪器设备：

烟度采样仪、烟气流量计、微压计、温度计、精密天平、秒表等。

6.12.2.3 试验方法：

a) 测定位置应尽力选择在垂直管道上，并不宜靠近弯头及断面急剧变化的位置。测点应距弯头、阀门和其他变径管的下游方向大于 6 倍直径处、上游方向大于 3 倍直径处。在条件不理想条件下，测定位置应距上述部位的上、下游位置至少 1.5 倍直径。

b) 在选定的测点位置开 ϕ50 mm 的侧孔，在垂直方向焊接一长度约 30 mm 的短管，且带有丝堵。

c) 测点位置、数量如下。

圆形断面：将管道断面划分成适当数量的等面积同心圆环，各测点均在环的等截面的心线上。环的数量根据管道截面大小决定，并按表 4 确定环数和测点数，按图 1、表 5 确定测点位置。

表 4 圆形管道分环及测点数的确定

管道直径 D/mm	环 数	测 点 数
≤400	1～2	2～4
400～600	2～3	4～6
600～800	3～4	6～8
≥800	4～5	8～10

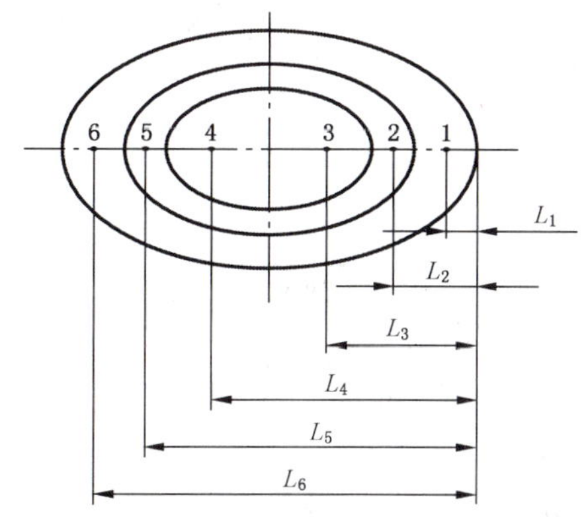

图 1 圆形管道测点位置及距离表示法(以 3 环为例)

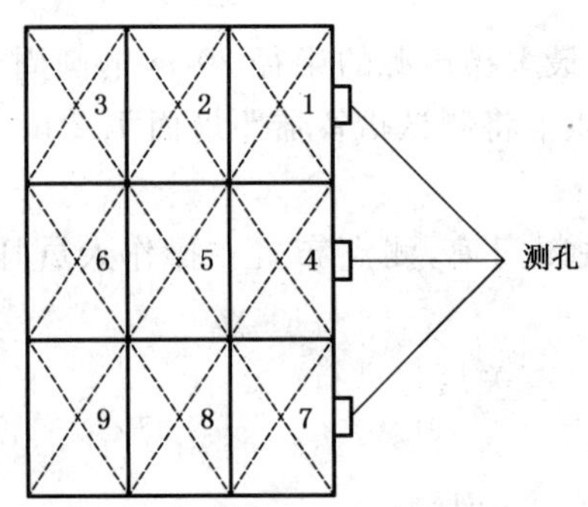

图 2 矩形管道测点位置

表 5 圆形管道测点距管壁的距离（以管道直径 D 计） 单位为毫米

测点号	断面环数				
	1	2	3	4	5
1	0.146 D	0.067 D	0.044 D	0.033 D	0.022 D
2	0.854 D	0.250 D	0.146 D	0.105 D	0.082 D
3		0.750 D	0.294 D	0.195 D	0.146 D
4		0.933 D	0.706 D	0.321 D	0.227 D
5			0.854 D	0.679 D	0.344 D
6			0.956 D	0.805 D	0.656 D

方形断面：按断面尺寸划分成适当数量的等面积矩形块，每块的中心即为测点，如图 2 所示。分块数量按表 6 确定。

表 6 矩(方)形管道分环及测点数的确定

管道截面积/m^2	小块长边长度/m	测 点 数
0.1～0.5	≤0.35	1～4
0.5～1	≤0.5	4～6
1～4	≤0.57	6～9
≥4	≤0.75	9～150

d) 采样方法：搅拌设备在额定工况下稳定运转后，按上述分布原则，在同一断面上多点采样，以求平均值；每点采用时间(0.5～2) min，试验重复 3 次，结果取平均值。当被测管道内气体流速发生变化时，注意随时调节采样流量，保持采样管道外压力平稳。同时测出浮子流量计读数、流量计前压力、流量计前温度，记录采样量，测出烟尘质量。

e) 测量除尘器效率时，前后各参数的测点应同时进行。

6.12.2.4 试验数据处理：

排尘浓度按式(28)计算：

$$c=\frac{G_c(273+t_d)p_0}{kX_d pT_0} \qquad \cdots\cdots(28)$$

式中：

c——排尘浓度，单位为毫克每立方米(mg/m^3)；

G_c——烟尘质量，单位为毫克(mg)；

p_0——标准大气压，单位为千帕(kPa)，p_0=101.32 kPa；

t_d——流量计前温度，单位为摄氏度(℃)；

k——校正系数，k=浮子流量计读数/相应的累计流量计在1 min的累计读数；

X_d——采样量，单位为立方米(m^3)；

p——流量计前压力，单位为千帕(kPa)；

T_0——热力学温度，单位为开(K)，T_0=273 K。

烟气流量按式(29)计算：

$$L = 119 \times 10^3 \frac{FL_0}{d^2} \sqrt{\frac{p - p_d}{273 + t}} \quad \cdots\cdots (29)$$

式中：

L——烟气流量，单位为立方米每小时(m^3/h)；

F——烟道断面积，单位为平方米(m^2)；

L_0——浮子流量计读数，单位为升每分钟(L/min)；

d——采样嘴直径，单位为毫米(mm)；

p_d——当地大气压力，单位为千帕(kPa)。

排放量按式(30)计算：

$$M_d = CL \times 10^{-6} \quad \cdots\cdots (30)$$

式中：

M_d——粉尘排放量，单位为千克每小时(kg/h)。

除尘效率按式(31)计算：

$$\eta = \frac{M_1 - M_2}{M_1} \times 100\% \quad \cdots\cdots (31)$$

式中：

η——除尘效率；

M_1——除尘器前排放量，单位为千克每小时(kg/h)；

M_2——除尘器后排放量，单位为千克每小时(kg/h)。

6.12.2.5 试验结果：

试验结果按表A.27记录

6.12.3 烟气黑度试验

6.12.3.1 试验条件应符合6.12.2.1的规定。

6.12.3.2 试验仪器设备：

烟尘望远镜、卷尺等。

6.12.3.3 试验方法：

在距排烟道30 m处，用烟尘望远镜对准烟道刚排出的烟气，观察0.5 min，其黑度与标准黑度相当的级别，即为林格曼黑度级；试验重复三次，每隔15 min观测一次，结果取平均值。

6.12.3.4 试验结果：

试验结果按表A.28记录。

6.12.4 有害气体成分分析试验

6.12.4.1 试验条件应符合6.12.2.1的规定。

6.12.4.2 试验仪器设备：

烟气分析仪。

6.12.4.3 试验方法：

a) 取样位置、取样点的确定方法应符合6.12.2.3中a)～c)的要求；

b) 取样管路应尽可能短而直，并设置必要的粉尘过滤装置；

c) 取样管应顺烟气流动方向倾斜，整个取样管路须严密不漏；

d) 搅拌设备在额定工况下稳定运转后，按上述分布原则，在同一断面上多点采样，以求平均值；

e) 每点采用时间 0.5 min～2 min，试验重复 3 次，结果取平均值。

6.12.4.4 试验结果：

试验结果按表 A.29 记录。

6.13 可靠性试验

6.13.1 试验目的

通过对搅拌设备样机进行 200 h 的可靠性试验，考核样机在规定条件下作业的可靠程度。

6.13.2 试验场地

试验场地应符合 6.1.1a)的规定。

6.13.3 试验条件

可靠性试验条件如下：

a) 可靠性试验时间不小于 200 h，其中不包括设备磨合、空载运行及性能试验时间；

b) 试验期间，设备的平均负荷率不低于额定生产率的 85%，并保证在额定负荷下的工作时间不少于试验时间的 30%；

c) 样机设备所生产的沥青混合料必须符合 JTG F40 规定要求；

d) 样机作业时必须保证设备状态完好，每作业班次累计作业时间不少于 5 h；

e) 试验期间，应由有经验的技术人员严格按规定操作、维护，杜绝违章作业和带故障运行。

6.13.4 试验时间及计时规定

试验时间及计时规定如下：

a) 可靠性试验时间由作业时间、故障时间和维护保养时间三项组成。

b) 作业时间：搅拌设备作业时间的累计值。单次计时从搅拌设备运转开始，到停机为止。作业过程中的停机待料时间不计入作业时间。

c) 故障时间：故障时间的累计值。单次计时从故障发生开始到故障排除，并确定搅拌设备可正常运转为止。其中包括查找、分析、处理、修整、调试等时间，用于等待非排除故障时间不计。

d) 维修保养时间：按搅拌设备使用说明书规定进行的技术性例行保养时间的累计值。单次计时从养护开始到结束为止。未影响正常作业和未占用作业时间而进行的日常性养护工作时间不计。

6.13.5 故障规定

故障规定及分类如下：

a) 故障是指样机在可靠性试验期间，在常规使用保养条件下，因设备内在原因导致零部件、总成、整机丧失规定功能的现象。

b) 故障分类按故障对人身安全、零部件损坏程度、功能降低程度及修复的难易等因素分为Ⅰ、Ⅱ、Ⅲ、Ⅳ级，即致命故障、严重故障、一般故障和轻微故障四类。各类故障特征和故障举例按表 7 规定。

表 7 故障分类表

故障级别	故障类别	故障特征	危害度系数
Ⅰ	致命故障	严重危及或导致人身伤亡，引起重要总成报废，造成经济损失在总造价的 2.5%以上；或对周围环境造成严重危害	∞
Ⅱ	严重故障	主要零部件、总成损坏，不能用易损件进行更换及在 4 h 内不能修复	3.0
Ⅲ	一般故障	作业性能下降，无主要零部件、总成损坏，可在 4 h 内用随机工具或易损件修复	1.0
Ⅳ	轻微故障	不停机作业，不更换或修理零件(紧固件除外)，用随机工具能在 1 h 内排除	0.2

6.13.6 **故障判定**

故障判定规则如下：

a) 由于搅拌设备自身潜在因素和固有缺陷所致的故障，计为可靠性考核故障；

b) 由外界原因或操作人员违反操作规程而致的故障，不计为可靠性考核故障；

c) 试验过程中同时发生的两个以上的故障时，若故障之间有直接联系，按其中最严重的故障类别计，若无直接联系则分别记录；

d) 故障排除后再次出现类似问题，应计算故障次数；

e) 产品在可靠性试验中出现致命故障，则该产品可靠性判定为不合格。

6.13.7 **试验方法**

试验方法如下：

a) 正式试验时，按表 A.30 记录每作业班次的运行情况。

b) 试验期间，出现故障应及时解决，并详细记录零部件损坏、故障现象及各种异常情况，记录维修换件及工时消耗等。对损坏件应及时进行技术分析和测量，并照片存档。故障记录填入表 A.31。

c) 可靠性试验达到规定时间后，按表 A.32 所列项目对样机进行性能检测，试验方法参照各项目的相应条款执行，试验结果记录填入表 A.32。

6.13.8 **数据处理**

6.13.8.1 当量故障次数 N 按式(32)计算：

$$N=\sum_{i=1}^{3}\varepsilon_i n_i \qquad (32)$$

式中：

N——当量故障次数；

ε_i——第 i 级故障的危害度系数，见表 7；

n_i——发生第 i 级故障的总次数。

6.13.8.2 平均无故障工作时间 MTBF 为样机在规定的试验时间内，净作业时间与故障次数之比。按式(33)计算：

$$\mathrm{MTBF}=\frac{T}{N} \qquad (33)$$

式中：

MTBF——平均无故障工作时间，单位为小时(h)；

T——累计作业时间，单位为小时(h)；$T=\sum t_i$

t_i——单次作业时间，单位为小时(h)。

注：当 $N=0$ 或 $N<1$ 时，令 $N=1$，在试验报告中予以说明。

6.13.8.3 首次无故障工作时间 MTTFF 为样机从试验开始到发生Ⅲ级故障时间内的净作业时间，单位为小时(h)。

6.13.8.4 可靠度为样机包括维修在内能保持正常作业状况的概率，按式(34)计算：

$$R=\frac{T}{T+T_1}\times 100\% \qquad (34)$$

式中：

R——可靠度，%；

T_1——累计故障停机时间，单位为小时(h)。

6.13.9 **试验结果**

试验结果按表 A.33 记录。

7 检验规则

7.1 检验分类

搅拌设备产品检验分为出厂检验和型式检验，各类检验项目按表8进行。

7.2 出厂检验

7.2.1 搅拌设备的出厂检验为逐台检验，出厂检验由制造厂质量检验部门负责进行。

7.2.2 出厂检验应对以下规定的检验项目进行检查：

a) 操作、控制、指示装置的工作状况；

b) 液压气动系统、机械传动系统、电气系统的工作状况；

c) 各总成的空载运行状况；

d) 行走系统工作状况；

e) 外观质量。

7.2.3 出厂检验的试验项目应符合表8的规定。

7.2.4 出厂检验的项目必须全部合格，部分项目允许在工地进行。

表8 搅拌设备检验项目表

检验项目	检验内容	项目类别	出厂检验	型式检验	检验方法	判断依据
外观质量	焊接和油漆质量等	C	△	△	目测	5.3
密封试验	管道和容器的密封	C	△	△	目测	5.3.4、5.5.17.4
滚筒运转	运转平稳性	B	△	△	目测	5.5.2.3
振动筛振幅	振幅及安装误差	B	△	△	直尺测量	5.5.5.6、5.5.5.7
移动设备拖行性能	最小转弯直径	C		△	6.2	5.4.3
	轴荷	B		△	6.3.1	5.4.4
	制动性能	A		△	6.3.2	5.4.5
作业性能	重量计量静态精度	B		△	6.4.1	5.1
	重量计量动态精度	B		△	6.4.2	5.1
	温度计量精度	B		△	6.5	5.1
	成品料仓保温性能	C		△	6.6	5.5.13.4
	沥青罐温升及保温性能	C		△	6.7	5.5.10.3 5.5.10.4
	生产率	A		△	6.8.3	5.1
	燃油消耗率	B		△	6.8.4	5.1
	骨料级配组成分析	B		△	6.9	5.2.2
	成品料质量	B		△	6.10	5.1
	沥青材料性能下降程度	C		△	6.11	5.1
安全与环保	噪声	B		△	6.12.1	5.1
	粉尘排放	B		△	6.12.2	5.1
	烟气黑度	B		△	6.12.3	5.1
	有害气体排放	B		△	6.12.4	5.5.14.3
可靠性	整机可靠性	A		△	6.13	5.1

注：A表示关键项目，B表示一般项目，C表示参考项目，△表示应测项目。

7.3 型式检验

7.3.1 属下列情况之一者，应进行型式检验。

a) 新产品试制或老产品转厂生产的定型鉴定；

b) 变型、重大改进、原材料及工艺等方面有较大变动，可能影响产品性能时；

c) 停产两年以上再生产的产品；

d) 发生严重事故或抽检不合格的产品；

e) 国家质量监督机构进行全面质量检验时。

7.3.2 型式检验为抽样检验。

7.3.3 型式检验的检查项目按技术要求规定的全部内容进行检查、判定。

7.3.4 型式检验的试验项目按表8规定。

7.3.5 型式检验中a)、b)情况属于鉴定检验，从试制样机中随机抽取一台进行；c)～e)情况属于质量一致性检验，采取随机抽样的方法，在当年或近期生产的经出厂检验合格的产品中抽取一台进行。

7.3.6 判定规则

7.3.6.1 经检验的搅拌设备未达到本标准主要性能指标(表8中A类项目)中任何一项的要求，判定为不合格。

7.3.6.2 表8中B类项若有三项以上(含三项)不合格时，允许被抽检的产品中整改后再进行复检，复检项目若仍有三项不合格时则判为不合格。

7.3.6.3 表8中C类项目对设备的性能影响很小，或受物料及操作水平影响，非设备所能完全控制的项目，不作为设备合格的判定依据，仅做设备优、良的参考。

8 标志、包装、运输、贮存

8.1 标志

标志应设置在易于观察的位置，文字内容、图案提示应易于识别。

8.1.1 产品标志应包括下列内容：

a) 商标；

b) 产品名称、型号；

c) 产品主要参数(包括：额定生产率、功率)；

d) 制造日期；

e) 出厂编号；

f) 制造企业名称。

8.1.2 包装标志应包括下列内容：

a) 储运图示标志；

b) 收发货标志。

8.2 包装

8.2.1 包装应符合JG/T 5012的规定要求，对易损、易失落的零部件，应从主机上拆下，单包装方式应根据防护要求和运输要求进行，裸装或包装件均应牢固可靠，确保存放和运输中不受损害。

8.2.2 随机工具、备件、技术文件、附件应进行防潮、防锈保护，并采用包装箱包装。

8.3 运输

8.3.1 运输时应有可靠的固定防护措施和吊装防护措施。

8.3.2 运输应符合国家相关规定要求。

8.4 贮存

8.4.1 应存放在通风、干燥的地方，并采取防晒、防雨、防潮、防腐蚀等措施。

8.4.2 在长期存放之前，应对其防护处理及全面细致的检查。

8.4.3 长期存放时，每隔三个月应定期检查存放情况。

9 供应的成套性

9.1 按订货合同规定提供全套设备。

9.2 应提供随机工具、备件和附件。

9.3 随机技术文件应包括：

a) 产品合格证；

b) 搅拌设备及主要配套件的使用说明书；

c) 随机备件、附件清单；

d) 随机工具清单；

e) 装箱清单。

附　录　A
（资料性附录）
沥青混合料搅拌设备试验记录表

表 A.1　搅拌设备主要性能参数（设计值）表

搅拌设备型号＿＿＿＿＿＿＿＿　　制造厂名称＿＿＿＿＿＿＿＿

参数名称		单位	参数值	备注
整机质量		t		
额定生产率		t/h		
骨料计量精度	静态	%		
	动态	%		
粉料计量精度	静态	%		
	动态	%		
沥青计量精度	静态	%		
	动态	%		
沥青含量偏差		%		
热骨料最高出料温度		℃		
热骨料温度稳定精度		℃		
热骨料温度计量精度		℃		
成品料的最高出料温度		℃		
成品料温度稳定精度		℃		
成品料温度计量精度		℃		
燃油消耗率		kg/t		
总装机容量		kW		
冷料仓容积		m^3		
热骨料仓容积		m^3		
粉料仓容积		m^3		
沥青罐容积		m^3		
成品料仓容积		m^3		
成品料仓的通车宽度×高度		m		
搅拌器下通车宽度×高度		m		
振动筛筛分效率		%		
冷料输送机	外形尺寸（长×宽×高）	mm		
	提升高度	mm		
	有效长度	mm		

表 A.1(续)

搅拌设备型号________________　　　　制造厂名称________________

参数名称		单位	参数值	备注
移动设备	质量	t		
	前轴荷	kN		
	后轴荷			
	外形尺寸(长×宽×高)	mm		
	最小转弯直径	m		
	最小离地间隙	mm		
	前后轴距	mm		
	前轮距	mm		
	后轮距	mm		
	有效长度	mm		
成品料提升机	外形尺寸(长×宽×高)	mm		
	提升高度	mm		
	有效长度	mm		
干燥滚筒	外形尺寸(直径×长宽)	mm		
	安装倾角	(°)		

表 A.2　搅拌设备样机磨合及验收记录表

样机型号________________　　被测单元________________

出厂编号________________　　测试地点________________

测试人员________________　　测验日期________________

序号	试验项目	负荷率/ %	持续时间/ h	试验日期	记　事
n					
	运行时间合计　h				

注 1:项目栏:包括总装调整、跑合运行、修理等,按年月日顺序记入。

注 2:时间栏:记入每项试验所持续的时间。

注 3:记事栏:按新制、改制记入跑合、运行状况、故障情况及调整修理(部位、程度、措施)等事项。

表 A.3 搅拌设备被测单元质量及轴荷测量记录

样机型号＿＿＿＿＿＿＿＿ 被测单元＿＿＿＿＿＿＿＿

出厂编号＿＿＿＿＿＿＿＿ 测试地点＿＿＿＿＿＿＿＿

测试人员＿＿＿＿＿＿＿＿ 测验日期＿＿＿＿＿＿＿＿

项　　目	单位	测　量　值			平均值	备注
		1	2	3		
前轴分配质量	kN					
后轴分配质量	kN					

表 A.4 最小转弯直径试验记录

样机型号＿＿＿＿＿＿＿＿ 测试单元＿＿＿＿＿＿＿＿ 出厂编号＿＿＿＿＿＿＿＿

试验人员＿＿＿＿＿＿＿＿ 试验日期＿＿＿＿＿＿＿＿ 试验地点＿＿＿＿＿＿＿＿

路面状况＿＿＿＿＿＿＿＿ 天气气温＿＿＿＿＿＿＿＿ 风向风速＿＿＿＿＿＿＿＿

轮胎气压＿＿＿＿＿＿＿＿ 驾驶员＿＿＿＿＿＿＿＿

单位为米

转弯方向	转弯直径				水平通过直径				备注
	测量直径			平均值	测量值			平均值	
	1	2	3		1	2	3		
左转									
右转									

表 A.5 制动性能试验记录

样机型号＿＿＿＿＿＿＿＿ 测试单元＿＿＿＿＿＿＿＿ 出厂编号＿＿＿＿＿＿＿＿

试验人员＿＿＿＿＿＿＿＿ 试验日期＿＿＿＿＿＿＿＿ 试验地点＿＿＿＿＿＿＿＿

路面状况＿＿＿＿＿＿＿＿ 天气气温＿＿＿＿＿＿＿＿ 风向风速＿＿＿＿＿＿＿＿

轮胎气压＿＿＿＿＿＿＿＿ 驾驶员＿＿＿＿＿＿＿＿

行驶方向	设定制动初速度/(km/h)	实测制动初速度/(km/h)	实测制动距离/m	修正制动距离/m	备注
去向					
来向					
平均					

表 A.6　拖行状态试验记录

样机型号＿＿＿＿＿＿　测试单元＿＿＿＿＿＿　出厂编号＿＿＿＿＿＿

试验人员＿＿＿＿＿＿　试验日期＿＿＿＿＿＿　试验地点＿＿＿＿＿＿

路面状况＿＿＿＿＿＿　天气气温＿＿＿＿＿＿　风向风速＿＿＿＿＿＿

轮胎气压＿＿＿＿＿＿　驾驶员＿＿＿＿＿＿

项目名称		检验结果及参数	备注
拖行条件	拖行速度(平均值)		
	拖行工况		
检查项目	横向稳定性		
	干燥滚筒、除尘器与车架的联接		
	辅助件的安装与联接		
检查周期及试验路况	试验行驶里程		
	试验行驶时间		
	道路情况		

表 A.7　物料静态计量精度测量记录

样机型号＿＿＿＿＿＿　测试地点＿＿＿＿＿＿

测试人员＿＿＿＿＿＿　测验日期＿＿＿＿＿＿

风向风速＿＿＿＿＿＿　天气气温＿＿＿＿＿＿

参数名称	序号	砝码值/kg		测量值/kg		计量精度/%	
		满量程	半量程	满量程	半量程	满量程	半量程
骨料计量精度	1						
	2						
	3						
	平均						
粉料计量精度	1						
	2						
	3						
	平均						
沥青计量精度	1						
	2						
	3						
	平均						

表 A.8 物料动态配料计量精度测量记录

样机型号__________ 测试地点__________

测试人员__________ 测验日期__________

风向风速__________ 天气气温__________

参数名称	序号	设定值(实测值)/kg		显示值/kg		计量精度/%	
		满量程	半量程	满量程	半量程	满量程	半量程
骨料计量精度	1						
	2						
	3						
	平均						
粉料计量精度	1						
	2						
	3						
	平均						
沥青计量精度	1						
	2						
	3						
	平均						

表 A.9 温度计计量精度测量记录

样机型号__________ 测试地点__________

测试人员__________ 测验日期__________

风向风速__________ 天气气温__________

参数名称	序号	指示值/℃	测量值/℃	偏差/℃
热骨料温度计计量精度	1			
	2			
	3			
	平均			
沥青温度计计量精度	1			
	2			
	3			
	平均			
成品料温度计计量精度	1			
	2			
	3			
	平均			
烟气温度计计量精度	1			
	2			
	3			
	平均			

表 A.10 成品料仓的保温性能试验记录

样机型号________________　　测试地点________________

测试人员________________　　测验日期________________

风向风速________________　　天气气温________________

时间/h		0	2	4	6	8	10	12
环境温度/℃								
料温/℃	测点 1							
	测点 2							
	测点 3							
	平均温度							
平均温度降/℃		0						

表 A.11 沥青罐温升试验记录

样机型号________________　　试验地点________________

出厂编号________________　　试验日期________________

天气气温________________　　试验人员________________

风速________________

加温时间/min	沥青初始温度/℃	沥青终止温度/℃	温升速率/(℃/h)	平均温升速率/(℃/h)	备注
15					
30					
60					
90					

表 A.12 沥青罐保温性能试验记录

样机型号________________　　测试地点________________

测试人员________________　　测验日期________________

风向风速________________　　天气气温________________

时间/h	0	1	2	3	4	5	6	7	8	9	10	11	12
环境温度/℃													
沥青温度/℃													
温度降/℃													
温降比率/%													
平均温降比率/%													
	温降比率:每小时温度的下降值除以初始温度与环境最低温度差值的百分率												

表 A.13 冷骨料含水率试验记录

样机型号________________ 试验地点________________

出厂编号________________ 试验日期________________

天气气温________________ 试验人员________________

序号	冷料质量/ g	干料质量/ g	含水率/ %	平均含水率/ %	备注
1					
2					
3					
4					
5					

表 A.14 热骨料残余含水率试验记录

样机型号________________ 试验地点________________

出厂编号________________ 试验日期________________

天气气温________________ 试验人员________________

序号	热料质量/ g	干料质量/ g	含水率/ %	平均含水率/ %	备注
1					
2					
3					
4					
5					

表 A.15 热料(成品料)温度试验记录

样机型号________________ 试验地点________________

出厂编号________________ 试验日期________________

天气气温________________ 试验人员________________

风速________________

序号	1	2	3	4	5	6	7	8	9	10	11	12	13	14	15	16	17	18	19	20
热骨料温度/ ℃																				
成品料温度/ ℃																				

表 A.16 热料(成品料)温度稳定性记录

样机型号＿＿＿＿＿＿＿＿ 测试地点＿＿＿＿＿＿＿＿

测试人员＿＿＿＿＿＿＿＿ 测验日期＿＿＿＿＿＿＿＿

风向风速＿＿＿＿＿＿＿＿ 天气气温＿＿＿＿＿＿＿＿

参数名称	温度设定值/℃	平均料温/℃	系统偏差/℃	标准差/℃	稳定度/%	极限偏差/℃	稳定性/℃
热骨料							
成品料							

表 A.17 沥青搅拌设备生产率试验记录

样机型号＿＿＿＿＿＿＿＿ 试验地点＿＿＿＿＿＿＿＿

出厂编号＿＿＿＿＿＿＿＿ 试验日期＿＿＿＿＿＿＿＿

天气气温＿＿＿＿＿＿＿＿ 试验人员＿＿＿＿＿＿＿＿

项　目	单位	测定值			平均值	备注
		1	2	3		
冷骨料温度 t_1	℃					
冷骨料含水率 ω	%					
热骨料温度 t_5	℃					
热骨料残余含水率 ω_r	%					
烟气温度 t_3	℃					
成品料温度 t_4	℃					
沥青初始温度 t_1	℃					
沥青含量	%					
沥青比热 C_1	kJ/(kg·℃)					
成品料产量 M	kg					
测试时间 t	s					
成品料实测生产率 Q	t/h					
修正生产率 Q_0	t/h					
额定生产率	t/h					

表 A.18 燃油消耗率试验记录

样机型号＿＿＿＿＿＿＿＿ 试验地点＿＿＿＿＿＿＿＿

出厂编号＿＿＿＿＿＿＿＿ 试验日期＿＿＿＿＿＿＿＿

天气气温＿＿＿＿＿＿＿＿ 试验人员＿＿＿＿＿＿＿＿

项　目	单位	测定值			平均值	备注
		1	2	3		
燃油消耗量	kg					
测试时间	s					
燃油低位发热值	kJ/kg					
实测燃油消耗率	kg/h					
修正生产率 Q'	t/h					
燃油消耗率	kg/t					

表 A.19 振动筛筛分效率试验记录

样机型号＿＿＿＿＿＿＿＿＿＿＿＿ 试验地点＿＿＿＿＿＿＿＿＿＿＿＿

出厂编号＿＿＿＿＿＿＿＿＿＿＿＿ 试验日期＿＿＿＿＿＿＿＿＿＿＿＿

天气气温＿＿＿＿＿＿＿＿＿＿＿＿ 试验人员＿＿＿＿＿＿＿＿＿＿＿＿

筛网尺寸/mm	次数	试样总质量/g	通过量/g	筛分效率/%	平均值/%	备注
	1					
	2					
	3					
	4					
	5					
	1					
	2					
	3					
	4					
	5					
	1					
	2					
	3					
	4					
	5					
	1					
	2					
	3					
	4					
	5					
	1					
	2					
	3					
	4					
	5					
	1					
	2					
	3					
	4					
	5					

表 A.20 骨料级配组成试验记录

样机型号＿＿＿＿＿＿＿＿ 试验地点＿＿＿＿＿＿＿＿

出厂编号＿＿＿＿＿＿＿＿ 试验日期＿＿＿＿＿＿＿＿

天气气温＿＿＿＿＿＿＿＿ 试验人员＿＿＿＿＿＿＿＿

项目		测定值					平均值
	矿料粒度/mm	1	2	3	4	5	
筛分通过质量百分率/%	26.5						
	19						
	16						
	13.2						
	9.5						
	4.75						
	2.36						
	1.18						
	0.6						
	0.3						
	0.15						
	0.074						

表 A.21 成品料沥青含量试验记录

样机型号＿＿＿＿＿＿＿＿ 试验地点＿＿＿＿＿＿＿＿

出厂编号＿＿＿＿＿＿＿＿ 试验日期＿＿＿＿＿＿＿＿

天气气温＿＿＿＿＿＿＿＿ 试验人员＿＿＿＿＿＿＿＿

项目	单位	测定值																				备注
		1	2	3	4	5	6	7	8	9	10	11	12	13	14	15	16	17	18	19	20	
成品料质量	g																					
矿料质量	g																					
沥青质量	g																					
沥青含量	%																					
平均值	%																					
设定值	%																					
系统偏差	%																					
标准差	%																					
稳定度	%																					
极限偏差	%																					
沥青含量偏差	%																					

表 A.22 成品料级配分析试验记录

样机型号______________ 试验地点______________

出厂编号______________ 试验日期______________

天气气温______________ 试验人员______________

项目		测定值																				平均值
筛分通过质量百分率/%	骨料粒度/mm	1	2	3	4	5	6	7	8	9	10	11	12	13	14	15	16	17	18	19	20	
	26.5																					
	19																					
	16																					
	13.2																					
	9.5																					
	4.75																					
	2.36																					
	1.18																					
	0.6																					
	0.3																					
	0.15																					
	0.074																					

表 A.23 级配对比试验记录

样机型号______________ 试验地点______________

出厂编号______________ 试验日期______________

天气气温______________ 试验人员______________

项目		测定值		偏差
筛分通过质量百分率/%	矿料粒度/mm	骨料	成品料	
	26.5			
	19			
	16			
	13.2			
	9.5			
	4.75			
	2.36			
	1.18			
	0.6			
	0.3			
	0.15			
	0.074			

表 A.24 沥青材料性能下降程度试验记录

样机型号________________ 试验地点________________

出厂编号________________ 试验日期________________

天气气温________________ 试验人员________________

沥青类别			试验项目		
			针入度/(1/10 mm)	延度/cm	软化点/℃
原始沥青					
原始抽提沥青					
成品料抽提沥青	组号	1			
		2			
		3			
	平均值				
指标变化率			%	%	%

表 A.25 噪声试验机外噪声测量记录

样机型号________________ 试验日期________________

出厂编号________________ 试验人员________________

试验地点________________ 天气状况________________

场地状况________________ 风速________________

声级计型号____________ 精度________dB(A) 频率范围________Hz

项　　目	测量次数	机外测点							
		A	B	C	D	E	F	G	H
背景噪声测量值/dB(A)	1								
	2								
	3								
	平均值								
机外噪声测量值/dB(A)	1								
	2								
	3								
	平均值								
各测点机外噪声与背景噪声的差值									
按差值修正后测点的实际 A 声级									
修正后的实际表面 A 声级									
噪声特性说明									
备注									

表 A.26 操作人员耳边噪声测量记录

<table>
<tr><td rowspan="2">项　　目</td><td rowspan="2">测量次数</td><td colspan="3">各操作位置</td></tr>
<tr><td>1</td><td>2</td><td>3</td></tr>
<tr><td rowspan="4">背景噪声测量值/dB(A)</td><td>1</td><td></td><td></td><td></td></tr>
<tr><td>2</td><td></td><td></td><td></td></tr>
<tr><td>3</td><td></td><td></td><td></td></tr>
<tr><td>平均值</td><td></td><td></td><td></td></tr>
<tr><td rowspan="4">操作人员耳边噪声测量值/dB(A)</td><td>1</td><td></td><td></td><td></td></tr>
<tr><td>2</td><td></td><td></td><td></td></tr>
<tr><td>3</td><td></td><td></td><td></td></tr>
<tr><td>平均值</td><td></td><td></td><td></td></tr>
<tr><td colspan="2">操作人员耳边噪声与背景噪声的差值</td><td></td><td></td><td></td></tr>
<tr><td colspan="2">修正后的实际 A 声级</td><td></td><td></td><td></td></tr>
<tr><td colspan="2">备注</td><td></td><td></td><td></td></tr>
</table>

表 A.27 烟尘排放试验记录

样机型号＿＿＿＿＿＿＿＿　　试验地点＿＿＿＿＿＿＿＿

大气压力＿＿＿＿＿＿＿＿　　试验日期＿＿＿＿＿＿＿＿

天气气温＿＿＿＿＿＿＿＿　　试验人员＿＿＿＿＿＿＿＿

<table>
<tr><td colspan="2">测点</td><td>滤筒号</td><td>采样嘴直径/mm</td><td>采样时间/min</td><td>浮子流量计读数/(L/min)</td><td>流量计前压力/kPa</td><td>流量计前温度/℃</td><td>烟气流量/(m^3/h)</td><td>采样量/m^3</td><td>烟尘质量/mg</td><td>排放量/(kg/h)</td><td>烟尘排放浓度/(mg/m^3)</td></tr>
<tr><td rowspan="4">除尘器前</td><td>1</td><td></td><td></td><td></td><td></td><td></td><td></td><td></td><td></td><td></td><td></td><td></td></tr>
<tr><td>2</td><td></td><td></td><td></td><td></td><td></td><td></td><td></td><td></td><td></td><td></td><td></td></tr>
<tr><td>3</td><td></td><td></td><td></td><td></td><td></td><td></td><td></td><td></td><td></td><td></td><td></td></tr>
<tr><td>平均</td><td></td><td></td><td></td><td></td><td></td><td></td><td></td><td></td><td></td><td></td><td></td></tr>
<tr><td rowspan="4">除尘器后</td><td>1</td><td></td><td></td><td></td><td></td><td></td><td></td><td></td><td></td><td></td><td></td><td></td></tr>
<tr><td>2</td><td></td><td></td><td></td><td></td><td></td><td></td><td></td><td></td><td></td><td></td><td></td></tr>
<tr><td>3</td><td></td><td></td><td></td><td></td><td></td><td></td><td></td><td></td><td></td><td></td><td></td></tr>
<tr><td>平均</td><td></td><td></td><td></td><td></td><td></td><td></td><td></td><td></td><td></td><td></td><td></td></tr>
<tr><td colspan="6">除尘效率　%</td><td colspan="7"></td></tr>
</table>

表 A.28 烟气黑度测量记录

样机型号________________ 试验地点________________
出厂编号________________ 试验日期________________
天气气温________________ 试验人员________________

序　　号	时间/min	林格曼黑度/级	平均值/级	备注
1				
2				
3				

表 A.29 有害气体成分测量记录

样机型号________________ 试验地点________________
出厂编号________________ 试验日期________________
天气气温________________ 试验人员________________

序号	CO 含量/$\times10^{-6}$	CO_2 含量/%	O_2 含量/%	NO 含量/$\times10^{-6}$	NO_2 含量/$\times10^{-6}$	SO_2 含量/$\times10^{-6}$
1						
2						
3						
平均值						

表 A.30 可靠性考核试验班次记录

样机型号________________ 试验地点________________
试验日期________________ 操作人员________________
作业班次________________ 试验人员________________

项　　目	单位	测定值	故障情况
试验起始时间			
成品料种类			
成品料质量			
沥青标号			
沥青含量	%		
冷骨料含水率	%		
热骨料温度	℃		
成品料温度	℃		
班生产量	t		
作业时间	h		
生产率	t/h		
负荷率	%		
班燃油消耗量	kg		
燃油消耗率	kg/t		
故障停机时间	h		
保养时间	h		
其他时间	h		

表 A.31 可靠性考核试验故障记录

样机型号________　　试验地点________
试验日期________　　操作人员________
作业班次________　　试验人员________

序号	故障出现时间	损坏零部件		故障情况及原因	故障出现时累计作业时间	故障排除方法	故障停机时间	故障级别
		名称	数量					
1								
2								
3								
n								

故障发生时间________年________月________日________时________分________
故障情况________
故障原因________
故障排除情况________
更换零部件名称及数量________

表 A.32 可靠性试验样机性能指标变化记录

样机型号________　　试验地点________
出厂编号________　　试验人员________

项　　目	单位	测试结果		变化率/%
		试验前　月　日	试验后　月　日	
额定生产率	t/h			
骨料计量精度	%			
粉料计量精度	%			
沥青计量精度	%			
沥青含量偏差	%			
热骨料、成品料温度稳定精度	℃			
燃油消耗率	kg/t			
烟尘排放浓度	mg/m³			
烟气黑度(林格曼级)	级			
环境噪声	dB(A)			
操作人员耳边噪声	dB(A)			
注：变化率是指在可靠性试验前后，样机性能指标的比较，增大用“+”表示，降低用“-”表示。				

表 A.33 可靠性试验报告

样机型号________________ 试验起止日期________________

出厂编号________________ 数据整理人员________________

项　　目	单位	参数值	可靠性试验数据	备注
额定生产率	t/h			
累计生产量	t			
累计作业时间	h			
累计故障时间	h			
累计养护时间	h			
平均生产率	t/h			
平均负荷率	%			
当量故障次数	次			
首次故障前工作时间	h			
平均无故障工作时间	h			
可靠度	%			

ICS 65.120
B 46

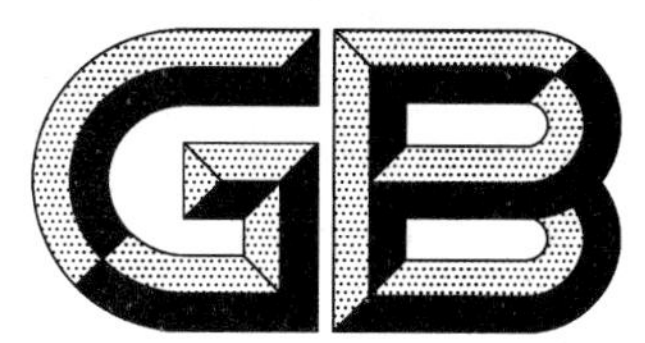

中华人民共和国国家标准

GB/T 17817—2010
代替 GB/T 17817—1999

饲料中维生素 A 的测定 高效液相色谱法

Determination of vitamin A in feeds—High-performance liquid chromatography

2010-09-26 发布　　2011-01-01 实施

中华人民共和国国家质量监督检验检疫总局
中国国家标准化管理委员会　发布

前　言

本标准代替 GB/T 17817—1999《饲料中维生素 A 的测定　高效液相色谱法》。

本标准与 GB/T 17817—1999 主要差异如下：

——增加资料性附录 A；

——原标准方法为第一法皂化提取法；

——补充第二法直接提取法，适用于维生素预混合饲料中维生素 A 乙酸酯的测定。

本标准的附录 A 为资料性附录。

本标准由全国饲料工业标准化技术委员会(SAC/TC 76)提出并归口。

本标准起草单位：中国农业科学院农业质量标准与检测技术研究所[国家饲料质量监督检验中心(北京)]、北京桑普生物化学技术有限公司、广东爱保农科技有限公司、帝斯曼维生素(上海)有限公司、深圳市蛇口牡丹开发有限公司、广州立达尔生物科技有限公司。

本标准主要起草人：赵小阳、施文娟、虞哲高、吴革华、史瑞江、陶正国、陈小兵、李俊玲、李永才、张进、商军。

本标准所代替标准的历次版本发布情况为：

——GB/T 17817—1999。

饲料中维生素 A 的测定
高效液相色谱法

1 范围

本标准规定了饲料中维生素 A 和维生素预混合饲料中维生素 A 乙酸酯的高效液相色谱法测定。

本标准第一法适用于配合饲料、浓缩饲料、复合预混合饲料、维生素预混合饲料中维生素 A 的测定，定量限为 1 000 IU/kg。

本标准第二法适用于维生素预混合饲料中维生素 A 乙酸酯的测定，定量限为 344 mg/kg(10^6 IU/kg)。

2 规范性引用文件

下列文件中的条款通过本标准的引用而成为本标准的条款。凡是注日期的引用文件，其随后所有的修改单(不包括勘误的内容)或修订版均不适用于本标准，然而，鼓励根据本标准达成协议的各方研究是否可使用这些文件的最新版本。凡是不注日期的引用文件，其最新版本适用于本标准。

GB/T 603 化学试剂 试验方法中所用制剂及制品的制备

GB/T 6682 分析实验室用水规格和试验方法

GB/T 14699.1 饲料 采样

GB/T 20195 动物饲料 试样的制备

3 第一法 皂化提取法

3.1 原理

碱溶液皂化试样后，用乙醚将维生素 A 提取出来，蒸除溶剂，残渣溶于适当溶剂，注入高效液相色谱仪分离，在波长 326 nm 条件下测定，外标法计算维生素 A 含量。

3.2 试剂和溶液

除特殊注明外，本标准所用试剂均为分析纯，水符合 GB/T 6682 中三级用水规定，色谱用水符合 GB/T 6682 中一级用水规定，溶液按照 GB/T 603 配制。

3.2.1 无水乙醚(不含过氧化物)

3.2.1.1 过氧化物检查方法：用 5 mL 乙醚加 1 mL 碘化钾溶液(3.2.9)，振摇 1 min，如有过氧化物则放出游离碘，水层呈黄色，或加淀粉指示液(3.2.10)，水层呈蓝色。该乙醚需处理后使用。

3.2.1.2 去除过氧化物的方法：乙醚用硫代硫酸钠溶液(3.2.11)振摇，静置，分取乙醚层，再用水振摇，洗涤两次，重蒸，弃去首尾 5%部分，收集馏出的乙醚，再检查过氧化物，应符合规定。

3.2.2 无水乙醇。

3.2.3 正己烷：色谱纯。

3.2.4 异丙醇：色谱纯。

3.2.5 甲醇：色谱纯。

3.2.6 2,6-二叔丁基对甲酚(BHT)。

3.2.7 无水硫酸钠。

3.2.8 氮气(纯度 99.9%)。

3.2.9 碘化钾溶液：100 g/L。

3.2.10 淀粉指示液：5 g/L(临用现配)。

3.2.11 硫代硫酸钠溶液:50 g/L。

3.2.12 氢氧化钾溶液:500 g/L。

3.2.13 L-抗坏血酸乙醇溶液:5 g/L。取 0.5 g L-抗坏血酸结晶纯品溶解于 4 mL 温热的水中,用无水乙醇(3.2.2)稀释至 100 mL,临用前配制。

3.2.14 酚酞指示剂:10 g/L。

3.2.15 维生素 A 乙酸酯标准品:维生素 A 乙酸酯含量≥99.0%。

3.2.16 维生素 A 标准贮备液:称取维生素 A 乙酸酯标准品(3.2.15)34.4 mg(精确至 0.000 01 g)于皂化瓶中,按分析步骤(3.6)皂化和提取,将乙醚提取液全部浓缩蒸发至干,用正己烷溶解残渣置入 100 mL 棕色容量瓶中并稀释至刻度,混匀,4 ℃保存。该贮备液浓度为 344 μg/mL(1 000 IU/mL),临用前用紫外分光光度计标定其准确浓度。

3.2.17 维生素 A 标准工作液:准确吸取 1.00 mL 维生素 A 标准贮备液(3.2.16),用正己烷(3.2.3)稀释 100 倍;若用反相色谱测定,将 1.00 mL 维生素 A 标准贮备液置入 100 mL 棕色容量瓶中,用氮气吹干,用甲醇(3.2.5)稀释至刻度,混匀,配制工作液浓度为 3.44 μg/mL(10 IU/mL)。

3.3 仪器和设备

3.3.1 分析天平,感量 0.001 g。

3.3.2 分析天平,感量 0.000 1 g。

3.3.3 分析天平,感量 0.000 01 g。

3.3.4 圆底烧瓶,带回流冷凝器。

3.3.5 恒温水浴或电热套。

3.3.6 旋转蒸发器。

3.3.7 超纯水器。

3.3.8 高效液相色谱仪,带紫外可调波长检测器(或二极管矩阵检测器)。

3.4 采样

按照 GB/T 14699.1 的规定执行。

3.5 试样制备

按照 GB/T 20195 制备试样,磨碎,全部通过 0.28 mm 孔筛,混匀,装入密闭容器中,避光低温保存备用。

3.6 分析步骤

3.6.1 试样溶液的制备

3.6.1.1 皂化

称取试样配合饲料或浓缩饲料 10 g,精确至 0.001 g,维生素预混合饲料或复合预混合饲料 1 g~5 g,精确至 0.000 1 g,置入 250 mL 圆底烧瓶中,加 50 mL L-抗坏血酸乙醇溶液(3.2.13),使试样完全分散、浸湿,加 10 mL 氢氧化钾溶液(3.2.12),混匀。置于沸水浴上回流 30 min,不时振荡防止试样粘附在瓶壁上,皂化结束,分别用 5 mL 无水乙醇(3.2.2)、5 mL 水自冷凝管顶端冲洗其内部,取出烧瓶冷却至约 40 ℃。

3.6.1.2 提取

定量转移全部皂化液于盛有 100 mL 无水乙醚(3.2.1)的 500 mL 分液漏斗中,用 30 mL~50 mL 水分 2 次~3 次冲洗圆底烧瓶并入分液漏斗,加盖、放气、随后混合,激烈振荡 2 min,静置、分层。转移水相于第二个分液漏斗中,分次用 100 mL、60 mL 乙醚重复提取两次,弃去水相,合并三次乙醚相。用水每次 100 mL 洗涤乙醚提取液至中性,初次水洗时轻轻旋摇,防止乳化。乙醚提取液通过无水硫酸钠(3.2.7)脱水,转移到 250 mL 棕色容量瓶中,加 100 mg BHT(3.2.6)使之溶解,用乙醚定容至刻度(V_1)。以上操作均在避光通风柜内进行。

3.6.1.3 浓缩

从乙醚提取液(V_1)中分取一定体积(V_2)(依据样品标示量、称样量和提取液量确定分取量)置于旋转蒸发器烧瓶中，在水浴温度约 50 ℃，部分真空条件下蒸发至干或用氮气吹干。残渣用正己烷溶解(反相色谱用甲醇溶解)，并稀释至 10 mL(V_3)使其维生素 A 最后浓度为每毫升 5 IU～10 IU，离心或通过 0.45 μm 过滤膜过滤，用于高效液相色谱仪分析。以上操作均在避光通风柜内进行。

3.6.2 测定

3.6.2.1 色谱条件

3.6.2.1.1 正相色谱

色谱柱：硅胶 Si60，长 125 mm，内径 4 mm，粒度 5 μm(或性能类似的分析柱)；

流动相：正己烷＋异丙醇(98＋2)；

流速：1.0 mL/min；

温度：室温；

进样量：20 μL；

检测波长：326 nm。

3.6.2.1.2 反相色谱

色谱柱：C_{18}型柱，长 125 mm，内径 4.6 mm，粒度 5 μm(或性能类似的分析柱)；

流动相：甲醇＋水(95＋5)；

流速：1.0 mL/min；

温度：室温；

进样量：20 μL；

检测波长：326 nm。

3.6.2.2 定量测定

按高效液相色谱仪说明书调整仪器操作参数，向色谱柱注入相应的维生素 A 标准工作液(3.2.17)和试样溶液(3.6.1)，得到色谱峰面积响应值，用外标法定量测定，维生素 A 标准色谱图参见图 A.1。

3.6.2.3 结果计算

3.6.2.3.1 试样中维生素 A 的含量，以质量分数 X_1 计，数值以国际单位每千克(IU/kg)或毫克每千克(mg/kg)表示，按式(1)计算：

$$X_1=\frac{P_1\times V_1\times V_3\times \rho_1}{P_2\times m_1\times V_2\times f_1}\times 1\ 000 \qquad \cdots\cdots(1)$$

式中：

P_1——试样溶液(3.6.1)峰面积值；

V_1——提取液的总体积，单位为毫升(mL)；

V_3——试样溶液最终体积，单位为毫升(mL)；

ρ_1——维生素 A 标准工作液(3.2.17)浓度，单位为微克每毫升(μg/mL)；

P_2——维生素 A 标准工作液(3.2.17)峰面积值；

m_1——试样质量，单位为克(g)；

V_2——从提取液(V_1)中分取的溶液体积，单位为毫升(mL)；

f_1——转换系数，1 国际单位(IU)相当于 0.344 μg 维生素 A 乙酸酯，或 0.300 μg 视黄醇活性。

3.6.2.3.2 平行测定结果用算术平均值表示，保留三位有效数字。

3.6.2.4 重复性

同一分析者对同一试样同时两次平行测定所得结果的相对偏差见表 1。

表 1 相对偏差

维生素 A 含量/(mg/kg)	相对偏差/%
1.00×10^3～1.00×10^4	±20
>1.00×10^4～1.00×10^5	±15
>1.00×10^5～1.00×10^6	±10
>1.00×10^6	±5

4 第二法 直接提取法

4.1 原理

维生素预混料中的维生素 A 乙酸酯用甲醇溶液提取，试液注入高效液相色谱柱，在 326 nm 处测定，外标法计算维生素 A 乙酸酯含量。

4.2 试剂和溶液

除特殊注明外，本标准所用试剂均为分析纯，水符合 GB/T 6682 中三级用水规定，色谱用水符合 GB/T 6682 中一级用水规定。

4.2.1 维生素 A 乙酸酯标准品：维生素 A 乙酸酯含量≥99.0%。

4.2.2 维生素 A 乙酸酯标准贮备液：称取维生素 A 乙酸酯标准品(4.2.1)34.4 mg(精确至 0.000 01 g)，于 100 mL 棕色容量瓶中，用甲醇(3.2.5)溶解并稀释至刻度，混匀，4 ℃保存。该贮备液浓度为 344 μg/mL(1 000 IU/mL)，临用前用紫外分光光度计标定其准确浓度。

4.2.3 维生素 A 乙酸酯标准工作液：准确吸取维生素 A 乙酸酯标准贮备液(4.2.2)1.0 mL 于 100 mL 棕色容量瓶中，用甲醇(3.2.5)稀释至刻度，混匀，配制工作液浓度为 3.44 μg/mL(10 IU/mL)。

4.3 仪器和设备

4.3.1 超声波水浴。

4.3.2 其他同 3.3。

4.4 采样

同 3.4。

4.5 试样制备

同 3.5。

4.6 分析步骤

4.6.1 试样溶液的制备

称取试样 1 g，精确至 0.000 1 g，置于 100 mL 的棕色容量瓶中，加入约 80 mL 的甲醇，瓶塞不要拧紧，于 65 ℃超声波水浴中超声提取 30 min，冷却至室温，用甲醇稀释至刻度，充分摇匀。如果试样中维生素 A 乙酸酯的标示量低于 10^7 IU/kg，则将溶液过 0.45 μm 滤膜，进样测定，否则需将溶液用甲醇进一步稀释，使维生素 A 乙酸酯的进样浓度与维生素 A 乙酸酯标准工作液浓度接近。

4.6.2 测定

4.6.2.1 色谱条件

色谱柱：C_{18}型柱，长 150 mm，内径 4.6 mm，粒度 5 μm(或性能类似的分析柱)；

流动相：甲醇＋水(98＋2)；

流速：1.0 mL/min；

温度：室温；

进样量：20 μL；

检测波长：326 nm。

4.6.2.2 **定量测定**

按高效液相色谱仪说明书调整仪器操作参数，向色谱柱注入相应的维生素A乙酸酯标准工作液(4.2.3)和试样溶液(4.6.1)，得到色谱峰面积响应值，用外标法定量测定，维生素A乙酸酯标准色谱图参见图A.2。

4.6.2.3 **结果计算**

4.6.2.3.1 试样中维生素A乙酸酯的含量，以质量分数X_2计，数值以国际单位每千克(IU/kg)或毫克每千克(mg/kg)表示，按式(2)计算：

$$X_2 = \frac{P_3 \times V \times \rho_2}{P_4 \times m_2 \times f_2} \times 1\ 000 \qquad \cdots\cdots(2)$$

式中：

P_3——试样溶液(4.6.1)峰面积值；

V——试样溶液(4.6.1)的总稀释体积，单位为毫升(mL)；

ρ_2——维生素A乙酸酯标准工作液(4.2.3)浓度，单位为微克每毫升(μg/mL)；

P_4——维生素A乙酸酯标准工作液(4.2.3)峰面积值；

m_2——试样质量，单位为克(g)；

f_2——转换系数，1国际单位(IU)相当于0.344 μg维生素A乙酸酯。

4.6.2.3.2 平行测定结果用算术平均值表示，保留三位有效数字。

4.6.2.4 **重复性**

同一分析者对同一试样同时两次平行测定所得结果的相对偏差不大于10%。

附 录 A
（资料性附录）
维生素A、维生素A乙酸酯标准色谱图

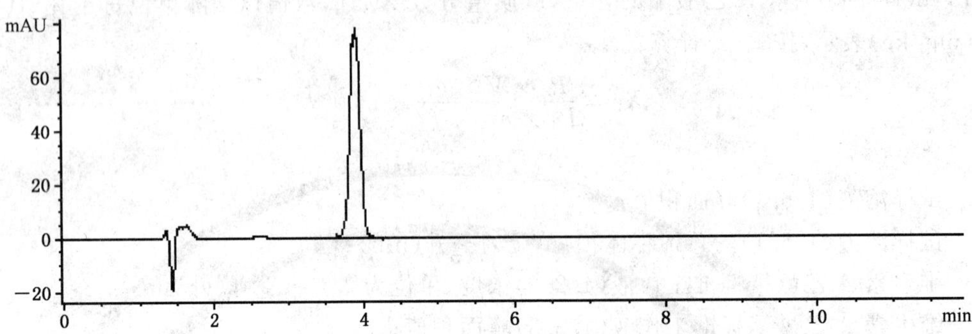

图 A.1 维生素A标准色谱图

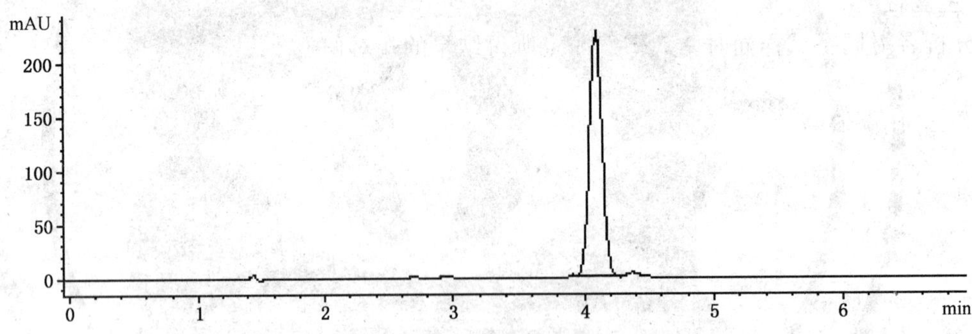

图 A.2 维生素A乙酸酯标准色谱图

ICS 65.120
B 46

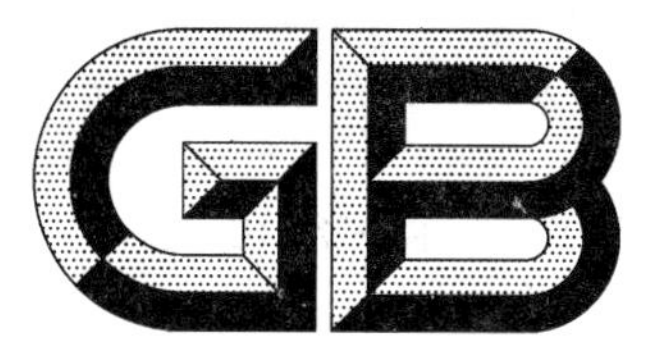

中华人民共和国国家标准

GB/T 17818—2010
代替 GB/T 17818—1999

饲料中维生素 D_3 的测定 高效液相色谱法

Determination of vitamin D_3 in feeds—
High-performance liquid chromatography

2010-09-26 发布 2011-01-01 实施

中华人民共和国国家质量监督检验检疫总局
中国国家标准化管理委员会 发布

前　言

本标准代替 GB/T 17818—1999《饲料中维生素 D_3 的测定　高效液相色谱法》。

本标准与 GB/T 17818—1999 主要差异如下：

——增加资料性附录 A；

——原标准方法为第一法皂化提取法；

——补充第二法直接提取法，适用于维生素预混料中维生素 D_3 的测定。

本标准的附录 A 为资料性附录。

本标准由全国饲料工业标准化技术委员会(SAC/TC 76)提出并归口。

本标准起草单位：中国农业科学院农业质量标准与检测技术研究所[国家饲料质量监督检验中心(北京)]、北京桑普生物化学技术有限公司、广东爱保农科技有限公司、帝斯曼维生素(上海)有限公司、拜耳(四川)动物保健有限公司。

本标准主要起草人：赵小阳、施文娟、虞哲高、吴革华、李俊玲、李永才、张进、商军、郑秋峰。

本标准所代替标准的历次版本发布情况为：

——GB/T 17818—1999。

饲料中维生素 D_3 的测定 高效液相色谱法

1 范围

本标准规定了饲料中维生素 D_3 的高效液相色谱法测定。

本标准第一法适用于配合饲料、浓缩饲料、复合预混合饲料、维生素预混合饲料中维生素 D_3 的测定，定量限为 12.5 μg/kg(500 IU/kg)。

本标准第二法适用于维生素预混合饲料中维生素 D_3 的测定，定量限为 125 mg/kg(5×10^6 IU/kg)。

2 规范性引用文件

下列文件中的条款通过本标准的引用而成为本标准的条款。凡是注日期的引用文件，其随后所有的修改单(不包括勘误的内容)或修订版均不适用于本标准，然而，鼓励根据本标准达成协议的各方研究是否可使用这些文件的最新版本。凡是不注日期的引用文件，其最新版本适用于本标准。

GB/T 603 化学试剂 试验方法中所用制剂及制品的制备

GB/T 6682 分析实验室用水规格和试验方法

GB/T 14699.1 饲料 采样

GB/T 20195 动物饲料 试样的制备

3 第一法 皂化提取法

3.1 原理

用碱溶液皂化试样，乙醚提取维生素 D_3，蒸发乙醚，残渣溶解于甲醇并将部分溶液注入高效液相色谱反相净化柱，收集含维生素 D_3 淋洗液，蒸发至干，溶解于适当溶剂中，注入高效液相色谱分析柱，在 264 nm 处测定，外标法计算维生素 D_3 含量。

3.2 试剂和溶液

除特殊注明外，本标准所用试剂均为分析纯，水符合 GB/T 6682 中三级用水规定，色谱用水符合 GB/T 6682 中一级用水规定，溶液按照 GB/T 603 配制。

3.2.1 无水乙醚(不含过氧化物)

3.2.1.1 过氧化物检查方法：用 5 mL 乙醚加 1 mL 碘化钾溶液(3.2.9)，振摇 1 min，如有过氧化物则放出游离碘，水层呈黄色，或加淀粉指示液(3.2.10)，水层呈蓝色。该乙醚需处理后使用。

3.2.1.2 去除过氧化物的方法：乙醚用硫代硫酸钠溶液(3.2.11)振摇，静置，分取乙醚层，再用水振摇，洗涤两次，重蒸，弃去首尾 5%部分，收集馏出的乙醚，再检查过氧化物，应符合规定。

3.2.2 无水乙醇。

3.2.3 正己烷：色谱纯。

3.2.4 1,4-二氧六环。

3.2.5 甲醇：色谱纯。

3.2.6 2,6-二叔丁基对甲酚(BHT)。

3.2.7 无水硫酸钠。

3.2.8 氮气(纯度 99.9%)。

3.2.9 碘化钾溶液：100 g/L。

3.2.10 淀粉指示液:5 g/L(临用现配)。

3.2.11 硫代硫酸钠溶液:50 g/L。

3.2.12 氢氧化钾溶液:500 g/L。

3.2.13 L-抗坏血酸乙醇溶液:5 g/L,取 0.5 g L-抗坏血酸结晶纯品溶解于 4 mL 温热的水中,用无水乙醇(3.2.2)稀释至 100 mL,临用前配制。

3.2.14 酚酞指示剂:10 g/L。

3.2.15 氯化钠溶液:100 g/L。

3.2.16 维生素 D_3 标准品:维生素 D_3 含量≥99.0%。

3.2.17 维生素 D_3 标准贮备液:称取 50 mg 维生素 D_3(胆钙化醇)标准品(3.2.16)(精确至 0.000 01 g)于 50 mL 棕色容量瓶中,用正己烷溶解并稀释至刻度,混匀,4 ℃保存。该贮备液浓度为 1.0 mg/mL。

3.2.18 维生素 D_3 标准工作液:准确吸取维生素 D_3 标准贮备液(3.2.17),用正己烷(3.2.3)按 1∶100 比例稀释,若用反相色谱测定,将 1.0 mL 维生素 D_3 标准贮备液置入 10 mL 棕色容量瓶中,用氮气吹干,用甲醇(3.2.5)稀释至刻度,混匀,再按比例稀释,该标准工作液浓度为 10 μg/mL。

3.3 仪器和设备

3.3.1 分析天平,感量 0.001 g。

3.3.2 分析天平,感量 0.000 1 g。

3.3.3 分析天平,感量 0.000 01 g。

3.3.4 圆底烧瓶,带回流冷凝器。

3.3.5 恒温水浴或电热套。

3.3.6 旋转蒸发器。

3.3.7 超纯水器。

3.3.8 高效液相色谱仪,带紫外可调波长检测器(或二极管矩阵检测器)。

3.4 采样

按照 GB/T 14699.1 的规定执行。

3.5 试样制备

按照 GB/T 20195 制备试样,磨碎,全部通过 0.28 mm 孔筛,混匀,装入密闭容器中,避光低温保存备用。

3.6 分析步骤

3.6.1 试样溶液的制备

3.6.1.1 皂化

称取试样,配合饲料 10 g~20 g,浓缩饲料 10 g,精确至 0.001 g,维生素预混合饲料或复合预混合饲料 1 g~5 g,精确至 0.000 1 g,置入 250 mL 圆底烧瓶中,加 50 mL~60 mL L-抗坏血酸乙醇溶液(3.2.13),使试样完全分散、浸湿,加 10 mL 氢氧化钾溶液(3.2.12),混合均匀,置于沸水浴上回流 30 min,不时振荡防止试样粘附在瓶壁上,皂化结束,分别用 5 mL 无水乙醇(3.2.2)、5 mL 水自冷凝管顶端冲洗其内部,取出烧瓶冷却至约 40 ℃。

3.6.1.2 提取

定量转移全部皂化液于盛有 100 mL 无水乙醚(3.2.1)的 500 mL 分液漏斗中,用 30 mL~50 mL 水分 2 次~3 次冲洗圆底烧瓶并入分液漏斗,加盖、放气、随后混合,激烈振荡 2 min,静置分层。转移水相于第二个分液漏斗中,分次用 100 mL、60 mL 乙醚重复提取两次,弃去水相,合并三次乙醚相。用氯化钠溶液(3.2.15)100 mL 洗涤一次,再用水每次 100 mL 洗涤乙醚提取液至中性,初次水洗时轻轻旋摇,防止乳化。乙醚提取液通过无水硫酸钠(3.2.7)脱水,转移到 250 mL 棕色容量瓶中,加 100 mg BHT(3.2.6)使之溶解,用乙醚定容至刻度(V_1)。以上操作均在避光通风柜内进行。

3.6.1.3 浓缩

从乙醚提取液(V_1)中分取一定体积(V_2)(依据样品标示量、称样量和提取液量确定分取量)置于旋转蒸发器烧瓶中,在部分真空,水浴温度 50 ℃的条件下蒸发至干,或用氮气吹干。残渣用正己烷(3.2.3)溶解(需净化时用甲醇溶解,按 3.6.1.4 进行),并稀释至 10 mL(V_3)使其获得的溶液中每毫升含维生素 D_3 2 μg~10 μg(80 IU~400 IU),离心或通过 0.45 μm 过滤膜过滤,收集清液移入 2 mL 小试管,用于高效液相色谱仪分析。以上操作均在避光通风柜内进行。

3.6.1.4 高效液相色谱净化柱净化

用 5 mL 甲醇(3.2.5)溶解圆底烧瓶中的残渣,向高效液相色谱净化柱中注射 0.5 mL 甲醇溶液(按 3.6.2.1 所述色谱条件,以维生素 D_3 标准甲醇溶液流出时间±0.5 min)收集含维生素 D_3 的馏分于 50 mL 小容量瓶中,蒸发至干(或用氮气吹干),溶解于正己烷中。

所测样品的维生素 D_3 标示量在每千克超过 10 000 IU 范围时,可以不使用高效液相色谱净化柱,直接用分析柱分析。

3.6.2 测定

3.6.2.1 高效液相色谱净化条件

色谱净化柱:Lichrosorb RP-8,长 25 cm,内径 10 mm,粒度 10 μm。

流动相:甲醇+水(90+10)。

流速:2.0 mL/min。

温度:室温。

检测波长:264 nm。

3.6.2.2 高效液相色谱分析条件

3.6.2.2.1 正相色谱

色谱柱:硅胶 Si60,长 125 mm,内径 4.6 mm,粒度 5 μm(或性能类似的分析柱)。

流动相:正己烷+1,4 二氧六环(93+7)。

流速:1.0 mL/min。

温度:室温。

进样量:20 μL。

检测波长:264 nm。

3.6.2.2.2 反相色谱

色谱柱:C_{18} 型柱,长 125 mm,内径 4.6 mm,粒度 5 μm(或性能类似的分析柱)。

流动相:甲醇+水(95+5)。

流速:1.0 mL/min。

温度:室温。

进样量:20 μL。

检测波长:264 nm。

3.6.2.3 定量测定

按高效液相色谱仪说明书调整仪器操作参数,为准确测量按要求对分析柱进行系统适应性试验,使维生素 D_3 与维生素 D_3 原或其他峰之间有较好分离度,其 $R \geqslant 1.5$。向色谱柱注入相应的维生素 D_3 标准工作液(3.2.18)和试样溶液(3.6.1),得到色谱峰面积响应值,用外标法定量测定。

3.6.2.4 结果计算

3.6.2.4.1 试样中维生素 D_3 的含量,以质量分数 X_1 计,数值以国际单位每千克(IU/kg)或毫克每千克(mg/kg)表示,按式(1)计算:

$$X_1 = \frac{P_1 \times V_1 \times V_3 \times \rho_1 \times 1.25}{P_2 \times m_1 \times V_2 \times f_1} \times 1\,000 \quad \cdots\cdots(1)$$

式中：

P_1——试样溶液(3.6.1)峰面积值；

V_1——提取液的总体积，单位为毫升(mL)；

V_3——试样溶液最终体积，单位为毫升(mL)；

ρ_1——维生素 D_3 标准工作液(3.2.18)浓度，单位为微克每毫升(μg/mL)；

P_2——维生素 D_3 标准工作液(3.2.18)峰面积值；

m_1——试样质量，单位为克(g)；

V_2——从提取液(V_1)中分取的溶液体积，单位为毫升(mL)；

f_1——转换系数，1 国际单位(IU)维生素 D_3 相当于 0.025 μg 胆钙化醇。

注：维生素 D_3 对照品与试样同样皂化处理后，所得标准溶液注入高效液相色谱分析柱以维生素 D_3 峰面积计算时可不乘 1.25。

3.6.2.4.2 平行测定结果用算术平均值表示，保留三位有效数字。

3.6.2.5 **重复性**

同一分析者对同一试样同时两次平行测定所得结果的相对偏差见表 1。

表 1 相对偏差

维生素 D_3 含量/(IU/kg)	相对偏差/%
1.00×10^3～1.00×10^5	±20
$>1.00\times10^5$～1.00×10^6	±15
$>1.00\times10^6$	±10

4 第二法 直接提取法

4.1 原理

维生素预混合饲料中的维生素 D_3 用甲醇溶液提取，试液注入高效液相色谱柱，在 264 nm 处测定，外标法计算维生素 D_3 含量。

4.2 试剂和溶液

除特殊注明外，本标准所用试剂均为分析纯，水符合 GB/T 6682 中三级用水规定，色谱用水符合 GB/T 6682 中一级用水规定。

4.2.1 维生素 D_3 标准品：维生素 D_3 含量≥99.0%。

4.2.2 维生素 D_3 标准贮备液：称取维生素 D_3 标准品(4.2.1)100 mg(精确至 0.000 01 g)，于 100 mL 棕色容量瓶中，用甲醇(3.2.5)溶解并稀释至刻度，混匀，4 ℃保存。该贮备液浓度为 1.0 mg/mL。

4.2.3 维生素 D_3 标准工作液：准确吸取维生素 D_3 标准贮备液(4.2.2)1.0 mL 于 100 mL 棕色容量瓶中，用甲醇(3.2.5)稀释至刻度，混匀，配制工作液浓度为 10 μg/mL。

4.3 仪器和设备

4.3.1 超声波水浴。

4.3.2 其他同 3.3。

4.4 采样

同 3.4。

4.5 试样制备

同 3.5。

4.6 分析步骤

4.6.1 试样溶液的制备

称取试样 1 g，精确至 0.000 1 g，置于 100 mL 的棕色容量瓶中，加入约 80 mL 的甲醇，瓶塞不要拧紧，于 65 ℃超声波水浴中超声提取 30 min，冷却至室温，用甲醇稀释至刻度，充分摇匀，将溶液过 0.45 μm 滤膜，进样测定，使待测样品维生素 D_3 的进样浓度与标准溶液浓度接近。

4.6.2 **测定**

4.6.2.1 **色谱条件**

色谱柱：C_{18} 型柱，长 150 mm，内径 4.6 mm，粒度 5 μm（或性能类似的分析柱）。

流动相：甲醇＋水（98＋2）。

流速：1.0 mL/min。

温度：室温。

进样量：20 μL。

检测波长：264 nm。

4.6.2.2 **定量测定**

按高效液相色谱仪说明书调整仪器操作参数，向色谱柱注入相应的维生素 D_3 标准工作液（4.2.3）和试样溶液（4.6.1），得到色谱峰面积响应值，用外标法定量测定。维生素 D_3 标准色谱图参见图 A.1。

4.6.2.3 **结果计算**

4.6.2.3.1 试样中维生素 D_3 的含量，以质量分数 X_2 计，数值以国际单位每千克（IU/kg）或毫克每千克（mg/kg）表示，按式（2）计算：

$$X_2=\frac{P_3\times V\times \rho_2}{P_4\times m_2\times f_2}\times 1.07\times 1\,000 \qquad (2)$$

式中：

P_3——试样溶液（4.6.1）峰面积值；

V——试样溶液（4.6.1）的总稀释体积，单位为毫升（mL）；

ρ_2——维生素 D_3 标准工作液（4.2.3）浓度，单位为微克每毫升（μg/mL）；

P_4——维生素 D_3 标准工作液（4.2.3）峰面积值；

m_2——试样质量，单位为克（g）；

f_2——转换系数，1 国际单位（IU）维生素 D_3 相当于 0.025 μg 胆钙化醇；

1.07——提取时生成预维生素 D_3 的校正因子。

注：维生素 D_3 标准品与试样同样处理后，所得标准溶液注入高效液相色谱分析柱以维生素 D_3 峰面积计算时可不乘 1.07。

4.6.2.3.2 平行测定结果用算术平均值表示，保留三位有效数字。

4.6.2.4 **重复性**

同一分析者对同一试样同时两次平行测定所得结果的相对偏差不大于 10%。

附 录 A
（资料性附录）
维生素 D_3 标准色谱图

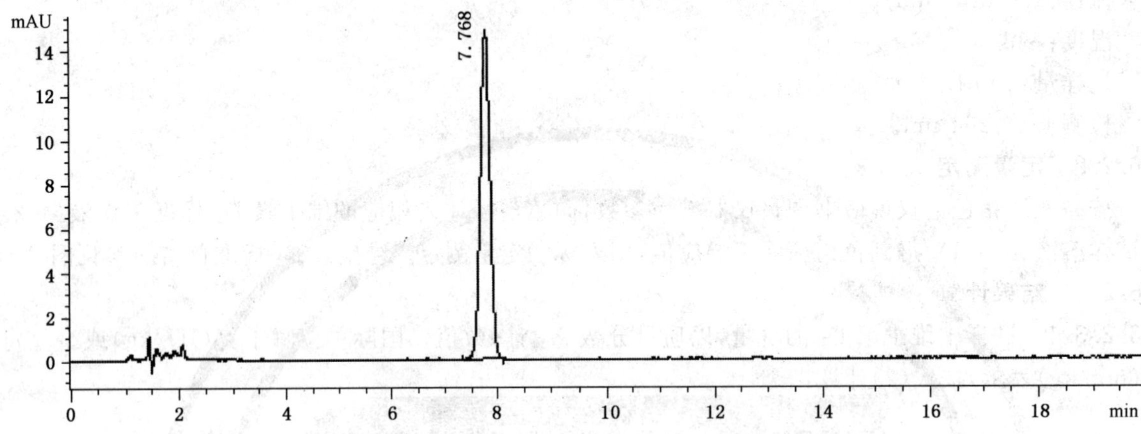

图 A.1 维生素 D_3 标准色谱图

ICS 01.100.20
J 04

中华人民共和国国家标准

GB/T 17851—2010
代替 GB/T 17851—1999

产品几何技术规范(GPS) 几何公差 基准和基准体系

Geometrical Product Specifications (GPS)— Geometrical tolerancing—Datums and datum system

(ISO 5459:1981,Technical drawings—Geometrical tolerancing—Datums and datum-systems for geometrical tolerances,MOD)

2011-01-10 发布　　2011-10-01 实施

中华人民共和国国家质量监督检验检疫总局
中国国家标准化管理委员会 发布

前 言

本标准修改采用国际标准 ISO 5459:1981《技术制图　几何公差　基准和基准体系》(英文版)。

本标准在保持 ISO 5459:1981 的基本内容不变时,主要修改如下:

——标准名称增加引导要素:产品几何技术规范(GPS);

——标准的适用范围增加了采用基准要素的拟合组成要素或拟合导出要素建立基准时的情况;

——根据现行 GPS 标准,引用了方位要素、尺寸要素、组成要素、导出要素、拟合组成要素、拟合导出要素等术语定义;

——第 5 章“基准的应用”中增加了用基准要素的拟合要素建立基准的示例;

——增加了资料性附录 A“在 GPS 矩阵模型中的位置”。

本标准代替 GB/T 17851—1999《形状和位置公差　基准和基准体系》。本次修订除上述修改外,与 1999 版相比,还有如下变化:

——将“形状和位置公差”改为“几何公差”;

——修改了基准的定义;

——修改了图 2 中基准要素的标注错误[本版的图 3a)];

——增加了 6.2 基准字母;

——增加了 7.1 基准目标符号。

本标准附录 A 为资料性附录。

本标准由全国产品几何技术规范标准化技术委员会提出并归口。

本标准起草单位:中机生产力促进中心、郑州大学、西安交通大学、中原工学院。

本标准主要起草人:李晓沛、张琳娜、赵卓贤、赵凤霞、赵则祥。

本标准所代替标准的历次版本发布情况为:

——GB/T 17851—1999。

产品几何技术规范(GPS)
几何公差　基准和基准体系

1　范围

本标准规定了几何公差的基准和基准体系的定义、在技术图样上的标注和在实际应用中的体现方法。

本标准适用于采用模拟基准要素和基准要素的拟合要素建立基准的基本规则。

2　规范性引用文件

下列文件中的条款通过本标准的引用而成为本标准的条款。凡是注日期的引用文件,其随后所有的修改单(不包括勘误的内容)或修订版均不适用于本标准,然而,鼓励根据本标准达成协议的各方研究是否可使用这些文件的最新版本。凡是不注日期的引用文件,其最新版本适用于本标准。

GB/T 1182　产品几何技术规范(GPS)几何公差　形状、方向、位置和跳动公差标注(GB/T 1182—2008,ISO 1101:2004,IDT)

GB/T 16671　产品几何技术规范(GPS)几何公差　最大实体要求、最小实体要求和可逆要求(GB/T 16671—2009,ISO 2692:2006,MOD)

GB/T 18780.1—2002　产品几何量技术规范(GPS)几何要素　第1部分:基本术语和定义(ISO 14660-1:1999,IDT)

GB/Z 20308　产品几何技术规范(GPS)总体规划(GB/Z 20308—2006,ISO/TR 14638:1995,MOD)

GB/Z 24637.1—2009　产品几何技术规范(GPS)通用概念　第1部分:几何规范和验证的模式(ISO/TS 17450-1:2005,IDT)

3　术语和定义

GB/T 1182、GB/T 16671、GB/T 18780.1—2002 和 GB/Z 24637.1—2009 中确立的以及下列术语和定义适用于本标准。

3.1

方位要素　situation feature

能确定要素方向和/或位置的点、直线、平面或螺旋线类要素。

[GB/Z 24637.1—2009,定义 3.26]

3.2

尺寸要素　feature of size

由一定大小的线性尺寸或角度尺寸确定的几何形状。

注:尺寸要素可以是圆柱形、球形、两平行对应面、圆锥形或楔形。

[GB/T 18780.1—2002,定义 2.2]

3.3

基准　datum

用来定义公差带的位置和/或方向或用来定义实体状态的位置和/或方向(当有相关要求时,如最大实体要求)的一个(组)方位要素。

3.4

基准体系　datum system

由两个或三个单独的基准构成的组合用来确定被测要素几何位置关系。

3.5

基准要素　datum feature

零件上用来建立基准并实际起基准作用的实际(组成)要素(如:一条边、一个表面或一个孔)。

注:由于基准要素的加工存在误差,因此在必要时应对其规定适当的形状公差。

3.6

模拟基准要素　simulated datum feature

在加工和检测过程中用来建立基准并与实际基准要素相接触,且具有足够精度的实际表面(如一个平板、一个支撑或一根心棒)。

注:模拟基准要素是基准的实际体现。

3.7

基准目标　datum target

零件上与加工或检验设备相接触的点、线或局部区域,用来体现满足功能要求的基准。

3.8

组成要素　integral feature

面或面上的线。

注:组成要素是有定义的。

[GB/T 18780.1—2002,定义 2.1.1]

3.9

导出要素　derived feature

由一个或几个组成要素得到的中心点、中心线或中心面。

例如:

1)　球心是由球面得到的导出要素,该球面为组成要素。

2)　圆柱的中心线是由圆柱面得到的导出要素,该圆柱面为组成要素。

[GB/T 18780.1—2002,定义 2.1.2]

3.10

拟合组成要素　associated integral feature

按规定的方法由提取组成要素形成的并具有理想形状的组成要素。

[GB/T 18780.1—2002,定义 2.6]

3.11

拟合导出要素　associated derived feature

由一个或几个拟合组成要素导出的中心点、轴线或中心平面。

[GB/T 18780.1—2002,定义 2.6.1]

4　基准的建立

由于基准要素存在加工误差,它们通常表现为中凹、中凸或锥形等误差,此时可选用下列方法建立基准。

4.1　以一个组成要素做基准

例如:以一条直线或一个平面作为基准,如图 1 所示。

采用模拟基准要素建立基准时,将基准要素放置在模拟基准要素(如平板)上,并使它们之间的最大距离为最小。若基准要素相对于接触表面不能处于稳定状态时,应在两表面之间加上距离适当的支承。

对于线,就用两个支承,如图 1a)所示;对于平面则应使用三个支承。

采用基准要素的拟合要素建立基准时,如图 1b)所示,基准是拟合于基准要素的拟合组成要素。

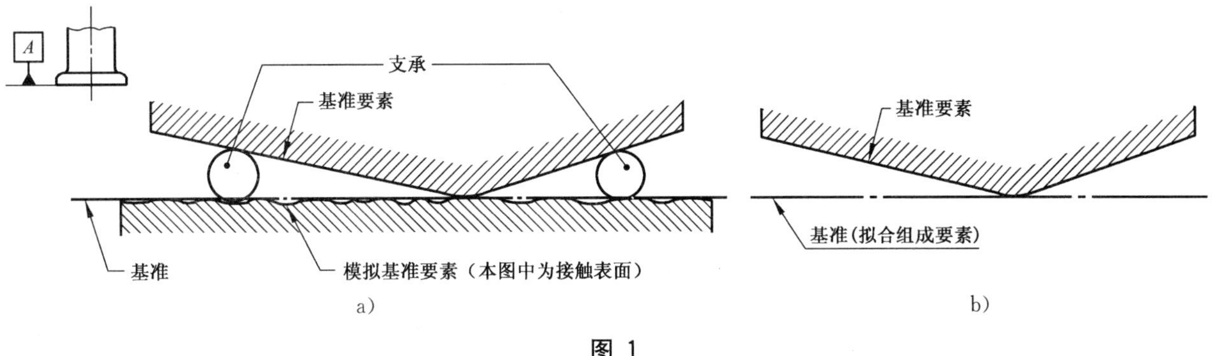

图 1

4.2 以一个导出要素做基准

例如:以一个圆柱面的轴线作为基准,如图 2 所示。

采用模拟基准要素建立基准(如心棒),体现的是基准孔的最大内接圆柱面,基准即该圆柱面的轴心,此时圆柱面在任何方向的可能摆动量应均等,如图 2a)所示。

采用基准要素的拟合要素建立基准时,基准是基准要素(实际孔)的拟合组成要素的导出要素(轴线),如图 2b)所示。

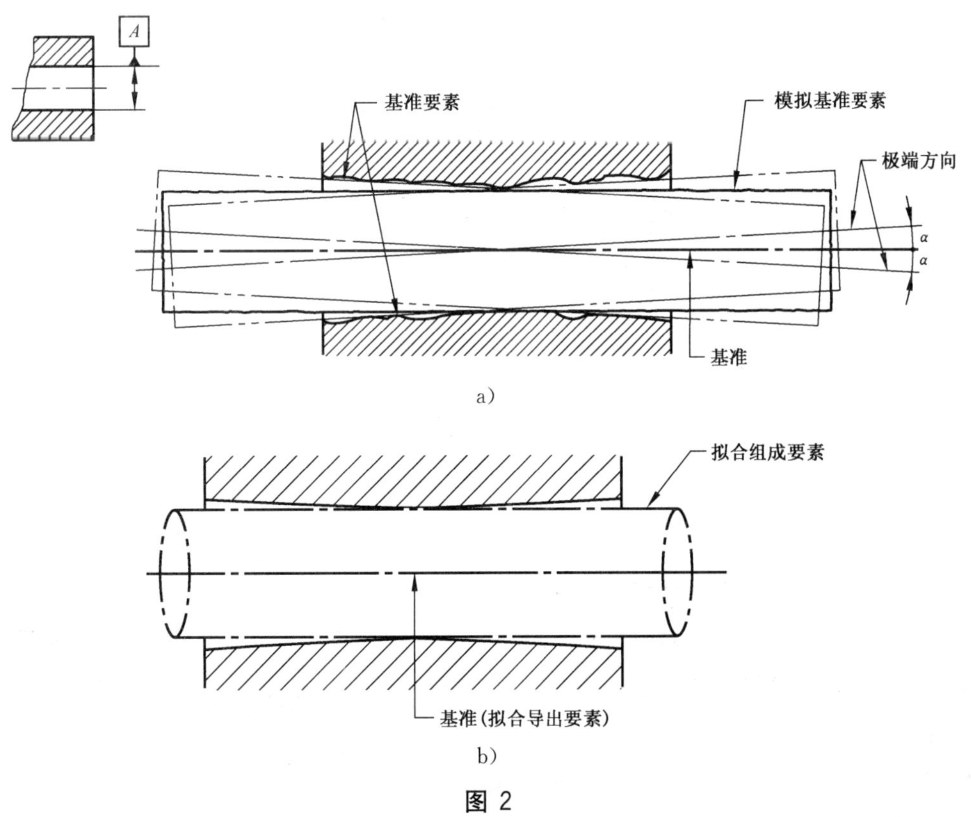

图 2

4.3 以公共导出要素做基准

例如:以两个或两个以上的基准要素的公共导出要素作为基准,如图 3 所示。

采用模拟基准要素建立基准时，基准是同轴的两个模拟基准孔的最小外接圆柱面的公共轴线，如图 3a)所示。

采用基准要素的拟合要素建立基准时，基准是基准要素 A、B 的拟合导出要素的公共轴线，如图 3b)所示。

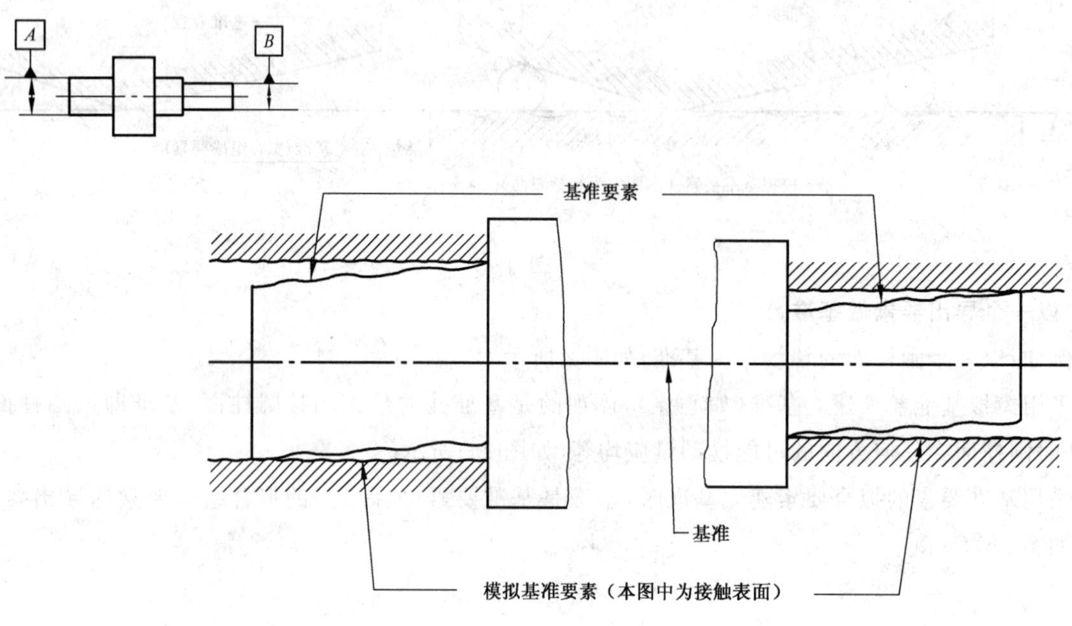

a)

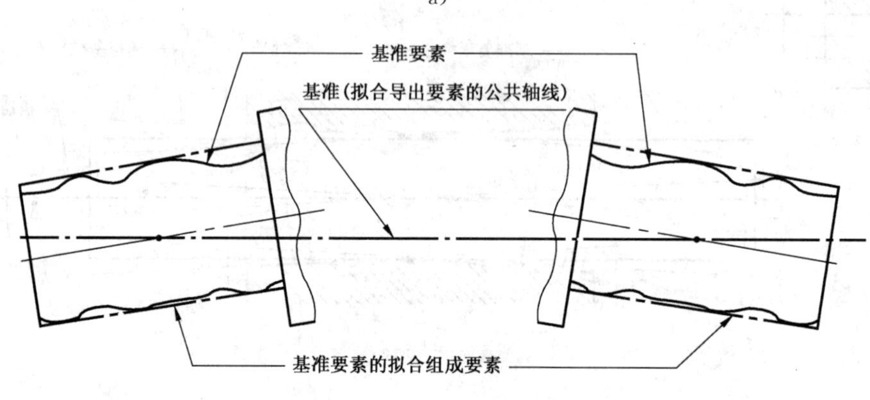

b)

图 3

4.4 以垂直于一个平面的一个圆柱面的轴线做基准

以平面基准 A 和垂直于 A 平面的圆柱面的轴线为基准 B 组成的基准体系，如图 4 所示。

图 4a)中，基准 A 是模拟基准要素建立的平面基准。基准 B 是垂直于基准 A 的最大内接圆柱面(模拟基准轴)的导出要素(轴线)。

图 4b)中，基准 A 是基准要素 A 的拟合组成要素。基准 B 是基准要素 B 的垂直于基准 A 的最大内接圆柱面的拟合导出要素(轴线)。

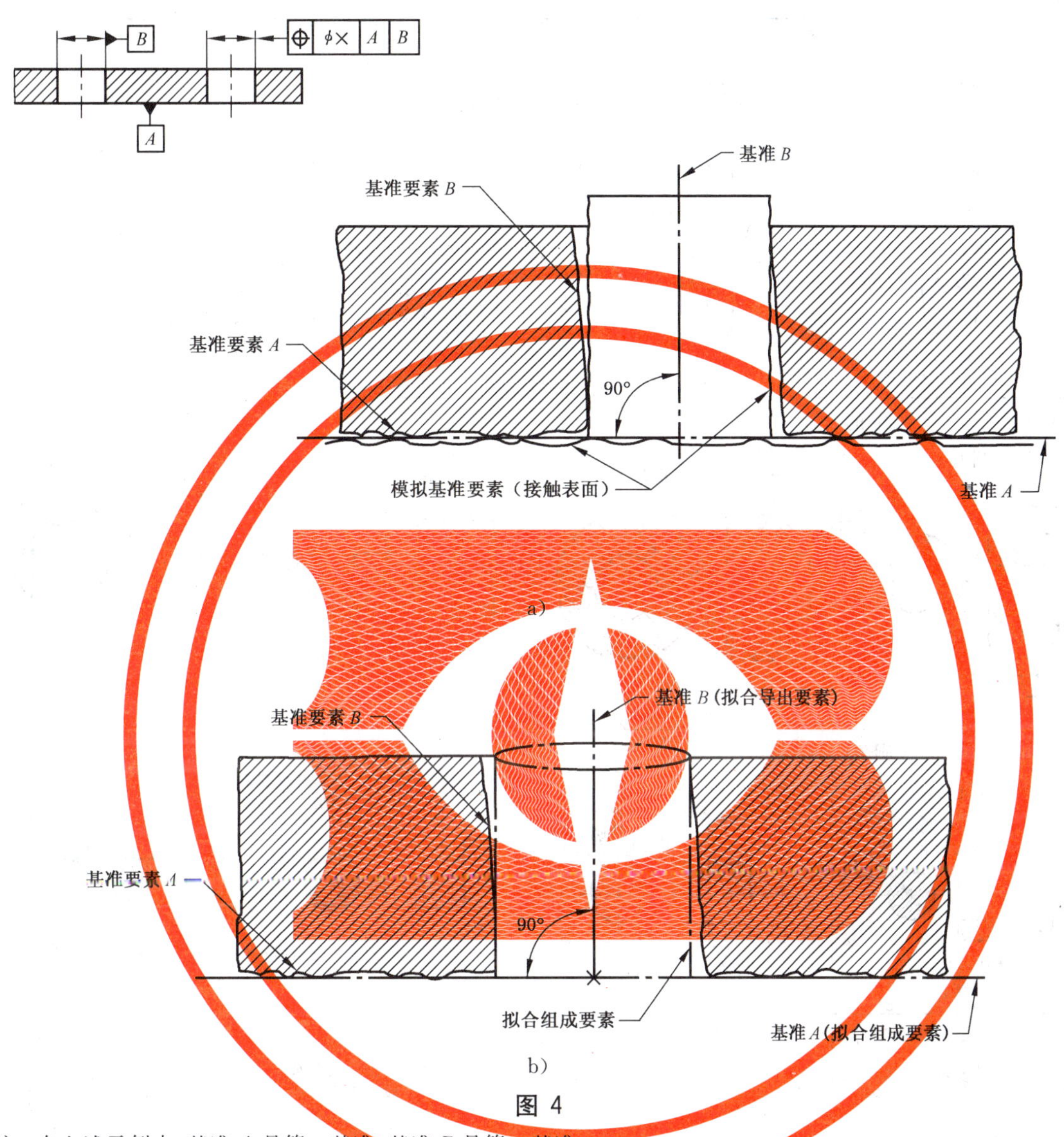

a)

b)

图 4

注：在上述示例中，基准 A 是第一基准，基准 B 是第二基准。

5 基准的应用

基准是用来描述方位要素间方位特征的基础。相应的基准要素和模拟基准要素的特性应与功能要求相适应。

表 1 示例给出：

——基准在技术图样上的标注；

——基准要素；

——如何用模拟基准要素（方法Ⅰ）和基准要素的拟合组成要素或拟合导出要素（方法Ⅱ）来建立基准。

表 1　基准的应用示例

序号	基　　准	基准要素	基准的建立	
			方法Ⅰ	方法Ⅱ
1-1	基准：点，一个球的球心 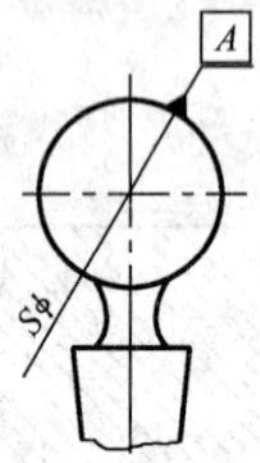 A　Sϕ	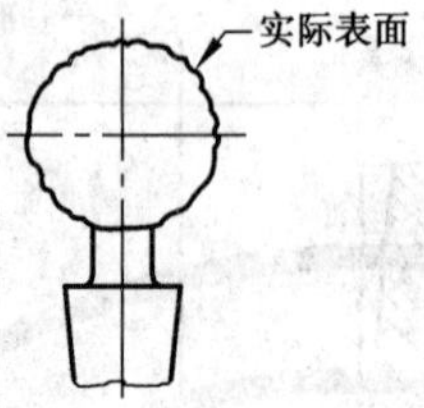 实际表面	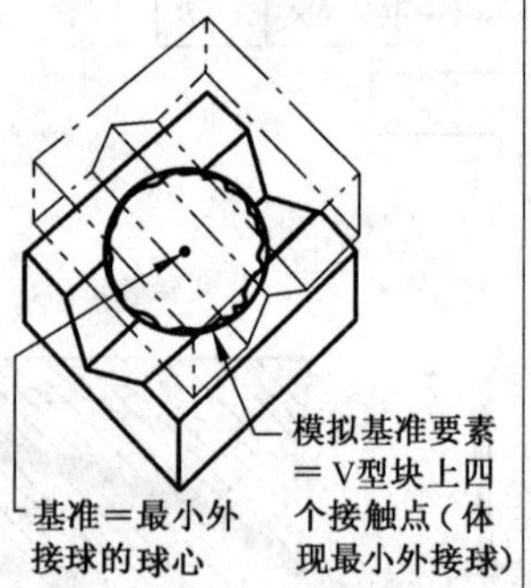 模拟基准要素＝V型块上四个接触点（体现最小外接球） 基准＝最小外接球的球心	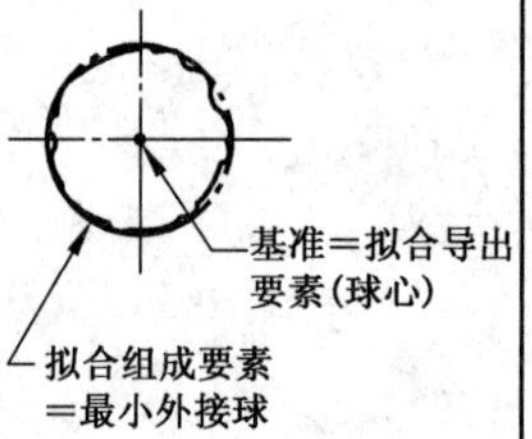 基准＝拟合导出要素（球心） 拟合组成要素＝最小外接球
1-2	基准：点，一个圆的圆心 A	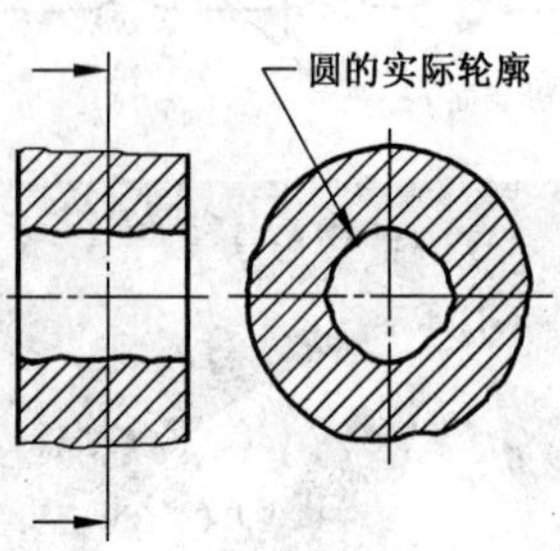 圆的实际轮廓	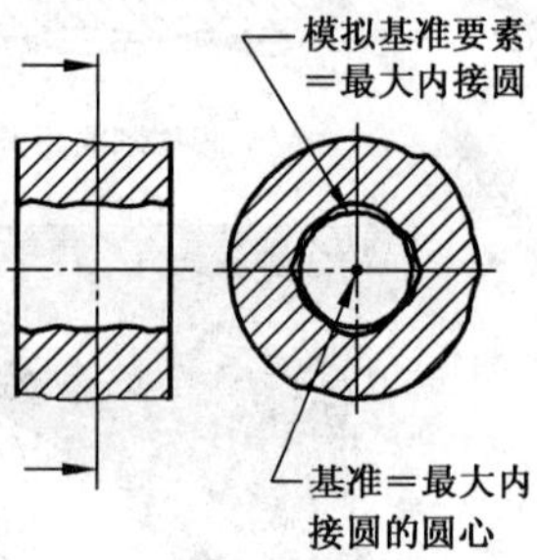 模拟基准要素＝最大内接圆 基准＝最大内接圆的圆心	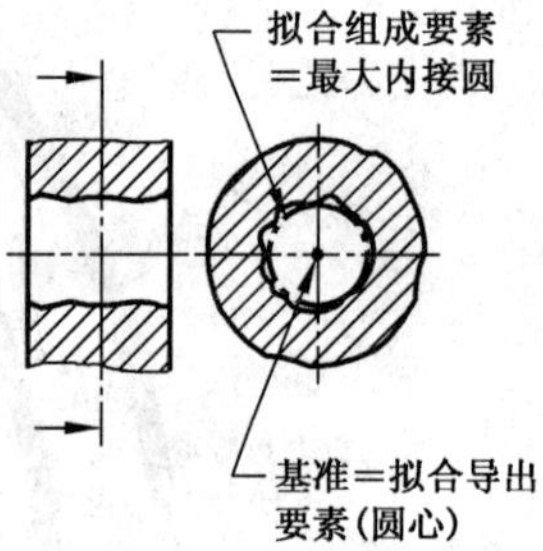 拟合组成要素＝最大内接圆 基准＝拟合导出要素（圆心） 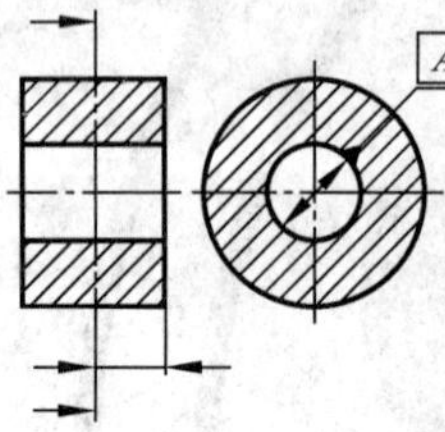
1-3	基准：点，一个圆的圆心 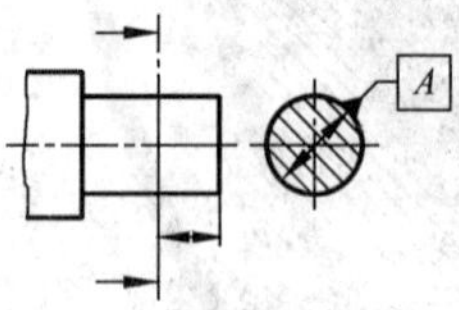 A	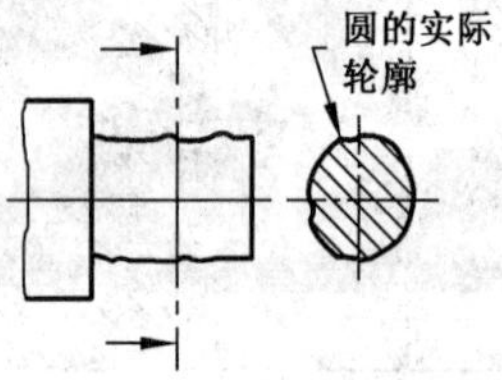 圆的实际轮廓	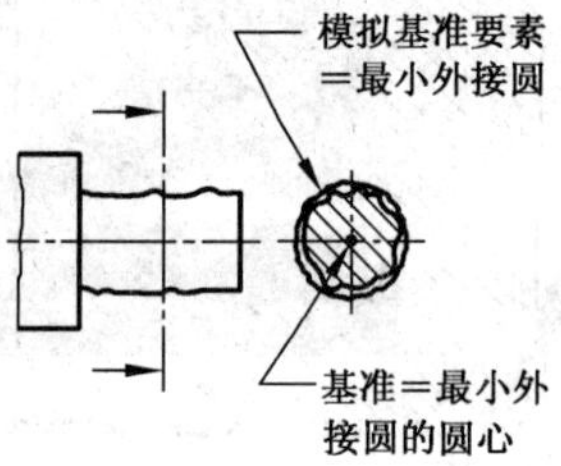 模拟基准要素＝最小外接圆 基准＝最小外接圆的圆心	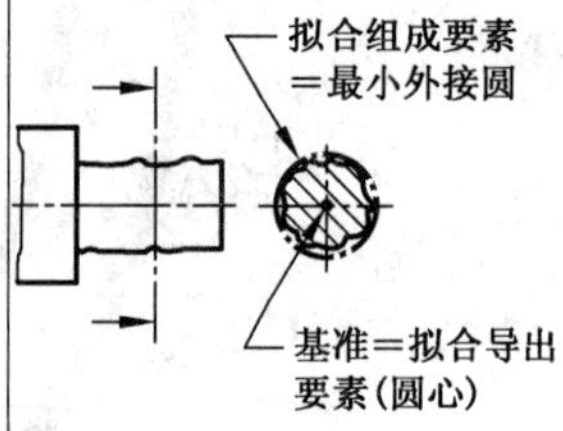 拟合组成要素＝最小外接圆 基准＝拟合导出要素（圆心）
1-4	基准：线，一个孔的轴线 A	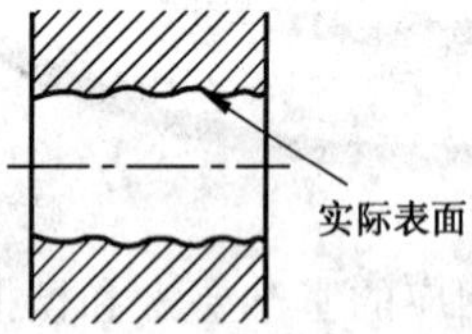 实际表面	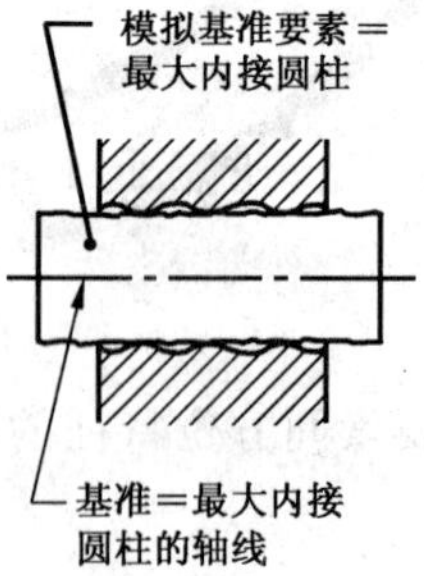 模拟基准要素＝最大内接圆柱 基准＝最大内接圆柱的轴线	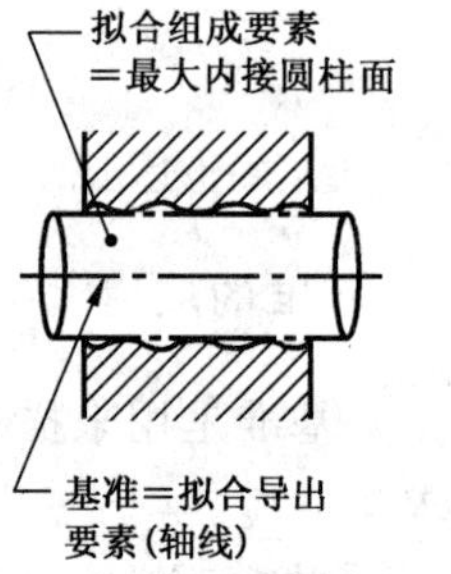 拟合组成要素＝最大内接圆柱面 基准＝拟合导出要素（轴线） 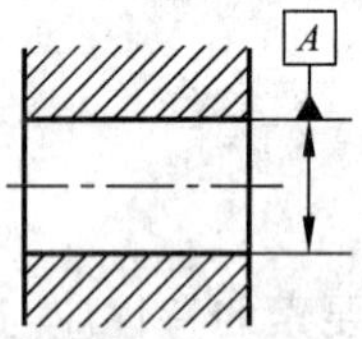
1-5	基准：线，一根轴的轴线 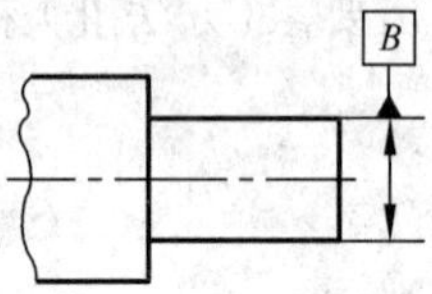 B	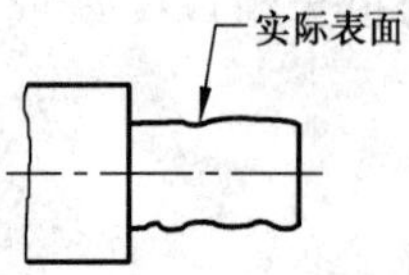 实际表面	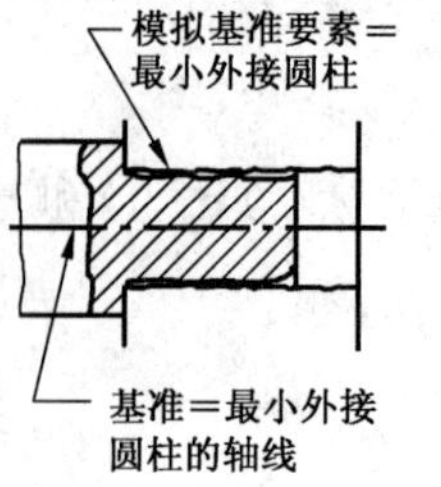 模拟基准要素＝最小外接圆柱 基准＝最小外接圆柱的轴线	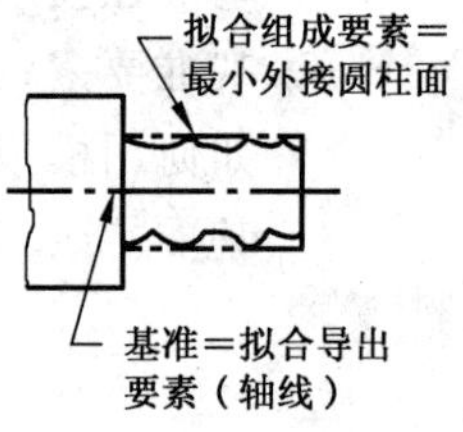 拟合组成要素＝最小外接圆柱面 基准＝拟合导出要素（轴线）

表 1（续）

序号	基　　准	基准要素	基准的建立	
			方法Ⅰ	方法Ⅱ
1-6	基准：平面，一个零件的表面 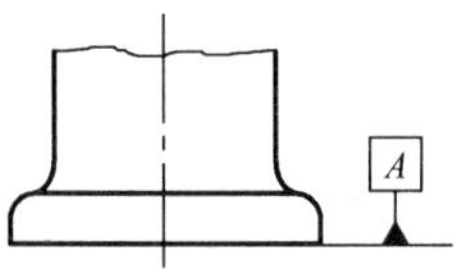 A	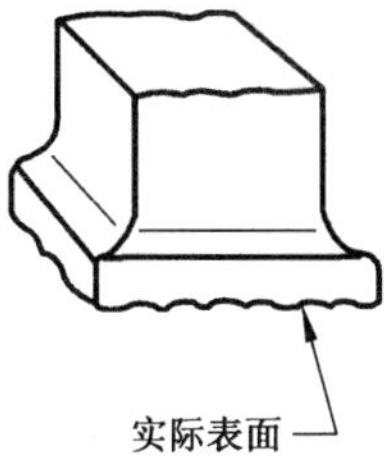 实际表面	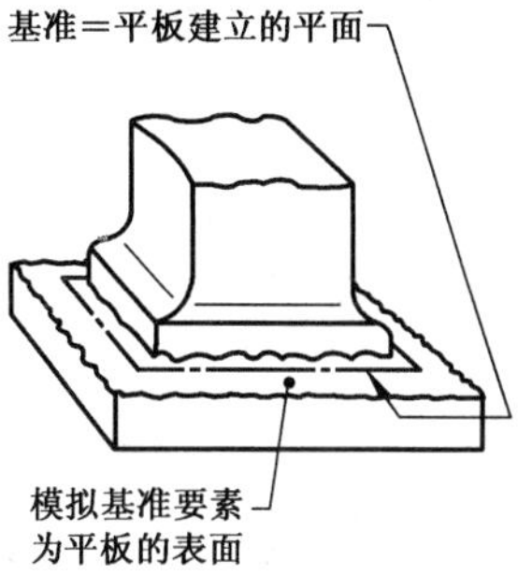 基准＝平板建立的平面 模拟基准要素为平板的表面	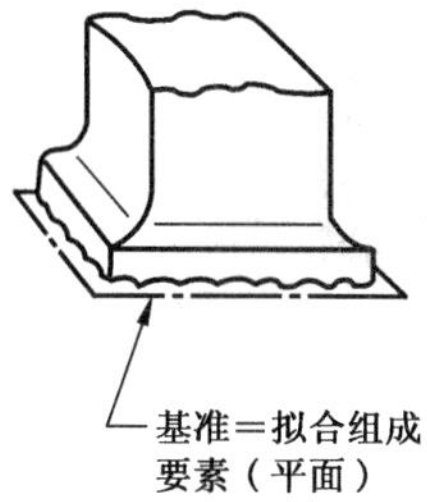 基准＝拟合组成要素（平面）
1-7	基准：中心面，一个零件上的两个表面的中心平面 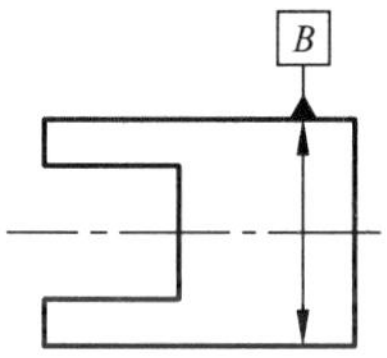 B	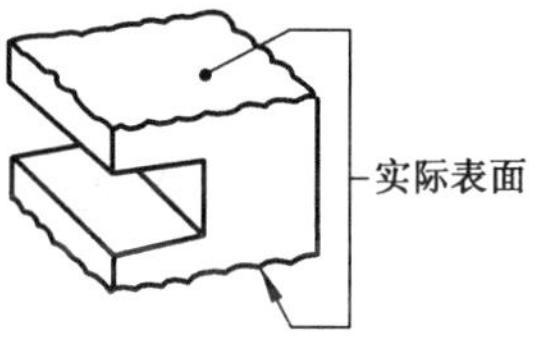 实际表面	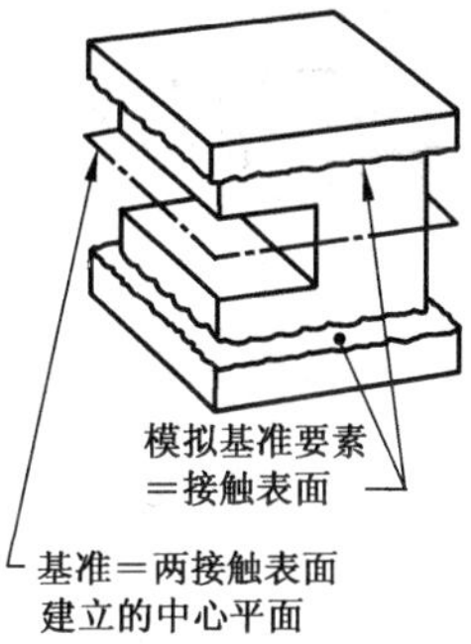 模拟基准要素＝接触表面 基准＝两接触表面建立的中心平面	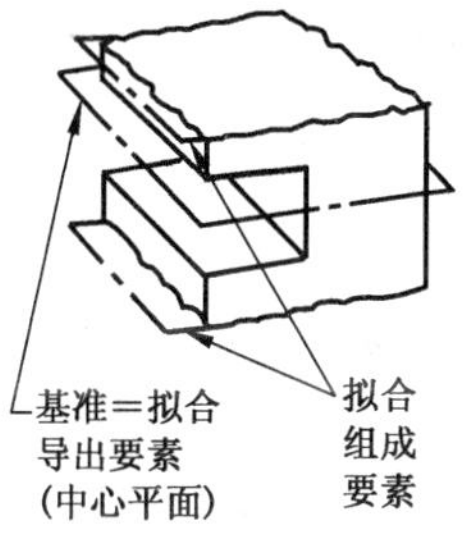 基准＝拟合导出要素（中心平面） 拟合组成要素

6　基准和基准体系的标注

6.1　基准符号

有关基准符号的组成和画法见 GB/T 1182。

6.2　基准字母

用以建立基准的表面通过一个位于基准符号内大写字母来表示。

注 1：一个字母名义上指明一个表面或一个尺寸要素。

注 2：建议不要用字母 I，O，Q 和 X。

注 3：如果一个大的图用完了字母表中的字母，或如果对图的理解有益，也可连续重复用同样的字母。例如：BB，CCC 等。为了便于标准的阅读，在本标准以下部分中仅用一个字母。

6.3　基准和基准体系在公差框格中的表示

6.3.1　由单一要素表示的基准

当基准由单一要素表示时，该基准应在公差框格的第三格中用相应的单个大写的拉丁字母标出，如图 5 所示。

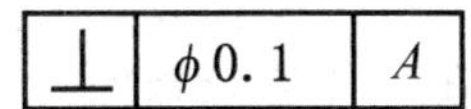

图 5

6.3.2　由两个或多个要素表示的公共基准

当公共基准由两个或多个要素表示时，该基准应在公差框格的第三格中用被短划线分开的两个或多个字母标出，如图 6 和图 7 所示。

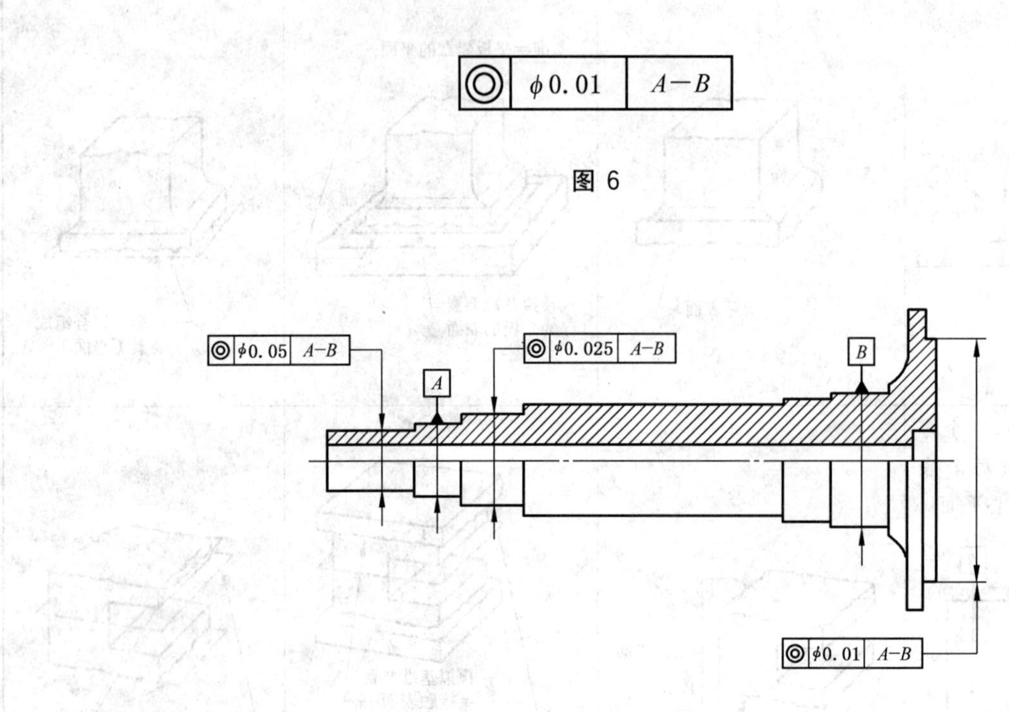

图 6

图 7

6.3.3　由两个或三个要素建立的基准体系

当一个基准体系由两个或三个要素建立时，它们的基准代号字母应按各基准的优先顺序在公差框格的第三格到第五格中依次标出。序列中的第一个基准被称作“第一基准”，第二个被称为“第二基准”，第三个被称为“第三基准”，如图 8 所示。

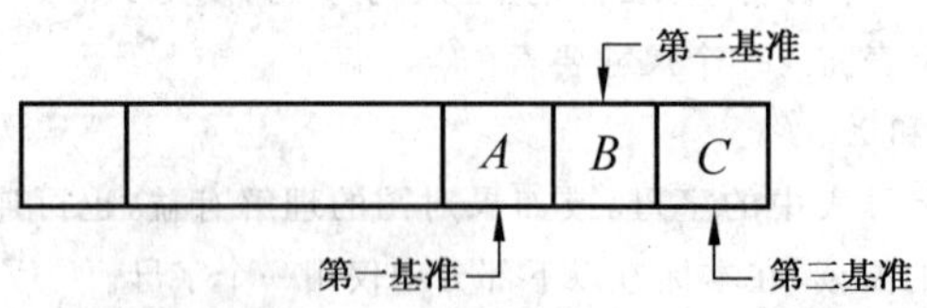

图 8

当在三基面体系中需要用基准目标时，应遵守如下规定：

第一基准：3 个基准目标(点或局部区域)；

第二基准：2 个基准目标(点或局部区域)；

第三基准：1 个基准目标(点或局部区域)。

在图样上标注的基准的顺序对实际控制结果影响很大，如图 9 和图 10 所示。其实际控制结果分别如图 11a)和 b)所示。

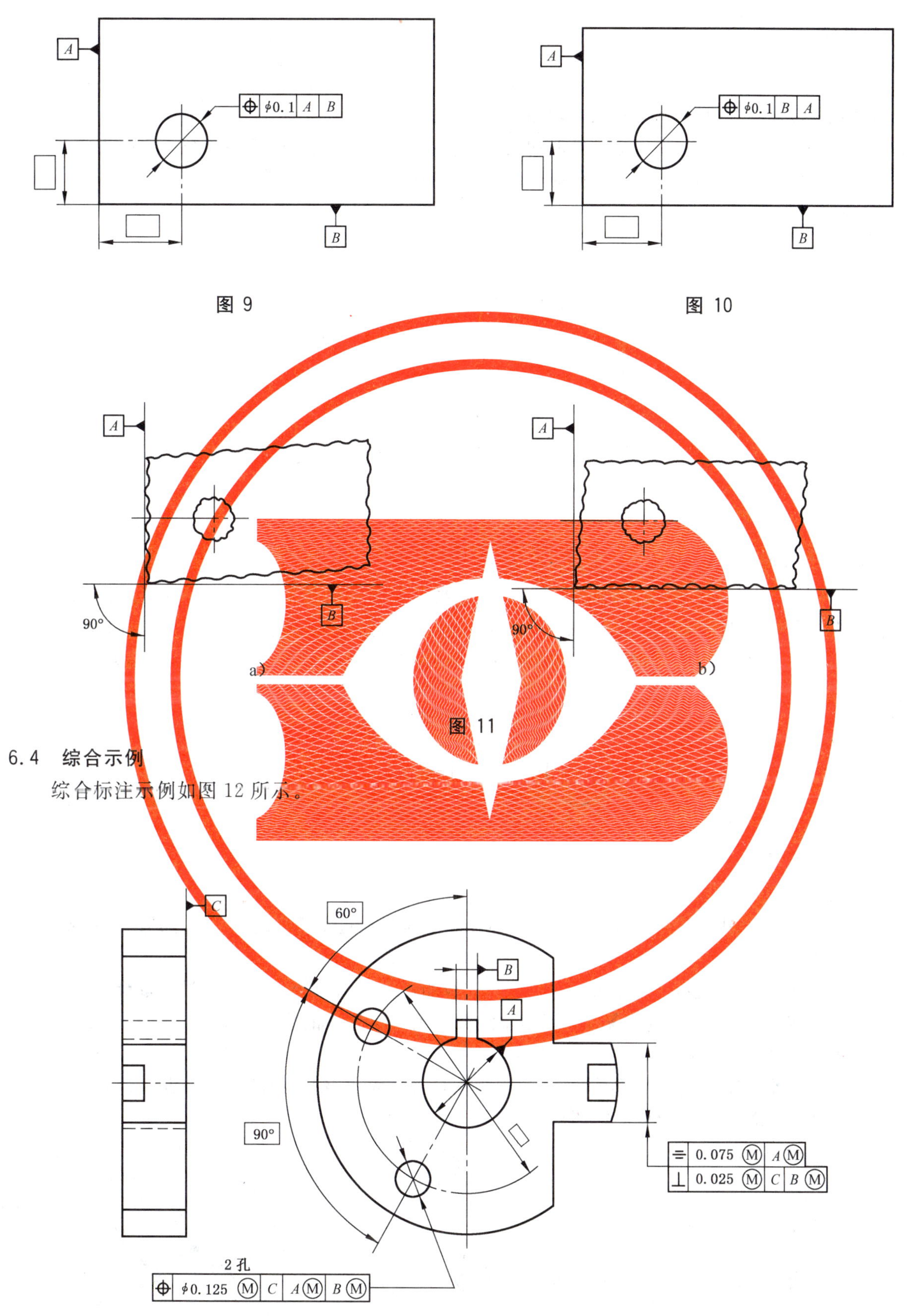

图 9

图 10

图 11

6.4 综合示例

综合标注示例如图 12 所示。

图 12

7 基准目标

就一个表面而言，基准要素可能大大偏离其理想形状，所以若用整个表面做基准要素，则会在加工或检测过程中带来较大的误差，或缺乏再现性，如图 13 所示。因此，需要引入基准目标。

在规定基准目标之前，需要考虑零件的功能是否会由于采用基准目标代替整个表面来构成基准而受到损害。此时，应考虑到可能发生的相对于理想形状和位置的误差所带来的影响。

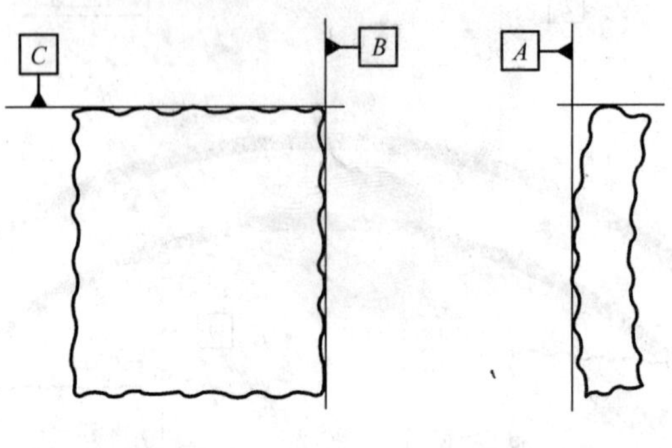

图 13

7.1 基准目标符号

基准目标用基准目标符号表示，如图 14 所示。基准目标符号的圆圈被一个水平线分为两部分，圆圈下部分为一个指明基准目标的字母和数字(从 1 到 n)；上部分为一些附加的信息，例如：基准目标区域的尺寸。当部分面隐藏时，导向线的隐藏部分或参考线应该变为虚线并且以空心圆点结束。

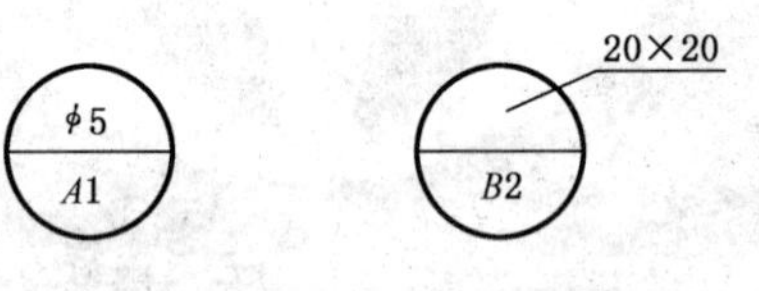

图 14

用以建立基准的基准目标的类型是：

——一个点，该点用一个十字叉“×”表示。基准目标符号通过带箭头的指引线连到该十字叉上(见图 15)；

——一条线，该线通过两个十字叉“×”并用细实线相连来表示，基准目标符号通过带箭头的指引线连在该线上(见图 16)，这条线可以是直线或一条任何形状的线。如果线是封闭的，此时两个十字叉可以省略不画。

——一个区域，该区域用双点画线绘出，并用画上与水平成 45°细实线的图形来表示。基准目标符号通过带箭头的指引线与该区域相连(见图 17)。

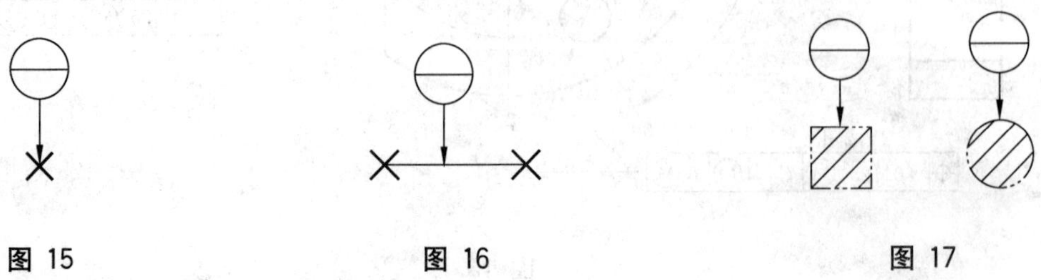

图 15　　图 16　　图 17

7.2 基准目标的应用

基准目标的应用示例如图 18 所示。

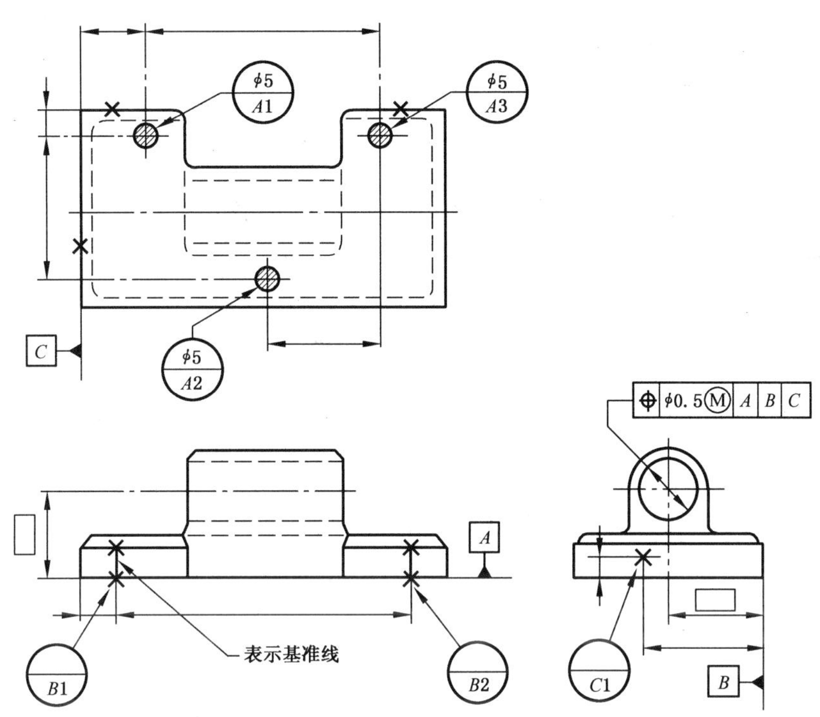

注：基准目标："A1"、"A2"和"A3"体现基准"A"。
基准目标"B1"和"B2"体现基准"B"。
基准目标"C1"体现基准"C"。

图 18

8 三基面体系

定向公差通常仅需一个或两个基准，而定位公差则常需由三个相互垂直的平面组成的三基面体系，此时根据功能要求确定各基准的先后顺序。如图 19 所示。

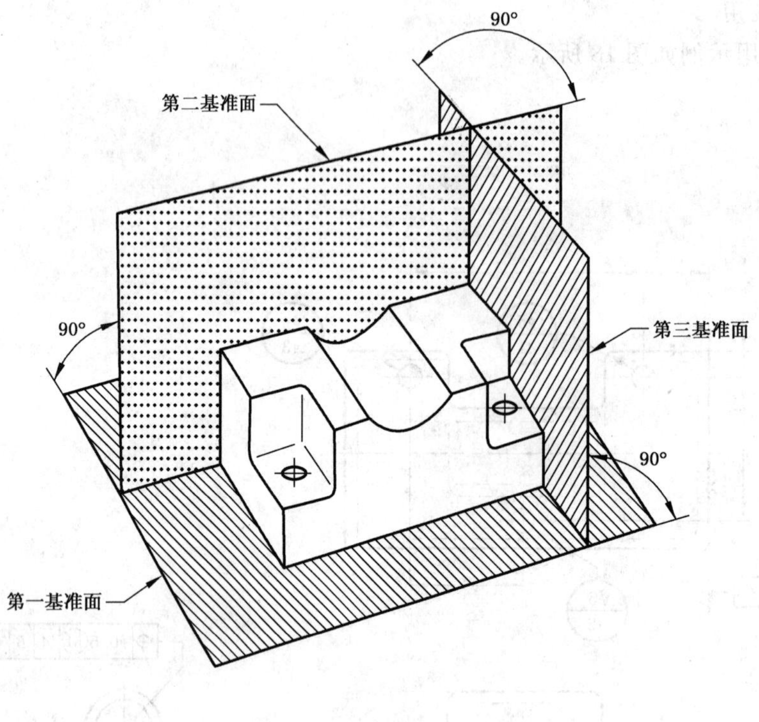

图 19

附　录　A
（资料性附录）
在 GPS 矩阵模型中的位置

GPS 矩阵模型参见 GB/Z 20308—2006。

A.1　本标准的信息及其应用

本标准规定了基准和基准体系的有关定义、在技术图样上的标注方法和在实际中的体现方法。

A.2　在 GPS 矩阵模型中的位置

本标准是 GPS 通用标准，影响 GPS 通用标准矩阵中有关基准链的第 1、2 和第 3 链环，如图 A.1 所示。

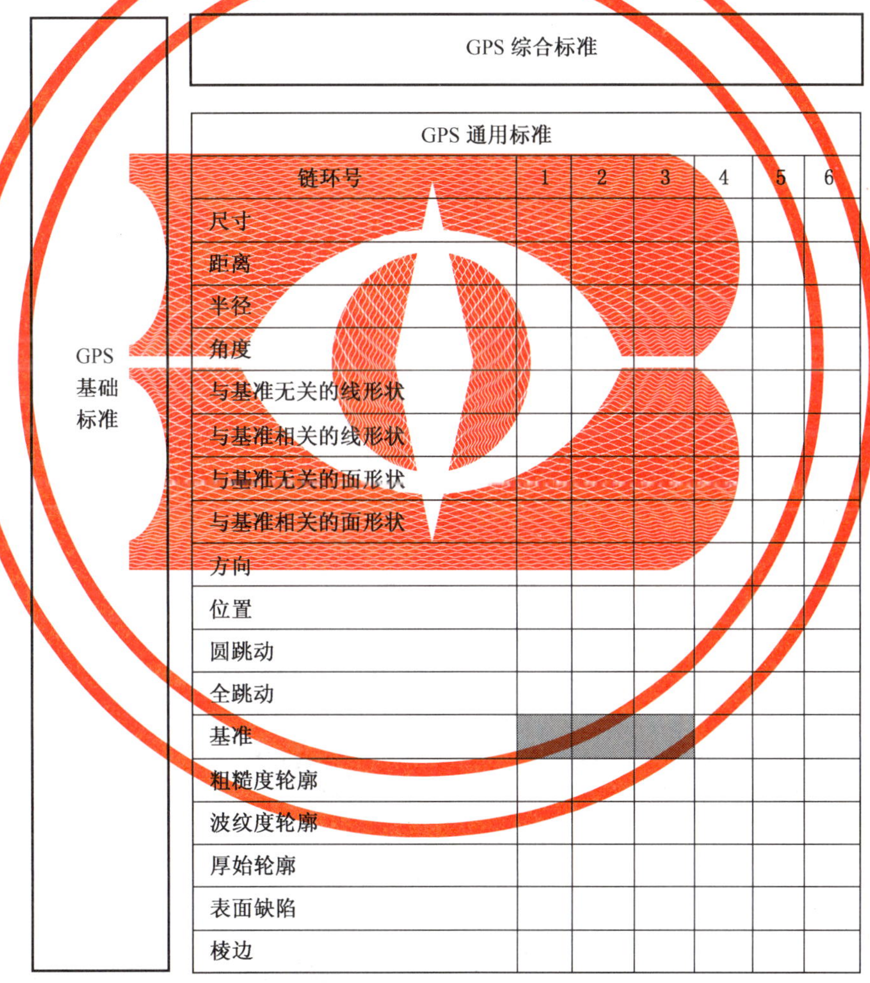

图 A.1

A.3　相关的标准

相关的标准为图 A.1 所示标准链涉及的标准。

ICS 55.080
A 82

中华人民共和国国家标准

GB/T 17858.2—2010
代替 GB/T 17858.2—1999

包装袋 术语和类型
第2部分:热塑性软质薄膜袋

Packaging sacks—Vocabulary and types—
Part 2:Sacks made from thermoplastic flexible film

(ISO 6590-2:1986,Packaging—Sacks—Vocabulary and types—
Part 2:Sacks made from thermoplastic flexible film,MOD)

2010-09-26 发布　　　　2011-03-01 实施

中华人民共和国国家质量监督检验检疫总局
中国国家标准化管理委员会　发布

前　言

GB/T 17858《包装袋　术语和类型》分为两个部分：

——第1部分：纸袋；

——第2部分：热塑性软质薄膜袋。

本部分为GB/T 17858的第2部分。

本部分修改采用ISO 6590-2：1986《包装　袋　术语和类型　第2部分：热塑性软质薄膜袋》(英文版)。

本部分与ISO 6590-2：1986相比主要变化如下：

——格式按国家标准的要求修改；

——标准的适用范围不再限定袋筒周长不小于550 mm范围；

——删除ISO标准中表1；

——增加六角形端部平边热封合阀口袋。

本部分代替GB/T 17858.2—1999《包装术语　工业包装袋　热塑性塑料软质薄膜袋》。

本部分与GB/T 17858.2—1999相比主要变化如下：

——标准名称改为《包装袋　术语和类型　第2部分：热塑性软质薄膜袋》；

——"热塑性软质薄膜袋"代替原术语"热塑性塑料软质薄膜袋"；

——标准的适用范围改为"适用于由热塑性软质薄膜加工制成的单层或多层包装袋，本部分不适用于零售商品包装用袋"；

——删除原标准表1；

——修改了部分术语的描述；

——增加六角形端部平边热封合阀口袋。

本部分由全国包装标准化技术委员会(SAC/TC 49)提出。

本部分由全国包装标准化技术委员会袋分技术委员会(SAC/TC 49/SC 2)归口。

本部分起草单位：建筑材料工业技术监督研究中心、中国建筑材料科学研究总院。

本部分主要起草人：甘向晨、金福锦、江丽珍、赵婷婷、陈斌。

本部分所代替标准的历次版本发布情况为：

——GB/T 17858.2—1999。

包装袋　术语和类型
第2部分:热塑性软质薄膜袋

1　范围

GB/T 17858的本部分规定了热塑性软质薄膜袋的术语和类型。

本部分适用于由热塑性软质薄膜加工制成的单层或多层包装袋,本部分不适用于零售商品包装用袋。

2　一般术语

2.1

热塑性软质薄膜袋　thermoplastic flexible film sack

由一层或多层热塑性软质薄膜扁平筒制成的至少有一端封闭的包装容器,也可与其他韧性材料复合而成以达到货物填装及流通环节所要求的性能。

2.2

层　ply

构成袋壁的一层热塑性塑料薄膜或其他韧性材料薄膜,或者是这些材料的复合材料。

2.3

褶边　gusset

袋筒或袋纵向边缘向内折叠夹入的部分。

2.4

袋筒　tube

裁成规定长度的扁平筒状的层,可以是一层或多层。

2.4.1

平边袋筒　flat tube

纵向边缘无折叠夹入部分,而仅由扁平筒构成的袋筒。

2.4.2

褶边袋筒　gusseted tube

纵向边缘有向内折叠夹入部分的袋筒。

2.5

热封合　heat sealing

熔合　welding

在一定的温度和压力下,经过一定的时间将数层包装材料相关部分熔合在一起的方法。

2.5.1

纵向热封合　longitudinal heat sealing

通过加热使每层纵向搭接部分结合在一起。

2.5.2

横向热封合　transverse heat sealing

通过加热使袋筒的一端或两端封闭起来。

2.6

粘合　adhesive bonding

糊合　pasting

使用粘合剂结合在一起。

2.6.1

纵向粘合　longitudinal seam

使用粘合剂使每层的纵向搭接部分粘合在一起。

注：这种粘合可以是连续的，也可以是不连续的。

2.6.2

横向粘合　transverse pasting

袋筒的一端或两端使用粘合剂使层之间粘合在一起。

注：横向粘合有助于包装袋的正面和背面在加工及最终使用时易于打开，并能增加某些类型包装袋的强度。

2.6.3

底部粘合　bottom pasting

使用粘合剂使袋筒的一端或两端封闭起来。

注：在袋筒封闭之前，端部应折叠和(或)形成适当的形状。

2.7

搭接　overlap

袋筒或层重叠的部分。

2.7.1

纵向搭接　longitudinal overlap

每层纵向边缘重叠的部分。

2.7.2

底部搭接　bottom overlap

底部成型后，袋筒横向边缘重叠的部分。

2.8

阀口　valve

用以填装内装物并在填装之后使内装物不易倒流的预留口，通常位于包装袋的一角。

3　类型

3.1

平边袋　flat sack

以平边袋筒加工成的包装袋。

3.2

褶边袋　gusseted sack

以褶边袋筒加工成的包装袋。

3.3

热封合袋　heat sealed sack

通过连续的横向热封合使一端或两端封闭的包装袋。

3.4

粘合袋　pasted sack

使用粘合剂使一端或两端封闭的包装袋。

3.5

开口袋　open-mouth sack

仅一端封闭的包装袋。

3.5.1

平边热封合开口袋　open-mouth heat sealed flat sack

通过连续的横向热封合，使一端封闭的平边袋，见图 1。

图 1　平边热封合开口袋

3.5.2

褶边热封合开口袋　open-mouth heat sealed gusseted sack

通过连续的横向热封合，使一端封闭的褶边袋，见图 2。

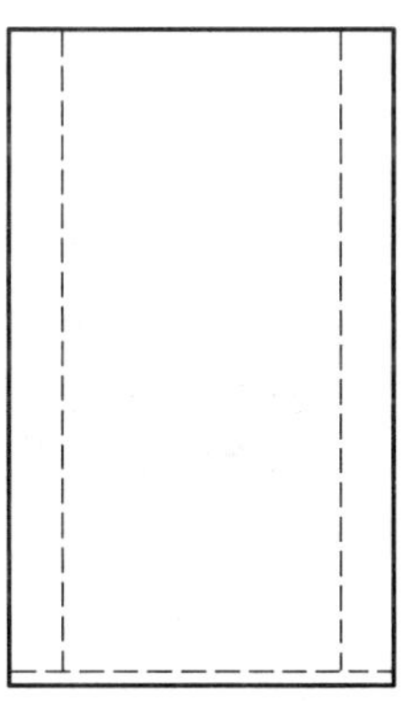

图 2　褶边热封合开口袋

3.5.3

角部封合的褶边热封合开口袋　open-mouth heat sealed gusseted sack with corner seals

通过连续的横向热封合使一端封闭并将褶边的顶角和底角部位封接起来的褶边袋，见图 3。

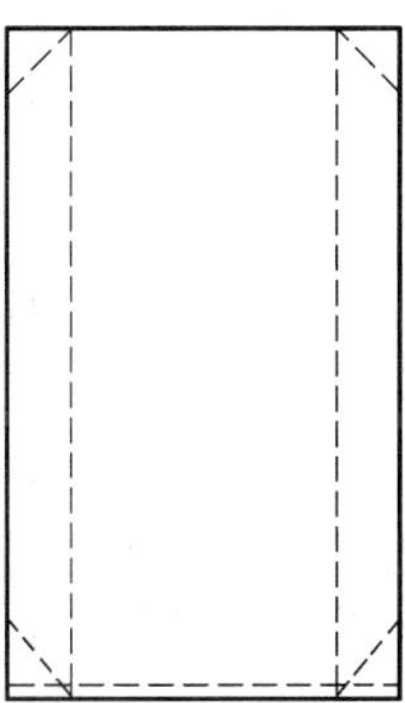

图 3　角部封合的褶边热封合开口袋

3.5.4

六角形底平边粘合开口袋　open-mouth pasted flat hexagonal bottom sack

经折叠成型、粘合使一端封闭并形成六角形底的平边袋，见图 4。

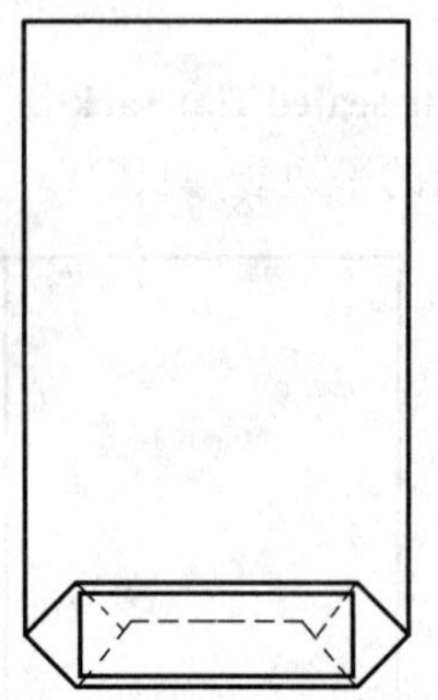

图 4　六角形底平边粘合开口袋

3.5.5

矩形底褶边粘合开口袋　open-mouth pasted gusseted rectangular bottom sack

经折叠、粘合使一端封闭并形成矩形底的褶边袋(通常称作自开启袋)，见图 5。

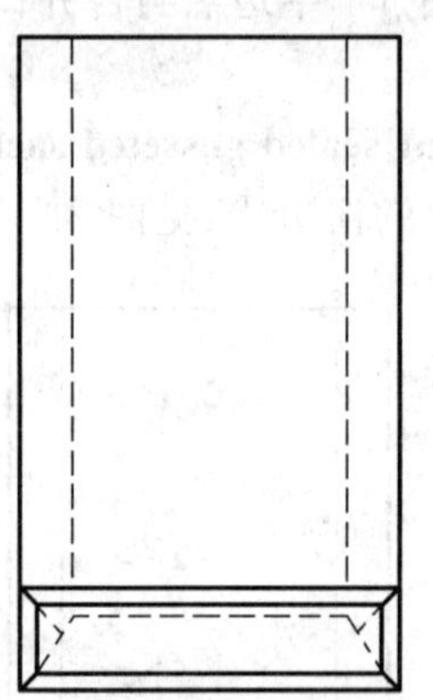

图 5　矩形底褶边粘合开口袋

3.6

阀口袋　valved sack

两端封闭且其中一端配备阀口的包装袋。

3.6.1

平边热封合阀口袋　valved heat sealed flat sack

通过连续的横向热封合，使两端封闭且其中一端配备阀口的平边袋，见图 6。

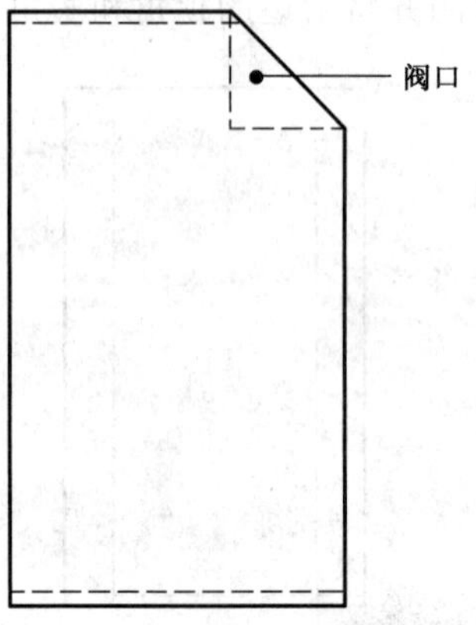

图 6　平边热封合阀口袋

3.6.2

平边热封合侧位阀口袋　side valved heat sealed flat sack

通过连续的横向热封合，使两端封闭且在包装袋侧位配备阀口的平边袋，见图7。

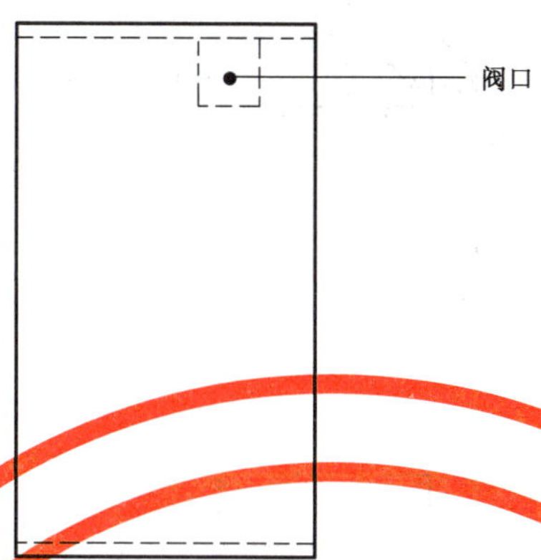

图7　平边热封合侧位阀口袋

3.6.3

褶边热封合阀口袋　valved heat sealed gusseted sack

通过连续的横向热封合，使两端封闭且其中一端配备阀口的褶边袋，见图8。

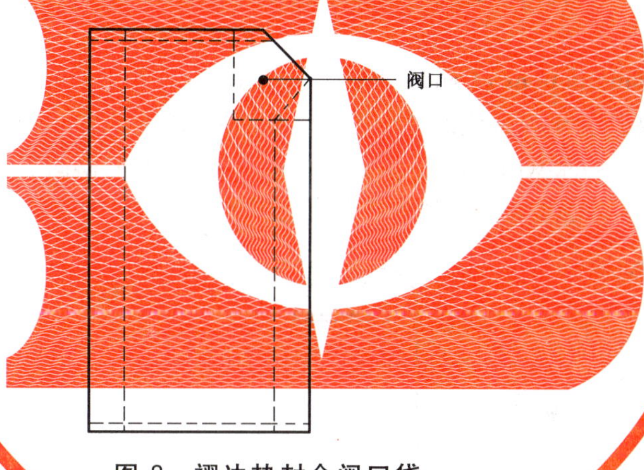

图8　褶边热封合阀口袋

3.6.4

褶边热封合侧位阀口袋　side valved heat sealed gusseted sack

通过连续的横向热封合，使两端封闭且在包装袋侧位配备阀口的褶边袋，见图9。

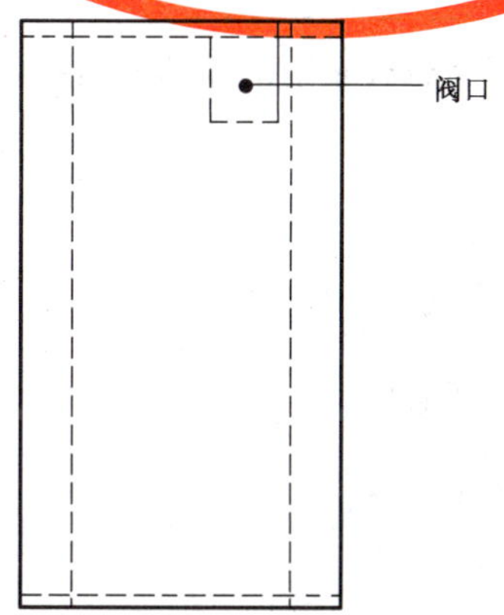

图9　褶边热封合侧位阀口袋

3.6.5

六角形端部平边粘合阀口袋　valved pasted flat hexagonal ends sack

经折叠成型、粘合，使两端封闭并形成六角形底的平边袋，其中一端配备阀口，见图10。

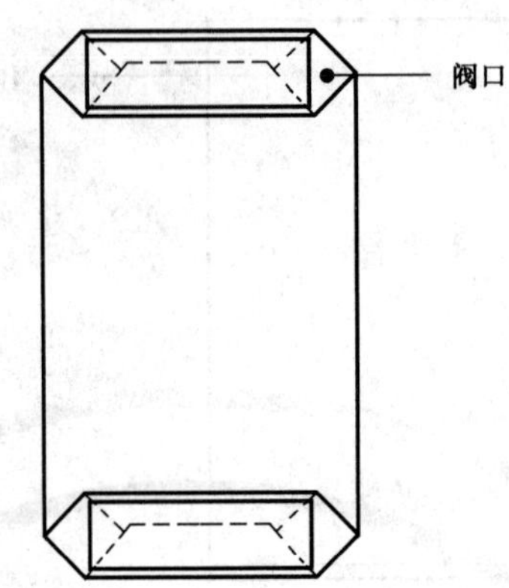

图10　六角形端部平边粘合阀口袋

3.6.6

六角形端部平边热封合阀口袋　valved heat sealed flat hexagonal ends sack

经折叠成型、热封合，使两端封闭并形成六角形底的平边袋，其中一端配备阀口，见图10。

3.6.7

端部组合型　combinations of ends

端部由粘合和热封合组合制成的各种型式。例如：一端为六角形的平边粘合-热封合阀口袋 valved pasted heat sealed flat sack with one hexagonal end：通过连续的横向热封合使一端封闭、而含有阀口的另一端经折叠成型、粘合形成六角形的平边袋（见图11）。

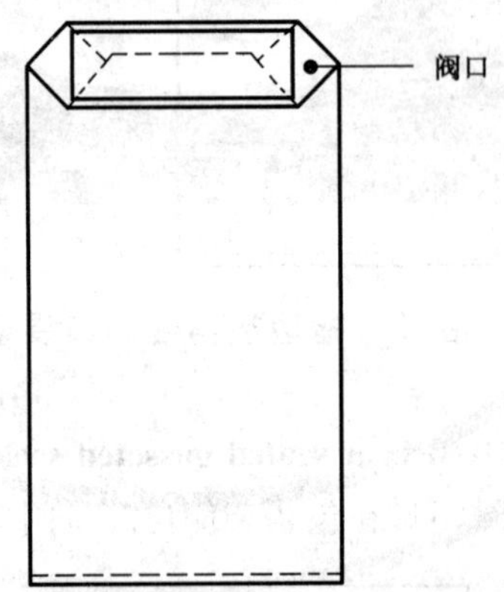

图11　一端为六角形的平边粘合-热封合阀口袋

4　结构说明

4.1　粘合封闭及辅助材料

4.1.1

底盖　bottom cap

粘贴在袋底外侧的塑料带条。

4.2　阀口类型

4.2.1

阀套　valve sleeve

由热塑性软质薄膜制成的衬套，加入阀口中可改善其性能。

4.2.2 **热封合袋中的阀口**

4.2.2.1

简单阀口　simple valve

将袋筒的一角折入袋中，使热封合后的包装袋形成一个阀口，见图 12a)。

4.2.2.2

内套式阀口　internal sleeve valve

阀套加入包装袋里的阀口，见图 12b)。

4.2.2.3

外套式阀口　external sleeve valve

阀套向包装袋外凸出的阀口，见图 12c)。

4.2.2.4

侧位阀口　side valve

纵向热封合时留出的开口部分形成的阀口，见图 12d)。

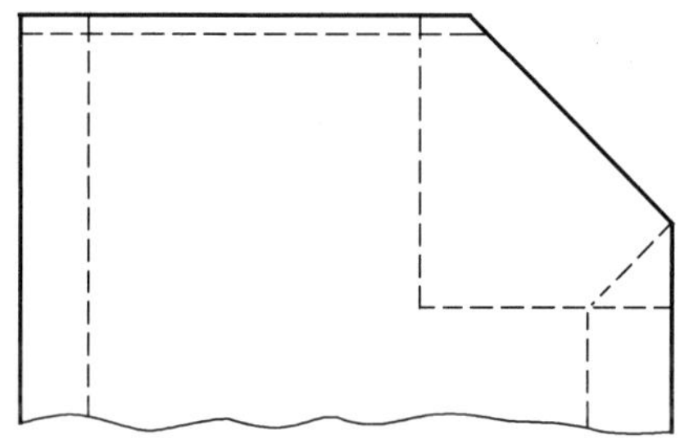

a) 简单阀口

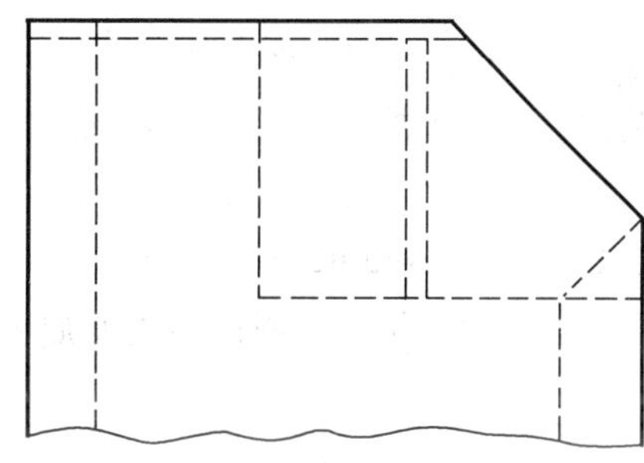

b) 内套式阀口

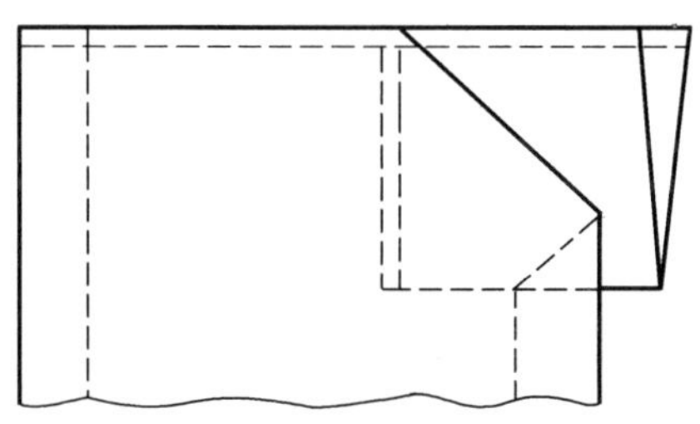

c) 外套式阀口

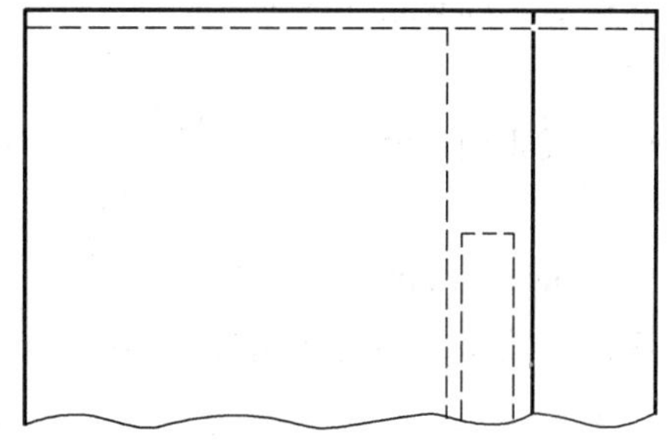

d) 侧位阀口

图 12　热封合袋中的阀口

4.2.3

粘合袋中的阀口　valves in pasted sacks

4.2.3.1

内套式阀口　internal sleeve valve

阀套加入包装袋里的阀口，见图 13a)。

4.2.3.2

外套式阀口　external sleeve valve

阀套向袋外凸出的阀口，通常配备一小袋，见图 13b)。

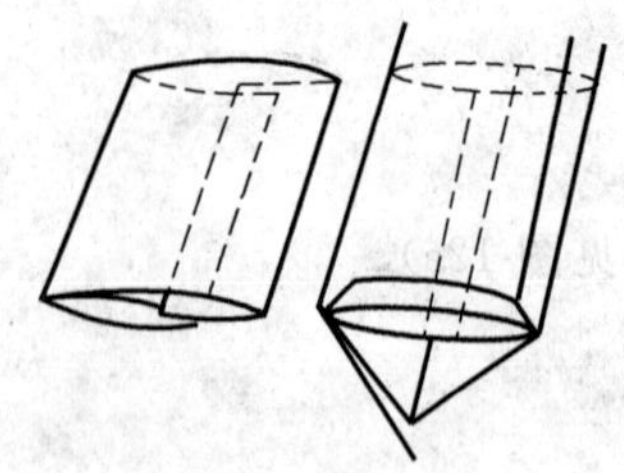
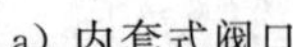

a) 内套式阀口

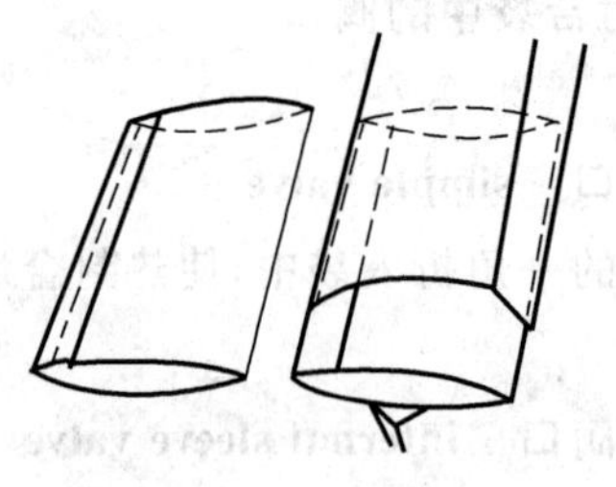

b) 外套式阀口

图 13 糊合袋中的阀口

4.3 其他结构说明

4.3.1

拇指口 thumb cut

在开口袋顶端一侧(或者在外部阀套内)穿透所有层的小口,有助于填装时打开包装袋。

4.3.2

关闭设置 closing device

包装袋上有助于填装后封闭的装置。

4.3.3

开启设置 opening device

包装袋上有助于填装及封闭后再开启的装置。

4.3.4

搬运设置 carrying device

包装袋上有助于搬运的装置。

4.3.5

观察设置 viewing device

观察窗 window

在包装袋正面设置的透明区域,有助于观察内装物。

4.3.6

气孔 perforation

穿透袋壁或个别层的孔,有助于包装袋填装时空气由此逸出。

4.3.7

防滑处理 anti-slip treatment

为增加包装袋间的摩擦系数,在包装袋外表面涂覆某种材料的处理措施。

5 材料

5.1

塑料薄膜 plastic film

一般指薄片状或卷状的厚度 0.25 mm 以下的平整而柔韧的塑料制品。

5.2

粘合剂 adhesive

包装袋加工过程中使用的粘合材料,例如冷涂用聚氨酯和热粘合用以聚乙烯为基础的热熔材料。

6 袋各部分的名称

6.1

填装端 filling end

开口或带阀口的一端。

6.2

封闭端 closed end

封合在一起或无阀口的一端。

6.3

正面 face side

带有正面印刷标记的一面。

6.4

背面 back side

与正面相对的另一面。

6.5 **袋的左侧和右侧**

袋的左侧和右侧的规定是:背面朝下放置且填装端离观察者最远。

中 文 索 引

英 文 索 引

A

B

C

E

F

G

H

I

W

ICS 71.100.20
G 86

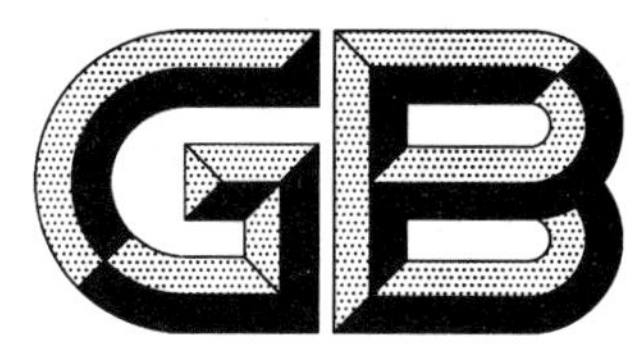

中华人民共和国国家标准

GB/T 17874—2010
代替 GB/T 17874—1999

电子工业用气体　三氯化硼

Gases for electronic industry—Boron trichloride

2011-01-14 发布　　2011-05-01 实施

中华人民共和国国家质量监督检验检疫总局
中国国家标准化管理委员会　发布

前　言

本标准代替 GB/T 17874—1999《电子工业用气体　三氯化硼》。

本标准与 GB/T 17874—1999 相比主要变化如下：

——修改范围(GB/T 17874—1999 的 1,本版的 1)；

——修改规范性引用文件(GB/T 17874—1999 的 2,本版的 2)；

——修改技术指标内容(GB/T 17874—1999 的 3,本版的 3)；

——增加三氯化硼采样安全要求(本版的 4.1.2)；

——增加三氯化硼尾气处理措施(本版的 4.3)；

——修改氧、氮、一氧化碳、二氧化碳、甲烷组分的分析方法(GB/T 17874—1999 的 4.2、4.3,本版的 4.4、4.5)；

——修改标志、包装、贮运及安全(GB/T 17874—1999 的 5,本版的 5)。

本标准的附录 A 为规范性附录。

本标准由全国半导体设备和材料标准化技术委员会(SAC/TC 203)提出。

本标准由全国半导体设备和材料标准化技术委员会气体分技术委员会(SAC/TC 203/SC 1)归口。

本标准起草单位：西南化工研究设计院、上海华爱色谱分析技术有限公司、光明化工研究设计院。

本标准主要起草人：孙福楠、方华、庄鸿涛、周鹏云。

本标准所代替标准的历次版本发布情况为：

——GB/T 17874—1999。

电子工业用气体　三氯化硼

1　范围

本标准规定了三氯化硼的技术要求、试验方法以及包装、标志、贮运及安全。

本标准适用于以粗制三氯化硼为原料，采用吸附、精馏等方法提纯制得的三氯化硼，主要用于半导体器件生产所用的扩散、离子注入、干法蚀刻等工艺。

分子式：BCl_3。

相对分子质量：117.1691(按2007年国际相对原子质量计算)。

2　规范性引用文件

下列文件中的条款通过本标准的引用而成为本标准的条款。凡是注日期的引用文件，其随后所有的修改单(不包括勘误的内容)或修订版均不适用于本标准，然而，鼓励根据本标准达成协议的各方研究是否可使用这些文件的最新版本。凡是不注日期的引用文件，其最新版本适用于本标准。

GB 190　危险货物包装标志

GB/T 3723　工业用化学产品采样安全通则

GB 5099　钢质无缝气瓶

GB 7144　气瓶颜色标志

GB/T 8984　气体中一氧化碳、二氧化碳和碳氢化合物的测定　气相色谱法

GB 14193　液化气体气瓶充装规定

GB/T 26571　特种气体储存期规范

《气瓶安全监察规程》(国家质量监督检验检疫总局发布，2000年)

3　技术要求

三氯化硼的技术要求应符合表1的规定。

表1　技术指标

项　　目		指　　标
三氯化硼(BCl_3)纯度(体积分数)/10^{-2}	≥	99.999 5
氧+氩(O_2+Ar)含量(体积分数)/10^{-6}	<	1
氮(N_2)含量(体积分数)/10^{-6}	<	4
一氧化碳(CO)含量(体积分数)/10^{-6}	<	0.5
二氧化碳(CO_2)含量(体积分数)/10^{-6}	<	0.2
甲烷(CH_4)含量(体积分数)/10^{-6}	<	0.5
总杂质含量(体积分数)/10^{-6}	≤	5
金属离子		供需双方商定
颗粒		供需双方商定

4 试验方法

4.1 检验规则

4.1.1 三氯化硼产品应逐一检验并验收。当检验结果有任何一项指标不符合本标准技术要求时，则判该产品不合格。

4.1.2 三氯化硼采样安全应符合 GB/T 3723 的相关规定。

4.2 三氯化硼纯度

三氯化硼纯度按式(1)计算：

$$\Phi = 100 - (\Phi_1 + \Phi_2 + \Phi_3 + \Phi_4 + \Phi_5) \times 10^{-4} \quad \cdots\cdots (1)$$

式中：

Φ——三氯化硼纯度(体积分数)，10^{-2}；

Φ_1——氧＋氩含量(体积分数)，10^{-6}；

Φ_2——氮含量(体积分数)，10^{-6}；

Φ_3——一氧化碳含量(体积分数)，10^{-6}；

Φ_4——二氧化碳含量(体积分数)，10^{-6}；

Φ_5——甲烷含量(体积分数)，10^{-6}。

4.3 放空

测定三氯化硼中的杂质含量时，应有三氯化硼尾气处理措施。

4.4 氧＋氩、氮的测定

4.4.1 氧＋氩、氮的测定见附录 A。

4.4.2 允许采用其他等效的方法测定三氯化硼中的氧＋氩、氮含量。当测定结果有异议时，以本标准 4.4.1 规定的方法为仲裁方法。

4.5 一氧化碳、二氧化碳、甲烷的测定

按 GB/T 8984 规定并采用预切割技术测定三氯化硼中的微量一氧化碳、二氧化碳、甲烷含量。

预分离柱：长约 0.5 m、内径 2 mm 的不锈钢柱，内装粒径为 0.18 mm～0.25 mm 的 6201 担体，担体涂敷 15％ OV-210，或其他等效色谱柱。

允许采用其他等效的测定方法，当对测定结果有异议时，以 GB/T 8984 规定的方法为仲裁方法。

4.6 气体标准样品

组分含量的体积分数为 1×10^{-6}～5×10^{-6}，平衡气为氦。

4.7 金属离子含量的测定

采用等离子发射光谱-质谱检测仪(ICP-MS)测定。

4.8 颗粒的测定

采用光散射原理设计的颗粒计数器测定。

5 包装、标志、贮运及安全

5.1 包装、标志及贮运

5.1.1 三氯化硼的充装及贮运应符合《气瓶安全监察规程》的相关规定。

5.1.2 包装三氯化硼的气瓶应符合 GB 5099 的规定。

5.1.3 推荐使用经过内表面处理的气瓶。推荐使用 CGA660 瓶阀。

5.1.4 应防止瓶口被污染和泄漏。

5.1.5 三氯化硼的充装应符合 GB 14193 的相关规定。

5.1.6 气瓶颜色标志应符合 GB 7144 的规定。

5.1.7 运输时，三氯化硼气瓶上应附有 GB 190 中指定的标志。

5.1.8 包装容器上应标明“电子三氯化硼”字样。

5.1.9 瓶装三氯化硼的最大充装量按式(2)计算：

$$m = F_r \cdot V \quad \cdots\cdots(2)$$

式中：

m——气瓶内三氯化硼的质量，单位为千克(kg)；

V——气瓶标明的内容积，单位为升(L)；

F_r——三氯化硼的充装系数：1.1 kg/L。

5.1.10 三氯化硼的充装量按实际称量的质量计。

5.1.11 三氯化硼的保存期限按 GB/T 26571 执行。

5.1.12 三氯化硼出厂时应附有质量合格证，其内容至少应包括：

——产品名称，生产厂名称，危险化学品生产许可证编号；

——生产日期或批号，充装质量(kg)；

——本标准号及技术指标，检验员号。

5.1.13 三氯化硼产品应存放在阴凉、干燥、通风的库房内，严禁暴晒，远离热源。环境温度应低于 60 ℃。

5.2 安全警示

5.2.1 三氯化硼是气体或无色发烟液体，有刺鼻气味；加热时，分解生成氯化氢烟雾；与水或潮湿空气激烈反应，生成氯化氢和硼酸；与苯胺、膦、醇类、氧和有机物(如油脂)激烈反应。

5.2.2 三氯化硼腐蚀眼睛、皮肤和呼吸道；吸入气体可能引起肺气肿；液体迅速蒸发可能引起冻伤；高浓度接触时，可能导致死亡。

5.2.3 冻伤时应用大量水冲洗，不应脱去衣物，应及时治疗。

5.2.4 泄漏时，人员撤离危险区域！保持通风。

5.2.5 接触三氯化硼时，推荐使用带有隔绝式呼吸器的气密式化学防护服。

5.2.6 分析系统应保证密闭。取样、置换过程的三氯化硼尾气，都应经解毒处理后再放空。设备、仪器在通三氯化硼之前，应用干燥的载气吹洗，管线应经过检漏。

5.2.7 三氯化硼生产企业应为用户提供安全技术说明书。

附　录　A
（规范性附录）
三氯化硼中氧＋氩、氮的测定

A.1　仪器

采用配备氦离子化检测器的气相色谱仪测定三氯化硼中的氧＋氩、氮。

检测限：0.1×10^{-6}（体积分数）。

A.2　方法提要

以高纯氦经净化后作载气，采用配备氦离子化检测器的气相色谱仪，对样品应用主组分切割（除）等处理后采用气相色谱法定量、定性分析样品中的目标组分。

A.3　测定条件

A.3.1　载气：高纯氦，经纯化器纯化。其流量参照相应的仪器说明书。

A.3.2　辅助气：需要采用辅助气的仪器按仪器说明书使用辅助气。

A.3.3　色谱柱：

预分离柱：长约 0.5 m、内径 2 mm 的不锈钢柱，内装粒径为 0.18 mm～0.25 mm 的 6201 担体，担体涂敷 15% OV-210，色谱柱在 180 ℃通载气活化约 2 h。或其他等效色谱柱。该柱用于预分离。

分析柱：长约 2 m、内径 2 mm 的不锈钢柱，内装粒径为 0.18 mm～0.25 mm 的 13X 分子筛，色谱柱在 280 ℃～300 ℃通载气活化约 4 h。或其他等效色谱柱。该柱用于分析氧＋氩、氮组分。

A.3.4　气体标准样品：

气体标准样品中的组分含量（体积分数）为 1×10^{-6}～5×10^{-6}，平衡气为氦。

A.3.5　其他条件：载气净化器温度、色谱柱温度、检测器温度、样气流量等其他条件参考仪器说明书。

A.3.6　参考的切割气路流程示意图请见图 A.1。

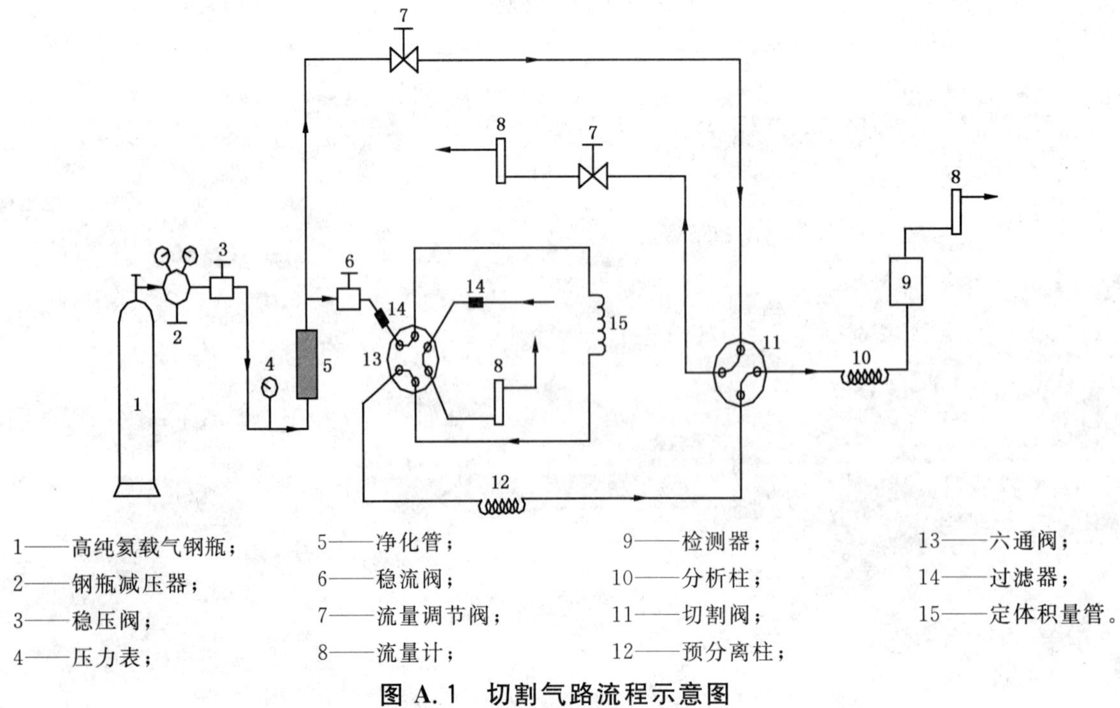

1——高纯氦载气钢瓶；
2——钢瓶减压器；
3——稳压阀；
4——压力表；
5——净化管；
6——稳流阀；
7——流量调节阀；
8——流量计；
9——检测器；
10——分析柱；
11——切割阀；
12——预分离柱；
13——六通阀；
14——过滤器；
15——定体积量管。

图 A.1　切割气路流程示意图

A.4 分析步骤

开启仪器至稳定后按仪器说明书的操作步骤完成样品分析。

平行测定气体标准样品和样品气至少两次，记录色谱响应值，直至相邻两次测定的相对偏差不大于 10×10^{-2}，取其平均值。

A.5 结果处理

氧+氩、氮的含量按式(A.1)计算：

$$\Phi_i=\frac{A_i}{A_s}\times\Phi_s \qquad \text{(A.1)}$$

式中：

Φ_i——样品气中被测组分的含量(体积分数)，10^{-6}；

A_i——样品气中被测组分的响应值；

A_s——气体标准样品中相应已知组分的响应值；

Φ_s——气体标准样品中相应已知组分的含量(体积分数)，10^{-6}。

ICS 55.100
A 82

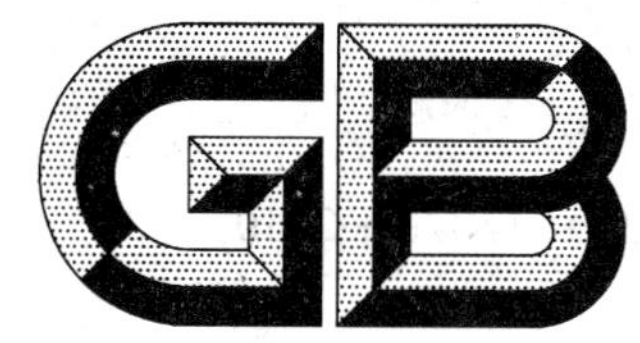

中华人民共和国国家标准

GB/T 17876—2010
代替 GB/T 17876—1999

包装容器　塑料防盗瓶盖

Packaging container—Tamper-evident plastic closure

2010-12-23 发布　　2011-05-01 实施

中华人民共和国国家质量监督检验检疫总局
中国国家标准化管理委员会　发布

前言

本标准代替 GB/T 17876—1999《包装容器　塑料防盗瓶盖》。

本标准与 GB/T 17876—1999 相比，主要变化如下：

——删除了防盗条术语，修改了部分术语定义；

——修改产品分类；

——增加了图 1 瓶盖尺寸示意图和表 2 尺寸公差；

——增加了 5.4 碳酸盖热稳定性能中的高温周期循环测试内容和 6.4.2.4 试验方法；

——增加了 5.4 中的开启扭矩性能和 6.4.5 开启扭矩性能试验方法；

——增加 6.7 瓶盖卫生性能的检测方法；

——修改了检验规则的部分内容；

——增加了附录 A。

本标准的附录 A 为资料性附录。

本标准由全国包装标准化技术委员会提出并归口。

本标准由上海紫日包装有限公司、中国包装联合会负责起草，宏全企业（苏州）有限公司、百利盖（昆山）有限公司参加起草。

本标准主要起草人：韩明、蔡荣阶、谢进昌、张霞、朱婧。

本标准所代替标准的历次版本发布情况为：

——GB/T 17876—1999。

包装容器　塑料防盗瓶盖

1　范围

本标准规定了饮料用塑料防盗瓶盖的定义、产品分类、要求、试验方法、检验规则和标志、包装、运输和贮存。

本标准适用于以聚烯烃为主要原材料，经注塑、热压或其他工艺成型的塑料防盗瓶盖(以下简称瓶盖)。

2　规范性引用标准

下列文件中的条款通过本标准的引用而成为本标准的条款。凡是注日期的引用文件，其随后所有的修改单(不包括勘误的内容)或修订版均不适用于本标准，然而，鼓励根据本标准达成协议的各方研究是否可使用这些文件的最新版本。凡是不注日期的引用文件，其最新版本适用于本标准。

GB/T 191　包装储运图示标志(GB/T 191—2008，ISO 780:1997，MOD)

GB/T 2828.1　计数抽样检验程序　第1部分：按接收质量限(AQL)检索的逐批检验抽样计划(GB/T 2828.1—2003，ISO 2859-1:1999，IDT)

GB 4806.1　食品用橡胶制品卫生标准

GB/T 5009.60　食品包装用聚乙烯、聚苯乙烯、聚丙烯成型品卫生标准的分析方法

GB 9685　食品容器、包装材料用添加剂使用卫生标准

GB 9687　食品包装用聚乙烯成型品卫生标准

GB 9688　食品包装用聚丙烯成型品卫生标准

3　术语和定义

下列术语和定义适用于本标准

3.1

塑料防盗瓶盖　tamper-evident plastic closure

用塑料制成，经封装，开启后，不能恢复其原包装形式。

3.2

开启扭矩　removal torque

开启封装的防盗盖时，所需的最大力矩。

3.3

扭断扭矩　bridge break torque

扭断防盗环，所需的最大力矩。

3.4

防盗环　tamper-evident band

由桥连接、开启后与盖身全部或部分断开的组成。

注：防盗环分为掉落式和连接式两种。

4　分类和规格

4.1　分类

4.1.1　产品根据盖体结构分为有垫瓶盖和无垫瓶盖。

4.1.2 产品根据制造工艺分为一次成型瓶盖和多次成型瓶盖。

4.1.3 产品根据用途分为碳酸饮料瓶盖(以下简称碳酸盖)和非碳酸饮料瓶盖(以下简称非碳酸盖)。

4.2 规格

本瓶盖的规格适用于口径为 28 mm、30 mm、38 mm 标准瓶口的瓶子(参见附录 A)。其他规格由供需双方商定。

5 要求

5.1 外观

外观应符合表 1 的要求。

表 1 外观

项目	要求
产品表面	成型饱满,结构完整,表面光滑,无明显收缩、气泡、毛边、缺损
色泽	色泽均匀
污染	无黑点,无锈迹、油污等外来附着物、无明显异味
防盗环	防盗环与盖身有连接桥相连,连接桥无破坏
印刷	瓶盖印刷色调分明、清晰,顶面印刷图案中心对瓶盖外径中心的图案位置偏差值不大于 1.5 mm

5.2 尺寸

瓶盖尺寸如图 1 所示,尺寸公差应符合表 2 的要求。其他尺寸由供需双方商定。

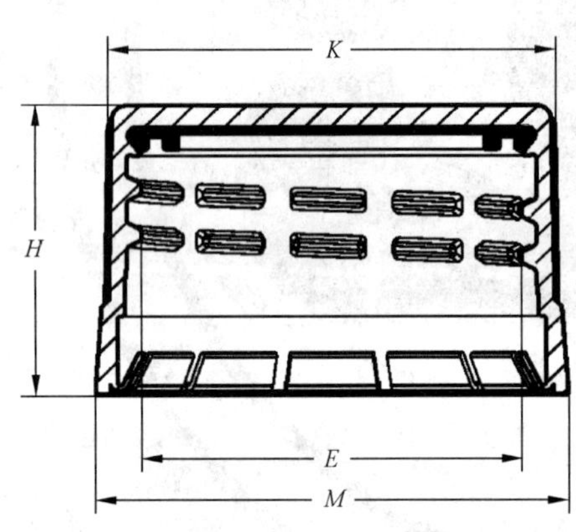

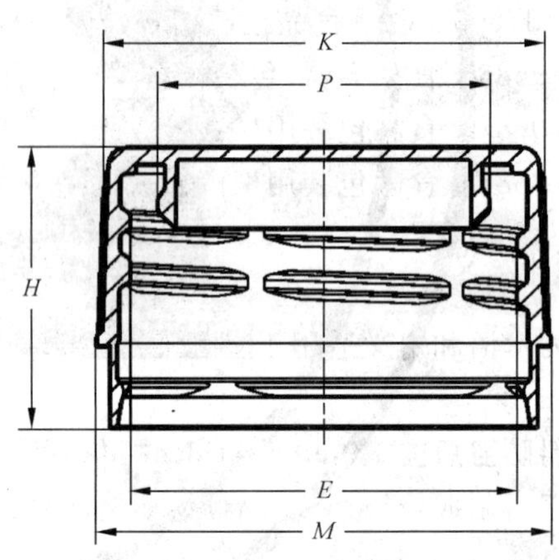

E——螺纹顶径;
H——瓶盖高度;
K——防滑齿外径;
M——最大外径;
P——内塞外径。

图 1 瓶盖尺寸示意图

表 2 尺寸公差

单位为毫米

项目	公差等级	基本尺寸				
		14-18	18-24	24-30	30-40	40-50
最大外径(M)	MT6a	0.54	0.62	0.70	0.80	0.94
瓶盖高度(H)	MT6b	0.74	0.82	0.90	1.00	1.14
螺纹顶径(E)	MT6a	0.54	0.62	0.70	0.80	0.94

表 2（续） 单位为毫米

项　目	公差等级	基本尺寸				
		14-18	18-24	24-30	30-40	40-50
防滑齿外径（K）	MT6a	0.54	0.62	0.70	0.80	0.94
内塞外径（P）	MT6a	0.54	0.62	0.70	0.80	0.94
未注公差	MT7a	±0.39	±0.44	±0.50	±0.57	±0.66

5.3 印刷图案附着性能

瓶盖印刷图案应无明显脱落，不影响图案的完整性。

5.4 物理机械性能

瓶盖物理性能，应符合表 3 的要求。

表 3 物理机械性能

项　目		要　求
密封性能	非碳酸盖	200 kPa 时不漏气、350 kPa 时不脱盖
	碳酸盖	690 kPa 时不漏气、1 207 kPa 时不脱盖
热稳定性能	非碳酸盖耐低温性能	不爆裂、不变形，倒置不漏液
	碳酸盖耐低温性能	不爆裂、不变形，倒置不漏气、不漏液
	碳酸盖耐高温性能	不爆裂、不变形，不漏液
	碳酸盖高温周期循环测试	不爆裂、不脱盖
跌落性能	非碳酸盖	不脱盖、不漏液
	碳酸盖	不脱盖、不漏液
耐冲击性能		瓶盖及裂片不脱落
开启扭矩性能	规格小于 38 mm 瓶盖	0.6 N·m～2.2 N·m
	规格小于 38 mm 且高度 H 不大于 12 mm 瓶盖	0.4 N·m～2.2 N·m
	38 mm 规格瓶盖	0.6 N·m～2.9 N·m
防盗环物理性能	封盖性能	封盖后防盗环不断裂
	防盗性能	开启后再封时，连接桥应有明显破坏
	扭断扭矩	不大于 2.2 N·m

5.5 溢脂性能

溢脂性能应符合表 4 的要求。

表 4 溢脂性能

项　目	要　求
溢脂性能	液面不能出现脂类物

5.6 安全开启性能

逆时针方向开启瓶盖至瓶盖完全脱离瓶口时，瓶盖不脱盖弹出。

5.7 卫生性能

瓶盖所使用材料的卫生性能应符合 GB 4806.1、GB 9685、GB 9687 和 GB 9688 的要求。

6 试验方法

6.1 外观

在非阳光直射的自然光或日光型灯下观察。

6.2 尺寸

用精度不低于 0.02 mm 的量具检验。

6.3 印刷图案附着性能

用粘着力为(10±1)N/25 mm 的胶粘带粘贴于瓶盖印刷图案表面上，胶带与盖面充分贴合无气泡后沿贴面方向拉开胶带，观察图案的完整性。

6.4 物理机械性能

6.4.1 密封性能试验

6.4.1.1 将非碳酸盖用旋盖机按满足封盖要求的额定扭矩封盖，用密封测试仪测试，加压至 200 kPa，在水下保压 1 min，观察是否漏气，再把压力提高至 350 kPa，保压 1 min，观察瓶盖是否松脱弹出。

6.4.1.2 将碳酸盖用旋盖机按满足封盖要求的额定扭矩封盖，切去防盗环，用密封测试仪测试，加压至 690 kPa，在水下保压 1 min，观察是否漏气，再把压力提高至 1 207 kPa，保压 1 min，观察瓶盖是否松脱弹出。

6.4.2 热稳定性能试验

6.4.2.1 瓶子中注入标称容量水后，用旋盖机按满足封盖要求的额定扭矩封上非碳酸盖，在 4 ℃±1 ℃冷冻箱里侧向 24 h 后，倒置，观察瓶盖是否爆裂或变形，密封处是否漏液。

6.4.2.2 瓶子中注入标称容量含有 4.2±0.1 体积二氧化碳的碳酸水后，用旋盖机按满足封盖要求的额定扭矩封上碳酸盖，在 4 ℃±1 ℃冷冻箱里放置 24 h 后，倒置，观察瓶盖是否爆裂或变形，密封处是否漏气、漏液。

6.4.2.3 瓶子中注入标称容量含有 4.2±0.1 体积二氧化碳的碳酸水后，用旋盖机按满足封盖要求的额定扭矩封上碳酸盖，在 42 ℃恒温箱里侧向放置 5 d，观察瓶盖是否爆裂、变形或漏液。

6.4.2.4 瓶子中注入标称容量含有 4.2±0.1 体积二氧化碳的碳酸水后，用旋盖机按满足封盖要求的额定扭矩封上碳酸盖。在 60 ℃恒温箱里放置 6 h，随后在 32 ℃恒温箱里再放置 18 h，重复三次。观察瓶盖是否爆裂或飞脱。

6.4.3 跌落性能试验

6.4.3.1 瓶子中注入标称容量水后，用旋盖机按满足封盖要求的额定扭矩封上非碳酸盖，按表 5 的要求试验，观察瓶盖是否飞脱和密封处是否漏液。

表 5 跌落性能

<table>
<tr><th>瓶盖类型</th><th>放置要求</th><th colspan="2">跌落高度</th><th colspan="2">瓶子跌落方向</th></tr>
<tr><td rowspan="2">非碳酸盖</td><td>(4±1)℃放置 24 h 后</td><td rowspan="2">1.4 m
(容量小于 1 L)</td><td rowspan="2">1 m
(容量大于等于 1 L)</td><td rowspan="4">底部朝下垂直自由跌落一次</td><td rowspan="4">水平侧向混凝土地面自由跌落一次</td></tr>
<tr><td>常温放置 24 h 后</td></tr>
<tr><td rowspan="2">碳酸盖</td><td>(4±1)℃放置 24 h 后</td><td rowspan="2" colspan="2">1.5 m</td></tr>
<tr><td>常温放置 24 h 后</td></tr>
</table>

6.4.3.2 瓶子中注入标称容量含有 4.2±0.1 体积二氧化碳的碳酸水后，用旋盖机按满足封盖要求的额定扭矩封上碳酸盖，按表 5 的要求试验，观察瓶盖是否飞脱和密封处是否漏液。

6.4.4 耐冲击性能试验

6.4.4.1 瓶子中注入标称容量水后，用旋盖机按满足封盖要求的额定扭矩封上非碳酸盖，4 ℃±1 ℃放置 24 h，将试样等分为 4 组，在钢球冲击试验仪上分别进行试验(钢球 ϕ41 mm，286 g，表面光滑)，钢球距瓶盖 762 mm 高处自由下落于瓶盖的部位：垂直落于顶部中心；垂直落于顶部边沿；与瓶盖边沿成

45°角；垂直落于瓶盖侧壁。观察瓶盖是否破裂、破损，瓶盖是否脱落。

6.4.4.2 瓶子中注入标称容量含有4.2±0.1体积二氧化碳的碳酸水后，用旋盖机按满足封盖要求的额定扭矩封上碳酸盖，常温放置24 h，将试样等分为4组，在钢球冲击试验仪上分别进行试验（钢球ϕ41 mm，286 g，表面光滑），钢球距瓶盖762 mm高处自由下落于瓶盖的部位：垂直落于顶部中心；垂直落于顶部边沿；与瓶盖边沿成45°角；垂直落于瓶盖侧壁。观察瓶盖是否破裂、破损，瓶盖是否脱落。

6.4.5 开启扭矩试验

用旋盖机按满足封盖要求的额定扭矩封盖，常温放置24 h，用精度大于0.1 N·m的扭矩仪测试扭矩。

6.4.6 防盗环物理试验

用旋盖机按满足封盖要求的额定扭矩封盖，观察瓶盖防盗环连接桥是否断裂。常温放置24 h，用精度大于0.1 N·m的扭矩仪测试开启扭矩和扭断扭矩，重新封盖，观察防盗环连接桥是否有明显破坏。

6.5 溢脂性能试验

6.5.1 洁净瓶子中注入标称容量纯净水后用非碳酸盖密封，常温下放置24 h，摇晃5 h后在42 ℃恒温箱中侧向放置48 h，从放置时起每隔24 h观察瓶内液面是否有油脂，若有油脂出现即终止试验。

6.5.2 洁净瓶子中注入标称容量含有4.2±0.1体积二氧化碳的碳酸水后用碳酸盖密封，常温下放置24 h，摇晃5 h后在42 ℃恒温箱中侧向放置48 h，从放置时起每隔24 h观察瓶内液面是否有油脂，若有油脂出现即终止试验。

6.6 安全开启性能试验

使用容量不小于2 L的瓶子，其中注入标称容量含有4.2±0.1体积二氧化碳的碳酸水后用旋盖机按满足封盖要求的额定扭矩封上碳酸盖。

在常温下放置24 h，逆时针慢慢旋动瓶盖至有漏气的声音，随后立即用手，以最快的速度旋开瓶盖至完全泄气，观察看瓶盖是否松脱弹出。

将以上测试过的样品，缓慢将液体倒掉一半，再用旋盖机按满足封盖要求的额定扭矩封上碳酸盖，放置24 h，重复以上开启过程，观察看瓶盖是否松脱弹出。

6.7 卫生性能试验

瓶盖的卫生性能指标按GB/T 5009.60的规定进行。

7 检验规则

7.1 组批

产品以批为单位进行验收，以同一规格的原料，同一生产线连续生产为一批，每批不超过120万只。

7.2 检验分类

产品检验分为出厂检验和型式检验。

7.2.1 出厂检验

出厂检验项目为5.1、5.2和5.3。

7.2.2 型式检验

型式检验项目为第5章的全部项目。有以下情况之一时，应进行型式检验：

a) 新产品或老产品转厂生产的检验定型；
b) 正式生产后如材料、工艺等有较大改变影响产品性能时；
c) 停产6个月以上，恢复生产时；
d) 出现较大质量问题时；
e) 用户提出进行型式检验要求时；
f) 国家质量监督机构提出进行型式检验要求时。

7.3 抽样

按 GB/T 2828.1 随机抽样，采用二次抽样的方案。外观、尺寸、印刷图案附着性能、密封性能、热稳定性能、跌落性能、耐冲击性能、开启扭矩性能、防盗环物理性能、溢脂性能、安全开启性能的抽样方案和接收质量限，按表 6 规定进行。

表 6　瓶盖抽样方案表

批量≤120 万只

<table>
<tr><th rowspan="2">项目</th><th rowspan="2">检查水平</th><th rowspan="2">样本数/只</th><th colspan="4">接收质量限</th></tr>
<tr><th>AQL=0.65</th><th>AQL=1.0</th><th>AQL=1.5</th><th>AQL=2.5</th></tr>
<tr><td>外观</td><td>I</td><td>315
630</td><td></td><td></td><td>7　11
18　19</td><td></td></tr>
<tr><td>热稳定性能</td><td>S-2</td><td>13
26</td><td></td><td></td><td></td><td>0　2
1　2</td></tr>
<tr><td>印刷图案附着性能</td><td rowspan="9">S-3</td><td>32
64</td><td></td><td>0　2
1　2</td><td></td><td></td></tr>
<tr><td>尺寸</td><td rowspan="2">50
100</td><td>0　2
1　2</td><td></td><td></td><td></td></tr>
<tr><td>密封性能</td><td>0　2
1　2</td><td></td><td></td><td></td></tr>
<tr><td>跌落性能</td><td rowspan="4">32
64</td><td></td><td></td><td>0　3
3　4</td><td></td></tr>
<tr><td>耐冲击性能</td><td></td><td></td><td>0　3
3　4</td><td></td></tr>
<tr><td>开启扭矩性能</td><td></td><td></td><td>0　3
3　4</td><td></td></tr>
<tr><td>防盗环物理性能</td><td></td><td></td><td>0　3
3　4</td><td></td></tr>
<tr><td>溢脂性能</td><td rowspan="2">50
100</td><td>0　2
1　2</td><td></td><td></td><td></td></tr>
<tr><td>安全开启性能</td><td>0　2
1　2</td><td></td><td></td><td></td></tr>
</table>

8 判定

8.1　按表 6 进行，全部项目合格，判该批产品合格；有一项不合格，判该批产品不合格。

8.2　卫生性能指标若有一项不合格，则该批产品不合格。

9 标志、包装、运输和贮存

9.1 标志

标志应符合 GB/T 191 的规定。包装箱上应有标签、合格标识、产品名称、规格、数量、商标、生产厂全称及厂址、包装箱外形尺寸、运输与贮存的注意事项等内容。

9.2 包装

包装应在清洁防尘的环境下进行，瓶盖先用符合食品包装卫生要求的袋包装，封口后装箱，也可用供需双方商定的包装物。

9.3 运输

运输工具应清洁干燥，箱装产品上叠放重量不得超过外包装物的承受压力，防止日晒雨淋并不受污染。

9.4 贮存

产品应贮存在清洁、干燥、通风的库房内，宜保持在 18 ℃～38 ℃的环境中。低于 18 ℃时，使用前宜将瓶盖在高于 18 ℃温度下放置 24 h；远离热源和污染源，严禁与有毒、有害及有浓烈（强烈）气味的物品混放。产品贮存期限从生产之日起不超过 12 个月。

附 录 A
（资料性附录）
标准瓶口图

A.1 范围

本附录中所列的标准瓶口为目前国内饮料行业内使用最广泛和通用的瓶口，其他瓶口经供需双方商定使用。

A.2 说明

本附录中列出的A.3.1～A.3.6标准瓶口示意图只用于瓶口类型识别，并不用于瓶口生产，示意图内不包含所有的瓶口尺寸要求。

A.3 标准瓶口示意图

A.3.1 PCO1810瓶口

PCO1810瓶口示意图见图A.1，瓶口规格见表A.1。

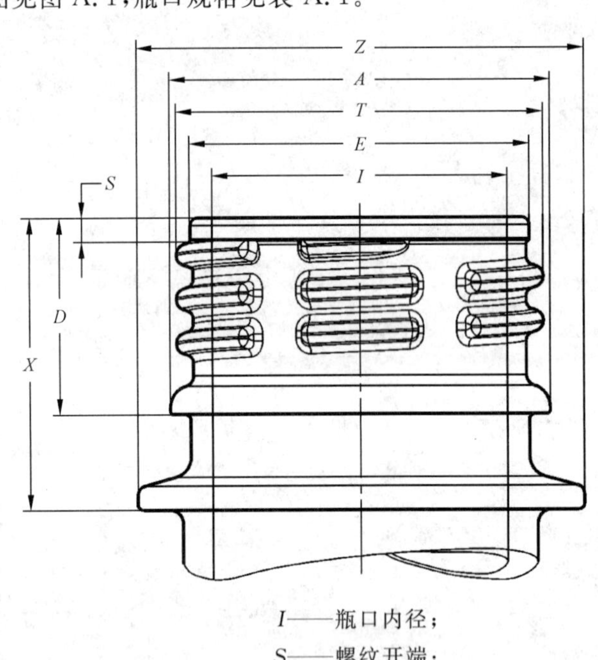

Z——支撑环直径；
A——锁环直径；
T——螺纹直径；
E——瓶口直径；
I——瓶口内径；
S——螺纹开端；
D——锁环高度；
X——瓶口高度。

图 A.1 PCO1810瓶口

表 A.1 PCO1810瓶口规格

单位为毫米

项 目	尺 寸
支撑环直径(*Z*)	33.00±0.38
锁环直径(*A*)	27.97±0.13
螺纹直径(*T*)	27.43±0.13
瓶口直径(*E*)	24.94±0.13

表 A.1（续） 单位为毫米

项　　目	尺　　寸
瓶口内径（*I*）	21.74±0.13
螺纹开端（*S*）	1.70±0.13
锁环高度（*D*）	14.10±0.20
瓶口高度（*X*）	21.01±0.25

A.3.2　PCO1881 瓶口

PCO1881 瓶口示意图见图 A.2，瓶口规格见表 A.2。

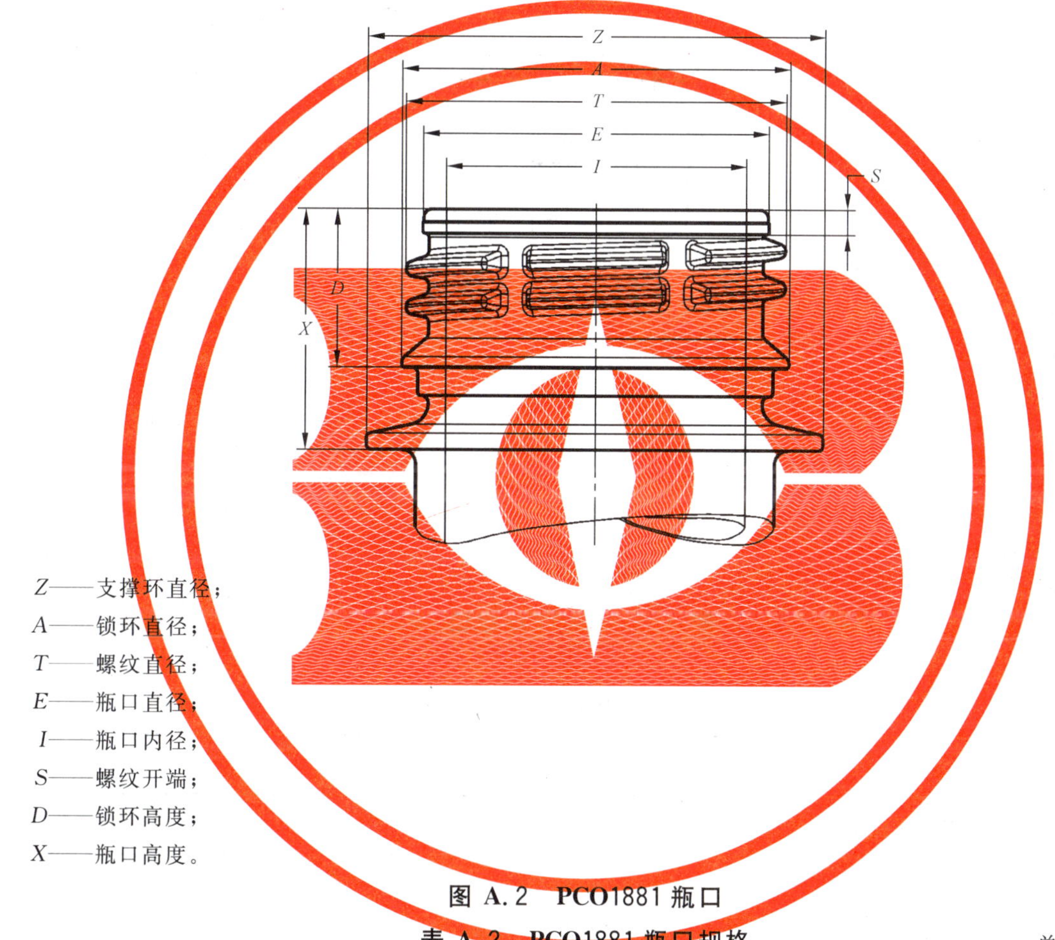

Z——支撑环直径；
A——锁环直径；
T——螺纹直径；
E——瓶口直径；
I——瓶口内径；
S——螺纹开端；
D——锁环高度；
X——瓶口高度。

图 A.2　PCO1881 瓶口

表 A.2　PCO1881 瓶口规格 单位为毫米

项　　目	尺　　寸
支撑环直径（*Z*）	33.00±0.15
锁环直径（*A*）	28.00±0.15
螺纹直径（*T*）	27.40±0.13
瓶口直径（*E*）	24.94±0.13
瓶口内径（*I*）	21.74±0.13
螺纹开端（*S*）	1.70±0.13
锁环高度（*D*）	11.20±0.20
瓶口高度（*X*）	17.00±0.25

A.3.3 HR-PCO 瓶口

HR-PCO 瓶口示意图见图 A.3，瓶口规格见表 A.3。

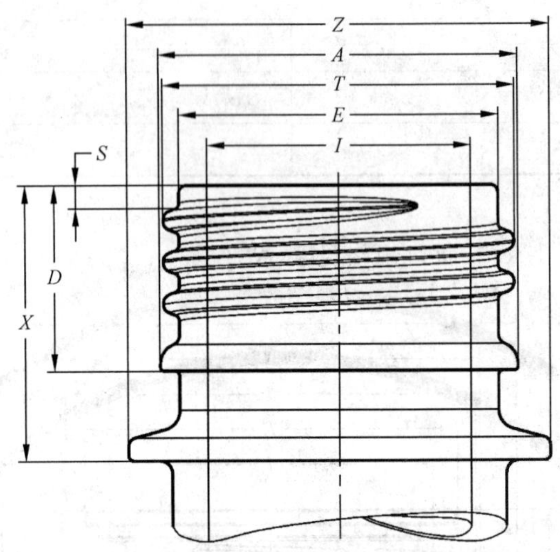

Z——支撑环直径；
A——锁环直径；
T——螺纹直径；
E——瓶口直径；
I——瓶口内径；
S——螺纹开端；
D——锁环高度；
X——瓶口高度。

图 A.3 HR-PCO 瓶口

表 A.3 HR-PCO 瓶口规格

单位为毫米

项　　目	尺　　寸
支撑环直径(*Z*)	33.00±0.25
锁环直径(*A*)	27.97±0.25
螺纹直径(*T*)	27.56±0.25
瓶口直径(*E*)	24.94±0.20
瓶口内径(*I*)	20.60±0.20
螺纹开端(*S*)	1.75±0.20
锁环高度(*D*)	14.10±0.20
瓶口高度(*X*)	21.01±0.25

A.3.4 HR-1716 瓶口

HR-1716 瓶口示意图见图 A.4,瓶口规格见表 A.4。

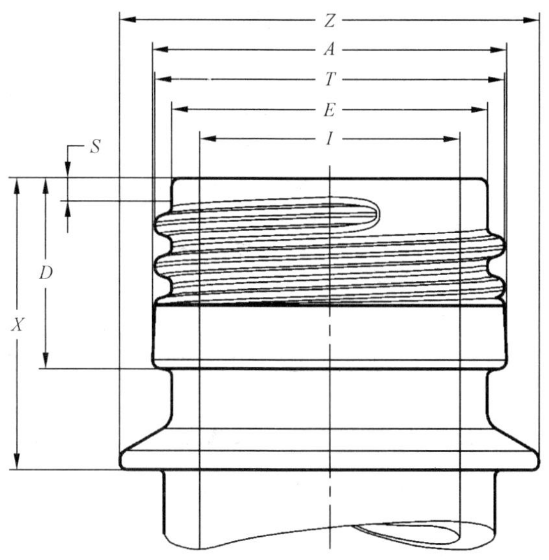

Z——支撑环直径；
A——锁环直径；
T——螺纹直径；
E——瓶口直径；
I——瓶口内径；
S——螺纹开端；
D——锁环高度；
X——瓶口高度。

图 A.4 HR-1716 瓶口

表 A.4 HR-1716 瓶口规格

单位为毫米

项　　目	尺　　寸
支撑环直径(Z)	33.00±0.25
锁环直径(A)	27.97±0.25
螺纹直径(T)	27.43±0.25
瓶口直径(E)	24.94±0.20
瓶口内径(I)	20.60±0.20
螺纹开端(S)	1.80±0.10
锁环高度(D)	14.10±0.20
瓶口高度(X)	21.01±0.25

A.3.5　30/25 瓶口

30/25 瓶口示意图见图 A.5,瓶口规格见表 A.5。

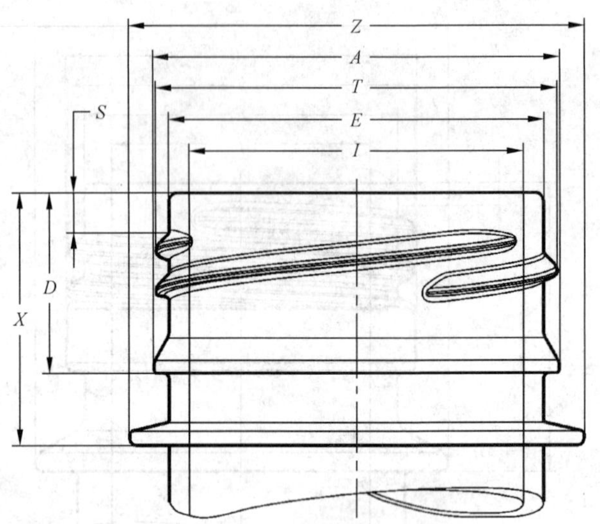

Z——支撑环直径；
A——锁环直径；
T——螺纹直径；
E——瓶口直径；
I——瓶口内径；
S——螺纹开端；
D——锁环高度；
X——瓶口高度。

图 A.5　30/25 瓶口

表 A.5　30/25 瓶口规格　　单位为毫米

项　目	尺　寸
支撑环直径(Z)	34.00±0.15
锁环直径(A)	30.30±0.13
螺纹直径(T)	30.30±0.13
瓶口直径(E)	28.00±0.13
瓶口内径(I)	25.00±0.10
螺纹开端(S)	3.00±0.10
锁环高度(D)	13.20±0.15
瓶口高度(X)	18.50±0.15

A.3.6 1845 瓶口

1845 瓶口示意图见图 A.6,瓶口规格见表 A.6。

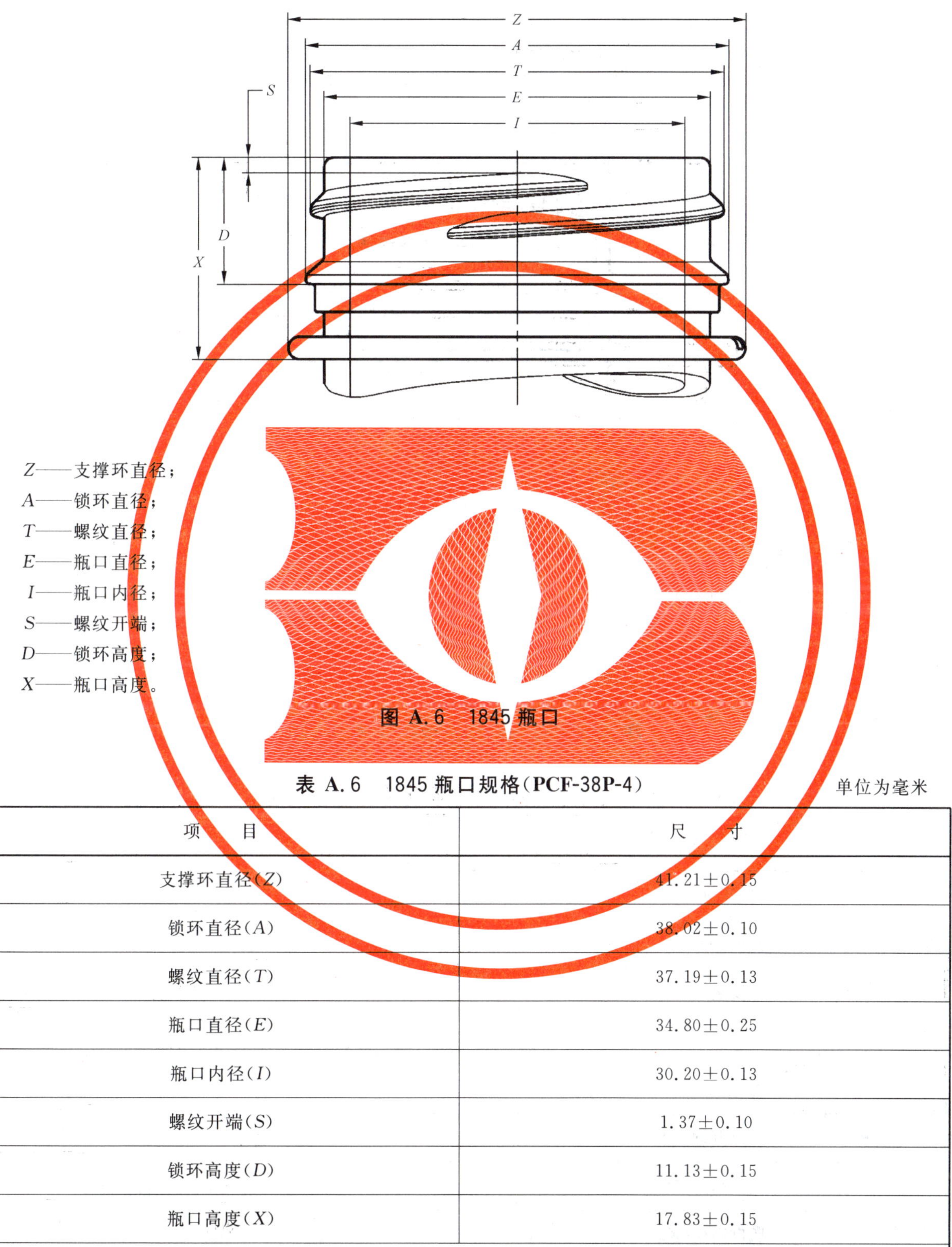

Z——支撑环直径;
A——锁环直径;
T——螺纹直径;
E——瓶口直径;
I——瓶口内径;
S——螺纹开端;
D——锁环高度;
X——瓶口高度。

图 A.6 1845 瓶口

表 A.6 1845 瓶口规格(PCF-38P-4)

单位为毫米

项　　目	尺　　寸
支撑环直径(Z)	41.21±0.15
锁环直径(A)	38.02±0.10
螺纹直径(T)	37.19±0.13
瓶口直径(E)	34.80±0.25
瓶口内径(I)	30.20±0.13
螺纹开端(S)	1.37±0.10
锁环高度(D)	11.13±0.15
瓶口高度(X)	17.83±0.15
注:此瓶口规格在 CMA 上命名为 PCF-38P-4。	

A.3.7　38 mm 双头螺纹冷灌装瓶口

38 mm 双头螺纹冷灌装瓶口示意图见图 A.7，瓶口规格见表 A.7。

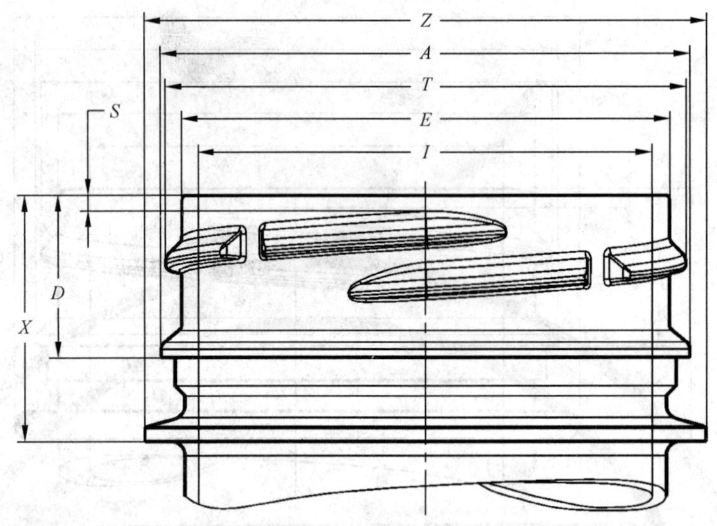

Z——支撑环直径；
A——锁环直径；
T——螺纹直径；
E——瓶口直径；
I——瓶口内径；
S——螺纹开端；
D——锁环高度；
X——瓶口高度。

图 A.7　38 mm 双头螺纹冷灌装瓶口

表 A.7　38 mm 双头螺纹冷灌装瓶口规格

单位为毫米

项　目	尺　寸
支撑环直径(*Z*)	41.00±0.15
锁环直径(*A*)	37.65±0.15
螺纹直径(*T*)	37.10±0.15
瓶口直径(*E*)	34.80±0.15
瓶口内径(*I*)	32.40±0.15
螺纹开端(S)	1.40±0.10
锁环高度(*D*)	11.40±0.15
瓶口高度(*X*)	min 17.20

ICS 53.020.99
J 80

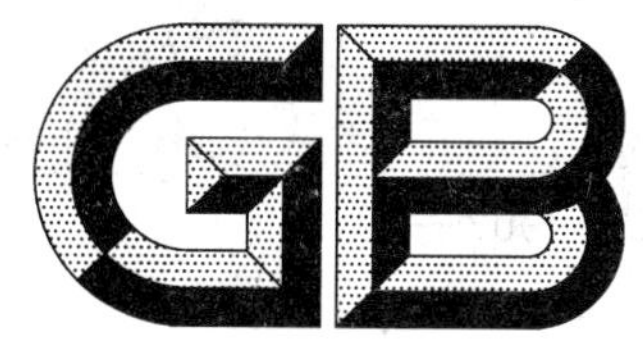

中华人民共和国国家标准

GB 17907—2010
代替 GB 17907—1999

机械式停车设备　通用安全要求

Mechanical parking systems—General safety requirement

2011-01-10 发布　　2011-12-01 实施

中华人民共和国国家质量监督检验检疫总局
中国国家标准化管理委员会　发布

前　言

本标准第 5 章（除 5.2.1、5.2.2 及 5.8 外）为强制性条文，其余为推荐性条文。

本标准代替 GB 17907—1999《机械式停车设备　通用安全要求》。

本标准与 GB 17907—1999 相比，主要变化如下：

——对规范性引用文件的内容进行了修改；

——增加了术语和定义（第 3 章）；

——删除了原标准表 1 中序号 7 的内容；

——删除了原标准附录 A 的内容；

——将原标准第 5 章内容调整为资料性附录 B；

——将原标准附录 C 的内容调整为本标准的第 6 章和第 7 章；

——增加了设计要求（见 5.2.2）；

——增加了电器设备的外壳防护等级要求（5.6.6.2）；

——增加了抗电磁干扰的要求（5.6.8）；

——调整和补充了安全防护装置（5.7）；

——增加了转换区的安全要求（5.8）。

本标准的附录 A 为规范性附录，附录 B 为资料性附录。

本标准由中国机械工业联合会提出。

本标准由全国起重机械标准化技术委员会（SAC/TC 227）归口。

本标准负责起草单位：北京起重运输机械设计研究院。

本标准参加起草单位：江苏双良停车设备有限公司、山东莱钢泰达车库有限公司、杭州西子石川岛停车设备有限公司、杭州友佳精密机械有限公司、浙江艾耐特机械有限公司、深圳中集天达空港设备有限公司、北京航天汇信科技有限公司、兰州远达工程设备有限责任公司、深圳怡丰自动化科技有限公司。

本标准主要起草人：杨春平、程琪、许明金、王志武、邱荣贤、崔振元、俞中建、把婧。

本标准所代替标准的历次版本发布情况为：

——GB 17907—1999。

机械式停车设备　通用安全要求

1　范围

本标准规定了机械式停车设备(以下简称停车设备)的设计、制造、检验、使用等方面的基本安全要求。

本标准适用于各种类别的机械式停车设备。

本标准所规定的安全要求是针对本标准表1危险一览表中所描述的危险。

本标准不适用于以下情况：

a)　汽车举升机(维修用)；

b)　对建筑的要求，即使停车设备由该建筑直接支承，也不在本标准范围内；

c)　停车设备的周边设备。

2　规范性引用文件

下列文件中的条款通过本标准的引用而成为本标准的条款。凡是注日期的引用文件，其随后所有的修改单(不包括勘误的内容)或修订版均不适用于本标准，然而，鼓励根据本标准达成协议的各方研究是否可使用这些文件的最新版本。凡是不注日期的引用文件，其最新版本适用于本标准。

GB/T 1243　传动用短节距精密滚子链、套筒链、附件和链轮(GB/T 1243—2006，ISO 606:2004，IDT)

GB 2894　安全标志(GB 2894—1996，neq ISO 3864:1984)

GB/T 3323　金属熔化焊焊接接头射线照相(GB/T 3323—2005，EN 1435:1997，MOD)

GB/T 3766　液压系统通用技术条件(GB/T 3766—2001，eqv ISO 4413:1998)

GB/T 3805　特低电压(ELV)限值

GB/T 3811　起重机设计规范

GB 4208　外壳防护等级(IP代码)(GB 4208—2008，IEC 60529:2001，IDT)

GB/T 5972　起重机　钢丝绳　保养、维护、安装、检验和报废(GB/T 5972—2009，ISO 4309:2004，IDT)

GB 6067.1—2010　起重机械安全规程　第1部分：总则

GB/T 6074　板式链、连接环和槽轮　尺寸、测量力和抗拉强度(GB/T 6074—2006，ISO 4347:2004，IDT)

GB/T 6417.1　金属熔化焊接头缺欠分类及说明(GB/T 6417.1—2005，ISO 6520-1:1998，IDT)

GB 7588　电梯制造与安装安全规范(GB 7588—2003，EN 81-1:1998，MOD)

GB/T 7935　液压元件通用技术条件

GB 8903　电梯用钢丝绳(GB 8903—2005，ISO/FDIS 4344:2003，MOD)

GB/T 11345　钢焊缝手工超声波探伤方法和探伤结果分级

GB/T 15706.2—2006　机械安全　基本概念与设计通则　第2部分：技术原则(ISO 12100-2:2003，IDT)

GB 16179　安全标志使用导则

GB 16754　机械安全　急停　设计原则(GB 16754—2008，ISO 13850:2006，IDT)

GB/T 19418　钢的弧焊接头　缺陷质量分级指南(GB/T 19418—2003 ISO 5817:1992，IDT)

GB/T 20118　一般用途钢丝绳(GB/T 20118—2006，ISO/DIS 2408:2002，MOD)

GB 50017　钢结构设计规范

GB 50168　电气装置安装工程　电缆线路施工及验收规范

GB 50169　电气装置安装工程　接地装置施工及验收规范

GB 50171　电气装置安装工程　盘、柜及二次回路结线施工及验收规范

3 术语和定义

下列术语和定义适用于本标准。

3.1

辅助设备 auxiliary equipment

协助停车设备共同完成存取汽车的设备，例如：转换区门及其联锁装置、工作区门、侧门、检修门、紧急出口、通行门等(见图 1)。

3.2

周边设备 peripheral equipment

独立于停车设备以外，具有自身功能的设备，例如：消防设施、排水设施、换气通风设施、照明设施和停车收费管理系统等。

3.3

转换区 transfer area

存取汽车时，由人员驾驶状态转换为停车设备控制状态或由停车设备控制状态转换为人员驾驶状态的区域(见图 1)。

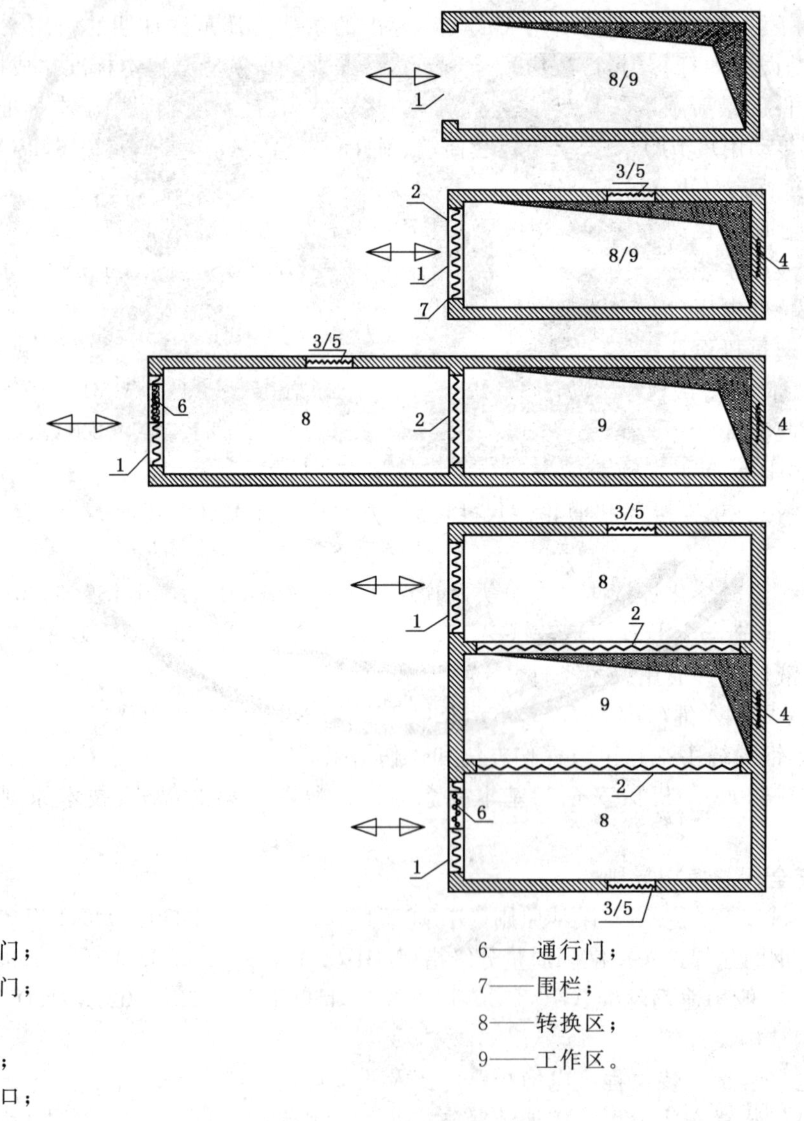

1——转换区门；
2——工作区门；
3——侧门；
4——检修门；
5——紧急出口；
6——通行门；
7——围栏；
8——转换区；
9——工作区。

图 1

3.4

工作区　working area

停车设备运行、存放汽车的区域。对无人方式的停车设备,该区域不允许驾乘人员进入(见图 1)。

3.5

出入口　access

进出停车设备转换区或工作区最外部的出入口(见图 2)。

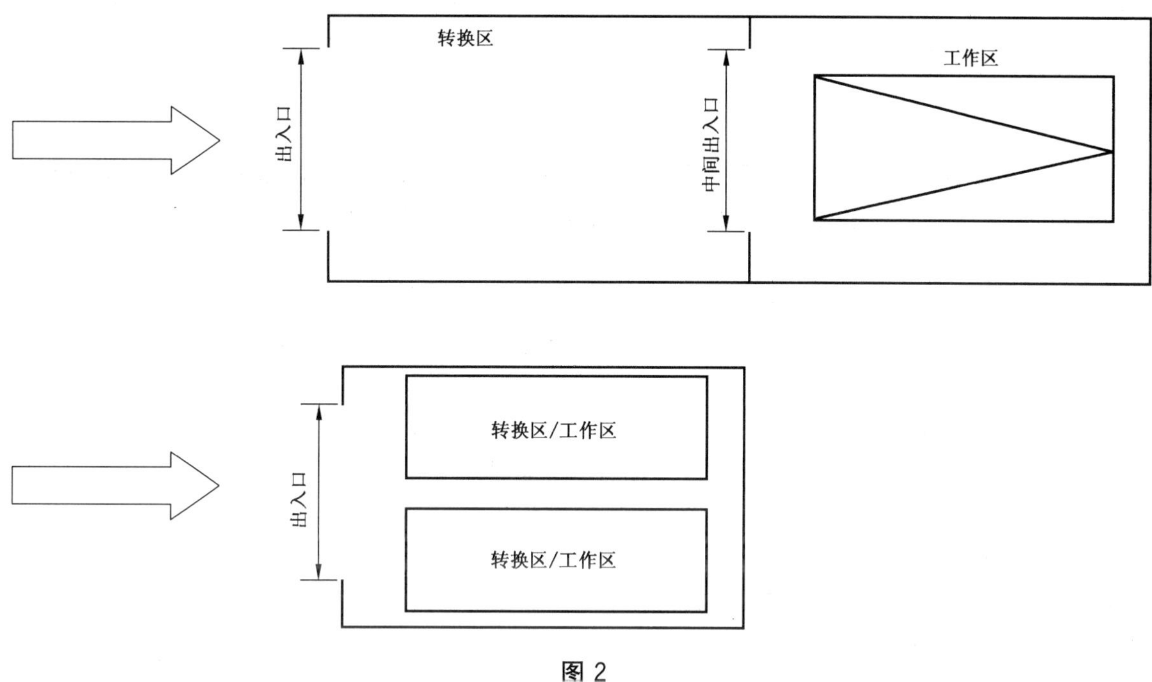

图 2

3.6

停车位　parking space

在停车设备中,用于最终停放汽车的空间。

3.7

搬运器　transport apparatus

运送汽车的装置,具有独立的动力驱动装置。

3.8

载车板　pallet

在停车设备中,用于存放汽车的托板。

3.9

升降机　lift

具有升降功能,可将汽车升降至所需位置的装置。

3.10

防坠器　anti-dropping device

防止搬运器或载车板运行到位后处于空中静态位置时坠落的装置。

3.11

安全钳　safety gear

搬运器在超速下降时,制动并控制搬运器使其停止运行的机械装置。

3.12

空载　no load

搬运器上无汽车时的工况。

3.13

额定载荷　rated load

搬运器上最大适停汽车的质量。

3.14

额定速度　rated speed

在额定电压、额定频率和额定载荷状态下，搬运器的最大起升或运行速度。

3.15

汽车宽度　vehicle width

分别过车辆两侧固定突出部位(不包括后视镜、侧面标志灯、示位灯、转向指示灯、扰性挡泥板、折叠式踏板、防滑链以及轮胎与地面接触变形部分)最外侧点且平行于Y平面的两平面之间的距离。

3.16

汽车全宽　overall width of car

汽车的最大宽度，包括后视镜处于正常位置的宽度。

3.17

车位宽度　parking space width

两相邻停车位中心线之间的距离，或停车位两侧能够保证车辆安全的有效宽度。

3.18

平层　levelling

升降搬运器升降至汽车进、出口及各停车层时，实现在垂直方向搬运器与停车层平面平齐的一种运动。

3.19

适停汽车　cars suitable for parking

停车设备允许停放的汽车。

4　危险一览表

本标准所涉及的危险见表1。

表1

序号	危险
1	设备静止或运行时可能对人造成的伤害
2	汽车意外坠落、受损
3	承载金属结构整体或局部丧失稳定
4	承载金属结构与传动装置零件疲劳损坏
5	机械传动系统中的故障
6	电气、液压系统中的故障

5　安全要求和措施

5.1　安全标志

在停车设备的出入口、操作室、检修场所、电气柜等明显可见处应设置相应的安全标志(包括禁止标志、警告标志和提示标志),并应符合 GB 2894 和 GB 16179 的规定。

5.2 金属结构的设计与配置的安全要求

5.2.1 承载金属结构

承载金属结构应有足够的强度、刚度、局部及整体的稳定性,其设计应符合 GB 50017 或 GB/T 3811 的要求。

5.2.2 设计要求

5.2.2.1 载荷

停车设备所承受的载荷一般应包括:

a) 垂直静载荷;

b) 垂直动载荷;

c) 水平运行方向上的力产生的水平载荷,一般取额定载荷的 1/7;

d) 与水平运行方向垂直的力产生的水平载荷,一般取额定载荷的 1/20;

e) 因回转离心力产生的水平载荷;

f) 风载荷;

g) 地震载荷;

h) 雪载荷(必要时应考虑)。

注:由于搬运器上的汽车放置而产生更不利的集中载荷,在设计或规范停车设备的设计参数时应予以考虑。

5.2.2.2 搬运器轴载荷

将汽车质量按 6∶4 分配到前轴和后轴,并以受力大的一侧作集中载荷计算。

载车板质量各自承担 50%,搬运器质量根据结构作适当分配。

5.2.2.3 搬运器轮载荷

以受力最大的轮负荷计算,汽车质量的 30%加载车板质量的 25%,搬运器质量根据结构作适当分配。

5.2.3 主要受力构件(如立柱、横梁、纵梁等)焊接要求

5.2.3.1 焊缝的外观检查不得有目测可见的明显缺陷,这些缺陷按 GB/T 6417.1 的分类为:裂纹、气孔、固体夹杂、未熔合、未焊透等缺陷,并符合 GB/T 19418 中的 B 级质量要求。

5.2.3.2 应对其受拉区对接焊缝进行无损检测,射线检测时,应不低于 GB/T 3323 中规定的Ⅱ级,超声波检测时不低于 GB/T 11345 中规定的Ⅰ级。

5.2.4 车位载车结构的材料和性能

车位载车结构应采用非燃烧体材料制造,并应具有足够的强度和刚度。

5.3 基本尺寸要求

5.3.1 出入口

5.3.1.1 出入口尺寸

停车设备出入口的宽度应大于适停汽车宽度加 500 mm(不含后视镜宽度),但不小于2 250 mm。

存容轿车的准无人和人车共乘方式的停车设备出入口的高度不应小于 1 800 mm;无人方式的停车设备工作区出入口的高度不应小于 1 600 mm;存容客车的停车设备出入口的高度不应小于适停汽车高度加 100 mm。

5.3.1.2 搬运器(或载车板)停车表面与出入口地面之间的距离

对汽车自行驶入的停车设备,搬运器(或载车板)停车表面端部与出入口地面接合处的水平距离不应大于 40 mm,垂直高差不应大于 50 mm。

5.3.2 人行通道尺寸

停车设备内,如设置人行通道时,人行通道的宽度不应小于 500 mm,高度不应小于 1 800 mm。

5.3.3 停车位尺寸

宽度——对用搬运器将汽车送入停车位的，不应小于适停汽车全宽加 150 mm（含后视镜宽度），带有对中装置的，不应小于适停汽车全宽加 50 mm；对于汽车自行驶入停车位的，不应小于适停汽车宽度加 500 mm（不含后视镜宽度）。

长度——不应小于适停汽车的全长加 200 mm。

高度——不应小于适停汽车的高度与存取车时微升微降等动作要求的高度之和加 50 mm。

5.4 各机构的安全要求

机械传动部件应有足够的强度、刚度、运动稳定性；机械工作部件应有足够的强度、寿命及正常工作能力。

5.4.1 搬运器

其强度和刚度应满足使用要求，在不妨碍安全的前提下，搬运器的顶板、侧面围栏、门可以省略。若驾驶员有可能从搬运器表面 500 mm 以上的落差处跌落，应设有侧面围栏和底部踢脚板，围栏高度不应小于 1 000 mm，对人车共乘方式围栏高度不应小于 1 400 mm，底部踢脚板高度不应小于 100 mm，围栏的设计应考虑在围栏上的任意位置均可承受 300 N 的侧向力且变形不应大于 100 mm。围栏和扶手到邻近的相对移动部件之间的安全距离至少为 80 mm。

5.4.2 起升用钢丝绳、卷筒和滑轮

5.4.2.1 停车设备起升用钢丝绳应符合 GB/T 20118 的要求。采用曳引轮驱动时，升降用钢丝绳应符合 GB 8903 的规定。

5.4.2.2 钢丝绳的安全系数不应小于表 2 的规定。

表 2

工作条件	无人方式	准无人方式	人车共乘方式
安全系数	5	7	10

5.4.2.3 保证钢丝绳不能从滑轮上脱出，应有防止钢丝绳跳出绳槽的装置。钢丝绳禁止接长使用。

5.4.2.4 钢丝绳绳端固定连接的安全要求应符合 GB 6067.1—2010 中 4.2.1.5 的规定。卷筒上钢丝绳尾端的固定装置应有防松或自紧的功能。

5.4.2.5 当搬运器或载车板处于最低工作位置时，钢丝绳在卷筒上的缠绕（除固定绳尾的圈数外）不应少于两圈。

5.4.2.6 滑轮或卷筒的名义直径与钢丝绳直径之比不得小于 20，对人车共乘式的不得小于 40。曳引轮的节圆直径与曳引钢丝绳公称直径之比不得小于 40。

5.4.2.7 钢丝绳的维护、保养、安装、检验和报废应符合 GB/T 5972 的规定。

5.4.2.8 卷筒出现下述情况之一时应报废：

a) 裂纹；

b) 筒壁磨损达原壁厚的 20%。

5.4.2.9 滑轮出现下述情况之一时应报废：

a) 裂纹；

b) 绳槽径向磨损量达钢丝绳直径的 50%；

c) 绳槽壁厚磨损量达原壁厚的 20%；

d) 绳槽不均匀磨损量达 3 mm；

e) 其他损害钢丝绳的缺陷。

5.4.3 起升用链条

5.4.3.1 停车设备起升用传动链条、传动链轮应符合 GB/T 1243、GB/T 6074 的规定，链条的安全系数不应小于表2的规定。

5.4.3.2 停车设备应有保证链条不能从链轮上脱出的措施(如张紧装置、防脱装置等)。

5.4.3.3 链条出现下述情况之一应报废:

a) 可见裂纹;

b) 过盈配合处松动;

c) 链条相对磨损伸长率达到3%。

5.4.4 起升用螺杆/螺母

5.4.4.1 正常使用的螺杆、螺母之间应转动灵活、无卡阻现象,螺杆、螺母不应有裂纹和加工缺陷,应安装防止搬运器从其上脱开的装置。

5.4.4.2 起升螺杆副应设置防止尖锐物和异物进入的装置。

5.4.4.3 螺杆两端均应设有止挡装置,以防止承载轴承和螺母从螺杆上脱落。载车板抵达终点后起升螺杆副应有足够的安全缓冲行程;应设置防止载车板落地后对螺杆副直接冲击的装置或措施。

5.4.4.4 螺杆的设计寿命应大于承载螺母的设计寿命。

5.4.5 制动系统

5.4.5.1 主机必须设有制动系统,制动系统应采用常闭式制动器,对控制升降运动的制动器,其制动力矩不应小于1.5倍额定载荷的制动力矩。

5.4.5.2 制动器的零件出现下述情况之一时应报废:

a) 裂纹;

b) 制动衬垫厚度磨损达原厚度的50%;

c) 弹簧出现塑性变形;

d) 小轴或轴孔直径磨损达原直径的5%。

5.4.5.3 制动器应有符合操作频度的热容量。

5.4.5.4 制动器对制动衬垫的磨损应有补偿能力。

5.4.5.5 制动轮的制动摩擦面不应有妨碍制动性能的缺陷或沾染油污。

5.4.5.6 制动轮出现下述情况之一时应报废:

a) 裂纹;

b) 轮缘厚度磨损达原厚度的20%(包括均匀磨损和不均匀磨损);

c) 进行修圆后轮缘的减薄量达20%。

5.4.6 回转盘

5.4.6.1 按停车库的布置及使用要求,可在转换区或工作区设置回转盘。

5.4.6.2 需有定位装置的回转盘,在升降或回转位置应有定位装置或相应的措施。不需有定位装置的回转盘,可不设此装置。

5.4.6.3 回转盘应运转平稳、可靠。

5.4.6.4 回转盘上停放的汽车,其回转轨迹与周围障碍物之间的间隙最小为50 mm。

5.4.7 出入口处栅栏门

工作区出入口处若未设置工作区门,而人员有可能从500 mm以上高处跌落的应设置栅栏门,栅栏门高度及栅栏门网格尺寸应符合图3的规定。如果这一高度落差是暂时出现,而且现场有操作人员时,可不执行本规定。

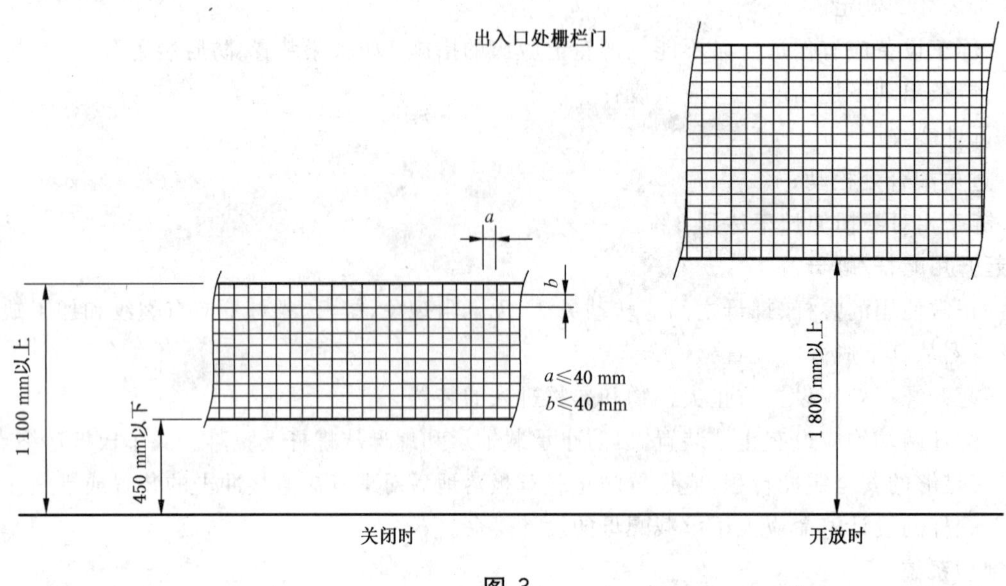

图 3

5.4.8 工作区围栏

地面上的工作区,除出入口外,周边应设置围栏,围栏高度不应小于 1 000 mm。

5.5 液压系统的安全要求

5.5.1 液压系统的设计应符合 GB/T 3766 和 GB/T 7935 的要求。

5.5.2 液压系统应设过压保护装置,当工作压力达到额定压力的 1.25 倍时,能自动动作,对系统进行过压保护。

5.5.3 液压升降系统应设置安全保护装置,防止液压系统失压,致使搬运器坠落。

5.5.4 液压系统应按设计要求用油,按说明书要求定期换油。

5.5.5 液压系统应具有切断装置,以防止在进行维护作业或在液压设备调整时意外起动而引起伤害。切断装置应标记其用途和操作的形式,且在“切断”位置时应能够锁定。

5.5.6 由于内部泄漏造成搬运器下降,24 h 内不得超过 30 mm。

5.5.7 在可能使管路受到机械损伤的场合,应尽量不使用非金属管路,不得不采用时,应加装保护措施。

5.6 电气设备的安全要求

5.6.1 一般要求

停车设备的电气系统应保证传动性能和控制性能准确可靠,能防止由于电气设备本身引起的危险,或由于机械运动等损伤导致电气设备产生的危险。

电气设备的设计应符合 GB/T 3811 的规定,电气设备的安装必须符合 GB 50168、GB 50169 和 GB 50171的有关规定。

5.6.2 供电及电路

5.6.2.1 供电电源

停车设备应由专用馈电线供电。

5.6.2.2 停车设备总断路器

停车设备上应设总断路器。短路时应有分断该电路的功能。

5.6.2.3 控制电路

停车设备控制电路应保证控制性能符合机械与电气系统的要求。

5.6.3 电线电缆及电气配线

5.6.3.1 动力线采用多股单芯线时,截面不应小于 1.5 mm^2;采用多股多芯线时,截面不应小于

1.0 mm^2。控制线、电子装置、伺服机构、传感元件等能确认安全可靠的连接导线，截面不作规定。电气室、操纵室、控制屏、电气柜内部的配线，主回路小截面导线与控制回路的导线，可用塑料绝缘导线。

5.6.3.2 室外工作的停车设备，电线应敷设于金属管中，金属管应经防腐处理。如用金属线槽或金属软管代替，必须有良好的防雨及防腐性。

5.6.3.3 室内工作的停车设备，电线应敷设于线槽或管中，电缆可直接敷设。在有机械损伤、化学腐蚀或油污浸蚀的地方，应有防护措施。

5.6.3.4 所有穿管敷设时，管口应有防磨损电线的护嘴；穿金属管敷设时，管口应无毛刺和尖锐棱角。

5.6.4 电动机的保护

5.6.4.1 电动机应进行短路、缺相及错相保护。

5.6.4.2 电动机应采用手动复位的过载保护器，该过载保护器应能切断电机的供电电源。

5.6.5 插座

5.6.5.1 插座的电源应和停车设备的动力电源分开。

5.6.5.2 插座应是2P+T，250 V，由主电源直接供电，并符合GB/T 3805的规定。

5.6.5.3 在电气柜内应设置供检修用的电源插座。

5.6.6 电气保护装置

5.6.6.1 主隔离开关

停车设备进线处宜设主隔离开关，或采取其他隔离措施。

5.6.6.2 防护等级

5.6.6.2.1 停车设备在室内工作时，电控设备的外壳(包括控制件的外壳)防护等级不应低于GB 4208中的IP4X，在任何人可接近的外壳防护等级不应低于IP44。

5.6.6.2.2 停车设备在室外工作时，电控设备的外壳防护等级不应低于GB 4208的IP65。

5.6.6.2.3 当停车设备处于特定的条件下，应根据所处环境空气的温度、湿度、海拔做出必要的修正。

5.6.6.3 欠压保护、过压保护

停车设备必须设欠压保护和过压保护。

5.6.6.4 接地

5.6.6.4.1 停车设备的金属结构及所有电气设备的金属外壳、管槽、电缆金属护层和变压器低压侧均应有可靠的接地。检修时保持接地良好。

5.6.6.4.2 中性线(N)和保护线(PE)应始终分开。保护接地系统的接地电阻不应大于4 Ω。

5.6.6.4.3 接地线连接应符合GB 50169的要求。

5.6.6.5 绝缘电阻

在动力电路导线和保护接地电路之间施加500 V(d.c)时测得的绝缘电阻不应小于1 MΩ。

5.6.7 信号

停车设备应有指示总电源分合状况的信号，必要时还应设故障信号或报警信号。

5.6.8 抗电磁干扰

5.6.8.1 在停车设备的设计、安装和布线中，应确保由其产生的电磁干扰不会导致以下不安全的运行和危险以及功能的减弱和丧失：

a) 设备意外启动；

b) 紧急停止命令的失效，或紧急停止功能的自行复位；

c) 有关安全的相关电路的控制紊乱(如跳闸、故障和失效检验的功能、连锁功能、超速跳闸功能、制动功能、起动功能、停机和紧急停止功能)；

d） 影响功能的排序、计时或计算误差；

e） 速度变化超过±20%；

f） 启动运行时间超过±10%；

g） 导致检测能力的下降。

5.7 安全防护装置

5.7.1 设置

各种类型的停车设备应按附录A表A.1的要求设置安全防护装置，并在使用中及时检查、维护，使其保持正常工作性能。如发现性能异常，应立即进行修理或更换。

5.7.2 安全防护装置及要求

5.7.2.1 紧急停止开关

5.7.2.1.1 在便于操作的位置应设置紧急停止开关，以便在发生异常情况时能使停车设备立即停止运转。若停车设备由若干独立供电的部分组成，则每个部分都应分别设置紧急停止开关。若停车设备由转换区、工作区组成，则每个区域都应配备单独的紧急停止开关。紧急停止开关的设计应符合GB 16754的要求。

5.7.2.1.2 在紧急情况下能迅速切断动力回路总电源，但不应切断电源插座、照明、通风、消防和警报电路的电源。

5.7.2.1.3 紧急停止开关的复位应是非自动复位，复位不得引发或重新启动任何危险状况。

5.7.2.2 防止超限运行装置

当升降限位开关出现故障时，防止超限运行装置应使设备停止工作。

5.7.2.3 汽车长、宽、高限制装置

对进入停车设备的汽车进行车长、车宽、车高的检测，超过适停汽车尺寸时，机械不得动作并应报警。

5.7.2.4 阻车装置

当出现以下情况时应在汽车车轮停止的位置上设置阻车装置：

a） 当搬运器沿汽车前进和后退方向运动时，有可能出现汽车跑到预定的停车范围之外时；

b） 对于准无人方式，驾驶员在将汽车停放到搬运器或载车板上，可能导致汽车停到预定的停车范围之外时；

c） 当汽车直接停在回转盘上时。

阻车装置的高度不应低于25 mm，当采用其他有效措施阻车时，也可不再设置此阻车装置。

5.7.2.5 人车误入检测装置

不设库门或开门运转的停车设备应设人车误入检测装置，当设备运行过程中，如有其他汽车或人员进入时，应使机械立即停止动作。

5.7.2.6 汽车位置检测装置

应设置检测装置，当汽车未停在搬运器或载车板上的正确位置时，停车设备不能运行。但操作人员确认安全的场合则不受本条限制。

5.7.2.7 出入口门(栅栏门)联锁保护装置

对出入口有门或围栏的停车设备应设置联锁保护装置，当搬运器没有停放到准确位置时，车位出入口的门等不能开启；当门处于开启状态时，搬运器不能运行。

5.7.2.8 自动门防夹装置

为防止汽车出入停车设备时自动门将汽车意外夹坏，应设置防夹装置。

5.7.2.9 防重叠自动检测装置

为避免向已停放汽车的车位再存进汽车，应设置对车位状况(有无汽车)进行检测的装置，或采取其他防重叠措施。

5.7.2.10 防坠落装置

搬运器(或载车板)运行到位后,若出现意外,有可能使搬运器或载车板从高处坠落时,应设置防坠落装置,即使发生钢丝绳、链条等关键部件断裂的严重情况,防坠落装置必须保证搬运器(或载车板)不坠落。

对准无人方式的汽车专用升降机应安装防坠落装置,但可不安装安全钳、限速器。对人车共乘式的汽车专用升降机可不装防坠落装置,但必须安装安全钳、限速器。

5.7.2.11 警示装置

停车设备应设有能发出声或光报警信号的警示装置,在停车设备运转时该警示装置应起作用。

5.7.2.12 轨道端部止挡装置

为防止运行机构脱轨,在水平运行轨道的端部,应设置止挡装置,并能承受运行机构以额定载荷、额定速度下运行产生的撞击。

5.7.2.13 缓冲器

搬运器在其垂直升降的下端或水平运行的两端,应装设缓冲器。

5.7.2.14 松绳(链)检测装置或载车板倾斜检测装置

为防止驱动绳(链)部分松动导致载车板(搬运器)倾斜或钢丝绳跳槽,应设置松绳(链)检测装置或载车板倾斜检测装置,当载车板(搬运器)运动过程中发生松绳(链)情况时,应立即使设备停止运行。

5.7.2.15 安全钳

5.7.2.15.1 安全钳的选用与安装应符合 GB 7588 的规定,无人方式、准无人方式、液压直顶式除外。

5.7.2.15.2 搬运器在运行过程中,在达到限速器动作速度时,甚至在悬挂装置断裂的情况下,安全钳应能夹紧导轨使装有额定载荷的搬运器制动停止并保持静止状态。

5.7.2.15.3 停车设备的安全钳释放应由专业人员操纵。

5.7.2.15.4 禁止将安全钳的夹爪或钳体充当导靴使用。

5.7.2.16 限速器

5.7.2.16.1 限速器的选用与安装应符合 GB 7588 的规定。无人方式、准无人方式、液压直顶方式除外。

5.7.2.16.2 限速器的动作点应大于或等于额定速度的 115%。

5.7.2.17 紧急联络装置

对于人车共乘式的停车设备,在搬运器内必须设置紧急联络装置,以便在发生停电、设备故障等紧急情况时,与外部的联络。

5.7.2.18 运转限制装置

人员未出设备,设备不得启动。可通过激光扫描器、灵敏光电装置等自动检测在转换区里有无人员出入,当有管理人员确认安全的情况下,可不设置此装置。

5.7.2.19 控制联锁功能

停车设备的汽车存取由几个控制点启动时,这些控制点应相互联锁,以使得仅能从所选择的控制点操作。

5.7.2.20 超载限制器

当停车设备实际载荷超过额定载荷的 95%时,超载限制器宜发出报警信号。

当停车设备实际载荷超过额定载荷 100%～110%时,超载限制器起作用,此时应自动切断起升动力电源。

5.7.2.21 载车板锁定装置

为防止意外情况下,载车板从停车位中滑出,应设置载车板锁定装置,在采取了有效措施的情况下,可不设此装置。

5.8 转换区的安全要求

5.8.1 存取车模式

5.8.1.1 无人方式的存取车模式包括：

a) 驾驶员将汽车驶入转换区后离开，由停车设备自动存放汽车入库；

b) 由停车设备自动取出汽车出库，驾驶员进入转换区将汽车开出。

5.8.1.2 准无人方式的存取车模式包括：

a) 驾驶员将汽车驶入工作区或转换区后离开，由停车设备自动存放汽车到停车位；

b) 由停车设备取出汽车，驾驶员进入工作区或转换区将汽车开出。

5.8.2 紧急出口操纵装置

在紧急情况或停电时，设有车库门的停车设备，应具备人员从转换区撤出的手段，若没有设置紧急门或侧门，则应设置能够开启车库门的紧急操纵装置。此装置一旦启动，转换区内各机构应停止运转。

5.8.3 控制装置的设置

5.8.3.1 所有控制装置的用途或功能应清晰并用符号予以标记，或用中文加以标注。

5.8.3.2 控制装置的设置位置应清晰可见，并可直接或间接观察停车设备的运行状况。

6 使用管理基本要求

6.1 在提交给用户的使用信息中，应按 GB/T 15706.2—2006 中 5.5 告知使用者潜在的遗留风险。

6.2 应向用户提供管理规则和使用维护方面的详细说明书。

6.3 使用说明书应至少包括如下内容：

a) 产品性能参数；

b) 安全注意事项；

c) 使用和维护信息。

6.4 每台产品均应在明显位置处固定产品标牌，标牌应至少包括以下内容：

a) 制造商名称和地址；

b) 产品名称和型号；

c) 主要技术参数：适停汽车尺寸，适停汽车质量等；

d) 设备制造日期及编号。

6.5 停车设备管理人员应禁止不符合设计规定的汽车入库。在出入口附近，应用醒目的文字标识本停车设备允许停放的汽车尺寸和质量，以便司机在进入车库前对停车设备限制进入的汽车做出正确判断。

6.6 在停车设备的明显位置应标出安全标志及注意事项。必要时，停车设备操作人员应以口头方式传达给存车人。

6.7 停车设备的管理和操作人员的职责应包括：

a) 对规定由专职人员操作的，其他人员不得自行操作；

b) 停车设备主管负责人应进行设备运转时的安全管理以及运转前和运转结束后的例行检查；

c) 仔细阅读使用说明书，遵守安全方面的注意事项；

d) 设备运转前，需事先确认安全；

e) 酒后不允许操作。

7 检查与维修

7.1 检查

7.1.1 经常性检查应按停车设备运行的频繁程度确定检查周期，但不应少于每月一次。一般应包括：

a) 停车设备正常运行的技术性能；

b) 所有的安全、防护装置；

c) 制动器性能及零件的磨损情况；

d) 钢丝绳磨损和尾端的固定情况；

e) 链条的磨损、变形、伸长情况。

7.1.2 定期检查应按停车设备运行的频繁程度确定检查周期，但不应少于每年一次。一般应包括：

a) 在7.1.1中经常性检查的内容；

b) 金属结构的变形、裂纹、腐蚀及焊缝、铆钉、螺栓等连接情况；

c) 主要零部件的磨损、裂纹、变形等情况；

d) 指示装置的可靠性和精度；

e) 动力系统和控制器。

7.2 维修

7.2.1 维修更换的零部件的性能、材质应不低于原零部件。

7.2.2 结构件需焊接时，所用的材质、焊条等应符合原结构件的要求，焊接质量应符合有关标准的要求。

7.2.3 停车设备在运行状态时不得维修和保养。

8 停车设备使用环境的安全要求

8.1 停车设备制造单位应提供必要的信息，配合建设单位做好周边设备的设计、安装和调试工作。

8.2 停车设备使用环境的安全要求参见附录B。

附 录 A
（规范性附录）
安全防护装置设置要求

A.1 各类停车设备应按表A.1的要求设置安全防护装置

表 A.1

序号	安全防护装置	停车设备类别								
		升降横移类	简易升降类	垂直循环类	水平循环类	多层循环类	平面移动类	巷道堆垛类	垂直升降类	汽车专用升降机
1	紧急停止开关（5.7.2.1）	应装	应装	应装	应装	应装	应装	应装	应装	应装
2	防止超限运行装置（5.7.2.2）	应装	应装	—	应装	应装	应装	应装	应装	应装
3	汽车长、宽、高限制装置（5.7.2.3）	应限长	宜限长	应限长	应装	应限长 应限高	应装	应装	应装	应限长
4	阻车装置（5.7.2.4）	应装	应装	应装	应装	应装	应装	应装	应装	宜装
5	人车误入检出装置（5.7.2.5）	应装	—	应装	—	—	—	—	—	—
6	汽车位置检测装置（5.7.2.6）	—	—	—	应装	应检车长方向	应装	应装	应装	应检车长方向
7	出入口门、栅栏门联锁安全检查装置（5.7.2.7）	应装	—	应装	应装	应装	应装	应装	应装	应装
8	自动门防夹装置（5.7.2.8）	—	—	应装	应装	应装	应装	应装	应装	应装
9	防重叠自动检测装置（5.7.2.9）	—	—	—	—	—	应装	应装	应装	—
10	防坠落装置（5.7.2.10）	应装	应装	—	应装	应装	应装	应装	应装	—
11	警示装置（5.7.2.11）	应装	宜装	应装	应装	应装	应装	应装	应装	应装
12	轨道端部止挡装置（5.7.2.12）	应装	—	—	—	—	应装	应装	—	—
13	缓冲器（5.7.2.13）	—	—	—	应装	应装	应装	应装	应装	应装

表 A.1（续）

序号	安全防护装置	停车设备类别								
		升降横移类	简易升降类	垂直循环类	水平循环类	多层循环类	平面移动类	巷道堆垛类	垂直升降类	汽车专用升降机
14	松绳（链）检测装置（5.7.2.14）	应装	—	—	—	—	—	—	—	—
15	安全钳、限速器（5.7.2.15）（5.7.2.16）	—	—	—	—	—	—	—	—	应装
16	紧急联络装置（5.7.2.17）	—	—	—	—	—	—	—	—	应装
17	运转限制装置（5.7.2.18）	—	—	—	宜装	宜装	宜装	宜装	宜装	—
18	控制联锁功能（5.7.2.19）	应装	应装	应装	应装	应装	应装	应装	应装	应装
19	超载限制器（5.7.2.20）	—	—	—	—	—	—	—	—	应装
20	载车板锁定装置（5.7.2.21）	—	—	—	—	—	应装	应装	应装	—

附 录 B
（资料性附录）
停车设备使用环境的安全要求

B.1 通风换气设施

装有停车设备的室内环境，凡是有可能出现因汽车尾气等有害气体滞留而造成人员危险的，均应设置强制通风换气装置。

B.2 照明

B.2.1 出入口、车道、转换区、工作区、服务人员操作位置均应配置照明设备，必要时还宜有可携式照明。

B.2.2 必要时应配置紧急照明设备，使紧急情况下人员能够安全撤离。

B.2.3 照明应设专用电路。电源应由停车设备主断路器进线端分接，当主断路器切断电源时，照明不应断电。各照明电路应设断路器保护，严禁用金属结构做照明线路的回路。

B.2.4 车道、出入口附近以及人出入的地方，其照明必须达到充分的照度以确保安全。操作室内的照明照度应不低于 30 lx。

B.2.5 要考虑设备维修、保养所需的照明，如驱动装置和电气柜周围可专门设置一些照明装置，机器房、电气室等照明照度应不低于 75 lx。

B.3 排水

为保证停车设备内部及下部不积水应配备完善有效的排水设施。

B.4 消防

停车设备的环境应符合 GB 50067 的消防要求。

B.5 抗地震及台风

停车设备的建筑物应遵照国家有关标准，具有抗地震和抗台风性能。

参 考 文 献

[1] GB 5226.2—2002 机械安全 机械电气设备 第32部分:起重机械技术条件(idt IEC 60204-32:1998).

[2] GB 50067—1997 汽车库、修车库、停车场设计防火规范.

[3] JB/T 10474—2004 巷道堆垛类机械式停车设备.

[4] CNS 13350:1994 机械式停车场安全标准 一般通则.

[5] CNS 13350-6:1994 机械式停车场安全标准 方向转换装置(旋转台).

[6] EN 14010:2003 机械安全 动力驱动停车设备 设计、制造、安装和试运转场所的安全和EMC要求.

[7] 日本机械式存车库技术标准及机械式存车库管理标准(2004年版).

ICS 53.020.20
J 80

中华人民共和国国家标准

GB/T 17909.2—2010/ISO 9928-2:2007

起重机　起重机操作手册 第2部分:流动式起重机

Cranes—Crane driving manual—Part 2:Mobile cranes

(ISO 9928-2:2007,Cranes—Crane driving manual—
Part 2:Mobile crane operators,IDT)

2011-01-10 发布　　2011-06-01 实施

中华人民共和国国家质量监督检验检疫总局
中国国家标准化管理委员会　发布

前　言

GB/T 17909《起重机　起重机操作手册》分为5个部分：

——第1部分：总则；

——第2部分：流动式起重机；

——第3部分：塔式起重机；

——第4部分：臂架起重机；

——第5部分：桥式和门式起重机。

本部分为GB/T 17909的第2部分。

本部分等同采用ISO 9928-2:2007《起重机　起重机操作手册　第2部分：流动式起重机操作员》(英文版)。

本部分等同翻译ISO 9928-2:2007。

为了便于使用，本部分做了下列编辑性修改：

a) "ISO 9928的本部分"一词改为"GB/T 17909的本部分"；

b) 删除ISO 9928-2:2007的前言；

c) 将本部分的名称改为"起重机　起重机操作手册　第2部分：流动式起重机"；

d) 对于ISO 9928-2:2007引用的国际标准，用已采用为我国的标准代替对应的国际标准。

本部分由中国机械工业联合会提出。

本部分由全国起重机械标准化技术委员会(SAC/TC 227)归口。

本部分起草单位：徐工集团徐州重型机械有限公司。

本部分主要起草人：倪燕、陈向东。

起重机　起重机操作手册
第2部分:流动式起重机

1　范围

GB/T 17909 的本部分规定了流动式起重机操作手册的内容。

本部分适用于按 ISO 4306-2 定义的流动式起重机(以下简称起重机)。

2　规范性引用文件

下列文件中的条款通过 GB/T 17909 的本部分的引用而成为本部分的条款。凡是注日期的引用文件,其随后所有的修改单(不包括勘误的内容)或修订版均不适用于本部分,然而,鼓励根据本部分达成协议的各方研究是否可使用这些文件的最新版本。凡是不注日期的引用文件,其最新版本适用于本部分。

GB/T 6974.1—2008　起重机　术语　第1部分:通用术语(ISO 4306-1:2007,IDT)

GB/T 6974.2—2010　起重机　术语　第2部分:流动式起重机(ISO 4306-2:1994,IDT)

GB/T 17909.1—1999　起重机　起重机操作手册　第1部分:总则(ISO 9928-1:1990,IDT)

3　术语和定义

GB/T 6974.1 中确立的以及下列术语和定义适用于本部分。

3.1

起重机操作员　crane operator

使用(操作)起重机控制装置的人员。

[GB/T 6974.1—2008,术语 9.1]

注:对于流动式起重机,通常用"操作员"代替"司机","司机"习惯上仅指操纵起重机从一个地点转移到另一个地点的人员。

4　手册的表达方式

应符合 GB/T 17909.1—1999 第4章的规定,但 4.2 列项中的第5项除外。

5　操作手册的内容

5.1　技术数据

手册的该部分应包括为起重机操作员提供操作、维护、检查和保养起重机所需的技术数据,例如:

a)　主要尺寸;

b)　示意图;

c)　润滑位置和润滑油脂;

d)　整机和部件的重量;

e)　钢丝绳规格;

f)　性能参数表;

g)　额定起重量图表(可以独立成册)。

5.2　一般安全指导

手册的该部分应包括适用于起重机和作业场地的一般安全规则,应着重说明以下几方面:

a) 触电的危险(在高架输电线附近作业等);
b) 载荷的吊运;
c) 起重机的架设;
d) 通道和出入口;
e) 警告和与起重机作业相关的手势信号;
f) 环境状况,如风速或温度的限制。

5.3 控制装置、控制台或作业台

5.3.1 起重机行驶操纵的控制装置

手册的该部分应有操纵起重机行驶用所有的控制装置、踏板、仪表、报警灯和符号等的示意图和其功能的说明。所有计量仪表、指示器和指示灯应有其功能的说明。

5.3.2 起重机起重操纵的控制装置

手册的该部分应有载荷吊运用所有的控制装置、操纵杆、踏板、开关、仪表、报警灯和符号等的示意图,所有控制装置应有操作说明。所有计量仪表、指示器和指示灯应有其功能的文字和/或图形符号说明。

5.4 起重机信息

手册的该部分应包括以下信息:
a) 臂架及附属装置:配置、组装和拆卸分解的指导及使用限制;
b) 起升钢丝绳:如何正确选择钢丝绳倍率及钢丝绳缠绕方法的说明;
c) 起重机的组装、拆卸和存放的说明;
d) 检查:操作员检查职责的说明,应包括判定钢丝绳是否报废、液位是否正确等;
e) 维护保养说明和起重机操作员的职责;
f) 额定起重量图表及其说明;
g) 特殊操作的说明。

5.5 操作

手册的该部分应解释如何进行以下操作:
a) 预先检查:操作员在启动前应进行的检查项目;
b) 启动:应提供启动发动机的方法,包括寒冷天气启动、搭接启动等有关信息;
c) 行驶:应提供起重机在道路或作业场地行驶的有关方法,包括变速箱和制动器操作说明、倾翻角、上车的位置、臂架的高度等有关信息;
d) 架设:应提供起重机支腿操作方法,包括地面条件、辅助设备、安全装置等有关信息;
e) 载荷定位:应提供起重机在作业场地吊运载荷及使其定位的方法,包括使用支腿和/或轮胎起升载荷时,上车合适的位置等有关信息;
f) 起重机装卸:应提供用其他车辆装、卸及运输起重机的正确方法。

5.6 停止作业,离开起重机

手册的该部分应包含以下内容:
a) 起重机正确的停机说明;
b) 允许风速的信息。

ICS 53.100
P 97

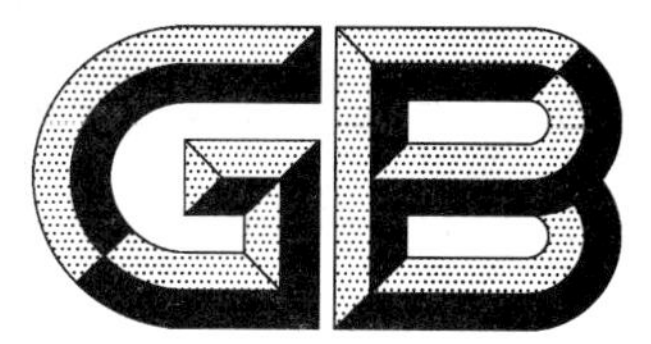

中华人民共和国国家标准

GB/T 17921—2010
代替 GB/T 17921—1999

土方机械　座椅安全带及其固定器性能要求和试验

Earth-moving machinery—Seat belts and seat belt anchorages—Performance requirements and tests

(ISO 6683:2005,MOD)

2010-12-23 发布　　　　2011-07-01 实施

中华人民共和国国家质量监督检验检疫总局
中国国家标准化管理委员会　发布

前　言

本标准修改采用ISO 6683:2005《土方机械　座椅安全带及其固定器　性能要求和试验》(英文版)。

本标准根据ISO 6683:2005重新起草。

本标准根据实际应用情况及考虑到我国国情,在采用ISO 6683:2005时进行了一些修改。本标准与ISO 6683:2005存在的技术差异如下:

——将引用标准UNECE R16:2000改为GB 14166—2003;

——删除了引用标准SAE J386:1997《Operator Restraint System for Off-Road Work Machines》;

——删除了第4章,将原来第4章的内容改为4.4,章条号顺延。

为便于使用,本标准作了下列编辑性修改:

——"本国际标准"一词改为"本标准";

——删除了国际标准前言。

本标准代替GB/T 17921—1999《土方机械　座椅安全带及其固定器》。

本标准与GB/T 17921—1999相比主要变化如下:

——标准名称改为"土方机械　座椅安全带及其固定器　性能要求和试验";

——增加了规范性引用文件"GB/T 19930　土方机械　小型挖掘机　倾翻保护结构的试验室试验和性能要求(GB/T 19930—2005,ISO 12117:1997,MOD)";

——将术语"座椅安全带装置"改为"座椅安全带总成";

——将第4章的题目改为"约束系统的技术要求";

——在第4章中增加了"4.4　座椅安全带总成";

——4.3中的"当安全带上作用有(670±45) N的拉力时,解开带扣的作用力应为(75±65) N。"改为"当安全带上作用有(670±45) N的拉力时,解开带扣的力应最小不低于10 N,且最大不超过130 N。";

——删除了原标准关于金属元件的第6章;

——将原标准第7章中的相应内容改为第6章中的"a)扣紧的约束系统应能承受不小于15 000 N的持续增加的拉力F(见图1),受力时间最小不少于10 s,最大不超过30 s。施加力F时,可采用图2所示的体形块。"。

本标准由中国机械工业联合会提出。

本标准由全国土方机械标准化技术委员会(SAC/TC 334)归口。

本标准起草单位:天津工程机械研究院、浙江天成座椅有限公司、厦门厦工机械股份有限公司。

本标准主要起草人:张志烁、万一、李蔚苹。

本标准所代替标准的历次版本发布情况为:

——GB/T 17921—1999。

土方机械 座椅安全带及其固定器 性能要求和试验

1 范围

本标准规定了土方机械用约束系统(座椅安全带及其固定器)的最低性能要求。一旦机器滚翻(见GB/T 17922中的规定)时,须用它将司机或驾乘人员拉牢于滚翻保护结构(ROPS)之内,或一旦机器倾翻(见GB/T 19930中的规定)时,须用它将司机或驾乘人员拉牢于倾翻保护结构(TOPS)之内。

2 规范性引用文件

下列文件中的条款通过本标准的引用而成为本标准的条款。凡是注日期的引用文件,其随后所有的修改单(不包括勘误的内容)或修订版均不适用于本标准,然而,鼓励根据本标准达成协议的各方研究是否可使用这些文件的最新版本。凡是不注日期的引用文件,其最新版本适用于本标准。

GB/T 8420 土方机械 司机的身材尺寸与司机的最小活动空间(GB/T 8420—2000,eqv ISO 3411:1995)

GB/T 8591 土方机械 司机座椅标定点(GB/T 8591—2000,eqv ISO 5353:1995)

GB 14166—2003 机动车成年乘员用安全带和约束系统(ECE R16:1993,MOD)

GB/T 17922 土方机械 翻车保护结构 试验室试验和性能要求(GB/T 17922—1999,idt ISO 3471:1994)

GB/T 19930 土方机械 小型挖掘机 倾翻保护结构的试验室试验和性能要求(GB/T 19930—2005,ISO 12117:1997,MOD)

3 术语和定义

下列术语和定义适用于本标准。

3.1

座椅安全带总成 seat belt assembly

由带扣、长度调节器、卷收器和固定器上的锁止件等构成。在操作期间或翻车的情况下,都能够围绕司机的髋部位拉住扣紧。

3.2

固定器 anchorage

将作用于安全带上的力传递到机器结构件上的装置。

3.3

约束系统 restraint system

含固定器和座椅安全带总成。

3.4

聚酯纤维 polyester fibre

含酯质量最少占85%的二烃基乙醇和酞酸合成的酯类长链聚合物纤维。

4 约束系统的技术要求

4.1 通用要求

约束系统可包括一个可调节的座椅安全带总成或一个带卷收器的可调节式座椅安全带总成。

4.2 织带

织带的最小宽度为 46 mm。考虑到穿防寒服装的司机，带子的长度应能调节，以适应 GB/T 8420 中规定的身材为第 5 百分位～第 95 百分位的司机。

织带应抗磨损、耐热、耐弱酸、抗碱、抗发霉、耐老化、耐潮、耐阳光，其性能应至少不低于未处理的聚酯纤维性能。

4.3 带扣

应能用戴手套的单手一次就可以解开带扣，带扣在扣紧状态下不应自动脱开。当安全带上作用有(670±45) N 的拉力时，解开带扣的力应最小不低于 10 N，且最大不超过 130 N。

4.4 座椅安全带总成

座椅安全带总成的要求应符合 GB 14166—2003 的第 4 章，但不包括 4.2.2、4.3 和 4.4 的要求。

5 固定器的性能要求

固定器应便于座椅安全带总成的安装或替换，其强度应符合第 6 章的规定。

如果座椅不能转动，也没有悬挂装置，座椅安全带总成可固定在座椅上或固定在如图 1 所示机器的阴影区域内的任意一点。

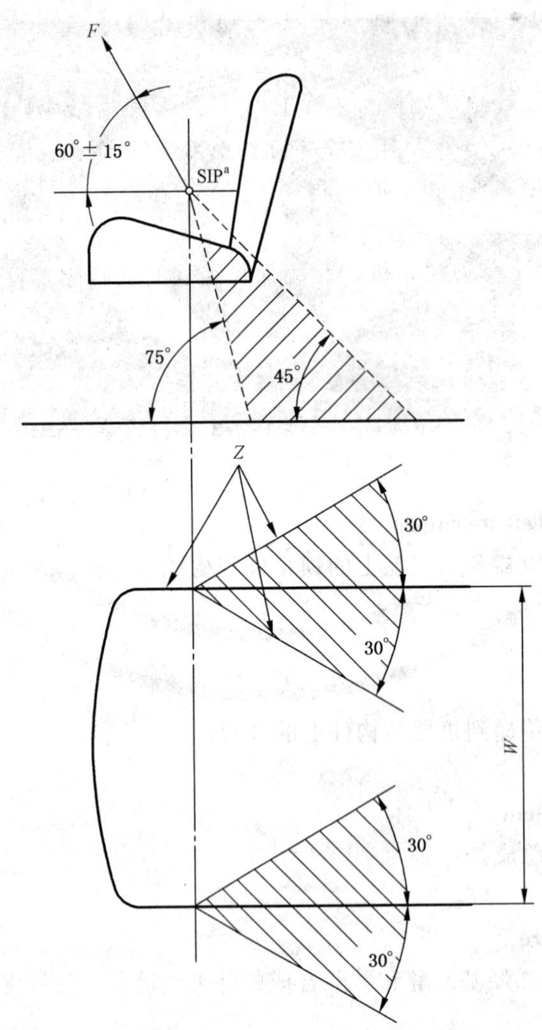

说明：

F——负载力；

W——座垫宽度；

Z——座椅安全带固定区域。

[a] 司机座椅标定点(见 GB/T 8591)。

图 1 座椅安全带固定范围

如果座椅能够转动或有悬挂装置，座椅安全带应固定在司机座椅座垫后部拐角附近的固定器上（如图1所示的阴影线区域内），使座椅安全带总成能随座垫一起移动。可利用带子、绳子或类似这些易于弯曲而坚韧的物体，将座椅安全带总成的力从固定器传递到机器上。

司机座椅标定点按 GB/T 8591 的规定确定。

6 约束系统的性能要求和试验方法

从前上方，即水平线方向向上 60°±15°的范围内加载时，当作用力基本上通过 SIP（见 GB/T 8591）点时，安装好的约束系统应符合下列要求：

a) 扣紧的约束系统应能承受不小于 15 000 N 的持续增加的拉力 F（见图 1），受力时间最小不少于 10 s，最大不超过 30 s。施加力 F 时，可采用图 2 所示的体形块。

b) 在承受拉力 F（见图 1）的情况下，座椅安全带的长度增长不应大于 20%。

c) 在拉力 F 的作用下，安全带总成中的任何部件及其固定部位允许有永久变形，但约束系统，座椅组件、座椅调整锁紧机构都不应松脱。

d) 带扣在承受力 F 以后，解开带扣的力应符合 4.3 的要求。

单位为毫米

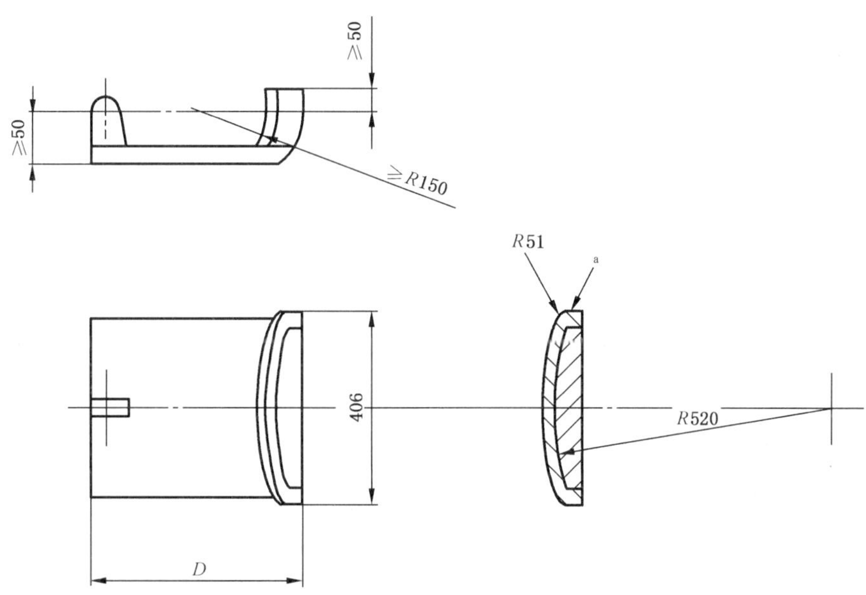

说明：

D——任意尺寸。

[a] 泡沫橡胶，中等密度（帆布罩），厚度 25 mm。

图 2 施加力 F（见图 1）的体形块

ICS 13.220.20
Q 77

中华人民共和国国家标准

GB 17945—2010
代替 GB 17945—2000

消防应急照明和疏散指示系统

Fire emergency lighting and evacuate indicating system

2010-09-02 发布 2011-05-01 实施

中华人民共和国国家质量监督检验检疫总局
中国国家标准化管理委员会 发布

前　言

本标准的第5章、第6章、第7章、第8章、第9章、第10章为强制性的，其余为推荐性的。

本标准代替GB 17945—2000《消防应急灯具》，与GB 17945—2000相比主要变化如下：

——标准名称改为《消防应急照明和疏散指示系统》；

——对系统形式进行了划分，增加了相应的术语和定义（见3.12、3.13、3.14和3.15）；

——增加了防护等级的要求（见5.1、5.2和5.3）；

——增加了自检功能的要求（见6.2.7）；

——增加了应急照明配电箱性能和应急照明分配电装置性能及结构的要求（见6.3.5和6.3.6）；

——修改了标志灯标志内容的要求（见6.2.3）；

——增加了电磁兼容要求，选择了适当的严酷等级（见6.14）。

本标准的附录B～附录F为规范性附录，附录A为资料性附录。

本标准由中华人民共和国公安部提出。

本标准由全国消防标准化技术委员会火灾探测与报警分技术委员会（SAC/TC 113/SC 6）归口。

本标准负责起草单位：公安部沈阳消防研究所。

本标准参加起草单位：中国照明学会室内照明委员会、上海宝星灯饰电器有限公司、北京崇正华盛应急设备系统有限公司、浙江台谊消防设备有限公司、广东拿斯特（国际）照明有限公司、福建万友集团、元亨电子资讯（深圳）有限公司、山东淄博迪生电源有限公司、希世比电池科技（广州）有限公司。

本标准主要起草人：丁宏军、张颖琮、赵英然、林强、屈励、康卫东、任元会、严洪、李丁、张伟、蔡钧、江清、李强、汤鲁文、周志平、殷海鸣。

本标准所代替标准的历次版本发布情况为：

——GB 17945—2000。

消防应急照明和疏散指示系统

1 范围

本标准规定了消防应急照明和疏散指示系统的术语和定义、分类、防护等级、一般要求、试验、检验规则、标志、使用说明书。

本标准适用于一般工业与民用建筑中安装使用的消防应急照明和疏散指示系统(以下简称系统)以及其他环境中安装的具有特殊性能的系统(除特殊要求由有关标准另行规定外)。

2 规范性引用文件

下列文件中的条款通过本标准的引用而成为本标准的条款。凡是注日期的引用文件,其随后所有的修改单(不包括勘误的内容)或修订版均不适用于本标准,然而,鼓励根据本标准达成协议的各方研究是否可使用这些文件的最新版本。凡是不注日期的引用文件,其最新版本适用于本标准。

GB 4208—2008 外壳防护等级(IP 代码)(IEC 60529:2001,IDT)

GB 7000.1—2007 灯具 第1部分:一般要求与实验(IEC 60598-1:2003,IDT)

GB/T 9969 工业产品使用说明书 总则

GB 12978 消防电子产品检验规则

GB 13495 消防安全标志(GB 13495—1992,neq ISO 6309:1987)

GB 16838 消防电子产品 环境试验方法及严酷等级

GB 50054 低压配电设计规范

3 术语和定义

下列术语和定义适用于本标准。

3.1

消防应急照明和疏散指示系统 fire emergency lighting and evacuate indicating system

为人员疏散、消防作业提供照明和疏散指示的系统,由各类消防应急灯具及相关装置组成。

3.2

消防应急灯具 fire emergency luminaire

为人员疏散、消防作业提供照明和标志的各类灯具,包括消防应急照明灯具和消防应急标志灯具。

3.2.1

消防应急照明灯具 fire emergency lighting luminaire

为人员疏散、消防作业提供照明的消防应急灯具,其中,发光部分为便携式的消防应急照明灯具也称为疏散用手电筒。

3.2.2

消防应急标志灯具 fire emergency indicating luminaire

用图形和/或文字完成下述功能的消防应急灯具:

a) 指示安全出口、楼层和避难层(间);

b) 指示疏散方向;

c) 指示灭火器材、消火栓箱、消防电梯、残疾人楼梯位置及其方向;

d) 指示禁止入内的通道、场所及危险品存放处。

3.3

消防应急照明标志复合灯具　fire emergency lighting & indicating luminaire

同时具备消防应急照明灯具和消防应急标志灯具功能的消防应急灯具。

3.4

自带电源型消防应急灯具　fire emergency luminaire powered by self contained battery

电池、光源及相关电路装在灯具内部的消防应急灯具。

3.5

消防应急灯具用应急电源盒　emergency power supply cell for fire emergency luminaire

自带电源型消防应急灯具中与光源未在同一灯具内部的电池及相关电路的部件。

3.6

子母型消防应急灯具　son & mother type fire emergency luminaire(s)

子消防应急灯具内无独立的电池而由与之相关的母消防应急灯具供电，其工作状态受母灯具控制的一组消防应急灯具。

3.7

集中电源型消防应急灯具　fire emergency luminaire powered by centralized batteries

灯具内无独立的电池而由应急照明集中电源供电的消防应急灯具。

3.8

应急照明集中电源　centralizing power supply for fire emergency luminaries

火灾发生时，为集中电源型消防应急灯具供电、以蓄电池为能源的电源。

3.9

集中控制型消防应急灯具　fire emergency luminaire controlled by central control panel

工作状态由应急照明控制器控制的消防应急灯具。

3.10

应急照明控制器　central control panel for fire emergency luminaire

控制并显示集中控制型消防应急灯具、应急照明集中电源、应急照明分配电装置及应急照明配电箱及相关附件等工作状态的控制与显示装置。

3.11

持续型消防应急灯具　maintained fire emergency luminaire

光源在主电源和应急电源工作时均处于点亮状态的消防应急灯具。

3.12

非持续型消防应急灯具　non-maintained fire emergency luminaire

光源在主电源工作时不点亮，仅在应急电源工作时处于点亮状态的消防应急灯具。

3.13

自带电源集中控制型系统　central controlled fire emergency lighting system for fire emergency luminaires powered by self contained battery

由自带电源型消防应急灯具、应急照明控制器、应急照明配电箱及相关附件等组成的消防应急照明和疏散指示系统。

3.14

自带电源非集中控制型系统　non-central controlled fire emergency lighting system for fire emergency luminaires powered by self contained battery

由自带电源型消防应急灯具、应急照明配电箱及相关附件等组成的消防应急照明和疏散指示系统。

3.15

集中电源集中控制型系统　central controlled fire emergency lighting system for fire emergency luminaires powered by centralized battery

由集中控制型消防应急灯具、应急照明控制器、应急照明集中电源、应急照明分配电装置及相关附件组成的消防应急照明和疏散指示系统。

3.16

集中电源非集中控制型系统　non-central controlled fire emergency lighting system for fire emergency luminaires powered by centralized battery

由集中电源型消防应急灯具、应急照明集中电源、应急照明分配电装置及相关附件等组成的消防应急照明和疏散指示系统。

3.17

应急照明配电箱　switch board for fire emergency lighting

为自带电源型消防应急灯具供电的供配电装置。

3.18

应急照明分配电装置　distribution and switch equipment for fire emergency lighting

为应急照明集中电源应急输出进行分配电的供配电装置。

3.19

终止电压　exhausted voltage

过放电保护部分启动，消防应急灯具不再起应急作用时电池的端电压。

4　分类

4.1　系统分类

按系统形式可分为：

a）自带电源集中控制型（系统内可包括子母型消防应急灯具）；

b）自带电源非集中控制型（系统内可包括子母型消防应急灯具）；

c）集中电源集中控制型；

d）集中电源非集中控制型。

4.2　灯具分类

4.2.1　按用途分为：

a）标志灯具；

b）照明灯具（含疏散用手电筒）；

c）照明标志复合灯具。

4.2.2　按工作方式分为：

a）持续型；

b）非持续型。

4.2.3　按应急供电形式分为：

a）自带电源型；

b）集中电源型；

c）子母型。

4.2.4　按应急控制方式分为：

a）集中控制型；

b）非集中控制型。

5 防护等级

5.1 系统的各个组成部分应有防护等级要求，外壳防护等级不应低于 GB 4208—2008 规定的 IP30 要求；且应符合其标称的防护等级的要求。

5.2 安装在室内地面的消防应急灯具（以下简称灯具）外壳防护等级不应低于 GB 4208—2008 规定的 IP54，安装在室外地面的灯具外壳防护等级应不低于 GB 4208—2008 规定的 IP67，且应符合其标称的防护等级。

5.3 安装在地面的灯具安装面应能耐受外界的机械冲击和研磨。

6 要求

6.1 总则

消防应急照明和疏散指示系统及系统各组成部分若要符合本标准，应首先满足本章要求，然后按第 7 章有关规定进行试验，并满足试验要求。系统及系统组成可参考附录 A 的说明。

6.2 通用要求

6.2.1 主电源应采用 220 V（应急照明集中电源可采用 380 V），50 Hz 交流电源，主电源降压装置不应采用阻容降压方式；安装在地面的灯具主电源应采用安全电压。

6.2.2 外壳采用非绝缘材料的系统，应设有接地保护，接地端子应符合 GB 7000.1—2007 中 7.2 的要求，并应有明确标识。

6.2.3 消防应急标志灯具的标志应满足附录 B 的有关要求；疏散指示标志灯应使用图 B.1、图 B.2 或图 B.3 为主要标志信息；楼层指示标志灯应使用阿拉伯数字和字母“F”为主要标志信息。

6.2.4 带有逆变输出且输出电压超过 36 V 的消防应急灯具在应急工作状态期间，断开光源 5 s 后，应能在 20 s 内停止电池放电。

6.2.5 使用荧光灯为光源的灯具不应将启辉器接入应急回路，不应使用有内置启辉器的光源。

6.2.6 应急照明集中电源的单相输出最大额定功率不应大于 30 kV·A，三相输出最大额定功率不应大于 90 kV·A；逆变转换型应急照明分配电装置的单相输出最大额定功率不应大于 10 kV·A，三相输出最大额定功率不应大于 30 kV·A；输出特性应满足企业产品说明书的规定。

6.2.7 系统应有下列自检功能：

a) 系统持续主电工作 48 h 后每隔（30±2）d 应能自动由主电工作状态转入应急工作状态并持续 30 s～180 s，然后自动恢复到主电工作状态；

b) 系统持续主电工作每隔一年应能自动由主电工作状态转入应急工作状态并持续至放电终止，然后自动恢复到主电工作状态，持续应急工作时间不应少于 30 min；

c) 系统应有手动完成 a）和 b）的自检功能，手动自检不应影响自动自检计时，如系统断电且应急工作至放电终止后，应在接通电源后重新开始计时；

d) 系统（地面安装或其他场所封闭安装的灯具除外）在不能完成自检功能时，应在 10 s 内发出故障声、光信号，并保持至故障排除；故障声信号的声压级（正前方 1 m 处）应在 65 dB～85 dB 之间，故障声信号每分钟至少提示一次，每次持续时间应在 1 s～3 s 之间；

e) 集中电源型灯具在光源发生故障时应发出故障声、光信号；应急工作时间不能持续 30 min 时，应急照明集中电源应发出故障声、光信号，并保持至故障排除；应急照明分配电装置不能完成转入应急工作状态时，应发出故障声、光信号，并保持至故障排除；

f) 集中控制型系统在不能完成自检功能时，应急照明控制器应发出故障声、光信号，并指示系统中不能完成自检功能的自带电源型灯具、集中电源和应急照明分配电装置的部位。

6.2.8 系统的各个组成部分的型号编制方法应符合附录 C 的要求。

6.3 系统与整机性能

6.3.1 一般要求

6.3.1.1 系统的应急转换时间不应大于 5 s;高危险区域使用的系统的应急转换时间不应大于 0.25 s。

6.3.1.2 系统的应急工作时间不应小于 90 min,且不小于灯具本身标称的应急工作时间。

6.3.1.3 消防应急标志灯具的表面亮度应满足下述要求:

a) 仅用绿色或红色图形构成标志的标志灯,其标志表面最小亮度不应小于 50 cd/m²,最大亮度不应大于 300 cd/m²;

b) 用白色与绿色组合或白色与红色组合构成的图形作为标志的标志灯表面最小亮度不应小于 5 cd/m²,最大亮度不应大于 300 cd/m²,白色、绿色或红色本身最大亮度与最小亮度比值不应大于 10。白色与相邻绿色或红色交界两边对应点的亮度比不应小于 5 且不大于 15。

6.3.1.4 消防应急照明灯具应急状态光通量不应低于其标称的光通量,且不小于 50 lm。疏散用手电筒的发光色温应在 2 500 K 至 2 700 K 之间。

6.3.1.5 消防应急照明标志复合灯具应同时满足 6.3.1.3 和 6.3.1.4 的要求。

6.3.1.6 灯具在处于未接入光源、光源不能正常工作或光源规格不符合要求等异常状态时,内部元件表面最高温度不应超过 90 ℃,且不影响电池的正常充电。光源恢复后,灯具应能正常工作。

6.3.1.7 对于有语音提示的灯具,其语音宜使用“这里是安全(紧急)出口”、“禁止入内”等;其音量调节装置应置于设备内部;正前方 1 m 处测得声压级应在 70 dB~115 dB 范围内(A 计权),且清晰可辨。

6.3.1.8 闪亮式标志灯的闪亮频率应为(1±10%)Hz,点亮与非点亮时间比应为 4∶1。

6.3.1.9 顺序闪亮并形成导向光流的标志灯的顺序闪亮频率应在 2 Hz~32 Hz 范围内,但设定后的频率变动不应超过设定值的±10%,且其光流指向应与设定的疏散方向相同。

6.3.2 自带电源型和子母型消防应急灯具的性能

6.3.2.1 自带电源型和子母型灯具(地面安装的灯具和集中控制型灯具除外)应设主电、充电、故障状态指示灯。主电状态用绿色、充电状态用红色、故障状态用黄色;集中控制型系统中的自带电源型和子母型灯具的状态指示应集中在应急照明控制器上显示,也可以同时在灯具上设置指示灯。疏散用手电筒的电筒与充电器应可分离,手电筒应采用安全电压。

6.3.2.2 自带电源型和子母型灯具的应急状态不应受其主电供电线短路、接地的影响。

6.3.2.3 自带电源型和子母型灯具(集中控制型灯具除外)应设模拟主电源供电故障的自复式试验按钮(开关或遥控装置)和控制关断应急工作输出的自复式按钮(开关或遥控装置),不应设影响由主电工作状态自动转入应急工作状态的开关。在模拟主电源供电故障时,主电不得向光源和充电回路供电。

6.3.2.4 消防应急灯具用应急电源盒的状态指示灯、模拟主电故障及控制关断应急工作输出的自复式试验按钮(开关或遥控装置),应设置在与其组合的灯具的外露面,状态指示灯可采用一个三色指示灯,灯具处于主电工作状态时亮绿色,充电状态时亮红色,故障状态或不能完成自检功能时亮黄色。

6.3.2.5 地面安装及其他场所封闭安装的灯具还应满足以下要求:

a) 状态指示灯和控制关断应急工作输出的自复式按钮(开关)应设置在灯具内部,且开盖后清晰可见;非集中控制型灯具应设置远程模拟主电故障的自复式试验按钮(开关)或遥控装置;

b) 非闪亮持续型或导向光流型的标志灯具可不在表面设置状态指示灯,但灯具发生故障或不能完成自检时,光源应闪亮,闪亮频率不应小于 1 Hz;导向光流型灯具在故障时的闪亮频率应与正常闪亮频率有明显区别;

c) 照明灯具的状态指示灯应设置在灯具外露或透光面能明显观察到位置,状态指示灯可采用一个三色指示灯,灯具处于充电状态时亮红色,充满电时亮绿色,故障状态或不能完成自检功能时亮黄色。

6.3.2.6 子母型灯具的子母灯具之间连接线的线路压降不应超过母灯具输出端电压的 3%。

6.3.2.7 非持续型的自带电源型和子母型灯具在光源故障的条件下应点亮故障状态指示灯,正常光源接入后应能恢复到正常工作状态。

6.3.2.8 具有遥控装置的消防应急灯具，遥控器与接收装置之间的距离应不小于 3 m，且不大于 15 m。

6.3.3 集中电源型灯具

集中电源型灯具(地面安装的灯具和集中控制型灯具除外)应设主电和应急电源状态指示灯，主电状态用绿色，应急状态用红色。主电和应急电源共用供电线路的灯具可只用红色指示灯。

6.3.4 应急照明集中电源的性能

6.3.4.1 应急照明集中电源应设主电、充电、故障和应急状态指示灯，主电状态用绿色，故障状态用黄色，充电状态和应急状态用红色。

6.3.4.2 应急照明集中电源应设模拟主电源供电故障的自复式试验按钮(或开关)，不应设影响应急功能的开关。

6.3.4.3 应急照明集中电源应显示主电电压、电池电压、输出电压和输出电流。

6.3.4.4 应急照明集中电源主电和备电不应同时输出，并能以手动、自动两种方式转入应急状态，且应设只有专业人员可操作的强制应急启动按钮，该按钮启动后，应急照明集中电源不应受过放电保护的影响。

6.3.4.5 应急照明集中电源每个输出支路均应单独保护，且任一支路故障不应影响其他支路的正常工作。

6.3.4.6 应急照明集中电源应能在空载、满载 10％和超载 20％条件下正常工作，输出特性应符合制造商的规定。

6.3.4.7 当串接电池组额定电压大于等于 12 V 时，应急照明集中电源应对电池(组)分段保护，每段电池(组)额定电压不应大于 12 V，且在电池(组)充满电时，每段电池(组)电压均不应小于额定电压。当任一段电池电压小于额定电压时，应急照明集中电源应发出故障声、光信号并指示相应的部位。

6.3.4.8 应急照明集中电源在下述情况下应发出故障声、光信号，并指示故障的类型；故障声信号应能手动消除，当有新的故障信号时，故障声信号应再启动；故障光信号在故障排除前应保持。

故障条件如下所述：

a) 充电器与电池之间连接线开路；
b) 应急输出回路开路；
c) 在应急状态下，电池电压低于过放保护电压值。

6.3.5 应急照明配电箱的性能

6.3.5.1 双路输入型的应急照明配电箱在正常供电电源发生故障时应能自动投入到备用供电电源，并在正常供电电源恢复后自动恢复到正常供电电源供电；正常供电电源和备用供电电源不能同时输出，并应设有手动试验转换装置，手动试验转换完毕后应能自动恢复到正常供电电源供电。

6.3.5.2 应急照明配电箱应能接收应急转换联动控制信号，切断供电电源，使连接的灯具转入应急状态，并发出反馈信号。

6.3.5.3 应急照明配电箱每个输出配电回路均应设保护电器，并应符合 GB 50054 的有关要求。

6.3.5.4 应急照明配电箱的每路电源均应设有绿色电源状态指示灯，指示正常供电电源和备用供电电源的供电状态。

6.3.5.5 应急照明配电箱在应急转换时，应保证灯具在 5 s 内转入应急工作状态，高危险区域的应急转换时间不大于 0.25 s。

6.3.6 应急照明分配电装置的性能

6.3.6.1 应能完成主电工作状态到应急工作状态的转换。

6.3.6.2 在应急工作状态、额定负载条件下，输出电压不应低于额定工作电压的 85％。

6.3.6.3 在应急工作状态、空载条件下输出电压不应高于额定工作电压的 110％。

6.3.6.4 输出特性和输入特性应符合制造商的要求。

6.3.7 应急照明控制器的性能

6.3.7.1 应急照明控制器应能控制并显示与其相连的所有灯具的工作状态，显示应急启动时间。

6.3.7.2 应急照明控制器应能防止非专业人员操作。

6.3.7.3 应急照明控制器在与其相连的灯具之间的连接线开路、短路(短路时灯具转入应急状态除外)时，应发出故障声、光信号，并指示故障部位。故障声信号应能手动消除，当有新的故障时，故障声信号应能再启动；故障光信号在故障排除前应保持。

6.3.7.4 应急照明控制器在与其相连的任一灯具的光源开路、短路，电池开路、短路或主电欠压时，应发出故障声、光信号，并显示、记录故障部位、故障类型和故障发生时间。故障声信号应能手动消除，当有新的故障时，应能再启动；故障光信号在故障排除前应保持。

6.3.7.5 应急照明控制器应有主、备用电源的工作状态指示，并能实现主、备用电源的自动转换。且备用电源应至少能保证应急照明控制器正常工作 3 h。

6.3.7.6 应急照明控制器在下述情况下应发出故障声、光信号，并指示故障类型。故障声信号应能手动消除，故障光信号在故障排除前应保持。故障期间，灯具应能转入应急状态。

故障条件如下所述：

a) 应急照明控制器的主电源欠压；
b) 应急照明控制器备用电源的充电器与备用电源之间的连接线开路、短路；
c) 应急照明控制器与为其供电的备用电源之间的连接线开路、短路。

6.3.7.7 应急照明控制器应能对本机及面板上的所有指示灯、显示器、音响器件进行功能检查。

6.3.7.8 应急照明控制器应能以手动、自动两种方式使与其相连的所有灯具转入应急状态；且应设强制使所有灯具转入应急状态的按钮。

6.3.7.9 当某一支路的灯具与应急照明控制器连接线开路、短路或接地时，不应影响其他支路的灯具或应急电源盒的工作。

6.3.7.10 应急照明控制器控制自带电源型灯具时，处于应急工作状态的灯具在其与应急照明控制器连线开路、短路时，应保持应急工作状态。

6.3.7.11 应急照明控制器控制自带电源型灯具时，应能显示应急照明配电箱的工作状态。

6.3.7.12 当应急照明控制器控制应急照明集中电源时，应急照明控制器还应符合下列要求：

a) 显示每台应急电源的部位、主电工作状态、充电状态、故障状态、电池电压、输出电压和输出电流；
b) 显示各应急照明分配电装置的工作状态；
c) 控制每台应急电源转入应急工作状态；
d) 在与每台应急电源和各应急照明分配电装置之间连接线开路或短路时，发出故障声、光信号，指示故障部位。

6.4 充、放电性能

6.4.1 自带电源型和子母型灯具充、放电性能

6.4.1.1 灯具应有过充电保护和充电回路开路、短路保护，充电回路开路或短路时灯具应点亮故障状态指示灯，其内部元件表面温度不应超过 90 ℃。重新安装电池后，灯具应能正常工作。灯具的充电时间不应大于 24 h，最大连续过充电电流不应超过 0.05 C_5 A(铅酸电池为 0.05 C_{20} A)。

6.4.1.2 灯具应有过放电保护。电池放电终止电压不应小于额定电压的 80%(使用铅酸电池时，电池放电终止电压不应小于额定电压的 85%)，放电终止后，在未重新充电条件下，即使电池电压回复，灯具也不应重新启动，且静态泄放电流不应大于 10^{-5} C_5 A(铅酸电池为 10^{-5} C_{20} A)。

6.4.2 应急照明集中电源充、放电性能

6.4.2.1 应急照明集中电源应有过充电保护和充电回路短路保护，充电回路短路时其内部元件表面温

度不应超过 90 ℃。重新安装电池后，应急照明集中电源应能正常工作。充电时间不应大于 24 h，使用免维护铅酸电池时最大充电电流不应大于 0.4 C_{20} A。

6.4.2.2 应急照明集中电源应有过放电保护。使用免维护铅酸电池时，最大放电电流不应大于 0.6 C_{20} A；每组电池放电终止电压不应小于电池额定电压的 85%，静态泄放电流不应大于 10^{-5} C_{20} A。

6.5 电池性能

系统应选用镉镍、镍氢、免维护铅酸电池。镉镍、镍氢电池应符合附录 D 的要求，免维护铅酸电池应符合附录 E 的要求；选用其他电池时，在满足附录 D 要求的基础上，电池本身应具有自动恢复的防短路装置。

6.6 重复转换性能

系统应能连续完成至少 50 次"主电状态 1 min→应急状态 20 s→主电状态 1 min"的工作状态循环。

6.7 电压波动性能

系统在主电电压的 85%～110%的范围内，不应转入应急状态。

6.8 转换电压性能(集中控制型系统除外)

系统由主电状态转入应急状态时的主电电压应在主电电压 60%～85%范围内。由应急状态回复到主电状态时的主电电压不应大于主电电压的 85%；系统电压处在主电电压 60%～85%范围内的任一电压时，不应发生状态指示灯和继电器多次跳动等切换现象，非闪亮式的光源不应发生光源闪烁的状态。

6.9 充、放电耐久性能

系统应完成 10 次"完全充电→放电终止→完全充电"循环的充电、放电过程。末次放电时间不应低于首次放电时间的 85%，并满足 6.3.2 的要求。

6.10 绝缘性能

系统内各设备的主电源输入端与壳体之间的绝缘电阻不应小于 50 MΩ，有绝缘要求的外部带电端子与壳体间的绝缘电阻不应小于 20 MΩ。

6.11 耐压性能

系统内各设备的主电源输入端与壳体间应能耐受频率为(50±0.5)Hz，电压为(1 500±150)V，历时 60 s±5 s 的试验；外部带电端子(额定电压≤50 VDC)与壳体间应能耐受频率为(50±0.5)Hz、电压(500±50)V，历时 60 s±5 s 的试验。各设备在试验期间，不应发生表面飞弧和击穿现象；试验后，应能正常工作。

6.12 气候环境耐受性能

系统内设备应能耐受住表 1 所规定的气候条件下的各项试验，并满足下述要求：

a） 试验期间，系统及系统内各设备应保持主电状态；

b） 试验后，系统内各设备应无破坏涂覆现象；

c） 试验后，系统及系统内各设备应能正常工作；灯具的表面亮度和光通量应分别满足 6.3.1.3 和 6.3.1.4 的要求；

d） 低温试验后，系统的应急工作时间不应小于 90 min，且不小于标称的应急工作时间。

表 1 气候条件

试验名称	试验参数	试验条件	工作状态
高温试验	温度 持续时间	55 ℃±2 ℃ 16 h	主电状态
低温试验	温度 持续时间	0 ℃±1 ℃ 24 h	主电状态

表 1（续）

试验名称	试验参数	试验条件	工作状态
恒定湿热试验	相对湿度 温度 持续时间	90%～95% 40 ℃±2 ℃ 4 d	主电状态

6.13 机械环境耐受性能

系统的各组成设备应能耐受住表 2 中所规定的机械环境条件下的各项试验。试验后，系统及系统内各设备应能正常工作；灯具表面亮度和光通量应分别满足 6.3.1.3 和 6.3.1.4 的要求。

表 2 机械环境条件

试验名称	试验参数	试验条件	工作状态
振动试验	频率循环范围	10 Hz～55 Hz	非工作状态
	加速幅值	0.5g	
	扫频速率	1 倍频程/min	
	每个轴线循环扫频次数	20	
	振动方向	X、Y、Z	
冲击试验	加速度 g	100－20m	非工作状态
	脉冲持续时间	11 ms	
	冲击次数	3 个面，3 次	
	波形	半正弦波	
注：m 为试样的质量(kg)。			

6.14 电磁兼容性能

应急照明集中电源和应急照明控制器应能适应表 3 所规定条件下的各项试验要求，并满足下述要求：

a) 试验期间，应急照明集中电源和应急照明控制器应保持正常监视状态；

b) 试验后，应急照明集中电源性能应满足 6.3.4 的要求；

c) 试验后，应急照明控制器性能应满足 6.3.7 的要求。

表 3 电磁兼容条件

试验名称	试验参数	试验条件	工作状态
射频电磁场辐射抗扰度试验	场强/(V/m)	10	正常监视状态
	频率范围/MHz	80～1 000	
	扫频频率/(10 倍频程每秒)	≤1.5×10^{-3}	
	调制幅度	80%(1 kHz，正弦)	
射频场感应的传导骚扰抗扰度试验	频率范围/MHz	0.15～80	正常监视状态
	电压/dBμV	140	
	调制幅度	80%(1 kHz，正弦)	
静电放电抗扰度试验	对应急照明控制器放电电压/kV	8	正常监视状态
	对耦合板放电电压/kV	6	
	放电极性	正、负	

表 3（续）

<table>
<tr><th>试验名称</th><th>试验参数</th><th colspan="2">试验条件</th><th>工作状态</th></tr>
<tr><td rowspan="2">静电放电抗扰度试验</td><td>放电间隔/s</td><td colspan="2">≥1</td><td rowspan="2">正常监视状态</td></tr>
<tr><td>每点放电次数</td><td colspan="2">10</td></tr>
<tr><td rowspan="6">电快速瞬变脉冲群抗扰度试验</td><td rowspan="2">电压峰值/kV</td><td colspan="2">AC 电源线 2×(1±0.1)</td><td rowspan="6">正常监视状态</td></tr>
<tr><td colspan="2">其他连接线 1×(1±0.1)</td></tr>
<tr><td rowspan="2">重复频率/kHz</td><td colspan="2">AC 电源线 2.5×(1±0.2)</td></tr>
<tr><td colspan="2">其他连接线 5×(1±0.2)</td></tr>
<tr><td>极性</td><td colspan="2">正、负</td></tr>
<tr><td>时间</td><td colspan="2">每次 1 min</td></tr>
<tr><td rowspan="6">浪涌(冲击)抗扰度试验</td><td rowspan="3">浪涌(冲击)电压/kV</td><td rowspan="2">AC 电源线</td><td>线—线 1×(1±0.1)</td><td rowspan="6">正常监视状态</td></tr>
<tr><td>线—地 2×(1±0.1)</td></tr>
<tr><td colspan="2">其他连接线 线—地 1×(1±0.1)</td></tr>
<tr><td>极性</td><td colspan="2">正、负</td></tr>
<tr><td rowspan="2">试验次数</td><td colspan="2">AC 电源线 5</td></tr>
<tr><td colspan="2">其他连接线 20</td></tr>
<tr><td rowspan="3">电源瞬变试验</td><td>电源瞬变方式</td><td colspan="2">通电 9 s～断电 1 s</td><td rowspan="3">正常监视状态</td></tr>
<tr><td>试验次数</td><td colspan="2">500</td></tr>
<tr><td>施加方式</td><td colspan="2">每分钟 6 次</td></tr>
<tr><td rowspan="2">电压暂降、短时中断和电压变化的抗扰度试验</td><td>持续时间/ms</td><td colspan="2">20(下滑 60%)</td><td rowspan="2">正常监视状态</td></tr>
<tr><td>持续时间/ms</td><td colspan="2">10(下滑 100%)</td></tr>
</table>

6.15 结构

6.15.1 系统内各设备的外部软缆和软线通过硬质材料电缆入口应有光滑的圆边，圆边的最小半径应大于 0.5 mm；电缆入口应适合于导线管(或电缆、软线)的保护套的引入，使芯线完全得到保护，并且当导线管(或电缆、软线)安装完成后，电缆入口的防尘或防水保护应与灯具的防护等级相同。

6.15.2 不使用工具不能将软缆(或软线)推入灯具、引起接线端子处软缆或软线位移；软缆或软线应承受 25 次拉力，拉力值如表 4 所示，拉时不能猛拉，每次历时 1 s。试验期间测量软缆或软线的纵向位移。第一次承受拉力时，在离软线固定架约 20 mm 处的软缆或软线上作标记，25 次拉力期间，标记的位移不能超过 2 mm；软缆或软线应能承受扭力，扭矩值如表 4 所示。

表 4 扭矩值

所有导体总的标称截面积 S mm^2	拉力 N	扭矩 N·m	所有导体总的标称截面积 S mm^2	拉力 N	扭矩 N·m
$S \leqslant 1.5$	60	0.15	$3 < S \leqslant 5$	80	0.35
$1.5 < S \leqslant 3$	60	0.25	$5 < S \leqslant 8$	120	0.35

6.15.3 消防应急照明和疏散指示系统走线槽应光滑，不应存在可能磨损接线绝缘层的锐边、毛口、毛刺等类似现象。金属定位螺钉之类的零件不能凸伸到线槽内。

6.16 爬电距离和电气间隙

系统内各设备的爬电距离和电气间隙应符合 GB 7000.1—2007 中第 11 章的要求。

6.17 主要部件性能

6.17.1 系统的主要部件应采用符合国家有关标准的定型产品。

6.17.2　系统使用电池的充放电性能应满足6.5的要求。

6.17.3　系统应在电池与充、放电回路间及主电输入回路加熔断器或其他保护装置,熔断器的电流值标示应清晰;直流和交流熔断器应分型标示(直流DC、交流AC),标示字体高度应不小于2 mm,且清晰可见。

6.17.4　系统内各设备的接地端子应标示清晰。

6.17.5　系统的各类设备外壳应选用不燃材料或难燃材料(氧指数≥28)制造,内部接线和外部接线应符合GB 7000.1—2007中第5章的要求。

6.17.6　环境温度为25 ℃±3 ℃条件下系统各设备的内置变压器、镇流器等发热元部件的表面最高温度不应超过90 ℃。其电池周围(不触及电池)环境温度不超过50 ℃。

6.17.7　指示灯应标注出功能,在不大于500 lx环境光条件下,在正前方22.5°视角范围内指示灯应在3 m处清晰可见。

6.17.8　在正常工作条件下,音响器件在其正前方1 m处的声压级(A计权)应大于65 dB,小于115 dB。

7　试验

7.1　总则

7.1.1　试验的大气条件

除在有关条文另有说明外,各项试验均在下述大气条件下进行:

——温度:15 ℃～35 ℃;

——湿度:25%RH～75%RH;

——大气压力:86 kPa～106 kPa。

7.1.2　容差

除在有关条文另有说明外,各项试验数据的容差均为±5%;环境条件参数偏差应符合GB 16838要求。

7.1.3　试验样品(以下可称试样)

试验前,制造商应提供二套组成系统的灯具及其他配件(应急照明配电箱等)。其中,集中控制型系统应提供二台应急照明控制器,每台应急照明控制器至少配接二台灯具;集中电源型系统应提供二台应急照明集中电源,每台应急照明集中电源至少配接二台灯具、满负载10%和超载20%条件的模拟负载,带有分配电装置的系统,还应提供二台分配电装置。并在试验前编号。

7.1.4　试验前检查

7.1.4.1　在试验前进行外观检查,应符合下述要求:

a)　表面无腐蚀、涂覆层脱落和起泡现象,无明显划伤、裂痕、毛刺等机械损伤;

b)　紧固部位无松动。

7.1.4.2　试验前应按第5章、6.2、6.15、6.16、6.17和附录B有关要求对试样进行检查,符合要求后方可进行试验。

7.1.5　试验程序

按表5规定的程序进行试验。

表5　试验程序

试验程序		试样编号	
项目编号	试验项目	1	2
7.2	基本功能试验	√	√
7.3	充、放电试验	√	√

表 5（续）

试验程序		试样编号	
项目编号	试验项目	1	2
7.4	重复转换试验	√	√
7.5	电压波动试验	√	√
7.6	转换电压试验	√	√
7.7	充、放电耐久试验	√	
7.8	绝缘电阻试验	√	√
7.9	接地电阻试验	√	√
7.10	耐压试验	√	√
7.11	高温试验	√	
7.12	低温试验		√
7.13	恒定湿热试验		√
7.14	振动试验		√
7.15	冲击试验	√	
7.16	静电放电抗扰度试验	√	
7.17	浪涌（冲击）抗扰度试验	√	
7.18	电源瞬变试验	√	
7.19	电压暂降、短时中断和电压变化的抗扰度试验	√	
7.20	射频电磁场辐射抗扰度试验		√
7.21	射频场感应的传导骚扰抗扰度试验		√
7.22	电快速瞬变脉冲群抗扰度试验		√
7.23	外壳防护等级试验	√	√
7.24	表面耐磨性能试验		√
7.25	抗冲击试验	√	

7.2 基本功能试验

7.2.1 目的

检验系统及系统内各设备的基本功能。

7.2.2 消防应急灯具的基本功能试验步骤

7.2.2.1 使带有逆变输出、输出电压超过 36 V 的消防应急灯具在应急工作状态期间断开光源 5 s，再保持 20 s，检查其电池供电情况。

7.2.2.2 使充电 24 h 的灯具转入应急状态，检查荧光灯光源的灯具的启辉器启动情况（必要时可将启辉器短路），并记录转换时间，同时开始计时，直到电池达到其终止电压，记录应急工作时间。

7.2.2.3 在主电状态转入应急状态下立即对不同的标志灯（含照明标志灯的标志部分）分别按下述步骤测量其表面亮度；放电 80 min 后立即对不同的标志灯（含照明标志灯的标志部分）分别按下述步骤测量其表面亮度：

a) 对于仅用绿色或红色图形、文字构成标志信息的标志灯，在其图形、文字上均匀选取 10 点进行测量；

b) 对于用组合颜色构成图形、文字作为标志信息的标志灯，按附录 B 的取点方式，在其图形、文字上均匀选取10点进行测量，再在各点相邻的另一颜色上相应选取10点进行测量；

c) 对于双面指示的标志灯，应按a)或b)分别测量两个面的表面亮度。

7.2.2.4 在主电状态转入应急状态下立即测量照明灯(含照明标志灯的照明部分)的光通量；放电80 min后立即测量照明灯(含照明标志灯的照明部分)在应急状态时的光通量和疏散用手电筒发光的色温。

7.2.2.5 切断自带电源型或子母型灯具的主电源，使其处于应急状态，将其主电电源线分别短路、接地，检查灯具的工作情况。

7.2.2.6 启动灯具的模拟交流电源供电故障的试验按钮(开关或遥控接收发射装置)，检查其工作状态的转换情况；检查主电是否向光源和充电回路供电；检查是否有影响应急功能的开关；在不同的距离试验灯具的遥控功能和遥控距离。

7.2.2.7 使灯具处于主电工作状态，检查手动自检功能；再使其灯具处于应急工作状态，检查控制关断应急工作的功能。

7.2.2.8 分别断开自带电源型和子母型灯具的电池、光源，使其处于主电状态，检查指示灯的指示情况。

7.2.2.9 使集中电源型灯具分别处于主电状态和应急状态、检查指示灯的指示情况。

7.2.2.10 分别断开灯具的光源，安装不能正常工作的光源及不同规格的光源。对该应急灯具充电24 h、放电80 min，期间，连续测量其内部发热元件的表面温度。然后重新安装正常光源，接通主电源，检查该灯具的工作情况。

7.2.2.11 按产品设计要求，将子母型灯具按最长布线连接，分别测量母灯具的输出电压和子灯具的供电电压。

7.2.2.12 使有语音提示的灯具处于应急工作状态，检查其语音播放情况。

7.2.2.13 使闪亮式标志灯处于应急状态，测量其闪亮频率和点亮与非点亮时间比。

7.2.2.14 使顺序闪亮式标志灯处于应急状态，测量其逐次闪亮频率，并观察其指示方向。

7.2.2.15 使疏散用手电筒处于充电状态，测量充电电压。

7.2.3 应急照明集中电源的基本功能试验步骤

7.2.3.1 将应急照明集中电源与消防应急灯具、应急照明分配电箱、等效负载等附件连接，接通电源，分别使其处于主电和应急工作状态，检查其主电电压、电池电压、输出电压和输出电流的显示情况及指示灯颜色。

7.2.3.2 分别以自动、手动方式使应急照明集中电源转入应急工作状态，直至放电终止，检查主电和备电输出情况，记录应急工作时间。

7.2.3.3 分别使应急照明集中电源分别处于主电和应急工作状态，将任一输出支路短路，检查应急照明集中电源另一支路的工作情况。

7.2.3.4 分别使应急照明集中电源处于空载、满载10%、满载和超载20%状态，检查其工作情况。

7.2.3.5 检查电池(组)的额定电压及分段保护情况，然后，在电池(组)充满电的条件下分别测量每段电池(组)的电压。

7.2.3.6 分别使应急照明集中电源的充电器与电池间连接线开路、短路，检查其故障情况。

7.2.3.7 分别使应急照明集中电源的输出分支线路连接线开路，检查其故障情况。

7.2.3.8 分别使应急照明集中电源的充电器与电池之间连接线和应急输出回路开路，检查其故障情况。

7.2.3.9 检查强制应急启动按钮的保护情况，然后启动强制应急启动按钮，使应急照明集中电源转入应急状态，并直至放电终止，检查过放电保护情况和电池电压低于过放保护电压值故障情况。

7.2.4 应急照明控制器的基本功能试验步骤

7.2.4.1 将应急照明控制器与消防应急灯具、应急照明配电箱等附件连接，接通电源，使其处于正常工作状态。

7.2.4.2 操作应急照明控制器的控制机构，分别使受其控制的灯具处于主电状态、应急状态、充电状态和故障状态，观察应急照明控制器的显示情况，同时检查应急照明控制器是否有防止非专业人员操作的措施。

7.2.4.3 使应急照明控制器与任一灯具或应急照明配电箱之间的连接线开路或短路，检查应急照明控制器的故障声、光情况和灯具的工作状态；手动消除故障声信号，再使应急照明控制器与非同一线路中的另一灯具之间的连接线开路或短路，检查应急照明控制器的故障声、光指示情况和灯具的工作状态。

7.2.4.4 切断应急照明控制器的主电源，然后再接通主电源检查应急照明控制器主、备电源的转换和电源状态的指示情况。再使应急照明控制器处于备电供电状态，直至备电不足以保证应急照明控制器正常工作，记录备电工作时间。

7.2.4.5 应急照明控制器的电源试验，调节试验装置，使应急照明控制器的主电源电压降低到其转入备电源工作，检查故障情况；将应急照明控制器的备用电源与其充电器之间的连接线开路、短路，检查应急照明控制器的故障情况；将应急照明控制器与为其供电的备用电源之间的连接线开路、短路，检查应急照明控制器的故障情况。

7.2.4.6 应急照明控制器与应急电源的连接试验，使应急照明控制器控制的集中电源型灯具分别处于主电、充电和故障状态，检查应急照明控制器的显示情况；分别使集中电源型灯具处于主电状态和应急状态，检查充电电流、充电电压、电池电压、输出电压和输出电流在应急照明控制器上的显示情况；使应急照明控制器与应急电源间连接线分别开路、短路，检查应急照明控制器的显示情况。

7.2.4.7 操作应急照明控制器的自检机构，检查其所有指示灯、显示器及音响器的状态。

7.2.4.8 操作应急照明控制器分别自动和手动使其控制的灯具转入应急状态，检查其所控制的灯具的工作情况和应急电源的主电、备电工作情况；启动强制按钮使所有受控的灯具转入应急状态并直至放电终止，检查应急电源的过放电保护情况。

分别使任一支路灯具与应急照明控制器间的连接线开路、短路、接地，检查其他灯具和应急电源的工作情况。

7.2.5 应急照明配电箱的基本功能试验步骤

7.2.5.1 切断双路输入型的应急照明配电箱正常供电电源，再恢复正常供电电源，检查应急照明配电箱电源指示情况、自动投入到备用供电电源的工作情况和自动恢复到正常供电电源供电情况，记录转换时间；然后检查其正常供电电源和备用供电电源的输出情况；手动操作转换装置，检查其手动试验转换功能。

7.2.5.2 给应急照明配电箱输入应急转换联动控制信号，检查其切断供电电源、使连接的灯具转入应急状态情况及发出反馈信号情况。

7.2.5.3 按 GB 50054 的有关要求检查应急照明配电箱每个输出配电回路的保护电器。

7.2.6 应急照明分配电装置的基本功能试验步骤

7.2.6.1 将应急照明分配电装置与应急照明集中电源、消防应急灯具及等效负载连接，接通应急照明集中电源的主电源。

7.2.6.2 分别使应急照明集中电源处于主电和应急工作状态，检查应急照明分配电装置工作状态转换情况，在应急工作状态期间，测量其输出电压及其他输出特性。

7.2.6.3 断开应急照明分配电装置的所有负载，使应急照明集中电源处于应急工作状态，测量应急照明分配电装置的输出电压及其他输出特性。

7.2.7 试验结果

系统及系统内各设备的基本功能应满足 6.2、6.3 的有关要求。

7.3 充、放电试验

7.3.1 目的

检查系统的充、放电性能。

7.3.2 试验步骤

7.3.2.1 将放电终止的试样接通主电源,检查充电指示灯的状态,24 h 后测量其充电电流。对使用免维护铅酸电池的应急照明集中电源型灯具,应在充电期间测量电池的充电电流。

7.3.2.2 使试样转入应急状态,直至过放电保护启动,在此瞬间测量电池的端电压,并观察试样是否重新启动,再测量静态泄放电流。对使用免维护铅酸电池的应急照明集中电源型灯具,还应在应急状态下测量电池的放电电流(启动电流除外)。

7.3.2.3 使试样的充电回路短路(不接入电池),接通主电源,检查故障指示灯的状态,24 h 后测量其内部元件的表面温度。重新安装电池,检查试样的工作情况。

7.3.3 试验结果

试样的充、放电性能应满足 6.4 的要求。

7.4 重复转换试验

7.4.1 目的

检验系统的重复转换性能。

7.4.2 试验步骤

连续 50 次使试样由主电状态保持 1 min,然后转入应急状态保持 20 s。

7.4.3 试验结果

试样的重复转换性能应满足 6.6 的要求。

7.5 电压波动试验

7.5.1 目的

检验系统对主电供电电压波动的适应能力。

7.5.2 试验设备

试验设备应满足下述条件:

a) 输出电压:100 V～250 V 内连续可调;

b) 交流频率为 50 Hz。

7.5.3 试验步骤

调节试验装置分别使试样的主电供电电压为 242 V 和 187 V,检查其工作状态。

7.5.4 试验结果

试样的主电电压波动性能应满足 6.7 的要求。

7.6 转换电压试验

7.6.1 目的

检验系统由主电状态转入应急状态、由应急状态转入主电状态时的主电电压。

7.6.2 试验设备

试验设备应满足下述条件:

a) 输出电压:100 V～250 V 内连续可调;

b) 频率:50 Hz。

7.6.3 试验步骤

将试样的主电连接线按接线图接入试验装置,使其处于主电状态,调节试验装置,使输出电压缓慢下降,直至试样转入应急状态,记录输出电压;再使输出电压缓慢上升,直至试样回复到主电状态,记录输出电压;调节灯具的主电压,使其在主电电压 60%～85%范围内缓慢变化,观察并记录灯具的状态。

7.6.4 试验结果

试样的转换电压应满足6.8的要求。

7.7 充、放电耐久试验

7.7.1 目的

检验系统重复多次全充、全放电性能。

7.7.2 试验步骤

连续10次使试样进行完全充电后转入应急状态直至过放电保护启动。记录首、末次放电时间。

7.7.3 试验结果

试样重复多次充、放电性能应满足6.9的要求。

7.8 绝缘电阻试验

7.8.1 目的

检验系统内各设备绝缘电阻性能。

7.8.2 试验设备

满足下述技术要求的绝缘电阻试验装置(在不具备专用测试装置的条件下,也可用其他仪器):

a) 试验电压:500 V±50 V,DC;

b) 测量范围:0 MΩ~500 MΩ;

c) 记时:60 s±5 s。

7.8.3 试验步骤

通过绝缘电阻试验装置,分别对试样(包括集中控制型系统的应急照明控制器)有绝缘要求的外部带电端子与壳体之间、主电源输入端与壳体之间(电源插头不接入电网)施加500 V±50 V直流电压,持续60 s±5 s,测量其绝缘电阻值。试验时,应保证接触点有可靠的接触,引线间的绝缘电阻应足够大,以保证读数正确。

7.8.4 试验结果

试样的绝缘性能应满足6.10的要求。

7.9 接地电阻试验

7.9.1 目的

检验系统及系统内各设备接地性能。

7.9.2 试验设备

试验设备满足下述条件:

a) 可调直流电源;

b) 空载电压不超过12 V时至少能产生10 A的电流。

7.9.3 试验步骤

7.9.3.1 将从空载电压不超过12 V产生的至少为10 A的电流分别接在接地端子或接地触点与各可触及金属部件之间,至少保持1 min。

7.9.3.2 测量接地端子或接地触点与可触及金属部件之间的电压降,并由电流的电压降算出电阻。

7.9.4 试验结果

试样的接地电阻性能应满足6.2.2的要求。

7.10 耐压试验

7.10.1 目的

检验系统及系统内各设备的耐压性能。

7.10.2 试验设备

满足下述技术要求的耐压试验装置:

a) 试验电源:电压0 V~1 500 V(有效值)连续可调,频率50 Hz,升(降)压速率:(100~500)V/s;

b) 记时:60 s±5 s;

c) 击穿电流:20 mA。

7.10.3 试验步骤

通过耐压试验装置,以(100～500)V/s的升压速率,分别对试样(包括集中控制型系统的应急照明控制器)施加50 Hz、1 500 V(额定电压超过50 V),或50 Hz、500 V(额定电压不超过50 V时)的交流电压;持续60 s±5 s,观察并记录试验中所发生的现象。试验后,以(100～500)V/s的降压速率使电压逐渐降低到低于额定电压数值后,方可断电。

施加部位如下所述:

a) 有绝缘要求的所有外部带电端子与外壳之间;

b) 交流电源输入端与外壳之间(电源插头不接入电网)。

7.10.4 试验结果

试样的耐压性能应满足6.11的要求。

7.11 高温试验

7.11.1 目的

检验系统及系统内各设备在高温环境下正常工作的能力。

7.11.2 试验设备

试验设备应符合GB 16838的规定。

7.11.3 试验步骤

7.11.3.1 将试样在正常大气条件下放置2 h～4 h后放入高温试验箱中,接通电源,使其处于主电工作状态。

7.11.3.2 以不大于1 ℃/min的平均升温速率升到55 ℃±2 ℃保持16 h。

7.11.3.3 按7.2的要求进行试验。

7.11.4 试验结果

试样在高温环境下的性能应满足6.3、6.12的要求。

7.12 低温试验

7.12.1 目的

检验系统及系统内各设备在低温环境下的正常工作的能力。

7.12.2 试验设备

试验设备应符合GB 16838的规定。

7.12.3 试验步骤

7.12.3.1 试样在正常大气条件下放置2 h～4 h后放入低温试验箱中,接通电源使其处于主电工作状态。

7.12.3.2 以不大于1 ℃/min的平均降温速率降到0 ℃±1 ℃保持24 h。

7.12.3.3 按7.2的要求进行试验。

7.12.4 试验结果

试样在低温环境下的性能应满足6.3、6.12的要求。

7.13 恒定湿热试验

7.13.1 目的

检验系统及系统内各设备在恒定湿热环境下正常工作能力。

7.13.2 试验设备

试验设备应符合GB 16838的规定。

7.13.3 试验步骤

7.13.3.1 将试样(包括集中控制型系统和应急照明控制器)在正常大气条件下放置2 h～4 h后放入

湿热试验箱中,接通电源使其处于主电工作状态。

7.13.3.2　调节试验箱,使温度为 40 ℃±2 ℃,温度稳定后,再调节试验箱使相对湿度为 90%～95%,保持 4 d。

7.13.3.3　按 7.2 的要求进行试验。

7.13.4　试验结果

试样在恒定湿热环境下的性能应满足 6.3、6.12 的要求。

7.14　振动试验

7.14.1　目的

检验系统内各设备经受振动的适应性及结构的完好性。

7.14.2　试验设备

试验设备(振动台和夹具)应符合 GB 16838 中的规定。

7.14.3　试验步骤

7.14.3.1　将试样(包括集中控制型系统和应急照明控制器)按其正常安装方式固定在振动台上,处于非工作状态。

7.14.3.2　启动振动台,使其在 10 Hz～55 Hz 频率范围内以 0.5g 的加速度、1 倍频程/min 的速率分别在 X、Y、Z 三个轴线上循环扫频 20 次。

7.14.3.3　检查外观及紧固部位情况。

7.14.3.4　按 7.2 的要求进行试验。

7.14.4　试验结果

试样的抗振动性能应满足 6.3、6.13 的要求。

7.15　冲击试验

7.15.1　目的

检验系统内各设备的抗冲击性能。

7.15.2　试验设备

试验设备应符合 GB 16838 中的规定。

7.15.3　试验步骤

7.15.3.1　将试样(包括集中控制型系统和应急照明控制器)按其正常工作位置紧固在冲击试验台上,处于非工作状态。

7.15.3.2　启动冲击试验台,对质量为 m(kg)的试样,以峰值加速度$(100-20m)g$ 脉冲持续时间为 11 ms±1 ms 的半正弦波脉冲,在三个互相垂直的轴线中的每个方向连续冲击 3 次(共计 9 次)。

7.15.3.3　检查外观及紧固部位情况。

7.15.3.4　按 7.2 的要求进行试验。

7.15.4　试验结果

试样的抗冲击性能应满足 6.3、6.13 的要求。

7.16　静电放电抗扰度试验

7.16.1　目的

检验应急照明集中电源和应急照明控制器对带静电人员、物体接触造成的静电放电的适应性。

7.16.2　试验设备

试验设备应满足 GB 16838 的规定。

7.16.3　试验步骤

7.16.3.1　将试样按 GB 16838 规定进行试验布置,接通电源,使试样处于正常监视状态 20min。

7.16.3.2　按 GB 16838 规定的试验步骤对试样及耦合板施加表 6 所示条件下的干扰试验,期间观察并记录试样状态。试验后,按 7.2 的要求进行试验。

表 6 静电放电抗扰度试验条件

放电电压(kV)	空气放电(外壳为绝缘体) 8
	接触放电(外壳为导体) 6
放电极性	正、负
放电间隔/s	≥1
每点放电次数	10

7.16.4 试验结果

试验期间,试样应保持正常监视状态;试验后,试样基本功能应与试验前的基本功能保持一致。

7.17 浪涌(冲击)抗扰度试验

7.17.1 目的

检验应急照明集中电源和应急照明控制器对附近闪电或供电系统的电源切换及低电压网络、包括大容性负载切换等产生的电压瞬变(电浪涌)干扰的适应性。

7.17.2 试验设备

试验设备应满足 GB 16838 的规定。

7.17.3 试验步骤

7.17.3.1 将试样按 GB 16838 规定进行试验布置,接通电源,使其处于正常监视状态 20 min。

7.17.3.2 按 GB 16838 规定的试验步骤对试样施加表 7 所示条件下的干扰试验,期间观察并记录试样状态。试验后,按 7.2 的要求进行试验。

7.17.4 试验结果

试验期间,试样应保持正常监视状态;试验后,试样基本功能应与试验前的基本功能保持一致。

表 7 浪涌(冲击)抗扰度试验条件

浪涌(冲击)电压/kV	AC 电源线	线—线 1×(1±0.1)
		线—地 2×(1±0.1)
	其他连接线	线—地 1×(1±0.1)
极性		正、负
试验次数		5

7.18 电源瞬变试验

7.18.1 目的

检验应急照明集中电源和应急照明控制器抗电源瞬变干扰的能力。

7.18.2 试验步骤

7.18.2.1 按正常监视状态要求,将试样与等效负载连接,连接试样到电源瞬变试验装置上,使其处于正常监视状态。

7.18.2.2 开启试验装置,使试样主电源按"通电(9 s)～断电(1 s)"的固定程序连续通断 500 次,试验期间,观察并记录试样的工作状态;试验后,按 7.2 的要求进行试验。

7.18.3 试验结果

试验期间,试样应保持正常监视状态;试验后,试样基本功能应与试验前的基本功能保持一致。

7.19 电压暂降、短时中断和电压变化的抗扰度试验

7.19.1 目的

检验应急照明集中电源和应急照明控制器在电压暂降、短时中断和电压变化(如主配电网络上,由于负载切换和保护元件的动作等)情况下的抗干扰能力。

7.19.2 试验设备

试验设备应满足GB 16838的要求。

7.19.3 试验步骤

7.19.3.1 按正常监视状态要求，将试样与等效负载连接，连接试样到主电压下滑和中断试验装置上，使其处于正常监视状态。

7.19.3.2 使主电压下滑至40%，持续20 ms，重复进行10次；再将使主电压下滑至0 V，持续10 ms，重复进行10次。试验期间，观察并记录试样的工作状态；试验后，按7.2的要求进行试验。

7.19.4 试验结果

试验期间，试样应保持正常监视状态；试验后，试样基本功能应与试验前的基本功能保持一致。

7.20 射频电磁场辐射抗扰度试验

7.20.1 目的

检验应急照明控制器在射频电磁场辐射环境下工作的适应性。

7.20.2 试验设备

试验设备应满足GB 16838的规定。

7.20.3 试验步骤

7.20.3.1 将试样按GB 16838规定进行试验布置，接通电源，使试样处于正常监视状态20 min。

7.20.3.2 按GB 16838规定的试验步骤对试样施加表8所示条件下的干扰试验，期间观察并记录试样状态。试验后，按7.2的要求进行试验。

表8 射频电磁场辐射抗扰度试验条件

场强/(V/m)	10
频率范围/MHz	80～1 000
扫频速率/(10倍频程每秒)	≤1.5×10^{-3}
调制幅度	80%(1 kHz，正弦)

7.20.4 试验结果

试验期间，试样应保持正常监视状态；试验后，试样基本功能应与试验前的基本功能保持一致。

7.21 射频场感应的传导骚扰抗扰度试验

7.21.1 目的

检验应急照明控制器对射频场感应的传导骚扰的适应性。

7.21.2 试验设备

试验设备应满足GB 16838的规定。

7.21.3 试验步骤

7.21.3.1 将试样按GB 16838规定进行试验布置，接通电源，使试样处于正常监视状态20 min。

7.21.3.2 按GB 16838规定的试验步骤对试样施加表9所示条件下的干扰试验，期间观察并记录试样状态。试验后，按7.2的要求进行试验。

表9 射频场感应传导骚扰抗扰度试验条件

频率范围/MHz	0.15～80
电压/dBμV	140
调制幅度	80%(1 kHz，正弦)

7.21.4 试验结果

试验期间，试样应保持正常监视状态；试验后，试样基本功能应与试验前的基本功能保持一致。

7.22 电快速瞬变脉冲群抗扰度试验

7.22.1 目的

检验应急照明集中电源、应急照明控制器抗电快速瞬变脉冲群干扰的能力。

7.22.2 试验设备

试验设备应满足 GB 16838 的规定。

7.22.3 试验步骤

7.22.3.1 将试样按 GB 16838 规定进行试验布置，接通电源，使其处于正常监视状态 20 min。

7.22.3.2 按 GB 16838 规定的试验步骤对试样施加表 10 所示条件下的干扰试验，期间观察并记录试样状态。试验后，按 7.2 的要求进行试验。

表 10 电快速瞬变脉冲群抗扰度试验条件

瞬变脉冲电压/kV	AC 电源线 2×(1±0.1)
	其他连接线 1×(1±0.1)
重复频率/kHz	AC 电源线 2.5×(1±0.2)
	其他连接线 5×(1±0.2)
极性	正、负
时间	每次 1 min

7.22.4 试验结果

试验期间，试样应保持正常监视状态；试验后，试样基本功能应与试验前的基本功能保持一致。

7.23 外壳防护等级试验

按 GB 4208—2008 的规定进行试验。

7.24 表面耐磨性能试验

7.24.1 目的

检验地面安装灯具的表面耐磨性能。

7.24.2 试验设备

试验设备应符合以下要求：

a) Taber 型或同等的磨耗试验机；

b) 按附录 F 制作的研磨轮。

7.24.3 试验步骤

按附录 F 制作研磨轮，并粘好刚玉粒度为 180 的 3 号砂布后，在温度 20 ℃±2 ℃、相对湿度 65%±5%的环境条件下放置 24 h 以上。用脱脂纱布将试样表面擦净，表面向上安装在磨耗试验机上，并将研磨轮安装在支架上，施加 4.9 N±0.2 N 外力条件下进行研磨 9 000 转，研磨轮每磨耗 500 转更换一次。试验后，按 7.2 的要求进行试验。

7.24.4 试验结果

试验后，试样表面玻璃应无破碎现象，基本功能应与试验前的基本功能保持一致。

7.25 抗冲击试验

7.25.1 目的

检验地面安装型灯具表面玻璃的抗冲击性能。

7.25.2 试验步骤

将试样按制造商的规定进行安装，使其处于正常工作位置，表面保持水平。然后用直径为63.5 mm(质量约为 1 040 g)表面光滑的钢球放在距离试样表面 1 000 mm 的高度，使其自由下落。冲击点应在距试样四角边框 25 mm 范围内，四个角各冲击一次，观察记录试样状态。试验后，按 7.2 的要求进行试验。

7.25.3 试验结果

试验后，试样表面玻璃应无破碎现象，基本功能应与试验前的基本功能保持一致。

8 检验规则

8.1 出厂检验

企业在产品出厂前应按第5章、6.2、6.15、6.16、6.17和附录B的要求对产品进行检查，并对产品进行下述试验项目的检验：

a) 基本功能试验；

b) 充、放电试验；

c) 绝缘电阻试验；

d) 耐压试验；

e) 重复转换试验；

f) 转换电压试验；

g) 充放电耐久试验；

h) 恒定湿热试验。

8.2 型式检验

8.2.1 型式检验项目为第7章规定的全部试验。检验样品在出厂检验合格的产品中抽取。

8.2.2 有下列情况之一时，应进行型式检验：

a) 新产品或老产品转厂生产时的试制定型鉴定；

b) 正式生产后，产品的结构、主要部件或元器件、生产工艺等有较大的改变可能影响产品性能或正式投产满四年；

c) 产品停产一年以上，恢复生产；

d) 出厂检验结果与上次型式检验结果差异较大；

e) 发生重大质量事故。

8.2.3 检验结果按GB 12978规定的型式检验结果判定方法进行判定。

9 标志

9.1 一般要求

系统的每台灯具及其他设备应有清晰、耐久的标志，包括产品标志和质量检验标志，标示字体应高于2 mm，地面安装或其他封闭式安装的灯具的标示可置于灯具内部，开盖后应清晰可见。

9.2 产品标志

产品标志应包括以下内容：

a) 制造厂名、厂址；

b) 产品名称；

c) 产品型号；

d) 产品主要技术参数(外壳防护等级、额定电源电压、额定工作频率、应急工作时间、应急输出光通量、使用光源名称和参数、输出参数、主电功耗等)；

e) 商标；

f) 制造日期及产品编号；

g) 执行标准；

h) 适宜于直接安装在普通可燃材料表面的标记▽F(F—标记)。

9.3 质量检验标志

质量检验标志应包括下列内容：

a) 检验员；

b) 合格标志。

10 使用说明书

使用说明书应满足 GB/T 9969 的有关要求，并包括以下内容：

a) 电池种类、容量、型号及更换方法、更换时间；

b) 光源的规格、型号及更换方法；

c) 如何进行日常维护；

d) 产品的技术参数(外壳防护等级、应急工作时间、应急光通量、输出参数)。

附 录 A
（资料性附录）
消防应急照明和疏散指示系统组成

A.1 消防应急照明和疏散指示系统组成

系统组成如图 A.1 所示。

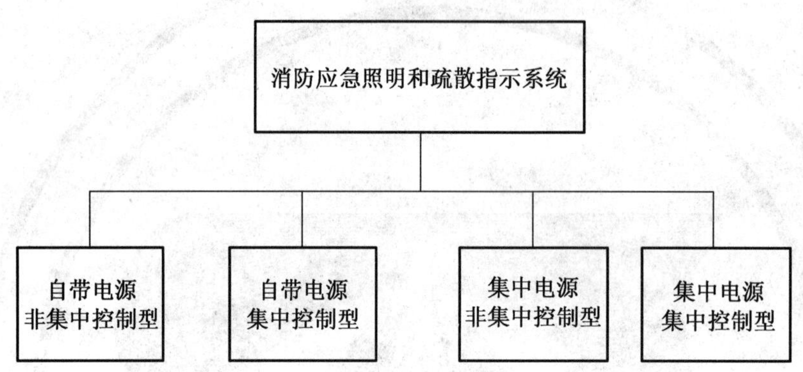

注：子母型灯具没有单独列为系统形式，而是分别包括在自带电源型和集中控制型系统中。

图 A.1 消防应急照明和疏散指示系统组成

A.2 自带电源非集中控制型消防应急照明和疏散指示系统组成

系统组成如图 A.2 所示。

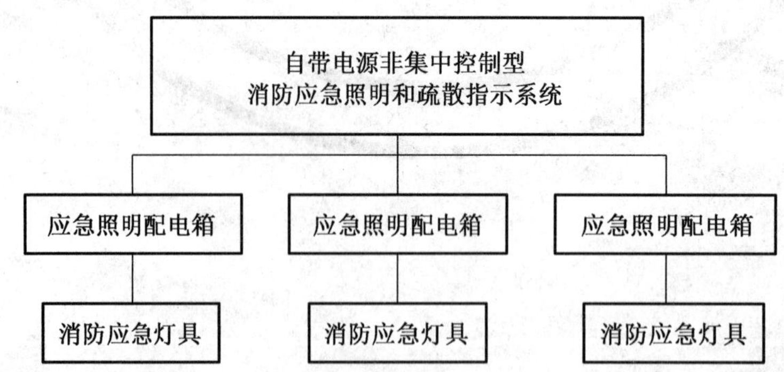

图 A.2 自带电源非集中控制型消防应急照明和疏散指示系统组成

A.3 自带电源集中控制型消防应急照明和疏散指示系统组成

系统组成如图 A.3 所示。

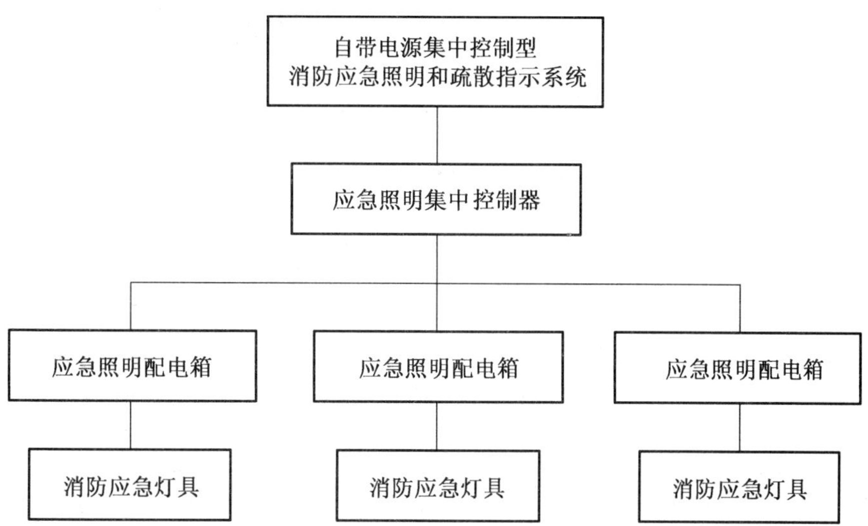

图 A.3 自带电源集中控制型消防应急照明和疏散指示系统组成

A.4 集中电源非集中控制型消防应急照明和疏散指示系统组成

系统组成如图 A.4 所示。

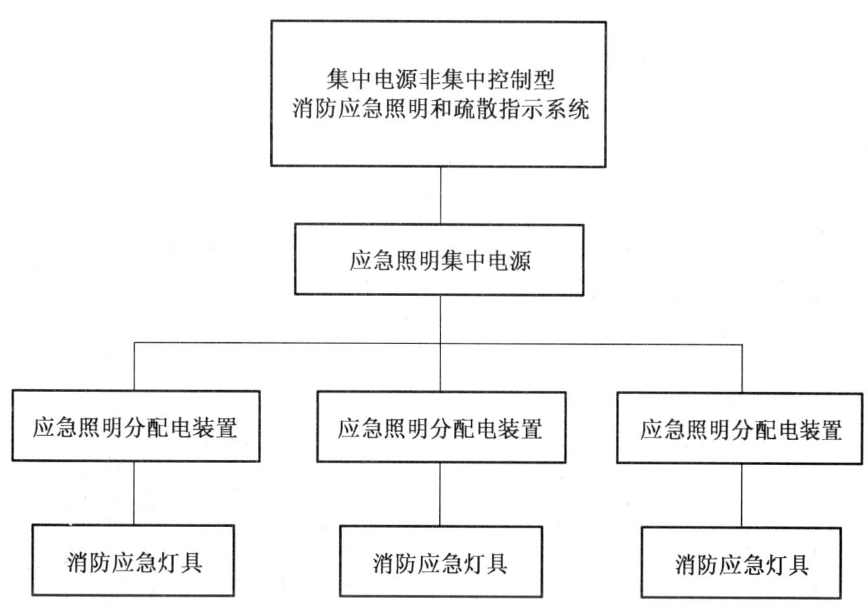

图 A.4 集中电源非集中控制型消防应急照明和疏散指示系统组成

A.5　集中电源集中控制型消防应急照明和疏散指示系统组成

系统组成如图 A.5 所示。

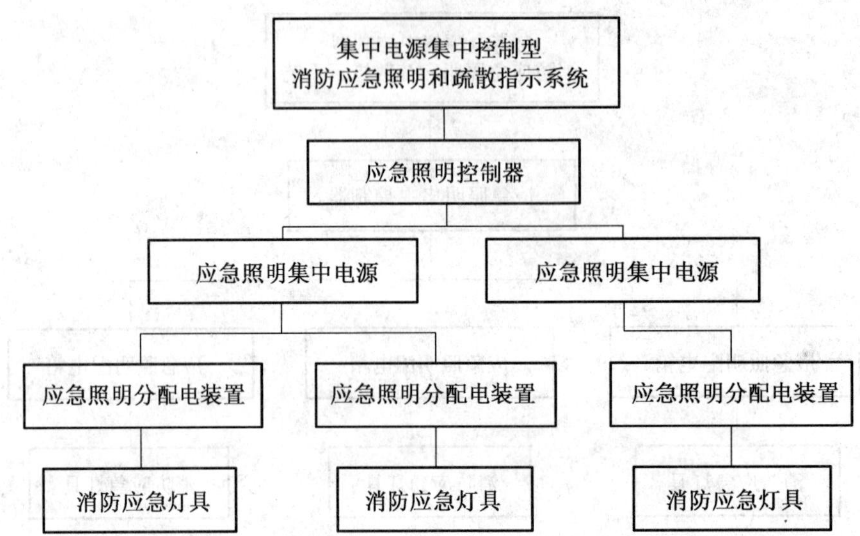

注：该系统中，应急照明集中电源和应急照明控制器可以做成一体机。

图 A.5　集中电源集中控制型消防应急照明和疏散指示系统组成

A.6　消防应急灯具组成

消防应急灯具组成如图 A.6 所示。

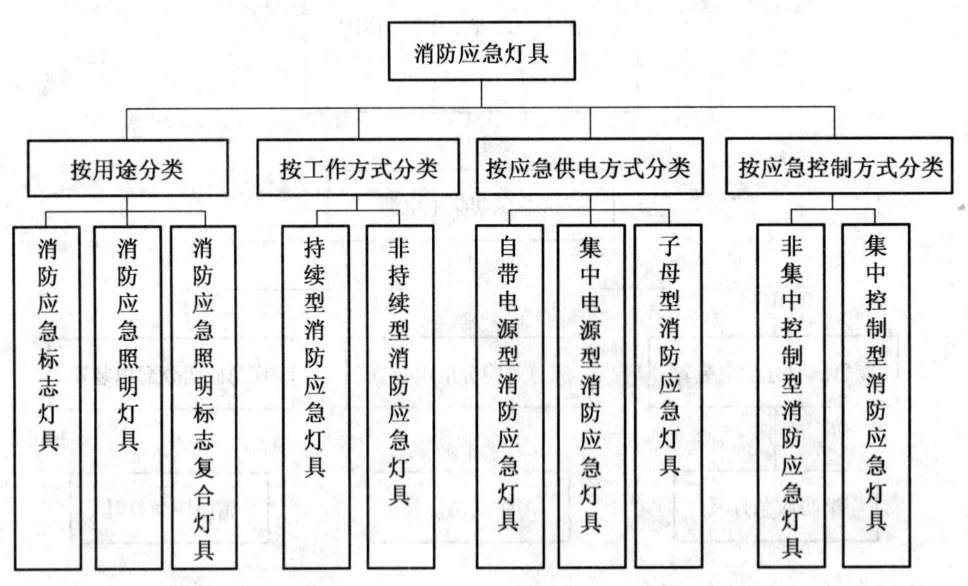

图 A.6　消防应急灯具组成

附　录　B
（规范性附录）
疏散指示标志

B.1　疏散指示标志灯的图形与文字

B.1.1　标志灯的图形应符合 GB 13495 的要求，单色标志灯表面的安全出口指示标志（包括人形、门框，如图 B.1、图 B.2 所示）、疏散方向指示标志（如图 B.3 所示）、楼层显示标志应为绿色发光部分，背景部分不应发光（背景宜选择暗绿色或黑色）；白色与绿色组合标志表面的标志灯，背景颜色应为白色，且应发光。

B.1.2　疏散指示标志灯使用的疏散方向指示标志中的箭头方向可根据实际需要更改为上、下、左上、右上、右、右下等指向；疏散方向指示标志中的箭头方向应与安全出口指示标志方向一致，双向指示标志如图 B.4 所示。

B.1.3　应选用图 B.1、图 B.2、图 B.4、图 B.5 或图 B.6 所示图形作为疏散指示标志灯的主要标志信息，标志宽度和高度不应小于 100 mm，图形中线条的最小宽度不应小于 10 mm，箭头尺寸应符合图 B.5 的要求；中型和大型消防应急标志灯的标志图形高度不应小于灯具面板高度的 80%。可增加辅助文字，但辅助文字高度应不大于标志图形高度的 1/2，且不小于标志图形高度的 1/3。楼层指示标志应由阿拉伯数字和 F 组成，笔画宽度应不小于 10 mm，地下层应在相应层号前加“-”（如图 B.6 所示）。

图 B.1　安全出口指示标志

图 B.2　安全出口指示标志

图 B.3　疏散方向指示标志

图 B.4 双向指示标志

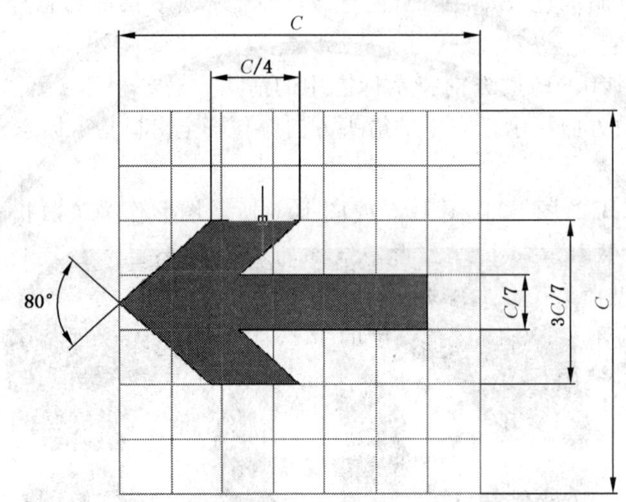

图 B.5 疏散指示箭头

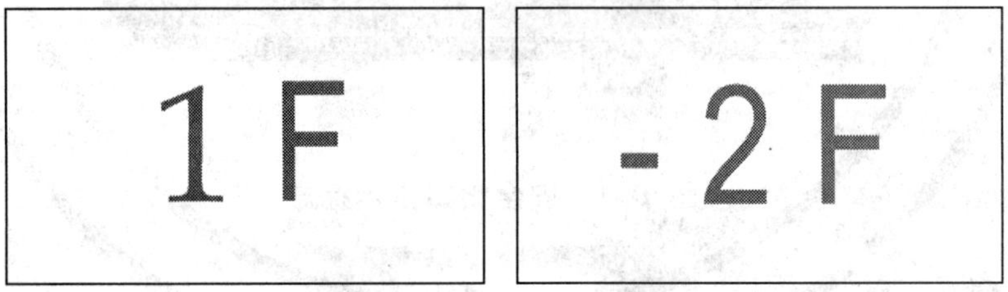

1F　　-2F

图 B.6 楼层显示标志

附 录 C
（规范性附录）
产 品 型 号

C.1 产品型号代码

产品型号由企业代码、类别代码、产品代码三部分组成。其中企业代码不应大于两位，类别代码和产品代码位数由制造商规定，类别代码应符合表C.1的规定，产品代码应符合表C.2的规定。

表 C.1 类别代码

系统类型分类	类别代码	含 义
按用途分类	B	标志灯具
	Z	照明灯具
	ZB	照明标志复合灯具
	D	应急照明集中电源
	C	应急照明控制器
	PD	应急照明配电箱
	FP	应急照明分配电装置
按工作方式分类	L	持续型
	F	非持续型
按应急供电形式分类	Z	自带电源型
	J	集中电源型
	M	子母型
按应急控制方式分类	D	非集中控制型
	C	集中控制型

表 C.2 产品代码

产品代码	含 义
Ⅳ	消防标志灯中面板尺寸 $D>1\ 000$ mm 的标志灯，属于特大型
Ⅲ	面板尺寸 1 000 mm$\geqslant D>$500 mm 的标志灯，属于大型
Ⅱ	面板尺寸 500 mm$\geqslant D>$350 mm 的标志灯，属于中型
Ⅰ	面板尺寸 350 mm$\geqslant D$ 的标志灯，属于小型
1	标志灯中单面
2	标志灯中双面
L	标志灯的疏散方向向左
R	标志灯的疏散方向向右
LR	标志灯的疏散方向为双向
O	标志灯无疏散方向
Y	光源类型为荧光灯

表 C.2（续）

产品代码	含　义
B	光源类型为白炽灯
P	光源类型为场致发光屏
E	光源类型为发光二极管
W	灯具的额定功率
KVA	应急照明集中电源输出功率

C.2　型号编制方法

型号编制方法如图 C.1 所示。

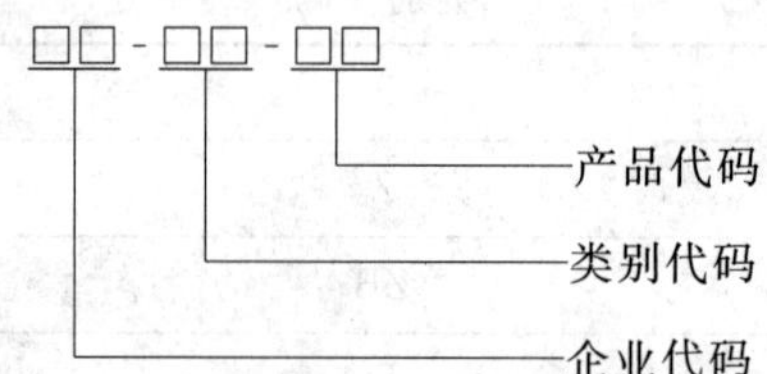

示例：中华应急灯厂生产的自带电源非集中控制持续型标志灯，灯具采用发光二极管为光源，单面小型灯，标志疏散方向向左，额定功率 3 W。该产品的型号可为 ZH-BLZD-1LEⅠ3 W。

图 C.1　消防应急标志灯具的型号编制方法

附　录　D
（规范性附录）
密封镉镍、氢镍可充蓄电池

D.1　范围

本附录规定了用于系统的密封镉镍、氢镍可充单只蓄电池的要求及试验步骤。

D.2　试验样品及试验程序

D.2.1　试验样品

试验前，制造商应提供每种规格的电池九只作为试验样品，并由检测人员随机编号(1#～9#)。

D.2.2　试验程序

试验程序见表D.1。

表 D.1　试验程序

项目编号	试验项目	试样编号	试验组数
D.3.1	外观及结构试验	1#～9#	9
D.3.2	电池的实际容量试验	1#～8#	8
D.3.3	过充电性能试验	1#、2#	2
D.3.4	低温充放电性能试验	3#、4#	2
D.3.5	高温充放电性能试验	3#、4#	2
D.3.6	电池循环寿命试验	5#、6#	2
D.3.7	恢复性能试验	7#、8#	2

D.3　试验

D.3.1　外观及结构试验

D.3.1.1　目的

检查电池外观、内部结构是否满足要求。

D.3.1.2　试验步骤

D.3.1.2.1　用游标卡尺检测电池外形尺寸是否符合电池的标称尺寸。

D.3.1.2.2　检查电池外观及标识。

D.3.1.3　试验结果

D.3.1.3.1　外形尺寸符合标称规定的要求。

D.3.1.3.2　电池外观应规整，无破损、变形、腐蚀等现象。

D.3.1.3.3　电池标识应清晰，标识应包括制造厂名、种类、型号、额定容量、标称电压、制造年和月。

D.3.2　电池的实际容量试验

D.3.2.1　目的

检查电池容量与标称容量是否一致。

D.3.2.2　试验步骤

将编号为1#～8#的八只电池在20 ℃±5 ℃温度条件下，以0.2 C_5A恒流放电至标称电压的80%，然后以0.1 C_5A恒流充电16 h，静置1 h后，以0.2 C_5A的电流恒流放电至标称电压的80%，检查放电时间。若该试验第一次结果出现放电时间小于4 h 45 min,可再连续进行3次循环,循环后放电时间应不小于4 h 45 min。

D.3.2.3 试验结果

D.3.2.3.1 正常环境下电池实际容量不应低于标称容量的95%。

D.3.2.3.2 测试过程中,电池应无爬碱、漏液、严重变形、爆裂等现象。

D.3.3 过充电性能试验

D.3.3.1 目的

检测电池在长期浮充电条件下正常工作的能力。

D.3.3.2 试验步骤

取1[#]、2[#]电池在20 ℃±5 ℃温度条件下,以0.1 C_5 A电流恒流充电28 d,以0.2 C_5 A恒流放电至标称电压的80%,检查放电时间和电池是否有爬碱、漏液、严重变形、爆裂等现象。

D.3.3.3 试验结果

电池放电时间不应小于4 h,且电池无爬碱、漏液、严重变形、爆裂等现象。

D.3.4 低温充放电性能试验

D.3.4.1 目的

检测电池在系统实际使用过程中的低温条件下的充放电性能。

D.3.4.2 试验步骤

取3[#]、4[#]电池在0 ℃±2 ℃条件下搁置8 h,然后在相同条件下以0.1 C_5 A电流恒流充电14 h,以0.2 C_5 A恒流放电至标称电压的80%,检查电池放电时间和是否有爬碱、漏液、严重变形、爆裂等现象。

D.3.4.3 试验结果

电池放电时间不应小于4 h,且电池无爬碱、漏液、严重变形、爆裂等现象。

D.3.5 高温充放电性能试验

D.3.5.1 目的

检查电池在系统实际使用过程中的高温条件下充放电的充放电性能。

D.3.5.2 试验步骤

3[#]、4[#]电池经过低温充放电性能试验后,先将电池恢复到室温,然后以0.2 C_5 A恒流放电至标称电压的80%。再按表D.2进行七个充放电循环,电池应满足放电时间要求。

表 D.2 高温充放电性能试验

项　目	环境温度	充电条件	放电条件	要　求
第一次循环	30 ℃±2 ℃	0.062 5 C_5 A　48 h	0.25 C_5 A放至标称电压的80%	—
第二次循环	30 ℃±2 ℃	0.062 5 C_5 A　24 h	0.25 C_5 A放标称电压的80%	≥3 h
第三次循环	30 ℃±2 ℃	0.062 5 C_5 A　24 h	0.25 C_5 A放至标称电压的80%	≥3 h
第四次循环	40 ℃±2 ℃	0.062 5 C_5 A　24 h	0.25 C_5 A放至标称电压的80%	—
第五次循环	30 ℃±2 ℃	0.062 5 C_5 A　48 h	0.25 C_5 A放至标称电压的80%	—
第六次循环	30 ℃±2 ℃	0.062 5 C_5 A　24 h	0.25 C_5 A放至标称电压的80%	≥3 h
第七次循环	30 ℃±2 ℃	0.062 5 C_5 A　24 h	0.25 C_5 A放至标称电压的80%	≥3 h

D.3.6 电池循环寿命试验

D.3.6.1 目的

检验电池在循环使用过程中的工作次数。

D.3.6.2 试验步骤

取5[#]、6[#]电池按表D.3温度在20 ℃±5 ℃条件下进行循环寿命试验,在进行循环寿命测试之前,电池应以 0.2 C_5 A 放电至标称电压的 80%。充放电应按表 D.3 规定的条件下始终以恒定电流进行。测试过程中应采取预防措施，防止电池壳体温度超过 30 ℃。

表 D.3 电池组循环寿命试验

循环次数	充电	充电态搁置	放电
1	0.1 C_5 A 充电 16 h	无	0.25 C_5 A 放电 2 h 20 min
2～48	0.25 C_5 A 充电 3 h 10 min	无	0.25 C_5 A 放电 2 h 20 min
49	0.25 C_5 A 充电 3 h 10 min	无	0.25 C_5 A 放电至标称电压的 80%
50	0.1 C_5 A 充电 16 h	(1～4)h	0.2 C_5 A 放电至标称电压的 80%
注：如果电压降至标称电压的 80%，放电停止。			

D.3.6.3 试验结果

电池按表 D.3 进行循环充放电试验，经 50 次循环后，放电时间不应小于 3 h。

D.3.7 恢复性能试验

D.3.7.1 目的

检查电池放完电后的充电恢复性能及电池的耐存放性能。

D.3.7.2 试验步骤

将编号为 7# ～8# 电池温度在 20 ℃±5 ℃条件下，按表 D.4 进行试验：

表 D.4 试验步骤

试验步骤	试验方法	试验要求
第一步	以 0.2 C_5 A 恒流放电至标称电压的 80%	
第二步	0.1 C_5 A 恒流充电 16 h，静置 1 h 后，以 0.2 C_5 A 的电流恒流放电至标称电压的 80%	≥4 h 45 min
第三步	以 0.1 C_5 A 的电流恒流放电至 0 V	
第四步	将 0 V 的电池短路 7 d	
第五步	0.1 C_5 A 恒流充电 16 h，静置 1 h 后，以 0.2 C_5 A 的电流恒流放电至标称电压的 80%	≥3 h

D.3.7.3 试验结果

D.3.7.3.1 电池按表 D.4 进行试验后，第五步放电时间应不小于 3 h，若结果第五步出现放电时间小于 3 h，可再连续进行 5 次循环，循环后放电时间应不小于 3 h。

D.3.7.3.2 试验过程中，电池应无爬碱、漏液、严重变形、爆裂等现象。

附 录 E
（规范性附录）
阀控密封式铅酸蓄电池组

E.1 范围

本附录规定了用于系统的小型、中型、大型阀控密封式铅酸蓄电池组(以下简称电池组)的要求及试验步骤。其中小型阀控密封式铅酸蓄电池(以下称小密电池)通常指容量在 24 Ah 以下的铅酸蓄电池，中型阀控密封式铅酸蓄电池(以下称中密电池)通常指容量为 24 Ah 及 24 Ah 以上的铅酸蓄电池，大型阀控密封式铅酸蓄电池(以下称大密电池)通常指电压固定为 2 V 的铅酸蓄电池。

E.2 试验样品及试验程序

E.2.1 试验样品

试验前，制造商应提供每种规格电池六支作为试验样品，并由检测人员随机编号(1# ～6#)。

E.2.2 试验程序

试验程序见表 E.1。

表 E.1 试验程序

试验程序		
项目编号	试验项目	试样编号
E.3.1	电池外观及结构试验	1# ～6#
E.3.2	电压一致性试验	1# ～6#
E.3.3	电池容量试验	1# ～3#
E.3.4	冲击放电试验	3#
E.3.5	循环充放电性能试验	4# ～6#
E.3.6	过放电性能试验	5#
E.3.7	最大放电电流试验	3#、6#
E.3.8	密闭反应效率试验	1#
E.3.9	防爆性能试验	2#
E.3.10	防沫性能试验	3#
E.3.11	耐冲击性能试验	4#

E.3 试验

E.3.1 电池外观及结构试验

E.3.1.1 目的

检查电池外观、内部结构是否满足要求。

E.3.1.2 试验步骤

E.3.1.2.1 用游标卡尺检测电池外形尺寸、端子外形尺寸是否符合制造商提供的标称尺寸。

E.3.1.2.2 用电压表测量电池两极极性是否与极性标志一致。

E.3.1.2.3 检查电池的外观。

E.3.1.3 **试验结果**

E.3.1.3.1 电池外形尺寸、端子外形尺寸应符合制造商提供的标称尺寸。

E.3.1.3.2 电池两极极性应与极性标志一致且正负极端子便于用螺栓连接。

E.3.1.3.3 电池外观应规整，不应有裂纹、变形及爬碱、漏液等现象。

E.3.2 **电压一致性试验**

E.3.2.1 **目的**

检查电池组完全充电后电池电压的一致性。

E.3.2.2 **试验步骤**

将编号为1#～6#的电池串联成电池组，依据制造商规定的充电条件对电池充电48 h，然后开路并保持24 h。测量每节电池的开路电压。

E.3.2.3 **试验结果**

电池开路电压的最大与最小电压差值不应大于表E.2的规定。

表E.2 电池开路电压的最大与最小电压差值　　单位为伏

标称电压	开路电压的最大与最小电压差值
2	0.03
6	0.04
12	0.06

E.3.3 **电池容量试验**

E.3.3.1 **目的**

检查电池在常温条件下和低温条件下的容量与标称容量是否一致。

E.3.3.2 **试验步骤**

E.3.3.2.1 **小密电池**

将编号为1#～3#的电池，依据制造商规定的充电条件对电池充电48 h，将电池在25 ℃±3 ℃的环境下静置12 h，以0.05 C_{20} A恒流放电至电池终止电压为1.75 V/单体，测量放电时间，用放电电流乘以放电时间为电池实际容量。循环上述试验三次。将3#在−10 ℃±3 ℃的环境下静置24 h，以0.05 C_{20} A恒流放电至电池终止电压为1.75 V/单体，测量放电时间，用放电电流乘以放电时间为电池实际容量。

E.3.3.2.2 **中密、大密电池**

将编号为1#～3#的电池，依据制造商规定的充电条件对电池充电48 h。将电池在25 ℃±3 ℃的环境下静置12 h，以0.1 C_{20} A恒流放电至电池终止电压为1.80 V/单体，测量放电时间，用放电电流乘以放电时间为电池实际容量。循环上述试验三次。将3#在−10 ℃±3 ℃的环境下静置24 h，以0.1 C_{20} A恒流放电至电池终止电压为1.80 V/单体，测量放电时间，用放电电流乘以放电时间为电池实际容量。

E.3.3.3 **试验结果**

正常环境下电池实际容量不应低于标称容量的95%，低温条件下电池实际容量不应低于标称容量的70%。

E.3.4 **冲击放电试验**

E.3.4.1 **目的**

检测电池耐冲击放电的性能。

E.3.4.2 **试验步骤**

将3#电池依据制造商规定的充电条件对电池充电48 h，将电池在25 ℃±3 ℃的环境下静置12 h，对大密电池组(12 V,2 V×6 只)以 0.1 C_{20} A 恒流放电 1 h,然后在放电电流上叠加 0.8 C_{20} A 冲击放电 0.5 s;对中密、小密电池以 0.2 C_{20} A 恒流放电 1 h,然后在放电电流上叠加 2.2 C_{20} A 冲击放电0.5 s。

E.3.4.3 试验结果

大密电池组冲击放电时端电压不应低于 11.65 V,中密、小密电池冲击放电时端电压不应低于 1.94 V/单体。

E.3.5 循环充放电性能试验

E.3.5.1 目的

检测电池在循环充放电条件下的容量保存性能。

E.3.5.2 试验步骤

取 4# ~6# 电池串联为电池组,依据制造商规定的充电条件对电池充电 48 h,在大气环境下静置 12 h,以 0.5 C_{20} A 恒流放电至电池终止电压 1.8 V,测量放电时间,计算电池容量并用 C_1 表示。以 0.1 C_{20} A 恒流充电 48 h, 在大气环境下静置 12 h,以 0.5 C_{20} A 恒流放电至电池终止电压 1.8 V 测量放电时间,计算电池容量并用 C_2 表示,依次类推循环 10 次。

E.3.5.3 试验结果

其中 C_1~C_{10} 中的最小值不应低于标称容量的 90%。

E.3.6 过放电性能试验

E.3.6.1 目的

检查电池在过放电条件下容量的变化范围。

E.3.6.2 试验步骤

将 5# 电池依据制造商规定的充电条件对电池充电 48 h,以 0.5 C_{20} A 恒流放电至电池终止电压为 1.8 V,测量放电时间,计算电池容量并用 Ca 表示。继续以 0.02 C_{20} A 恒流放电至电池终止电压为 1 V。将电池正负级用 1 Ω、200 W 的电阻连接并保持 24 h,然后以开路状态保持 7 d。再以 0.1 C_{20} A 恒流充电 48 h,以 0.5 C_{20} A 恒流放电至电池终止电压为 1.8 V,测量放电时间,计算电池容量并用 Cr 表示。

E.3.6.3 试验结果

容量保存性能 Cr 与 Ca 的比值不应小于 0.9。

E.3.7 最大放电电流试验

E.3.7.1 目的

检验电池承受大电流放电的性能。

E.3.7.2 试验步骤

将编号为 3#、6# 电池依据制造商规定的充电条件对电池充电 48 h。将 3# 电池在 25 ℃±3 ℃的环境下静置 12 h,将 6# 电池在−10 ℃±3 ℃的环境下静置 12 h。分别以 5 C_{20} A 的恒流持续放电 30 s。检查电池及极柱外观,测量电池电压。

E.3.7.3 试验结果

E.3.7.3.1 电池外观应无显著变形,极柱无熔断痕迹。

E.3.7.3.2 常温条件下的电池放电后电压不应小于 1.83 V,低温条件下的电池放电后电压不应小于 1.67 V。

E.3.8 密闭反应效率试验

E.3.8.1 目的

检验电池的密闭反应效率。

E.3.8.2 试验步骤

E.3.8.2.1 将 1# 电池依据制造商规定的充电条件对电池充电 48 h。然后以 0.01 C_{20} A 的恒流充电

96 h，安装排放气体收集装置，以 0.005 C_{20} A 的恒流充电 24 h，然后保持电池充电并收集 1h 的排放气体。

E.3.8.2.2 按式(E.1)计算气体排放量：

$$V=(p/p_0)\times[298/(t+273)]\times(v/Q) \qquad \text{(E.1)}$$

式中：

V——气体排放量，单位为毫升每安培小时[mL/(A·h)]；

p——当前的大气压，单位为千帕(kPa)；

p_0——标准大气压，单位为千帕(kPa)；

t——当前温度，单位为摄氏度(℃)；

v——收集的气体量，单位为毫升(mL)；

Q——收集气体期间的充电量，单位为安培小时(A·h)。

E.3.8.2.3 按照式(E.2)计算密闭效率。

$$\eta=(1-V/684)\times100\% \qquad \text{(E.2)}$$

式中：

η——密闭效率；

V——气体排放量，单位为毫升每安培小时[mL/(A·h)]。

E.3.8.3 试验结果

密闭反应效率 η 值不应小于 95%。

E.3.9 防爆性能试验

E.3.9.1 目的

检验电池的防爆性能。

E.3.9.2 试验步骤

将编号为 2# 电池依据制造商规定的充电条件对电池充电 48 h。在以 0.05 C_{20} A 的恒流充电 1 h，保持充电状态。在电池排气孔上方 2 mm 处放置一个 1 A 的保险丝，用 24 V 直流电源熔断保险丝，重复二次。期间观察电池外观是否有破裂，端子是否有酸化痕迹。

E.3.9.3 试验结果

电池不应产生破裂现象，端子无酸化痕迹。

E.3.10 防沫性能试验

E.3.10.1 目的

检验电池的防沫性能。

E.3.10.2 试验步骤

将编号为 3# 电池依据制造商规定的充电条件对电池充电 48 h。在以 0.05 C_{20} A 的恒流充电 4 h，保持充电状态。在电池排气孔上方放置一个浸湿的 pH 试纸，观察试纸变化情况。

E.3.10.3 试验结果

试纸不应产生酸化反应。

E.3.11 耐冲击性能试验

E.3.11.1 目的

检验电池的耐冲击性能。

E.3.11.2 试验步骤

将编号为 4# 电池依据制造商规定的充电条件对电池充电 48 h，测量电池开路电压和内阻。使电池在 20 cm 的高度自由下落三次，观察电池外观变化并测量电池开路电压和内阻。

E.3.11.3 试验结果

电池不应产生漏液现象,电池极柱不应有断裂现象;试样开路电压和内阻的变化值不应大于10%。

附 录 F
（规范性附录）
研磨轮示意图

图F.1为研磨轮示意图，内圈由纸质或布质层压板制成；厚度为12.7 mm±0.2 mm，直径为38.1 mm±0.2 mm，中心为一直径为16.0 mm+0.4 mm的孔，外面包一层肖氏硬度50～55的橡胶层，宽度为12.7 mm±0.2 mm，厚度为6.3 mm，用氯丁橡胶胶粘剂粘于研磨轮内圈上，最外层是宽度为12.7 mm±0.2 mm的AP180/3砂布，用聚醋酸乙烯脂乳液或5%～10%的聚乙烯醇溶液粘于橡胶轮上。制好的研磨轮的最后外径应为51.4 mm±0.6 mm。轮的质量为27 g±2 g。胶接时应防止胶液污染砂粒，砂布接头处应既不重叠又不离缝。每只研磨轮只能使用一次，试件调换时应更换新的砂布。当研磨轮的外包橡胶层硬度超过规定范围时，应予调换。

单位为毫米

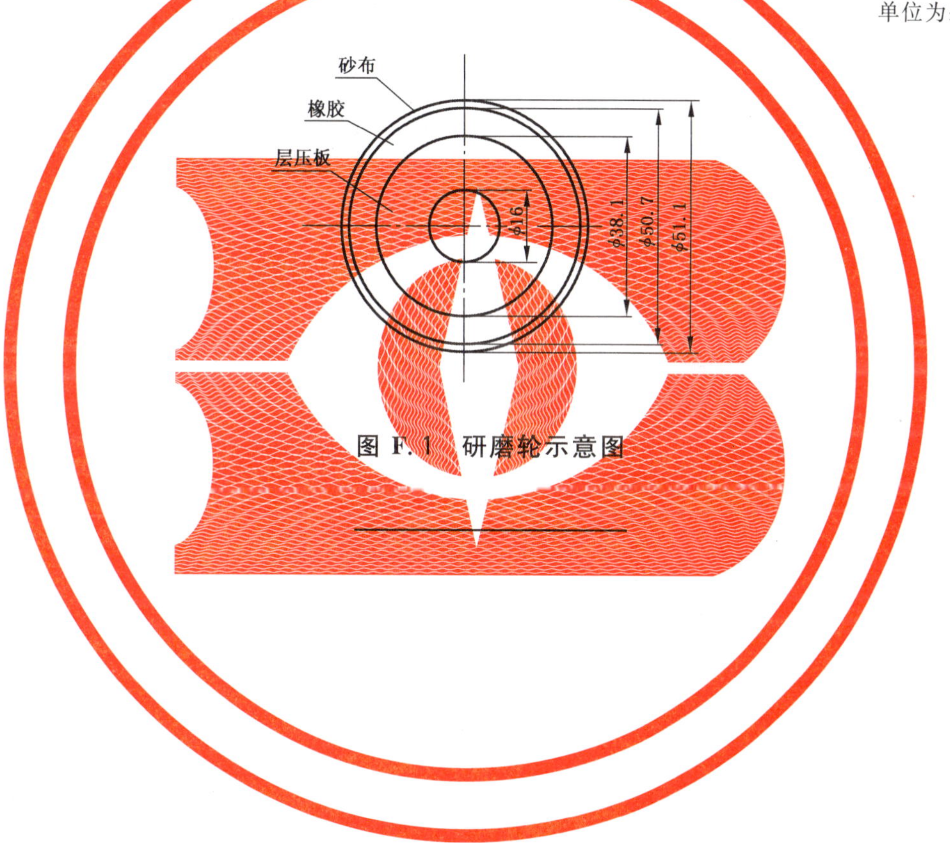

图F.1 研磨轮示意图

ICS 35.240.20
L 67

中华人民共和国国家标准

GB/T 17961—2010
代替 GB/T 17961—2000

印刷体汉字识别系统要求与测试方法

Requirements and test methods for printed Chinese character recognition system

2011-01-14 发布 2011-05-01 实施

中华人民共和国国家质量监督检验检疫总局
中国国家标准化管理委员会 发布

前　言

本标准代替 GB/T 17961—2000《印刷体汉字识别系统要求与测试方法》。

本标准与 GB/T 17961—2000 的主要差别如下：

——增加了识别字符集、字体范围及输出文档格式等功能要求；

——提高了识别正确率和识别速度的要求；

——细化了测试方法；

——增加了资料性附录 B 和资料性附录 C。

本标准的附录 A 是规范性附录，附录 B 和附录 C 是资料性附录。

本标准由全国信息技术标准化技术委员会提出并归口。

本标准主要起草单位：汉王科技股份有限公司、中国电子技术标准化研究所。

本标准主要起草人：刘迎建、王欣、刘昌平、刘正珍、陈静、江世盛、李鑫梅。

本标准所代替标准的历次版本发布情况为：

——GB/T 17961—2000。

印刷体汉字识别系统要求与测试方法

1 范围

本标准规定了印刷体汉字识别系统的功能、技术要求、测试方法等。

本标准适用于运行在微型计算机的印刷体汉字识别系统。

2 规范性引用文件

下列文件中的条款通过本标准的引用而成为本标准的条款。凡是注日期的引用文件，其随后所有的修改单(不包括勘误的内容)或修订版均不适用于本标准，然而，鼓励根据本标准达成协议的各方研究是否可使用这些文件的最新版本。凡是不注日期的引用文件，其最新版本适用于本标准。

GB 2312—1980 信息交换用汉字编码字符集 基本集

GB 18030—2005 信息技术 中文编码字符集

3 术语和定义

下列术语和定义适用于本标准。

3.1

印刷体汉字识别系统 printed Chinese character recognition system

运行于微型计算机中，可以将通过光学输入设备转换而成的具有汉字符号的印刷品的图像数据，转化为计算机系统中相应字符的软件系统。

3.2

二值图像 binary image

用黑白两个灰度级表示的图像。

3.3

灰度图像 gray scale image

用从黑色到白色之间亮度值表示的图像。

3.4

彩色图像 color image

表示色彩信息的图像。本标准指用红、绿、蓝三个基色分量表示的图像。

3.5

光学输入设备 optical input device

利用光电工作原理，把纸介质上的影像信息转换成像素数据输入到计算机中的设备。

4 缩略语

BMP	位图图片	(Bitmap)
HTML	超文本置标语言	(Hyper Text Makeup Language)
JPEG	联合图像专家组格式	(Joint Picture Experts Group)
PDF	便携式文档格式	(Portable Document Format)
RTF	富文档格式	(Rich Text Format)
TIFF	已标记图像文件格式	(Tagged Image File Format)

TXT	文本格式	(Text)
UOF	中文办公软件文档格式	(Uniform Office-document Format)

5 要求

5.1 系统功能要求

5.1.1 图像输入

应支持普通纸媒体文本经过光学输入设备采集得到的二值图像、灰度图像和彩色图像的识别。支持打开 BMP、TIFF、JPEG 和 PDF 格式图像文件的输入方式，并可由光学输入设备直接输入图像。

5.1.2 版面分析

应将版面自动分成块，并正确表明每个块的属性，对文字块还需表明块之间连接关系的逻辑序号。块的属性宜有横排文本、竖排文本、表格和图像 4 种。应可以人工调整修正版面块、逻辑序号及其属性。

5.1.3 表格识别

应能正确识别表格线，并可将表格和文字建立对应关系。

5.1.4 文本识别

应能将图像中所包括的印刷符号转换成可编辑的编码文本，并且提供若干识别候选字符。

5.1.5 结果输出

应能输出 UOF、TXT、RTF、PDF 和 HTML 格式。输出为 UOF、RTF、PDF 和 HTML 时，能保留文档的版式信息，包括分栏、段落、字号、字体和表格结构信息。

5.1.6 校对界面

应支持编码文本和图像对应的校对方式。文本显示时，对于可信度较低的字符，应以差异颜色显示。应能显示当前校对字符的候选字，以便于修改。

5.2 性能要求

5.2.1 字符集

应至少支持 GB 18030—2005 字符集中强制性部分的汉字及附录 A 中的常用非汉字符号的识别。

5.2.2 字体

应至少支持宋体、仿宋体、楷体和黑体等常用字体。

5.2.3 识别正确率

正式出版物及打印质量与其相当的打印文件，GB 18030—2005 双字节 2 区(GB 2312)中的汉字识别率应不小于 98%；其他字符识别率应不小于 90%。

5.2.4 识别速度

在识别系统推荐的应用环境下，识别速度应大于 150 字/s。

6 测试方法

6.1 样本库的建立

6.1.1 测试样本库

测试样本库包含打印样本和实际样本。

6.1.2 打印样本

打印样本是由打印样张扫描而成：选用包含 5.2.1 所述字符集所有字符，分别采用 5.2.2 中列出的字体，版面排列参考附录 C，每页不少于 1 000 个字符，利用激光打印机输出打印样张；通过扫描仪以 300 dpi 的分辨率以 256 级灰度扫描上述样张，储存为 JPEG 格式文件，即形成打印样本。

6.1.3 实际样本

实际样本是由实际样张扫描而成：选用当年正式出版的书籍、报纸和杂志作为实际样张，文字部分为白底黑字，应尽量包含 GB 18030—2005 字符集中强制性部分的汉字及附录 A 中的常用非汉字符号。

文本格式应至少包含横排文本、竖排文本、表格和图像，且应至少包含 5.2.2 中列出的所有字体。字符总数在 10 万以上，每页不少于 1 000 个字符；通过扫描仪以 300 dpi 的分辨率随机扫描成二值图像、256 级灰度图像和 24 位彩色图像，数量各占总数的 1/3，保存的文件格式应至少包含 BMP、TIFF、JPEG 和 PDF，即形成实际样本。

6.2 图像输入测试

选用纸媒体文本，经光学输入设备采集得到二值图像、256 级灰度图像和 24 位彩色图像，并分别储存为 BMP、TIFF 和 PDF 格式文件，灰度图像和彩色图像还需保存为 JPEG 格式文件。使用被测系统依次打开上述图像文件，判定是否符合 5.1.1 的要求。

被测系统至少可以连接一种光学输入设备，如图像扫描仪，并可直接从该设备获取图像，判定是否符合 5.1.1 的要求。

6.3 版面分析测试

选用版面至少包含 4 个分块的测试样本，块中分别为竖排文本、横排文本、表格和图像。使用被测系统对上述测试样张进行版面分析，判定是否符合 5.1.2 的要求。

对分析得到的版面，验证人工修正功能的有效性。

6.4 表格识别测试

使用被测系统读入附录 B 所示表格图像，判定是否符合 5.1.3 的要求。

6.5 文本识别、字符集和字体测试

使用被测系统对上述样本库中的打印样本逐个识别，判定是否符合 5.1.4、5.2.1 和 5.2.2 的要求。

6.6 结果输出测试

使用被测系统对附录 B 所示测试样张进行识别，依次输出为 UOF、TXT、RTF、PDF 和 HTML 格式，判定是否符合 5.1.5 要求。

6.7 校对界面测试

使用被测系统对附录 B 所示测试样张进行识别后，转到校对界面，判定是否符合 5.1.6 的要求。

6.8 识别正确率测试

测试样本为样本库中的所有打印样本和随机抽取的 50 个实际样本。自动版面分析有误时，可人工修正。

识别正确率测试结果按式(1)计算：

$$\text{识别正确率} = (C/N) \times 100\% \qquad \cdots\cdots (1)$$

式中：

C——测试样本中被正确识别的印刷符号数；

N——测试样本中印刷符号总数。

6.9 识别速度测试

测试样本从样本库中随机抽取，字符总数应不少于 10 万个。

识别速度测试结果按式(2)计算：

$$\text{识别速度} = N/T \qquad \cdots\cdots (2)$$

式中：

N——测试样张中印刷符号总数；

T——识别系统从开始读取测试数据至识别结果记录到媒体上所用的时间，可用秒表记录。

附　录　A
（规范性附录）
印刷体汉字识别系统应识别的非汉字符号

A.1　数字

0 1 2 3 4 5 6 7 8 9

A.2　大写英文字符

A B C D E F G H I J K L M N O P Q R S T U V W X Y Z

A.3　小写英文字符

a b c d e f g h i j k l m n o p q r s t u v w x y z

A.4　西文标点符号

! " # $ % & ' ( ) * + , - . / : ; < = > ? @ [\ ] ^ _ ` { | } ~ € £ ¢

A.5　中文标点符号

！？，。、：；“”‘’ ——……～ （）〔〕｛｝〈〉《》￥

附 录 B
（资料性附录）
参 考 样 本

序号	课程名称	任课教师	序号	课程名称	任课教师
1	数学	张平	5	历史	张英
2	语文	李英华	6	生物	程莉莉
3	英语	黄新	7	化学	张立骏
4	政治	刘淇	8	物理	王欣

滑雪场简介

滑雪度假村位于首都近郊东北方向的密云县，距县城正南方约3公里，距北京市望和桥62公里。2006年9月京承高速密云段已正式通车，是北京近郊唯一30分钟可到达的滑雪场。该滑雪场占地面积4000余亩，是北京及华北地区唯一集滑雪、滑道、滑翔等动感旅游项目为一体的冬季度假村。度假村地处密云县，雪质优良，景色壮美，气候宜人。项目特点为：休闲滑雪为主，戏雪赏雪为辅，动静结合、老少皆宜。

滑雪场简介

散落在度假区内山上山下的餐饮点丰富多彩，雪道旁的苔露丝餐吧主要为外国客人供应意式披萨、炸鱼排等西餐主食和啤酒；大食堂、大花堂东北菜馆、露天小吃广场主要供应东方人口味的饭菜主食和雪地烧烤小吃；薰衣草茶寮主要为山顶客人供应薰衣草茶、咖啡等热饮。滑雪度假村由国际国内旅游滑雪界富有丰富经验的专业人士经营管理，在国内率先采用了国际标准的雪道色彩分级代码和提示标牌，为滑雪爱好者提供安全、舒适的服务。

A man is not old as long as he is seeking something. A man is not old until regrets take the place of dreams. (J. Barrymore) 只要一个人还有追求，他就没有老。直到后悔取代了梦想，一个人才算老。（巴里摩尔）

附　录　C
（资料性附录）
参考字体

宋体：单板滑雪运动在欧美国家和日本、韩国等亚洲国家普及率很高，从八十年代至今连续多年在冬季运动中排名首位。

仿宋体：单板滑雪运动在欧美国家和日本、韩国等亚洲国家普及率很高，从八十年代至今连续多年在冬季运动中排名首位。

楷体：单板滑雪运动在欧美国家和日本、韩国等亚洲国家普及率很高，从八十年代至今连续多年在冬季运动中排名首位。

黑体：单板滑雪运动在欧美国家和日本、韩国等亚洲国家普及率很高，从八十年代至今连续多年在冬季运动中排名首位。

ICS 35.100.01
L 79

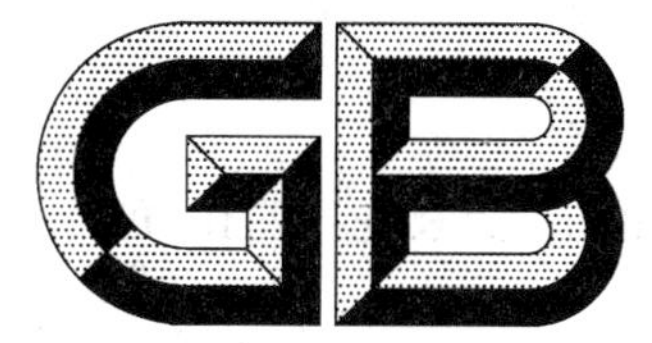

中华人民共和国国家标准

GB/T 17969.8—2010/ISO/IEC 9834-8:2005

信息技术　开放系统互连 OSI 登记机构操作规程 第 8 部分:通用唯一标识符(UUID) 的生成和登记及其用作 ASN.1 客体标识符部件

Information technology—Open systems interconnection—Procedures for the operation of OSI registrartion authorities—Part 8:Generation and registration of Universally Unique Identifiers (UUIDs) and their use as ASN.1 object identifier components

(ISO/IEC 9834-8:2005,IDT)

2011-01-14 发布　　2011-05-01 实施

中华人民共和国国家质量监督检验检疫总局
中国国家标准化管理委员会　发布

前　言

GB/T 17969 在《信息技术　开放系统互连　OSI 登记机构操作规程》总标题下，分为以下几个部分：

——第 1 部分：一般规程；

——第 3 部分：ISO 和 ITU-T 联合管理的顶级弧下的客体标识符弧的登记；

——第 5 部分：VT 控制客体定义的登记表；

——第 6 部分：应用进程和应用实体；

——第 8 部分：通用唯一标识符(UUID)的生成和登记及其用作 ASN.1 客体标识符部件。

本部分是 GB/T 17969 的第 8 部分。

本部分等同采用国际标准 ISO/IEC 9834-8:2005《信息技术　开放系统互连 OSI 登记机构操作规程　第 8 部分：通用唯一标识符(UUID)的生成和登记及其用作 ASN.1 客体标识符部件》。与 ISO/IEC 9834-8 的等同文本为 ITU-T 建议 X.667。

本部分的附录 A、附录 B、附录 C 和附录 D 为资料性附录。

本部分由全国信息技术标准化技术委员会提出并归口。

本部分起草单位：中国电子技术标准化研究所，北京易华世纪科技发展中心。

本部分主要起草人：徐冬梅、王茜、董挺。

引　言

GB/T 17969 的本部分规定了通用唯一标识符(UUID)的生成和可选登记。

UUID 是一个 16 个八位位组(128 比特)的位组串。16 个八位位组能被解释为一个无符号整数编码,并且所涉及到的整数值能被用作在弧{joint-iso-itu-t uuid(25)}下的 OID 树的弧。这使用户能生成 OID,而无需任何登记规程。

UUID 也被称作全球唯一标识符(GUID),但是该术语在本部分中,不予使用。UUID 最初被用于网络计算系统(NCS)[1],后来被用于开放软件基金会的分布式计算环境(DCE)[2]。ISO/IEC 11578[3]包含了在本部分中规定的某些(但并非全部)UUID 格式的简短定义,在本部分中的规范与所有这些早期规范相一致。

形成 OID 部件的 UUID 都是用 ASN.1 值记法被表示为其整数值的十进制,但是对于所有其他显示目的来说,更常见的是以十六进制数来表示它们,以一个连字符分隔 16 个八位位组 UUID 范围内的不同字段。该表示在本部分中予以定义。

如果按照在本部分中定义的机制之一来生成,或者保证 UUID 不同于公元 3603 年前生成的所有其他 UUID,或者保证 UUID 可能极为不同(取决于所选择的机制)。

不要求集中式机构来管理 UUID,但是要求自我生成的 UUID 的集中登记,并且提供了对 UUID 的自动生成(使用在本部分中定义的算法)和登记。集中生成的 UUID 被保证不同于集中生成的所有其他 UUID。已登记的 UUID 被保证不同于所有其他登记的 UUID。

UUID 能用于多用途,从触发具有极短生命周期的客体,到可靠地标识出跨越网络的每个持久客体,特别是(但不必是)作为 ASN.1 客体标识符(OID)值的或统一资源名称(URN)的一部分。

在本部分中规定的 UUID 生成算法支持很高的分配速率:每机器每秒 10 兆(如果有必要),所以,UUID 也能用作事务 ID。一个资料性附录提供了用 C 语言表示的程序,它将按照本部分来生成 UUID。

为了生成唯一 UUID 规定了三种算法,以使用不同机制来确保唯一性。它们产生了不同版的 UUID。

第 1 个(和最普通)机制产生了所谓的基于时间的版本。这些 UUID 在单台机器中能够以每秒 10 兆的速率来生成。对于在单个计算机系统内生成的 UUID,带有 100 ns 的粒度的,基于协调世界时(UTC)的 60 比特时戳(用作时钟值)被用来保证在约 1600 年周期内的唯一性。对于以同一时戳通过不同系统生成的 UUID,唯一性是通过使用在 GB/T 15629.3 中规定的 48 比特媒体访问控制(MAC)地址来获得的(这是被用作结点值)。(这些地址在大多数已联网的系统上通常早已用到,否则从 IEEE 的 MAC 地址登记机构可获得——见[4]。如果在某一系统上不能用到 UTC 时间,或如果没有 MAC 地址可用,则对于基于时间的版本,规定了生成时钟和结点值的可替换方法。

第 2 个机制产生了基于名称的版本的单个 UUID,其中,密码散列技术被用于根据全球无二义文档(文本)名称来产生 128 比特 UUID 值。

第 3 个机制使用伪随机或真随机数生成来产生在 128 比特值中的大多比特。

第 5 章规定了用于八位位组次序和比特次序命名的和用于规范传输次序的记法。

第 6 章规定 UUID 的结构以及用二进制、十六进制或作为单个整数值对它的表示。

第 7 章和第 8 章规定了分别在 OID 或 URN 中使用 UUID。

第 9 章规定了比较 UUID 的规则,以测试相等性或提供在两个 UUID 之间的排序关系。

第 10 章讨论了检验 UUID 有效性的可能性。一般来说,UUID 具有小的冗余度,并且有检验其有效性的小范围。然而,如果接受了登记的 UUID,则该 UUID 被保证不同于所有其他登记的 UUID。

第 11 章描述了在 UUID 中历史上使用的某些比特,以定义 UUID 格式的不同变体,以及规定了按照本部分定义的 UUID 的这些比特的值。

第 12 章规定了在不同版本中使用的 UUID 的字段,而这些不同版本是定义的(基于时间的、基于名称的和基于随机数的版本)。它还定义了传输字节次序。

第 13 章规定了设置基于时间的 UUID 的字段。

第 14 章规定了设置基于名称的 UUID 的字段。

第 15 章规定了设置基于随机数的 UUID 的字段。

第 16 章涉及到 UUID 的登记机构的操作,以使它们能集中登记和提供唯一性保证。

所有附录都是资料性附录。

附录 A 描述了有效生成基于时间的 UUID 用的各种算法。

附录 B 讨论了基于名称的 UUID 宜具有的特性,这些特性对选择供生成这样的 UUID 时用的名称空间有影响。

附录 C 提供了关于在计算机系统中能用来生成随机数的机制的指南。

附录 D 包含了以 C 程序设计语言表示的完整程序,它能用来生成 UUID。

信息技术　开放系统互连
OSI登记机构操作规程
第8部分:通用唯一标识符(UUID)
的生成和登记及其用作ASN.1
客体标识符部件

1　范围

GB/T 17969的本部分规定了使用户能产生128比特标识符的格式和生成规则,而这些128比特标识符或被保证是全球唯一的或被保证是高概率的、全球唯一的。

遵守本部分以每100 ns生成一个新的UUID的速率来生成的UUID既适用于暂时使用,也可作为永久标识符。

本部分是起源于UUID及其生成的早期非标准规范,并且在技术上等同于这些早期规范。

本部分规定了用于UUID的基于Web的登记机构操作规程。

本部分还规定和允许使用UUID(登记的或不登记的)作为在弧{joint-iso-itu-t uuid(25)}之下的OID部件。这使用户能生成OID,而无需任何登记规程。

本部分还规定和允许使用UUID(登记的或不登记的)来形成URN。

2　规范性引用文件

下列文件中的条款通过GB/T 17969本部分的引用而成为本部分的条款。凡是注日期的引用文件,其随后所有的修改单(不包括勘误的内容)或修订版均不适用于本部分,然而,鼓励根据本部分达成协议的各方研究是否可使用这些文件的最新版本。凡是不注日期的引用文件,其最新版本适用于本部分。

GB/T 17969.1　信息技术　开放系统互连　OSI登记机构的操作规程　第1部分:一般规程(GB/T 17969.1—2000,eqv ISO/IEC 9834-1:1993)

GB/T 16262.1—2006　信息技术　抽象语法记法一(ASN.1)　第1部分:基本记法规范(ISO/IEC 8824-1:2002,IDT)

GB/T 15629.3　信息技术系统　局域网　第3部分:带碰撞检测的载波侦听多址访问(CSMA/CD)的访问方法和物理层规范(GB/T 15629.3—1995,idt ISO/IEC 8802-3:1990)

GB/T 13000—2010　信息技术　通用多八位编码字符集(UCS)(ISO/IEC 10646:2003,IDT)

GB/T 18238.3　信息技术　安全技术　散列函数　第3部分:专用散列函数(GB/T 18238.3—2002,idt ISO/IEC 10118-3:1998)

FIPS PUB 180-2:2002　联邦信息处理标准,安全散列标准(SHS)

IETF RFC 1321(1992)　MD5消息摘要算法

IETF RFC 2141(1997)　URN语法

3　术语和定义

下列术语和定义适用于本部分。

3.1　ASN.1记法

本部分使用了在GB/T 16262.1—2006中定义的下列术语:

a） 协调的世界时间(UTC) Coordinated Universal Time (UTC)；

b） (ASN.1)客体标识符 (ASN.1) object identifier。

3.2 登记机构

本部分使用了 GB/T 17969.1 中定义的下列术语：

a） 客体标识符树(或 OID 树) object identifier tree(or OID tree)；

b） 登记 registration；

c） 登记机构 registration authority；

d） 登记规程 registration procedures。

3.3 网络术语

本部分使用了在 GB/T 15629.3 中定义的下列术语：

MAC 地址 MAC address。

3.4 附加定义

3.4.1

密码质量级随机数 cryptographic-quality random-number

由某一机制生成的随机数或伪随机数，它确保有效分散的重复生成的值被接受供密码工作使用(以及在这样的工作中使用)。

3.4.2

基于名称的版本 name-based version

使用密码散列的名称空间的名称和在该名称空间中的名称来生成的 UUID。

3.4.3

名称空间 name space

生成客体名称的系统，该系统确保在名称空间内无二义性标识。

注：名称空间的若干举例是网络域名系统、URN、OID、目录可辨别名(见[5])和在程序设计语言中的保留字。

3.4.4

基于随机数的版本 random-number-based version

使用随机数或伪随机数来生成的 UUID。

3.4.5

标准 UUID 变体 standard UUID variant

通过本部分规定的可能 UUID 格式的变体。

注：在历史上，已经存在不同于本部分所规定的变体的 UUIDS 格式的其他规范。

3.4.6

基于时间的版本 time-based version

通过对标识某一系统的 MAC 地址和对基于前 UTC 时间的时钟值的使用所获得的唯一性 UUID。

3.4.7

通用唯一标识符(UUID) Universaly Unique Identifer (UUID)

按照本部分或按照某些历史规范所生成的 128 比特值，并且提供了系统之间的和将来的唯一值(也见 3.4.5)。

4 缩略语

ASN.1 抽象语法记法 1 (Abstract Syntax Notation One)

GUID 全球唯一标识符 (Globally Uniqne Identifier)

IEEE 电气和电子工程师学会 (Institute of Electrical and Electronics Engineers, Inc.)

MAC 媒体访问控制 (Media Accass Contral)

MD5　消息摘要算法5　(Message Digest algorithm 5)
OID　ASN.1客体标识符　(ASN.1 Object Identifier)
RA　登记机构　(Registration Authority)
SHA-1　安全散列算法1　(Secure Hash Algorithm1)
URL　统一资源定位符　(Uniform Resource Locator)
URN　统一资源名称　(Uniform Resource Name)
UTC　协调的世界时间　(Coordinated Universal Time)
UUID　通用唯一标识符　(Universally Unique Identifier)

5　记法

5.1　本部分规定了使用第一个或最后一个的术语UUID的八位位组序列。第一个八位位组也称作“八位位组15”，最后一个八位位组称作“八位位组0”。

5.2　UUID内的比特还被编号为“比特127”到“比特0”，其比特127作为八位位组15的最高有效比特，比特0作为八位位组0的最低有效比特。

5.3　本部分中使用图和表时，最高有效八位位组(和最高有效比特)被显示在页面的左边。这与八位位组的传输次序相对应，其中，最左边的八位位组首先发送。

5.4　本部分中所使用的许多值被表达为某一给定长度(设为N)的无符号整数值。N比特无符整数值的比特被编号为“比特(N－1)”到“比特0”，其比特(N－1)作为最高有效比特，比特0作为最低有效比特。

5.5　这些记法仅用于本部分。在计算机存储器中的表示是不标准化的，并且依赖于系统体系结构。

6　UUID结构和表示

6.1　UUID字段结构

6.1.1　UUID被规定为6个字段的有序序列。UUID依据这些UUID字段的拼接来规定。UUID字段被命名为：

a)　“TimeLow”字段；
b)　“TimeMid”字段；
c)　“VersionAndTimeHigh”字段；
d)　“VariontAndClockSegHigh”字段；
e)　“ClockSeqLow”字段；
f)　“Node”字段。

6.1.2　定义的UUID各字段具有上述列出的有效次序，“TimeLow”作为最高有效字段(“TimeLow”比特31是UUID的比特127)，“Node”作为最低有效字段(“Node”的比特0是UUID的比特0)。

6.1.3　这些UUID字段的内容依据版本、变体、时间、时钟序列和特定无符号整数值来规定(每个都具有固定的比特长度)。这些值的设置在第12章中规定，它们与上述UUID字段的映射在12.1中规定。

注：作为某些UUID字段的名称(例如，TimeLow，TimeMid和TimeHigh)的一部分，意味着从特定无符号整数值(例如，从时间值的比特59～0)中产生的UUID中的连续比特次序和在该无符号整数值中的连续比特值是不相同的。这是由于历史原因造成的。

6.2　二进制表示

6.2.1　UUID应按二进制表示为16个八位位组，它们是将每个字段通过无符号整数固定长度编码成一个或多个八位位组，并将其拼接而成的。要用于每个字段的八位位组数应是：

a)　“TimeLow”字段:4个八位位组；
b)　“TimeMid”字段:2个八位位组；

c) “VersionAndTime High”字段:2 个八位位组;

d) “VariontAndClockSegHigh”字段:1 个八位位组;

e) “ClockSeqLow”字段:1 个八位位组;

f) “Node”字段:6 个八位位组。

注:UUID 字段的次序在计算机系统中是一种常用表示,并且以十六进制文本表示(见 6.4)。

6.2.2 每个 UUID 字段的无符号整数编码中的最高有效比特应是它的第一个八位位组(八位位组 N,即最高有效八位位组)的最高有效比特,无符号整数编码中的最低有效比特应是它的最后一个八位位组(八位位组 0,即最低有效八位位组)的最低有效比特。

6.2.3 UUID 各字段应按用最高有效字段后用最低有效字段的顺序拼接而成(见 6.1.2)。

6.3 单个整数值的表示

UUID 可以表示为单个整数值。为了获得 UUID 的单个整数值,应把其二进制表示的 16 个八位位组处理为无符号整数编码,亦即,把该整数编码的最高有效比特作为其 16 个八位位组的第 1 个八位位组(八位位组 15)的最高有效比特(比特 7),把该整数编的最低有效比特作为其 16 个八位位组的最后一个八位位组(八位位组 0)的最低有效比特(比特 0)。

注:当 UUID 形成了第 7 章规定的 OID 的一部分时,才使用单个整数值。

6.4 十六进制表示

对于十六进制格式来说,二进制格式的八位位组应通过十六进制数字串表示,使用两个十六进制数字表示二进制格式的每个八位位组,第 1 个是八位位组 15 的 4 个高阶比特的值,第 2 个是八位位组 15 的 4 个低阶比特的值,依次类推,最后一个是八位位组 0 的最低阶比特的值(见 6.5)。一个 HYPHEN-MINUS(45)字符(见 GB/T 13000—2010)应被插入在十六进制表示的每对相邻字段之间,但在“VariantAndClockSeqHigh”字段和“ClockSeqLow”字段之间除外(见第 8 章中的举例)。

6.5 十六进制表示的形式语法

6.5.1 UUID 十六进制表示语法的形式定义是使用 GB/T 16262.1—2006 第 5 章中定义的扩充 BNF 来规定的,但在词项之间应没有空格除外。

6.5.2 在 BNF 中使用了“hexdigit”词项,并且定义如下:

词项的名称——hexdigit

“hexdigit”应由下列符号之一组成:

A B C D E F a b c d e f 0 1 2 3 4 5 6 7 8 9

6.5.3 UUID 的十六进制表示应是产生式“UUID”:

```
UUID ::=
    TimeLow
    "-" TimeMid
    "-" VersionAndTimeHigh
    "-" VariantAndClockSeqHigh ClockSeqLow
    "-" Node

TimeLow ::=
    HexOctet HexOctet HexOctet HexOctet

TimeMid ::=
    HexOctet HexOctet

VersionAndTimeHigh ::=
```

```
    HexOctet HexOctet

VariantAndClockSeqHigh ::=
    HexOctet

ClockSeqLow ::=
    HexOctet

Node ::=
    HexOctet HexOctet HexOctet HexOctet HexOctet HexOctet

HexOctet ::=
    hexdigit hexdigit
```

6.5.4 生成UUID十六进制表示的软件宜不使用大写字母。

注：建议在人类可阅读的十六进制表示中应该用小写字母。然而，要求处理该表示法的软件能够接受在6.5.2中规定的大写字母和小写字母两者。

7 使用UUID来形成OID

使用UUID所形成的OID应是：

{joint-iso-itu-t uuid(25)〈uuid-single-integer-value〉}

其中，〈uuid-single-integer-value〉是在6.3中规定的UUID的单个整数值。

注：第16章提供了关于使用UUID来形成OID的进一步细节，16.1.3提供了关于按这种方法所生成的OID唯一性的重要指南。

8 使用UUID来形成URN

使用UUID所形成的URN(见IETF RFC 2141)应是urn:unid:"紧跟着的是在6.4中定义UUID的十六进制表示的一个串。

举例：下面是用UUID串表示的URN的一个例子：

urn:unid:f81dfae-7dec-11d0-a765-00a0c9166f6

注：一种可替换的URN格式(见参考文献[6])是可用的，但不推荐它用于使用UUID所生成的URN。这个可替换格式使用了在6.3中规定的UUID的单个整数值，并将上述例子表示为：

"urn:oid:2.25.329800735698586629295641978511506172918"

9 UUID的比较和排序规则

9.1 为了比较一对UUID，每个UUID的相应字段(6.1)的值都以有效次序(见6.1.2)进行比较。当且仅当所有相应字段都相等时，两个UUID才是相等的。

注1：比较两个UUID的这个算法是与在6.3中规定的比较单个整数表示值的等同算法。

注2：这个比较使用了在6.1.1中规定的物理字段，而不是在6.1.3中列出的和在第12章(Time、Clock Seqnence、Variant、Version和Node)中规定的值。

9.2 某个UUID被认为是大于另一个UUID，条件是，它在不同值的最高有效字段中有较大值。

9.3 在词典排序的十六进制表示的UUID(见6.4)的情况下，较大的UUID紧跟在较小的UUID后面。

10 确认

且不说确定变体的比特是否正确设置，并且在基于时间的UUID中所使用的时间值是将来的某个时间值(因此还没有被赋值),所以对于确定 UUID 在任何实际意义上是否有效尚没有任何机制,因为所有可能的值都可能在不同情况下出现。

11 变体的比特

11.1 变体的比特是八位位组 7 中的最高有效 3 个比特(比特 7、比特 6 和比特 5),该八位位组 7 是“VariantAndClockSeqHigh”字段的最高有效八位位组。

11.2 符合本部分的所有 UUID,其变体比特应满足八位位组 7 的比特 7 被置为 1,八位位组 7 的比特 6 被置为 0。八位位组 7 的比特 5 是 Clock Sequence 的最高有效比特,并且应按照 12.4 来设置。

注:这里列出的比特 5 作为变体的比特,因为它的值可区分开不同的历史格式。严格来说,它不是本部分的变体值的一部分,而本部分仅使用了变体的两个比特。

11.3 表 1 作为信息而列出了变体的比特的其他值的使用。

表 1 变体比特的使用

比特 7	比特 6	比特 5	描 述
0	—	—	保留,用于提供 NCS 后向兼容
1	0	—	在本部分中规定的变体比特
1	1	0	保留,用于提供微软公司后向兼容
1	1	1	保留,供本部分将来用

12 UUID 字段与传输字节次序的使用

12.1 概述

12.1.1 表 2 给出了用二进制表示的各种不同的 UUID 字段的位置并概括了这些字段的使用。

表 2 UUID 字段的位置和使用

字 段	UUID 的八位位组#	描 述
“TimeLow”	15~12	时间值的低阶比特(32 比特)
“TimeMid”	11~10	时间值的中间比特(16 比特)
“VersionAndTimeHigh”	9~8	版本(4 比特),后面跟着时间值的高阶比特(12 比特)
“VariontAndClockSeqHigh”	7	变体比特(2 比特),后面跟着时钟序列的高阶比特(6 比特)
“ClockSeqLow”	6	时钟序列的低阶比特(8 比特)
“Node”	5~0	结点(见 12.5)(48 比特)

12.1.2 在图 1 中示出了以二进制表示的 UUID 字段的位置。

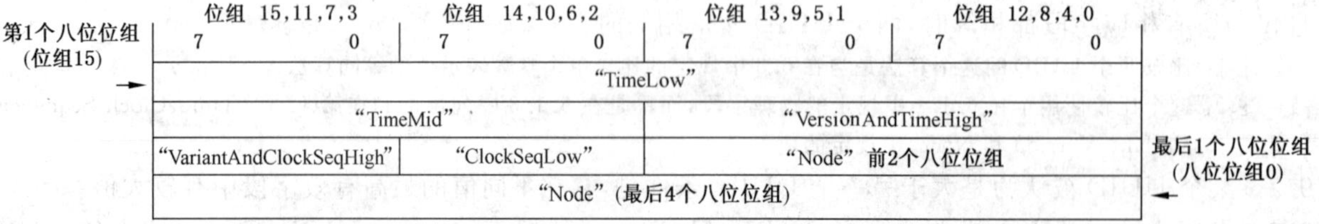

图 1 以二进制表示的 UUID 字段的位置

12.1.3 推荐二进制表示用于通信机制的传输,二进制表示的 16 个八位位组作为连续的 16 个比特集合来发送,在传输中,第 1 个八位位组(八位位组 15)位于最后一个八位位组(八位位组 0)的前面。

注 1:八位位组内的比特次序由通信机制规范来确定。

注 2：建议按上述规定的次序表示的 16 个连续八位位组用于 UUID 的传输，但协议规范可以选择传送 UUID 的可替换手段，包括 UUID 的碎片或仅 UUID 的某些部分（诸如，影响时间值的若干部分）的传输。

12.2 Version 字段

12.2.1 生成 UUID 的 3 个可替换手段（基于时间的、基于名称的和基于随机数的）都是通过“VersionAndTimeHigh”字段的最高有效 4 个比特（UUID 中的八位位组 9 的比特 7 到 4）来标识和区分开的。使用这些不同的机制所生成的 UUID 称作“不同的 UUID 版本”。

注：将它描述为“不同的 UUID 版本”稍存在误导，是由于历史原因才使用了这个名称。对于 UUID 格式不存在传统“版本号”的概念，其中，新的版本可以被定义为本部分的修订本。将来需要的任何新 UUID 格式可以通过变体比特的不同值来标识。

12.2.2 表 3 列出了当前定义的“UUID 版本”，它使用了“VersionAndTimeHigh”字段的前 4 个比特（UUID 中的八位位组 9 的比特 7～比特 4）。并为每个比特组合分配一个整数“版本”值。

注：为了保持与 UUID 的历史定义的兼容性，不使用版本值 2。版本值 0 和 6 到 15 被保留，供将来使用。

表 3 当前定义的 UUID 版本

比特 7	比特 6	比特 5	比特 4	版本值	描　　述
0	0	0	1	1	在本部分中规定的基于时间的版本（见第 13 章）
0	0	1	0	2	保留，供带有嵌入式 POSIX UUID 的 DCE 安全版本用
0	0	1	1	3	在本部分中规定的基于名称的版本（见第 14 章）
0	1	0	0	4	在本部分中规定的基于随机数的版本（见第 15 章）
0	1	0	1	5	在本部分中规定的使用 SHA-1 散列的基于名称的版本（见第 14 章）

12.3 Time 字段

12.3.1 时间应是 60 比特值。

注：名称“时间”既适合于基于时间的 UUID 版本（版本 1），但还可用于在其他版本 UUID（版本 3 和 4）中的相应值的内容。

12.3.2 对于基于时间的 UUID 版本来说，时间应是协调的世界时间（UTC）的 100 ns 间隔的计数，该协调的世界时间（UTC）是从 1582 年 10 月 15 日午夜【格列高里历（Gregorian）改为赫里斯蒂安历（Christian）的日期】开始的。

注 1：在国际 de l'Heure 办公署（国际时间办公署）建立之前，每分钟包含了精确的 60 s。从那以后，当需要时已经出了闰秒，即递增（或潜在地减少）秒数每年。

注 2：便携式系统可以具有确定 UTC 时间的问题，因为它们通常被锁定到其原基地的本地时间。如果它们连续使用其原基地的本地时间，或变更时钟序列值（见 12.4），则它们生成的 UUID 将仍然是唯一的。

注 3：对于不访问广播时间信号的系统，如果在夏令时间的变化出现或者作出时钟序列值的变化的这个周期内不生成任何 UUID，则记录本地时间的系统时钟与所增加的时差可以一起予以使用。

12.3.3 对于基于时间的 UUID 版本，这应是 60 比特值，而该 60 比特值是根据第 14 章规定的全球唯一名称来构成的。

注：全球唯一名称的一些例子是 OID，URN 和目录可辨别名称（见参考文献[5]）。

12.3.4 对于基于随机数的 UUID 版本，这应是在第 15 章中规定的随机数或伪随机数生成的 60 比特值。

12.4 Clock sequence 字段

12.4.1 对于基于时间的 UUID 版本，当时间的值被后向设置时或者如果结点值被变化，则时钟序列用来帮助避免可能出现的重复。

注：名称“时钟序列”适合于基于时间的 UUID 版本，但还可用于在基于名称的和基于随机数的 UUID 版本中的对应值的内容。

12.4.2 如果时间值被后向设置,或可能已经被后向设置(例如,当系统曾断电时),则 UUID 生成程序不能知道是否早已经使用比现在所设置的时间值更大的时间值生成了 UUID。在这样的情况下,时钟序列值应予以变化。

注:如果知道时钟序列的先前值,恰好可以递增该值;否则,它宜被置为密码质量随机或伪随机值。

12.4.3 类似地,如果结点值变化了(例如,在机器之间已经移动了网卡),则时钟序列值应予以变化。

12.4.4 时钟序列最初(也就是,一旦在产生 UUID 的系统生存期内)应被初始化为不由结点值导出的随机数。

注:这是为了使跨越系统的相关性减到最小,为快速地从系统到系统地移动或交换的 MAC 地址提供最大保护。

12.4.5 对于基于名称的 UUID 版本,时钟序列应是 14 比特值,该 14 比特值是根据在第 14 章中规定的名称构成的。

12.4.6 对于基于随机数的 UUID 版本,时钟序列应是在第 15 章中规定的随机或伪随机生成的 14 比特值。

12.5 Node 字段

12.5.1 对于基于时间的 UUID 版本,结点值应由 MAC 地址(见 GB/T 15629.3)组成,通常是某一网络接口的主机地址。

12.5.2 对于带有多 MAC 地址的系统,除组播地址外,可以使用任何可用地址。UUID 的八位位组 5(结点的第 1 个八位位组)应被置为 MAC 地址的第 1 个八位位组,该 MAC 地址是通过符合 GB/T 15629.3 的系统来发送的。

注 1:该八位位组包含全球/本地比特和单播/组播比特。要求单播/组播比特被置为单播,以避免与按照 12.5.3 所生成的地址相冲突。

注 2:有可能从 MAC 地址登记机构获得 MAC 地址块(见参考文献[4])。

12.5.3 对于不带有 MAC 地址的系统,可以使用密码质量随机或伪随机数(参见附录 C)。应在这样的地址内设置组播比特。

注:这是为了确保生成的地址决不与从 12.5.2 规定的网卡中获得的地址相冲突。

12.5.4 对于基于名称的 UUID,结点值应被置为 48 比特值,该 48 比特值是通过在第 14 章中规定的全球唯一名称的正则化和散列化所构成的。

12.5.5 对于基于随机数的 UUID,结点值应是在第 15 章中规定的随机或伪随机生成的 48 比特值。

13 设置基于时间的 UUID 字段

基于时间的 UUID 字段应设置如下:

——按照 12.3 和 12.4 的规定来确定基于 UTC 的时间值和时钟序列值待用于 UUID;

——对于该算法的目的,认为时间是 60 比特无符号整数并且时钟序列是 14 比特无符号整数。顺序地对每个值的比特进行编号,其 0 表示最低有效比特;

——以相同的有效次序,将“TimeLow”字段相等比特置为时间的最低有效 32 比特(比特 31～0);

——以相同的有效次序,将“TimeMid”字段相等比特置为该时间的比特 47 到 32;

——以相同的有效次序,将“VersionAndTimeHigh”字段的 12 个最低有效比特(比特 11～0)相等地置该时间的比特 59 到比特 48;

——将“VersionAndTimeHigh”字段的 4 个最高有效比特(比特 15 到比特 12)置为在 12.2 中规定的 4 比特版本号;

——以相同的有效次序,将“ClockSeqLow”字段置为时钟序列的 8 个最低有效比特(比特 7～0);

——以相同的有效次序,将“VariantAndClockSeqHigh”字段的 6 个最低有效比特(比特 5～0)置为时钟序列的 6 个最高有效比特(比特 13～0);

——分别将“VariantAndClockSeqHigh”字段的2个最高有效比特(比特7和比特6)置为“1”和“0”;

——以和地址相同的有效次序,将结点字段置为48比特MAC地址。

14 设置基于名称的UUID字段

本章规定了基于名称的UUID的产生规程。14.1规定了任何散列函数的一般规程(也见ISO/IEC 10118-3)。14.2规定了MD5的使用,14.3规定了SHA-1的使用。

注:MD5的使用局限于要求与现有UUID后向兼容性的情况,因为SHA-1给散列算法提供了较小的概率,而该较小的概率是指从不同已散列的材料中出现相同散列值的概率。

14.1 基于名称的UUID字段应设置如下:

——分配UUID作为“名称空间标识符”用于从该名称空间内的名称所生成的所有UUIDS。

注:D.9推荐UUID用于4个公共使用的名称空间。

——将名称转换成正则的八位位组序列(由其名称空间的标准或约定所定义的)。

——使用14.2或14.3规定的散列函数来计算与名称拼接起来的名称空间标识符的16个八位位组散列值。按照IETF RFC 1321(对于MD5)和FIPS PUB 180-2(对于SHA-1)的规定,该散列值的八位位组的编号为0~15。

——将“TimeLow”字段的八位位组3~0置为该散列值的八位位组3~0。

——将“TimeMid”字段的八位位组1和0置为该散列值的八位位组5和4。

——将“VersionAndTimeHigh”字段的八位位组1和0置为该散列值的八位位组7和6。

——用曾使用的散列函数用的12.2表3中的4比特版本号来盖写“VersionAndTimeHigh”字段的4个最高有效比特(比特15到12)。

——将“VariantAndClockSeqHigh”字段置为该散列值的八位位组8。

——分别用“1”和“0”来盖写“VariantAndClockSeqHigh”字段的2个最高有效比特(比特6和比特7)。

——将“ClockSeqLow”字段置为该散列值的八位位组9。

——将“Node”字段的八位位组5到0置为该散列值的八位位组15到10。

14.2 本条规定了使用MD5作为散列函数的基于名称的UUID,但是MD5应不用于最近生成的UUID(参见C.4)。对于MD5散列函数,在14.1中引用的“散列值”是通过IETF RFC 1321所规定的作为八位位组0到15的16八位位组值。

注:包括了与版本号相关联的MD5的这个规范仅仅是为了与早期规范的后向兼容性。

14.3 本条规定了使用SHA-1作为散列函数的基于名称的UUID。对于SHA-1散列函数,14.1引用的“散列值”是从由FIPS 180-2所规定的160比特消息摘要值中所获得的20八位位组值中的八位位组0到15。20八位位组值的八位位组16到19应丢弃。通过将160比特值的最高有效位置为20八位位组值中的第1个八位位组(八位位组0)的最高有效比特,以及最低有效位置为20八位位组值中的最后一个八位位组(八位位组19)的最低有效位,20八位位组值将从FIPS 180-2的160比特消息摘要值获得。

15 设置基于随机数的UUID字段

15.1 基于随机数的UUID字段设置如下:

——分别将“VariantAndClockSeqHigh”字段的2个最高有效比特(比特7和6)置为“1”和“0”。

——将“VersionAndTimeHigh”字段的4个最高有效比特(比特15到12)置为12.2规定的4比特版本号。

——将UUID的所有其他比特置为随机(或伪随机)生成的值。

注:伪随机数可以产生相同值多次。极力推荐使用密码质量级随机数,以便减少重复性的概率。

15.2 附录C提供了关于在系统中如何生成随机数。

16 UUID的登记及其用作OID部件

16.1 ASN.1 OID树

注：本条概括了GB/T 17969.1的主要规定。

16.1.1 本部分定义了登记UUID的登记机构的操作规程。这个登记还使这些UUID能用作在{joint-iso-itu-t uuid(25)}弧之下的OID树的弧(也见第7章)。

注：在无需登记的情况下，UUID也可以用来标识在这个弧uuid(25)之下的弧，但是，不保证这种弧的标识在世界范围内是无二义性的。

16.1.2 OID是在分层树结构的基础上的世界范围无二义性标识的一种形式，并且与分层登记机构无关。OID树具有一个根结点，若干弧在该根结点之下，又有若干弧在上述那些弧的每个弧之下，依次类推，可达任何深度。弧是通过非负整数值(见16.1.5)来标识的，而该非负整数值提供了在上级结点内的弧的无二义性标识。弧还可以给定名称(由1个或多个小写字母、大写字母、数字和连字符所组成，首字母为小写字母，无两个相邻的连字符，无结尾连字符)，但这些都是数字值的辅助物，并且不予要求。客体通过从根结点到客体的弧值序列到(数字的，或者还有早期的弧，弧名称)来标识。

注：关于OID树的较全面的描述，见GB/T 17969.1和GB/T 16262.1—2006。

16.1.3 (提示)重要的是要注意，未登记的UUID可以在和登记的UUID弧相同的弧之下予以使用(见16.1.1)。因此，可能使用了用于登记的UUID的完全相同的值，尽管这件事出现的概率是很小的。如果从MD5散列值或伪随机数(而不是从SHA-1散列值和密码质量伪随机数)来生成UUID，则概率增大。这可以引起OID用户的混淆，并且可能触发恶意使用，诸如，欺骗。UUID的登记机构负责登记的UUID之间的冲突，但是，它不负责登记的UUID和未登记的UUID之间的冲突，因为它不管理未登记的UUID。如果这样的冲突出现了，与登记的UUID相关联的语义宜有优先权，与未登记的UUID值相关联的语义宜不予使用。因此，对使用UUID的OID的登记不确保OID具有的唯一性比它的UUID的唯一性更高。登记的目标主要宜被看作发布UUID及其语义的手段。

16.1.4 有可能是，在OID的机器表示中，隐含着(通过机器表示的上下文)在OID树上从根到客体的路径部分的标识。因此，如果按照第7章规定所形成的OID是已知的，则机器表示可能唯一地由UUID值组成。

16.1.5 OID的部分是指未限制大小的非负整数。

16.2 登记机构的任命

16.2.1 它是在ITU-T和ISO/IEC的委托管理范围内，按照本部分的规定来组织登记。为此，ITU-T和ISO/IEC根据其内部要求和规则，任命一个组织来担当本部分的RA。

注：对于登记，使用网址：URL http://www.itu.int/ITU-T/asn1/uuid.html

16.2.2 登记机构应不对在这些规程之下操作的任何失败或对本部分来说与其职务相关的任何行动负有责任，但除在非处罚的情况下，它被相关的ITU-T研究组ISO/IEC JTC1分技术委员会解除其职务外。登记机构应不对与已登记OID值相同的未登记OID值的任何使用负有责任，因为它不能控制这些值的使用(见16.1.3)。

注：如果相关的ITU-T研究组和ISO/IEC JTC1分委员会确定解除登记机构的职务，由于这个原因或任何其他原因，期望将该RA所保存的登记信息提供给任何后续任命的RA。

16.3 费用

16.3.1 提供该RA的组织应在成本回收基础上进行操作。费用结构应设计或能收回操作RA的经费，以覆盖对登记的Web出版，支持查询请求和劝阻无意义的及多次的请求。

16.3.2 费用值应由RA来确定，但须经相关的ITU-T研究组和ISO/IEC JTC1分委员会同意。费用可以应用于：

a） 登记；

b） 查询请求；

c） Web 出版；

d） 关于更新的请求。

16.3.3 费用应不依赖于提出申请的国家，但受兑换率波动的制约。

16.4 登记规程

本条规定了在登记 UUID 时要遵守的规程。这些规程被设计成能确保 RA 操作的公开性和预期过程。

16.4.1 UUID 登记的申请

16.4.1.1 申请机构通过完成登记网站上的表格，直接将 UUID 登记的申请提交给 RA。申请的内容在 16.4.3 中规定。

16.4.1.2 当成功完成登记规程时，该 128 比特 UUID 值应予以登记，并将它分配给提交的组织，并且应予以发布。

16.4.2 证实过程

成功的登记通过网站响应和 Web 发布来确认。

16.4.3 申请的内容

16.4.3.1 本条规定了 RA 所要求的信息，以指导登记过程。

注：在本部分出版的时刻，该信息可以通过电子邮件、电话或硬拷贝或者通过网站登记来提交。

16.4.3.2 登记包括下列信息：

a） 登记组织的总部所在国家；

b） 组织的名称，其国家登记信息，是被登记的公司，慈善机构等等，还是知名国际组织的附属机构；

c） 在登记组织内联系点的名称和资格、邮政地址、电子邮件地址、电话和传真号；

d） 自由形成信息建立的登记组织的诚意作为审计和移去虚假登记的手段；

e） （可选的）为了提供关于使用 UUID 的更多信息而可以被访问的 URL。

16.4.3.3 对于 OID 的一般申请的内容在 GB/T 17969.1 第 8 章规定。

16.5 基于 Web 的登记表的维护

16.5.1 RA 应将其挑选的所有登记的登记表保持在网站上。

16.5.2 如果以合适的变更权限把公司名称的变更细节或类似信息给予了 RA，则应由 RA 免费更新在登记中所涉及的关于组织的信息。做这件事的机制应由 RA 来确定，并且应在其网站上予以通告。

附 录 A
（资料性附录）
有效生成基于时间的 UUID 的算法

本附录描述了可以用来在计算机系统中重复生成基于时间的 UUID 的算法。

A.1 基本算法

A.1.1 下列算法是简单的、正确的，但是低效率的：

——获得系统范围的全局锁。

——从系统范围共享的稳定存储器（例如，文件）中，读取 UUID 生成程序的状态：Time、Clock Sequence 和 Node 时钟序列和结点的值用来生成最后一个 UUID 的时间。

——获得自 1582 年 10 月 15 日 00:00:00.00 以来的 100 ns 间隔的时间，此时间用 60 比特表示而作为 Time 值。

——获得当前 Node 值。

——如果状态是不可用的（例如，不存在或被损坏），或者保存的结点值不同于当前结点值，则生成随机 Clock Sequence 值。

——如果状态是可用的，但保存的 Time 值迟于当前 Time 值，则递增 Clock Sequence 值。

——将状态（当前 Time、Clock Sequence 和 Node 值）返存到稳定存储器中。

——释放全局锁。

——按照第 13 章中的步骤，格式化由当前 Time、Clock Sequence 和 Node 值构成的 UUID。

A.1.2 如果 UUID 不需要频繁地被生成，则上述算法可以完全足够了。然而，如果对性能有更高要求，该基本算法的问题包括：

——每次从稳定存储中读取状态是低效率的；

——系统时钟的分辨率可以不是 100 ns；

——每次将状态写入稳定存储器是低效率的；

——共享跨越进程边界的状态可以是低效率的。

A.1.3 这些问题的每个问题都可以通过对读写状态和读时钟功能的局部改进以模块方式来加以论述。在下列各条中依次论述这些内容。

A.2 读稳定存储器

A.2.1 如果将状态记录到系统范围共享的易失存储（并且只要稳定存储器被更新时它就被更新），则该状态在引导时间时刻从稳定存储器中被读出一次。

A.2.2 如果某一实现没有任何稳定存储器可用，则它总是可以假定值是不可用的。这是最低想要的实 现，因为它将递增创建新 Clock Sequence 次数的频度，从而它递增了重复的概率。

A.2.3 如果结点值决不能变化（例如，网卡不可与系统分开），或者如果任何变化会使 Clock Sequence 重新初始化为随机值，则不是将该 Node 值保存在稳定存储器中，而是将当前结点值返回。

A.3 系统时钟分辨率

A.3.1 从系统时间中所生成的时间值，其分辨率可以低于要求的时间分辨率。

A.3.2 如果 UUID 不需要频繁地被生成，则时间可以简单地就是系统时间乘以每系统时间间隔100 ns 间隔数。

A.3.3 如果某个系统在单个时间间隔内请求太多 UUID，而超过了生成程序的正常范围，则 UUID 服务宜要么返回一个差错，要么停止 UUID 生成程序，直到该系统时钟赶上。

A.3.4 高分辨率时间值可以通过保存以系统时间的同一值来模拟，并且使用它来构造时间值得低阶比特。该计数的范围将在 0 和每系统时间间隔 100 ns 间隔数之间。

注：附加 MAC 地址将会分配给系统，然后允许用每个时间值高速生成多个潜在可用的 UUID。

A.4 写稳定存储器

在每次生成 UUID 时，该状态不总是需要被写入稳定存储器。在稳定存储器内的时间值可以周期性地被置为大于仍在 UUID 中所使用的任何值。只要生成的 UUID 具有的 Time 值小于那个值，并且 Clock Sequence 和 Node 值仍然保持未变化，只有共享的状态易失拷贝需要被更新。此外，如果在稳定存储器内的 Time 值在将来小于使系统再引导时间的典型时间，则崩溃将不导致 Clock Sequence 的重新初始化。

A.5 共享跨越进程的状态

如果每次生成 UUID 时访问共享的状态太昂贵，则可以实现系统范围生成程序，以便每次调用它时分配一块时间值，并且每个进程的生成程序可以从这个块中分配时间，直到用完为止。

附 录 B
（资料性附录）
基于名称的 UUID 的特性

B.1 基于名称的 UUID 意指自某名称空间导出的名称(该名称是唯一的)产生的 UUID。名称和名称空间的概念宜广泛地被构建起来,并且不局限于文本名称。关于分配来自其名称空间的名称和确保在其名称空间内名称的唯一性的机制或约定超出了本部分的范围。

注:为了避免递归问题,基于名称的 UUID 不宜从以基于名称的 UUID 结尾的一个 OID 中来生成。

B.2 按照第 14 章并且以合适地选择的名称空间而生成的基于名称的 UUID 的特性如下:

——以不同时间从同一名称空间中的同一名称而生成的 UUID 将是相等的;

——从同一名称空间中的两个不同的名称中而生成的 UUID,其不同的概率很高;

——从两个不同的名称空间中的相同名称中而生成的 UUID,其不同的概率很高;

——如果两个基于名称的 UUID 是相等的,则这两 UUID 曾经是从同一名称空间中的同一名称来生成的概率很高。

附 录 C
（资料性附录）
在系统中随机数的生成

C.1 如果某一系统没有能力来生成密码质量级随机数，则在大多数系统中通常都有相当多的可用随机性的源，从中可以生成一种密码质量级随机数。这样的源是系统特定的，但通常包括：

——在使用中的存储器的百分比；
——以字节表示的主存储器的容量；
——以字节表示的自由主存储器的总量；
——以字节表示的分页或对换文件的大小；
——分页或对换文件的可用字节数；
——以字节表示的用户虚拟地址空间的总长度；
——以字节表示的引导盘驱动的大小；
——当前时间；
——自系统被引导以来的时间量；
——在各种系统目录中各个文件的长度；
——在各种系统目录中文件的创建，最后读和修改的次数；
——各种系统资源的利用率(堆阵，等等)；
——当前鼠标光标位置；
——当前插入记号位置；
——运行进程、线程的当前数；
——桌面视窗和活动视窗的句柄或 ID；
——调用程序的堆栈指针值；
——调用程序的进程和线程标识符；
——各种处理器体系结构特定的性能计数器(所执行的指令，调整缓存遗漏，翻译后援缓冲器(TLB)遗漏)。

C.2 另外，诸如计算机名称和操作系统名称这样一些术语，虽然不能严格地说是随机的，它们将有助于区分从其他操作系统所获得的结果。

C.3 使用这些数据来生成结点值的确切算法是系统特定的，因为该可用数据和获得它们的函数通常都是系统很特定的。然而，类属途径是累积尽可能多的源进入缓冲器并且使用消息摘要(诸如 SHA-1)，采用来自散列值的 6 个八位位组，并且如以上所述来设置组播比特。

C.4 还可以使用其他散列函数，诸如 MD5 和 GB/T 18238.3 规定的散列函数。唯一的要求是在下列意义上该结果是合适的随机的，即来自均匀分布的并且可以期望在该输入中的单个比特变化会引起这些输出的一半会改变。(然而，不推荐 MD5 用于新的 $UUID_S$，因为最近的研究已表明其输出值不是均匀分布的)。

附 录 D
（资料性附录）
实例实现

D.1 所提供的文件

这个实现由6个文件组成，这6个文件为copytoh，uuid.h，uuid.c，sysdep.h，sysdep.c和utest.c。uuid.*文件都是在第13章、第14章和第15章中所描述的UUID生成算法的与系统无关的重现，同时包括了在附录A中所描述的所有优化算法（除共享跨越进程的有效状态外）。该代码假定64比特整数与*构成大量更为清晰的64比特值。

注：在使用GCC(2.7.2)的Linux(Red Hat 4.0)和使用VC++5.0的Windows NT 4.0上已经测试了该代码。

D.2 copyrt.h 文件

所有下列源文件宜被认为都具有所包括的下列版权通告：

```
/*
** Copyright(c) 1990-1993,1996 Open Software Foundation,Inc.
** Copyright(c) 1989 by Hewlett-Packard Company,Palo Alto,Ca.& **
Digital Equipment Corporation,Maynard,Mass.
** Copyright(c) 1998 Microsoft.
** To anyone who acknowledges that this file is provided "AS IS"
** without any express or implied warranty: permission to use,copy, **
modify,and distribute this file for any purpose is hereby
** granted without fee,provided that the above copyright notices and ** this
notice appears in al source code copies,and that none of ** the names of
Open Software Foundation,Inc.,Hewlett-Packard ** Company,or Digital
Equipment Corporation be used in advertising ** or publicity pertaining to
distribution of the software without ** specific,written prior permission.
Neither Open Software ** Foundation,Inc.,Hewlett-Packard Company,
Microsoft,nor Digital ** Equipment Corporation makes any representations
about the ** suitability
** of this software for any purpose.
*/
```

D.3 uuid.h 文件

```
#include "copyrt.h"
#undef uuid_t
typedef struct {
  unsigned32 time_low;unsigned16 time_mid;
  unsigned16 time_hi_and_version;
  unsigned8 clock_seq_hi_and_reserved;
  unsigned8 clock_seq_low;   byte
```

```
        node[6];
    } uuid_t;

/* uuid_create--generate a UUID */int
uuid_create(uuid_t * uuid);

/* uuid_create_from_name--create a UUID using a "name" from a
"name space" */
void uuid_create_from_name(
  uuid_t *uuid,/*resulting UUID */
  uuid_t nsid,/*UUID of the namespace */
  void *name,/*the name from which to generate a UUID */
  int namelen/*the length of the name */);
/* uuid_compare--Compare two UUID's "lexically" and return -1 u1 is
    lexicaly before u2
    0 u1 is equal to u2
    1 u1 is lexically after u2

  Note that lexical ordering is not temporal ordering! */
int uuid_compare(uuid_t *u1,uuid_t *u2);
```

D.4 uuid.c 文件

```
#include "copyrt.h" #include <string.h> #include <stdio.h> #include
  <stdlib.h> #include <time.h> #include "sysdep.h" #ifndef_WINDOWS_
#include <arpa/inet.h> #endif
#include "uuid.h"

/* various forward declarations */
static int read_state(unsigned16 *clockseq,uuid_time_t *timestamp,
    uuid_node_t *node);
static void write_state(unsigned16 clockseq,uuid_time_t timestamp,
    uuid_node_t node);
static void format_uuid_v1(uuid_t *uuid,unsigned16 clockseq,
    uuid_time_t timestamp,uuid_node_t node);
static void format_uuid_v3(uuid_t *uuid,unsigned char hash[16]);static
    void get_current_time(uuid_time_t *timestamp);
static unsigned16 true_random(void);

/* uuid_create--generator a UUID */int uuid_create(uuid_t *uuid)
{
uuid_time_t timestamp,last_time;unsigned16 clockseq;
uuid_node_t node;
```

```
uuid_node_t last_node;
int f;

/* acquire system-wide lock so we're alone */LOCK;

/* get time,node identifier,saved state from non-volatile storage */
  get_current_time(&timestamp);
get_ieee_node_identifier(&node);
f = read_state(&clockseq,&last_time,&last_node);

/* if no NV state,or if clock went backwards,or node identifier changed
   (e.g.,new network card) change clockseq */if(!f || memcmp(&node,
  &last_node,sizeof node))
  clockseq = true_random();
  else if(timestamp < last_time)
  clockseq ++ ;

/* save the state for next time */write_state(clockseq,timestamp,node);

UNLOCK;

/* stuff fields into the UUID */
format_uuid_v1(uuid,clockseq,timestamp,node);return 1;
}

/* format_uuid_v1--make a UUID from the timestamp,clockseq,and node
   identifier */
void format_uuid_v1(uuid_t * uuid,unsigned16 clock_seq,uuid_time_t
   timestamp,uuid_node_t node)
{
/* Construct a version 1 uuid with the information we've gathered plus
   a few constants. */
uuid->time_low = (unsigned long)(timestamp & 0xFFFFFFFF);uuid->time_mid
   = (unsigned short)((timestamp >> 32) & 0xFFFF);
   uuid->time_hi_and_version =
(unsigned short)((timestamp >> 48) & 0x0FFF);
uuid->time_hi_and_version |= (1 << 12);
uuid->clock_seq_low = clock_seq & 0xFF;
uuid->clock_seq_hi_and_reserved = (clock_seq & 0x3F00) >> 8;
    uuid->clock_seq_hi_and_reserved |= 0x80;
memcpy(&uuid->node,&node,sizeof uuid->node);
}
```

```
/ * data type for UUID generator persistent state * /typedef struct {
uuid_time_t ts;/ * saved timestamp * /uuid_node_t node;/ * saved node
    identifier * /unsigned16 cs;/ * saved Clock Sequence * /
}  uuid_state;

static uuid_state st;

/ * read_state--read UUID generator state from non-volatile store * /
    int read_state(unsigned16 * clockseq,uuid_time_t * timestamp,
    uuid_node_t * node)
{
static int inited = 0;
FILE * fp;

/ * only need to read state once per boot * /if(! inited) {
fp = fopen("state","rb");
if(fp == NULL)
return 0;
fread(&st,sizeof st,1,fp);
fclose(fp);
inited = 1;
}
* clockseq = st.cs;
* timestamp = st.ts;
* node = st.node;
return 1;
}

/ * write_state--save UUID generator state back to non-volatile storage
    * /
void write_state(unsigned16 clockseq,uuid_time_t timestamp,
  uuid_node_t node)
{
static int inited = 0;
static uuid_time_t next_save;
FILE * fp;

if(! inited) {
next_save = timestamp;inited = 1;
}

/ * always save state to volatile shared state * /st.cs = clockseq;
st.ts = timestamp;
```

```
st.node = node;
if(timestamp > = next_save) {
fp = fopen("state","wb");
fwrite(&st,sizeof st,1,fp);
fclose(fp);
/ * schedule next save for 10 seconds from now * /next_save = timestamp
   + (10 * 10 * 1000 * 1000);}
}

/ * get-current_time--get time as 60-bit 100ns ticks since UUID epoch.
  Compensate for the fact that real clock resolution is
less than 100ns. * /
void get_current_time(uuid_time_t * timestamp)
{
static int inited = 0;

static uuid_time_t time_last;
static unsigned16 uuids_this_tick;uuid_time_t time_now;

if(! inited) {
get_system_time(&time_now);uuids_this_tick = UUIDS_PER_TICK;inited = 1;
}

for( ;;) { get_system_time(&time_now);

/ * if clock reading changed since last UUID generated, * /if(time_last !
   = time_now) {
/ * reset count of uuids gen'd with this clock reading * /uuids_this_tick
   = 0;
time_last = time_now;
break;
}
if(uuids_this_tick < UUIDS_PER_TICK) {
uuids_this_tick ++ ;
break;
}
/ * going too fast for our clock;spin * /
}
/ * add the count of uuids to low order bits of the clock reading * /
   * timestamp = time_now + uuids_this_tick;
}

/ * true_random--generate a crypto-quality random number. * * This sample
```

```
    doesn't do that. ** */
static unsigned16 true_random(void)
{
static int inited = 0;
uuid_time_t time_now;

if(!inited) {
get_system_time(&time_now);
time_now = time_now / UUIDS_PER_TICK;
srand((unsigned int)(((time_now>>32)^time_now) & 0xffffffff));inited
  = 1;
}

return rand();}

/* uuid_create_from_name--create a UUID using a "name" from a "name
    space" */
void uuid_create_from_name(uuid_t *uuid,uuid_t nsid,void *name,int
    namelen)
{
MD5_CTX c;

unsigned char hash[16];uuid_t net_nsid;

/* put name space identifier in network byte order so it hashes the same
    no matter what endian machine we're on */
net_nsid = nsid;
htonl(net_nsid.time_low);
htons(net_nsid.time_mid);
htons(net_nsid.time_hi_and_version);

MD5Init(&c);
MD5Update(&c,&net_nsid,sizeof net_nsid);MD5Update(&c,name,namelen);
MD5Final(hash,&c);

/* the hash is in network byte order at this point */format_uuid_v3(uuid,
    hash);}

/* format_uuid_v3--make a UUID from a(pseudo)random 128-bit number */
    void format_uuid_v3(uuid_t *uuid,unsigned char hash[16])
/* convert UUID to local byte order */memcpy(uuid,hash,sizeof *uuid);
    ntohl(uuid->time_low);
ntohs(uuid->time_mid);
```

```
ntohs(uuid->time_hi_and_version);

/* put in the variant and version bits */uuid->time_hi_and_version &=
    0x0FFF;uuid->time_hi_and_version |= (3<<12);
    uuid->clock_seq_hi_and_reserved &= 0x3F;
    uuid->clock_seq_hi_and_reserved |= 0x80;
}

/* uuid_compare--Compare two UUID's "lexically" and return */#define
    CHECK(f1,f2) if(f1 != f2) return f1 < f2 ? -1 : 1;int
    uuid_compare(uuid_t *u1,uuid_t *u2)
{
int i;

CHECK(u1->time_low,u2->time_low);CHECK(u1->time_mid,u2->time_mid);
    CHECK(u1->time_hi_and_version,    u2->time_hi_and_version);
    CHECK(u1->clock_seq_hi_and_reserved,
    u2->clock_seq_hi_and_reserved);    CHECK(u1->clock_seq_low,
    u2->clock_seq_low)
for(i = 0;i < 6;i ++ ) {
if(u1->node[i] < u2->node[i]) return -1;
if(u1->node[i] > u2->node[i]) return 1;
}
return 0;
}
#undef CHECK
```

D.5 sysdep.h 文件

```
#include "copyrt.h"
/* remove the folowing define if you aren't running Windows 32 */#define
    WININC 0

#ifdef WININC
#include <windows.h> #else
#include <time.h>
#include <unistd.h> #include <sys/types.h> #include <sys/time.h> #endif

#include "global.h"
/* change to point to where MD5 .h's live;IETF RFC 1321 has a sample
  implementation */
    {
#include "md5.h"
```

```
/* set the folowing to the number of 100ns ticks of the actual resolution
  of your system's clock */#define UUIDS_PER_TICK 1024

/* set the folowing to a call to get and release a global lock */#define
  LOCK
#define UNLOCK

typedef unsigned long unsigned32;typedef unsigned short unsigned16;
  typedef unsigned char unsigned8;typedef unsigned char byte;

/* set this to what your compiler uses for 64-bit data type */#ifdef WININC
#define unsigned64_t unsigned_int64
#define I64(C) C
#else
#define unsigned64_t unsigned long long

#define I64(C) C##LL #endif

typedef unsigned64_t uuid_time_t;typedef struct {
char nodeID[6];
}uuid_node_t;

void    get_ieee_node_identifier(uuid_node_t        *node);   void
  get_system_time(uuid_time_t               *uuid_time);       void
  get_random_info(unsigned char seed[16]);
```

D.6 sysdep.c 文件

```
#include "copyrt.h" #include <stdio.h> #include <string.h> #include
      "sysdep.h"

/* system dependent call to get MAC node identifier.
This sample implementation generates a random node identifier. */void
    get_ieee_node_identifier(uuid_node_t *node)
{
static int inited = 0;
static uuid_node_t saved_node;
unsigned char seed[16];
FILE *fp;

if(! inited) {
fp = fopen("nodeid","rb");if(fp) {
fread(&saved_node,sizeof saved_node,1,fp);
```

```
fclose(fp);
}
else {
get_random_info(seed);seed[0] | = 0x80;
memcpy(&saved_node,seed,sizeof saved_node);
fp = fopen("nodeid","wb");if(fp) {
fwrite(&saved_node,sizeof saved_node,1,fp);
fclose(fp);
}
}
inited = 1;
}

*node = saved_node;
}
/* system dependent call to get the current system time. Returned as 100ns
    ticks since UUID epoch,but resolution may be less than 100ns. */
    #ifdef_WINDOWS_

void get_system_time(uuid_time_t *uuid_time) {
ULARGE_INTEGER time;

/* Windows NT keeps time in FILETIME format which is 100ns ticks since
    Jan 1,1601. UUIDs use time in 100ns ticks since Oct 15,1582. The
    difference is 17 Days in Oct + 30(Nov) + 31(Dec)
+ 18 years and 5 leap days. */
GetSystemTimeAsFileTime((FILETIME *)&time);
time.QuadPart +=
(unsigned_int64)(1000 * 1000 * 10)   //seconds
*(unsigned_int64)(60 * 60 * 24)   //days
*(unsigned_int64)(17 + 30 + 31 + 365 * 18 + 5);// # of days
*uuid_time = time.QuadPart;
}

void get_random_info(unsigned char seed[16]) {
MD5_CTX c;
struct {
MEMORYSTATUS m;

SYSTEM_INFO s;
FILETIME t;
LARGE_INTEGER pc;
DWORD tc;
```

```
DWORD l;
char hostname[MAX_COMPUTERNAME_LENGTH + 1];} r;

MD5Init(&c);
GlobalMemoryStatus(&r.m);
GetSystemInfo(&r.s);
GetSystemTimeAsFileTime(&r.t);
QueryPerformanceCounter(&r.pc);
r.tc = GetTickCount();
r.l = MAX_COMPUTERNAME_LENGTH + 1;GetComputerName(r.hostname,&r.l);
    MD5Update(&c,&r,sizeof r);
MD5Final(seed,&c);
}

#else

void get_system_time(uuid_time_t *uuid_time)

{
struct timeval tp;

gettimeofday(&tp,(struct timezone *)0);

/* Offset between UUID formatted times and Unix formatted times. UUID UTC
    base time is October 15,1582.
Unix base time is January 1,1970. */
*uuid_time = (tp.tv_sec * 10000000) + (tp.tv_usec * 10)
+ I64(0x01 B21 DD213814000);
}

void get_random_info(unsigned char seed[16]) {
MD5_CTX c;
struct {
struct timeval t;
char hostname[257];
}r;

MD5Init(&c);
gettimeofday(&r.t,(struct timezone *)0);gethostname(r.hostname,256);
MD5Update(&c,&r,sizeof r);
MD5Final(seed,&c);
}
```

```
#endif
```

D.7 utest.c 文件

```
#include "copyrt.h" #include "sysdep.h" #include <stdio.h> #include
      "uuid.h"

uuid_t NameSpace_DNS = { /* 6ba7b810-9dad-11d1-80b4-00c04fd430c8 */
    0x6ba7b810,
0x9dad,
0x11d1,
0x80,0xb4,0x00,0xc0,0x4f,0xd4,0x30,0xc8
};

/* puid--print a UUID */
void puid(uuid_t u)
{
int i;
printf("%8.8x-%4.4x-%4.4x-%2.2x%2.2x-",u.time_low,
u.time_mid,                    u.time_hi_and_version,
u.clock_seq_hi_and_reserved,u.clock_seq_low);

for(i = 0;i < 6;i++)
printf("%2.2x",u.node[i]);printf("\n");
}

/* simple driver for UUID generator */int main(int argc,char **argv)
{
uuid_t u;
int f;

uuid_create(&u);printf("uuid_create(): ");puid(u);

f = uuid_compare(&u,&u);
printf("uuid_compare(u,u): %d\n",f);/* should be 0 */
f = uuid_compare(&u,&NameSpace_DNS);
printf("uuid_compare(u,NameSpace_DNS): %d\n",f);/* should be 1 */
f = uuid_compare(&NameSpace_DNS,&u);
    printf("uuid_compare(NameSpace_DNS,u): %d\n",f);/* should be -1
     */uuid_create_from_name(&u,NameSpace_DNS,"www.widgets.com",15);
    printf("uuid_create_from_name(): ");puid(u);
}
```

D.8 utest 的采样输出

```
uuid_create(): 7d444840-9dc0-11d1-b245-5ffdce74fad2
```

```
uuid_compare(u,u): 0
uuid_compare(u,NameSpace_DNS): 1
uuid_compare(NameSpace_DNS,u): -1
uuid_create_from_name(): e902893a-9d22-3c7e-a7b8-d6e313b71d9f
```

D.9 某些名称空间 IDs

本章列出了一些潜在地有兴趣的名称空间用的名称空间 IDS,作为用 C 语言表示的和用上述定义的串表示的初始化结构。

```
/* Name string is a fuly-qualified domain name */
uuid_t NameSpace_DNS = { /* 6ba7b810-9dad-11d1-80b4-00c04fd430c8 */
    0x6ba7b810,
0x9dad,
0x11d1,
0x80,0xb4,0x00,0xc0,0x4f,0xd4,0x30,0xc8
};

/* Name string is a URL */
uuid_t NameSpace_URL = { /* 6ba7b811-9dad-11d1-80b4-00c04fd430c8 */
    0x6ba7b811,
0x9dad,
0x11d1,
0x80,0xb4,0x00,0xc0,0x4f,0xd4,0x30,0xc8
};

/* Name string is an OID */
uuid_t NameSpace_OID = { /* 6ba7b812-9dad-11d1-80b4-00c04fd430c8 */
    0x6ba7b812,
0x9dad,
0x11d1,
0x80,0xb4,0x00,0xc0,0x4f,0xd4,0x30,0xc8
};

/* Name string is a Directory distinguished name(in DER or a text output
    format) */uuid_t NameSpace_X500 = { /*
    6ba7b814-9dad-11d1-80b4-00c04fd430c8 */0x6ba7b814,
0x9dad,
0x11d1,
0x80,0xb4,0x00,0xc0,0x4f,0xd4,0x30,0xc8
```

参 考 文 献

[1] ZAHN L,DINEEN T,LEACH P. 网络计算体系结构,ISBN 0-13-611674-4,1990,1 月.

[2] 开放组 CAE:DCE:远程规程呼叫,规范 C309,ISBN 1-85912-041-5,1994,8 月.

[3] ISO/IEC 11578:1996 信息技术 开发系统互连 远程规程呼叫(RPC).

[4] IEEE,4096 个 MAC 地址的单个地址块请求表(即以太网地址块),http://standards.ieee.org/regauth/oui/pilot-ind.html.

[5] GB/T 16264.1 信息技术 开放系统互连 目录:概念、模型和服务的概述.

[6] IETF RFC 3061 客体标识符的 URN 名称空间.

[7] Internet—Draft draft-mealling-uuid-urn-00,UUID URN 名称空间,M. Mealling,P. Leach,R. Salz,2002,10 月.

ICS 35.180
L 60

中华人民共和国国家标准

GB/T 17971.1—2010/ISO/IEC 9995-1:2006

信息技术　文本和办公系统的键盘布局 第1部分:指导键盘布局通则

Information technology—Keyboard layouts for text and office systems—Part 1:General principles governing keyboard layouts

(ISO/IEC 9995-1:2006,IDT)

2010-12-01 发布　　2011-04-01 实施

中华人民共和国国家质量监督检验检疫总局
中国国家标准化管理委员会　发布

前 言

GB/T 17971 在《信息技术 文本和办公系统的键盘布局》总标题下，目前包括以下 8 个部分：

——第 1 部分：指导键盘布局通则（即 GB/T 17971.1）；

——第 2 部分：字母数字区（即 GB/T 17971.2）；

——第 3 部分：字母数字区的字母数字分区的补充布局（即 GB/T 17971.3）；

——第 4 部分：数字区（即 GB/T 17971.4）；

——第 5 部分：编辑区（即 GB/T 17971.5）；

——第 6 部分：功能区（即 GB/T 17971.6）；

——第 7 部分：用于表示功能的符号（即 GB/T 17971.7）；

——第 8 部分：数字小键盘上字母的分配（即 GB/T 17971.8）。

本部分为 GB/T 17971 的第 1 部分。

本部分等同采用 ISO/IEC 9995-1:2006《信息技术 文本和办公系统的键盘布局 第 1 部分：指导键盘布局通则》（英文版）。

本部分的附录 A 为资料性附录。

本部分由全国信息技术标准化技术委员会（SAC/TC 28）提出并归口。

本部分主要起草单位：中国电子技术标准化研究所。

本部分主要起草人：赵菁华、刘贤刚、王欣、余云涛。

引　言

GB/T 17971 为信息技术设备(ITE)定义了一个键盘布局的框架。键盘的功能分别由相应的四个物理键盘区完成。

本标准将通过划分键盘不同的功能区和定位设计提供给用户一个统一、开放的接口。本标准的主要任务是容纳当今使用键盘的应用系统所要求的各种字符集,主导解决方式是在字母数字区为每个键分配一个或多个图形字符或控制功能。

信息技术　文本和办公系统的键盘布局
第1部分:指导键盘布局通则

1　范围

GB/T 17971规定了信息技术设备(ITE)所使用的键盘的各种特性。例如下列ITE:

a)　具有字母数字键盘的计算机、工作站、计算机终端、可视显示设备(VDT)、打字机。

b)　具有数字键盘的计算器、电话、自动柜员机(ATM)。

GB/T 17971定义的键盘是惯用线性键盘。它在物理上分成几个区,每个区又分成几个分区,分区内放置有各种键。

GB/T 17971的本部分规定了键盘的区的形状和相对放置。本部分包含了键的间距和物理特性,即字符和符号的定位原则。

本部分规定在信息技术设备(ITE)上应用的数字键盘、字母数字键盘或这两种键盘的复合键盘(以下简称"复合键盘")的键编号系统。

本部分规定在信息技术设备(ITE)上应用的数字键盘、字母数字键盘或复合键盘上字符和符号排列规则。本部分适用于不同的语言,但主要规范适用于从左到右、从上到下的书写语言。

字母数字分区的主要布局根据国家标准和国家习惯用法建立。布局分配指南参照GB/T 17971.2。补充布局参照GB/T 17971.3。

本部分在图1中定义了接口1相关的特性。

GB/T 17971规定了键(图形字符键和控制功能键)的功能分配。按照使用习惯,给定了图形字符和控制功能的通用名称。一般来说,不希望键盘来产生已编码的控制功能,不过,在数据交换中,对一个控制功能键的操作有可能触发若干个已编码的控制功能。

影响键盘状态的各键的效果由GB/T 17971其他部分规定。

2　符合性

2.1　与本部分的符合性

当设备满足第5章到第9章要求时,即与本部分符合。依据使用设备的不同目的,无需实现所描述的全部区和分区。

2.2　符合性的总要求

声称与本标准符合的键盘,至少应与本部分及与特定型号键盘有关的其他所有部分符合。

与GB/T 17971.7符合不要求与GB/T 17971的其他部分符合。

与GB/T 17971.8符合不要求与GB/T 17971的其他部分符合。

2.3　符合性声称

符合GB/T 17971的任何声称都应列出所符合的具体部分。

3　规范性引用文件

下列文件中的条款通过GB/T 17971的本部分的引用而成为本部分的条款。凡是注日期的引用文件,其随后所有的修改单(不包括勘误的内容)或修订版均不适用于本部分,然而,鼓励根据本部分达成协议的各方研究是否可使用这些文件的最新版本。凡是不注日期的引用文件,其最新版本适用于本部分。

ISO 9241-4:1998 办公用视觉显示终端(VDTs)的人类工效学要求 第4部分:键盘要求

ISO 9241-4:1998/Cor 1:2000 办公用视觉显示终端(VDTs)的人类工效学要求 第4部分:键盘要求——技术勘误表1

4 术语和定义

下面给出的术语和定义适用于本部分。

4.1

现用位置 active position

表示下一个图形字符的图形符号成像的字符位置,或者相对于下一个待执行的控制功能的字符位置。

注:通常现用位置在显示器上由光标指出。

4.2

关联系统 associated system

一般由处理器和软件组成,键盘与之连接以便处理键盘操作并运行应用程序的系统。

4.3

大写锁定状态 capitals lock state

当激活该状态时,将导致键盘上全部图形字符处于所具有的大写形式的状态。

注:这一状态影响到哪些图形字符由国家标准或国家习惯确定。

4.4

控制功能 control function

影响数据的记录、处理、传输或解释的动作。

4.5

功能键 function key

主要用途是输入**控制功能**的键。

注:功能键在键盘的每个区中都有。

4.6

图形字符 graphic character

通常以手写、打印或显示等可视方式表示,不是**控制功能**的字符。

4.7

图形键 graphic key

其主要用途是输入一个**图形字符**或图形字符元素的键。

注:在这些键中,某些键也可带有输入控制功能的辅助用途。

4.8

图形符号 graphic symbol

图形字符、**控制功能**、一个或多个**图形字符**和(或)**控制功能**的组合的可视表示。

4.9

组 group

能够对**图形字符**或图形字符元素的汇集提供访问的键盘逻辑状态。

注:

1. 这些**图形字符**或图形字符元素在逻辑上通常归入一类并可安排在一组内的几个层上。

2. 某些**图形字符**(比如带重音的字符)的输入可要求对多于一组进行访问。

4.10

组选 group select

当激活该状态时,将改变键盘状态以产生来自不同组的字符的功能。

4.11

键效果 key effect

当一个键被触动时，有可能与一个限定词键或多个键并发操作，依当前实施的层所得到的效果。

注：键效果可以是生成**图形字符**或**控制功能**。

4.12

层 level

键盘对**图形字符**或图形字符元素的汇集提供访问的逻辑状态。

注：

1. 这些**图形字符**或图形字符元素在逻辑上通常归入一类，比如大写字母形式。
2. 在某些情况下，选出的层也可影响**功能键**。

4.13

层锁状态 level lock state

当激活该状态时，将产生已指派**层**的字符的状态。

4.14

层选 level select

当激活该状态时，将改变键盘的状态以产生来自不同的**层**的字符的功能。

4.15

锁定状态 lock state

以单独的或与某一限定词键组合的方式致动锁定键所设置的状态。

4.16

主要组布局 primary group layout

将第1组图形字符分配给特定键盘的键上的过程。

4.17

限定词键 qualifier key

对其操作并没有直接效果，但只要其处于致动状态就修改其他键的效果的键。

注：例如限定词键可以是层选键或控制键。

4.18

辅助组布局 secondary group layout

将第2组图形字符分配给特定键盘的键上的过程。

4.19

区 section

由具有某种功能关系的键组成的块。

4.20

分区 zone

由本标准定义在键盘区中的部分。

5 键盘的划分

本部分认为键盘是用户与信息处理系统之间的中间元素。键盘特意设计成用户输入信息的手段。见图1。

键盘功能如下：

——用户致动一个或更多个键(在接口1处的事件)；

——将相应的信号发送到信息处理系统(在接口2处的事件)。

本部分将键盘在逻辑上划分为组和层，在物理上划分为区和分区。

未按比例尺绘制，所有划线都是指示性的

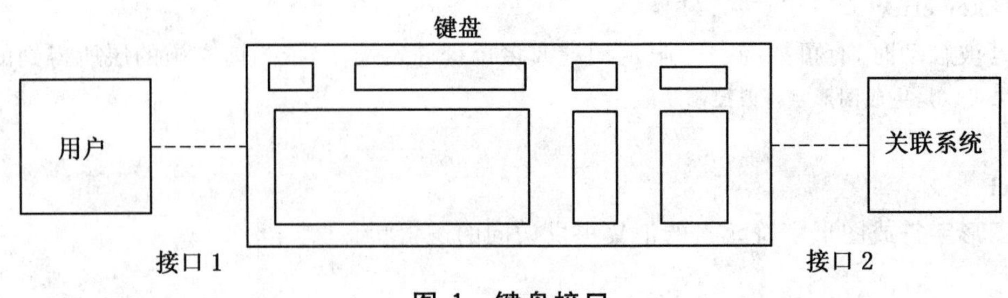

图 1　键盘接口

5.1　将键盘逻辑上划分成组与层

可由一个键访问的图形字符和控制功能在逻辑上安排成组和层。对传统的换档功能已作扩展，允许对不同的组和层进行访问。在可用的组和层中进行选择，由用户借助一个或多个选择机制加以控制(见表 1)。

经认可的两种选择机制是：

——组选：使用户能在各组中选择；

——层选：使用户能在各层中选择。

两种功能可同时采用。组高于层，一个组内可定义若干个层。

表 1　逻辑划分为组与层

组　选	层　选	现用的组与层
无	无	组 1，层 1
(默认＝组 1)	层 2 选中	组 1，层 2
	层 3 选中	组 1，层 3
是	无	组 n，层 1
(到组 n)	层 2 选中	组 n，层 2
	层 3 选中	组 n，层 3

各组中一般都包含全部或特定的功能的集合。键盘可根据实际限制因素设置任何数目的组。

在每一组内，功能键(图形字符和(或)控制功能)至多安排三层。

第 1 组之外的其他各组通过组选功能访问。第 1 层，称无换档层，不需层选功能即可访问。第 2 层，称带换档层，选择功能提供对第 2 层的访问。第 3 层在以前的标准中没有，通过为此提供的附加层选功能加以访问。

键盘区的组选和层选概念适用于键盘上除字母数字区外的各区。

5.2　将键盘物理上划分为区和分区

此处引入区和分区的概念，详情在本部分的其他部分中定义。

键盘所能完成的功能分为四个区，安排如下：

——字母数字区，分区是 ZA0 到 ZA4；

——编辑区，分区是 ZE0 到 ZE2；

——功能区，分区是 ZF0 到 ZF4；

——数字区，分区是 ZN0 到 ZN6。

每一区都可视为由中央核心(分区 0)以及周围的其他分区组成，可用于支持功能键和其他有关键。

各区和分区的总体安排如图 2 所示。

未按比例尺绘制,所有划线都是指示性的

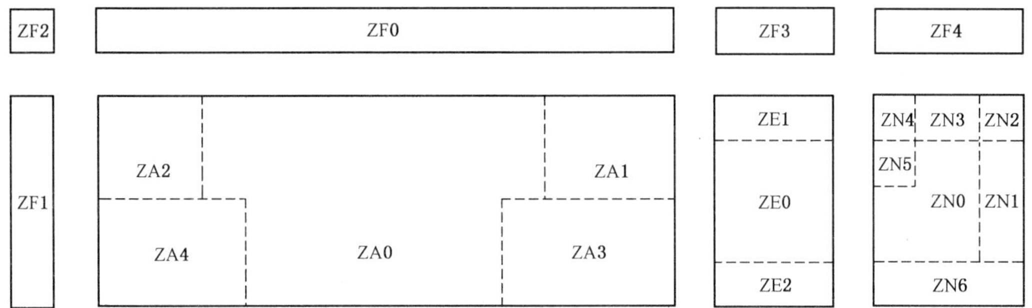

图 2 区和分区的布局(ZA0 到 ZA4 是字母数字区;ZE0 到 ZE2 是编辑区;ZF0 到 ZF4 功能区;ZN0 到 ZN6 是数字区)

6 要求

6.1 各区放置

ITE 包括办公设备的键盘,均可由一个或更多个区组成,各区的尺寸均未确定。每区都能用于独立配置。当键盘上有字母数字区时,各区应作如下物理安排:

——编辑区,若存在,位于字母数字区的右方,或者左方(特别是对于左利手的人员);

——数字区,若存在,位于字母数字区的右方,或者左方(特别是对于左利手的人员);

——功能区,若存在时,位于其他各区的左方、上方或右方。

——若编辑区和数字区都存在时,编辑区应置于字母数字区与数字区的中间。若 ZF1 分区存在,应置于所选定的编辑区或数字区相反方向的外侧以外。

对确切位置未予标准化,但以所有区从 A 行对齐为首选(见第 7 章)。

总体安排如图 2 所示。

6.2 对键分配的指示方法

按照本部分规定,表示图形字符或控制功能的图形符号应明示在用户能观察到的位置。分配应采用如下方法中的一种或几种,其中方法 a)是常见和首选的:

a) 按第 8 章,通过在键顶的可见指示;

b) 通过在键盘的其他位置的可见指示;

c) 通过键盘的产品说明中包含的信息;

d) 通过与键盘一起使用的关联设备对用户可用的信息。

当分配方法采用 c)或者 d)时,应随键盘提供相关的产品说明或其他信息。

按上述规定的每一控制功能的分配,都应按 GB/T 17971.7 中规定的符号进行标识,或按其中的名称标识,或者按其他语言中的等效名称标识。

7 键位置的编号系统

7.1 栅格原则

本部分规定的编号系统与一组布局图有关,每一布局图都基于栅格(行和列的交叉)。栅格用于明示键盘区布局各键的相对位置信息。字母数字区、编辑区、数字区,功能区的栅格在下面分别定义。

依据用户需求和与现有键盘的兼容性,字母数字区的栅格可能有一定角度(见图 3)或正方形(见图 4)。本部分对两种安排没有倾向,也不规定角度。

每一区都分为若干分区。对于功能区,各分区不必紧接,键盘编号系统体现了这一点。

对于有重叠的各区,受影响的列应由重叠区的两种列号标识出来。

键盘上不同部分的栅格的布局如图 3 至图 7 所示。参照行和有关参照列加上了阴影,易于辨识。

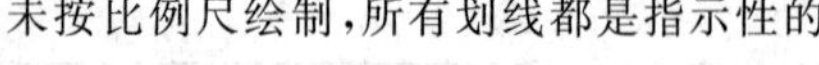
未按比例尺绘制,所有划线都是指示性的

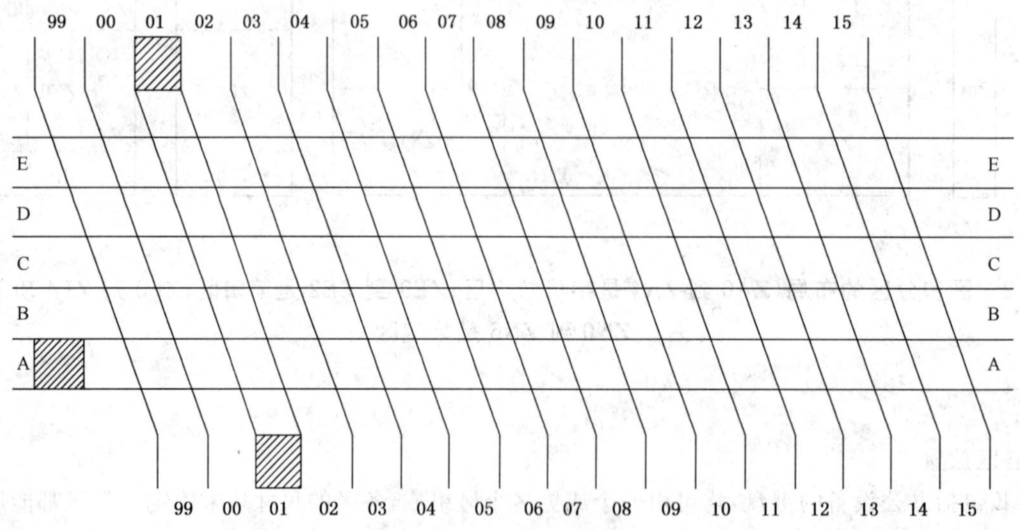

图 3　字母数字区(有角度的栅格)

未按比例尺绘制,所有划线都是指示性的

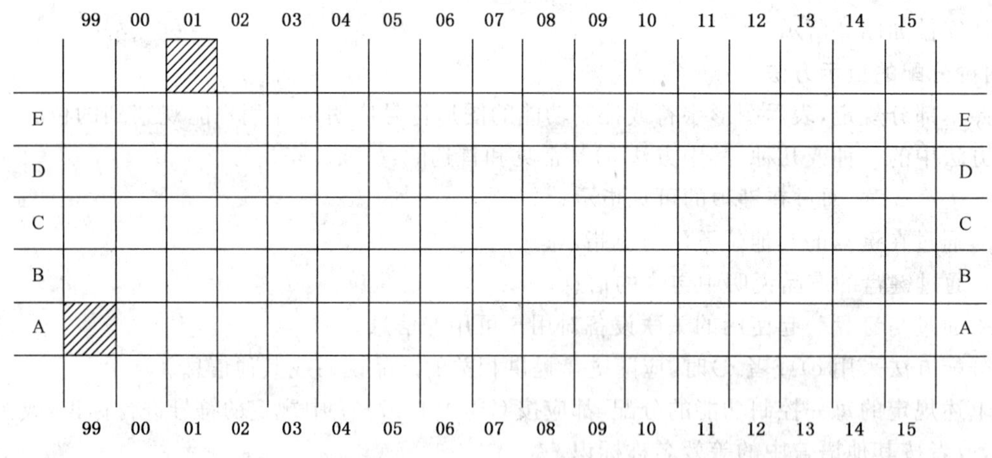

图 4　字母数字区(方形栅格)

未按比例尺绘制，所有划线都是指示性的

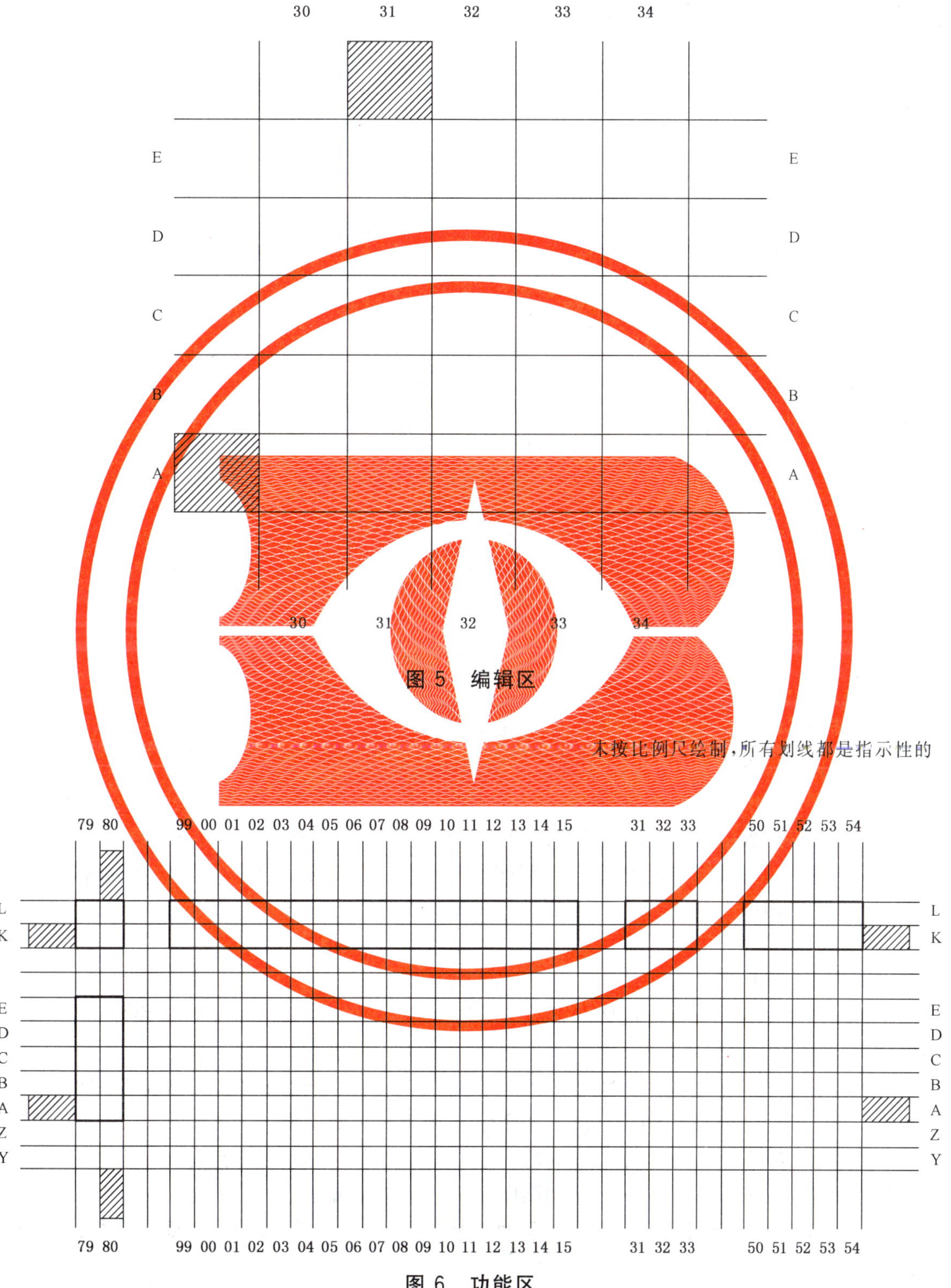

图 5 编辑区

未按比例尺绘制，所有划线都是指示性的

图 6 功能区

未按比例尺绘制，所有划线都是指示性的

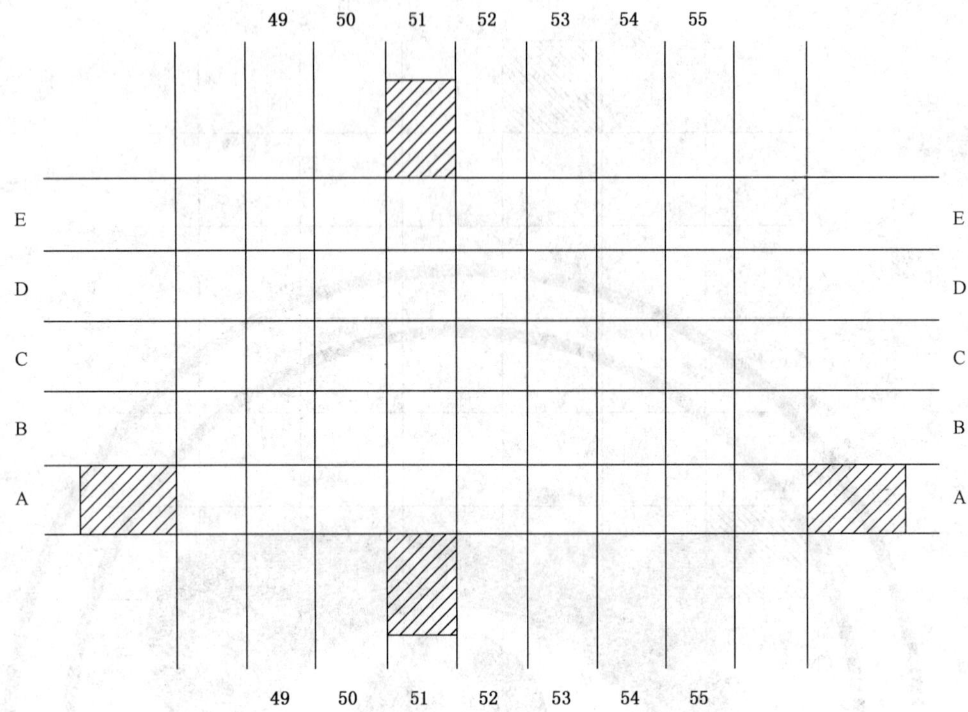

图 7　数字区

7.2　键位置的指称

栅格上的每一键位置均用行与列的交叉来标识。

行和列的标识如下：

行以拉丁字母表中的一个大写字母标识。

A 行指定为字母数字区、编辑区、数字区和功能区的分区 ZF1 的参照行。参照行上面的各行以序列 B、C、D、E 等标识，必要时依此类推。A 行下面行号标识如果需要，按照 Z、Y、X 的顺序依此类推。

K 行指定为功能区中分区 ZF2、ZF0、ZF3 和 ZF4 的参照行。参照 K 行以上的各行以 L、M、N 等标识，必要时依此类推。

列以两位数字来标识。

01 列指定为字母数字区和功能区的分区 ZF0 的参照列。参照列右侧的各列以序列 02、03、04 等标识，必要时依此类推。参照列左侧的各列以序列 00、99、98 等标识，必要时依此类推。

31 列为表示编辑区和功能区分区 ZF3 的列号。列右侧的列号按照 32、33、34 的顺序标识，必要时依此类推。列左侧的列号按照 30、29、28 的顺序标识，必要时依此类推。

51 列为表示编辑区和功能区分区 ZF3 的列号。列右侧的列号按照 52、53、54 的顺序标识，必要时依此类推。列左侧的列号按照 50、49、48 的顺序标识，必要时依此类推。

80 列为表示功能区分区 ZF1 和 ZF2 的列号。列左侧的列号按照 79、78、77 的顺序标识，必要时依此类推。

7.3　行列的参照位置

参照行和有关参照列定义如下：

A 行是包含字母数字区中空格键的行。

K 行是包含功能区的转义键的行。

01 列是包含字母数字区的带数字 1 的键的列。

31 列是包含编辑区的带控制光标左移的键的列。

51 列是包含数字区的带数字 1 的键的列。

80 列是功能区的分区 ZF1 和 ZF2 的最右列。

7.4 键定位编号要求

当键盘描述采用的编号系统和(或)布局图不同于 7.1 和 7.2 中所描述的系统时，应提供有关编号系统与本部分规定的编号系统如何对照的信息。这种信息应包含在随键盘所带的产品说明中。

8 键标记设定和符号定位的通则

本部分不要求对键在所有组的所有层的分配都加上标记，不限制键的颜色、形状，字型以及特殊字符或符号的尺寸。本部分定义这些符号在键上放置的通则，以及标记设定的匀称性和无歧义性方面的其他考虑。

在图形字符或控制功能所在的每一个键上，应明示至少表示一个图形字符或一个控制功能的符号，间隔键除外。

表示功能的符号在 GB/T 17971.7 中定义。

8.1 组位置

键上所明示的以及同一组内表示图形字符键的所有符号，均应放在该键的同一列上。这样的符号多于一列时，可在键上并列放置。

当多于一组的符号明示时，表示组 1 分配的符号应放在键的最左侧，表示组 2 分配的符号应放在键的右侧。可选的情况是，表示其他组的分配应放在键的中间栏。

8.2 组内层的位置

表示分配到同组中不同层的图形字符或功能的符号，利用不同行放在所分配到那一组的列上。本部分允许每个组内至多三层。

可能有两种放置情况。

8.2.1 键顶设定三层标记

表示层 1 分配的符号应放在键顶组栏的中间三分之一处。表示层 2 分配的符号应放在键顶组栏的上三分之一处，见图 8。表示层 3 分配的符号应放在键顶组栏的下三分之一处。在单一符号同时表示前两个层的符号时(像图形字母 M 同时表示大写字母 M 和小写字母 m)，可将该符号放大并放在该键顶组栏的上三分之二处。

未按比例尺绘制，所有划线都是指示性的

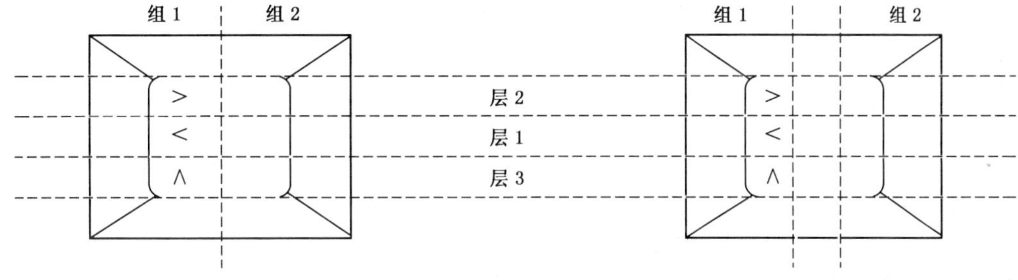

图 8 键顶标记设定三层分配

8.2.2 键顶设定二层标记和键侧设定一层标记

在此情况中，表示层 3 分配的符号应放在该键组栏的前侧，在符号表示层 1 和层 2 的分配时放在同一栏。表示层 1 分配的符号应放在键顶组栏的下半部，见图 9。表示层 2 分配的符号应放在键顶组栏的上半部。在单一符号同时表示层 1 和层 2 分配的符号时（像图形字母 M 同时表示大写字母 M 和小写字母 m)，可将该符号放大并占据该键顶组栏的上半部。

未按比例尺绘制，所有划线都是指示性的

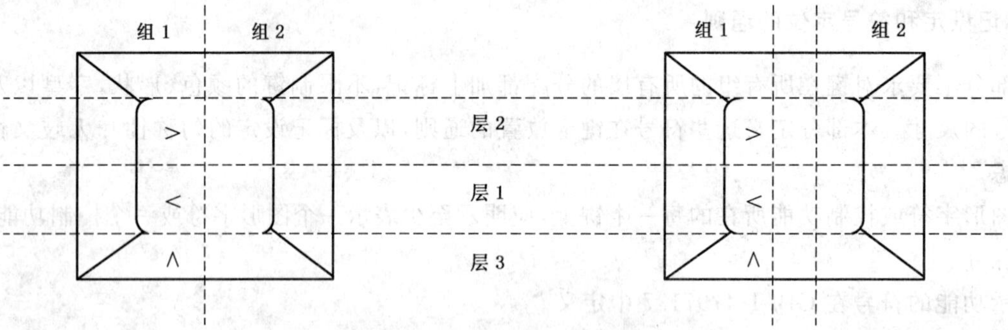

图 9 键顶标记设定二层分配、键侧一层分配

8.3 大小写字母对

凡遇分配到同一键上同一组的层 1 和层 2 的一对大小写字母符号时，小写字母符号不需明示。

8.4 键顶符号最小尺寸的要求

键顶符号最小尺寸的要求见 ISO 9241-4:1998。

9 键安排和间距

9.1 键布局

各区的键布局见本部分的相应部分。

9.2 其他要求

其他要求，例如键顶尺寸和键面、键盘倾斜度、键的移动距离和健力及键的间距，在 ISO 9241-4:1998 中规定。

附 录 A
（资料性附录）
别国国家标准实例

加拿大	CAN/CSA Z243.200-92,Canadian keyboard standard for the English and French languages (Norme canadienne de clavier pour le français et l'anglais).
德国	DIN 2137 series,Büro—und Datentechnik—Tastaturen.
摩洛哥	NM 17.6.000,Technologies de l'information—Prescriptions des claviers conçus pour la saisie des caractères tifinaghes.
瑞典	SS 66 22 41,Informationsteknisk utrustning—Alfanumeriskt tangentbord för svenskt bruk.
英国	BS 4822:1994,Specification for keyboard allocation of graphic characters for data processing.
美国	ANSI INCITS 154: Office Machines and Supplies—Alphanumeric Machines—Keyboard Arrangement [formerly ANSI X3.154-1988 (R1999)].

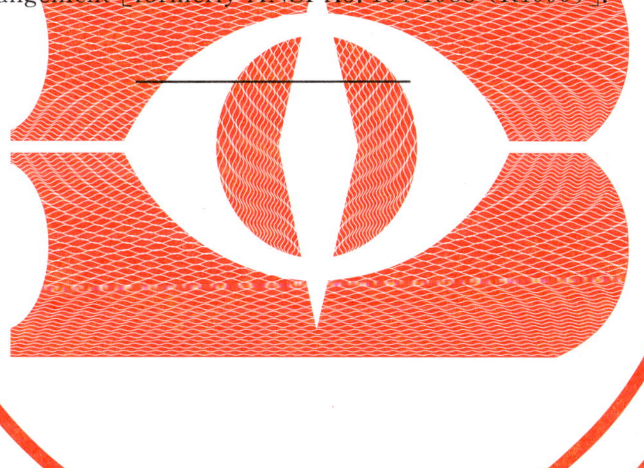

ICS 35.180
L 60

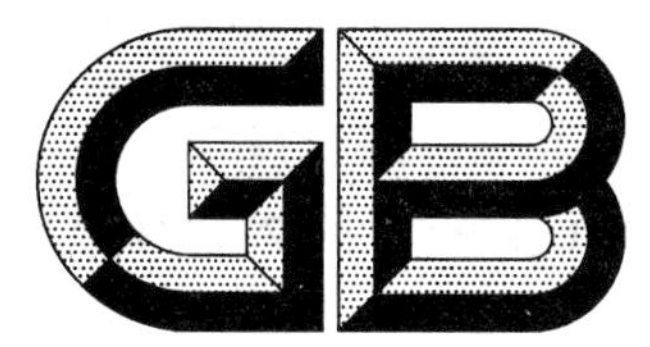

中华人民共和国国家标准

GB/T 17971.2—2010/ISO/IEC 9995-2:2002
代替 GB/T 17971.2—2000

信息技术 文本和办公系统的键盘布局 第2部分:字母数字区

Information technology—Keyboard layouts for text and office systems—Part 2:Alphanumeric section

(ISO/IEC 9995-2:2002,IDT)

2010-12-01 发布 2011-04-01 实施

中华人民共和国国家质量监督检验检疫总局
中国国家标准化管理委员会 发布

前 言

GB/T 17971在《信息技术 文本和办公系统的键盘布局》总标题下，目前包括以下8个部分：

——第1部分：指导键盘布局通则（即GB/T 17971.1）；

——第2部分：字母数字区（即GB/T 17971.2）；

——第3部分：字母数字区的字母数字分区的补充布局（即GB/T 17971.3）；

——第4部分：数字区（即GB/T 17971.4）；

——第5部分：编辑区（即GB/T 17971.5）；

——第6部分：功能区（即GB/T 17971.6）；

——第7部分：用于表示功能的符号（即GB/T 17971.7）；

——第8部分：数字小键盘上字母的分配（即GB/T 17971.8）。

本部分为GB/T 17971的第2部分。

本部分等同采用ISO/IEC 9995-2:2002《信息技术 文本和办公系统的键盘布局 第2部分：字母数字区》（英文版）。

本部分代替GB/T 17971.2—2000《信息技术 文本和办公系统键盘布局 第2部分：字母数字区》。本部分与GB/T 17971.2—2000的主要区别如下：

——针对当字符分配到多于一个组的情况时，增加了组选部分内容。

本部分的附录A为资料性附录。

本部分由全国信息技术标准化技术委员会（SAC/TC 28）提出并归口。

本部分主要起草单位：中国电子技术标准化研究所。

本部分主要起草人：赵菁华、刘贤刚、王欣、余云涛、卢海英。

本部分于2000年首次发布。

信息技术　文本和办公系统的键盘布局　第2部分:字母数字区

1　范围

在GB/T 17971.1描述的基本范围内,GB/T 17971的本部分规定键盘的字母数字区及其分区的划分,同时还规定了字母数字区中ZA0字母数字分区的键的安排、编号和定位,以及字母数字区的功能分区中的几个控制功能在键上的布局和分配。

2　符合性

如果设备满足8.3的要求,同时满足7.1或7.2的要求之一,则符合GB/T 17971的本部分。

3　规范性引用文件

下列文件中的条款通过GB/T 17971的本部分的引用而成为本部分的条款。凡是注日期的引用文件,其随后所有的修改单(不包括勘误的内容)或修订版均不适用于本部分,然而,鼓励根据本部分达成协议的各方研究是否可使用这些文件的最新版本。凡是不注日期的引用文件,其最新版本适用于本部分。

GB/T 1988—1998　信息技术　信息交换用七位编码字符集(eqv ISO 646:1991)

GB 13000—2010　信息技术　通用多八位编码字符集(UCS)(ISO/IEC 10646:2003,IDT)

GB/T 17971.1　信息技术　文本和办公系统的键盘布局　第1部分:指导键盘布局通则(GB/T 17971.1—2010,ISO/IEC 9995-1:2006,IDT)

GB/T 17971.3　信息技术　文本和办公系统的键盘布局　第3部分:字母数字区的字母数字分区补充布局(GB/T 17971.3—2010,ISO/IEC 9995-3:2002,IDT)

GB/T 17971.7　信息技术　文本和办公系统的键盘布局　第7部分:用于表示功能的符号(GB/T 17971.7—2010,ISO/IEC 9995-7:2002,IDT)

4　术语和定义

GB/T 17971.1界定的术语和定义适用于GB/T 17971的本部分。

5　安排和定位

字母数字区位于功能区的右边和部分功能区的下方,编辑区和数字区的左边,见GB/T 17971.1。范围从第99列到第15列。

6　划分为分区

字母数字区划分成分区,如图1所示。

未按比例尺绘制，所有划线都是指示性的

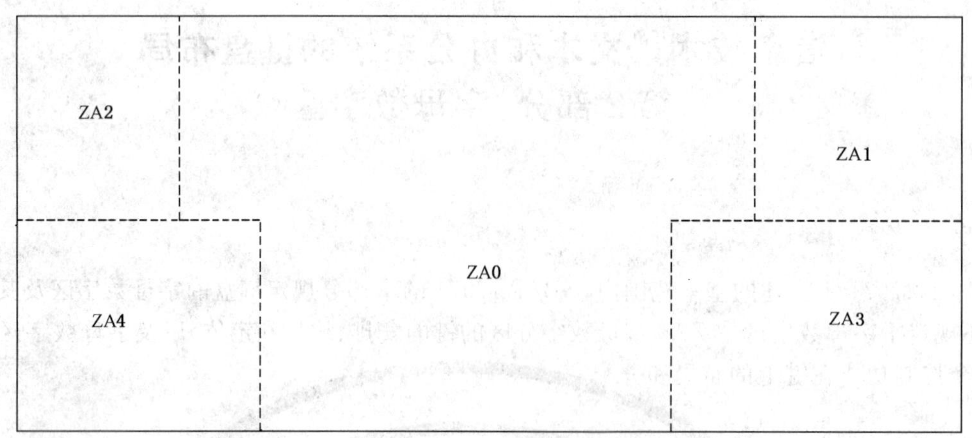

图1 字母数字区划分成分区

ZA0是字母数字区的字母数字分区。ZA1、ZA2、ZA3、ZA4是字母数字区的功能分区。对键的安排、编号和定位，以及图形字符和几个功能在键上的分配，均在本部分的第7章和第8章中规定。

7 字母数字区的字母数字分区中键的安排和定位

图形键和空格键应安排在字母数字分区ZA0。

7.1 键盘的一般安排

图形键和空格键应按图2所示定位。

在字母数字区的字母数字分区中，应有空格键及45个或更多的图形键。安排如下：

——空格键在A行，最短也要从位置A03到A07；

——B行有10个或更多的键，位置从B00到B11；

——C行有11个或更多的键，位置从C01到C15；

——D行有12个或更多的键，位置从D01到D15；

——E行有12个或更多的键，位置从E00到E15。

这种安排包括了现行国际和国家键盘布局，并有足够的灵活性：允许可能的扩展版本。ZA0分区的精确边界取决于键的数目及其配置。

为实现GB/T 17971.3所规定的补充布局，要求有48个图形键。

未按比例尺绘制，所有划线都是指示性的

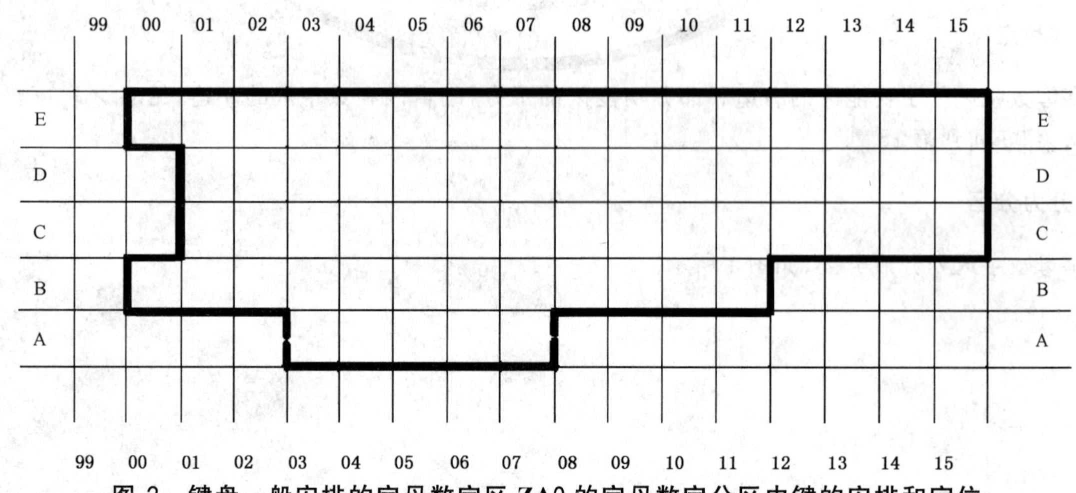

图2 键盘一般安排的字母数字区ZA0的字母数字分区中键的安排和定位

7.2 协调的48个图形键键盘安排

有48个图形键及空格键的协调键盘,应按图3所示定位。

字母数字区的字母数字分区应有48个图形键以及空格键。48个图形键应安排如下:

——空格键在A行,最短也要从位置A03到A07;

——B行有10个键,位置从B01到B10,或者,如果在E13位置不设键,则B行有11个键,位置从B00到B10;

——C行有12个键,位置从C01到C12;

——D行有12个键,位置从D01到D12;

——E行有13个键,位置从E00到E12,或者,如果在B00位置不设键,则E行有14个键,位置从E00到E13。

未按比例尺绘制,所有划线都是指示性的

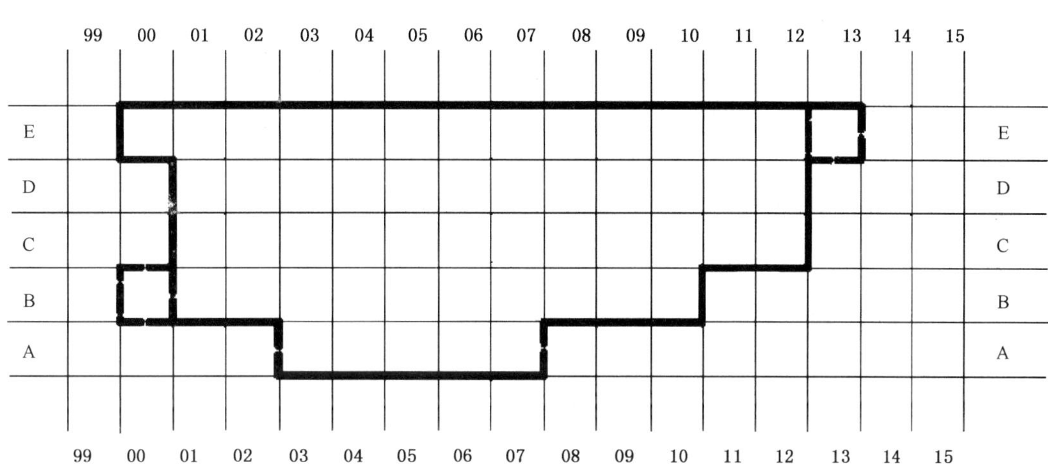

图3 协调的48个图形键键盘安排的字母数字区ZA0字母数字分区中键的安排和定位

8 字母数字区中字母数字分区的功能

分配给字母数字分区ZA0的键的功能是图形字符,包括间隔符。

8.1 图形字符的分配

图形字符的分配由国家标准或国家习惯用法确定。

注:附录A给出的关于分配的推荐方案,适合于在相关国家标准中采用。

当拉丁字母表中的字符分配到字母数字分区ZA0时,适用下列要求:

a) 应包括GB/T 1988的83个已确定的图形字符。这些字符是:

——拉丁字母表中从a到z的26个小写字母;

——拉丁字母表中从A到Z的26个大写字母;

——从0到9的十个阿拉伯数字,见下面的"b)"项;

——感叹号;

——双引号;

——百分号;

——和;

——撇号;

——星号;

——左圆括号;

——右圆括号;

——正号;

——逗号；
——连字符、负号；
——句点；
——斜线；
——冒号；
——分号；
——小于号；
——等于号；
——大于号；
——问号；
——下横线；
——间隔符，见下面的“c)”项。

b) 数字 0 到 9 应分配到 E 行的键。

c) 间隔符应分配到 A 行的空格键。

8.2 非图形键的功能分配

键盘通常在非图形键上提供下列功能中的一项或多项：

——层 2 选择；
——制表；
——大写字母锁定/层 2 锁定/通用锁定；
——回行；
——退格/回删；
——层 3 选择；
——组选择；
——控制；
——替代。

8.3 功能键的最低要求

8.3.1 层 2 选择

应在 B 行提供层 2 选择功能的两个键，并位于图形键行的两端。左手的层 2 选择键整个或部分应在 B99 位置。右手层 2 选择键应与图形键行的右手端相邻。

8.3.2 层 3 选择

对带有分配在第 3 层字符的键，在字母数字区内，字母数字分区之外，应为层 3 选择功能的至少一个键提供键位。

特别是，对于协调的 48 个图形键键盘安排，在 ZA3 或 ZA4 分区，也可在 A 行或 B 行，应至少提供一个层 3 选择键。

8.3.3 组选

对于带有分配到多于一组的字符的键盘，应将组选功能分配到字母数字区之内、字母数字分区之外的一个键或几个键的组合上。

特别是，对于协调的 48 个图形键键盘安排，当字符分配到多于一个组时，组选功能应由按下并保持层 3 选择键同时按下层 2 选择键来激活，或按相反顺序激活。

作为可选功能，当一个键能专用于组选功能时，推荐将其放在紧邻的层 3 选择键。

为了能够输入在 GB 13000—2010 中规定的图形字符集 281(MES-1)中的字符，在 GB/T 17971.3 中规定了公共辅助组(第 2 组)布局。特别是对于第 2 组，用组选(择)功能激活第 2 组时，推荐对录入的下一字符(且仅对这一字符)将该功能锁存。换句话说，激活第 2 组改变了键盘的逻辑状态，以使能将这次激活涉及的所有键释放，而且，按下下一键将选择第2组中的字符。以这种模式按下这样的字符后，键盘自动转回到第二组被激活之前的现用组。

注：当选择一个定义完备文字（如：日语片假名、西里尔字母、希腊语、阿拉伯语、希伯来语）的组时，推荐将这组键锁定在这一位置，直到另一组被选定或解除选定。在这一点上，激活带组选功能的组选的严格方式并未标准化。除组1和组2之外，任何组锁定推荐至少使用合适手段（比如指示灯、液晶显示或屏幕指示）给出可视指示。理想的方式是，在用的实际组在任何时间都应由用户辨识出来。

8.3.4 制表

应在D行提供一个制表功能键，与图形键行的左手端相邻。这个键应整个或部分在D00位置。

8.3.5 大写字母锁定/第2层锁定/通用锁定

应在C行提供一个锁定功能键，与图形键行的左手端相邻。这个键应整个或部分应在C00位置。

8.3.6 回行

应提供一个回行功能键。这个键应整个或部分在C行，与图形键行的右手端相邻。

8.3.7 退格/回删

应提供一个退格/回删功能。

8.4 键顶标记设定

字母数字区功能键顶标记的设定在GB/T 17971.7中规定。

层3和组选功能标记，推荐按GB/T 17971.1中的标记设定部分，以GB/T 17971.7中规定的相应功能符号进行设定。

附 录 A
（资料性附录）
分配指南

各个国家键盘存在多种多样的布局是公认的。图 A.1 所示是拉丁字母子集的典型安排，这可在许多国家的键盘布局上看到。

该图仅作为信息提供。它有可能有助于开发新的国家标准。

图 A.1 或者表 A.1 中仅以字母的大写形式给出。这些字母的小写形式理解为分配到键的第 1 层，大写则分配到第 2 层。

表 A.1 分配实例

键	图形字符
B01	Z 或 Y 或 W
B07	M 或某一其他字符
C01	A 或 Q
C10	某一其他字符或 M
D01	Q 或 A
D02	W 或 Z
D06	Y 或 Z

未按比例尺绘制，所有划线都是指示性的

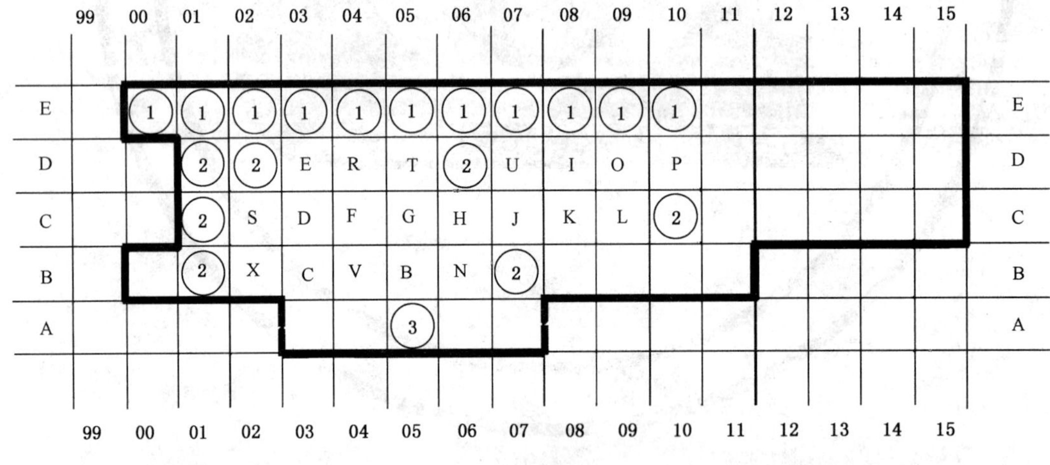

图 A.1 字母数字区 ZA0 字母数字分区键的安排和定位实例

注 1：数字 1 到数字 9 分配在 E01 到 E09 位置的键上；数字零通常分配 E10 位置的键上，有时零也分配在 E00 位置的键上。各数字分配到第 1 层或是第 2 层取决于国家习惯。在键盘中，如果有数字分配到数字区的数字分区，则数字可从字母数字区省去。

注 2：不同的图形字符对键定位取决于国家习惯用法，如表 A.1 所列。

注 3：图形字符空格分配到第 1 层与第 2 层空格键上。如果存在无间断空格，则分配在第 3 层的空格键上。

注 4：如果存在图形字符软连字符，首选方式是将其分配到分配了图形字符连字符的键的第 3 层上。

ICS 35.180
L 60

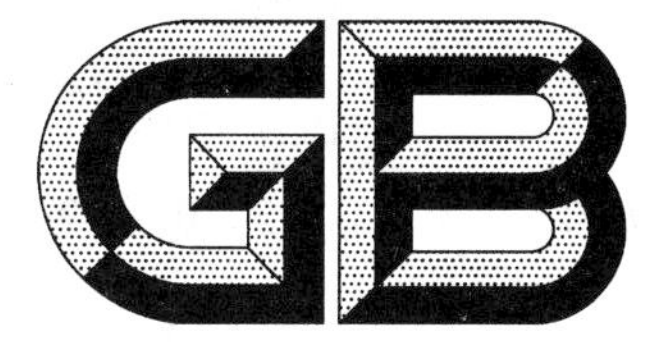

中华人民共和国国家标准

GB/T 17971.3—2010/ISO/IEC 9995-3:2002
代替 GB/T 17971.3—2000

信息技术 文本和办公系统的键盘布局 第3部分:字母数字区的字母数字分区的补充布局

Information technology—Keyboard layouts for text and office systems—Part 3:Complementary layouts of the alphanumeric zone of the alphanumeric section

(ISO/IEC 9995-3:2002,IDT)

2010-12-01 发布 2011-04-01 实施

中华人民共和国国家质量监督检验检疫总局
中国国家标准化管理委员会 发布

前　言

GB/T 17971 在《信息技术　文本和办公系统的键盘布局》总标题下，目前包括以下 8 个部分：

——第 1 部分：指导键盘布局通则(即 GB/T 17971.1)；

——第 2 部分：字母数字区(即 GB/T 17971.2)；

——第 3 部分：字母数字区的字母数字分区的补充布局(即 GB/T 17971.3)；

——第 4 部分：数字区(即 GB/T 17971.4)；

——第 5 部分：编辑区(即 GB/T 17971.5)；

——第 6 部分：功能区(即 GB/T 17971.6)；

——第 7 部分：用于表示功能的符号(即 GB/T 17971.7)；

——第 8 部分：数字小键盘上字母的分配(即 GB/T 17971.8)。

本部分为 GB/T 17971 的第 3 部分。

本部分等同采用 ISO/IEC 9995-3:2002《信息技术　文本和办公系统的键盘布局　第 3 部分：字母数字区的字母数分区的补充布局》(英文版)。

本部分代替 GB/T 17971.3—2000《信息技术　文本和办公系统键盘布局　第 3 部分：字母数字区的字母数字分区补充布局》。本部分与 GB/T 17971.3—2000 的主要区别如下：

——在公用辅助组和补充拉丁组布局中增加了带变音符的键操作。

本部分由全国信息技术标准化技术委员会(SAC/TC 28)提出并归口。

本部分主要起草单位：中国电子技术标准化研究所。

本部分主要起草人：赵菁华、刘贤刚、王欣、余云涛、卢海英。

本部分于 2000 年首次发布。

信息技术　文本和办公系统的键盘布局　第3部分:字母数字区的字母数字分区的补充布局

1　范围

在GB/T 17971.1描述的基本范围内,GB/T 17971的本部分第5章定义图形字符集的键盘分配,这些可输入的图形字符集在GB 13000—2010的A.4.1“281(MES-1)”中定义。在分配这些字符时,结合了各国版本的键盘布局标准和本部分第6章补充拉丁组的布局。

注:MES-1(多语言欧洲字符子集)允许对40个公认的基于拉丁字母的欧洲语言(另加南非荷兰语)进行表示。

本部分主要用于字处理和文本处理的应用。

2　符合性

如果键盘公认辅助组第二组(组2)图形字符的分配满足第5章的要求,同时基本组(组1)图形字符的分配满足以下任一种布局,则符合GB/T 17971的本部分:

——国家键盘标准。

——通用惯例。

——按照第6章定义的补充拉丁组布局。

注:图形字符的分配到字母数字区的字母数字分区的基本组的实例,参照GB/T 17971.2的附录A。

除明确声明是一个子集者外,任何符合本标准的声明均应隐含已全部实现公用辅助组(第2组)的布局,以及第5章的所有其他要求。

3　规范性引用文件

下列文件中的条款通过GB/T 17971的本部分的引用而成为本部分的条款。凡是注日期的引用文件,其随后所有的修改单(不包括勘误的内容)或修订版均不适用于本部分,然而,鼓励根据本部分达成协议的各方研究是否可使用这些文件的最新版本。凡是不注日期的引用文件,其最新版本适用于本部分。

GB/T 1988—1998　信息技术　信息交换用七位编码字符集(eqv ISO 646:1991)

GB 13000—2010　信息技术　通用多八位编码字符集(UCS)(ISO/IEC 10646:2003,IDT)

GB/T 17971.1　信息技术　文本和办公系统的键盘布局　第1部分:指导键盘布局通则(GB/T 17971.1—2010,ISO/IEC 9995-1:2006,IDT)

GB/T 17971.2　信息技术　文本和办公系统的键盘布局　第2部分:字母数字区(GB/T 17971.2—2010,ISO/IEC 9995-2:2002,IDT)

4　术语和定义

GB/T 17971.1界定的术语和定义适用于GB/T 17971的本部分。

5　公用辅助组布局

本部分规定的公用辅助组布局,按GB/T 17971.2的规定,要求键盘带48个图形键。这种布局要求按GB/T 17971.1中的定义提供第2组。第1组图形字符及其在键盘上的布局通过国家有关键盘布局标准定义或根据公认用法建立。公用辅助组(第2组)的图形字符是在281(MES-1)中定义的,即在GB 13000—2010中所修订的表中的图形字符集,这些字符既不在所有的国家键盘布局的第1组字符中,也不在具体国家常见用法所建立的布局中。这导致第1组布局和公用辅助组(第2组)布局之间图形字符有一定重复。然而,这允许公用辅助组的图形字符及其在键上的分配与当与已建立的拉丁组布局一起使用时始终相同。

公用辅助组(第2组)字符的分配应按照表1定义。

注:GB 13000—2010中MES-1的字符集是ISO/IEC 6937:1994的字符集和欧元符号(在ISO/IEC 6937任何一个版本中和在该国际标准更新有效实施之前一直没有编码)的并集。在修订为分配给欧元符号一个键盘位置之前,ISO/IEC 6937历史上曾经是本部分所用的字符集的基本引用。本标准不推荐引用ISO/IEC 6937,在规范性引用文件中不包括该标准。这不排除对ISO/IEC 6937的字符集作为一个子集来实现,但这超出本标准范围。若特别声明按第2章所提的符合性条款要求,则允许实现MES-1的子集。

表1 公用辅助组(第2组)图形字符的分配

键	第1级	第2级	第3级
E00	无符号	软连字符	
E01	上标数字一	倒感叹号	
E02	上标数字二	普通分数八分之一	
E03	上标数字三	镑货币符或数字记号	
E04	普通分数的四分之一	欧元符号	圆货币符或通用货币符
E05	普通分数的二分之一	普通分数的八分之三	
E06	普通分数的四分之三	普通分数八分之五	
E07	左花括号	普通分数八分之七	
E08	左方括号	商标符	
E09	右方括号	正负号	
E10	右花括号	度号	
E11	反斜线	倒问号	
E12	软音符	下右钩(变音符)	
D01	商用单价符	欧姆符	
D02	带划线的拉丁小写字母l	带划线的拉丁大写字母L	
D03	拉丁小写连字符oe	拉丁大写连字符OE	
D04	段符	注册符	
D05	带划线的拉丁小写字母t	带划线的拉丁大写字母T	
D06	向左箭头	元(货币)符二	
D07	向下箭头	向上箭头	
D08	向右箭头	不带点的拉丁小写字母i	
D09	带划线的拉丁小写字母o	带划线的拉丁大写字母O	
D10	拉丁小写字母Thorn	拉丁大写字母Thorn	
D11	分音符	上圆圈	

表 1(续)

键	第 1 级	第 2 级	第 3 级
D12	颚化符	长音符	
C01	拉丁小写连字符 ae	拉丁大写连字符 AE	
C02	小写字母清音 s	(章)节号	
C03	拉丁小写字母 Eth	带划线的拉丁大写字母 D	
C04	带划线的拉丁小写字母 d	阴性目指示符	
C05	拉丁小写字母 Eng	拉丁大写字母 Eng	
C06	带划线的拉丁小写字母 h	带划线的拉丁大写字母 H	
C07	拉丁小写连字符 ij	拉丁大写连字符 IJ	
C08	拉丁小写字母 Kra	和	
C09	中间带点的拉丁小写字母 l	中间带点的拉丁大写字母 L	
C10	高音符	双高音符	
C11	抑扬音符	V 形变音符	
C12	抑音符	短音号	
B00	竖线	折线号	
B01	左双尖引号	小于号	
B02	右双尖引号	大于号	
B03	分(货币)符	版权号	
B04	左双引号	左单引号	
B05	右双引号	右单引号	
B06	前面带撇号的拉丁字母 n	音乐符	
B07	微符	阳性目指示符	
B08	横线	乘号	
B09	中心点	除号	
B10	下点	上点	

注:若 B00 位置不设图形键,则 B00 处的图形字符应分配给 E13 位置的图形键。

不强制要求将所有图形字符的图形符号标识在键的顶部。第 1 组图形字符的复制符不应出现在第 2 组中。当字母有大写和小写两种形式时,只需标出大写形式。

表 1 中所列图形字符的名称是其他标准(如最新版本的 GB 13000)中等效的编码图形字符。这些标准采用的大写字母命名约定指出是编码图形字符。因为本部分不规定编码,所以仅使用大写字母的约定在此不予保留。但是,图形字符的名称与相关的编码标准中的名称完全相同。

为图形字符选定名称旨在反映其习惯含意。不过本部分既不定义、不限制图形字符的含意,也不规定其图像的具体形状或字型设计。

5.1 带变音符的键操作

变音符如下:

——高音符;

——短音符;

——V 形变音符;

——软音符；

——分音符；

——上点；

——双高音符；

——抑音符；

——长音符；

——下右钩(变音符)；

——上圈点；

——浪号。

注："下点"也分配一个键，它是可区别标记，但不在ISO/IEC 6937中定义。

变音符出现在某些字母的上面或下面，并且他们都是无间隔字符。当触动一个带变音符的键后，再触动一个带字母的键时，将指明这两个字符要结合为一个图形符。当触动带变音符的键后跟着触动空格键时，将指明变音符自成图形字符(即独立字符)。

用于删除字符的方法，建议同样适用于取消字符的构造部分，比如不跟以字母或空格符的变音符。

6 补充拉丁组布局

本部分规定的补充拉丁组布局要求键盘依照GB/T 17971.2的要求带48个图形键。这种补充布局是为没有键盘布局国家标准或公共的现成国家用法时提供的。它也用于基本布局基于非拉丁文字的情况。

补充拉丁组字符的分配在表2中定义。

不强制要求将所有图形字符的图形符号标在键的顶部。补充拉丁组布局字符的复制符已经标在键盘上时，不应出现在公共辅助组(第2组)中。

表2中所列图形字符的名称是其他标准(如最新版本的GB 13000)中用于等效编码图形字符的名称。约定以大写字母命名指出是编码图形字符。因本部分不规定编码，所以仅使用大写字母的约定在此不予保留。不过，图形字符的名称与相关的编码标准中的名称完全相同。

图形字符的名称反映它们的习惯含意。但本部分不定义、不限制图形字符的含意，也不规定图形字符图像的具体形状或字型设计。

6.1 带变音符的键操作

变音符如下：

——高音号；

——短音符；

——V形变音符；

——软音符；

——分音符；

——双高音符；

——抑音符；

——长音符；

——下右钩(变音符)；

——上圆圈；

——浪号。

注：下点也分配一个键，它是可区别标记，但不在ISO/IEC 6937中定义。

变音符出现在某些字母的上面或下面，并且他们都是无间隔字符。当触动一个带变音符的键后，再触动一个带字母的键时，将指明这两个字符要结合为一个图形符。当触动带变音符的键后跟着触动空格键时，将指明变音符自成图形字符(即独立字符)。

表 2 补充拉丁组图形字符的分配

键	第 1 级	第 2 级
E00	星号	正号
E01	数字 1	感叹号
E02	数字 2	双引号
E03	数字 3	镑货币符
E04	数字 4	元(货币)符一
E05	数字 5	百分号
E06	数字 6	和
E07	数字 7	撇号
E08	数字 8	左圆括号
E09	数字 9	右圆括号
E10	数字 0	等号
E11	斜线	问号
E12	软音符	下右钩(变音符)
D01	拉丁小写字母 q	拉丁大写字母 Q
D02	拉丁小写字母 w	拉丁大写字母 W
D03	拉丁小写字母 e	拉丁大写字母 E
D04	拉丁小写字母 r	拉丁大写字母 R
D05	拉丁小写字母 t	拉丁大写字母 T
D06	拉丁小写字母 y	拉丁大写字母 Y
D07	拉丁小写字母 u	拉丁大写字母 U
D08	拉丁小写字母 i	拉丁大写字母 I
D09	拉丁小写字母 o	拉丁大写字母 O
D10	拉丁小写字母 p	拉丁大写字母 P
D11	分音符	上圈号
D12	浪号	长音符
C01	拉丁小写字母 a	拉丁大写字母 A
C02	拉丁小写字母 s	拉丁大写字母 S
C03	拉丁小写字母 d	拉丁大写字母 D
C04	拉丁小写字母 f	拉丁大写字母 F
C05	拉丁小写字母 g	拉丁大写字母 G
C06	拉丁小写字母 h	拉丁大写字母 H
C07	拉丁小写字母 j	拉丁大写字母 J
C08	拉丁小写字母 k	拉丁大写字母 K
C09	拉丁小写字母 l	拉丁大写字母 L

表 2（续）

键	第 1 级	第 2 级
C10	高音符	双高音符
C11	抑扬音符	V 形变音符
C12	抑音符	短音号
B00	小于号	大于号
B01	拉丁小写字母 z	拉丁大写字母 Z
B02	拉丁小写字母 x	拉丁大写字母 X
B03	拉丁小写字母 c	拉丁大写字母 C
B04	拉丁小写字母 v	拉丁大写字母 V
B05	拉丁小写字母 b	拉丁大写字母 B
B06	拉丁小写字母 n	拉丁大写字母 N
B07	拉丁小写字母 m	拉丁大写字母 M
B08	逗号	分号
B09	句点	冒号
B10	连字符	下横线

注：如果 B00 位置不设图形键，则 B00 处的图形字符应分配给 E13 位置的图形键。

用于删除字符的方法，建议同样适用于取消字符的构造部分，比如不跟以字母或空格符的变音符。

ICS 35.180
L 60

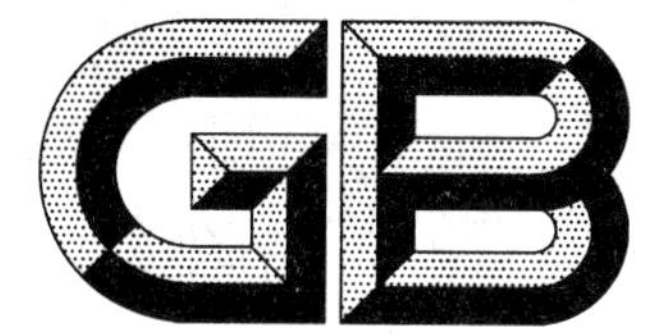

中华人民共和国国家标准

GB/T 17971.4—2010/ISO/IEC 9995-4:2002

信息技术　文本和办公系统的键盘布局 第4部分:数字区

Information technology—Keyboard layouts for text and office systems—Part 4:Numeric section

(ISO/IEC 9995-4:2002,IDT)

2010-12-01 发布　　　　2011-04-01 实施

中华人民共和国国家质量监督检验检疫总局
中国国家标准化管理委员会　发布

前　言

GB/T 17971 在《信息技术　文本和办公系统的键盘布局》总标题下，目前包括以下 8 个部分：

——第 1 部分：指导键盘布局通则(即 GB/T 17971.1)；

——第 2 部分：字母数字区(即 GB/T 17971.2)；

——第 3 部分：字母数字区的字母数字分区的补充布局(即 GB/T 17971.3)；

——第 4 部分：数字区(即 GB/T 17971.4)；

——第 5 部分：编辑区(即 GB/T 17971.5)；

——第 6 部分：功能区(即 GB/T 17971.6)；

——第 7 部分：用于表示功能的符号(即 GB/T 17971.7)；

——第 8 部分：数字小键盘上字母的分配(即 GB/T 17971.8)。

本部分为 GB/T 17971 的第 4 部分。

本部分等同采用 ISO/IEC 9995-4:2002《信息技术　文本和办公系统的键盘布局　第 4 部分：数字区》(英文版)。

本部分由全国信息技术标准化技术委员会(SAC/TC 28)提出并归口。

本部分主要起草单位：中国电子技术标准化研究所。

本部分主要起草人：赵菁华、刘贤刚、王欣、余云涛、卢海英。

信息技术　文本和办公系统的键盘布局　第4部分:数字区

1　范围

在GB/T 17971.1描述的基本范围内,GB/T 17971的本部分规定了键盘的数字区和数字分区的划分,同时还规定了在数字分区ZN0和数字区功能分区ZN1到ZN6的键的安排、编号和定位,以及几个功能在键上的分配。

数字分区ZN0常应用于文本和数据处理中。例如:办公环境、银行、销售点终端(POS)、远程信息通信服务、电话设备、家用电子系统、机器和设备的数控和个人标识号(PIN)的录入等。

数字区功能分区ZN1到ZN6常应用于数据登录、文本和数据处理和通用的办公环境等。

2　符合性

若设备满足第5章、第6章、第7章、第8章、第9章、第10章要求,同时满足8.1或者8.2的要求,则符合GB/T 17971的本部分。

3　规范性引用文件

下列文件中的条款通过GB/T 17971的本部分的引用而成为本部分的条款。凡是注日期的引用文件,其随后所有的修改单(不包括勘误的内容)或修订版均不适用于本部分,然而,鼓励根据本部分达成协议的各方研究是否可使用这些文件的最新版本。凡是不注日期的引用文件,其最新版本适用于本部分。

GB/T 17971.1　信息技术　文本和办公系统的键盘布局　第1部分:指导键盘布局通则(GB/T 17971.1—2010,ISO/IEC 9995-1:2006,IDT)

ITU-T建议E.161　可用于增加电话网接入的电话和其他装置的数字、字母和符号的排列

4　术语和定义

GB/T 17971.1界定的术语和定义适用于GB/T 17971的本部分。

5　安排和定位

数字区位于字母数字区和编辑区的右方、部分功能区的下方,各键通常呈矩形安排,详见GB/T 17971.1。

6　划分成分区

数字区划分成分区,如图1所示。

未按比例尺绘制，所有划线都是指示性的

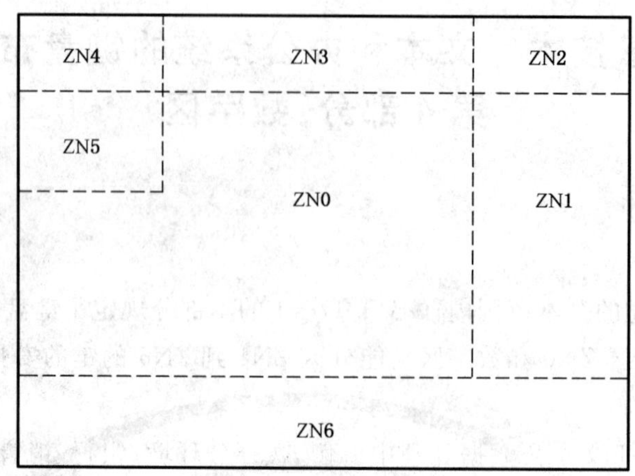

图 1　数字区划分成分区

ZN0 是数字区的数字分区。键的安排、编号和定位以及功能在键上的分配在第 7 章、第 8 章中规定。

ZN1 到 ZN6 是数字区的功能分区。键的排列、编号和定位以及功能在键上的分配在第 9 章中规定。

7　数字分区键的安排、定位和功能

数字分区 ZN0 中键应按图 2 所示进行安排和定位。

分配到数字分区的键上的功能应有数字 0 到 9、十进小数分隔符和两个远程信息通信功能。

未按比例尺绘制，所有划线都是指示性的

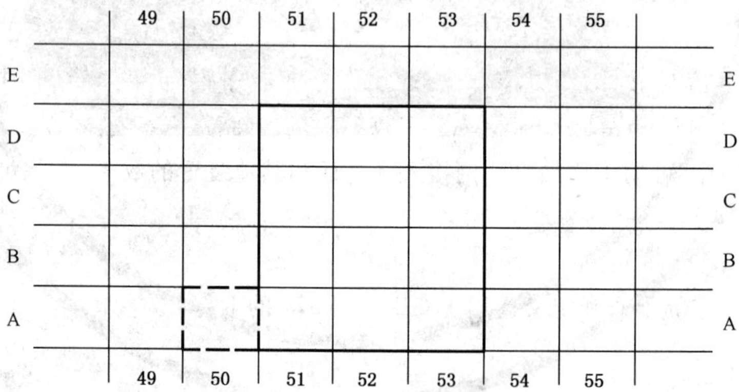

图 2　数字区键的安排和定位

8　数字分区键的功能分配

数字零到九应分配到数字分区 ZN0 的键的十个键上，分配采用两种方式：“1-2-3”式布局（见 8.1）或“7-8-9”式布局（见 8.2）。“1-2-3”布局是首选。

十进小数分隔符和两个远程信息通信功能应按 8.1、8.2 中的定义进行分配。

8.1　“1-2-3”式布局

这种布局主要用于一般办公应用、文本和数据处理以及其他应用系统（例如远程信息通信服务、电话设备、家用电子系统、机器和设备的数控）。也推荐用于话音与数据综合的终端设备。这种布局的功能分配应如表 1 所列；见图 3。

表 1 "1-2-3"式布局

键	办公业务功能	远程信息通信功能	惯用的办公业务符	惯用的远程信息通信符
A50				
A51		始发符		星号(*)
A52	数字 0	数字 0	0	0
A53	十进小数分隔符	终止符	◤	井字号(#)
B51	数字 7	数字 7	7	7
B52	数字 8	数字 8	8	8
B53	数字 9	数字 9	9	9
C51	数字 4	数字 4	4	4
C52	数字 5	数字 5	5	5
C53	数字 6	数字 6	6	6
D51	数字 1	数字 1	1	1
D52	数字 2	数字 2	2	2
D53	数字 3	数字 3	3	3

未按比例尺绘制,所有划线都是指示性的

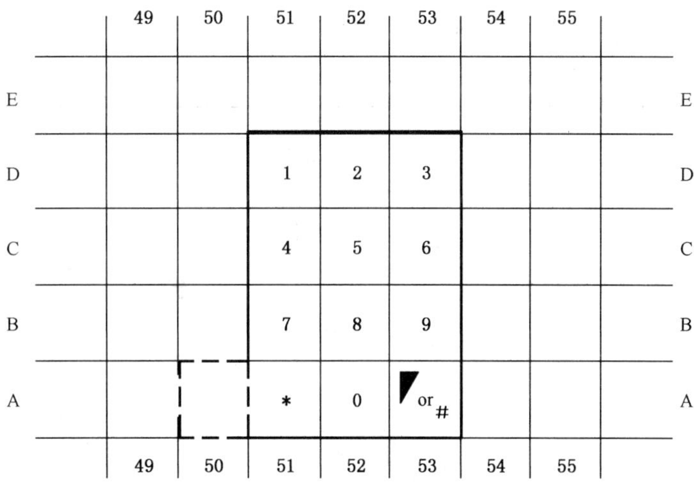

图 3 "1-2-3"式布局

远程信息通信功能的始发符和终止符分配在位于 A51 和 A53 的键上,这种分配是在 ITU-T 的相关建议中确定的,符号的实际形状在 ITU-T 建议 E.161 中规定。

注:分配到 A53 位置的十进小数分隔符键是一种功能键,此键不能用作字母数字键。在输入期间,其功能是用于指明一个数正在录入的整数部分已经结束,紧接其后录入的数字序列应是该数的小数部分,这完全独立于小数分隔符的显现。这种功能的标记,推荐使用 GB/T 17971.7—2010 定义的功能符 62。

任何办公功能都不分配到位于 A51 的键。所推荐的功能有:

——间隔符,用作可能的三位一组的分隔符;

——单零,增大可录入数字 0 的区域;

——双零号。

任何功能都不分配到位于 A50 的键。所推荐的功能有：

——单零，加大可录入数字 0 的区域；

——双零号；

——三零号，附加到单零或者与位于 A51 的键上的双零号结合使用。

当要求针对培训过的人员，或要求具有匀称布局时，也可为上面所列的应用系统提供“7-8-9”(见 8.2)式布局。

8.2 “7-8-9”式布局

这种布局主要用于数据录入等应用系统和其他一般办公应用系统。这种布局的功能分配应如表 2 所列；参见图 4。

远程信息通信的始发符和终止符分配在位于 A51 到 A53 的键上，这种分配是在 ITU-T 的相关建议中确定的，符号的实际形状在 ITU-T 建议 E.161 中规定。

任何办公功能都不分配到位于 A51 的键。所推荐的功能有：

——间隔符，用作可能的三位一组的分隔符；

——单零，增大可录入数字 0 的区域；

——双零号。

任何功能都不分配到位于 A50 的键。所推荐的功能有：

——单零，增大可录入数字 0 的区域；

——双零号；

——三零号，附加到单零或者与位于 A51 的键上的双零号结合使用。

当不要求针对培训过的人员，或不要求具有匀称布局时，也可为上面所列的应用系统提供“1-2-3”(见 8.1)式布局。

表 2 “7-8-9”式布局

键	办公业务功能	远程信息通信功能	惯用的办公业务符	惯用的远程信息通信符
A50				
A51		始发符		星号(*)
A52	数字 0	数字 0	0	0
A53	十进小数分隔符	终止符	⎖	井字号(#)
B51	数字 1	数字 1	1	1
B52	数字 2	数字 2	2	2
B53	数字 3	数字 3	3	3
C51	数字 4	数字 4	4	4
C52	数字 5	数字 5	5	5
C53	数字 6	数字 6	6	6
D51	数字 7	数字 7	7	7
D52	数字 8	数字 8	8	8
D53	数字 9	数字 9	9	9

未按比例尺绘制，所有划线都是指示性的

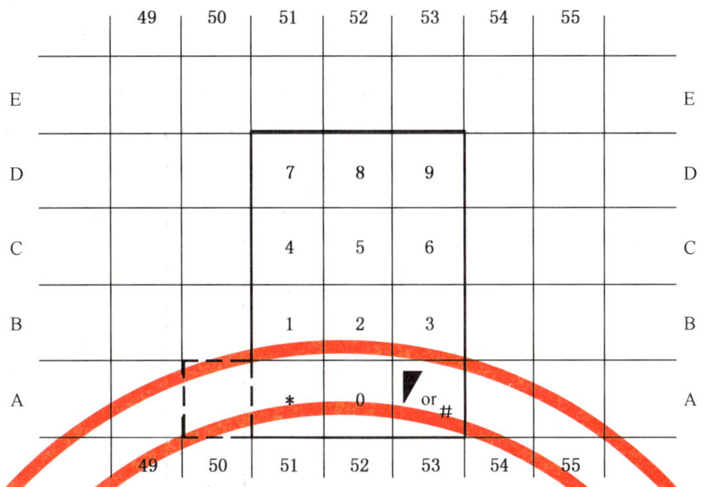

图 4 “7-8-9”式布局

注：分配到 A53 位置的十进小数分隔符键是一种功能键，此键不能用作字母数字键。在输入期间，其功能是用于指明一个数正在录入的整数部分已经结束，紧接其后录入的数字序列应是该数的小数部分，这完全独立于小数分隔符的显现。这种功能的标记，推荐使用 GB/T 17971.7—2010 定义的功能符 62。

9 功能分区的安排、定位和功能

键应按图 5 中的规定安排在功能分区 ZN1、ZN2、ZN3。

位于 A54 到 D54 的键在分区 ZN1。

位于 E54 的键在分区 ZN2。

位于 E51 到 E53 的键在分区 ZN3。

图 5 中没有 ZN4、ZN5 和 ZN6 三个分区，没有键在此规定。

分配给数字区的功能分区 ZN1、ZN2 和 ZN3 的键上的功能如下：

——加或录入；

——等于(或等号)；

——制表或替代的十进小数分隔符；

——四个算数运算符(或等效的图形字符)。

应用系统将确定生成功能还是生成图形字符。

其中功能为：

——加法；

——减法；

——乘法；

——除法；

——等于。

其中图形字符为：

——加号；

——减号；

——乘号；

——除号；

——等号。

未按比例尺绘制,所有划线都是指示性的

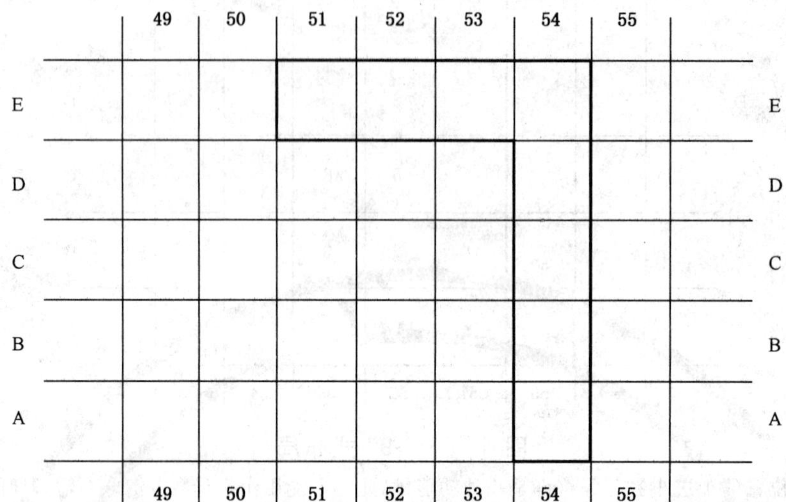

图 5 功能区 ZN1,ZN2,ZN3 键的安排和布局

10 功能分区键的功能分配

第 9 章所列的功能的分配如表 3 所列和图 6 所示。

这种分配应仅适用于当四种算术运算符(或者等效的图形字符)分配在 E 行的键上的情况。

在位置 A-B54 的键根据应用系统的要求将具有"加"或者"录入"的功能。

当要求制表功能或替代的十进小数分隔符时,有关功能应分配在 C54 位置的键上。

注:不推荐使用星号和斜线图形字符来表示乘和除。

表 3 功能分区 ZN1、ZN2 和 ZN3 中的功能定位

键	功能	对应的符号
A-B54	加或录入	取决于地区或语言
C-D54	等于	=
E51	加	+
E52	减	−
E53	乘	×
E54	除	÷

未按比例尺绘制,所有划线都是指示性的

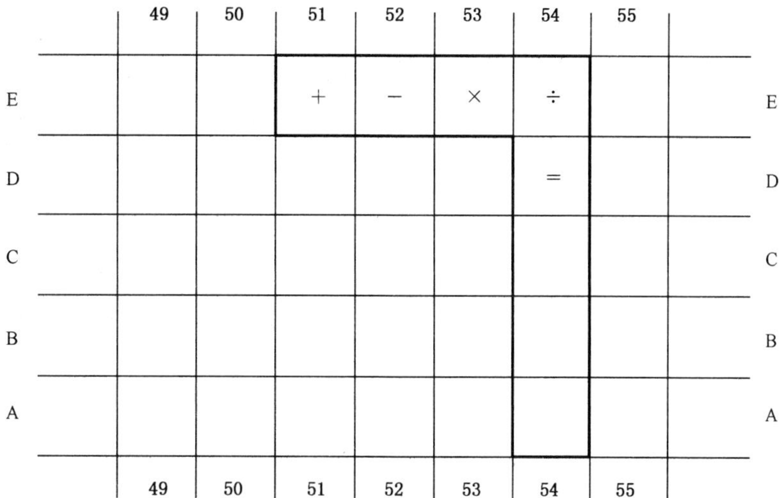

图 6　功能分区 ZN1、ZN2 和 ZN3 中键的功能分配

ICS 35.180
L 60

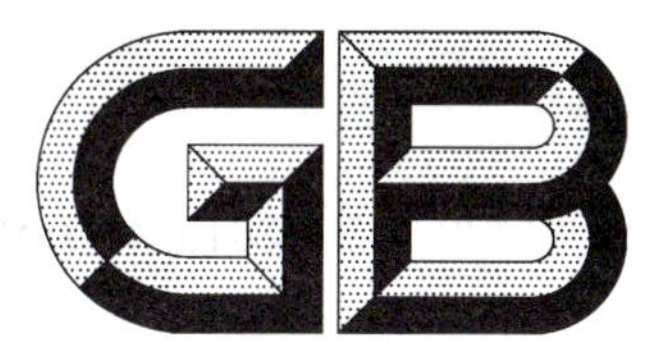

中华人民共和国国家标准

GB/T 17971.5—2010/ISO/IEC 9995-5:2006

信息技术 文本和办公系统的键盘布局 第5部分:编辑区

Information technology—Keyboard layouts for text and office systems—Part 5:Editing section

(ISO/IEC 9995-5:2006,IDT)

2010-12-01 发布　　　　2011-04-01 实施

中华人民共和国国家质量监督检验检疫总局
中国国家标准化管理委员会　发布

前　言

GB/T 17971 在《信息技术　文本和办公系统的键盘布局》总标题下，目前包括以下 8 个部分：

——第 1 部分：指导键盘布局通则（即 GB/T 17971.1）；

——第 2 部分：字母数字区（即 GB/T 17971.2）；

——第 3 部分：字母数字区的字母数字分区的补充布局（即 GB/T 17971.3）；

——第 4 部分：数字区（即 GB/T 17971.4）；

——第 5 部分：编辑区（即 GB/T 17971.5）；

——第 6 部分：功能区（即 GB/T 17971.6）；

——第 7 部分：用于表示功能的符号（即 GB/T 17971.7）；

——第 8 部分：数字小键盘上字母的分配（即 GB/T 17971.8）。

本部分为 GB/T 17971 的第 5 部分。

本部分等同采用 ISO/IEC 9995-5:2006《信息技术　文本和办公系统的键盘布局　第 5 部分：编辑区》（英文版）。

本部分由全国信息技术标准化技术委员会（SAC/TC 28）提出并归口。

本部分主要起草单位：中国电子技术标准化研究所。

本部分主要起草人：赵菁华、刘贤刚、王欣、余云涛、卢海英。

信息技术　文本和办公系统的键盘布局
第5部分:编辑区

1　范围

在GB/T 17971.1描述的基本范围内,GB/T 17971的本部分规定了键盘的编辑区和编辑区的分区划分,同时还规定了编辑分区ZE0的光标键和该分区键的功能分配;定义了编辑分区ZE1和ZE2的键的安排、编号和定位,同时作为该区键的功能分配的指南。

2　符合性

如果设备满足第5章、第6章、第8章、第12章,并满足7.1、9.1、10.1或者7.2、9.2、10.2,则符合GB/T 17971的本部分。

3　规范性引用文件

下列文件中的条款通过GB/T 17971的本部分的引用而成为本部分的条款。凡是注日期的引用文件,其随后所有的修改单(不包括勘误的内容)或修订版均不适用于本部分。然而,鼓励根据本部分达成协议的各方研究是否可使用这些文件的最新版本。凡是不注日期的引用文件,其最新版本适用于本部分。

GB/T 17971.1—2010　信息技术　文本和办公系统的键盘布局　第1部分:指导键盘布局通则(ISO/IEC 9995-1:2006,IDT)

GB/T 17971.7—2010　信息技术　文本和办公系统的键盘布局　第7部分:用于表示功能的符号(ISO/IEC 9995-7:2002,IDT)

4　术语和定义

GB/T 17971.1—2010界定的术语和定义适用于GB/T 17971的本部分。

5　安排和定位

编辑区位于字母数字区与数字区之间,在此对各键作出安排。特别是对于左利手的用户,编辑区可位于字母数字区的左边和数字区的右边。详见GB/T 17971.1—2010的6.1。

6　划分成分区

将编辑区划分成分区,如图1所示。分区编号按相对重要性和大致的使用频率进行。

未按比例尺绘制,所有划线都是指示性的

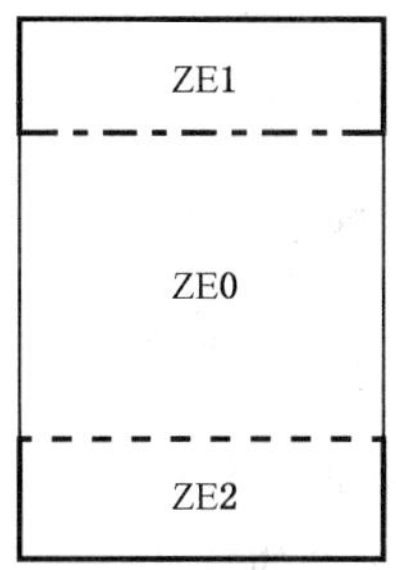

图1　编辑区划分成分区

ZE0 是编辑区的光标分区。键的安排、编号、定位以及功能在键上的分配在本部分的第 7 章到第 9 章中规定。

ZE1 和 ZE2 是编辑区的编辑分区。键的安排、编号、定位以及功能在键上的分配在本部分的第 10 章中规定。

7 光标分区的安排和定位

光标分区 ZE0 占据区域如图 2 所示。

光标分区 ZE0 的键应安排成如下两种方式之一：十字安排(见 7.1)或倒 T 安排(见 7.2)。本部分并不给出哪种首选。

未按比例尺绘制，所有划线都是指示性的

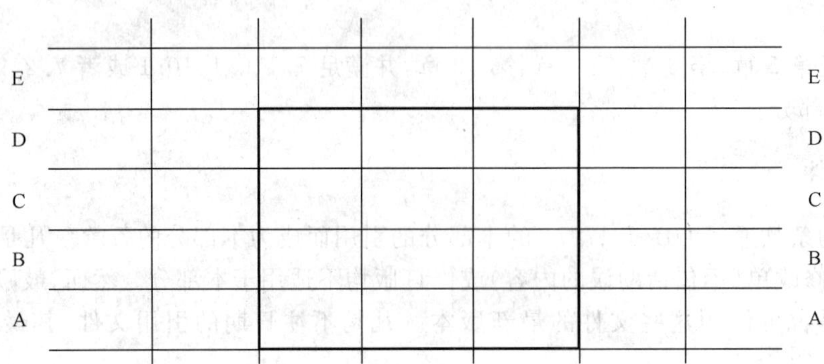

图 2 光标分区图 ZE0

7.1 十字安排

“十字安排”位于光标分区 ZE0 的 A、B 和 C 三行，见图 3。作为备选方案，也可位于同一分区的 B、C 和 D 三行的同样的列。十字安排的放置可受到键编辑分区 ZE1 和 ZE2 的尺寸和放置的影响。

未按比例尺绘制，所有划线都是指示性的

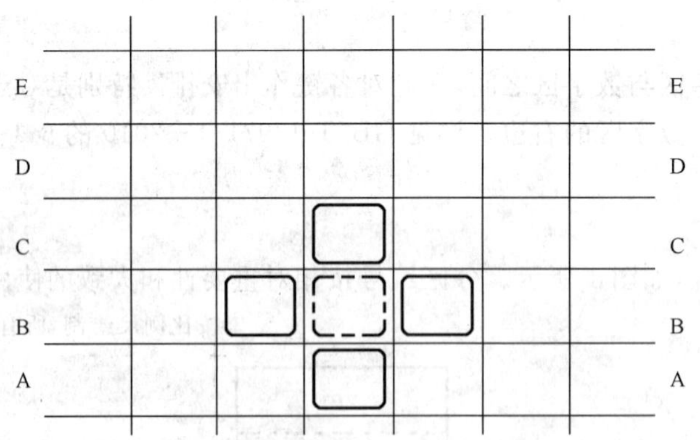

图 3 十字安排

7.2 倒 T 安排

“倒 T 安排”位于光标分区 ZE0 的 A 和 B 两行，见图 4。作为备选方案，也可位于同一分区的 B 和 C 两行或 C 和 D 两行的同样的列。倒 T 安排的放置可受到键编辑分区 ZE1 和 ZE2 的尺寸和放置的影响。

未按比例尺绘制，所有划线都是指示性的

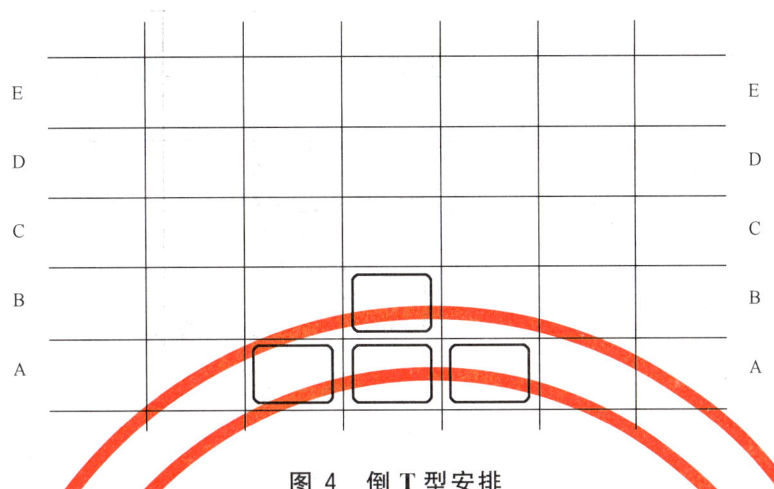

图 4 倒 T 型安排

8 光标分区的功能

分配到光标分区的键上的四个基本光标控制功能是：光标上移、光标下移、光标左移、光标右移。光标功能键使用的符号应按 GB/T 17971.7—2010 中的规定。

9 分配

四个基本的光标控制功能应以从第 9 章选出的两种方式之一分配到光标分区 ZE0 的各键，有十字布局(见 9.1)和倒 T 布局(见 9.2)。

9.1 十字布局

光标功能键使用的符号应按 GB/T 17971.7—2010 中的规定。

根据 GB/T 17971.1 制定的键盘标记原则，光标键应以表 1 中的符号作出标记。

十字布局位于光标分区 ZE0 的 A、B 和 C 三行，如图 5 所示。作为备选方案，也可位于同一分区的 B、C 和 D 三行。十字布局的放置可受到键编辑区 ZE1 和 ZE2 的尺寸和放置的影响。

表 1 十字布局的功能名

键	功能名	常规符号名
B31	光标左移	左指箭头
A32	光标下移	下指箭头
B33	光标右移	右指箭头
C32	光标上移	上指箭头

在十字交叉型布局中，中间位置的键不分配任何功能。允许使用该键进行光标操作或者根本不提供此键。在不提供此键的情况下，水平移动方向的键可以紧邻安排成两列的十字形布局。首选方式是如图 5 所示的三列十字布局。

未按比例尺绘制，所有划线都是指示性的

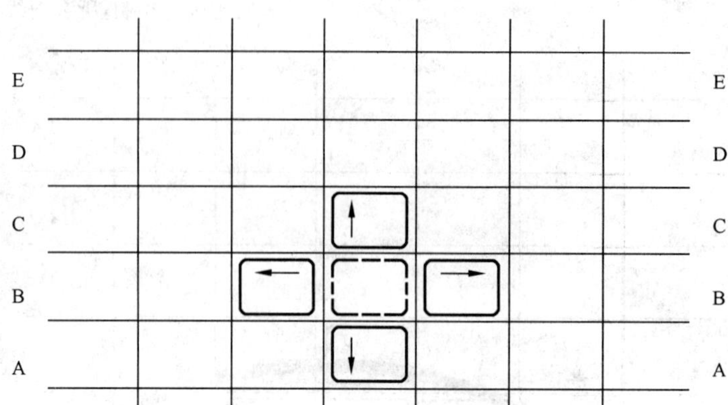

图5 十字交叉型布局

9.2 倒T布局

光标功能键符号的使用应按GB/T 17971.7—2010的规定。

表2 倒T布局的功能名

键	功能名	常规符号名
A31	光标左移	左指箭头
A32	光标下移	下指箭头
A33	光标右移	右指箭头
B32	光标上移	上指箭头

根据GB/T 17971.1—2010规定的键盘标记原则，光标键以表2中的符号作出标记。

倒T布局位于光标分区ZE0的A和B两行，如图6所示。作为备选方案，也可位于同一分区的B和C两行或C和D两行。倒T布局的放置受到编辑区ZE1和ZE2的尺寸和放置的影响。

未按比例尺绘制，所有划线都是指示性的

30 31 32 30 34

E
D
C
B
A

图6 倒T布局

10 编辑分区的安排和定位

通常只设定一个编辑分区ZE1或者ZE2(见图7和图8)。分区的安排和定位取决于光标分区ZE0的安排和定位。ZE0与ZE1之间、ZE0与ZE2之间的边界不固定(见图1)。

10.1 编辑分区ZE1

编辑分区ZE1的键的安排和定位如图7所示。

编辑分区ZE1应占据E行。可以使用D行，并可延伸到C行。编辑分区ZE1的尺寸可受光标分区 ZE0 的尺寸和放置的影响。

未按比例尺绘制，所有划线都是指示性的

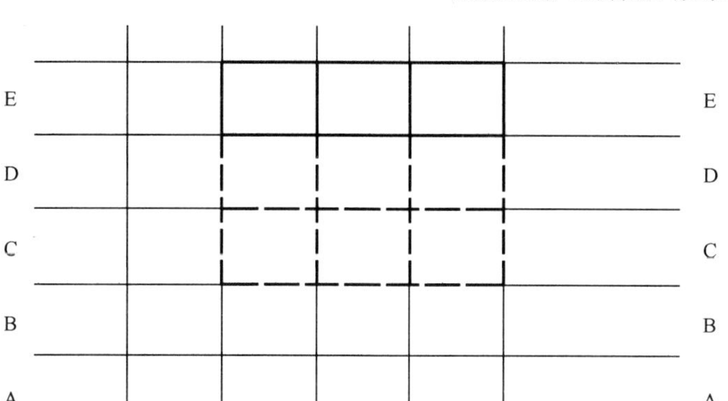

图 7　编辑分区 ZE1 的安排和定位

10.2　编辑分区 ZE2

编辑分区 ZE2 的键的安排和定位如图 8 所示。

如果有编辑分区 ZE2，则应占据 A 行。可以延伸到 B 行。编辑分区 ZE2 的尺寸可受光标分区 ZE0 的尺寸和放置的影响。

未按比例尺绘制，所有划线都是指示性的

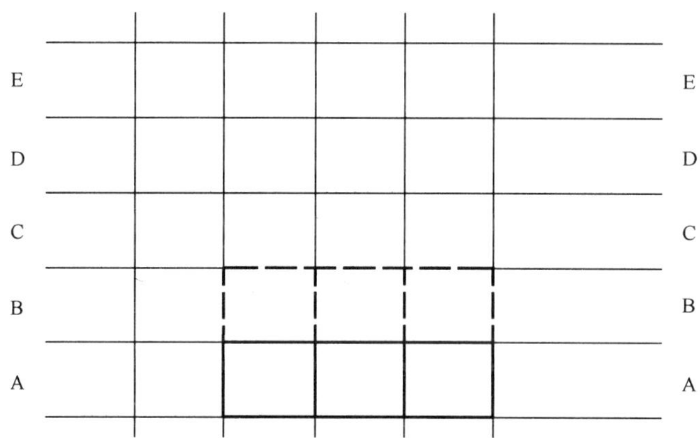

图 8　编辑分区 ZE2 的安排和定位

11　编辑分区的功能

分配给编辑分区的键上的编辑功能有删除、插入、向上翻页、向下翻页等。

12　分配指南

编辑分区基本功能是删除、插入、向上翻页、向下翻页等。这些功能若实现时，应分别分配给键的第 1 层。

在将这些功能分配到编辑分区的键时，注意逻辑上、功能性和人类工效学上的问题是重要的。

当使用符号标识在键盘上实现的编辑功能时，应按 GB/T 17971.7—2010 中的规定。

ICS 35.180
L 60

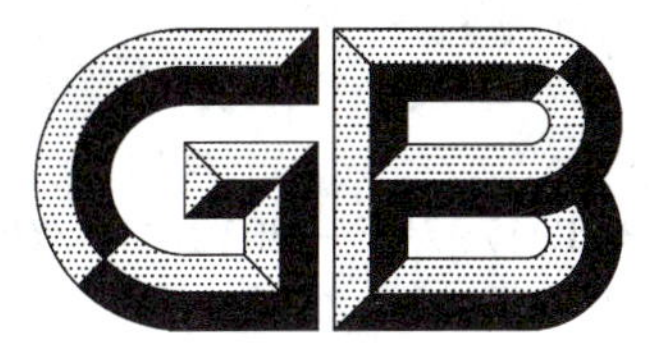

中华人民共和国国家标准

GB/T 17971.6—2010/ISO/IEC 9995-6:2006

信息技术　文本和办公系统的键盘布局
第6部分:功能区

Information technology—Keyboard layouts for text and office systems—Part 6:Function section

(ISO/IEC 9995-6:2006,IDT)

2010-12-01 发布　　　　2011-04-01 实施

中华人民共和国国家质量监督检验检疫总局
中国国家标准化管理委员会　发布

前　言

GB/T 17971在《信息技术　文本和办公系统的键盘布局》总标题下，目前包括以下8个部分：

——第1部分：指导键盘布局通则(即GB/T 17971.1)；

——第2部分：字母数字区(即GB/T 17971.2)；

——第3部分：字母数字区的字母数字分区的补充布局(即GB/T 17971.3)；

——第4部分：数字区(即GB/T 17971.4)；

——第5部分：编辑区(即GB/T 17971.5)；

——第6部分：功能区(即GB/T 17971.6)；

——第7部分：用于表示功能的符号(即GB/T 17971.7)；

——第8部分：数字小键盘上字母的分配(即GB/T 17971.8)。

本部分为GB/T 17971的第6部分。

本部分等同采用ISO/IEC 9995-6:2006《信息技术　文本和办公系统的键盘布局　第6部分：功能区》(英文版)。

本部分由全国信息技术标准化技术委员会(SAC/TC 28)提出并归口。

本部分主要起草单位：中国电子技术标准化研究所。

本部分主要起草人：赵菁华、刘贤刚、王欣、余云涛、卢海英。

信息技术　文本和办公系统的键盘布局
第6部分:功能区

1　范围

在GB/T 17971.1描述的基本范围内,GB/T 17971的本部分规定了键盘的功能区和功能区的分区划分。同时还规定了功能区中功能分区的安排、编号和键的定位以及功能在键上的分配。

本标准的其他部分分配给键的功能在各自的部分中定义。

2　符合性

如果设备满足第5章和第6章的要求,则符合GB/T 17971的本部分。

3　规范性引用文件

下列文件中的条款通过GB/T 17971的本部分的引用而成为本部分的条款。凡是注日期的引用文件,其随后所有的修改单(不包括勘误的内容)或修订版均不适用于本部分。然而,鼓励根据本部分达成协议的各方研究是否可使用这些文件的最新版本。凡是不注日期的引用文件,其最新版本适用于本部分。

GB/T 17971.1—2010　信息技术　文本和办公系统的键盘布局　第1部分:指导键盘布局通则(ISO/IEC 9995-1:2006,IDT)

GB/T 17971.7—2010　信息技术　文本和办公系统的键盘布局　第7部分:用于表示功能的符号(ISO/IEC 9995-7:2002,IDT)

4　术语和定义

GB/T 17971.1—2010界定的术语和定义适用于GB/T 17971的本部分。

5　安排和定位

功能区是位于所有其他区的左方和所有其他区的上方或右方,在此对各键作出的一种安排(见GB/T 17971.1—2010的6.1)。

6　划分成分区

将功能区划分为分区,如图1所示。分区编号按相对重要性和大致的使用频率进行。

未按比例尺绘制，所有划线都是指示性的

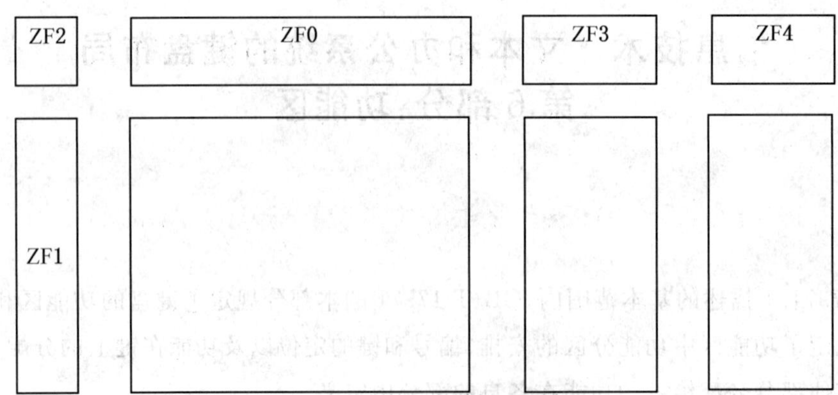

图 1 功能区划分为分区

6.1 键的编号和安排

功能区的分区 ZF0 应占据 K 行的某一部分，由 99 列延伸到 15 列的矩形区域组成。

分区 ZF1 占据 A 到 E 行的 80 列。

分区 ZF2 占据 K 行的 80 列。

分区 ZF3 占据 K 行的 31 到 33 列。

分区 ZF4 占据 K 行的 50 到 54 列。

分区 ZF0、ZF2、ZF3 和 ZF4 可以延伸至 K 行以上的各行。

分区 ZF1 和 ZF2 可以延伸到 79 列，根据需要可延伸到该列以外。

只有分配了控制功能和可编程功能的各键才应放在功能分区 ZF0 到 ZF4，但本部分不定义除 6.2 中定义的键之外的任何键的分配。

6.2 键分配

当提供“转义”控制功能以及出现任何功能分区（在 K 行上实现）时，这种功能应分配到处于 K 行的最左位置的单个键上。此键与其他键应有明显区别，以防无意触动。

“转义”功能键采用的符号应按 GB/T 17971.7—2010 中的规定。

在分区 ZF0 的“转义”功能键的右边应提供不少于 10 个功能键并且与分配给“转义”功能的键隔开。当使用可编程功能时，这些功能应分配到这些键上。

注：键的效果：

——功能区的任何一个键的操作均报告给所运行的应用系统。本部分对键的效果不予定义；

——在解释这些键的含义时，所运行的应用系统能将任何一个限定词键的状态考虑在内。

ICS 35.180
L 60

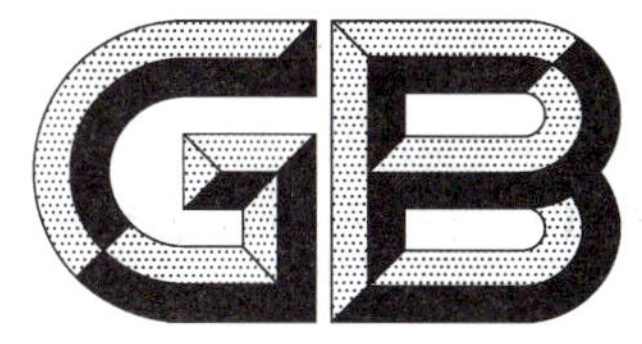

中华人民共和国国家标准

GB/T 17971.7—2010/ISO/IEC 9995-7:2002

信息技术　文本和办公系统的键盘布局 第7部分：用于表示功能的符号

Information technology—Keyboard layouts for text and office systems—Part 7:Symbols used to represent functions

(ISO/IEC 9995-7:2002,IDT)

2010-12-01 发布　　2011-04-01 实施

中华人民共和国国家质量监督检验检疫总局
中国国家标准化管理委员会　发布

前　言

GB/T 17971 在《信息技术　文本和办公系统的键盘布局》总标题下，目前包括以下 8 个部分：

——第 1 部分：指导键盘布局通则（即 GB/T 17971.1）；

——第 2 部分：字母数字区（即 GB/T 17971.2）；

——第 3 部分：字母数字区的字母数字分区的补充布局（即 GB/T 17971.3）；

——第 4 部分：数字区（即 GB/T 17971.4）；

——第 5 部分：编辑区（即 GB/T 17971.5）；

——第 6 部分：功能区（即 GB/T 17971.6）；

——第 7 部分：用于表示功能的符号（即 GB/T 17971.7）；

——第 8 部分：数字小键盘上字母的分配（即 GB/T 17971.8）。

本部分为 GB/T 17971 的第 7 部分。

本部分等同采用 ISO/IEC 9995-7:2002《信息技术　文本和办公系统的键盘布局　第 7 部分：用于表示功能的符号》（英文版）。

本部分的附录 A、附录 B 和附录 C 为资料性附录。

本部分由全国信息技术标准化技术委员会（SAC/TC 28）提出并归口。

本部分主要起草单位：中国电子技术标准化研究所。

本部分主要起草人：赵菁华、刘贤刚、王欣、余云涛、卢海英。

信息技术　文本和办公系统的键盘布局 第7部分:用于表示功能的符号

1　范围

在GB/T 17971.1描述的基本范围内,GB/T 17971的本部分规范各类基于数字的、字母数字的或复合的键盘的功能符号,每一个符号代表的功能都是通用的并且与语言无关的。每个功能的名称和具体描述由表1给出。

2　符合性

如果设备满足第5章的要求,则符合GB/T 17971的本部分。

3　规范性引用文件

下列文件中的条款通过GB/T 17971的本部分的引用而成为本部分的条款。凡是注日期的引用文件,其随后所有的修改单(不包括勘误的内容)或修订版均不适用于本部分,然而,鼓励根据本部分达成协议的各方研究是否可使用这些文件的最新版本。凡是不注日期的引用文件,其最新版本适用于本部分。

GB/T 17971.1—2010　信息技术　文本和办公系统的键盘布局　第1部分:指导键盘布局通则(ISO/IEC 9995-1:2006,IDT)

GB/T 17971.4—2010　信息技术　文本和办公系统的键盘布局　第4部分:数字部分(ISO/IEC 9995-4:2002,IDT)

GB/T 5465.2—2008　设备应用图形符号　第2部分:图形符号(IEC 60417-2:1998,IDT)

GB/T 5465.11—2007　电气设备用图形符号基本规则　第1部分:原形符号的生成(IEC 80416-1:2001,IDT)

ISO 7000:2002　设备用图形符号

IEC 60417-1:2000　设备应用图形符号　第1部分:概述及应用

IEC 80416-2:2001　电气设备用图形符号基本规则　第2部分:箭头的格式和使用

4　术语和定义

GB/T 17971.1—2010界定的术语和定义适用于GB/T 17971的本部分。

5　功能描述

表1所列键的功能分配,各键的功能指示居于键顶,指示应是下列之一:

——对应符号;

——键功能名或者缩略语;

——在其他语言中的等效功能名或者缩写。

虽然本部分所定义的符号若适当时可用于其他书写系统的键盘,但本部分是按照从左到右和从上到下方向的书写习惯而制定。

表1所示的符号应按该表中所示的取向在设备中再现。这些符号只有在采用表中的取向时,才有关联的意义。

表1 符号

编号	ISO 7000:2002 GB/T 5465.2—2008 编号	符号	功能	描述
1	ISO 7000-1861		层2选择	选择键盘当前活动组分配到第2层的字符集或功能集
2	ISO 7000-2010		层2锁定	保持当前活动组处于第2层的状态
3	ISO 7000-2011		大写锁定	选择当前为大写字母录入的状态。其他字符录入不受影响。 对键盘的某些键而言,大写锁定与层2锁定相同。
4	ISO 7000-2012		数字锁定	选择或保持键盘上数字模式
5	ISO 7000-2013		层3选择	选择键盘当前活动组分配到第3层的字符集或功能集
6	ISO 7000-2014		层3锁定	保持当前活动组处于第3层的状态
7	ISO 7000-0251		组选择	选择分配给键盘组的字符集或功能集

表 1(续)

编号	ISO 7000:2002 GB/T 5465.2—2008 编号	符　　号	功　能	描　　述
8	ISO 7000-1862		组锁定	保持选定组的状态
9	ISO 7000-2015		空格	指示空格字符
10	ISO 7000-2016		非断开空格	指示非断开空格字符
11	ISO 7000-2017	a	插入	打开或关闭插入模式
12	ISO 7000-2018	a...	连续下划线	为所规定的字符序列(包括字符间的间隔)加下划线
13	ISO 7000-2019	aa	断续的下划线(字下划线)	为所规定的字符序列(不包括字符间的间隔)加下划线
14	ISO 7000-2020	a	强调	强调所选定的对象

表 1（续）

编号	ISO 7000:2002 GB/T 5465.2—2008 编号	符　　号	功　能	描　　述
15	ISO 7000-2021		复合字符	通过关联分配到键盘上的字符来选择一个键盘上没有分配的图形字符
16	ISO 7000-2022	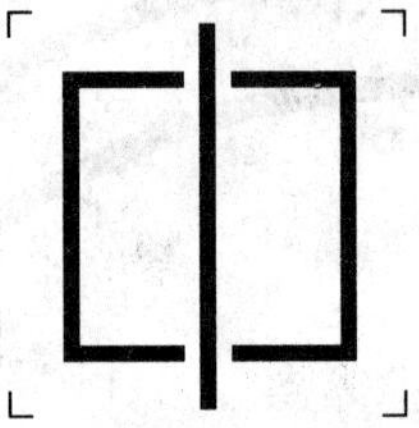	居中	使一个对象与各有关参照点等距，或对一个参照点居中
17	ISO 7000-2023		回删	将光标回移一个位置并删除该位置的对象
18	ISO 7000-1028	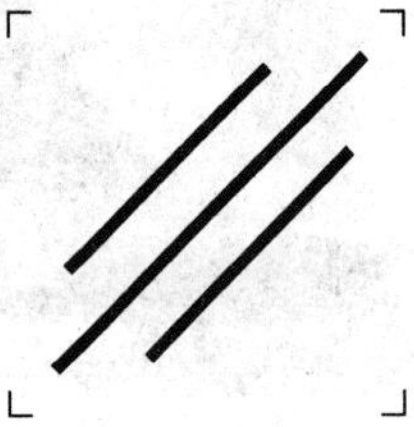	删除	删除一个已选定的对象
19	ISO 7000-2024		清屏	清除屏幕上所显示的视频表示
20	ISO 7000-2025		滚动	打开或关闭滚动功能
21	ISO 7000-2026		帮助	请求提供关于对象或功能的信息

表 1(续)

编号	ISO 7000:2002 GB/T 5465.2—2008 编号	符　　号	功　能	描　　述
22	ISO 7000-2027	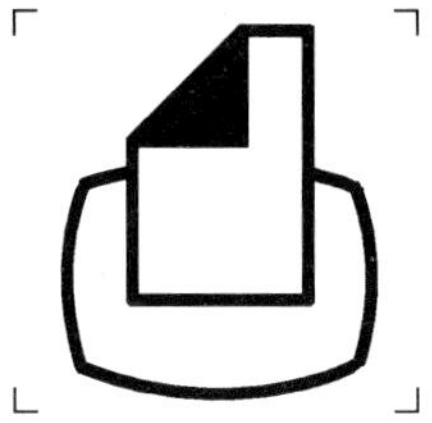	打印屏幕	将屏幕上当前显示的数据送到打印设备上
23	ISO 7000-0651-B	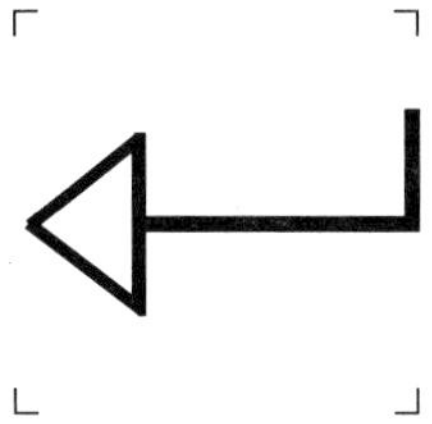	回行(换行)	将光标移到下一行的起点(效果也可与录入键相同)
24	ISO 7000-1025	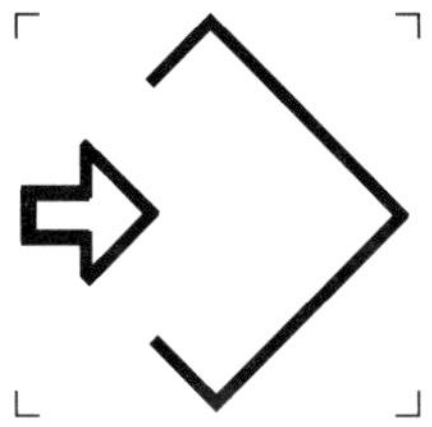	录入	发送数据或消息给当前的应用
25	ISO 7000-2105		替代	选择一个在当前应用系统控制之下的功能(对应的键与另一键配合使用)
26	ISO 7000-2028	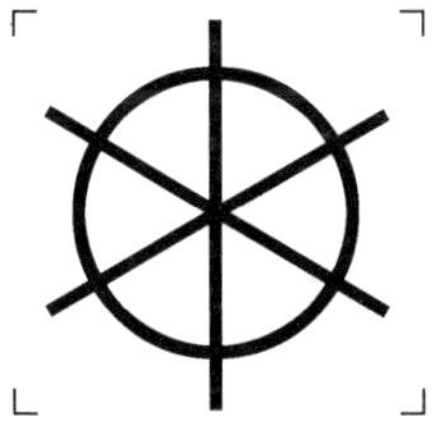	控制	激活一个在应用系统控制之下的功能(对应的键与另一键配合使用)
27	GB/T 5465.2-5111 A		暂停	挂起当前的动作
28	GB/T 5465.2-5110 A		中断	中断当前的动作

表 1（续）

编号	ISO 7000:2002 GB/T 5465.2—2008 编号	符　号	功　能	描　述
29	ISO 7000-2029		脱离	取消当前的动作或者从当前状态退出
30	ISO 7000-2106	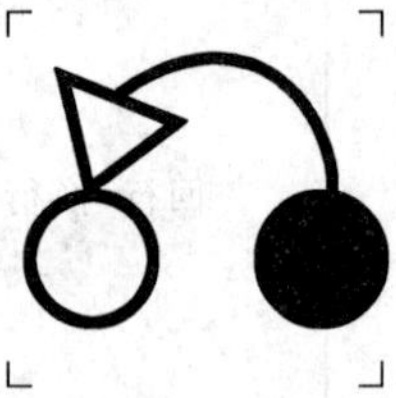	撤销所作	返回到最后所执行动作之前的状态
31	ISO 7000-2296		光标上移	光标向上移动
32	ISO 7000-2297	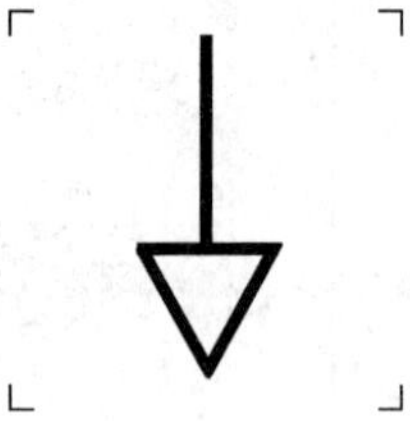	光标下移	光标向下移动
33	ISO 7000-2295	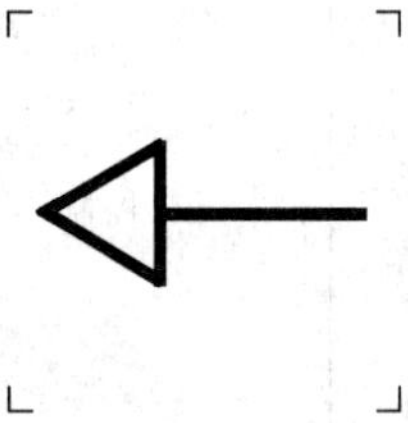	光标左移	光标向左移动
34	GB/T 5465.2-5107 A	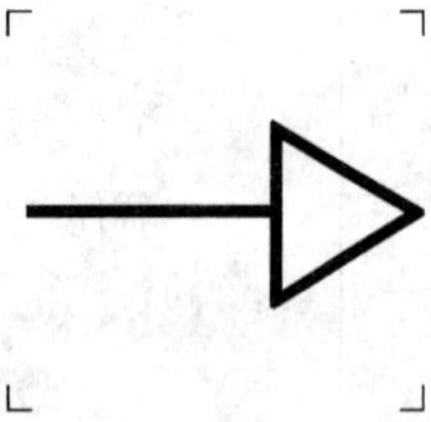	光标右移	光标向右移动
35	ISO 7000-2299		光标快速上移	光标比常规移动更快地上移

表 1（续）

编号	ISO 7000:2002 GB/T 5465.2—2008 编号	符　　号	功　能	描　　述
36	ISO 7000-2300		光标快速下移	光标比常规移动更快地下移
37	ISO 7000-2298		光标快速左移	光标比常规移动更快地左移
38	GB/T 5465.2-5108A		光标快速右移	光标比常规移动更快地右移
39	ISO 7000-2031		起点(归位)	移动光标到对象的起点
40	ISO 7000-2032		末尾	移动光标到对象的末尾
41	ISO 7000-2033		上页	显示上一页内容
42	ISO 7000-2034	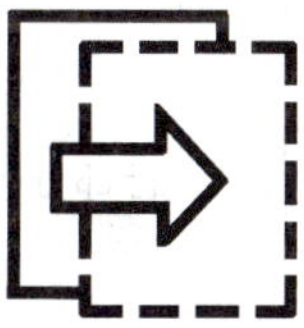	下页	显示下一页内容

表 1（续）

编号	ISO 7000:2002 GB/T 5465.2—2008 编号	符　　号	功　能	描　　述
43	ISO 7000-1863	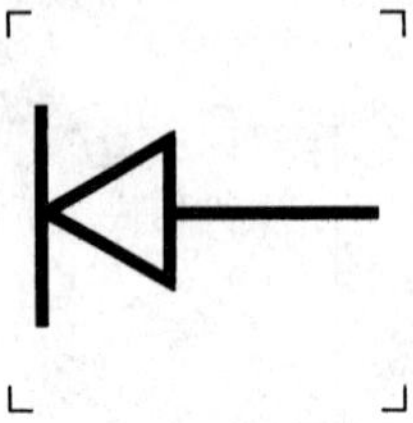	左制表	移动光标到下一制表停止位的左端
44	ISO 7000-1864	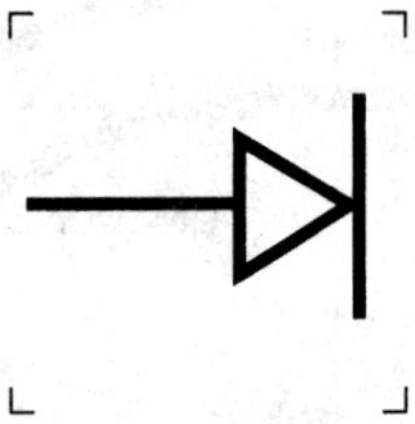	右制表	移动光标到下一制表停止位的右端
45	ISO 7000-2035		行上移	使打印位置上移一行
46	ISO 7000-2036	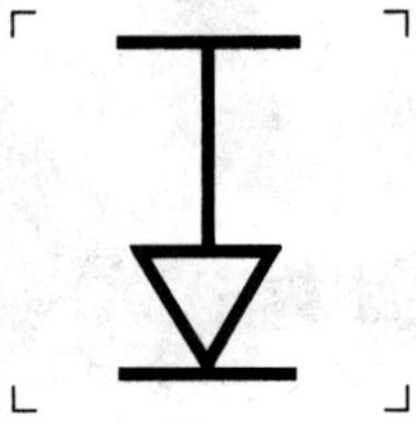	行下移	使打印位置下移一行
47	ISO 7000-2037	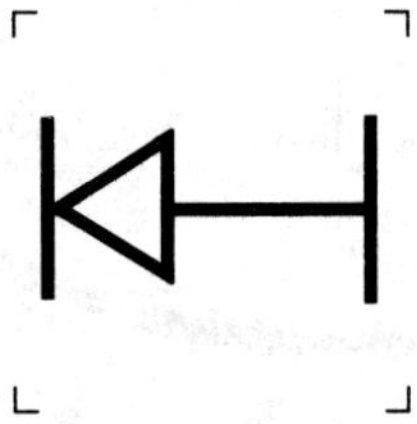	退格	光标回移一个位置
48	ISO 7000-2038		行部分上移	将选定对象在行间距范围内向上移动一部分
49	ISO 7000-2039	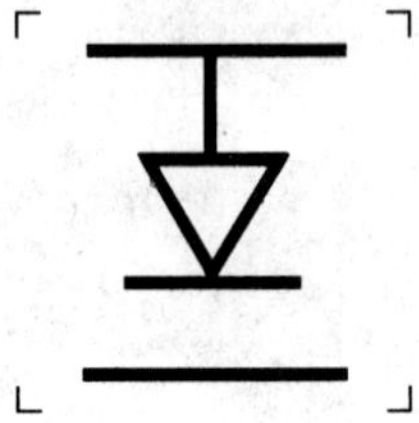	行部分下移	将选定对象在行间距范围内向下移动一部分

表 1（续）

编号	ISO 7000:2002 GB/T 5465.2—2008 编号	符　　号	功　能	描　　述
50	ISO 7000-2040		间隔部分左移	将选定对象在字符间距范围内向左移动一部分
51	ISO 7000-2041		间隔部分右移	将选定对象在字符间距范围内向右移动一部分
52	ISO 7000-2042	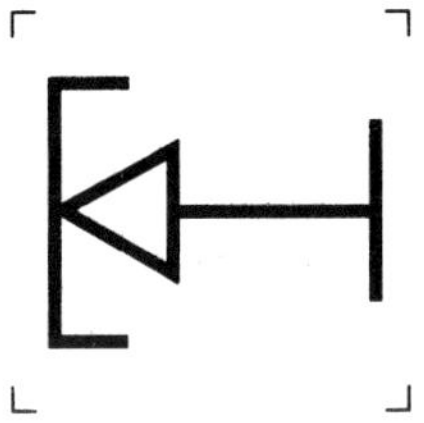	置左边距	设置左边边距
53	ISO 7000-2043	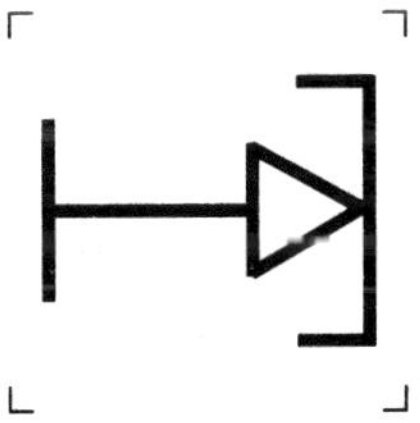	置右边距	设置右边边距
54	ISO 7000-2044	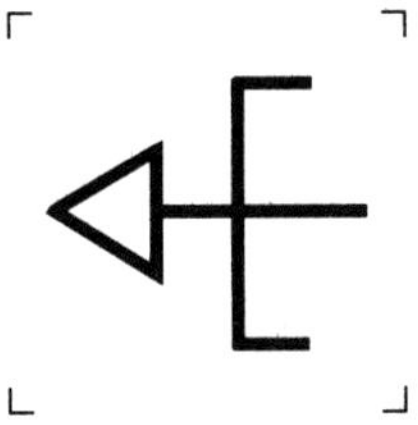	释放左边距	释放左边边距
55	ISO 7000-2045	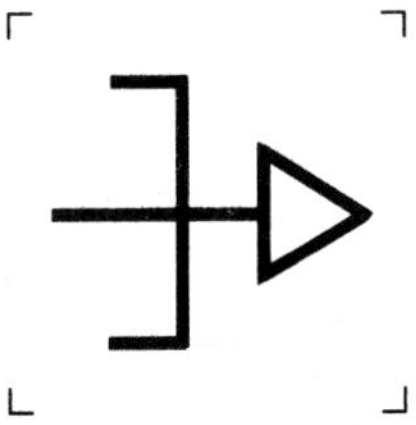	释放右边距	释放右边边距
56	ISO 7000-2046	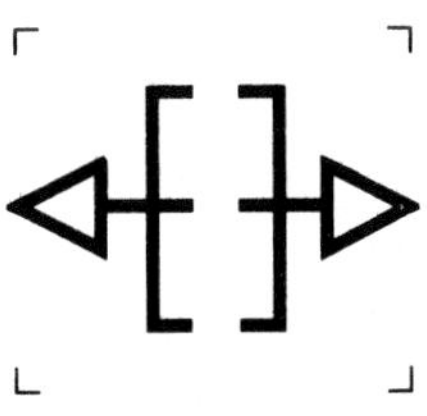	释放左右边距	释放左右两边边距

表 1（续）

编号	ISO 7000:2002 GB/T 5465.2—2008 编号	符　　号	功 能	描　述
57	GB/T 5465.2-5005	+	加	指明运算功能为“加法”
58	GB/T 5465.2-5006	−	减	指明减法功能为“减法”
59	ISO 7000-0654	×	乘	指明运算功能为“乘法”
60	ISO 7000-0655	÷	除	指明运算功能为“除法”
61	ISO 7000-0652	=	等于	指明功能为“等于”
62	ISO 7000-1859		加上(十进)小数号	指明一个数的整数部分与小数部分之间的分隔符

附　录　A
（资料性附录）
按照字母顺序的功能索引

表 A.1　功能索引

符号的编号	功　　能
1	层 2 选择
2	层 2 锁定
3	大写锁定
4	数字锁定
5	层 3 选择
6	层 3 锁定
7	组选择
8	组锁定
9	空格
10	非断开空格
11	插入
12	连续下划线
13	断续的下划线(字下划线)
14	强调
15	复合字符
16	居中
17	回删
18	删除
19	清屏
20	滚动
21	帮助
22	打印屏幕
23	回行(换行)
24	录入
25	替代
26	控制
27	暂停
28	中断
29	脱离

表 A.1（续）

符号的编号	功　能
30	撤销所作
31	光标上移
32	光标下移
33	光标左移
34	光标右移
35	光标快速上移
36	光标快速下移
37	光标快速左移
38	光标快速右移
39	起点(归位)
40	末尾
41	上页
42	下页
43	左制表
44	右制表
45	行上移
46	行下移
47	退格
48	行部分上移
49	行部分下移
50	间隔部分左移
51	间隔部分右移
52	置左边距
53	置右边距
54	释放左边距
55	释放右边距
56	释放左右边距
57	加
58	减
59	乘
60	除
61	等于
62	加上(十进)小数号

附 录 B
（资料性附录）
可视符号(图形符号)索引

1 2 3 4 5 6

7 8 9 10 11 12

13 14 15 16 17 18

19 20 21 22 23 24

25 26 27 28 29 30

31 32 33 34 35 36

37 38 39 40 41 42

43 44 45 46 47 48

49 50 51 52 53 54

55 56 57 58 59 60

61 62

附　录　C
（资料性附录）
数字区的符号

C.1　引言

GB/T 17971 的本部分规定的图形符号是用于指示分配给键盘上不同键的功能的推荐符号。

过去，某些功能常使用不同的符号来表示。一方面，以往习惯于用图形字符来表示功能，而可用的图形字符的数目有限。另一方面，各国习惯不同，在打字机或其他现有设备上表示功能的已确立方式的变化也必须加以考虑。

本附录给出某些功能所使用的图形符号的实例，并在可能和适当之处推荐将来使用。

C.2　除法

在某些程序设计语言中，除法功能要求以图形字符斜线（/）表示。有时也使用图形字符冒号（:）来表示。表示“除法”的不同图形字符，过去也用来指示键盘上有关键的“除法”功能。这导致了多种不同的实现。

为了标记分配了“除法”功能的键，推荐使用本部分规定的符号（÷）。

C.3　乘法

在某些程序设计语言中，“乘法”功能要求以图形字符星号（*）表示。有时也使用图形字符中间点（·）来表示。表示“乘法”的不同图形字符，过去也用来指示键盘上有关键的“乘法”功能。这导致了多种不同的实现。

为了标记分配了“乘法”功能的键，推荐使用本部分规定的符号（×）。

C.4　十进小数分隔符

国际上推荐以图形符号“逗号”（,）作为十进小数号。然而，许多其他图形符号从过去到现在一直在不同国家、不同文化中使用。表示“小数号”的这些不同的图形字符，过去也用来指示键盘上有关键的“小数分隔符”功能。这导致了许多不同的实现。

十进制小数分隔符的功能始终是同一个，它独立于不同国家在打印或其他显示设备中表示“小数号”的图形字符。本部分将制定唯一的图形符号来表示这种功能。

标记分配了“十进小数分隔符”功能的键，建议使用本部分规定的符号（◤）。在 GB/T 17971.4—2010 中关于“小数号”的陈述，将在下一个版本中采用。

表 C.1　不同国家或不同时代使用不同图形字符表示“小数号”的实例

国　家	使用的图形字符	
	常用	货币符号
阿拉伯国家	（,）	除了（.）之外的任何符号
加拿大（法语）	（,）	（,）或者（.）
加拿大（英语）	（.）或者（,）	（.）
中国	（.）	（.）
葡萄牙	（,）	（$）葡萄牙埃斯库多（PTE）

表 C.1(续)

国　　家	使用的图形字符	
	常用	货币符号
瑞典	(,)	(:)和(.)
瑞士	(,)	(.)瑞士法郎(CHF)
美国、英国	(.)	(.)

C.5　十进小数分隔符功能与十进小数号显现

明确"十进小数分隔符"与已规定的两个替代"十进小数号"之间的区别很重要。两个"十进小数号"表明:必须在两者中择一,其结果必须对应于数在机器设备上的相似显现,"十进小数分隔符"用于可编程机器的数据录入比较合适,这种机器上"小数号"的显现可以是多重的。数字数据应永远保持其独立于显现的内在数字特性。

当数据录入是纯数时,软件应用系统可以选择任何一种"小数号"来显示该数,甚至完全"小数号"(像在预打印的格式纸上打印实数,其中以竖线表示数的整数部分与其小数部分之间的分隔)。许多国家使用多种小数号,选择哪一种特定小数号就给机器的交互带来麻烦。因而出现了"小数号"功能与"小数分隔符"功能之间细微的概念差异,"小数分隔符"功能用得更为普遍,而"小数号"由于历史原因在某些国家中仍然使用。

给出这些信息是要指明软件开发展中数据录入的一种趋势。数据录入的设计,应采用不依赖于用户所选显现的方式。键盘驱动器及其对应用系统的接口,应设计得不让数字小键盘的小数分隔符功能产生在其范围内限制的特定字符。"小数分隔符"应作为软件功能来实现,以指明如何设立一个数,使其小数分隔符标记该数整数部分的结束和小数部分的开始。

ICS 35.180
L 60

中华人民共和国国家标准

GB/T 17971.8—2010/ISO/IEC 9995-8:2006

信息技术　文本和办公系统的键盘布局　第8部分:数字小键盘上字母的分配

Information technology—Keyboard layouts for text and office systems—Part 8:Allocation of letters to the keys of a numeric keypad

(ISO/IEC 9995-8:2006,IDT)

2010-12-01 发布　　　　2011-04-01 实施

中华人民共和国国家质量监督检验检疫总局
中国国家标准化管理委员会　发布

前　言

GB/T 17971 在《信息技术　文本和办公系统的键盘布局》总标题下，目前包括以下 8 个部分：

——第 1 部分：指导键盘布局通则(即 GB/T 17971.1)；

——第 2 部分：字母数字区(即 GB/T 17971.2)；

——第 3 部分：字母数字区的字母数字分区的补充布局(即 GB/T 17971.3)；

——第 4 部分：数字区(即 GB/T 17971.4)；

——第 5 部分：编辑区(即 GB/T 17971.5)；

——第 6 部分：功能区(即 GB/T 17971.6)；

——第 7 部分：用于表示功能的符号(即 GB/T 17971.7)；

——第 8 部分：数字小键盘上字母的分配(即 GB/T 17971.8)。

本部分为 GB/T 17971 的第 8 部分。

本部分等同采用 ISO/IEC 9995-8:2006《信息技术　文本和办公系统的键盘布局　第 8 部分：数字小键盘上字母的分配》(英文版)。

本部分由全国信息技术标准化技术委员会(SAC/TC 28)提出并归口。

本部分主要起草单位：中国电子技术标准化研究所。

本部分主要起草人：赵菁华、刘贤刚、王欣、余云涛、卢海英。

信息技术　文本和办公系统的键盘布局
第 8 部分:数字小键盘上字母的分配

1　范围

在 GB/T 17971.1 描述的基本范围内,GB/T 17971 的本部分规定小键盘数字零到九"1-2-3"布局的数字分区 ZN0 的字母分配。本部分规定的布局旨在使用字母代替数字的信息技术设备键盘适用于数字信息的保持记忆。

在还包含有字母数字区的键盘上,在数字分区 ZN0 上不应使用字母来保持记忆数字信息。以不同方式使用两套不同的字母数字符号会给键盘用户带来混淆。

2　符合性

如果键盘满足第 5 章和第 6 章的要求,则符合 GB/T 17971 的本部分。

3　规范性引用文件

下列文件中的条款通过 GB/T 17971 的本部分的引用而成为本部分的条款。凡是注日期的引用文件,其随后所有的修改单(不包括勘误的内容)或修订版均不适用于本部分。然而,鼓励根据本部分达成协议的各方研究是否可使用这些文件的最新版本。凡是不注日期的引用文件,其最新版本适用于本部分。

GB/T 17971.1—2010　信息技术　文本和办公系统的键盘布局　第 1 部分:指导键盘布局通则(ISO/IEC 9995-1:2006,IDT)

GB/T 17971.4—2010　信息技术　文本和办公系统的键盘布局　第 4 部分:数字区(ISO/IEC 9995-4:2002,IDT)

4　术语和定义

GB/T 17971.1—2010 界定的术语和定义适用于 GB/T 17971 的本部分。

5　安排和定位

为了适用于本部分,键盘应包含按 GB/T 17971.4—2010 第 6 章所规定的键的安排和定位的数字分区 ZN0。数字零到九应按 GB/T 17971.4—2010 中 8.1 规定的布局分配到"1-2-3"布局的键上。

6　字母的分配

表 1　字母的分配及字母和数字关系

键	字母	办公和远程信息通信功能
A52		数字 0
D51		数字 1
D52	ABC	数字 2
D53	DEF	数字 3
C51	GHI	数字 4

表 1（续）

键	字母	办公和远程信息通信功能
C52	JKL	数字 5
C53	MNO	数字 6
B51	PQRS	数字 7
B52	TUV	数字 8
B53	WXYZ	数字 9

注：本部分最初只是为助忆使用而设计的，即使如此，推荐将其用于数据录入，并于适用时为字母添加重音号数据。方法之一是自动添加，或者，当上下文不能无异议确定时，利用字典或目录辅助工具经用户确认半自动地添加。也有可能采用其他方法。不过这一问题超出本部分的范围。

参 考 文 献

[1] ISO 9564-1:2002, Banking—Personal Identification Number (PIN) management and security—Part 1: Basic principles and requirements for online PIN handling in ATM and POS systems

[2] ITU-T Recommendation E. 161, Arrangement of digits, letters and symbols on telephones and other devices that can be used for gaining access to a telephone network

[3] IEC 60948, Numeric keyboard for home electronic systems (HES)

参考文献

[1] ISO 9564-1:2011 Banking—Personal identification number (PIN) management and security—Part 1: Basic principles and requirements for online PIN handling in ATM and POS systems

[2] ITU-T Recommendation E.161 Arrangement of digits, letters and symbols on telephones and other devices that can be used for gaining access to a telephone network

[3] IEC [illegible] Numeric keyboard for home electronic systems (HES)

ICS 35.040
L 71

中华人民共和国国家标准

GB/T 17975.1—2010
代替 GB/T 17975.1—2000

信息技术 运动图像及其伴音信息的通用编码 第1部分:系统

Information technology—Generic coding of moving pictures and associated audio information—Part 1:Systems

(ISO/IEC 13818-1:2007,MOD)

2011-01-14 发布 2011-05-01 实施

中华人民共和国国家质量监督检验检疫总局
中国国家标准化管理委员会 发布

前　言

GB/T 17975《信息技术　运动图像及其伴音信息的通用编码》，目前包括以下几个部分：

——第1部分：系统；

——第2部分：视频；

——第3部分：音频。

——本部分是GB/T 17975的第1部分。

本部分修改采用ISO/IEC 13818-1：2007《信息技术　运动图像及其伴音信息的通用编码　第1部分：系统》。本部分与国际标准ISO/IEC 13818-1：2007的主要差别如下：

a) 本部分未包括ISO/IEC 13818-1：2007中与版权管理和注册相关的章条。具体章条如下：2.9、2.10、2.11、2.12、2.13和2.14，以及附录L、附录M、附录N、附录O、附录P、附录Q、附录R。待国内相关产业和技术成熟后，予以补充。

b) 为了更好地理解本标准，修改了个别术语和定义。

本部分代替GB/T 17975.1—2000。本部分与GB/T 17975.1—2000的主要差别如下：

a) 本部分2.1规范性引用文件的内容进行了修改调整，删去了IEEE 1180，增加了GB/T 20090.2；

b) 本部分2.4与2.6中增加了对GB/T 20090支持的内容。

本部分的附录A是规范性附录，附录B到附录K是资料性附录。

本部分由中华人民共和国工业和信息化部提出。

本部分由全国信息技术标准化技术委员会归口。

本部分起草单位：中国电子技术标准化研究所、中国科学院计算技术研究所。

本部分主要起草人：高麟鹏、陈熙霖、何芸、王啸、娄东升。

本部分所代替标准的历次版本的发布情况为：

——GB/T 17975.1—2000。

ISO/IEC 前言

ISO(国际标准化组织)和IEC(国际电工委员会)是世界性的标准化专门机构。ISO和IEC的成员国通过各个组织建立的技术委员会,积极参与特定技术领域的国际标准的起草工作。ISO和IEC技术委员会在共同感兴趣的领域内进行合作,其他一些与ISO和IEC有联系的官方和非官方国际组织也参与国际标准的制定工作。

在信息技术领域,ISO和IEC建立了一个联合技术委员会,即ISO/IEC JTC1,被联合技术委员会采纳的国际标准草案在成员国范围内投票表决。发布一项国际标准需要至少75%的成员国投票赞成。

ISO/IEC 13818-1是由联合技术委员会ISO/IEC JTC1信息技术分会在ITU-T的合作下制定,它同时已作为ITU-T建议H.222.0出版。

ISO/IEC 13818在总标题《信息技术　运动图像及其伴音信息的通用编码》下,包括以下部分:

——第1部分:系统;

——第2部分:视频;

——第3部分:音频;

——第4部分:符合性测试;

——第5部分:参考软件;

——第6部分:DSM-CC扩展;

——第7部分:高级音频编码(AAC);

——第9部分:系统解码器的实时接口扩展;

——第11部分:MPEG-2系统上的IPMP。

引　言

本部分论述了如何将一路或多路音频、视频流或其他基本数据流合成单路或多路复用流，以适应于存储和传送。系统编码遵循本部分指定的语法和语义规则，并提供了使解码器缓冲区能在一个宽范围的补偿和接收条件下进行同步解码的信息。

系统编码可有两种形式：传输流和节目流，每一种针对不同的应用集合加以优化，本部分中定义的传输流和节目流提供了编码语法，该语法对于同步解码及表现音频、视频信息是必要的也是充分的，同时保证了解码器中数据缓冲区不发生上溢和下溢。在该语法中，利用有关编码和视频数据解码和演示的时间戳以及有关数据自身传输的时间戳对信息进行编码。传输流和节目流都是面向分组包的多路复用流。

单一音频和视频基本流的多路复用过程参见图 1。视频和音频数据按 GB/T 17975.2 和 GB/T 17975.3编码。压缩数据被打包以形成 PES 分组包。在形成 PES 分组包的过程中可能会加入独立使用传输流或节目流的 PES 分组包所需的信息。当 PES 分组包进一步与系统层信息结合形成传输流或节目流时，这一信息是不必要的也是不能加入的。本部分覆盖了竖直虚线右边所示的处理过程。

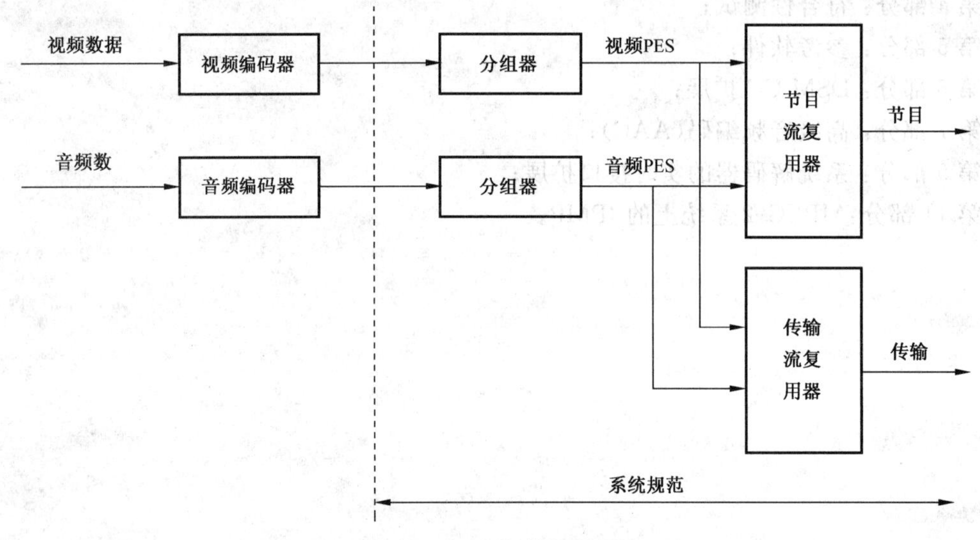

图 1　本部分范围简图

节目流与 GB/T 17191 系统层类似或相近。它是由具有共同时间基准的一个或多个 PES 分组包合并而成的单一流。

有些应用中要求包含单个节目的基本流是未多路复用的分离流。对这些应用，基本流也可作为分离的节目流编码。每一基本流含一个节目流且具有共同时间基准。在这种情况下，不同流中 SCR 字段的编码值必须一致。

和单一节目流一样，所有的基本流都可被同步解码。

节目流被设计为用于相对无差错环境中，且适用于牵涉到诸如交互式多媒体应用等系统信息软件处理的应用。节目流分组包长度可变，而且可能很长。

传输流将具有一个或多个不同时钟基准的一个或多个节目组成一个单一流。由属于同一个节目的多个基本流组成的多个 PES 分组包共享一个时钟基准。传输流为用于可能出现差错的环境设计的，例如在有损或有噪媒体中的存储或传输。传输流分组包长度为 188 字节。

节目流和传输流是为不同应用设计的，它们的定义并不严格遵守分层模型。彼此之间的转换是可能合理的，但并不互为子集或超集。特别是，从一个传输流中抽取一个节目的内容并创建一个有效节目是可能的。该工作利用 PES 分组包的公共互换格式完成，但并非节目流需要的所有字段都包含在传输流中，有一些必须导出。而在分层模型中，传输流可能横跨多个层，且被设计为在宽带应用中高效和易于实现。

系统规范中陈述的语法和语义规则的范围是不同的，语法规则仅用于系统层编码，并不延伸到音频、视频规范的压缩层编码，而语义规则适用于复用流。

本系统规范并未规定编码器或解码器的体系结构或实现方法，也未对多路复用器或解复用器作相应的规定。然而，比特流的性质对编码器、解码器、多路复用器和解复用器提出了功能和性能上的要求，例如，编码器必须满足最小的时钟容差要求等。尽管有这样或那样的要求，编码器、解码器、多路复用器和解复用器的设计与实现仍然有相当大的自由度。

0.1 传输流

传输流作为一种流，是针对在那些可能会出现显著错误（往往表现为位差错或丢失分组包）的环境中进行节目传送和存储而定义的。这些节目包含按照 GB/T 17975.2 和 GB/T 17975.3 编码的数据以及其他数据。

传输流的速率可以是恒定的也可以是可变的。在任何情况下，所包含的基本流也是速率恒定或可变的。在每一种情况下，流的语法或语义限制是相同的，传输流速率由节目时钟参考(PCR)字段的值定义，这些 PCR 字段通常分离在每个流中。

构造和传送包含多个具有独立时基的节目的传输流，以使得总体比特流是可变的，这会存在一些困难。见 2.4.2.2。

传输流可以以任何方式构造，只要能生成一个有效的流。一个包含一个或多个节目的传输流可以从基本编码数据流、节目流或其他可能包含一个或多个节目的传输流构造得出。

传输流是按照在最小开销的情况下能对传输流执行某些操作的原则而设计的。这些操作包括：

从传输流的一个节目中获得编码数据，解码并表现，如图 2 所示。

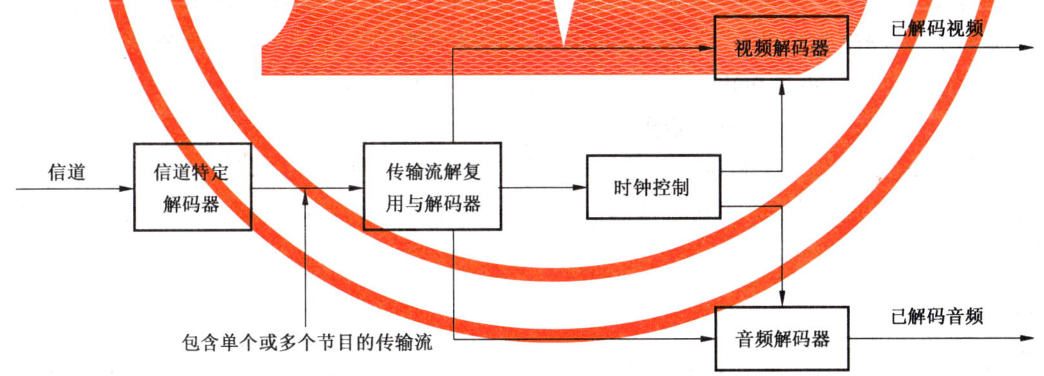

图 2 传输流解复用和解码原型示例

1) 从传输流的一个节目中抽取传输流分组包并生成一个仅包含该节目的不同的传输流作为输出，如图 3 所示。

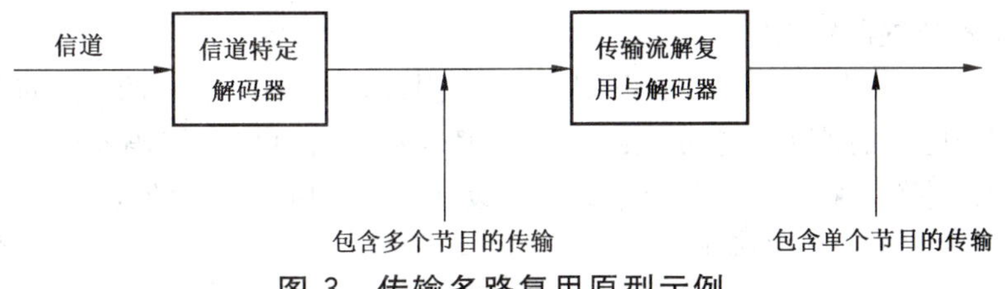

图 3 传输多路复用原型示例

2） 从一个或多个传输流中抽取一个或多个节目的传输流分组包并生成一个不同的传输流。

3） 从传输流中抽取一个节目内容并生成包含该节目的一个节目流，如图 4 所示。

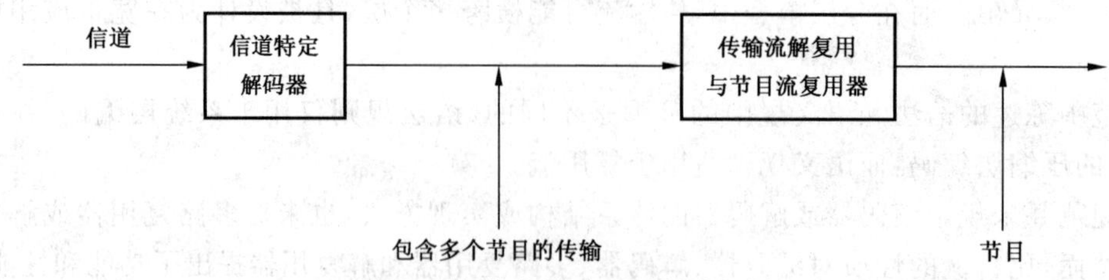

图 4 传输多路复用原型示例

4） 把一个节目流转化为传输流，并在有损环境中传输。然后再行重建一个有效的、在某些情况下完全相同的节目流。

5） 获得一个节目流，把它转换为传输流，使它能在有损环境下传输，然后获得一个有效的，并在某些条件下是可鉴别的节目流。

图 2 和图 3 描述了以一个传输流作为输入的解复用及解码系统原型。图 2 说明了第一种情况，即一个传输流被直接解复用和解码。传输流构造分为两层：系统层和压缩层。

传输流解码的输入流在压缩层外有一个系统层包围着。音频解码器及视频解码器的输入流只含一个压缩层。

接收传输流的解码器原型的操作既适用于整个传输流（“复用流操作”），也适用于单个基本流（“特定流操作”）。传输流系统层被分为两个子层，一个用于复用流操作（传输流分组包层），另一个用于特定流操作（PES 分组包层）。

图 2 也给出了一个包括视频和音频的传输流解码器原型以说明解码器的功能，其结构并不是唯一的。有些系统解码器功能，例如解码器时间控制，可能被相等地分配到基本流解码器或信道特定解码器中，但该图有助于讨论。类似的，信道特定解码器测出的错误也可以用多种途径通知独立的音频和视频解码器。这些通信途径并未显示在图中，该解码器原型的设计并不意味着对传输流解码器的设计作出任何标准化的要求。实际上，非音频/视频数据也是允许的，但并未在图 2 中画出。

图 3 说明了另一种情况，即一个包含多个节目的传输流被转变为一个只含单个节目的传输流，这种情况下的再复用操作可能需要纠正 PCR 值以补偿比特流中 PCR 位置的变化。

图 4 说明了一个多节目传输流先被解复用再转变为节目流的情况。

图 3 和图 4 指出，不同类型和构造的传输流之间的转换是可能的和合理的。在传输流和节目流的语法中都定义了一些特定字段以方便上述转换过程，但并不要求解复用器或解码器的具体实现要包含以上所有功能。

0.2 节目流

节目流作为一种流，是针对在那些出错率很低且系统编码（例如编码软件）的处理过程作为主要考虑因素的环境中进行一个节目的传送和存储而定义的，该节目包含编码数据和其他数据。

节目流的速率可以是恒定也可以是可变的。在任何情况下，所包含的基本流的速率也是恒定或可变的。在每一种情况下，流的语法或语义限制是相同的。节目流速率是由系统时钟参考（SCR）字段与 mux-rate 字段的值和位置所定义的。

图 5 描述了一个音频/视频节目流解码系统原型。其结构并不是唯一的——包括解码器时间控制在内的系统解码器功能可能被相等地分配到基本流解码器或信道特定解码器中，但图 5 有助于讨论。该解码器原型的设计并不意味着对节目流解码器的设计作出任何标准化的要求。实际上，非音频/视频数据也是允许的，但在图 5 中并未画出。

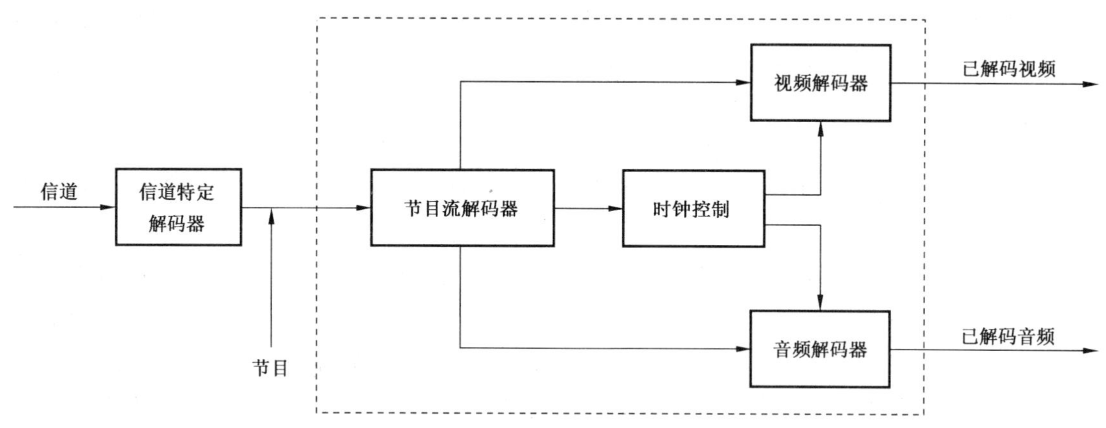

图 5　节目流解码器原型

图 5 所示的节目流解码器原型是由系统、视频和音频解码器三部分组成的，它们分别符合 GB/T 17975的第 1 部分、第 2 部分和第 3 部分。在该解码器中，单路或多路音频/视频流的复用编码表示假定以某种特定信道格式在特定信道中存储或传输。特定信道格式不由本部分决定，特定信道解码也不是本解码器原型的一部分。

原型解码器接受节目流作为输入并依靠节目流解码器从流中提取信息。节目流解码器分离复用流，由此产生的基本流作为音频和视频解码器的输入。音频和视频解码器的输出是已解码的音频和视频信号。节目流解码器、音频和视频解码器以及信道特定解码器之间的定时信息流应包含在设计中，但并未在图中画出。利用定时信息，音频和视频解码器相互之间以及与信道之间可以实现同步。

节目流构造分为两层：系统层和压缩层。节目流解码器的输入流在压缩层外有一个系统层包围着，音频解码器及视频解码器的输入流只含一个压缩层。

解码器原型的操作既适用于整个节目流（“复用流操作”），也适用于单个基本流（“特定流操作”）。节目流系统层被分为两个子层，一个用于复用流操作（包层），另一个用于特定流操作（PES 分组包层）。

0.3　传输流与节目流的转换

利用 PES 分组包，传输流与节目流之间的转换是可能的也是合理的，这是由包含在本部分的 2.4.1 和 2.5.1 中的传输流和节目流规范得出的。在某些限制下，PES 分组包可能直接从一个复用比特流的有效数据映射到另一个复用比特流的有效数据。如果在所有 PES 分组包中都有 program_packet_sequence_counter，就可能标识出 PES 分组包的正确次序以帮助实现这一功能。

在这两种流的表和标题中，均可得到转换所必需的其他特定信息，例如基本流之间的关系。这些数据，如果有的话，在任何流中转换前后都应是正确的。

0.4　分组包的基本流

正如 2.4.4.2 中的语法定义所指出的那样，传输流和节目流是从 PES 分组包中逻辑地建立的。PES 分组包被用于传输流与节目流之间的转换。在有些场合进行这种转换时，无需变动 PES 分组包。PES 分组包的尺寸可能比传输流分组包的尺寸大得多。

具有一个流 ID 的一个基本流的一系列连续 PES 分组包可用于构造 PES 流。当 PES 流分组包用于形成 PES 流时，应当在 2.4.4.4 所定义的限制下，带有基本流时钟参考（ESCR）字段和基本流速率（ES_Rate）字段。PES 流数据应是来自基本流且保持原次序的连续字节。PES 流中不包含一些包含在节目流和传输流中必须的系统信息。例如，包含在包头、系统头、节目流映像、节目流目录、节目映射表中的信息以及在传输流分组包语法中的元素。

PES 流是一个在本部分的实现中可能有用的逻辑结构，但它并不被定义为一个用于相互交换和交互操作的流。应用程序在需要仅含一个基本流的流时可使用仅含一个基本流的节目流或传输流，这些流包含了所有必须的系统信息。每一个都包含一个基本流的多个多节目流或传输流可以在公共时间基准下构造起来,以传送一个带视频和音频的完整节目。

0.5 定时模型

系统、视频和音频都有一个定时模型,在该模型中,从编码器的信号输入到解码器的信号输出之间的端到端延迟是恒定的,这一延迟是编码、编码器缓冲区、多路复用、传送或存储、解复用、解码器缓冲区以及表现延迟的总和。作为该定时模型的一部分,所有视频图像和音频采样仅表现一次(除非经过特殊编码),且帧间(inter)图像间隔和音频采样速率在编码器和解码器中一致。系统流编码包括了定时信息以用于实现端到端延迟恒定的系统。实现不严格遵守该模型的解码器也是可能的。但此时的解码器必须负责以一种可接受方式完成以上要求。定时包含在本部分的标准规范中,所有有效的比特流,无论它们是如何被创建的,都必须遵循这一规范。

所有定时是根据称为系统时钟的公共时钟定义的。在节目流中,该时钟与视频或音频采样时钟之间可以有确定的比值,也可以有一个与比值略有偏差的工作频率,但仍提供精确的端到端定时和时钟补偿。

在传输流中,系统时钟被限制为在任何时刻均与音频和视频采样时钟保持确定比值,这限制是为了简化解码器中的采样速率恢复。

0.6 条件接收

系统数据流的定义支持用于对编码在节目流和传输流中节目条件接收的加密和加扰。这里并未指定条件接收机制。由于设计了流定义,因此实际的条件接收系统的实现是合理的,并且有一些特定语法元素对此系统提供特定支持。

0.7 复用流操作

复用流操作包括信道数据读出的协调、时钟的调整以及缓冲区管理。这些任务是紧密相连的。若信道数据传输速率是可控的,则可调节数据传输速率以使解码缓冲区不发生上溢或下溢。但是若数据速率不可控,则基本流解码器就必须使它们的定时服从于从信道中接收的数据以避免上溢或下溢。

节目流由包组成,包头有助于以上任务的完成。包头指定了从信道中送来的每一字节进入节目流解码器的预定时间,这个预定到达时刻表作为时钟校正和缓冲区管理的参考。虽然解码器不一定要严格遵守该时刻表,但必须对有关偏差作出补偿。

类似地,传输流由传输流分组包构成。分组包头中包含有信息以指定从信道中送来的每一字节进入传输流解码器的预定时间。该时刻表提供了与上述节目流中完全相同的功能。

另一个复用流操作是解码器能确定解码传输流或节目流时所需的资源。每个节目流的第一个包均包含一些参数来协助解码器完成此功能。例如,流的最大数据速率以及同步视频信道的最大数目。传输流也包含类似的全局适用的信息。

每个传输流和节目流都包含一些信息,以标识组成一个节目的各基本流的相关特征以及基本流之间的相互关系。这些信息可能包括音频信道中的语言,以及在实现多层视频编码时各视频流之间的关系。

0.8 单个流操作(PES 分组包层)

基本的特定流的操作为:

1) 解复用;

2) 多个基本流的同步回放。

0.8.1 解复用

编码时，节目流由复用基本流组成，而传输流则由复用基本流、节目流或其他传输流的内容多路复用而成。基本流除音频、视频数据流外还可能包括专用流、备用流及填充流。流被临时性地分割为分组包，分组包被串行化。一个 PES 分组包，包含仅来自一个基本流的编码字节。

节目流中的分组包长度可以是固定的或可变的，但必须遵守 2.5.1 和 2.5.2 中规定的约束。传输流分组包长度是 188 字节，PES 分组包的长度可以是固定的或可变的，在大多数的应用中相对较长。

解码时需要对复用的节目流或传输流解复用以重建基本流，这可以借助节目流分组包头中的 stream_id 和传输流分组包头中的分组包标识码来完成。

0.8.2 多个基本流的同步回放

多个基本流之间的同步通过节目流或传输流中的展示时间戳(Presentation Time Stamps，PTS)来完成。时间戳通常以 90 kHz 为单位。但系统时钟参考(System Clock Reference，SCR)、节目时钟参考(Program Clock Reference，PCR)和最优基本流时钟参考(Elementary Stream Clock Reference，ESCR)，拥有 27 kHz 分辨率的扩展。N 个基本流解码的同步是通过使流的解码被调整至一个公共主控时钟基准，而不是通过使流的解码彼此适应。主控时钟基准可以是 N 个解码器时钟中的一个，也可以是数据源时钟或某个外部时钟。

传输流可能包含多个节目，其中的每一节目都可能有自己的时钟基准。一个传输流中不同节目的时钟基准可能不同。

因为 PTS 应用到独立的基本流解码中，它们同时位于传输流与节目留的 PES 分组中。编码器在捕获时记录时间戳，将该时间戳减去当前系统时间得到相对显示时间，并连同有关编码数据被传输到解码器，而解码器再利用它们来安排表现时间时，就能够实现端到端的同步。

单信道解码系统的同步，通过使用节目流中的 SCR 及传输流中与之类似的 PCR 及来实现。SCR 与 PCR 是编码比特流自身时钟的时间戳。它们来自于同一个时间基准，该时间基准在同一个节目中也用作音频和视频的 PTS 值。因为每一节目可能有自己的时间基准，所以一个包含多个节目的传输流中的每个节目各自有独立的 PCR 字段。在某些场合下，节目共享 PCR 字段也是可能的。确定一个节目与哪个 PCR 相关联的方法可以见 2.4.5。一个节目有且仅有一个相关的 PCR 时间基准。

0.8.3 与压缩层的关系

在某种意义上说 PES 分组包层是独立于压缩层之外的，但并不绝对。考虑到 PES 分组包的有效载荷不需像 GB/T 17975 的第 2 部分、第 3 部分所规定的那样以压缩层开始码字开头，PES 分组包层是独立的。例如，视频的开始码字可出现在 PES 分组包有效载荷的任何位置，同时可被 PES 分组包首部所分开。然而，在 PES 分组包首部编码的时间标签是用来决定压缩层结构的显示时间(即显示单位)。此外，当基本流数据符合 GB/T 17975.2 或 GB/T 17975.3 时，PES_packet_data_bytes 字段应遵照本部分进行字节对齐。

0.9 系统参考解码器

本部分采用了“系统目标解码器”(STD)，一种针对传输流(见 2.4.2)，称为“传输流目标解码器”(T-STD)，另一种针对节目流(见 2.5.2)，称为“节目流目标解码器”(P-STD)，用以规范定时与缓冲之间的关系。因为 STD 采用 GB/T 17975.1 领域的参数术语(例如，缓冲区大小 buffer size)，每一个基本流都确定独有的 STD 参数。编码器应该生成满足相适应的 STD 限制的比特流。物理解码器可以假设码流在其 STD 上可以正确播放。物理解码器必须对其与 STD 相异的设计进行补偿。

0.10 应用

本部分定义的数据有很宽的应用范围，应用开发者可以简单地选择最合适的数据流。

现代的数据通信网络可以支持 GB/T 17975 的视频和音频。这要求一个实时传输协议。节目流可能适用于这样的网络传输。

节目流也适合于 CD-ROM 上的多媒体应用，对节目流的软件处理是便利的。

传输流更适用于易发生错误的环境，比如在远程网络或通过无线广播系统传输压缩的比特流。

许多应用要求在各种存储媒体（DSM）上存储和读出本标准比特流。为了便于对这种媒体的控制，本部分的附录 B 及 GB/T 17975 的第 6 部分给出了一种数字存储媒体命令和控制（DSM CC）协议。

信息技术　运动图像及其伴音信息的通用编码　第1部分:系统

1　概述

1.1　范围

GB/T 17975 的本部分规定了系统层编码规范。它主要被设计用于支持把本标准的第 2 部分和第 3 部分定义的视频和音频编码方式组合起来。系统层支持以下五个基本功能:

a)　解码时多条压缩流的同步;

b)　多条压缩流交织为一个单一流;

c)　为启动解码而对缓冲区进行初始化;

d)　连续的缓冲区管理;

e)　时间标识。

一个 GB/T 17975.1 多路复合比特流可以是传输流或节目流。两种流均由 PES 分组或包含其他必要信息的分组构成。两种流类型均支持来自具有一个共同时间基准节目的视频和音频压缩流的复合。传输流还支持来自具有独立时间基准的多个节目的视频和音频压缩流的复合。对于几乎不发生差错的环境而言,节目流通常更为合适,并且支持节目信息的软件处理。传输流更适合于可能出错的环境。

一个 GB/T 17975.1 多路复合比特流,不论是传输流还是节目流,其结构分两层:最外层是系统层,最内层是压缩层。系统层提供了使用系统中一个或多个压缩数据流所必需的功能。GB/T 17975 的音频和视频部分定义了音频和视频数据的压缩编码层。其他类型数据编码的定义不包括在本规范中,但如果它们符合 2.7 对多路复用流语义的约束中定义的限制,则将被系统层支持。

1.2　规范性引用文件

下列文件中的条款通过 GB/T 17975 的本部分的引用而成为本部分的条款。凡是注日期的引用文件,其随后的所有的修改单(不包括勘误的内容)或修订版均不适用于本部分,然而,鼓励根据本部分达成协议的各方研究是否可使用这些文件的最新版本。凡不注日期的引用文件,其最新版本适用于本部分。

GB/T 4880.2—2000　语种名称代码　第 2 部分:3 字母代码(eqv ISO 639-2:1998)

GB/T 15273.1—1994　信息处理　八位单字节编码图形字符集　第 1 部分:拉丁字母一(idt ISO 8859-1:1997)

GB/T 17191.1—1997　信息技术　具有 1.5 Mbit/s 数据传输率的数字存储媒体运动图像及其伴音的编码　第 1 部分:系统(idt ISO/IEC 11172-1:1993)

GB/T 17191.2—1997　信息技术　具有 1.5 Mbit/s 数据传输率的数字存储媒体运动图像及其伴音的编码　第 2 部分:视频(idt ISO/IEC 11172-2:1993)

GB/T 17191.3—1997　信息技术　具有 1.5 Mbit/s 数据传输率的数字存储媒体运动图像及其伴音的编码　第 3 部分:音频(idt ISO/IEC 11172-3:1993)

GB/T 17576—1998　CD 数字音频系统(idt IEC 908:1987)

GB/T 17975.2—2000　信息技术　运动图像及其伴音信号的通用编码　第 2 部分:视频(idt ITU-T H:262:1995)

GB/T 17975.3—2002　信息技术　运动图像及其伴音信号的通用编码　第 3 部分:音频

(idt ISO/IEC 13818-3:1998)

GB/T 20090.2—2006 信息技术 先进音视频编码 第2部分:视频

ISO/IEC 13818-2:2000 信息技术 运动图像编码类与相关音频信息:视频

ISO/IEC 13818-3:1998 信息技术 运动图像编码类与相关音频信息:音频

ISO/IEC 13522-1:1997 信息技术 多媒体和超媒体信息的编码 第1部分:MHEG对象表示基本表示法(ASN.1)

ITU-R建议 BT.601.3 用于演播室的数字电视的编码参数

ITU-R建议 BT.470-2 电视系统

ITU-R建议 BR.648 音频信号的数字录音

ITU-R报告 BO.955.2 500-3 000 MHz范围内车载、便携和固定接收器的卫星声音广播

CCITT建议 J.17(1988) 用于声音节目的预加重电路

2 技术原理

2.1 术语和定义

下列术语和定义适用于本部分。若只适用于某一部分,则用方括号注明。

2.1.1

访问单元 access unit[系统]

一个表现单元的编码表示。对音频而言,一个访问单元就是一个音频帧的编码表示。

对视频而言,在视频压缩的情况下,一个访问单元包括一幅图像中所有的编码数据及跟随其后的任何填充,直至(但不包括)下一个访问单元的开始。

如果图像不是由group_start_code或sequence_header_code起始,则访问单元由图像起始码开始。

如果图像由group_start_code及(或)sequence_header_code起始,则图像由上述起始码的第一个中的第一个字节开始。

如果图像是比特流中sequence_end_code之前的最后一幅图像,则该编码图像中的最后一个字节与sequence_end_code(包括sequence_end_code)之间的所有字节均属于该访问单元。

2.1.2

比特率 bitrate

压缩的比特流从通道传输到解码器输入端的速率。

2.1.3

字节对齐 byte aligned

如果某一位在编码比特流中的位置从流的第一位算起是8的倍数,则该位是字节对齐的。

2.1.4

通道 channel

存储或传输GB/T 17975.1比特流的数字媒体。

2.1.5

编码B帧 coded B-frame

一个B帧图像,或者一对B场图像。

2.1.6

编码帧 coded frame

一个编码帧是一个编码I帧、一个编码B帧或者一个编码P帧。

2.1.7

编码I帧 coded I-frame

一个I帧图像,或者一对场图像,其中第一场是一个I图像场。并且第二场图像是I图像或P图像。

2.1.8

编码 P 帧　coded P-frame

一个 P 帧图像,或者一对 P 场图像。

2.1.9

编码表示　coded representation

数据元素用其编码格式表示。

2.1.10

压缩　compression

减少用于表示某个数据项的比特数目。

2.1.11

固定比特率　constant bitrate

压缩比特流从开始到结束比特率保持不变的操作。

2.1.12

受限系统参数流　CSPS;constrained system parameter stream［系统］

遵循本部分中 2.7.9 所定义的约束条件的一个节目流。

2.1.13

循环冗余码校验　CRC

用于检验数据的正确性。

2.1.14

数据元素　data element

编码之前和解码之后所表示的一个数据项。

2.1.15

解码流　decoding stream

压缩比特流的解码后重构。

2.1.16

解码器　decoder

解码过程的具体实现者。

2.1.17

解码(过程)　decoding (process)

在本部分中定义的读入一个输入的编码比特流并产生解码的图像或音频信号样本的过程。

2.1.18

解码时间戳　DTS;decoding time-stamp［系统］

PES 分组头中的一个字段,用来指出一个访问单元在系统目标解码器中被解码的时刻。

2.1.19

数字存储媒体　DSM;digital storage media

数字存储或传输的设备或系统。

2.1.20

数字存储媒体的命令和控制　DSM-CC

2.1.21

权限控制信息　ECM;entitlement control message

一些专用的条件存取信息,以指定控制语句和其他可能的,通常是流所特有的加扰及(或)控制参数。

2.1.22

权限管理信息　EMM;entitlement management message

一些专用的条件存取信息,以指定权限等级或特定解码器的服务。它们可以被提供给一个或一组解码器。

2.1.23

编辑　editing

对一个或多个压缩比特流进行操作以生成一个新的压缩比特流的过程。编辑后的比特流必须与编辑前满足相同的要求。

2.1.24

基本流　ES;elementary stream [系统]

泛指 PES 分组中编码视频流、编码音频流或其他编码比特流中的某一个。一个基本流以有且仅有一个 stream_id 的 PES 分组序列来传送。

2.1.25

基本流时钟参考　ESCR;Elementary Stream Clock Reference [系统]

PES 流中的时间戳,PES 流解码器从中获取定时。

2.1.26

编码器　encoder

编码过程的具体实现者。

2.1.27

编码(过程)　encoding (process)

读入输入图像或音频样本流,并产生符合本部分的编码比特流的过程。该过程并未在本部分中规定。

2.1.28

熵编码　entropy coding

为减少冗余而对信号的数字表示进行的可变长无失真的一种编码方法。

2.1.29

事件　event

一个事件定义为有共同的时间基准、相关的起始时间和相关的结束时间的基本流的集合。

2.1.30

快速正向回放　fast forward playback [视频]

用快于实际速度,并按显示顺序显示图像序列或序列一部分的过程。

2.1.31

禁止　forbidden

本部分定义编码比特流时,术语"禁止"是指绝不能使用的专用数值。

2.1.32

元数据　metadata

用以描述视觉听觉内容与基本数据的信息,采用 ISO 或其他授权机构定义的格式。

2.1.33

元数据访问单元　metadata access unit

一个在元数据中的全局结构,用以定义意图在某一特定时间解码的元数据的片段。元数据访问单元的内部结构通过元数据格式来定义。

2.1.34

元数据应用程序格式　metadata application format

标识使用元数据的应用程序的格式，在元数据传送过程中给出应用程序特定的信息。

2.1.35

元数据解码器配置信息　metadata decoder configuration information

接收端用以解码特定元数据服务所需要的数据。依赖于元数据格式，可能需要或者不需要解码器配置信息。

2.1.36

元数据格式　metadata format

标识元数据的编码格式。

2.1.37

元数据服务　metadata service

具有相同格式的元数据的连贯集合，发送给接收端用于特定目的。

2.1.38

元数据服务标识符　metadata service id

特定元数据服务的标识符，用于某些元数据的传输方法。

2.1.39

元数据流　metadata stream

对来自于一个或多个元数据服务的元数据访问单元进行的拼接或组合。

2.1.40

(复用)流　(multiplexed) stream［系统］

由零个或多个基本流按照符合本部分的方式组成的比特流。

2.1.41

层　layer［视频和系统］

GB/T 17975 的第 1 部分、第 2 部分中定义的视频和系统规范中数据层次结构中的一个层次。

2.1.42

包　pack［系统］

包由一个包标题及随后的零个或多个分组所构成，它是本部分的 2.5.3.3 所描述的系统编码语法中的一个层次。

2.1.43

分组数据　packet data［系统］

一个分组内所含的连续数据字节，它来自某个基本流。

2.1.44

分组标识符　PID;packet identifier［系统］

在本部分的 2.4.3 中描述的用来标识一个或多个节目传输流中的一个节目的基本流的唯一整数值。

2.1.45

填充　padding［音频］

一种调节音频帧平均时间长度的方法，对应于 PCM 采样的持续时间，有条件地在音频帧中加进狭道。

2.1.46

有效载荷数据　payload

在分组中跟在标题字节之后的那些字节。例如，一些传输流分组的有效载荷数据包括一个 PES 分组头、PES分组数据字节或指针域以及PSI段或专用数据，但一个PES分组的有效载荷数据仅包含PES分组数据字节。传输流分组头和适应字段不是有效载荷数据。

2.1.47

PES［系统］

已分组基本流的缩写。

2.1.48

PES分组　PES packet［系统］

传输基本流数据的数据结构。一个PES分组包含一个PES分组头，其后跟有一些来自基本数据流的连续字节。它是本部分中2.4.4.2描述的系统编码语法的一层。

2.1.49

PES分组头　PES packet header［系统］

一个PES分组中的前导字段。当一个流不是填充流时，它一直到但并不包括PES分组数据字节字段。在填充流的情况下，PES分组头被类似地定义为PES分组的前导字段，直到但并不包括填充字节字段。

2.1.50

PES流　PES stream［系统］

PES流包含一些PES分组。这些分组的有效载荷中包含来自于单个基本流的数据，且分组具有相同的流标识。特定的语义约束可以适用。（见本部分的引言中的0.4）。

2.1.51

时间戳表现　PTS;presentation time-stamp［系统］

在PES分组头中可能包含的一个字段，用来指出一个表现单元在系统目标解码器中被表现的时刻。

2.1.52

表现单元　PU;presentation unit［系统］

已解码的一个音频访问单元或一幅图像。

2.1.53

节目　program［系统］

一个节目是节目元素的集合。节目元素可能是基本流。它不需要有任何定义的时间基准。那些有时间基准的则为共同时间基准，以用于同步表现。

2.1.54

节目时钟参考　PCR;Program Clock Reference［系统］

PES流中的时间戳。PES流解码器从中获取定时。

2.1.55

节目元素　program element［系统］

用来描述可能包含在一个节目中的基本流或其他数据流的一个流的通用术语。

2.1.56

节目特定信息　PSI;program Specific Information［系统］

PSI包括用来分离传输流和成功地再生节目所必需的标准化数据。在本部分的2.4.5中对其进行了描述。专门定义的PSI数据的一个例子是非强制性的网络信息表。

2.1.57

随机访问　random access

从任意点开始读入编码比特流并解码的过程。

2.1.58

保留值　reserved

术语“保留值”用来在定义编码比特流时表示某数值可以用于ISO将来的扩充。除非在本部分中有特别定义,否则所有的备用值应被设为'1'。

2.1.59

加扰　scrambling [系统]

对视频、音频或编码数据流进行改动以防止未经授权地接收明文信息。这种改动是在条件存取系统控制下的一种特定的过程。

2.1.60

源流　source stream

在压缩编码之前的一个非复合的样本流。

2.1.61

拼接　splicing [系统]

系统层对两个不同的基本流进行的连接操作。所产生的系统流完全符合本部分。拼接可能会引起时间基准、连续性计数器、PSI和解码的不连续。

2.1.62

起始码　start codes [系统]

嵌入在编码比特流中的32位码。它有若干用途,包括编码语法的某些层次的标识。起始码包含了一个24位的前缀(0x000001)和一个8位的流标识。见表25。

2.1.63

STD输入缓冲区　STD input buffer [系统]

系统目标解码器输入端的一个先进先出缓冲区,用来存储解码之前的基本流的压缩数据。

2.1.64

静态图像　still picture

已编码的静态图像由包含唯一一个已帧内编码的视频序列组成。该图像有一个相关的PTS。若该图像有后续图像的话,则其后续图像的表现时间将比该静态图像晚至少两个图像周期。

2.1.65

系统头　system header [系统]

系统头是在本部分的2.5.3.5中定义的一个数据结构。它承载了概述GB/T 17975.1节目流系统特性的信息。

2.1.66

系统时钟参考　SCR;system clock reference [系统]

节目流中的时间戳。解码器从它获取定时。

2.1.67

系统目标解码器　STD;system target decoder [系统]

用来描述GB/T 17975.1多路复合流语义的一个虚拟的解码过程参考模型。

2.1.68

时间戳　time-stamp [系统]

用来指示事件发生时刻的一个术语。例如一个字节的到达或一个表现单元的表现。

2.1.69

传输流分组头　transport stream packet header［系统］

传输流分组中的前导字段，直到且包括连续计数器字段。

2.1.70

可变比特率　variable bitrate

传输流或节目流的一种属性，到达解码器输入端的字节速率随时间而变化。

2.2　符号和缩写

用于描述本部分的数字运算符，类似于C程序语言中使用的运算符，但本部分特别定义了具有截断和舍入功能的整除运算。按位运算符的定义则假定采用整数的二进制补码表示。标号和记数循环通常由零开始。

2.2.1　算术运算符

＋：	加法。
－：	减法（双目运算符）或取反（单目运算符）。
＋＋：	增量。
－－：	减量。
＊或×：	乘法。
^：	乘幂。
/：	结果向零截断的整除。例如，7/4和－7/－4取整为1，－7/4和7/－4为－1。
//：	结果舍入为最近整数的整除。除非特别指明，否则0.5向上舍入。 例如，3//2舍入为2，－3//2舍入为－2。
DIV：	是结果趋向－∞的带截断的整除。
%：	取模运算符，仅适用于正整数。
Sign：	Sign(x)＝1　x＞0； 0　x＝＝0； －1　x＜0。
NINT(　)：	最近的整数运算符。返回与实数最接近的整数，对0.5进行向上舍入。
sin：	正弦。
cos：	余弦。
exp：	指数。
$\sqrt{\ }$：	平方根。
log10：	以10为底的对数。
loge：	以e为底的对数。

2.2.2　逻辑运算符

||：	逻辑加，OR。
&&：	逻辑乘，AND。
!：	逻辑非，NOT。

2.2.3　关系运算符

＞：	大于。
≥：	大于或等于。
＜：	小于。
≤：	小于或等于。
＝＝：	等于。
!＝：	不等于。

max [,…,]: 参数表中的最大值。

min [,…,]: 参数表中的最小值。

2.2.4 按位运算符

&: 与。

|: 或。

>>: 带符号扩展的右移。

<<: 补充零的左移。

2.2.5 赋值

=: 赋值运算符。

2.2.6 助记符

下列助记符用于描述编码比特流中不同的数据类型。

Bslbf: 比特串,即二进制位串,左位在先。其中“左”是指本标准中书写比特串的顺序。比特串书写成单引号括住的 1 和 0 的串,如'1000 0001'。比特串中的空格有助于阅读,但无实际意义。

ch: 通道。

gr: 音频层Ⅱ中 3×32 个子频带采样的颗粒,音频层Ⅲ中 18×32 个子频带采样的颗粒。

main_data: 比特流的主数据部分,包含比例因子、Huffman 编码数据以及其他辅助信息。

main_data_beg: 某一帧 main_data 在比特流中的开始位置,它等于前面一帧 main_data 的结束位置加上一个二进位,可从前一帧的 main_data_end 值计算出来。

part2_length: 用作比例因子的 main_data 的二进制位数目。

rpchof: 余数多项式的系数,最高项排列在先。

sb: 子频带。

scfsi: 比例因子选择信息。

switch_point_l: 使用窗口切换点所依据的比例因子频带数(长块比例因子频带)。

switch_point_s: 使用窗口切换点所依据的比例因子频带数(短块比例因子频带)。

tcimsbf: 二的补码整数,msb(符号)位优先。

uimsbf: 无符号整数,高位在先。

vlcblf: 可变长代码,左边的二进制位在先,这里“左边”是指书写可变长代码的顺序。

window: 在 block_type==2 时,实际时间狭道的数目(0≤window≤2)。

多字节组成的字其字节顺序是最高字节在先。

2.2.7 常量

π: 3.141 592 653 59

e: 2.718 281 828 45

2.3 比特流语法的描述方式

解码器获得的比特流的描述见 2.4.1 和 2.5.1。比特流中的每个数据项以粗体表示。由它的名称、二进制长度、类型助记符和传输顺序描述。

在比特流中由一个已解码的数据元素所引起的动作,取决于该数据元素本身的值和先前已解码的数据元素的值。在包含对语法的语义描述的章条中描述了这些数据元素的解码操作以及在解码过程中所使用的状态变量的定义。以下结构用于表达数据元素何时出现以及何时为正常类型的条件。

注:本语法使用 C 语言的约定,变量或表达式为非零值时等价于条件为真。

表 1

while(condition) {
data_element ...
}
	若条件为真，则一组数据元素便紧接着在数据流中出现，直到条件为假

do {
data_element ... }
while (condition)
	数据元素至少出现一次，如此重复直到条件为假

if (condition) {
data_element... }
else {
data_element...
}
	若条件为真，则第一组数据元素紧接着出现在数据流中
	若条件为假，则第二组数据元素紧接着出现在数据流中

for (i=0;i<n;i++){
data_element ...
}
	数据元素组出现 n 次
	数据元素组中的条件结构取决于循环控制变量 i 的值
	i 第一次出现时设置为 0，以后每出现一次就增加 1

注：数据元素组可以包含有嵌套条件结构。为简洁起见，若仅有一个数据元素时，{}可以省略。

表 2

data_element[ ]	数据数组，数据元素数量取决于上下文
data_element[n]	数据数组中的第 n+1 个元素
data_element[m][n]	二维数据数组中的第 m+1，n+1 个元素
data_element[l][m][n]	三维数据数组中的第 l+1，m+1，n+1 个元素
data_element[m..n]	数据元素中从位 m 到位 n 的闭区间中的所有位

尽管使用了过程式的术语来描述语法，但并不能认为图 6 或图 7 中实现的解码过程一定会令人满意。特别地，它们定义了一个正确的无差错的输入比特流。为了能够正确地开始解码，实际的解码器必须具有寻找起始码和同步字节（传输流）的方法，并且在解码时能够识别出错误，进行删除或插入等处理。识别这些事情的方法及所采取的措施都未标准化。

2.4 传输流比特流要求

2.4.1 传输流编码结构与参数

GB/T 17975.1 传输流编码层允许一个或多个节目组合在一个流中。来自每个基本流的数据与允许节目中基本流同步表现的信息一起多路复合。

一个传输流包括一或多个节目。视频与音频基本流由访问单元组成。

基本流数据由 PES 分组承载。一个 PES 分组包括一个分组头，后跟分组数据。PES 分组被插入到传输流分组中，每一 PES 分组头的首字节位于一个传输流分组的第一个可用的有效载荷位置。

PES 分组头以一个 32 位起始码开始，该起始码也标识该分组数据所属的流或流类型。PES 分组头可以包含解码和表现时间戳（DTS 和 PTS）。PES 分组头也包含其他可选字段。PES 分组数据字段包含来自一个基本流的可变数目的连续字节。

传输流分组以一个 4 字节前缀开始，内含一个 13 位的分组标识（PID），定义见表 5。PID 通过节目特定信息（PSI）表指定包含在传输流分组中的数据内容。具有相同 PID 值的传输流分组承载仅来自同一个基本流的数据。

PSI 表承载于传输流中，共有以下 5 个：

a) 节目相关表；

b) 节目映射表；

c) 条件存取表；

d) 网络信息表；

e) 传输流表述表。

这些表包含了对于解复用和播放节目所必要的也是足够的信息，表36所示的节目映射表规定了在其他信息中哪一些PID以及哪一些基本流与组成每一个节目相关。该表还指出了承载每一节目PCR的传输流分组的PID。如果使用加扰，则将会出现条件访问表。网络信息表是可选的，它的内容未在本标准中规定。

传输流分组可以为空。空的分组用于填充传输流，它们可能在再复用处理中被插入或删除。因此并不能假定空的分组会作为有效载荷数据而被传送到解码器。

本标准并未规定可能被用作条件访问系统的一部分的编码数据。但为节目服务供应商提供了一些机制以用于在解码过程中传输和标识这些数据，以及正确地引用本规范所规定的数据。这种支持是通过传输流分组结构和条件访问表(见PSI的表35)来提供的。

2.4.2 传输流系统目标解码器

2.4.3中规定的传输流语义及2.7中规定的语义限制需要精确地定义字节的到达、解码事件以及它们发生的时间。本标准使用一个称为传输流系统目标解码器(T-STD)的虚拟解码器来给出这些所需定义。有关T-STD的进一步解释可参见附录D。

T-STD是一个用于精确定义这些术语及在创建和校验传输流时模型化解码过程的一个概念化模型。T-STD仅为此目的而定义。在T-STD中有3种解码器：视频、音频和系统。图6给出了一个例子。T-STD的结构和所描述的定时都不排除各种具有不同结构或定时机构的解码器对传输流进行不间断同步回放。

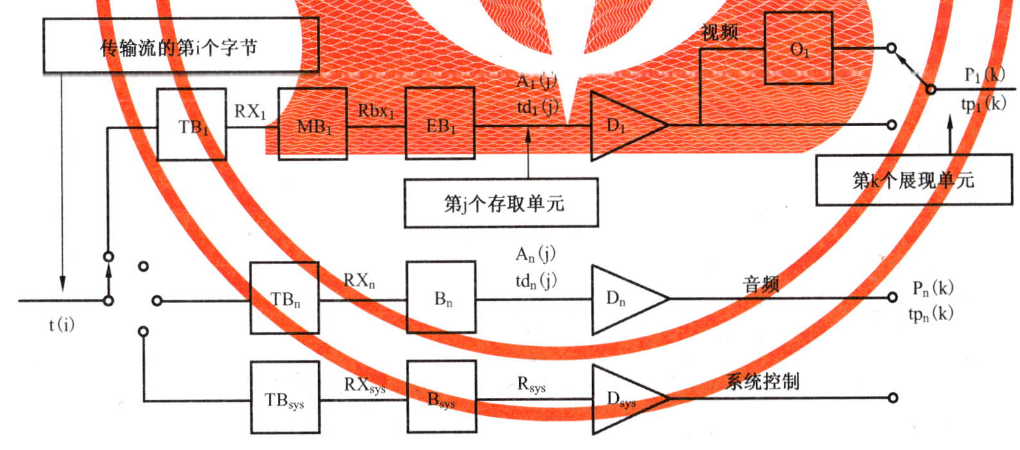

图6 传输流系统目标解码器框图

以下记号(见表3)用于描述传输流目标解码器，其中一部分已在前面图6中说明。

表3

i,i′,i″	传输流中字节的索引，第一个字节索引为0
j	基本流中访问单元的索引
k,k′,k″	基本流中表现单元的索引
n	基本流的索引
p	传输流中传输流分组的索引
t(i)	以秒为单位指出传输流中第i个字节进入系统目标解码器的时间，t(0)是一个任意常数

表 3（续）

PCR(i)	编码在 PCR 字段中的时间，以 27 MHz 系统时钟周期为单位来度量，其中 i 是节目时钟参考基准字段的最后一个字节的索引
$A_n(j)$	基本流 n 中第 j 个访问单元，它按照解码顺序加以索引
$td_n(j)$	基本流 n 中第 j 个访问单元在系统目标解码器中的解码时间，以秒为单位
$P_n(k)$	基本流 n 中第 k 个表现单元，它是解码 $A_n(k)$的结果，并按表现顺序加以索引
$tp_n(k)$	基本流 n 中第 k 个访问单元在系统目标解码器中的表现时间，以秒为单位
t	以秒为单位的时间
$F_n(t)$	系统目标解码器对基本流 n 在 t 时刻的输入缓冲区占用度，以字节为单位
B_n	基本流 n 的主缓冲区，仅用于音频基本流
BS_n	缓冲区 B_n 的大小，以字节为单位
B_{sys}	系统目标解码器的主缓冲区，用于存放正在解码过程中的节目的系统信息
BS_{sys}	缓冲区 B_{sys}的大小，以字节为单位
MB_n	基本流 n 的复合缓冲区，仅用于视频基本流
MBS_n	缓冲区 MB_n 的大小，以字节为单位
EB_n	基本流 n 的基本流缓冲区，仅用于视频基本流
EBS_n	缓冲区 EB_n 的大小，以字节为单位
TB_{sys}	正在解码过程中的节目的系统信息的传输缓冲区
TBS_{sys}	缓冲区 TB_{sys}的大小，以字节为单位
TB_n	基本流 n 的传输缓冲区
TBS_n	缓冲区 TB_n 的大小，以字节为单位
D_{sys}	节目流 n 中系统信息的解码器
D_n	基本流 n 的解码器
O_n	视频基本流 n 的重排序缓冲区
R_{sys}	从 B_{sys}中移走数据的速率
R_{xn}	从 TB_n 中移走数据的速率
R_{bxn}	在使用泄漏方式时，从 MB_n 中移走 PES 分组有效载荷数据的速率
$R_{bxn}(j)$	在使用 vbv_delay 方式时，从 MB_n 中移走 PES 分组有效载荷数据的速率
R_{xsys}	从 TB_{sys}中移走数据的速率
R_{es}	编码在序列头中的视频基本流速率

2.4.2.1 系统时钟频率

T-STD 中所引用的定时信息承载于本规范定义的一些数据字段中。见 2.4.4 和 2.4.4.2。在 PCR 字段中该信息作为节目的系统时钟采样值被编码。PCR 字段承载于传输流分组的适应字段中。该传输流分组具有一个和传输流节目映射段中定义的 PCR_PID 相等的 PID 值。

实际解码器可能从这些值及它们各自的到达时间重建该时钟。以下给出了作用于节目的系统时钟频率的最小限制，正如解码器收到的 PCR 字段值所表示的那样。

系统时钟频率值以 Hz 为单位，且满足如下约束：

$$27\ 000\ 000-810 \leqslant system\_clock\_frequency \leqslant 27\ 000\ 000+810$$

system_clock_frequency 随时间的变化率$\leqslant 75 \times 10^{-3}$ Hz/s

注：编码数据源应有更严格的误差以便适应用户的录制和回放装置的操作。

一个节目的系统时钟频率可能比要求的更精确。这一改进的精确性可经 2.6.20 定义的系统时钟描述符传递给解码器。

本规范定义的比特率按系统时钟频率测定。例如：27 000 000 bit/s 的比特率，意味着每 8 个时钟周期传输 1 字节数据。

在本规范中，术语“系统时钟频率”多次用于表示符合这些要求的时钟频率。为了便于表示和理解，在出现 PCR、PTS、DTS 的公式中，时间精确到(300×2^{33}/系统时钟频率)秒的整数倍。这是因为 PCR 定时信息被编码为 33 位的系统时钟频率的 1/300，另加 9 位的余数。对 PTS 及 DTS，它们被编码为 33 位的系统时钟频率的 1/300。

2.4.2.2 传输流系统目标解码器的输入

传输流系统目标解码器的输入是一个传输流。一个传输流可能包含带有独立时间基准的多个节目，但 T-STD 一次只解码一个节目。在 T-STD 模型中，所有定时均表示该节目的时间基准。

来自传输流的数据以分段恒定速率进入 T-STD。第 i 个字节进入 T-STD 的时间 t(i)通过对输入流中的节目时钟参考字段(PCR)进行解码以及对该节目中到后续 PCR 之间的整个传输流字节进行计数来定义。其中，PCR 编码在待解码节目的传输流分组适应字段中。PCR 字段分两部分编码，一部分以系统时钟频率的 1/300 为单位，称为节目时钟参考基准 program_clock_reference_base(见式(2))；另一部分以系统时钟频率为单位，称为节目时钟参考扩展 program_clock_reference_extention(见式(3))。其中的编码值分别由 PCR_base(i)(式(2))和 PCR_ext(i)(式(3))计算。PCR 字段中编码值指出了时间 t(i)，其中 i 是包含节目时钟参考基准字段最后一位的字节的索引。

特别地，

$$PCR(i)=PCR\_base(i)\times 300+PCR\_ext(i) \quad \cdots\cdots(1)$$

其中：

$$PCR\_base(i)=((system\_clock\_frequency\times t(i))\ DIV\ 300)\%2^{33} \quad \cdots\cdots(2)$$

$$PCR\_ext(i)=((system\_clock\_frequency\times t(i))\ DIV\ 1)\%300 \quad \cdots\cdots(3)$$

所有其余字节的输入到达时间 t(i)，如式(4)所示，是由 PCR(i″)和数据到达传输率计算而来的。这里的传输率指在传输流中包含同一节目的两个连续的 program_clock_reference_base 字段最后一位的字节之间的字节数除以编码在这两个 PCR 字段中的时间值的差。

$$t(i)=(PCR(i'')/system\_clock\_frequency)+(i-i'')/transport\_rate(i) \quad \cdots\cdots(4)$$

其中：

i 是传输流中满足 $i''<i<i'$ 的任何字节的索引。

i″是包含可用于当前被解码节目的最近的 program_clock_reference_base 字段的最后一位的字节索引。

PCR(i″)是以系统时钟为单位的编码在节目时钟参考基准及扩展字段中的时间。

传输率如式(5)所示：

$$transport\_rate(i)=((i-i'')\times system\_clock\_frequency)/(PCR(i)-PCR(i'')) \quad \cdots\cdots(5)$$

其中：

i 是包含可用于当前被解码节目的紧随着的节目_时钟_参考_基准字段的最后一位的字节索引。

注：$i''<i\leqslant i'$。

当传输分组适应字段中的 discontinuity_indicator 指示出时间基准不连续时，式(4)和式(5)中对输入 T-STD 的字节的到达时间的定义在旧时间基准的最后一个 PCR 和新时间基准的第一个 PCR 之间并不适用。在这种情况下，字节到达时间的确定应对式(4)进行修正，所用的传输率是旧时间基准的最后一个和倒数第二个 PCR 之间的传输率。

对 PCR 值规定了一个容限，定义为收到 PCR 的所允许的最大偏差。这一偏差可能是由于 PCR 值的不精确或再复合时对 PCR 的修正引起的。它不包括因网络抖动或其他原因造成的到达时间误差。PCR 容限为±500 ns。

在 T-STD 模型中，术语“不精确”表现为使用式(5)计算出的传输率不精确。

具有多节目和可变速率的传输流

传输流可能含有带独立时间基准的多个节目。每个独立节目需要有分离的 PCR 集，分别由各自的 PCR_PID 值来标识，因此 PCR 不能共存。对于进入 T-STD 的节目而言，传输流速率是分段恒定的，所以如果一个传输流速率是可变的，它只能在当前所考虑的节目的 PCR 变化。因为 PCR 也就是传输流中速率改变点，不是共存的。传输流进入 T-STD 的速率将因不同节目进入 T-STD 而不同，因此，在一个传输流包含多个具有不同时间基准的节目且传输流速率是可变的情况下，不可能为整个传输流构造出一个一致的 T-STD 传输方案，但构造一个带有多个可变速率节目的恒定比特率的传输流却是简单的。

2.4.2.3 缓冲

完全传输流分组中包含系统信息，因为被挑选做解码的节目以传输流速率进入系统传输缓冲 TB_{sys}。这些包含 PID 值为 0,1,2 或 3 的传输流分组，以及通过节目关联表格(见表 33)定义的所有传输流分组，以节目映射 PID 值作为选择节目。由 NIT PID 指定的网络信息表(NIT)数据不传输到 TB_{sys}。

所有进入缓冲区 TB_n 的字节都按以下规定的速率 Rx_n 被移出。作为 PES 分组的一部分或其内容的字节被传送到音频基本流和系统数据的主缓冲区以及视频基本流的多路复用缓冲区 MB_n，其余字节则不会传送到缓冲区中，但可能会用于控制系统。重复的传输流分组不会被传送到 B_n、MB_n 或 B_{sys}。

缓冲区 TB_n 按以下规则被清空：

——当 TB_n 中无数据，$Rx_n=0$ 时；

——或对于视频，$Rx_n=1.2\times R_{max}[profile,level]$时。

其中，

$R_{max}[profile,level]$是根据档次 profile 和级别 level 来规定的。见 GB/T 17975.2—2000 的表 8-13。该表规定了每一基本视频流在一定档次和级别下的速率上限。

——对于音频：$Rx_n=2\times10^6$ bits/s；

——对于系统数据：$Rx_n=1\times10^6$ bits/s。

Rx_n 是相对于系统时钟频率来度量的。

包含系统信息，用于解码所选节目的完整传输流分组以传输流速率进入系统传输缓冲区 TB_{sys}。这包括 PID 值为 0 或 1 的传输流分组和经过节目相关表(见表 8)验证具有所选节目的 program_map_PID 值的所有传输流分组。由 NIT PID 指定的网络信息表(NIT)数据，不被传送到 TB_{sys}。

字节以速率 Rx_{sys}从 TB_{sys}移出并送往 B_{sys}，所有字节均瞬时传送。

重复的传输流分组不被送到 B_{sys}。

不进入 TS_n 或 TB_{sys}的传输分组被丢弃。

传输缓冲区大小固定为 512 字节。

基本流缓冲区大小 $EBS_1\sim EBS_n$ 是为视频定义的，它们与承载于序列头中的 vbv_buffer_size 字段相等，对 AVS 而言，基本流缓冲区大小与承载于序列头中的 bbv_buffer_size 字段相等。见 G B/T 17191.2中的受限参数总结、GB/T 17975.2—2000 中的表 8-14 和 GB/T 20090.2—2006 的表 B.4。

用于视频的复用缓冲区大小 $MBS_1\sim MBS_n$ 定义如下：

对于低级别和主要级别

MBSn＝BSmux＋BSoh＋VBVmax[profile,level]－vbv_buffer_size

其中，PES 分组开销的缓冲区 BS_{oh} 定义为：

$BS_{oh}=(1/750)s\times R_{max}[profile,level]$

附加复用缓冲区 BS_{mux} 定义为：

$BS_{mux}=0.004\ s\times R_{max}[profile,level]$

而 VBV_{max}[profile，level]在 GB/T 17975.2—2000 的表 8-14 中定义，R_{max}[profile，level]在 GB/T 17975.2—2000 的表 8-13 中定义，vbv_buffer_size 承载在 GB/T 17975.2—2000 的 2.6.2 描述的序列头中。

对于高 1440 级别和高级别

$$MBS_n=BS_{mux}+BS_{oh}$$

其中，BS_{oh} 定义为：

$BS_{oh}=(1/750)s\times R_{max}[profile,level]$

BS_{mux} 定义为：

$$BS_{mux}=0.004\ s\times R_{max}[profile,level]$$

而 R_{max}[profile，level]在 GB/T 17975.2—2000 的表 8-13 中定义，对 AVS 视频，见 GB/T 20090.2—2000 中的表 B.4、表 B.5 和表 B.6 中的定义。

对于受限参数 GB/T 17191.2 比特流

$$MBS_n=BS_{mux}+BS_{oh}+vbv\_max-vbv\_buffer\_size$$

其中，BS_{oh} 定义为：

$$BS_{oh}=(1/750)s\times R_{max}$$

BS_{mux} 定义为：

$$BS_{mux}=0.004\ s\times R_{max}$$

而 R_{max} 和 vbv_max 分别代表 GB/T 17191.2 中受限参数比特流的最大比特率和最大 vbv 缓冲区的大小。

大小为 $BS_{mux}=4\ ms\times R_{max}[profile,level]$ 的 MBS_n 的一部分被分配为缓冲区以允许复用操作，剩下的部分用作 BS_{oh}，还可能供初始化复用操作使用。

注：PES 开销的缓冲区空间由 2.5.2.4 定义的 PES-STD 在 PES 流中直接作出限制。利用 PES 流来构造传输流是可能的，但不是必须的。

BS_n 缓冲区

主缓冲区大小 BS_1～BS_n 定义如下。

音频：

$BS_n=BS_{mux}+BS_{dec}+BS_{oh}=3\ 584$ 字节

解码缓冲区 BS_{dec} 的访问单元大小和 PES 分组开销缓冲区 BS_{oh} 受下式限制：

$BS_{dec}+BS_{oh}=2\ 848$ 字节

3 584 字节缓冲区的一部分(736 字节)被分配作为缓冲区以允许多路复合操作。余下的 2 848 字节由访问单元缓冲区 BS_{dec} 和 BS_{oh} 及附加多路复用操作共享。

系统：

用于系统数据的主缓冲区 B_{sys} 大小为 1 536 字节。

视频：

对视频基本流，数据由以下两种方式之一从 MB_n 传送到 EB_n：泄漏方式或 VBV 延迟方式。

泄漏方式：

泄漏方式以泄漏率 R_{bx} 把数据从 MB_n 传到 EB_n。泄漏方式在以下条件成立时使用：

a) 基本流的 STD 描述符(见 2.6.32)在传输流中不出现；

b) STD 描述符出现且 leak_valid 标志置'1';

c) STD 描述符出现,leak_valid 值为'0',视频流中编码的 vbv_delay 字段值为 0xFFFF;或

d) 特技模式状态为真(见 2.4.4.3)。

对于低级别和主要级别:

$$R_{bxn}=R_{max}[profile,level]$$

对于高 1440 级别和高级别:

$$R_{bxn}=Min\{1.05\times R_{es},R_{max}[profile,level]\}$$

对于 GB/T 17191.2 中受限参数比特流:

$$R_{bxn}=1.2\times R_{max}$$

其中,R_{max}为 GB/T 17191.2 中受限参数比特流的最大比特率。

如果 MB_n 中有 PES 分组有效载荷数据且缓冲区 EB_n 不满,PES 分组有效载荷以速率 R_{bx}从 MB_n 传送到 EB_n。若 EB_n 满,数据不从 MB_n 中移出。当一个数据字节从 MB_n 传送到 EB_n,所有紧接在该字节之前的且位于 MB_n 中的 PES 分组头字节被立即移出并丢弃。当 MB_n 中无 PES 有效载荷数据时,数据不从 MB_n 中移出。所有进入 MB_n 的数据从中出来。所有 PES 分组有效载荷字节在离开 MB_n 的瞬时进入 EB_n。

vbv_delay 方法

vbv_delay 方式利用编码在视频基本流中的 vbv_delay 值,精确地指定每个字节的编码视频数据从 MB_n 转移到 EB_n 的时间。当基本流的 STD 描述符(见 2.6.32)出现在传输流中,描述符中的leak_valid 标识置'0',编码在视频流中的 vbv_delay 值不等于 0xFFFF 时,使用 vbv_delay 方式。如果视频序列中某一个 vbv_delay 值不等于 0xFFFF,则该序列中的任何 vbv_delay 字段均不为 0xFFFF(见 GB/T 17191.2和 GB/T 17975.2)。

使用 vbv_delay 方式时,图像 j 的视频图像起始码的末字节,在时间 $td_n(j)$ − vbv_delay(j) 从 MB_n 传到 EB_n。这里 $td_n(j)$指图像 j 的解码时间,定义如上。vbv_delay(j)是以秒表示的延迟时间,由图像 j 的 vbv_delay 字段指出。在后续图像起始码末字节间的数据(包括第一个起始码的末字节)以分段恒定的速率 $R_{bx}(j)$向缓冲区 EB_n 中传送。$R_{bx}(j)$对每一个图像 j 均有规定。特别地,向缓冲区中传送的速率 $R_{bx}(j)$满足下式:

$$R_{bx}(j)=NB(j)/(vbv\_delay(j)-vbv\_delay(j+1)+td_n(j+1)-td_n(j)) \quad\cdots\cdots\cdots\cdots(6)$$

其中,NB(j)指图像 j,j+1 起始码末字节之间的字节数(包括第二个起始码的末字节),不包括分组头字节。

注:如果视频序列扩展中的 low_delay 标志被设置为'1',vbv_delay(j+1)和 tdn(j+1)的值可能与通常所期望的周期性视频显示不同,可能无法通过检查比特流来决定正确值。

式(6)中得出的 $R_{bx}(j)$应当小于或等于流类型为 0x02 的基本流的 R_{max}[profile,level],(见表 37)。其中,R_{max}[profile,level],在 GB/T 17975.2 中定义,且小于或等于流类型为 0x01 的基本流受限参数视频流所允许的最大比特率。

当一个数据字节从 MB_n 传到 EB_n 时,所有紧挨在该字节前的在 MB_n 中的 PES 分组头字节被瞬时移走和丢弃。所有进入 MB_n 的数据离开它。所有 PES 分组有效载荷数据字节离开 MB_n 后立即进入 EB_n。AVS 的相应部分参考 GB/T 20090.2—2006 中附录 B 档次和级别和附录 D 比特流虚拟参考解码器。

访问单元移出

对于每一基本流缓冲区 EB_n 和主缓冲区 B_n,在缓冲区中时间最长的访问单元 $A_n(j)$的所有数据和在时间 $td_n(j)$出现在缓冲区中的访问单元之前的填充字节,在时刻 $td_n(j)$被立即移出。解码时间 $td_n(j)$在 DTS 和 PTS 字段规定(见 2.4.4.2)。访问单元 j 之后的无编码 DTS 或 PTS 字段的访问单元的解码时间 $td_n(j+1)$,$td_n(j+2)$…可从基本流中的信息获得,见 GB/T 17975.2、GB/T 17975.3 的附录 C 或

GB/T 17191 以及 2.7.5。对于音频信号，所有存储在访问单元之前的或嵌入在访问单元数据中的 PES 分组头和访问单元同时移出。访问单元移出后立即解码为播放单元。

系统数据

对于系统数据，数据以速率 R_{sys} 从主缓冲区 B_{sys} 中移出，只要缓冲区 B_{sys} 中至少有一个字节的数据。

$$R_{sys} = \max\ (80\ 000\ \text{bits/s}, \text{transport\_rate}(i) \times 8\ \text{bits/byte}/500) \qquad (7)$$

注：在高传输率情况下，增加 R_{sys} 的目的在于允许增加节目特定信息的数据速率。

低延迟

在视频序列扩展中的 low_delay 置'1'时(参见 GB/T 17975.2)，EB_n 缓冲区可能下溢。此时，当在时刻 $td_n(j)$ 检查 T-STD 基本流缓冲区 EB_n 时，访问单元的整个数据可能不在 EB_n 中。当这一情况出现时，缓冲区将在每隔两个字段周期重复检查，直到数据进入缓冲区。此时整个访问单元应瞬时从 EB_n 缓冲区移走，缓冲区 EB_n 将不会发生上溢。

当 low_delay_mode 标志置'1'时，EB_n 的下溢允许无限制地连续出现，T-STD 解码器将在与上段所述及比特流中任何 DTS 或 PTS 编码值一致的最早时间从 EB_n 缓冲区移出访问单元。注意解码器可能不能按 DTS 和 PTS 的指示重建正确解码和播放时间，直到 EB_n 缓冲区的下溢终止且在比特流中找到 PTS 或 DTS。

特技模式

当含有 B 类型视频访问单元起始分组的 PES 分组头中的 DSM_Trick_mode 标志(见 2.4.4.2)为 1 且 trick_mode_control 字段为'001'(慢动作)或'010'(冻结帧)或'100'(慢倒)，B 图像访问单元不从视频数据缓冲区 EB_n 中移出直到该图像的任意字段的最后一次解码和播放。场和图像的重复播放在 2.4.4.4中的慢动作，慢倒和 field_id_cntrl 中定义。访问单元在规定时间及时地从 EB_n 移出，这取决于 rep_cntrl 的值。

当包含图像起始码的第一个字节的分组的 PES 分组头中的 DSM_trick_mode 标志置'1'时，trick_mode 状态在 PES 分组中图像起始码从缓冲区 EB_n 中移去时为真，且保持到 DSM_trick_mode 标志为'0'的 PES 分组头被 T-STD 接收。特技模式状态为真时，缓冲区 EB_n 可能下溢，而来自一般流的所有其余限制均保留。

2.4.2.4 解码

$B_1 \sim B_n$ 以及 $EB_1 \sim EB_n$ 中的缓冲区存储的各基本流被解码器 $D_1 \sim D_n$ 瞬时解码，且可能在 T-STD 输出端播放之前在重排序缓冲区 $O_1 \sim O_n$ 中延迟。重排序缓冲区仅当一些访问单元不符合播放顺序时，用于视频基本流。这些访问单元在显示前须重排序。特别地，若 $P_n(k)$ 是一幅或多幅 B 图像前的一幅 I 图像或 P 图像，在播放前它必须在重排序缓冲区 O_n 中延迟。在当前图像被存储之前，先前存储在 O_n 中所有的图像被播放。$P_n(k)$ 延迟到下一 I 图像或 P 图像被解码。当它被存储在重排序缓冲区中时，下一个 B 图像被解码和显示。

播放单元 $P_n(k)$ 在 $tp_n(k)$ 时被播放。对于那些不需要重新排列的播放单元，$tp_n(k)$ 等于 $td_n(k)$，因为访问单元的解码是瞬间完成的。例如，B 帧就属于这种情况。对那些经过重新排列的播放单元，$tp_n(k)$ 和 $td_n(k)$ 相差的时间是 $P_n(k)$ 在重排序缓冲区中延迟的时间，它是图像周期的整数倍。应该注意从视频基本流的开始使用足够的重排序延迟以满足整个流的需求。例如，开始仅包含 I 图像和 P 图像但后来包含 B 图像的流在流开始时应包括重排序延迟。

GB/T 17975.2 和 GB/T 20090.2 详细解释了视频图像重排序。

2.4.2.5 播放

解码系统的功能是从压缩数据重建播放单元并在正确的播放时间同步播放。尽管实际音频和视频播放设备，有着一定的不同的延迟及可能由后处理或输出方式造成的延迟，系统目标解码器将这些延迟假定为 0。

在图 6 的 T-STD 中一个视频播放单元(一个图像)在播放时间 tpn(k)瞬时播放。

在 T-STD 中，音频播放单元在它的播放时间 tpn(k)开始输出，此时解码器瞬时播出第一个样本。播放单元中的后续样本以音频采样率顺序播出。

2.4.2.6 缓冲区管理

传输流的构造应满足本条的条件。本条使用为 STD 定义的记号。

TB_n 和 TB_{sys} 不应发生上溢，每秒至少一次为空。B_n 不应上溢或下溢，B_{sys} 不应上溢。

除非视频序列扩展中的低延迟标志被置为'1'(参见 GB/T 17975.2—2000 中的 6.2.2.3)或 trick_mode 状态为真，EB_n 不应下溢。

当用来指定传送的泄漏方式生效时，MB_n 不应上溢，且每秒至少一次为空。EB_n 不应上溢。

当用来指定传送的 vbv_delay 方式生效时，MB_n 不应上溢和下溢，EB_n 也不应上溢。

通过 STD 缓冲区的任意数据的延迟应不大于 1 s，除非是静态图像视频数据。明确地说，即对所有 j 及访问单元 An(j)中字节 i，有 $tdn(j)-t(i)\leqslant 1$。

对静止图像视频数据，所有 j 和访问单元 An(j)中的所有字节 I，延迟限制为 $tdn(j)-t(i)\leqslant 60$ s。

2.4.2.7 上溢和下溢的定义

假定 Fn(t)是 T-STD 缓冲区 Bn 在某个瞬间的占用程度。

在 $t=t(0)$ 前的瞬时，$Fn(t)=0$。

若对所有的 t 和 n：

$$Fn(t)\leqslant BSn$$

则不发生上溢。

若对所有的 t 和 n：

$$0\leqslant Fn(t)$$

则不发生下溢。

2.4.3 传输流语法语义规范

以下语法描述了一个字节流。传输流分组长度为 188 字节。

2.4.3.1 传输流

见表 4。

表 4 传输流

语　　法	位　　数	助记符
MPEG_transport_stream() {		
do {		
transport_packet()		
} while (nextbits() == sync_byte)		
}		

2.4.3.2 传输流分组层

见表 5。

表 5 本标准的传输分组

语　　法	位 数	助记符
transport_packet() {		
sync_byte	8	bslbf
transport_error_indicator	1	bslbf
payload_unit_start_indicator	1	bslbf

表 5（续）

语　　法	位　数	助记符
transport_priority	1	bslbf
PID	13	uimsbf
transport_scrambling_control	2	bslbf
adaption_field_control	2	bslbf
Continuity_counter	4	uimsbf
if (adaption_field_control == '10'|| adaption_field_control == '11') {		
Adaption_fields()		
}		
if (adaption_field_control == '01' || adaption_field_control =='11'){		
for (i=0;i<N;i++) {		
data_byte	8	bslbf
}		
}		
}		

2.4.3.3　传输流分组层中各字段的语义定义

a)　同步字节字段　sync_byte

一个固定的值为'0100 0111'(0x47)的 8 位字段。在选择其他经常出现的字段值(如 PID)时，应避免与该字段发生冲突。

b)　传输错误指示符字段　transport_error_indicator

一个 1 位标志。置'1'时表示相关传输流分组中至少有一个不可纠正的位差错。该位可能被传输层外部的实体置'1'。置'1'后，除非错误被纠正，值不会恢复为'0'。

c)　有效载荷数据单元起始指示符字段　pay_load_unit_start_indicator

一个 1 位标志，对于承载 PES 分组(见 2.4.4.2)或 PSI 数据(见 2.4.5)的传输流分组有标准的含义。

在传输流分组的有效载荷数据包含 PES 分组数据时，该标志位有以下意义：'1'表示传输流分组的有效载荷数据以 PES 分组的首字节开始，'0'表示该传输流分组不以 PES 分组开始。若值为'1'，则有且仅有 1 个 PES 分组在传输流分组开始，它也适用于流类型 6 的专用流(见表 37)。

在传输流分组的有效载荷数据包含 PSI 数据时，该标志位有以下意义：若传输流分组承载有 PSI 段的第一个字节，则该值应为'1'，以表示传输流分组中有效载荷数据的首字节带有 point_field。若传输流分组不包含 PSI 段的第一个字节，则该值应为'0'，以表示传输流分组中有效载荷数据的首字节无 point_field。见 2.4.5.1 和 2.4.5.2。这也适用于流类型 5 的专用流(见表 37)。

对空的分组而言，该标志位置'0'。

注：对于只承载专用数据的传输流分组，该位的意义在本规范未作规定。

d)　传输优先级字段　transport_priority

一位指示符。置'1'时表示相关分组比 PID 相同但该位不为'1'的其他分组有更高的优先级。传输机制能用它来区分基本流中数据的优先级。该字段可能被仅编码在一个 PID 中或不考虑 PID，这取决于应用程序。该字段可能被通道专用编码器或解码器改变。

e)　PID 字段　PID

13 位字段，指示分组有效载荷数据中存储的数据类型。PID 值 0x0000 被保留用于节目相关表(见表 33)。PID 值 0x0001 被保留用于条件存取表(见表 35)。PID 值被保留用于传输流描述表(见表 39)。0x0003～0x000F 被保留。PID 值 0x1FFF 被保留用于空的分组(见表 6)。

表 6　PID 表

值	描　　述
0x0000	节目相关表
0x0001	条件存取表
0x0002	传输流描述表
0x0003～0x000F	保留
0x0010…0x1FFE	可以赋给 network_PID，Program_map_IP，elementary_PID 或作其他用途
0x1FFF	空的分组

注：PID 值为 0x0000，0x0001，和 0x0010…0x1FFE 的传输分组允许承载 PCR。

f)　传输加扰控制字段　transport_scrambling_control

2 位字段，指出传输流分组有效载荷数据的加扰方式。传输流分组头和适应字段不应该被加扰。对空的分组而言，该字段值应设定为'00'(见表 7)。

表 7　加扰控制值

值	描　　述
00	非加扰
01	用户定义
10	用户定义
11	用户定义

g)　适应字段控制字段　adaption_field_control

2 位字段，指出传输流分组头后面是否有适应字段及(或)有效载荷数据(见表 8)。

表 8　适应字段控制值

值	描　　述
00	ISO/IEC 保留，以供将来使用
01	没有适应字段，仅有有效载荷
10	仅有适应字段，没有有效载荷
11	跟有有效载荷的适应字段

GB/T 17975.1 解码器会丢弃 adaption_field_control 字段值为'00'的传输流分组。对空的分组而言，该字段值应为'01'。

h)　连续性计数器字段　continuity_counter

4 位字段，随着每个具有相同 PID 值的传输流分组而递增。在达到最大值后，回置为 0。当分组的 adaption_field_control 字段等于'00'或'10'时，该字段不应递增。

在传输流中，重复分组可以作为两个且仅两个具有相同 PID 的连续传输流分组来传送。重复分组应该与初始分组具有相同的 continuity_counter 值，且 adaption_field_control 字段应等于'01'或'11'。在重复分组中，初始分组中的每个字节都将重复，但节目时间参考字段例外。若有节目参考时间字段，则应编码为一个有效值。

continuity_counter 值在每个特定的传输流分组中是连续的。在具有相同 PID 的相邻两个传输流分组之间相差一个正值。在 adaption_field_control 字段值为'00'或'10'时,或如上所述的重复分组中,不发生递增。当 discontinuity_indicator 被设为'1'(见 2.4.4)时,continuity_counter 可能会不连续。对于空的分组,continuity_counter 的值未定义。

i) 数据字节字段 data_byte

PES 分组结构中的连续字节,在 PID 值为 0x1FFF 时可取任何值,长度见 2.4.4。它应当是来自于 PES 分组(见 2.4.4.2),PSI 段(见 2.4.5)的连续字节的数据,或 PSI 段之后的分组填充字节,或不在 PID 所指定的结构中的专用数据。对于 PID 值为 0x1FFF 的空的分组,该字段可以是任何值。data_byte 的数目 N,由 184 减去适应字段中的字节数所规定。如下 2.4.4 所述。

2.4.4 适应字段

见表 9。

表 9 传输流适应字段

语　法	位　数	助记符
adaptation_fields() {		
adaptation_field_length	8	uimsbf
if (adaptation_field_length>0) {		
discontinuity_indicator	1	bslbf
random_access_indicator	1	bslbf
elementary_stream_priority_indicator	1	bslbf
PCR_flag	1	bslbf
OPCR_flag	1	bslbf
splicing_pointer_flag	1	bslbf
transport_private_data_flag	1	bslbf
adaptation_field_extension_flag	1	bslbf
if(PCR_flag== '1') {		
program_clock_reference_base	33	uimsbf
reserved	6	bslbf
program_clock_reference_extension	9	uimsbf
}		
if(OPCR_flag=='1'){		
original_program_clock_reference_base	33	uimsbf
reserved	6	bslbf
original_program_clock_reference_extension	9	uimsbf
}		
if(splicing_point_flag=='1'){		
splice_countdown	8	tcimsbf
}		
if(trasnsport_private_data_flag=='1'){		
transport_private_data_length	8	uimsbf

表 9（续）

语　　法	位　数	助记符
for(i=0;i<transport_private_data_length;i++){		
private_data_byte	8	bslbf
}		
}		
if(adaptation_field_extension_flag== '1'){		
adaptation_field_extension_length	8	uimsbf
ltw_flag	1	bslbf
piecewise_rate_flag	1	bslbf
seamless_splice_flag	1	bslbf
reserved	5	bslbf
if(ltw_flag== '1'){		
ltw_valid_flag	1	bslbf
ltw_offset	15	uimsbf
}		
if(piecewise_rate_flag== '1'){		
reserved	2	bslbf
Precewise_rate	22	uimsbf
}		
if(seamless_splice_flag== '1'){		
splice_type	4	bslbf
DTS_next_AU[32..30]	3	bslbf
marker_bit	1	bslbf
DTS_next_AU[29..15]	15	bslbf
marker_bit	1	bslbf
DTS_next_AU[14..0]	15	bslbf
marker_bit	1	bslbf
}		
for(i=0;i<N;i++){		
reserved	8	bslbf
}		
}		
for(i=0;i<N;i++){		
stuffing_byte	8	bslbf
}		
}		
}		

2.4.4.1 适应字段语义

a) 适应字段长度字段 adaption_field_length

8位字段，指示紧随其后 adaption_field 的字节长度。值为0用于在传输流分组中插入单个填充字节。当适应字段控制的值为'11'时，该字段值应在0～182之间。当适应字段控制的值为'10'时，该字段值应为183。对于承载PES分组的传输流分组，在没有足够的PES分组数据来完全填满传输流分组有效载荷字节时，需要填充。通过定义一个比其内部包含的数据元素的长度之和还要长的适应字段来完成填充，这样适应字段后所剩的有效载荷字节恰好能容纳有用的PES分组数据。适应字段中多余的空间被填入填充字节。

这是对承载PES分组的传输流分组所允许的唯一的填充方法。对承载PSI的传输流分组，2.4.5中描述了另一种填充方法。

b) 不连续性指示符字段 discontinuity_indicator

1位字段，置'1'时表示当前传输流分组的不连续状态为真。当该字段为'0'或不出现时，不连续状态为假。该字段用于两种类型的不连续性：系统时基不连续和 continuity_counter 不连续。

系统时基不连续性是通过在具有PCR_PID的传输流分组中使用 discontinuity_indicator 来指出的（见2.4.5.9）。当不连续状态为真时，具有相同PID的传输流分组中的下一个PCR代表相关节目的新系统时钟采样。系统时钟不连续点被定义为包含一个有新系统时基PCR的分组中的第一个字节到达T-STD输入端的瞬间时刻。在系统时基发生不连续的分组中，discontinuity_indicator 应设定为'1'。该分组之前的具有相同PCR_PID的传输流分组中的 discontinuity_indicator 也可被设定为'1'。在这种情况下，一旦一个 discontinuity_indicator 被设定为'1'，则在后继的所有传输流分组中应一直被设定为'1'，直到且包括含有第一个具有新系统时基的PCR的传输流分组。在系统时基不连续发生后及下一个系统时基不连续发生前，应至少收到两个具有系统时基的PCR。此外，除非特技模式状态为真，仅来源于两个系统时基的数据在任何时候应出现在一个节目的T-STD缓冲区集合中。

在系统时基出现不连续之前，包含指出新时基的PTS或DTS的传输流分组中的第一个字节不应该到达T-STD的输入端。不连续发生后，包含指出前一个系统时基的PTS或DTS的传输流分组中的第一个字节不应该到达T-STD的输入端。

continuity_counter 的不连续是通过使用任何传输流分组中的 discontinuity_indicator 来指出的。当PID不是PCR_PID的任何传输流分组中的不连续状态为真时，该分组中的 continuity_counter 与具有相同PID的前一个传输流分组相比，可能不连续。当PID是PCR_PID的传输流分组中的不连续状态为真时，只有在系统时基出现不连续的分组中，continuity_counter 才可能会不连续。continuity_counter 的不连续点出现在传输流分组中的不连续状态为真且该分组中的 continuity_counter 与具有相同PID的前一个节目流分组相比不连续时。从不连续状态的开始到结束，continuity_counter 最多只能出现一次不连续。此外，对所有不是PCR_PID的PID，当具有某个PID的分组中的 discontinuity_indicator 为'1'时，后续的具有相同PID的传输流分组中的 discontinuity_indicator 可以为'1'，但在具有该PID的第3个后续传输流分组中，不应该设定为'1'。

在本条中，基本流存取点定义如下：

1) GB/T 17191.2 视频和 GB/T 17975.2 视频：视频序列头的第一个字节；

2) 音频：音频帧的第一个字节。

在包含基本流数据的传输分组中发生 continuity_counter 不连续后，具有相同PID的传输流分组中基本流数据的第一个字节应该是基本流存取点的第一个字节，对视频而言，还可以是后接存取点的 sequence_end_code。包含基本流数据，PID不为PCR_PID，continuity_counter 发生不连续且出现PTS或DTS的每个传输流分组应在相关节目的系统时基出现不连续后到达T-STD的输入端。对于不连续状态为真的情况而言，若出现两个具有相同PID，相同的 continuity_counter 值及 adaption_field_control 值为'01'或'11'的传输流分组，则第2个分组可能被丢弃。传输流不应该以此种方式构造，因为丢弃分组会导致 PES 分组有效载荷数据或 PSI 数据的丢失。

在包含 PSI 信息的传输流分组中出现值为'1'的 discontinuity_indicator 之后,PSI 段的版本号中可能出现一个不连续。在出现这种不连续时,应发送相关节目的 TS_program_map_section 的一个版本,其中 section_length==13 且 current_next_indicator==1。这样,就不对 program_descriptor 和基本流数据进行描述。此时,应在后面为每个受影响的节目加上 TS_program_map_section 的一个版本,其中版本号码递增 1 且 current_next_indicator= =1,以包含一个完整的节目定义。这指出了 PSI 数据中的版本变化。

c) 随机访问指示符字段 random_access_indicator

1 位字段,指出当前传输流分组以及具有相同 PID 的后续传输流分组中包含一些信息以帮助在该点进行随机存取。具体而言,当该位为'1'时,如果 PES 流类型(见表 37)为 1 或 2,则具有当前 PID 的起始于传输流分组中有效载荷的下一个 PES 分组应包含视频序列头的第一个字节;如果 PES 流类型为 3 或 4,则应包含音频帧的第一个字节。此外,对视频而言,播放时间戳应出现在序列头之后包含第一幅图像的 PES 分组中。对音频而言,应出现在包含音频帧首字节的 PES 分组中。在 PCR_PID 中,含有 PCR 字段的传输流分组的 random_access_indicator 可能仅设定为'1'。

d) 基本流优先级指示符字段 elementary_stream_priority_indicator

1 位字段,指出在有相同 PID 的分组中,传输流分组的有效载荷中承载的基本流数据的优先级。值为'1'表示有效载荷比其他传输流分组中的优先级高。

对 GB/T 17191.2 或 GB/T 17975.2 或 GB/T 20090.2 视频而言,只有当有效载荷包含来自于帧内编码片的一个或多个字节时,该字段才可能为'1'。

值为'0'表示有效载荷与其他该字段值不为'1'的分组有相同的优先级。

e) PCR 标志字段 PCR_flag

1 位标志。置'1'时表示适应字段包含分两部分编码的 PCR;置'0'时表示适应字段不包含任何 PCR 字段。

f) OPCR 标志字段 OPCR_flag

1 位标志。置'1'时表示适应字段包含分两部分编码的 OPCR;置'0'时表示适应字段不包含任何 OPCR 字段。

g) 拼接点标志字段 splicing_point_flag

1 位标志。置'1'时表示 splice_countdown 字段应出现在相关适应字段中,以说明拼接点的出现;置'0'时表示 splice_countdown 字段不出现在适应字段中。

对于基本流存取点的定义,见 discontinuity_indicator 的语义。

h) 传输专用数据标志字段 transport_private_data_flag

1 位标志。置'1'时表示适应字段中含有一个或多个 private_data 字节;置'0'时表示适应字段不含有任何 private_data 字节。

i) 适应字段扩展标志字段 adaption_field_extension_flag

1 位标志。置'1'时表示存在一个适应字段扩展。置'0'时表示适应字段不含有适应字段扩展。

j) 节目时钟参考字段 program_clock_reference_base,program_clock_reference_extension

分两个部分编码的 42 位字段。第 1 部分 program_clock_reference_base,是一个由 PCR_base(i)给出其值的 33 位字段,(见式(2))。第 2 部分 program_clock_reference_extension,是一个由 PCR_ext(i)给出其值的 9 位字段,(见式(3))。PCR 表示包含 program_clock_reference_base 最后一位的字节到达系统目标解码器输入端的期望时间。

k) 原始节目时钟参考字段 original_program_clock_reference_base,original_program_clock_reference_extension

分两个部分编码的 42 位字段。这两个部分,基础与扩展,与 PCR 字段中对应的两个部分的编码方法完全一致。OPCR 的出现由 OPCR_flag 来表示。只有在出现 PCR 字段的传输流分组中的 OPCR 字段才会被编码。在单个节目和多个节目的传输流中都允许有 OPCR。

OPCR 有助于从另一个传输流来重构单个节目传输流。在重构初始的单个节目传输流中，OPCR 可以被拷贝到 PCR 字段。只有在初始的单个节目传输流完全被重构时，所产生的 PCR 值才是有效的。这至少包括出现在初始传输流中的任何 PSI 和专用数据分组且可能需要其他专门的排列。这也意味着，在初始单个节目传输流中，OPCR 必须是它的相关 PCR 的一个完全一致的拷贝。

OPCR 表述如下：

$$OPCR(i)=OPCR\_base(i)\times 300+PCR\_ext(i) \quad \cdots\cdots(8)$$

其中：

$$OPCR\_base(i)=((system\_clock\_frequency\times t(i))\ DIV\ 300)\ \%\ 2^{33} \quad \cdots\cdots(9)$$

$$OPCR\_ext(i)=((system\_clock\_frequency\times t(i))\ DIV\ 1)\ \%\ 300 \quad \cdots\cdots(10)$$

OPCR 字段被解码器忽略。任何多路复合器都不应该修改 OPCR 字段。

l) 拼接倒计数字段 splice_countdown

8 位字段。表示一个可以是正数或负数的值。正值指出了跟在相关传输流分组后直到一个拼接点处且具有相同 PID 的传输流分组的剩余数目。重复传输流分组和仅包含适应字段的传输流分组排除在外。拼接点位于相关 splice_countdown 字段为 0 的传输流分组的最后一个字节之后。在 splice_countdown 为 0 的传输流分组中，传输流分组有效载荷数据的最后一个数据字节应该是编码音频帧或编码图像的最后一个字节。对视频而言，相应的访问单元可能会也可能不会被 sequence_end_code 所终止。后面所跟的具有相同 PID 的传输流分组可能包含来源于具有相同类型的另一个不同的基本流的数据。

具有相同 PID 的下一个传输流分组（重复分组和无有效载荷的分组不包括在内）中的有效载荷数据应以 PES 分组的第一个字节为开始。对音频而言，PES 分组有效载荷应以一个存取点为开始。对视频而言，PES 分组有效载荷应以一个存取点或后面跟有存取点的 sequence_end_code 为开始。因此，前一个编码音频帧或编码图像与分组边界对齐，或被填充后与分组边界对齐。在拼接点之后，倒数计数字段可能也会出现。当 splice_countdown 是一个负数值（－n）时，它表示相关传输流分组是跟在拼接点之后的第 n 个分组（重复分组和无有效载荷的分组不包括在内）。

对本条而言，存取点定义如下：

1） 视频：video_sequence_header 的首字节；

2） 音频：音频帧的首字节。

m） 传输专用数据长度字段 transport_private_data_length

8 位字段，指出其后的专用数据字节数。该数目不应使专用数据超出适应字段。

n） 专用数据字节字段 private_data_byte

8 位的专用数据字段。在国际标准中未对其作出规定。

o）适应字段扩展长度字段 adaption_field_extension_length

8 位字段，指出紧跟其后的扩展的适应字段数据的字节数。如果有保留字节的话，也包括在内。

合法时间窗口标志字段 ltw_flag

1 位字段，置'1'时表示存在 ltw_offset 字段。

p） 分片速率标志字段 piecewise_rate_flag

1 位字段，置'1'时表示存在 piecewise_rate 字段。

q） 无缝拼接标志字段 seamless_splice_flag

1 位标志，置'1'时表示存在 splice_type 和 DTS_next_AU 字段。值为'0'时表示这两个字段都不存在。在 splicing_point_flag 不为'1'的传输流分组中，该字段不应该设置为'1'。一旦在 splice_countdown 为正值的传输流分组中将该字段设定为'1'，在具有相同 PID 且将 splicing_point_flag 设定为'1'的后续传输流分组中也应将它设定为'1'，直到某分组中的 splice_countdown 为 0(包括该分组)。在设置该标志时，若该 PID 中承载的基本流为音频流，则 splice_type 字段应设置为'0000'。若该 PID 中承载的基本流为视频流，它应当满足 splice_type 值所指出的约束。

r) 合法时间窗口有效标志字段 ltw_valid_flag

1 位标志。置'1'时表示 ltw_offset 值有效。值为'0'表示 ltw_offset 字段未定义。

s) 合法时间窗口偏移字段 ltw_offset

15 位字段。只有在 ltw_valid_flag 的值为 1 时，其值才有定义。在有定义时，合法时间窗口偏移以($300/f_s$)秒(s)为单位。其中，f_s 为该 PID 所属节目的系统时钟频率，且满足：

offset=$t_l(i)-t(i)$；

ltw_offset=offset // l。

其中，i 是该传输流分组的首字节的索引，偏移量是编码在该字段中的值，t(i)是 T-STD 中的字节 i 的到达时间，$t_l(i)$是与传输流相关的称为"合法时间窗口"的时间间隔的上界。

合法时间窗口具有一种特性，即若传输流在时间 $t_l(i)$，即它的合法时间窗口的末尾，被传送到在时间 t(i)开始的 T-STD，且同一个节目的所有其他传输流分组在它们的合法时间窗口的末尾被传送，那么

1) 对于视频：在该传输流分组的首字节进入 T-STD 中该 PID 的 MB_n 缓冲区时，MB_n 缓冲区将包含少于 184 字节的基本流数据，且 T-STD 中不会发生缓冲区冲突。

2) 对于音频：在该传输流分组的首字节进入 T-STD 中该 PID 的 B_n 缓冲区时，B_n 缓冲区将包含少于 $BS_{dec}+1$ 字节的基本流数据，且 T-STD 中不会发生缓冲区冲突。

根据缓冲区 B_n 的大小以及 MB_n 与 EB_n 之间的时间传送速率等因素，有可能确定另一个时间 $t_0(i)$，使得在间隔[$t_0(i)$，$t_l(i)$]中的任何时刻传送该分组时，不会出现 T-STD 缓冲区冲突。该时间间隔称为合法时间窗口。在本标准中未定义 $t_0(i)$的值。

本字段中的信息用于诸如再复合器之类的设备。这些设备可能需要该信息来重构缓冲区 MB_n 的状态。

t) 分片速率字段 piecewise_rate

22 位字段，其含义只有在 ltw_flag 和 ltw_valid_flag 均被设定为'1'时才定义。当有定义时，它是一个指定假想位速率 R 的正整数，以用于定义跟在该分组后面且有相同 PID 的传输流分组中的合法时间窗口(但不包括 legal_time_window_offset 字段)的结束次数。

假定该传输流分组的首字节和具有相同 PID 的后续 N 个传输流分组的索引分别为 $A_i,A_{i+1},\cdots,A_{i+N}$，且后 N 个传输流分组在 legal_time_window_offset 字段中没有编码值，那么值 $t_l(A_{i+j})$应决定于

$$t_l(A_{i+j})=t_l(A_i)+j\times188\times8(\text{位/字节})/R$$

其中，j 从 1 到 N。

在该分组和要包括 legal_time_window_offset 字段的下一个分组之间的所有分组应该被看作 legal_time_window_offset 字段具有编码值：

$$\text{offset}=t_l(A_i)-t(A_i)$$

其中，值 $t_l(.)$按上面的公式计算，t(j)是 T-STD 中的字节 j 的到达时间。

当该字段出现在没有 legal_time_window_offset 字段的传输流分组中时，它的意义没有定义。

u) 拼接类型字段 splice_type

4 位字段。该字段第一次出现以后，在它出现的后续的具有相同 PID 的传输流分组中应该有相同的值，直到 splice_countdown 计数为 0 的那个分组为止(包括该分组)。若承载在该 PID 中的基本流是音频流，该字段值应为'0000'。若承载在该 PID 中的基本流是视频流，该字段指出了基本流为了拼接的目的而要遵循的条件。在表 10～表 23 中，这些条件被定义为 profile，level 和 splice_type 的功能。

在表 10～表 23 中，'splice_decoding_delay'和'max_splice_rate'的值表示视频基本流应满足下列

条件：

1) splice_countdown 为 0 的传输流分组中所结束的编码图像的最后一个字节将在 VBV 模型的缓冲区中停留一段时间，时间长度为（splice_decoding_delay $t_{n+1}-t_n$），其中，在本条中：

- n 是 splice_countdown 为 0 的传输流分组中所结束的编码图像的索引，即上面提到的编码图像。
- t_n 在 GB/T 17975.2—2000 的 C.3.1 中定义。
- $(t_{n+1}-t_n)$在 GB/T 17975.2—2000 的 C.9 到 C.12 定义。

注：t_n 是编码图像从 VBV 缓冲区中移走的时间，$(t_{n+1}-t_n)$是图像播放时间。

2) 若 VBV 模型的输入在拼接点处切换到一个速率恒定为'max_splice_rate'的流并延续一段长度为'splice_decoding_delay'的时间，则 VBV 缓冲区不会溢出。

简单档次主要级别

主要档次主要级别

SNR 档次主要级别（两层）

空间档次高-1440 级别（基本层）

高档次主要级别（中间层+基本层）

多视档次主要级别（基本层）视频

表 10　拼接参数表 1

splice_type	条　　件
0000	splice_decoding_delay=120 ms；max_splice_rate=15.0×10^6 bit/s
0001	splice_decoding_delay=150 ms；max_splice_rate=12.0×10^6 bit/s
0010	splice_decoding_delay=225 ms；max_splice_rate=8.0×10^6 bit/s
0011	splice_decoding_delay=250 ms；max_splice_rate=7.2×10^6 bit/s
0100～1011	保　留
1100～1111	用户定义

主要档次低级别

SNR 档次低级别（两层）

高档次主要级别（基本层）视频

多视档次低级别（基本层）视频

表 11　拼接参数表 2

splice_type	条　　件
0000	splice_decoding_delay=115ms；max_splice_rate=4.0×10^6 bit/s
0001	splice_decoding_delay=155ms；max_splice_rate=3.0×10^6 bit/s
0010	splice_decoding_delay=230ms；max_splice_rate=2.0×10^6 bit/s
0011	splice_decoding_delay=250ms；max_splice_rate=1.8×10^6 bit/s
0100～1011	保　留
1100～1111	用户定义

主要档次高-1440 级别

空间档次高-1440 级别（所有层）

高档次高-1440 级别（中间层+基本层）视频

多视档次高-1440 级别（基本层）视频视频

表 12 拼接参数表 3

splice_type	条　　件
0000	splice_decoding_delay=120ms；max_splice_rate=60.0×10^6 bit/s
0001	splice_decoding_delay=160ms；max_splice_rate=45.0×10^6 bit/s
0010	splice_decoding_delay=240ms；max_splice_rate=30.0×10^6 bit/s
0011	splice_decoding_delay=250ms；max_splice_rate=28.5×10^6 bit/s
0100～1011	保　留
1100～1111	用户定义

主要档次高级别

高档次高-1440 级别(所有层)

高档次高级别(中间层＋基本层)视频

多视档次高级别(基本层)视频

表 13 拼接参数表 4

splice_type	条　　件
0000	splice_decoding_delay=120ms；max_splice_rate=80.0×10^6 bit/s
0001	splice_decoding_delay=160ms；max_splice_rate=60.0×10^6 bit/s
0010	splice_decoding_delay=240ms；max_splice_rate=40.0×10^6 bit/s
0011	splice_decoding_delay=250ms；max_splice_rate=38.0×10^6 bit/s
0100～1011	保　留
1100～1111	用户定义

SNR 档次低级别(基本层)视频

表 14 拼接参数表 5

splice_type	条　　件
0000	splice_decoding_delay=115ms；max_splice_rate=3.0×10^6 bit/s
0001	splice_decoding_delay=175ms；max_splice_rate=2.0×10^6 bit/s
0010	splice_decoding_delay=250ms；max_splice_rate=1.4×10^6 bit/s
0011～1011	保　留
1100～1111	用户定义

SNR 档次主要级别(基本层)视频

表 15 拼接参数表 6

splice_type	条　　件
0000	splice_decoding_delay=115ms；max_splice_rate=10.0×10^6 bit/s
0001	splice_decoding_delay=145ms；max_splice_rate=8.0×10^6 bit/s
0010	splice_decoding_delay=235ms；max_splice_rate=5.0×10^6 bit/s
0011	splice_decoding_delay=250ms；max_splice_rate=4.7×10^6 bit/s
0100～1011	保　留
1100～1111	用户定义

空间档次高-1440 级别(中间层＋基本层)视频

表 16 拼接参数表 7

splice_type	条 件
0000	splice_decoding_delay=120ms;max_splice_rate=40.0×10^6 bit/s
0001	splice_decoding_delay=160ms;max_splice_rate=30.0×10^6 bit/s
0010	splice_decoding_delay=240ms;max_splice_rate=20.0×10^6 bit/s
0011	splice_decoding_delay=250ms;max_splice_rate=19.0×10^6 bit/s
0100~1011	保 留
1100~1111	用户定义

高档次主要级别(所有层)

高档次高-1440 级别(基本层)视频

表 17 拼接参数表 8

splice_type	条 件
0000	splice_decoding_delay=120ms;max_splice_rate=20.0×10^6 bit/s
0001	splice_decoding_delay=160ms;max_splice_rate=15.0×10^6 bit/s
0010	splice_decoding_delay=240ms;max_splice_rate=10.0×10^6 bit/s
0011	splice_decoding_delay=250ms;max_splice_rate=9.5×10^6 bit/s
0100~1011	保 留
1100~1111	用户定义

高档次高级别(基本层)视频

多视档次主要级别(两层)视频

表 18 拼接参数表 9

splice_type	条 件
0000	splice_decoding_delay=120ms;max_splice_rate=25.0×10^6 bit/s
0001	splice_decoding_delay=165ms;max_splice_rate=18.0×10^6 bit/s
0010	splice_decoding_delay=250ms;max_splice_rate=12.0×10^6 bit/s
0011~1011	保 留
1100~1111	用户定义

高档次高级别(所有层)

多视档次高-1440 级别(两层)视频

表 19 拼接参数表 10

splice_type	条 件
0000	splice_decoding_delay=120ms;max_splice_rate=100.0×10^6 bit/s
0001	splice_decoding_delay=160ms;max_splice_rate=75.0×10^6 bit/s
0010	splice_decoding_delay=240ms;max_splice_rate=50.0×10^6 bit/s
0011	splice_decoding_delay=250ms;max_splice_rate=48.0×10^6 bit/s
0100~1011	保 留
1100~1111	用户定义
1100~1111	用户定义

4:2:2 档次主要级别视频

表 20　拼接参数表 11

splice_type	条　　件
0000	splice_decoding_delay=45ms；max_splice_rate=50.0×10^6 bit/s
0001	splice_decoding_delay=90ms；max_splice_rate=50.0×10^6 bit/s
0010	splice_decoding_delay=180ms；max_splice_rate=50.0×10^6 bit/s
0011	splice_decoding_delay=225ms；max_splice_rate=40.0×10^6 bit/s
0100	splice_decoding_delay=250ms；max_splice_rate=36.0×10^6 bit/s
0101～1011	保　留
1100～1111	用户定义

多视档次低级别(两层)视频

表 21　拼接参数表 12

splice_type	条　　件
0000	splice_decoding_delay=115ms；max_splice_rate=8.0×10^6 bit/s
0001	splice_decoding_delay=155ms；max_splice_rate=6.0×10^6 bit/s
0010	splice_decoding_delay=230ms；max_splice_rate=4.0×10^6 bit/s
0011	splice_decoding_delay=250ms；max_splice_rate=3.7×10^6 bit/s
0100～1011	保　留
1100～1111	用户定义

多视档次高级别(两层)视频

表 22　拼接参数表 13

splice_type	条　　件
0000	splice_decoding_delay=120ms；max_splice_rate=130.0×10^6 bit/s
0001	splice_decoding_delay=150ms；max_splice_rate=104.0×10^6 bit/s
0010	splice_decoding_delay=240ms；max_splice_rate=65.0×10^6 bit/s
0011	splice_decoding_delay=250ms；max_splice_rate=62.4×10^6 bit/s
0100～1011	保　留
1100～1111	用户定义

4：2：2 档次高级别视频

表 23　拼接参数表 14

splice_type	条　　件
0000	splice_decoding_delay=45ms；max_splice_rate=300.0×10^6 bit/s
0001	splice_decoding_delay=90ms；max_splice_rate=300.0×10^6 bit/s
0010-0011	保留
0100	splice_decoding_delay=250ms；max_splice_rate=180.0×10^6 bit/s
0101～1011	保　留
1100～1111	用户定义

v)　解码时间戳下一个接入单元字段　DTS_next_AU

33 位字段，分 3 部分编码。对通过拼接点的连续和周期性解码而言，它指出了跟在该拼接点后面的第一个接入单元的解码时间。解码时间以 splice_countdown 为 0 的那个传输流分组中有效的时基来表示。该字段第一次出现以后，在它所出现的所有后续传输流分组中均应该有相同的值，直到 splice_countdown 为 0 的分组为止（包括该分组）。

w） 填充字节字段 stuffing_byte

8 位字段，值固定为'1111 1111'。它可以由编码器插入，而被解码器丢弃。

2.4.4.2 PES 分组

见表 24。

表 24 PES 分组

语 法	位 数	助 记 符
PES_packet(){		
packet_start_code_prefix	24	bslbf
stream_id	8	uimsbf
PES_packet_length	16	uimsbf
if(stream_id ! = program_stream_map		
&& stream_id ! =padding_stream		
&& stream_id ! =private_stream_2		
&& stream_id ! =ECM		
&& stream_id ! =EMM		
&& stream_id ! =program_stream_directory		
&& stream_id ! =DSMCC_stream		
&& stream _id ! =ITU-T Rec. H. 222. 1 type E stream){		
'10'	2	bslbf
PES_scrambling_control	2	bslbf
PES_priority	1	bslbf
data_alignment_indicator	1	bslbf
copyright	1	bslbf
original_or_copy	1	bslbf
PTS_DTS_flags	2	bslbf
ESCR_flag	1	bslbf
ES_rate_flag	1	bslbf
DSM_trick_mode_flag	1	bslbf
additional_copy_info_flag	1	Bslbf
PES_CRC_flag	1	Bslbf
PES_extension_flag	1	Bslbf
PES_header_data_length	8	Uimsbf
if(PTS_DTS_flags = ='10'){		
'0010'	4	Bslbf

表 24（续）

语　　　法	位　数	助记符
PTS[32..30]	3	Bslbf
marker_bit	1	Bslbf
PTS[29..15]	15	Bslbf
marker_bit	1	Bslbf
PTS[14..0]	15	Bslbf
marker_bit	1	Bslbf
}		
if(PTS_DTS_flags =='11'){		
'0011'	4	Bslbf
PTS[32..30]	3	Bslbf
marker_bit	1	Bslbf
PTS[29..15]	15	Bslbf
marker_bit	1	Bslbf
PTS[14..0]	15	Bslbf
marker_bit	1	Bslbf
'0001'	4	Bslbf
PTS[32..30]	3	Bslbf
marker_bit	1	Bslbf
PTS[29..15]	15	Bslbf
marker_bit	1	Bslbf
PTS[14..0]	15	Bslbf
marker_bit	1	Bslbf
}		
if(ESCR_flag =='1'){		
reserved	2	Bslbf
ESCR_base[32..30]	3	Bslbf
marker_bit	1	Bslbf
ESCR_base[29..15]	15	Bslbf
marker_bit	1	Bslbf
ESCR_base[14..0]	15	Bslbf
marker_bit	1	Bslbf
ESCR_extension	9	Uimsbf
marker_bit	1	Bslbf
}		
if(ES_rate_flag =='1'){		

表 24（续）

语　　法	位　数	助 记 符
marker_bit	1	Bslbf
ES_rate	22	Uimsbf
marker_bit	1	Bslbf
}		
if (DSM_trick_mode_flag = ='1'){		
trick_mode_control	3	Uimsbf
if (trick_mode_control = =fast_forward) {		
field_id	2	Bslbf
intra_slice_refresh	1	Bslbf
frequency_truncation	2	Bslbf
}		
else if (trick_mode_control= =slow_motion) {		
rep_cntrl	5	Uimsbf
}		
else if (trick_mode _control= =freeze_frame) {		
field_id	2	Uimsbf
reserved	3	Bslbf
}		
else if (trick_mode _control= =fast_reverse) {		
field_id	2	Bslbf
intra_slice_refresh	1	Bslbf
frequency_truncation	2	Bslbf
else if (trick_mode_control= =slow_reverse) {		
rep_cntrl	5	Uimsbf
}		
else		
reserved	5	Bslbf
}		
if (additional_copy_info_flag = ='1'){		
marker_bit	1	Bslbf
additional_copy_info	7	Bslbf
}		
if (PES_CRC_flag= ='1'){		
previous_PES_packet_CRC	16	Bslbf
}		

表 24（续）

语　　法	位　数	助记符
if (PES_extension_flag =='1') {		
PES_private_data_flag	1	Bslbf
pack_header_field_flag	1	Bslbf
program_packet_sequence_counter_flag	1	Bslbf
P-STD_buffer_flag	1	Bslbf
reserved	3	Bslbf
PES_extension_flag_2	1	Bslbf
if(PES_private_data_flag =='1'){		
PES_private_data	128	Bslbf
}		
if (pack_header_field_flag == '1'){		
pack_field_length	8	Uimsbf
pack_header()		
}		
if (program_packer_sequence_counter_flag == '1'){		
marker_bit	1	Bslbf
program_packet_sequence_counter	7	Uimsbf
marker-bit	1	Bslbf
MPEG1_MPEG2_indentifier	1	Bslbf
original_stuff_length	6	Uimsbf
}		
if (P-STD_buffer_flag=='1'({		
'01'	2	Bslbf
P-STD_buffer_scale	1	Bslbf
P-STD_buffer_size	13	Uimsbf
}		
if (PES_extension_flag_2 == '1'{		
marker_bit	1	Bslbf
PES_extension_field_length	7	Uimsbf
for(i=0;i<PES_extension_field_length;i++){		
reserved	8	Bslbf
}		
}		
}		
for (i=0;i<N1;i++)}		

表 24（续）

语　　法	位　数	助记符
stuffing_byte	8	Bslbf
}		
for (i=0;i<N2;i++){		
PES_packet_data_byte	8	Bslbf
}		
}		
else if (stream_id==program_stream_map		
|| stream_id==private_stream_2		
|| stream_id==ECM		
|| stream_id==EMM		
|| stream_id==program_stream_directory		
|| stream_id==DSMCC_stream		
|| stream_id==ITU-T Rec. H.222.1 type E stream){		
for (i=0;i<PES_packet_length;i++){		
PES_packet_data_byte	8	Bslbf
}		
}		
else if (steam_id==padding_stream){		
for (i=0;i<PES_packet_length;i++){		
padding_byte	8	Bslbf
}		
}		
}		

2.4.4.3　**PES 分组中各字段的语义定义**

- 分组起始码前缀字段　packet_start_code_prefix

24 位字段，它和后面的 stream_id 构成了标识分组开始的分组起始码。它是一个值为'0000 0000 0000 0000 0000 0001'(0x000001)的比特串。

- 流标识字段　stream_id

在节目流中，它规定了基本流的号码和类型。定义见表 25。在传输流中，它可以被设定为正确描述表 25 中定义的基本流类型的任何有效值。在传输流中，基本流类型在 2.4.5 的节目特定信息中作了规定。

- PES 分组长度字段　PES_packet_length

16 位字段，指出了 PES 分组中跟在该字段后的字节数目。值为 0 表示 PES 分组长度要么没有规定要么没有限制。这种情况只允许出现在有效载荷包含来源于传输流分组中某个视频基本流的字节的 PES 分组中。

- PES 加扰控制字段　PES_scrambling_control

2 位字段，表示 PES 分组有效载荷的加扰方式。当加扰发生在 PES 层，PES 分组头，如果有可选字段的话也包括在内，不应被加扰(见表 26)。

表 25 **Stream_id 赋值**

stream_id	注	流　编　码
1011 1100	1	program_stream_map
1011 1101	2	private_stream_1
1011 1110		padding_stream
1011 1111	3	private_stream_2
110x 17975		GB/T 17975.3 或 GB/T 20090.3 或 GB/T 17191.3 音频流编号 17975
1110 17975		GB/T 17975.2 或 GB/T 20090.2 或 GB/T 17191.2 视频流编号 17975
1111 0000	3	ECM_stream
1111 0001	3	EMM_stream
1111 0010	5	GB/T 17975.1 附录 B 或 GB/T 17975.6_DSMCC_stream
1111 0011	2	ISO/IEC_13522_stream
1111 0100	6	ITU-T Rec. H.222.1 类型 A
1111 0101	6	ITU-T Rec. H.222.1 类型 B
1111 0110	6	ITU-T Rec. H.222.1 类型 C
1111 0111	6	ITU-T Rec. H.222.1 类型 D
1111 1000	6	ITU-T Rec. H.222.1 类型 E
1111 1001	7	ancillary_stream
1111 1010～1111 1100		reserved data stream
1111 1101	8	extended_stream_id
1111 1110		reserved data stream
1111 1111	4	program_stream_directory

符号 x 表示值'0'或'1'均被允许且可产生相同的流类型。流号码由 x 的取值决定。

注 1：类型为 program_stream_map 的 PES 分组有唯一的语法，在 2.5.4.1 中作了规定。

注 2：类型为 private_stream_1 和 ISO/IEC_13352_stream 的 PES 分组与 GB/T 17975.2 及 GB/T 17975.3 音频流服从相同的 PES 分组语法。

注 3： 类型为 private_stream_2，ECM_stream 和 EMM_stream 的 PES 分组与 private_stream_1 相似，除了在 PES_packet_length 字段后未规定语法。

注 4：类型为 program_stream_directory 的 PES 分组有唯一的语法，在 2.5.5 中作了规定。

注 5：类型为 DSM_CC_stream 的 PES 分组有唯一的语法，在 GB/T 17975.6 中作了规定。

注 6：stream_id 与表 37 中的 stream_type 0x09 相关联。

注 7：stream_id 仅用于 PES 分组，PES 分组在传输流中承载了来源于节目流或 GB/T 17191.1 系统流的数据(见 2.4.4.4)。

注 8：stream_id 0xFD (extended_stream_id)的使用标示了这个 PES 分组使用了扩展语法来执行要定义附加流类型。

表 26 **PES 加扰控制值**

值	描　述
00	非加扰
01	用户定义
10	用户定义
11	用户定义

- PES 优先级字段 PES_priority

1 位字段，指示 PES 分组中有效载荷的优先级。'1'表示 PES 分组中有效载荷的优先级高于该字段为'0'的 PES 分组有效载荷。多路复合器能使用该字段来区分安排基本流中数据的优先级。传输机制不应改动该字段。

- 数据对齐指示符字段 data_alignment_indicator

1 位标志。置'1'时表示 PES 分组头后紧跟着在 2.6.10 中的 data_stream_alignment_descriptor 所指出的视频起始码或音频同步字，如果有 data_alignment_indicator 描述符的话。若其值为'1'且无该描述符，则需要在表 59、表 60 中 alignment_type '01'所表示的对齐。当值为'0'时，没有定义是否有任何这样的对齐。

对于 AVS 视频流如果有 2.6.10 中的 data_stream_alignment_descriptor 描述子且 data_alignment_indicator 置'1'时，表示 PES 分组包头后紧跟着 data_stream_alignment_descriptor 所指出的视频起始码或音频同步字。若其值为'1'且无该描述子，则需要在表 59 中 alignment_type '01'所表示的对齐。当值为'0'时，没有定义是否有任何这样的对齐。

- 版权字段 copyright

1 位字段。置'1'时表示相关 PES 分组有效载荷的材料受到版权保护。当值为'0'时，没有定义该材料是否受到版权保护。2.6.24 中描述的版权描述符与包含 PES 分组的基本流相关。若描述符作用于包含 PES 分组的材料，则版权标志被置为'1'。

- 原始或拷贝字段 original_or_copy

1 位字段。置'1'时表示相关 PES 分组有效载荷的内容是原始的；值为'0'表示相关 PES 分组有效载荷的内容是一份拷贝。

- PTS DTS 标志字段 PTS_DTS_flags

2 位字段。当值为'10'时，PTS 字段应出现在 PES 分组头中；当值为'11'时，PTS 字段和 DTS 字段都应出现在 PES 分组头中；当值为'00'时，PTS 字段和 DTS 字段都不出现在 PES 分组头中。值'01'是不允许的。

- ESCR 标志字段 ESCR_flag

1 位标志。置'1'时表示 ESCR 基础和扩展字段出现在 PES 分组头中；值为'0'表示没有 ESCR 字段。

- ES 速率标志字段 ES_rate_flag

1 位标志。置'1'时表示 ES_rate 字段出现在 PES 分组头中；值为'0'表示没有 ES_rate 字段。

- DSM 特技方式标志字段 DSM_trick_mode_flag

1 位标志。置'1'时表示有 8 位特技方式字段；值为'0'表示没有该字段。

- 附加版权信息标志字段 additional_copy_info_flag

1 位标志。置'1'时表示有附加拷贝信息字段；值为'0'表示没有该字段。

- PES CRC 标志字段 PES_CRC_flag

1 位标志。置'1'时表示 CRC 字段出现在 PES 分组头中；值为'0'表示没有该字段。

- PES 扩展标志字段 PES_extension_flag

1 位标志。置'1'时表示 PES 分组头中有扩展字段；值为'0'表示没有该字段。

- PES 标题数据长度字段 PES_header_data_length

8 位字段。指出包含在 PES 分组头中的可选字段和任何填充字节所占用的总字节数。该字段之前的字节指出了有无可选字段。

- 标记位字段 marker_bit

值为'1'的 1 位字段。

- 播放时间戳字段 PTS

播放时间与解码时间的关系如下：PTS 是一个编码在 3 个分离字段中的 33 位数字。它指出了基本流 n 的第 k 个播放单元在系统目标解码器中的播放时间 $tp_n(k)$。PTS 的值以系统时钟频率的 1/300(即 90 kHz)为单位。播放时间由 PTS 根据式(11)计算而来。对编码播放时间戳频率的约束见 2.7.4。

$$PTS(k)=((system\_clock\_frequency\times tp_n(k))\ DIV\ 300)\%\ 2^{33} \qquad (11)$$

其中,$tp_n(k)$是播放单元 $P_n(k)$的播放时间。

对音频而言,若 PES 分组头中有 PTS,则它是指 PES 分组中开始的第一个接入单元。若 PES 分组中有音频接入单元的首字节,则有一个音频接入单元开始于该 PES 分组中。

对 GB/T 17191.2 视频而言,若 PES 分组头中有 PTS,则它是指包含 PES 分组中开始的第一个图像起始码的接入单元。若 PES 分组中有图像起始码的首字节,则有一个图像起始码开始于该 PES 分组中。

对音频播放单元(PU),low_delay 序列中的视频 PU 以及 B 图像,播放时间 $tp_n(k)$应等于 $td_n(k)$。

对于非 low_delay 中的 I 图像和 P 图像,在访问单元(AU) k 和 k′之间无解码不连续时,播放时间 $tp_n(k)$应等于下一个传输的 I 图像或 P 图像的解码时间 $td_n(k)$(见 2.7.5)。若有解码不连续或流终止,则 $tp_n(k)$和 $td_n(k)$之间的差别应与初始流一直延续,没有不连续也没有终止时完全相同。

注:low_delay 序列是 low_delay 标志被设置为'1'的视频序列(见 GB/T 17975.2—2000 中的 6.2.2.3)。

对 GB/T 17975.2 视频而言,若 PES 分组头中有 PTS,则它是指包含 PES 分组中开始的第一个图像起始码的接入单元。若 PES 分组中有图像起始码的首字节,则有一个图像起始码开始于该 PES 分组中。对于非 low_delay 中的 I 图像和 P 图像,在接入单元(AUs) k 和 k′之间无解码不连续时,播放时间 $tp_n(k)$应等于下一个传输的 I 图像或 P 图像的解码时间 $td_n(k')$(见 2.7.5)。若有解码不连续或流终止,则 $tp_n(k)$和 $td_n(k)$之间的差别应与初始流一直延续,没有不连续也没有终止时完全相同。

注: low_delay 序列是 GB/T 17975.2 视频序列中 low_delay 标志被设置为'1'的视频序列(见 GB/T 17975.2—2000 中的 6.2.2.3)。还需要注意的对于场图片,播放时间与已编码帧的场图片有关。

播放时间 $tp_n(k)$应等于解码时间 $td_n(k')$:

a) 音频接入单元;

b) GB/T 17975.2 低延迟视频序列中的接入单元;

c) GB/T 17191.2,GB/T 17975.2 视频流中的 B 图像。

若音频中有滤波,则系统模型假定滤波不会导致延迟。因此,编码时 PTS 所涉及的采样与解码时 PTS 所涉及的采样是相同的。对于可分级编码,见 2.7.6。

● 解码时间戳字段 DTS

DTS 是一个编码在 3 个分离字段中的 33 位数字。它指出了基本流 n 的第 j 个播放单元在系统目标解码器中的解码时间 $td_n(j)$。DTS 的值以系统时钟频率的 1/300 (即 90 kHz)为单位。解码时间由 DTS 根据式(12)计算而来:

$$DTS(j)=((system\_clock\_frequency\times td_n(j))\ DIV\ 300)\%\ 2^{33} \qquad (12)$$

其中,$td_n(j)$是接入单元 $A_n(j)$的解码时间。

对 GB/T 17191.2 和 GB/T 17975.2 视频而言,若 PES 分组头中有 DTS,则它是指包含 PES 分组中开始的第一个图像起始码的访问单元。若 PES 分组中有图像起始码的首字节,则该图像起始码开始于该 PES 分组中。

对于可分级编码,见 2.7.6。

● ESCR 字段 ESCR_base,ESCR_extension

42 位字段,分两部分编码。第 1 部分是一个长度为 33 位的字段,其值 ESCR_base(i)由式(14)给出;第 2 部分是一个长度为 9 位的字段,其值 ESCR_ext(i)由式(15)给出。ESCR 字段指出了基本流中包含 ESCR_base 最后一个比特的字节到达 PES-STD 输出端的期望时间(见 2.5.2.4)。

特别地

$$ESCR(i)=ESCR\_base(i)\times 300+ESCR\_ext(i) \qquad (13)$$

其中：

$$ESCR\_base(i)=((system\_clock\_frequency\times t(i))\ DIV\ 300)\%\ 2^{33} \quad \cdots\cdots(14)$$

$$ESCR\_ext(i)=((system\_clock\_frequency\times t(i))\ DIV\ 1)\%\ 300 \quad \cdots\cdots(15)$$

ESCR 和 ES_rate 字段(见下面紧接的语义)包含与 PES 流序列相关的时间信息。这些字段应满足 2.7.3 中定义的约束。

● 基本流速率字段 ES_rate

22 位无符号整数。对于 PES 流而言,它指出了系统目标解码器接收 PES 分组的速率。该字段在它所属的 PES 分组以及同一个 PES 流的后续 PES 分组中一直有效,直到遇到一个新的 ES_rate 字段。该字段的值以 50 字节/s 为单位,且不能为 0。该字段用于定义 PES 流的字节到达 P-STD 输入端的时间(见 2.5.2.4 中的定义)。在各个 PES 分组中,编码在该字段中的值可能不同。

● 特技模式控制字段 trick_mode_control

3 位字段。它表示作用于相关视频流的特技方式。对其他类型的基本流,该字段及其后 5 位的含义没有定义。trick_mode 状态的定义见 2.4.2.3 的特技模式部分。

当 trick_mode 状态为假时,对 ISO/IEC 13818.2 视频而言,解码过程输出渐进序列中每幅图像的次数 N 由 repeat_first_field 和 top_field_first 字段来规定。对 GB/T 17191.2 视频而言,由序列头决定。

对于隔行序列,当 trick_mode 状态为假时,对 ISO/IEC 13818-2 视频而言,次数 N 由 repeat_first_field 和 progressive_frame 字段来规定。

当 trick_mode 状态为真时,图像的播放次数依赖于值 N。

当该字段值发生变化或特技模式操作停止时,可能会出现下列情况的任意组合:

a) 时基不连续;

b) 解码不连续;

c) 连续性计数器不连续。

特技方式控制值见表 27。

表 27 特技方式控制值

值	描述
'000'	快进
'001'	慢动作
'010'	冻结帧
'011'	快倒
'100'	慢倒
'101'~'111'	保留

在特技模式的情况下,解码和播放的非标准速度可能会导致视频基本流数据中定义的某些字段值不正确。同样,片段结构的语义约束也可能无效。这些例外所涉及的视频语法元素为:

a) bit_rate;

b) vbv_delay;

c) repeat_first_field;

d) v_axis_positive;

e) field_sequence;

f) subcarrier;

g) burst_amplitude;

h) subcarrier_phase。

在特技模式中，解码器不应该依赖于编码在这些字段中的值。

标准并不要求解码器能解码 trick_mode_control 字段。但是，能解码该字段的解码器应能满足以下标准要求。

● 快进 fast forword

trick_mode_control 字段中的值'000'。当该值出现时，它表示一个快进视频流并定义了 PES 分组头中后续 5 位的含义。intra_slice_refresh 位可以被设定为'1'以指出可能有丢失的宏块。解码器可以用前一个解码图像中相同位置的宏块来代替。表 28 中定义的 field_id 字段，表示应该显示哪个或哪些字段。frequency_truncation 字段指出了可能包括的一个系数受限集合。该字段值的含义如表 29 所示。

● 慢动作 slow motion

trick_mode_control 字段中的值'001'。当该值出现时，它表示一个慢动作视频流，并定义了 PES 分组头中后续 5 个比特的含义。对渐进序列而言，该图像应被显示 N×rep_cntrl 时间，其中 N 定义如上。

对 GB/T 17191.2 视频和 ISO/IEC 13818-2 视频渐进序列而言，该图像应被显示 N×rep_cntrl 时间，其中 N 定义如上。

对 ISO/IEC 13818-2 隔行序列而言，该图像应被显示 N×rep_cntrl 时间。若该图像是一个帧图像，则待显示的第一个字段在 top_field_first 为 1 时应该是顶字段，在 top_field_first 为 0 时，应该是底字段(参见 ISO/IEC 13818-2)。该字段被显示 N×rep_cntrl/2 时间。该图像的其他字段被显示 N－N×rep_cntrl/2 时间。

● 冻结帧 freeze frame

trick_mode_control 字段中的值'010'。当该值出现时，它表示冻结帧视频流，并定义了 PES 分组头中后续 5 位的含义。表 28 中定义的 field_id 字段，表示应该显示哪个(些)字段。field_id 字段指出了包含该字段的 PES 分组中开始的第一个视频接入单元，除非该 PES 分组包含 0 个有效载荷字节。在后一种情况下，field_id 字段指出了最近的前一个视频接入单元。

● 快倒 fast reverse

trick_mode_control 字段中的值'011'。当该值出现时，它表示一个快倒视频流并定义了 PES 分组头中后续 5 位的含义。intra_slice_refresh 位可以被设定为'1'以指出可能有丢失的宏块。解码器可以用前一个解码图像中相同位置的宏块来代替。表 28 中定义的 field_id 字段，表示应该显示哪个或哪些字段。frequency_truncation 字段指出了可能包括的一个系数受限集合。该字段值的含义如表 29“系数选择值”所示。

● 慢倒 slow reverse

trick_mode_control 字段中的值'100'。当该值出现时，它表示一个慢倒视频流并定义了 PES 分组头中后续 5 位的含义。对 GB/T 17191-2 视频和 ISO/IEC 13818-2 视频渐进序列而言，该图像应被显示 N×rep_cntrl 时间，其中 N 定义如上。

对 ISO/IEC 13818-2 隔行序列而言，该图像应被显示 N×rep_cntrl 时间。若该图像是一个帧图像，则待显示的第一个字段在 top_field_first 为 1 时应该是底字段，在 top_field_first 为'0'时，应该是顶字段(见 ISO/IEC 13818-2)。该字段被显示 N×rep_cntrl/2 时间。该图像的其他字段被显示 N－N×rep_cntrl/2 时间。

● 字段标识字段 field_id

2 位字段，表示应该显示哪个(些)字段。根据表 28 对其进行编码。

表 28 field_id 字段控制值

值	描 述
'00'	仅自顶向下播放
'01'	仅自底向上播放
'10'	播放所有帧
'11'	保留

● 片内参考字段 intra_slice_refresh

1 位标志。置'1'时表示 PES 分组的视频数据编码片中可能有丢失的宏块；置'0'时，表示上述情况可能不出现。更多的信息可见 ISO/IEC 13818-2。解码器可以用前一个解码图像中同一个位置的宏块来代替丢失的宏块。

● 频率截断字段 frequency_truncation

2 位字段。指出在对 PES 分组中数据进行编码时可能用到受限系数集合。其值定义于表 29。

表 29 系数选择值

值	描 述
'00'	仅 DC 系数非 0
'01'	仅前三个系数非 0
'10'	仅前六个系数非 0
'11'	所有系数均可能非 0

● 显示次数控制字段 rep_cntrl

5 位字段，指出隔行图像中每一字段的显示次数或渐进图像显示次数。对隔行图像而言，顶字段或底字段是否应首先显示是视频序列头中 trick_mode_control 字段和 top_field_first 字段的功能。该字段值不能为'0'。

● 附加版权信息字段 additional_copy_info

7 位字段，包含与版权信息有关的专用数据。

● 前 PES 分组 CRC 字段 previous_PES_packet_CRC

16 位字段。在对前一个 PES 分组(不包括该 PES 分组的标题)进行处理后，该字段包含一个在解码器的 16 个寄存器中生成 0 输出的 CRC 值。该 CRC 值与附录 A 中所定义的相类似，但具有以下多项式：

$$x^{16}+x^{12}+x^{5}+1$$

注：该 CRC 值是为了用于网络维护，例如将有间隙性错误的源隔离开来，而不是为了供基本流解码器使用。它仅用于计算数据字节，因为在传输过程中 PES 分组头数据可能被修改。

● PES 专用数据标志字段 PES_private_data_flag

1 位标志。置'1'时表示 PES 分组头中包含专用数据；置'0'时表示 PES 分组头中无专用数据。

● 包标题字段标志字段 pack_header_field_flag

1 位标志。置'1'时表示 PES 分组头中有 GB/T 17191.2 包标题或节目流包标题。若该字段在包含于节目流中的 PES 分组中，其值应为'0'。在传输流中，当值为'0'时表示 PES 标题中无包标题。

● 节目分组序列计数标志字段 program_packet_sequence_counter_flag

1 位标志。值为'1'时表示 PES 分组有 program_packet_sequence_counter，MPEG1_MPEG2_identifier 和 original_stuff_length 字段。值为'0'时表示 PES 分组头中无这些字段。

● P-STD 缓冲区标志字段 P-STD_buffer_flag

1 位标志。置'1'时表示 PES 分组头中有 P-STD_buffer_scale 和 P-STD_buffer_size 字段。值为'0'时表示 PES 标题中无这些字段。

- PES 扩展标志字段　PES_extension_flag_2

1 位标志,置'1'时表示有 PES_extension_field_length 及相关字段。

- PES 专用数据字段　PES_private_data

16 位字段。包含专用数据。这些数据与其前后的字段组合在一起时,不能与 packet_start_code_prefix (0x000001)冲突。

- 包字段长度字段　pack_field_length

8 位字段。表示 pack_header_field()以字节为单位时的长度。

- 节目分组序列计数字段　program_packet_sequence_counter

7 位字段。它是一个可选的计数器,随着来自于节目流或 GB/T 17191.1 流的每一个后续的 PES 分组或传输流中具有单个节目定义的 PES 分组而递增,以提供与连续性计数器(见 2.4.3.2)相似的功能。它能用于检索节目流或原始 GB/T 17191.1 流中的初始 PES 分组序列。该计数器在达到最大值后回卷为 0。PES 分组不能出现重复。因此,复合节目中任何两个连续的 PES 分组不应具有相同的 program_packet_sequence_counter 值。

- MPEG1 MPEG2 标识符字段　MPEG1_MPEG2_identifier

1 位标志。置'1'时表示 PES 分组承载的信息来自于 GB/T 17191.1 流;置'0'时表示 PES 分组承载的信息来自于节目流。

- 初始填充长度字段　original_stuff_length

6 位字段。指定用于初始 GB/T 17975.1 分组头或初始 GB/T 17191.1 分组头中的填充字节数。

- P-STD 缓冲区比例字段　P-STD_ buffer_scale

1 位字段。仅当该 PES 分组包含于节目流中时才有意义。它指出了用来解释后续 P-STD_buffer_size 字段的比例因子。若前面的 stream_id 表示一个音频流,该字段值应为'0';若前面的 stream_id 表示一个视频流,该字段值应为'1'。对于所有的其他流类型,其值可以为'0'或'1'。

- P-STD 缓冲区大小字段　P-STD_buffer_size

13 位无符号整数。仅当该 PES 分组包含于节目流中时才有意义。它定义了 P-STD 输入缓冲区的大小 BS_n。若 P-STD_ buffer_scale 的值为'0',那么 P-STD_buffer_size 以 128 字节为单位来度量缓冲区的大小。若 P-STD_buffer_scale 的值为'1',那么 P-STD_buffer_size 以 1024 字节为单位来度量缓冲区的大小。因此:

if(P-STD_buffer_scale==0)

$$BS_n = \text{P-STD\_buffer\_size} \times 128 \quad \cdots\cdots (16)$$

else

$$BS_n = \text{P-STD\_buffer\_size} \times 1024 \quad \cdots\cdots (17)$$

当该字段被 GB/T 17975.1 系统目标解码器(参考 2.7.7)收到后,其编码值立即生效。

- PES 扩展字段长度字段　PES_extension_field_length

7 位字段。指出了跟在该字段之后在 PES 扩展字段中直到且包括任何保留字节的数据的字节长度。

- 流扩展标志字段　stream_id_extension_flag

  1 位标志字段。当设置为'0'时,表示 PES 分组中含有 stream_id_extension 域。标志字段为值'1'是保留的。

- 流标志扩展　stream_id_extension

  节目流中,stream_id_extension 指定了表 30 中定义的 stream_id_extensio 基本流的类型和数

量。在传输流中，stream_id_extension 应该被设置为任意有效值，以描述表 30 中指定的基本流类型。在传输流中，基本流类型是由 2.4.5 中节目特殊信息来指定的。

注：这个值作为上面定义的 stream_id 的扩展。这个值只有在 stream_id 为 1111 1101 时可用。

表 30 Stream_id_extension 赋值

stream_id_extension	注	流编码
000 0000...011 1111		reserved data stream
100 0000...111 1111		private_stream

- 填充字节字段 stuffing_byte

8 位字段，其值恒定为'1111 1111'。可以由编码器插入以满足通道的需求等。解码器丢弃该字段。一个 PES 分组头中只能出现 32 个填充字节。

在 private_stream_1，private_stream_2，ECM_strea 或者 EMM_stream 情况下，PES_packet_data_byte 的内容是由用户定义的，而且将来也不能由国标来指定。

- PES 分组数据字节字段 PES_packet_data_byte

该字段应该是来自于由分组的 stream_id 或 PID 所指定的基本流的连续数据字节。当基本流数据符合 GB/T 17975.2 或 GB/T 17975.3，该字段应该是与本标准的字节相对齐的字节。基本流的字节序应得到保持。该字段的字节数 N 由 PES_packet_length 字段规定。N 应等于 PES_packet_length 减去在 PES_packet_length 字段的最后一个字节与第一个 PES_packet_data_byte 间的字节数。

- 填充字节字段 padding_byte

8 位字段，其值恒定为'1111 1111'。该字段被解码器丢弃。

2.4.4.4 在传输流中承载节目流和 GB/T 17191.1 系统流

传输流含有可选字段，从而以一种允许在解码器中简单地重建各个流的方式支持承载节目流及 GB/T 17191.1 系统流。

当把一个节目流放到传输流中时，传输流分组中携有 stream_id 值为 private_stream_1，GB/T 17975.2或 GB/T 17191.2 视频和 GB/T 17975.3 或 GB/T 17191.3 音频的节目流 PES 分组。

对于这些 PES 分组，当在传输流解码器中重构节目流时，PES 分组数据被复制到正在被重建的节目流中。

对于 stream_id 值为 program_stream_map、padding_stream、private_stream_2、ECM、EMM、DSM_CC_stream 或 program_stream_directory 的节目流 PES 分组，除 packet_start_code_prefix 外的所有字节被放入一个新 PES 分组的 data_bytes 字段中。新 PES 分组的 stream_id 值为 ancillary_stream（见表 29）。这样，这个新的 PES 分组就被承载在传输流分组中。

在传输流解码器中重建节目流时，对含 stream_id 为 ancillary_stream_id 的 PES 分组，packet_start_code_prefix 被写入到正在重建的节目流中，其后跟有来自这些传输流 PES 分组的 data_byte 字段。

GB/T 17191.1 流首先通过以 GB/T 17975.1 的 PES 分组头来取代 GB/T 17191.1 分组头的方式承载于传输流中。GB/T 17191.1 分组头字段值被复制到等价的 GB/T 17975.1 分组头字段中。

program_packet_sequence_counter 字段被包括在承载有来自节目流或 GB/T 17191.1 系统流的数据的每个 PES 分组的标题中。这使初始节目流或初始 GB/T 17191.1 系统流中 PES 分组的顺序在解码器中可重现。

节目流或 GB/T 17191.1 系统流的 pack_header()字段被承载在传输流中紧跟着的 PES 分组的标题中。

2.4.5 节目特定信息

节目特定信息(PSI)既包括 GB/T 17975.1 标准数据，也包括专用数据以使解码器能分离节目。节目由一个或多个基本流组成，每一个均由 PID 标识。节目基本流或其中的各部分可以被加扰以用于条件存取，但PSI不应被加扰。

在传输流中，PSI被分为6个表结构，如表31所示。虽然这些结构可以被看作简单的表，但它们应被进一步划分为各个段并插入到传输流分组中，一些带有预先规定的PID，另一些带有用户可选的PID。

表31　节目特定信息

结构名	流类型	PID号码	描　述
节目相关表	GB/T 17975.1	0x00	将节目号码与节目映射表PID相关联
节目映射表	GB/T 17975.1	其值在PAT中指出	指定一个或多个节目成分的PID值
网络信息表	专用	其值在PAT中指出	诸如FDM频率，异频收发机号等物理网络参数
条件接入表	GB/T 17975.1	0x01	将一个或多个(专用)EMM流分别与唯一的PID值相关联
传输流描述符表	GB/T 17975.1	0x02	将表57中的一个或多个描述符与完全的传输流相关联

本部分定义的PSI表应被划分为承载于传输分组中的一个或多个段。一个段就是一个用于把每个本部分定义的PSI表映射到传输流分组中的语法结构。

除本部分定义的PSI表外，还可承载专用数据表。本规范未定义将专用信息承载于传输流分组中的方法。可以用与承载本部分定义的PSI表相同的方式来对其进行结构化，从而，用来映射该专用数据的语法与用来映射本部分定义的PSI表的语法是一致的。为此定义了一个专用段。如果承载专用数据的传输流分组和承载节目映射表的传输流分组具有相同的PID，那么将使用private_section语法和语义。承载于private_data_byte中的数据可以被加扰，但private_section中其余字段不应被加扰。该private_section允许数据以最小结构传送。在不使用这一结构时，本标准未对传输流分组中专用数据的映射作出定义。

各个段可能长度不一。每一段的开始由传输流分组有效载荷中的pointer_field来标识。该字段语法见表32。

承载PSI段的传输流分组中还可能有适应字段。

在一个传输流中，值为0xFF的分组填充字节可能会出现在一个段的末字节后。在这种情况下，直到传输流分组结束的所有后续字节也都将是值为0xFF的填充字节。这些字节可能被解码器丢弃。此时，有相同PID值的下一个传输流分组有效载荷，应以值为0x00的pointer_field作为起始码，以指出紧跟其后开始的下一个段。

每一传输流都包含一个或多个PID值为0x0000的传输流分组。这些传输流分组一起将包含一个完整的节目关联表，以给出该传输流中所有节目的一个完整列表。current_next_indicator置'1'的表的最近传输版本，总是作用于传输流中当前数据。传输流中承载的节目的任何变动将在PID值为0x0000的传输流中承载的节目相关表的更新版本中加以描述。这些段均用到值为0x00的table_id。在PID值为0x0000的传输流分组中只允许table_id值为0x00的段。要使节目相关表的新版本生效，所有带新version_number及current_next_indicator置'1'的段(在last_section_number中指出)必须退出T-STD中定义的B_{sys}(见2.4.2)。当用于结束表的那个段的最后一个字节离开B_{sys}后，节目相关表开始生效。

一旦传输流中一个或多个基本流被加扰，就要传送一个PID值为0x0001的且包含一个完整的条件存取表的传输流分组。表中包含与加扰流相关联的CA_descriptor。传输的传输流分组共同组成一个条件存取表的完整版本。current_next_indicator置'1'的表的最近传送版本总是作用于传输流中的当前数据。在加扰中使现有表无效或不完整的任何变动应在条件存取表的一个更新版本中加以描述。这些段将均使用值为0x01的table_id。在PID值为0x0001的传输流分组中只允许table_id值为0x01的段。要使CAT的新版本生效，所有带新version_number及current_next_indicator置'1'的段(在last _section_number 中指出)必须退出 T-STD 中定义的 B_{sys}(见 2.4.2)。当用于结束表的那个段的最后一个字节离开 B_{sys}后,CAT 开始生效。

每个传输流要包含 PID 值在节目关联表中被标记为包含传输流节目映射段的传输流分组的一个或多个传输流分组。节目关联表中列出的每个节目在一个唯一的 TS_program_map_section 中描述。每个节目将在传输流自身中完全定义。在合适的节目映射表段中有关联 elementary_PID 字段的专用数据是该节目的一段。其他专用数据可能存在于传输流中但未在节目映射表中列出。当 current_next_indicator 置'1'的 TS_program_map_section 的最近传送版本将总是作用于传输流的当前数据,传输流中承载的任何节目的定义的任何改动应在承载于传输流分组中的节目映射表的相应段的更新版本中加以描述。该传输流分组的 PID 值被标识为用于那个特定节目的 program_map_PID。在节目连续存在期间,包括它的相关事件,该 program_map_PID 不应改变。节目定义不应该跨过多于一个的 TS_program_map_section。在具有一个新 version_number 且 current_next_indicator 为'1'的段的最后一个字节退出 B_{sys}时,TS_program_map_section 的新版本开始生效。

table_id 值为 0x02 的段应包含节目映射表信息。这些段可能承载于有不同 PID 值的传输流分组中。

网络信息表是可选的,其内容也是专用的。如果存在的话,它将承载于一些传输流分组中。这些传输流分组有相同 PID 值,称为 network_PID。network_PID 值由用户定义,且如果存在,将出现在节目相关表中,在保留 program_number 0x0000 之下。若存在网络信息表,它将以一个或多个 private_section 的形式出现。

本部分定义的 PSI 表的最大字节数为 1 024 字节,private_section 最大字节数为 4 096 字节。

传输流描述符表是可选的。如果存在的话,它将承载于一些传输流分组中。这些传输流分组有相同 PID 值,如表 6 中定义的 0x0002,它将应用于整个传输流中。传输流描述符的段中 table_id 值为表 34中指定的 0x03,它的内容应该限定在表 50 中指定的描述符。在段的最后一个字节退出 B_{sys}时,TS_program_map_section 的新版本开始生效。

对 PSI 数据中的起始码、同步字节或其他位模式的出现没有限制,不管是本标准还是专用的。

2.4.5.1 指针

pointer_field 语法定义见表 32。

表 32 节目特定信息指针

语　　法	位数	助记符
pointer_field	8	uimsbf

2.4.5.2 指针语法中各字段的语义定义

指针字段 pointer_field

8 位字段,其值表示紧跟其后的直到出现在传输流分组的有效载荷中的第一个段的首字节为止的字节数(因此值 0x00 表示该段紧跟在 pointer_field 之后开始)。当至少有一个段开始于给定的传输流分组中时,payload_unit_start_indicator(见 2.4.3.2)应置为'1'且传输流分组的有效载荷的首字节应包含该指针。当没有段开始于给定的传输流分组中时,payload_unit_start_indicator 应置为'0'且分组的有效载荷将不传送指针。

2.4.5.3 节目相关表

节目相关表给出了承载节目定义的传输流分组中 program_number 与该分组的 PID 值的对应关系。program_number 是与一个节目相关联的数值标号。

整个表包含于具有下列语法的一个或多个段之中。它可以被分割以占用多个段(见表 33)。

表 33 节目相关段

语 法	位数	助记符
program_association_section() {		
table_id	8	uimsbf
section_syntax_indicator	1	bslbf
'0'	1	bslbf
reserved	2	bslbf
section_length	12	uimsbf
transport_stream_id	16	uimsbf
reserved	2	bslbf
version_number	5	uimsbf
current_next_indicator	1	bslbf
section_number	8	uimsbf
last_section_number	8	uimsbf
for(i=0;i<N;i++) {		
program_number	16	uimsbf
reserved	3	bslbf
if (program_number=='0') {		
network_PID	13	uimsbf
}		
else {		
program_map_PID	13	uimsbf
}		
}		
CRC_32	32	rpchof
}		

2.4.5.4 Table_id 赋值

table_id 字段标识了传输流 PSI 段的内容，如表 34。

表 34 table_id 赋值的值

值	描 述
0x00	program_association_section
0x01	conditional_access_section(CA_section)
0x02	TS_program_map_section
0x03～0x3F	GB/T 17975.1 保留
0x40～0xFE	用户专用
0xFF	禁止

2.4.5.5 节目相关段中各字段的语义定义

a) 表标识字段 table_id

8 位字段，值为 0x00。如表 34 所示。

b) 段语法指示符字段 section_syntax_indicator

1 位字段，值为'1'。

c) 段长度字段 section_length

12 位字段，前两位为'00'，后 10 位规定紧跟在该字段之后且包括 CRC 的该段的字节数目。其值不能超过 1021(0x3FD)。

d) 传输流标识字段 transport_stream_id

16 位字段，用作标签以标识来源于网络中任何其他复合流的传输流。其值由用户定义。

e) 版本号字段 version_number

5 位字段。它是整个节目相关表的版本号码。一旦节目相关表发生变化，该字段将递增 1，并对 32 取模。在 current_next_indicator 为'1'时，版本号应该是当前适用的节目相关表的版本号；在 current_next_indicator 为'0'时，版本号应该是下一个适用的节目相关表的版本号。

f) 当前下一个指示符字段 current_next_indicator

1 位指示符。置'1'时表示传送的节目相关表是当前适用的；置'0'时表示传送的节目相关表还不适用，它是下一个生效的表。

g) 段号字段 section_number

8 位字段，给出了该段的号码。节目相关表中第一个段的 section_number 应为 0x00。节目相关表每增加一个段，它将递增 1。

h) 末段号字段 last_section_number

8 位字段，给出整个节目相关表中最后一段(即有最高 section_number)的号码。

i) 节目号字段 program_number

16 位字段，规定 program_map_PID 可适用的节目。当值为 0x0000 时，其后的 PID 参照将是网络 PID。该字段的其他值由用户定义。在节目相关表的一个版本中，该字段取任何单个值不能超过一次。

注：program_number 可作为一个指示符号，例如用于广播通道。

j) 网络 PID 字段 network_PID

13 位字段。仅与值为 0x0000 的 program_number 一起使用，以指定包含网络信息表的传输流分组的 PID。该字段值由用户定义，但只能取表 6 中规定的值。该字段的出现是可选的。

k) 节目映射 PID 字段 program_map_PID

13 位字段。它表示包含可作用于 program_number 所指定节目的 program_map_section 的传输流分组的 PID。任何 program_number 都不应该有多个 program_map_PID 值。program_map_PID 值由用户定义，但只能取表 6 中规定的值。

l) CRC 32 字段 CRC_32

32 位字段，它包含 CRC 值以在处理完整个节目相关段后在附录 A 中定义的解码器寄存器产生 0 输出值。

2.4.5.6 条件接入表

条件存取表(CA)给出了一个或多个 CA 系统、它们的 EMM 流和任何与它们相关的特定参数之间的关系。表 35 中 descriptor()字段的定义见 2.6.16。

该表包含在具有以下语法的一个或多个段之中。它可以被分割以占用多个段。

表 35 条件存取段

语　法	位数	助记符
CA_section() {		
table_id	8	uimsbf
section_syntax_indicator	1	bslbf
'0'	1	bslbf
reserved	2	bslbf
section_length	12	uimsbf
reserved	18	bslbf
version_number	5	uimsbf
current_next_indicator	1	bslbf
section_number	8	uimsbf
last_section_number	8	uimsbf
for(i=0;i〈N;i++) {		
descriptor()		
}		
CRC_32	32	rpchof
}		

2.4.5.7 条件接入段中各字段的语义定义

a) 表标识字段　table_id

8 位字段。表 34 中规定其值为 0x01。

b) 段语法指示符字段　section_syntax_indicator

1 位字段，值为'1'。

c) 段长度字段　section_length

12 位字段，前两位为'00'，后 10 位规定其后紧跟的段(包括 CRC)的字节数。该字段值不应超过 1021(0x3FD)。

d) 版本号字段　version_number

5 位版本号。它是整个条件存取表的版本号码。一旦条件存取表发生变化，该字段将递增 1，并对 32 取模。在为'1'时，版本号应该是当前适用的条件存取表的版本号；在 current_next_indicator 为'0'时，版本号应该是下一个适用的条件存取表的版本号。

e) 当前下一个指示符字段　current_next_ indicator

1 位指示符。置'1'时表示传送的条件存取表是当前适用的；置'0'时表示传送的条件存取表还不适用，它是下一个生效的表。

f) 段号字段　section_number

8 位字段，给出了该段的号码。条件存取表中第一个段的 section_number 应为 0x00。条件存取表每增加一个段，它将递增 1。

g) 末段号字段　last_section_number

8 位字段，给出整个条件存取表中最后一段(即有最高 section_number)的号码。

h) CRC 32 字段　CRC_32

32 位字段，它包含 CRC 值以在处理完整个条件存取段后在附录 A 中定义的解码器寄存器产生

0 输出值。

2.4.5.8 节目映射表

节目映射表给出了节目号码和组成它们的节目元素之间的映射。该映射的一个单一实例被称为“节目定义”。节目映射表是一个传输流中所有节目定义的完整集合。该表在分组中被传输，分组的PID值由编码器选择。需要时可能用到多个PID。该表包含在具有以下语法的一个或多个段中。它可以被分割以占用多个段。在每一段中，段号码字段值应置'0'。段由program_number字段标识。

可以在2.6中找到descriptor()字段的定义(见表36)。

表36 传输流节目映射段

语　　法	位数	助记符
TS_program_map_section(){		
table_id	8	uimsbf
section_syntax_indictor	1	bslbf
'0'	1	bslbf
reserved	2	bslbf
section_length	12	uimsbf
program_number	16	uimsbf
reserved	2	bslbf
version_number	5	uimsbf
current_next_ indictor	1	bslbf
section_number	8	uimsbf
last_section_number	8	uimsbf
reserved	3	bsbf
PCR_PID	13	uimsbf
reserved	4	bsbf
program_info_length	12	uimsbf
for(i=0;i<N;i++){		
descriptor()		
}		
for(i=0;i<N1;i++){		
stream_type	8	uimsbf
reserved	3	bslbf
elementary_PID	13	uimsbf
reserved	4	bsllbf
ES_info_length	12	uimsbf
for (i=0;i<N2;i++) {		
descriptor()		
}		

表 36（续）

语　法	位数	助记符
}		
CRC_32	32	rpchof
}		

2.4.5.9 传输流节目映射段中各字段的语义定义

a) 表标识字段 table_id

8 位字段，值为 0x02。如表 34 所示。

b) 段语法指示符字段 section_syntax_indicator

1 位字段，值为'1'。

c) 段长度字段 section_length

12 位字段，前两位为'00'，后 10 位规定紧跟在该字段之后且包括 CRC 的该段的字节数目。其值不能超过 1021(0x3FD)。

d) 节目号字段 program_number

16 位字段，规定 program_map_PID 可适用的节目。一个节目定义仅会包含于一个传输流节目映射段。这意味着一个节目定义不会长于 1016(0x3FD)。处理长度不够情况的方法参见附录 C。program_number 可作为广播通道的指示符号。通过描述属于一个节目的不同节目元素，来自于不同源(例如连续事件)的数据可以被连接在一起以形成使用一个 program_number 的流的连续集合。

应用示例参见附录 C。

e) 版本号字段 version_number

5 位版本号。它是传输流节目映射段的版本号码。一旦该部分中的信息发生变化，该字段将递增 1，并对 32 取模。版本号涉及单个节目的定义，从而涉及单个段。在 current_next_indicator 为'1'时，版本号应该是当前适用的传输流节目映射段的版本号；在 current_next_indicator 为'0'时，版本号应该是下一个适用的传输流节目映射段的版本号。

f) 当前下一个指示符字段 current_next_ indicator

1 位指示符。置'1'时表示传送的传输流节目映射段是当前适用的；置'0'时表示传送的传输流节目映射段还不适用，它是下一个生效的段。

g) 段号字段 section_number

8 位字段，值应为 0x00。

h) 末段号字段 last_section_number

8 位字段，值应为 0x00。

i) PCR_PID 字段 PCR_PID

13 位的字段，指出传输流分组 PID。这些传输流分组包含对由 program_number 所指定的节目有效的 PCR 字段。若没有 PCR 字段与用于专用流的节目定义相关联，那么该字段取值应为 0x1FFF。对选择 PID 值的限制参见 2.4.4.1 中 PCR 的语义定义和表 6。

j) 节目信息长度字段 program_info_length

12 位的字段。起始的两位应为'00'。其余的 10 位规定了紧跟在该字段之后的描述符的字节数。

k) 流类型字段 stream_type

8 位的字段。它指出了承载在分组中的节目元素的类型，这些分组的 PID 由 elementary_PID 所指出。表 37 中规定了 stream_type 的值。

注：对于除音频、视频和 DSM CC 以外的由本规范定义的数据类型，诸如节目流目录和节目流映射等，GB/T 17975.1辅助流是可以适用的。

表 37 流类型指定

值	描 述
0x00	国际标准保留
0x01	GB/T 17191.2 视频
0x02	GB/T 17975.2 视频或 GB/T 17191.2 受限参数视频流
0x03	GB/T 17191.3 音频
0x04	GB/T 17975.3 音频
0x05	GB/T 17975.1 private_sections
0x06	包含专用数据的 GB/T 17975.1 PES 分组
0x07	ISO/IEC 13522 MHEG
0x08	附录 A—DSM CC
0x09	ITU-T Rec. H. 222.1
0x0A	ISO/IEC 13818-6 类型 A
0x0B	ISO/IEC 13818-6 类型 B
0x0C	ISO/IEC 13818-6 类型 C
0x0D	ISO/IEC 13818-6 类型 D
0x0E	GB/T 17975.1 辅助
0x0F～0x41	GB/T 17975.1 保留
0x42	GB/T 20090.2 视频
0x43	GB/T 20090.3 音频
0x44～0x7F	GB/T 17975.1 保留
0x80～0xFF	用户专用

注：GB/T 17975.2 和 17975.3 修订版待出版。

l) 基本 PID 字段 elementary_PID

13 位字段，指出了承载相关节目元素的传输流分组的 PID。

m) ES 信息长度字段 ES_info_length

12 位字段。起始两位应为'00'，剩余的 10 位指出了紧跟在该字段之后的相关节目元素的描述符的字节数。

n) CRC 32 字段 CRC_32

32 位字段，它包含 CRC 值，以在处理完整个传输流节目映射段后在附录 B 中定义的解码器寄存器产生 0 输出值。

2.4.5.10 专用段的语法

当专用数据在以 PID 值在节目相关表中被指定为节目映射表 PID 的传输流分组传送时，将使用 private_section。该段在使得解码器能对流进行分析时允许数据以最小结构传输。可以用两种方法来使用该段：若 section_syntax_indicator 置'1'，将用到所有表公共的整个结构；若置'0'，则仅有从'table_id'到'private_section_length'之间的字段服从公共结构语法和语义。private_section 其余字段可采取用户定义的任何形式。附录 C 中有该语法扩充使用的示例。

专用表可以由几个 private_section 组成，各个段有相同的 table_id(见表 38)。

表 38　专用段

语　　法	位数	助记符
private_section(){		
table_id	8	uimsbf
section_syntax_indicator	1	bslbf
private_indicator	1	bslbf
reserved	2	bslbf
private_section_length	12	uimsbf
if(section_syntax_indicator＝＝'0'){		
for(I＝0;i〈N;i＋＋) {		
private_data_byte	8	bslbf
}		
}		
else {		
table_id_extension	16	uimsbf
reserved	2	bslbf
version_number	5	uuimsbf
current_next_indicator	1	bslbf
section_unmber	8	uimsbf
last_section_number	8	uimsbf
for (i＝0;i〈private_section_length－9;i＋＋){		
private_data_byte	8	bslbf
}		
CRC_32	32	rpchof
}		
}		

2.4.5.11　专用段中各字段的语义定义

a)　表标识字段　table_id

8 位字段。其值表示该段所属的专用表。只能使用在表 34 中被定义为“用户专用”的值。

b)　段语法指示符字段　section_syntax_indicator

1 位指示符。置'1'时表示 private_section_length 字段之后的专用段服从通用的段语法；置'0'时表示 privata_data_byte 紧跟在 private_section_length 字段之后。

c)　专用指示符字段　private_indicator

1 位用户可定义的标志位。该字段在将来的国家标准中不会再定义。

d)　专用段长度字段　private_section_length

12 位字段。指示紧跟在 private_section_length 字段后直到 private_section 结束的专用段剩余字节数。该字段值不应超过 4093(0xFFD)。

e)　专用数据字节字段　private_data_byte

用户可定义的字段。该字段在将来的国家标准中不会再定义。

f)　表标识扩展字段　table_id_extention

16 位字段。它的使用与值由用户定义。

g) 版本号字段 version_number

5 位字段。它是专用段的版本号码。一旦专用段中承载的信息发生变化，该字段将递增 1，并对 32 取模。在 current_next_indicator 为'0'时，版本号应该是下一个适用的有相同 section_number 和 table_id 的专用段的版本号。

h) 当前下一个指示符字段 current_next_indicator

1 位指示符。置'1'时表示传送的专用段是当前适用的；当该字段为'1'，版本号应该是当前适用的专用段的版本号。置'0'时表示传送的专用段还不适用；它是下一个生效的有相同 section_number 和 table_id 的专用段。

i) 段号字段 section_number

8 位字段，给出了该段的号码。专用段中第一个段的 section_number 应为 0x00。专用段每增加一个段，它将递增 1。

j) 末段号字段 last_section_number

8 位字段，指出了本段是其中一段的专用表的最后一段(即有最高 section_number 的段)的号码。

k) CRC 32 字段 CRC_32

32 位字段，它包含 CRC 值以在处理完整个专用段后在附录 A 中定义的解码器寄存器产生 0 输出值。

2.4.5.12 传输流部分语法

符合 GB/T 17975.1 的比特流可以传输表 39 所定义的信息。

符合 GB/T 17975.1compliant 的解码器可以解码此表中所定义的信息。

定义传输流描述表以支持承载 8 节目和节目元素描述符中所述整个传输流的描述符。此描述符应该作用于整个传输流。此表使用 0x03 作为表 34 中定义的 table_id 值，并且为表 6 所定义 PID 值为 0x0002 的传输流分组所承载。

表 39 传输流描述符表

语 法	位数	助记符
TS_description_section (){		
table_id	8	uimsbf
section_syntax_indicator	1	bslbf
'0'	1	bslbf
Reserved	2	bslbf
section_length	12	uimsbf
Reserved	18	bslbf
version_number	5	uuimsbf
current_next_indicator	1	bslbf
section_unmber	8	uimsbf
last_section_number	8	uimsbf
for (i=0;i<N;i++){		
descriptor()	8	bslbf
}		
CRC_32	32	rpchof
}		

2.4.5.13 传输流段中个字段语义定义

a) 表标识字段 table_id

8位字段,值应为0x03。如表34所示。

b) 段长度字段 section_length

12位字段,前两位为'00',后10位规定紧跟在该字段之后且包括CRC的该段的字节数目。其值不能超过1021(0x3FD)。

c) 版本号字段 version_number

5位版本号。它是整个传输流描述表的版本号码。一旦该部分中的信息发生变化,该字段将递增1,并对32取模。在current_next_indicator为'1'时,版本号应该是当前适用的传输流描述表的版本号;在current_next_indicator为'0'时,版本号应该是下一个适用的传输流描述表的版本号。

d) 当前下一个指示符字段 current_next_ indicator

1位指示符。置'1'时表示传送的传输流描述表是当前适用的;置'0'时表示传送的传输流描述表还不适用,它是下一个生效的表。

e) 段号字段 section_number

8位字段,定义本段的段号。本传输流描述表的第一个段的section_number值应为0x00。此传输流描述表的每个后续段的section_number值递增1。

f) 末段号字段 last_section_number

8位字段,定义完整的传输流描述表中最后一个段的段号,也即section_number的最大值。

g) CRC 32字段 CRC_32

32位字段,它包含CRC值,以在处理完整个传输流节目映射段后在附录A中定义的解码器寄存器产生0输出值。

2.5 节目流比特流的要求

2.5.1 节目流编码结构与参数

GB/T 17975.1节目流编码层允许将具有一个或多个基本流的一个节目组合成一个单一流。来自于各基本流的数据与那些允许节目中的基本流同步播放的信息复用一起。

一个节目流包含来自于一个节目的复用在一起的一个或多个基本流,音/视频基本流由接入单元构成。

基本流数据承载于PES分组中,PES分组由分组头及其后的分组数据组成,PES分组被插入到节目流包中。

PES分组头以一个32位起始码开始,它也标识了该分组数据属于哪个流(见表21)。PES分组头可能仅含有播放时间戳(PTS),或既有PTS又有解码时间戳(DTS)。PES分组头还含其余可选字段,分组数据包括来自一个基本流的数量可变的连续字节。

在节目流中,PES分组被组合在包中。包以包头开始,其后跟有零个或多个分组。包头以32位start_code开始,用于存放定时和比特率信息。

节目流以一个可重复的系统头开始,系统头中含有流中定义的所有系统参数。

本标准未指定可用作条件接入系统的一部分的编码数据。但本标准为节目服务供应商提供了一些机制以传输和标志数据供解码器处理及正确地引用此处定义的数据。

2.5.2 节目流系统目标解码器

节目流的语义及对这些语义的限制要求对解码事件及其发生时刻进行精确定义。在本规范中用一个称为节目流系统目标解码器(P-STD)的虚拟的解码器来陈述这些所需的定义。

P-STD是一个概念化模型,用来精确定义这些术语并用于在构造节目流期间为解码过程建模。P-STD仅为此而定义。所描述的P-STD的体系结构和定时并不排除各种具有不同结构或定时机构的解码器对节目流进行不间断地同步回放。

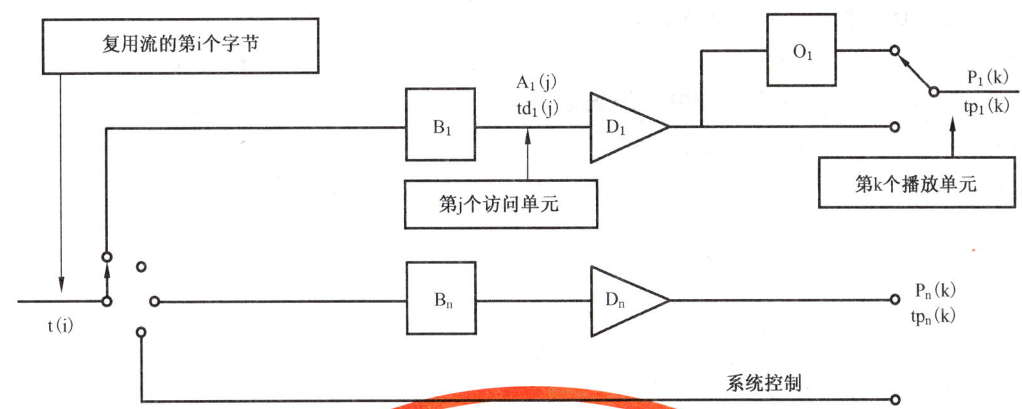

图 7　节目流系统目标解码器框图

以下记号用来描述节目流系统目标解码器。图 7 说明了其中的一部分。

i,i′：　节目流中的字节索引。第一字节的索引为 0。

j：　基本流中接入单元的索引。

k, k′, k″：　基本流中播放单元的索引。

n：　基本流的索引。

t(i)：　节目流中第 i 个字节进入系统目标解码器的时刻,以秒为单位表示。t(0)的值是一个任意常数。

SCR(i)：　以 27 MHz 系统时钟为单位来度量的 SCR 字段中的时间。这里的 i 指字段 system_clock_reference_base 最后一个字节的索引。

$A_n(j)$：　基本流 n 中第 j 个接入单元。注意,$A_n(j)$是按解码顺序给出索引的。

$td_n(j)$：　基本流 n 的第 j 个接入单元在系统目标解码器中的解码时间,该时间按秒度量。

$P_n(k)$：　基本流 n 中的第 k 个播放单元。$P_n(k)$是按播放顺序进行索引的。

$tp_n(k)$：　基本流 n 的第 k 个播放单元在系统目标解码器中的播放时间,该时间按秒度量。

t：　按秒度量的时间。

F_n：　系统目标解码器中基本流 n 的输入缓冲区在时间 t 的占用度,按字节度量。

B_n：　系统目标解码器中基本流 n 的输入缓冲区。

BS_n：　系统目标解码器中基本流 n 的输入缓冲区的容量,按字节度量。

D_n：　基本流 n 的解码器。

O_n：　用于视频基本流 n 的重排序缓冲区。

2.5.2.1　系统时钟频率

P-STD 中引用的定时信息承载于本规范定义的一些数据字段中。在 2.5.3.3 及 2.4.4.2 中对这些字段作了定义。这些信息被编码为系统时钟的采样值。

系统时钟频率的值以 Hz 为单位且应满足以下约束：

27 000 000—810≤system_clock_frequency≤27 000 000+810

system_clock_frequency 随时间的变化率≤75×10^{-3} Hz/s

在本标准中有几处使用了记号“system_clock_frequency”以表示满足以上要求的时钟频率。为了表达方便,有 SCR、PTS 或 DTS 的方程所得到的时间值均为(300×2^{33}/system_clock_frequency)秒的整数倍。这是因为 SCR 定时信息被编码为 33 位的系统时钟频率的 1/300,另加 9 位的余数。对 PTS 及 DTS,它们被编码为 33 位的系统时钟频率的 1/300。

2.5.2.2　节目流系统目标解码器的输入

来自节目流的数据进入系统解码器。第 i 个字节在时刻 t(i)进入,通过对输入的系统时钟参考(SCR)字段及编码在包头中的 program_mux_rate 字段进行解码可从输入流中恢复该字节进入系统解码器的时间。式(18)定义的SCR分两部分编码:一部分以系统时钟频率的1/300周期为单位,称为system_clock_reference_base见式(19),另一部分以系统时钟周期为单位,称为system_clock_reference_ext见式(20)。在下文中,这些字段中的编码值被表示为SCR_base(i)及SCR_ext(i)。SCR字段中编码值表示时间t(i),其中i指的是包含system_clock_reference_base字段最后一位的字节。

特别地:

$$SCR(i) = SCR\_base(i) \times 300 + SCR\_ext(i) \quad \cdots\cdots(18)$$

其中:

$$SCR\_base(i) = ((system\_clock\_frequency \times t(i))\ DIV\ 300)\ \%\ 2^{33} \quad \cdots\cdots(19)$$

$$SCR\_ext(i) = ((system\_clock\_frequency \times t(i))\ DIV\ 1)\ \%\ 300 \quad \cdots\cdots(20)$$

式(21)给出的输入到达时间t(i),对其余所有字节均从SCR(i)及数据到达率构造。其中每一个包的到达率由该包头中program_mux_rate字段表示。

$$t(i) = SCR(i')/system\_clock\_frequency + (i - i') / (program\_mux\_rate \times 50) \quad \cdots\cdots(21)$$

其中:

i′:包头中包含system_clock_reference_base字段的最后一位的字节索引。

i:包中任何字节的索引,包括包头。

SCR(i′)以系统时钟为单位的系统时钟参考基础和扩展字段的编码值。

program_ mux_rate　2.5.3.3中定义的字段。

在传输完一个包的最后字节之后,可能会有一个时间间隔。在这期间,没有字节被传送到P-STD的输入。

2.5.2.3　缓冲

来自基本流n的PES分组数据,传送给流n的输入缓冲区B_n。字节i从STD到B_n的传输是瞬时的,从而字节i在时刻t(i)进入大小为BS_n的流n的缓冲区。节目流的包头、系统头、节目流映像、节目流目录或PES分组头中的字节,诸如SCR、DTS、PTS和packet_length等字段,不被送入任何缓冲区,但可能被用于控制系统。

从BS_1到BS_n的输入缓冲区大小在式(16)和式(17)的语法中,由P-STD缓冲区大小参数给出。

在解码时刻$td_n(j)$,所有在缓冲区中时间最长的接入单元$A_n(j)$以及任何在时刻$td_n(j)$出现在缓冲区中的数据之前的填充字节,在时刻$td_n(j)$被立即移走。解码时刻$td_n(j)$由DTS或PTS字段指定。紧跟在接入单元j之后的无编码DTS或PTS字段的接入单元的解码时间$td_n(j+1)$,$td_n(j+2)$,…可从基本流信息推导得出,参见GB/T 17975.2和GB/T 17975.3,GB/T 17191.2或GB/T 17191.3—2002的附录C及2.7.5。当接入单元从缓冲区中移出时被立即解码为播放单元。

节目流的构造和t(i)的选择应使得大小从BS_1到BS_n的输入缓冲区在节目流系统解码器中不发生上溢和下溢。

即对于所有的t和n

$0 \leqslant F_n(t) \leqslant BS_n$

以及在$t = t(0)$前的瞬间

$F_n(t) = 0$

$F_n(t)$是P-STD缓冲区B_n的瞬间占用度。

该条件的一个例外是,当视频序列头中的low_delay标志被设定为'0'(见2.4.2.6)或trick_mode的状态为真时,P-STD缓冲区B_n可能会下溢。

对所有节目流,系统目标解码器输入缓冲区引起的延迟应不大于1 s,除非是静态图像视频数据,输入缓冲区延迟是指一个字节从进入缓冲区到它被解码的时间差值。

特别地,对于包含在接入单元j中的所有数据,在没有静态图像视频数据的情况下,该延迟受以下约束:

$td_n(j) - t(i) \leqslant 1\ s$

而在有静态图像视频数据的情况下，该延迟受以下约束：

$td_n(j) - t(i) \leqslant 60$ s

//edited by xxz

对节目流，每个包的所有字节均应在其后续包之前进入 P-STD。

若视频序列扩展中的 low_delay 标志置'1'（见 GB/T 17975.2 的 6.2.2.3），VBV 缓冲区可能下溢。对于这种情况，当在 $td_n(j)$ 所规定的时刻对基本流缓冲区 B_n 进行检查时，该接入单元的全部数据未必已经在 B_n 中。当此情况出现时，应在两个字段周期间重新检查缓冲区，直到整个接入单元的数据完全进入 B_n，此时整个接入单元将从 B_n 中立即移出。

VBV 缓冲区下溢允许无限制连续。P-STD 解码器应在与上文及编码在该比特流中的 DTS 或 PTS 值一致的最早时刻从 B_n 中移去接入单元数据。解码器可能不能够按 DTS 和 PTS 的规定重建正确的解码和显示时间，直到 VBV 缓冲区下溢终止，且在该比特流中找到 PTS 或 DTS 字段。

2.5.2.4 PES 流

构造一个 PES 分组的连续数据流是有可能的，其中的每个分组含有同一基本流的且有相同 stream_id 值的数据，这种流称为 PES 流。一个 PES 流的 PES-STD 模型与节目流的模型一样，除了用基本流时钟参考(ESCR)取代 SCR，用 ES_rat 取代 program_mux_rate。解复用器只把数据送到一个基本流缓冲区。

PES-STD 模型中缓冲区的大小 BS_n 定义如下：

a) 对于 GB/T 17975.2 或 GB/T 20090.2 视频：

$$BS_n = VBV_{max}[profile, level] + BS_{oh}$$

$BS_{oh} = (1/750)\,s \times R_{max}[profile, level]$，其中 $VBV_{max}[profile, level]$ 和 $R_{max}[profile, level]$ 分别是 ISO/IEC 13818.2 的表 8-14 和 8-13 中定义的每种档次、级别和层次的最大 VBV 大小和比特率或 GB/T 20090.2 的表 B.4、B.5 和 B.6 中定义的档次、级别和层次的最大 bbv 大小和比特率。BS_{oh} 被分配用作 PES 分组头的耗用。

b) 对于 GB/T 17191.2 视频：

$$BS_n = VBV_{max} + BS_{oh}$$

$BS_{oh} = (1/750)s \times R_{max}$，其中 VBV_{max} 和 R_{max} 分别代表 GB/T 17191.2 中受限参数比特流的最大比特率和最大 vbv_buffer_size。

c) 对于 GB/T 17191.3 或 GB/T 17975.3 或 GB/T 20090.3 音频：

$$BS_n = 2\,848 \text{ 字节}$$

2.5.2.5 解码和播放

节目流系统目标解码器的解码和播放分别与 2.4.2.4 及 2.4.2.5 中定义的传输流系统目标解码器相同。

2.5.3 节目流语法语义规定

以下语法描述了一个字节流。

2.5.3.1 节目流

见表 40。

表 40 节目流

语法	位数	助记符
MPEG2_program_stream(){		
do{		
pack()		
} while (nextbits()==pack_start_code)		
MPEG_program_end_code	32	bslbf
}		

2.5.3.2 节目流中各字段的语义定义

a) MPEG 节目终止码 MPEG_program_end_code

一个值为'0000 0000 0000 0000 0000 0001 1011 1001'(0x000001B9)的位串,用来终止节目流。

2.5.3.3 节目流包层

见表 41 和表 42。

表 41 节目流包

语法	位数	助记符
pack() {		
pack_header()		
while (nextbits()==packet_start_code_prefix) {		
PES_packet()		
}		
}		

表 42 节目流包头

语法	位数	助记符
pack_header() {		
pack_start_code	32	bslbf
'01'	2	bslbf
system_clock_reference_base[32..30]	3	bslbf
marker_bit	1	bslbf
system_clock_reference_base[29..15]	15	bslbf
marker_bit	1	bslbf
system_clock_reference_base[14..0]	15	bslbf
marker_bit	1	bslbf
system_clock_reference_extension	9	uimsbf
marker_bit	1	bslbf
program_mux_rate	22	uimsbf
marker_bit	1	bslbf
marker_bit	1	bslbf
reserved	5	bslbf
pack_stuffing_length	3	uimsbf
for (i=0;i<pack_stuffing_length;i++){		
stuffing_byte	8	bslbf
}		
if (nextbits()==system_header_start_code) {		
System_header()		
}		
}		

2.5.3.4 节目流包中各字段的语义定义

a) 包起始码字段 pack_start_code

值为'0000 0000 0000 0000 0000 0001 1011 1010'(0x000001BA)的位串，用来标志一个包的开始。

b) 系统时钟参考字段 system_clock_reference_base，system_clock_reference_extenstion

系统时钟参考(SCR)是一个分两部分编码的42位字段。第1部分 system_clock_reference_base 是一个长度为33位的字段，其值 SCR_base(i)由式(19)给出；第2部分 system_clock_reference_extenstion 是一个长度为9位的字段，其值 SCR_ext(i)由式(20)给出。SCR 字段指出了基本流中包含 ESCR_base 最后一位的字节到达节目目标解码器输入端的期望时间。

SCR 字段的编码频率要求见2.7.1。

c) 标记位字段 marker_bit

1位字段，取值'1'。

d) 节目复用速率字段 program_mux_rate

一个22位整数，规定 P-STD 在包含该字段的包期间接收节目流的速率。其值以50字节/秒为单位。不允许取0值。该字段所表示的值用于在2.5.2中定义 P-STD 输入端的字节到达时间。该字段值在本标准中的节目多路复用流的不同包中取值可能不同。

e) 包填充长度字段 pack_stuffing_length

3位整数，规定该字段后填充字节的个数。

f) 填充字节字段 stuffing_byte

8位字段，取值恒为'1111 1111'。该字段能由编码器插入，例如为了满足通道的要求。它由解码器丢弃。在每个包头中最多只允许有7个填充字节。

2.5.3.5 系统头

见表43。

表43 节目流系统头

语 法	位 数	助 记 符
system_header() {		
system_header_start_code	32	bslbf
header_length	16	uimsbf
marker_bit	1	bslbf
rate_bound	22	uimsbf
marker_bit	1	bslbf
audio_bound	6	uimsbf
fixed_flag	1	bslbf
CSPS_flag	1	bslbf
system_audio_lock_flag	1	bslbf
system_video_lock_flag	1	bslbf
marker_bit	1	bslbf
vedio_bound	5	uimsbf
packet_rate_restriction_flag	1	bslbf

表 43（续）

语　　法	位　数	助记符
reserved_bits	7	bslbf
while (nextbits()=='1') {		
stream_id	8	uimsbf
'11'	2	bslbf
P-STD_buffer_bound_scale	1	bslbf
P-STD_buffer_size_bound	13	uimsbf
}		
}		

2.5.3.6　系统头中各字段的语义定义

a）系统头起始码字段:system_header_start_code

取值'0000 0000 0000 0000 0000 0001 1011 1011'(0x000001BB)的位串,指出系统头的开始。

b）头长度字段:header_length

16位字段。指出该字段后的系统头的字节长度。在本标准将来的扩充中可能扩展该字段。

c）速率界限字段:rate_bound

22位字段。取值不小于编码在节目流的任何包中的program_mux_rate字段的最大值。该字段可被解码器用于估计是否有能力对整个流解码。

d）音频界限字段:audio_bound

6位字段,取值是在从0～32的闭区间中的整数,且不小于节目流中解码过程同时有效的ISO/IEC 13818-3和GB/T 17191.3音频流的最大数目。在本条中,若STD缓冲区非空或播放单元正在P-STD模型中播放,则ISO/IEC 13818-3和GB/T 17191.3音频流的解码过程是有效的。

e）固定标志字段:fixed_flag

1位标志位。置'1'时表示比特率恒定的操作;置'0'时,表示操作的比特率可变。在恒定比特率的操作期间,复用的GB/T 17975.1流中的system_clock_reference字段值应遵从下面的线性公式:

$$SCR\_base(i)=((c1\times i+c2)\ DIV\ 300)\%2^{33} \quad \cdots\cdots(22)$$

$$SCR\_ext(i)=((c1\times i+c2)\ DIV\ 300)\%300 \quad \cdots\cdots(23)$$

其中:

c1　对所有i均有效的实型常数;

c2　对所有i均有效的实型常数;

i　在GB/T 17975.1复用流中包含任何system_clock_reference字段的最后一位的字节索引。

f）CSPS标志字段　CSPS_flag

1位字段。置'1'时,节目流符合2.7.9中定义的限制。

g）系统音频锁定标志字段　system_audio_lock_flag

1位字段。表示在系统目标解码器的音频采样率和system_clock_frequency之间存在规定的比率。system_clock_frequency在2.5.2.1中定义而音频采样率由GB/T 17975.3规定。如果对节目流中所有音频基本流的所有播放单元,system_clock_frequency和实际音频采样率的比例SCASR是恒定的,且对音频流中所指出的标准采样率和表44中数值相等,则该字段只能为'1'。

$$SCASR=(system\_clock\_frequency)/audio\_sample\_rate\_in\_the\_P\text{-}STD \quad \cdots\cdots(24)$$

记号X/Y表示实数除法。

表 44 标准采样率下 SCASR 值

标准音频采样频率/kHz	16	32	22.05	44.1	24	48
SCASR	27 000 000 …… 16 000	27 000 000 …… 32 000	27 000 000 …… 22 050	27 000 000 …… 44 100	27 000 000 …… 24 000	27 000 000 …… 48 000

h) 系统视频锁定标志字段 system_video_lock_flag

1 位字段。表示在系统目标解码器的视频帧速率和 system_clock_frequency 之间存在规定的比率。如果对本部分中所有视频基本流的所有播放单元，system_clock_frequency 和实际视频帧速率的比例 SCFR 是恒定的。

对于 GB/T 17975.2 视频流，如果 system_video_lock_flag 设置为'1'，system_clock_frequency 和实际视频帧速率的比例 SCFR 是恒定的，且对视频流中所指出的标准帧速率和表 45 中数值相等。

SCFR＝system_clock_frequency/frame_rate_in_the_P-STD ………………（25）

表 45 标准帧速率下 SCFR 值

标准帧速率/Hz	23.976	24	25	29.97	30	50	59.94	60
SCFR	1 126 125	1 125 000	1 080 000	900 900	900 000	540 000	450 450	450 000

比率 SCFR 的值是精确的。对于 23.976、29.97 或 59.94 帧/秒的标准速率，实际的帧速率与标准速率略有不同。

i) 视频界限字段 video_bound

5 位字段，取值是在从 0～16 的闭区间中的整数且不小于节目流中解码过程同时有效的 GB/T 17975.2 和GB/T 17191.2 流的最大数目。在本节中，若 P-STD 缓冲区非空或播放单元正在 P-STD 模型中播放，则 GB/T 17975.2 和 GB/T 17191.2 视频流的解码过程是有效的。

j) 分组速率限制标志字段 packet_rate_restriction_flag

1 位标志位。若 CSPS 标识为'1'，则该字段表示 2.7.9 中规定的哪个限制适用于分组速率。若 CSPS 标识为'0'，则该字段的含义未定义。

k) 保留位字段 reserved_bits

7 位字段。被保留供 ISO/IEC 将来使用。它的值应为'111 1111'，除非 ISO/IEC 对它作出其他规定。

l) 流标识字段 stream_id

8 位字段。指示其后的 P-STD_buffer_bound_scale 和 P-STD_buffer_size_bound 字段所涉及的流的编码和基本流号码。

若取值'1011 1000'，则其后的 P-STD_buffer_bound_scale 和 P-STD_buffer_size_bound 字段指节目流中所有的音频流。

若取值'1011 1001'，则其后的 P-STD_buffer_bound_scale 和 P-STD_buffer_size_bound 字段指节目流中所有的视频流。

若 stream_id 取其他值，则应该是大于或等于'1011 1100'的一字节值且应根据表 25 解释为流的编码和基本流号码。

节目流中的每个基本流应在每个系统头中通过这种机制精确地规定一次它的 P-STD_buffer_bound_scale 和 P-STD_buffer_size_bound。

m) P-STD 缓冲区界限比例字段 P-STD_buffer_bound_scale

1 位字段。表示用于解释后续 P-STD_buffer_size_bound 字段的比例系数。若前面的 stream_id 表示一个音频流，则该字段值为'0'。若表示一个视频流，则该字段值为'1'。对于所有其他的流类型，该字段值可以为'0'也可以为'1'。

n) P-STD缓冲区大小界限字段 P-STD_buffer_size_bound

13位无符号整数，取值不小于节目流中流n的所有分组的P-STD缓冲区大小BS_n的最大值。若P-STD_buffer_bound_scale的值为'0'，则该字段以128字节为单位来度量缓冲区大小的边界。若P-STD_buffer_bound_scale的值为'1'，则该字段以1 024字节为单位来度量缓冲区大小的边界。因此：

if (P-STD_buffer_bound_scale==0)

BS_n≤P-STD_buffer_size_bound×128

else

BS_n≤P-STD_buffer_size_bound×1 024

2.5.3.7 节目流分组层

节目流的分组层由2.4.4.2的PES分组层来定义。

2.5.4 节目流映射

节目流映射(PSM)对节目流中的各基本流及它们之间的相互关系作了描述。当承载在传输流中时，该结构不应该被修改。当stream_id值为0xBC时，PSM作为PES分组出现(见表29)。

注：该语法与2.4.4.2中描述的PES分组语法不同。

可以在2.6中找到descriptor()字段的定义。

2.5.4.1 节目流映射语法

见表46。

表46 节目流映射

语　　法	位　数	助记符
program_stream_map() {		
packet_start_code_prefix	24	bslbf
map_stream_id	8	uimsbf
program_stream_map_length	16	uimsbf
current_next_indicator	1	bslbf
reserved	2	bslbf
program_stream_map_version	5	uimsbf
reserved	7	bslbf
marker_bit	1	bslbf
program_stream_info_length	16	uimsbf
for (i=0;i<N;i++){		
descriptor()		
}		
elementary_stream_map_length	16	uimsbf
for (i=0;i<N1;i++){		
stream_type	8	uimsbf
elementary_stream_id	8	uimsbf
elementary_stream_info_length	16	uimsbf
for (i=0;i<N2;i++) {		
descriptor()		

表 46（续）

语　　法	位　数	助记符
}		
}		
CRC_32	32	rpchof
}		

2.5.4.2　节目流映射中各字段的语义定义

a)　分组起始码前缀字段　packet_start_code_prefix

24 位码，它和跟随其后的 map_stream_id 共同组成一个分组起始码以标志分组的开始。该字段是值为'0000 0000 0000 0000 0000 0001'（0x000001）的位串。

b)　映射流标识字段　map_stream_id

8 位字段，值为 0xBC。

c)　节目流映射长度字段　program_stream_map_length

16 位字段，指示紧跟在该字段后的 program_stream_map 中的字节数。该字段的最大值为 1 018（0x3FA）。

d)　当前下一个指示符字段　current_next_indicator

1 位字段，置'1'时表示传送的节目流映射当前是适用的。置'0'时表示传送的节目流映射还不适用，但它将是下一个生效的表。

e)　节目流映射版本字段　program_stream_map_version

5 位字段，表示整个节目流映射的版本号。一旦节目流映射的定义发生变化，该字段将递增 1，并对 32 取模。在 current_next_indicator 为'1'时，该字段应该是当前适用的节目流映射的版本号；在 current_next_indicator 为'0'时，该字段应该是下一个适用的节目流映射的版本号。

f)　节目流信息长度字段　program_stream_info_length

16 位字段，指出紧跟在该字段后的描述符的总长度。

标记位字段 marker_bit

1 位字段，取值为'1'。

g)　基本流映射长度字段　elementary_stream_map_length

16 位字段，指出在该节目流映射中的所有基本流信息的字节长度。它包括 stream_type、elementary_stream_id 和 elementary_stream_info_length 字段。

h)　流类型字段　stream_type

8 位字段，根据表 37 规定了流的类型。该字段只能标志包含在 PES 分组中的基本流且取值不能为 0x05。

i)　基本流标识字段　elementary_stream_id

8 位字段，指出该基本流所在 PES 分组的 PES 分组头中 stream_id 字段的值。

j)　基本流信息长度字段　elmentary_stream_info_length

16 位字段，指出紧跟在该字段后的描述符的字节长度。

k)　CRC 32 字段　CRC_32

32 位字段，它包含 CRC 值以在处理完整个节目流映射后在附录 A 中定义的解码器寄存器产生 0 输出值。

2.5.5　节目流目录

一个完整流的目录是由所有由 directory_stream_id 标识的节目流目录分组中的目录数据组成的。program_stream_directory 分组的语法定义见表 47。

注：该语法不同于 2.4.4.2 中描述的 PES 分组语法。

可能需要目录项以索引 GB/T 17975.2 和 GB/T 17191.2 中定义的视频流的 I 图像。如果目录项中索引的 I 图像前面是未插入图像头的序列头，则目录项应指向序列头的首字节。如果目录项中索引的 I 图像前面是一组未插入图像头且前面没有序列头的图像头，则目录项应指向这组图像头的首字节。索引其他任何图像的目录项应指向该图像头的首字节。

注：建议在目录结构中应索引那些紧跟在序列头后的 I 图像，以使得在解码器可能被完全重启动的每个点上目录中都包含一个入口。

对 GB/T 17975.3 和 GB/T 17191.3 中定义的音频流的目录索引应该是音频帧的同步字。

注：建议相邻两个被索引的接入单元的间隔不要超过 0.5 s。

在 program_stream_directory 分组中对接入单元进行索引的次序应与它们在比特流中出现的次序相同。

2.5.5.1 节目流目录分组语法

见表 47。

表 47 节目流目录分组

语　　法	位　　数	助 记 符
directory_PES_packet() {		
packet_start_code_prefix	24	bslbf
directory_stream_id	8	uimsbf
PES_packet_length	16	uimsbf
number_of_access_units	15	uimsbf
marker_bit	1	bslbf
prev_directory_offset[44..30]	15	uimsbf
marker_bit	1	bslbf
prev_directory_offset[29..15]	15	uimsbf
marker_bit	1	bslbf
prev_directory_offset[14..0]	15	uimsbf
marker_bit	1	bslbf
next_directory_offset[44..30]	15	uimsbf
marker_bit	1	bslbf
next_directory_offset[29..15]	15	uimsbf
marker_bit	1	bslbf
next_directory_offset[14..0]	15	uimsbf
marker_bit	1	bslbf
for (i=0;i<number_of_access_units;i++) {		
packet_stream_id	8	uimsbf
PES_header_position_offset_sign	1	tcimsbf
PES_header_position_offset[43..30]	14	uimsbf
marker_bit	1	bslbf
PES_header_position_offset[29..15]	15	uimsbf

表 47（续）

语　　法	位　数	助记符
marker_bit	1	bslbf
PES_header_position_offset[14..0]	15	uimsbf
marker_bit	1	bslbf
reference_offset	16	uimsbf
marker_bit	1	bslbf
reserved	3	bslbf
PTS[32..30]	3	uimsbf
marker_bit	1	bslbf
PTS[29..15]	15	uimsbf
marker_bit	1	bslbf
PTS[14..0]	15	uimsbf
marker_bit	1	bslbf
bytes_to_read[22..8]	15	uimsbf
marker_bit	1	bslbf
bytes_to_read[7..0]	8	uimsbf
marker_bit	1	bslbf
intra_coded_indicator	1	bslbf
coding_parameters_indicator	2	bslbf
reserved	4	bslbf
}		
}		

2.5.5.2　**节目流目录中各字段的语义定义**

a)　分组起始码前缀字段　packet_start_code_prefix

24 位字段。它和跟随其后的 stream_id 共同组成一个分组起始码以标志分组的开始。该字段是值为 '0000 0000 0000 0000 0000 0001' (0x000001)的位串。

b)　目录流标识字段　directory_stream_id

8 位字段，值为'1111 1111'(0xFF)。

c)　PES 分组长度字段　PES_packet_length

16 位字段。指示紧跟在该字段后的 program_stream_ directory 中的字节数(见表 25)。

d)　接入单元数字段　number_of_access_units

15 位字段。表示该目录 PES 分组中索引的接入单元数。

e)　前一个目录偏移字段　prev_directory_offset

45 位无符号整数。给出了前一个节目流目录分组中分组起始码的首字节的地址偏移字节数。

f)　下一个目录偏移字段　next_directory_offset

45位无符号整数。给出了下一个节目流目录分组中分组起始码的首字节的地址偏移字节数。该地址偏移是相对于包含该字段的分组的起始码的首字节而言的。值'0'表示不存在下一个节目流目录分组。

g) 分组流标识字段 packet_stream_id

8位字段。是包含本目录项所引用的接入单元的基本流的 stream_id。

h) PES头位置偏移符号字段 PES_header_position_offset_sign

1位字段。它用作紧跟其后描述的 PES_header_position_offset 的算术符号。值'0'表示 PES_header_position_offset 是一个正的偏移量;值'1'表示 PES_header_position_offset 是一个负的偏移量。

i) PES头位置偏移字段 PES_header_position_offset 44位无符号整数。

给出了包含被索引接入单元的 PES 分组的首字节的地址偏移字节数。该地址偏移是相对于包含该字段的分组的起始码的首字节而言的。值'0'表示不存在被索引接入单元。

j) 参考偏移字段 reference_offset

16位无符号整数。给出了被索引接入单元的首字节的位置。该字段是相对于包含被索引接入单元的 PES 分组的首字节而言的,且以字节为单位。

k) 播放时间戳字段 PTS(presentation_time_stamp)

33位字段,表示被引用接入单元的 PTS。PTS字段的编码语义见2.4.4.2中的描述。

l) 待读字节字段 bytes_to_read

23位无符号整数。表示节目流中在 reference_offset 指向的字节之后为了对接入单元完全解码所需的字节数。该值包含复用在系统层中的任何字节,包括来自于其他流的信息。

m) 帧内编码指示符字段 intra_coded_indicator

1位标志。置'1'时表示被引用的接入单元未进行预测编码。它独立于解码接入单元所需的其余编码参数。例如,对于视频I帧,该字段应编码为'1';而对于P帧和B帧,该字段应编码为'0'。对于包含来源于 GB/T 17975.2 以外数据的所有 PES 分组,该字段未定义(见表48)。

表 48 帧内编码指示符

值	意 义
0	非帧内
1	帧内

n) 编码参数指示符字段 coding_parameters_indicator

2位字段,用于指示解码被索引访问单元所需编码参数的位置(见表49)。例如,该字段可用来决定视频帧量化矩阵的位置。

表 49 编码参数指示符

值	意 义
00	所有编码参数置为缺省值
01	访问单元中的所有编码参数均被设定,其中至少有一个编码参数不为缺省值
10	该访问单元中部分编码参数被设置
11	该访问单元中无编码参数被设置

2.6 节目和节目元素描述符

节目和节目元素描述符是用于扩展节目和节目元素定义的结构,所有描述符的格式均以一个8位标签值为开始,后跟8位描述符长度及数据字段。见表50。

2.6.1 节目和节目元素描述符中各字段的语义定义

表 50 节目和节目元素描述符

描述符标签值	TS	PS	标识
0	n/a	n/a	保留
1	n/a	n/a	保留
2	x	x	video_stream_descriptor
3	x	x	audio_stream_descriptor
4	x	x	hierarchy_descriptor
5	x	x	registration_descriptor
6	x	x	data_stream_alignment_descriptor
7	x	x	target_background_grid_descriptor
8	x	x	video_window_descriptor
9	x	x	CA_descriptor
10	x	x	ISO_639_language_descriptor
11	x	x	system_clock_descriptor
12	x	x	multiplex_buffer_utilization_descriptor
13	x	x	copyright_descriptor
14	x		最大比特率描述符
15	x	x	专用数据指示符描述符
16	x	x	平滑缓冲区描述符
17	x	x	STD_descriptor
18	x	x	IBP 描述符
19～62	n/a	n/a	GB/T 17975.1 保留
63	X	X	AVS_Video_descriptor
64～255	n/a	n/a	用户专用

以下语义适用于从 2.6.2 到 2.6.34 中定义的描述符。

a) 描述符标签字段 descriptor_tag

8 位字段，用于标识每一描述符。

表 50 给出了 GB/T 17975.1 定义和保留的且用户可用的描述符标签值。'TS'或'PS'栏中的'X'表示该描述符可分别用于传输流或节目流。注意，描述符字段含义可能取决于它用于的流。以下描述符语义对每种情况作了规定。

b) 描述符长度字段 descriptor_length

8 位字段。规定了紧跟在该字段之后的描述符的字节数。

2.6.2 视频流描述符

视频流描述符给出了一些基本信息以标识视频编码参数，对 GB/T 17975.2 或 GB/T 17191.2 中描述的视频基本流和编码参数，见表 51。对 GB/T 20090.2 视频基本流的描述符，见表 52。

表 51 GB/T 17975.2 或 GB/T 17191.2 视频流描述符

语 法	位 数	助记符
video_stream_descriptor(){		
descriptor_tag	8	uimsbf
descriptor_length	8	uimsbf
multiple_frame_rate_flag	1	bslbf
frame_rate_code	4	uimsbf
MPEG_1_only_flag	1	bslbf
constrained_parameter_flag	1	bslbf
still_picture_flag	1	bslbf
if (MPEG1_only_flag = = '0') {		
profile_and_level_indication	8	uimsbf
chroma_format	2	uimsbf
frame_rate_extension_flag	1	bslbf
Reserved	5	bslbf
}		
}		

表 52 GB/T 20090.2 视频流描述子

语 法	位 数	助记符
AVS_video_descriptor () {		
descriptor_tag	8	uimsbf
descriptor_length	8	uimsbf
profile_id	8	uimsbf
level_id	8	uimsbf
multiple_frame_rate_flag	1	bslbf
frame_rate_code	4	uimsbf
AVS_still_present	1	bslbf
chroma_format	2	uimsbf
sample_precision	3	uimsbf
reserved	5	bslbf
}		

2.6.3 视频流描述符中各字段的语义定义

2.6.3.1 GB/T 17975.2 或 GB/T 17191.2 视频流描述符中各字段的语义定义

a) 多种帧速率标志字段 multiple_frame_rate_flag

1 位字段，置'1'时表示视频流中可能有多种帧播放速率，置'0'时表示只有单一帧速率。

b) 帧速率码字段 frame_rate_code

4 位字段，和 GB/T 17975.2 的 6.3.3 中定义相类似。不同点在于 multiple_frame_rate_flag 字段置'1'时，一个特定的帧速率意味着视频流中允许有某些其他的帧速率。如表 53 所示。

表 53 帧速率码

编码速率	同时允许的速率
23.976	
24.0	23.976
25.0	
29.97	23.976
30.0	23.976 24.0 29.97
50.0	25.0
59.94	23.976 29.97
60.0	23.976 24.0 29.97 30.0 59.94

c) 仅含 MPEG1 标志字段 MPEG_1_only_flag

1 位字段。置'1'时表示该视频流仅含 GB/T 17191.2 数据；置'0'时表示该视频流可能包含 GB/T 17975.2 视频数据和受限参数 GB/T 17191.2 视频数据。

d) 受限参数标志字段 constrained_parameter_flag

1 位字段。置'1'时表示视频流不包括非受限 GB/T 17191.2 视频数据；置'0'时表示该视频流可能包含受限参数和非受限的 GB/T 17191.2 视频数据。若 MPEG_1_only_flag 为'0'，则本字段应为'1'。

e) 静态图像标志字段 still_picture_flag

1 位字段。置'1'时表示该视频流只含静态图像；置'0'时，则可包含运动的或静态的图像数据。

f) 档次与级别指示符字段 profile_and_level_indication

1 位字段。该字段与 GB/T 17975.2 视频流中 profile_and_level_indication 字段相同。该字段的值表示一个档次和级别。该档次和级别等于或高丁相关视频流的任何序列中的任何档次和级别。在木条中，一个 GB/T 17191.2 受限参数流被认为是在低级别上的一个主档次(MP @ LL)。

g) 色差格式字段 chroma_format

2 位字段。该字段与 GB/T 17975.2 视频流中 chroma_format 字段编码方式相同。该字段值应至少等于或高于相关视频流的任何视频序列中的 chroma_format 字段值。在本条中，认为 GB/T 17191.2 视频流有一个值为'01'的 chroma_format 字段，表示 4：2：0。

h) 帧速率扩展标志字段 frame_rate_extension_flag

1 位字段。置'1'时表示 GB/T 17975.2 视频流的任何序列中的 frame_rate_extension_n 和(或) frame_rate_extension_d 字段非 0。在本条中，限定 GB/T 17191.2 视频流的这两个字段均为 0。

2.6.3.2 GB/T 20090.2 视频流描述符中各字段的语义定义

a) 档次标识 profile_id

8 位字段。表示比特流的档次，该字段与 GB/T 17975.2 视频流中 profile_id 字段相同。

b) 级别标识 level_id

8 位字段。表示比特流的级别。该字段与 GB/T 17975.2 视频流中 level_id 字段相同。

c) 多种帧速率标志 multiple_frame_rate_flag

1 位字段，置'1'时表示视频流中可能有多种帧速率，置'0'时表示只有单一帧速率。

d) 帧速率码字段 frame_rate_code

4 位字段，该字段与 GB/T 17975.2 视频流中 frame_rate_code 字段定义相同。不同点在于 multiple_frame_rate_flag 字段置'1'时，一个特定的帧速率意味着视频流中允许有某些其他的帧速率。

如表 53 所示。

e) AVS 静态图像 AVS_still_present

1 位字段。置'1'时表示该视频流只含静态图像;置'0'时,则可包含运动的或静态的图像数据。

f) 色差格式 chroma_format

2 位字段。规定色差分量的格式。该字段与 GB/T 17975.2 视频流中 chroma_format 字段编码方式相同。

g) 采样精度 sample_precision

3 位字段。规定亮度和色差样本的精度。该字段与 GB/T 17975.2 视频流中 sample_precision 字段编码方式相同。

2.6.4 音频流描述符

音频流描述符给出了基本信息以表示 GB/T 17975.3 或 GB/T 17191.3 中所描述的音频基本流的编码版本。见表 54。

表 54 音频流描述符

语 法	位 数	助 记 符
audio_stream_descriptor(){		
descriptor_tag	8	uimsbf
descriptor_length	8	uimsbf
free_format_flag	1	bslbf
ID	1	bslbf
layer	2	bslbf
variable_rate_audio_indicator	1	bslbf
reserved	3	bslbf
}		

2.6.5 音频流描述符中各字段的语义定义

a) 自由格式标志字段 free_format_flag

1 位字段。置'1'时表示音频流或包含一或多个 bitrate_index 置为'0000'的音频帧;置'0'时音频流的任何音频帧中的 bitrate_index 不为'0000'。(见 GB/T 17975.3 中的 2.4.2.3)

b) ID 字段 ID

1 位字段。置'1'时表示音频流中每一音频帧中 ID 字段均为'1'。(见 GB/T 17975.3 中的 2.4.2.3)

c) 层字段 layer

2 位字段。与 GB/T 17975.3 或 GB/T 17191.3 音频流中 layer 字段编码方式相同(见 GB/T 17975.3 中的 2.4.2.3)。这一字段指出的层应等于或高于音频流的任何音频帧中所指出的最高层。

d) 可变速率音频指示符字段 variable_rate_audio_indicator

1 位标志。置'0'时表示在连续的音频帧之间相关音频流的比特速率可变。连续编码的可变速率的音频在播放时应该连续。

2.6.6 层次描述符

层次描述符,给出了信息以表示包含分层编码音频和视频及专用流的节目元素。这些节目元素被复用在多个流中。如本标准、GB/T 17975.2 和 GB/T 17191. 3 中所述(见表 55)。

表 55 层次描述符

语法	位数	助记符
hierarchy_descriptor(){		
descriptor_tag	8	uimsbf
descriptor_length	8	uimsbf
reserved	4	bslbf
hierarchy_type	4	uimsbf
reserved	2	bslbf
hierarchy_layer_index	6	uimsbf
reserved	2	bslbf
hierarchgy_embedded_layer_index	6	uimsbf
reserved	2	bslbf
hierarchy_channel	6	uimsbf
}		

2.6.7 层次描述符中各字段的语义定义

a) 层次类型 hierarchy_type

相关层次和它的分层嵌入层之间的层次关系见表 56。

表 56 hierarchy_type 字段值

值	描述
0	保留
1	GB/T 17975.2 空间可伸缩性
2	GB/T 17975.2 SNR 可伸缩扩展性
3	GB/T 17975.2 当前可伸缩扩展性
4	GB/T 17975.2 数据分割
5	GB/T 17975.3 扩展比特流
6	GB/T 17975.1 专用流
7～14	保留
15	基本层

b) 层次层索引字段 hierarchy_layer_index

6 位字段。定义了编码层层次表中相关节目元素的唯一索引。在一个节目定义中索引是唯一的。

c) 分层嵌入层索引字段 hierarchy_embedded_layer_index

6 位字段。定义了节目元素的层次表索引。在解码与层次描述符相关的基本流之前必须访问该节目元素。若 hierarchy_type 值为 15(基本层),则该字段未定义。

d) 层次通道字段 hierarchy_channel

6 位字段,指示在传输通道有序集合中,相关节目元素的期望通道号。该字段的最低值定义了最健壮的传输通道。

注:一个给定的该字段可能同时被赋给几个节目元素。

2.6.8 登记描述符

登记描述符提供了一种方法以唯一地、明确地标识专用数据的格式(见表 57)。

表 57 登记描述符

语 法	位 数	助 记 符
registration_descriptor() {		
descriptor_tag	8	uimsbf
descriptor_length	8	uimsbf
format_identifier	32	uimsbf
for (i=0;i<N;i++) {		
additional_identification_info	8	bslbf
}		
}		

2.6.9 登记描述符中各字段的语义定义

a) 格式标识符字段 format_identifier

32 位值，从 SC 29(多媒体与音视频编码分技术委员会)指定的登记机构处获得。

b) 附加鉴定信息字段 additional_identification_info

若有该字段的话，则其含义由 format_identifier 授予者定义，一旦定义后将不再变更。

2.6.10 数据流对齐描述符

该描述符描述了相关基本流中出现的对齐类型。如果 PES 分组头中的 data_alignment_indicator 为'1'，且有该描述符，则该描述符所指明的对齐是必须的(见表 58)。

表 58 数据流对齐描述符

语 法	位 数	助 记 符
data_stream_alignment_descriptor() {		
descriptor_tag	8	uimsbf
descriptor_length	8	uimsbf
alignment_type	8	uimsbf
}		

2.6.11 数据流对齐描述符中各字段的语义定义

对齐类型字段 alignment_type

表 59 描述了当 PES 分组头中 data_alignment_indicator 为'1'时的视频对齐类型。对于该字段的每种取值，跟在 PES 头之后的 PES_packet_data_type 应该是具有表 59 中所指出类型的起始码的首字节。在视频序列起始处，对齐应发生在第一个序列头的起始码处。

注：指定表 59 的对齐类型'01'并不排除从 GOP 或 SEQ 头的开始处对齐。

视频数据访问单元的定义见 2.1.1。

表 59 视频流对齐值

对齐类型	描 述
00	保留
01	片或视频接入单元
02	视频接入单元
03	GOP 或 SEG
04	SEQ
05～FF	保留

表 60 描述了在 PES 分组头中 data_alignment_indicator 值为'1'时的音频流对齐类型。在这种情况下，紧跟着 PES 头的第一个 PES_packet_data_byte 是音频同步字的首字节。

表 60　音频流对齐值

对齐类型	描　述
00	保留
01	同步字
02～FF	保留

2.6.12　目标背景栅格描述符

可能有一个或多个视频流在解码后不占据整个显示区域(例如监视器)。target_background_grid_descriptor 和 video_window_descriptor 的组合可使这些视频窗口在期望的地方显示。前者用于描述投影于显示区域的单元像素的栅格而后者用于描述相关流的显示窗口的左上角的像素位置或视频播放单元的显示矩形在栅格上的显示位置。图 8 对此作了表示。

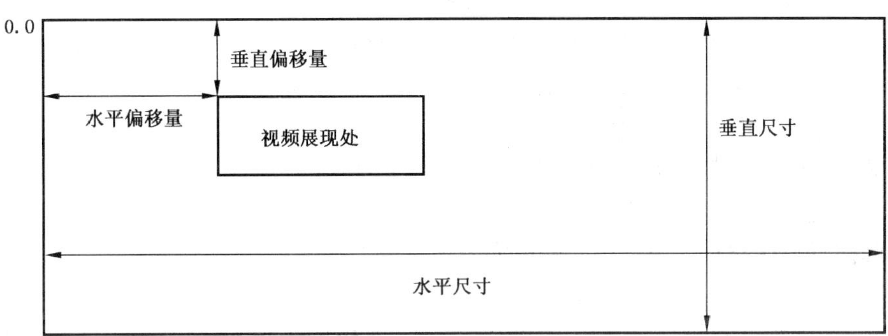

图 8　目标背景栅格描述符显示区域

2.6.13　目标背景栅格描述符中各字段的语义

a)　水平尺寸字段　horizontal_size

以像素为单位的目标背景栅格水平尺寸。

b)　垂直尺寸字段　veritical_size

以像素为单位的目标背景栅格垂直尺寸。

c)　宽高比信息字段　aspect_ratio_information

规定目标背景栅格的采样宽高比或显示宽高比。该字段在 GB/T 17975.2 中定义(见表 61)。

表 61　目标背景栅格描述符

语　法	位　数	助　记　符
target_background_grid_descriptor() {		
descriptor_tag	8	uimsbf
descriptor_length	8	uimsbf
horizontal_size	14	uimsbf
vertical_size	14	uimsbf
aspect_ratio_information	4	uimsbf
}		

2.6.14　视频窗描述符

视频窗描述符用于描述相关视频基本流的窗口特性。其值以与同一个流相应的目标背景栅格描述符为参考。见 2.6.12 中的 target_background_grid_descriptor(见表 62)。

表 62 视频窗描述符

语　法	位　数	助 记 符
video_window _descriptor() {		
descriptor_tag	8	uimsbf
descriptor_length	8	uimsbf
horizontal_offset	14	uimsbf
vertical_offset	14	uimsbf
window_priority	4	uimsbf
}		

2.6.15 视频窗描述符中各字段的语义定义

a) 水平偏移字段 horizontal_offset

指示当前视频显示窗或显示矩形的左上角像素的水平位置。此时 target_background_grid_descriptor已经定义过,并出于显示的目的,在目标背景栅格的图像显示扩展中指示出来。视频窗的左上角像素须为目标背景栅格的像素之一(见图 8)。

b) 垂直偏移字段 vertical_offset

指示当前视频显示窗或显示矩形的左上角像素的垂直位置。此时 target_background_grid_descriptor已经定义过,并出于显示的目的,在目标背景栅格的图像显示扩展中指示出来。视频窗的左上角像素须为目标背景栅格的像素之一(见图 8)。

c) 窗口优先级字段 window_priority

指出窗口如何覆盖。值从 0 到 15 优先级依次递增,即优先级为 15 的窗口总是可见的。

2.6.16 条件接入描述符

该描述符既用于规定像 EMM 这样的系统范围条件接入管理信息,又用于规定像 ECM 这样的基本流特定信息。可用于传输流 program_map_section(见 2.4.5.8)和 program_stream_map(见 2.5.3)。如果任一基本流是加扰的,则包含该基本流的节目需要一个 CA 描述符。若一个传输流中有任一系统范围的条件接入管理信息,则条件接入表中应有 CA 描述符。

当 TS_program_map_section 中含 CA 描述符时(table_id = 0x02),CA_PID 指向含有节目相关接入信息的分组,例如 ECM。它作为节目信息出现表示对整个节目都适用。同样,它作为扩展 ES 信息出现表示对相关节目元素也适用。对专用流也作了规定。

当 CA_section 含 CA 描述符时(table_id = 0x01),CA_PID 指向包含系统范围及(或)接入控制管理信息(如 EMM)的分组。

包含接入信息的传输流分组的内容有专门的定义(见表 63)。

表 63 条件接入描述符

语　法	位　数	助 记 符
CA_descriptor() {		
descriptor_tag	8	uimsbf
descriptor_length	8	uimsbf
CA_system_ID	16	uimsbf
reserved	3	bslbf
CA_PID	13	uimsbf
for (i=0;i<N;i++) {		

表 63（续）

语　　法	位　　数	助　记　符
private_data_byte	8	
}		
}		

2.6.17　条件接入描述符中字段的语义定义

a）　CA 系统 ID 字段　CA_system_ID

16 位字段，指出用于相关的 ECM 及（或）EMM 流的 CA 系统类型。它的编码方式是专门定义的，而不是由国际标准指定。

b）　CA PID 字段　CA_PID

13 位字段。指出包含用于相关 CA_system_ID 所规定的 CA 系统的 ECM 或 EMM 信息的传输流分组的 PID。CA_PID 所指示的分组的内容（ECM 或 EMM）由 CA_PID 所出现的上下文决定，即传输流中的 TS_program_map_section 或 CA 表，或节目流中的 stream_id 字段。

2.6.18　**ISO** 639 语言描述符

该描述符用于规定相应节目元素的语言，见表 64。

表 64　**ISO** 639 语言描述符

语　　法	位　　数	助　记　符
ISO_ 639_language_descriptor() {		
descriptor_tag	8	uimsbf
descriptor_length	8	uimsbf
for(i=0;i<N;i++) {		
ISO_639_language_code	24	bslbf
audio_type	8	bslbf
}		
}		

2.6.19　**ISO** 639 语言描述符中各字段的语义定义

a）　ISO 639 语言码字段　ISO_639_language_code

标识相关节目元素使用的一种或几种语言。它包含 ISO 639 中第 2 部分规定的 3 字符代码。根据 GB/T 15237.1，每个字符被编码为 8 位并按顺序插入到该 24 位的字段中。在多语言音频流中，该字段的顺序应反映音频流的内容。

b）　音频类型字段　audio_type

8 位字段，规定表 65 定义的流类型。

表 65　音频类型值

值	描　　述
0x00	未定义
0x01	无声效果
0x02	受损的听力
0x03	受损的视觉的评述
0x04～0xFF	保留

c) 无声字段 clean effects

该字段表示所涉及的节目元素无语言。

d) 受损听觉字段 hearing impaired

该字段表示所涉及的节目元素适用于听觉受损者。

e) 受损视觉评述字段 visual_impaired_commentary

该字段表示所涉及的节目元素适用于视觉受损者。

2.6.20 系统时钟描述符

该描述符传达用于产生时间戳的信息。

若使用外部时钟参考,则 external_clock_reference_indicator 可能被置'1'。解码器可使用同一个外部时钟参考,如果有的话。

若系统时钟比要求的 30×10^{-6} 更精确,则其精度可编码在 clock_accuracy 字段中,被传送的时钟频率精度为:

$$\text{clock\_accuracy\_integer}\times10^{-\text{clock\_accuracy\_exponent}}\ \text{ppm} \qquad (26)$$

若 clock_accuracy_integer 置'0',则系统时钟精度为 30×10^{-6};若 external_clock_reference_indicator 置'1',则时钟精度属于外部参考时钟(见表 66)。

表 66 系统时钟描述符

语 法	位 数	助 记 符
system_clock_descriptor() {		
descriptor_tag	8	uimsbf
descriptor_length	8	uimsbf
external_clock_reference_indicator	1	bslbf
Reserved	1	bslbf
clock_accuracy_integer	6	uimsbf
clock_accuracy_exponent	3	uimsbf
Reserved	5	bslbf
}		

2.6.21 系统时钟描述符中字段的语义定义

a) 外部时钟参考指示符字段 external_clock_reference_indicator

1 位指示符。置'1'时表示系统时钟来源于解码器中可能有的外部频率参考。

b) 时钟精度整数字段 clock_accuracy_integer

6 位整数。与 clock_accuracy_exponent 一起给出以 $\times10^{-6}$ 为单位的系统时钟频率的分数精度。

c) 时钟精度指数字段 clock_accuracy_exponent

3 位整数。与 clock_accuracy_integer 一起给出以 $\times10^{-6}$ 为单位的系统时钟频率的分数精度。

2.6.22 复用缓冲区应用描述符

该描述符给出了 STD 复用缓冲区的占用边界。该信息用于再复用器之类的设备,以支持所期望的再复用策略。见表 67。

表 67 复用缓冲区应用描述符

语 法	位 数	助 记 符
multiplex_buffer_utilization_descriptor() {		
descriptor_tag	8	uimsbf

表 67（续）

语　　法	位　　数	助　记　符
descriptor_length	8	uimsbf
bound_valid_flag	1	bslbf
LTW_offset_lower_bound	15	uimsbf
reserved	1	bslbf
LTW_offset_upper_bound	15	uimsbf
}		

2.6.23 复用缓冲区应用描述符中各字段的语义定义

a） 边界有效标志字段　bound_valid_flag

置'1'时表示 LTW_offset_lower_bound 和 LTW_offset_upper_bound 字段有效。

b） LTW 偏移下界字段　LTW_offset_lower_bound

15 位字段，只有 bound_valid_flag 为'1'时才有定义。在有定义时，该字段以(27 MHz/300)的时钟周期为单位，与 LTW_offset 的定义相似(见 2.4.4)。如果该描述符所涉及的流的每一个分组都有 LTW_offset 字段编码的话，则它表示任何 LTW_offset 字段能取到的最小值。实际上，在有复用缓冲区应用描述符时，LTW_offset 字段不一定编码在比特流中。该边界始终有效，直到再次出现该描述符。

c） LTW 偏移上界字段　LTW_offset_upper_bound

15 位字段，仅当 bound_valid 值为'1'时才有定义。当有定义时，该字段以 27 MHz/300 时钟周期为单位，与 LTW_offset 的定义相似(见 2.4.4)。如果该描述符所涉及的流的每一个分组都有 LTW_offset 字段编码的话，则它表示任何 LTW_offset 字段能取到的最大值。实际上，在有复用缓冲区应用描述符时，LTW_offset 字段不一定编码在比特流中。该边界始终有效，直到再次出现该描述符。

2.6.24 版权描述符

该描述符提供了一种方法以标识音像作品。它适用于各种节日或节日中的节日元素(见表 68)。

表 68　版权描述符

语　　法	位　　数	助　记　符
copyright_descriptor() {		
descriptor_tag	8	uimsbf
descriptor_length	8	uimsbf
copyright_identifier	32	uimsbf
for(i=0;i<n;i++) {		
additional_copyright_info	8	bslbff
}		
}		

2.6.25 版权描述符中各字段的语义定义

a） 版权标识符字段　copyright_identifier

该字段是一个从注册机构获得的 32 位值。

b） 附加版权信息字段　additional_copyright_info

该字段的含义，如果有的话，由 copyright_identifier 的接收者定义，且一旦定义就不再变动。

2.6.26 最大比特率描述符

见表 69。

表 69　最大比特率描述符

语　　法	位　　数	助 记 符
maximum_bitrate_descriptor() {		
descriptor_tag	8	uimsbf
descriptor_length	8	uimsbf
reserved	2	bslbf
maximum_bitrate	22	uimsbf
}		

2.6.27　最大比特率描述符中字段的语义定义

22 位正整数字段，指示节目元素或节目中比特率上界(包括传输耗用)，以 50 字节/s 为单位。该字段包含于节目映射表中。作为扩展节目信息，它适用于整个节目；作为 ES 信息，它适用于相关节目元素。

2.6.28　专用数据指示符描述符

见表 70。

表 70　专用数据指示符描述符

语　　法	位　　数	助 记 符
private_data_indicator_descriptor() {		
descriptor_tag	38	uimsbf
descriptor_length	38	uimsbf
private_data_indicator	32	uimsbf
}		

2.6.29　专用数据指示符描述符中各字段的语义定义

专用数据指示符字段 private_data_indicator 专用字段，不由国家标准定义。

2.6.30　平滑缓冲区描述符

见表 71。

该描述符为可选的，且为它所指的节目元素表示与该描述符相关的平滑缓冲区 SB_n 的大小，和与该缓冲区相关的流出率的信息。

对于传输流，相关节目元素(n)的传输流分组字节在由式(4)定义的时刻进入大小为 sb_size 的缓冲区 SB_n 中。

对于节目流，相关基本流的所有 PES 分组字节在由式(21)定义的时刻进入大小为 sb_size 的缓冲区 SB_n 中。

当缓冲区中已有数据时，字节以速率 sb_leak_rate 从中流出。SB_n 不能上溢。在一个节目的持续过程中，该节目中不同节目元素的平滑缓冲区描述符的值不变。

只在 PMT 或节目流映射中包含该描述符时，它才有定义。

对于传输流，若该描述符存在于 PMT 的 ES 信息中，则具有该节目元素 PID 的所有传输流分组均进入平滑缓冲区。

对于传输流，若该描述符存在于节目信息中，则以下传输流分组进入平滑缓冲区：

a)　在扩充节目信息中，具有作为 elementary_PID 列出的 PID 的所有传输流分组；

b)　具有与本条中 PMT_PID 相等 PID 的所有传输流分组；

c)　节目中有 PCR_PID 的所有传输流分组。

进入相关缓冲区的字节都会流出缓冲区。

在给定时刻，最多只有一个描述符指向任一单独的节目元素，最多只有一个描述符指向该节目实体。

表 71　平滑缓冲区描述符

语　法	位　数	助 记 符
smoothing_buffer_descriptor() {		
descriptor_tag	8	uimsbf
descriptor_length	8	uimsbf
reserved	2	bslbf
sb_leak_rate	22	uimsbf
reserved	2	bslbf
sb_size	22	uimsbf
}		

2.6.31　平滑缓冲区描述符中各字段的语义定义

a）　平滑缓冲区泄漏速率字段　sb_leak_rate

22 位正整数字段。以 400 bit/s 为单位，表示相关基本流或其他数据流出 SB_n 缓冲区的速率。

b）　平滑缓冲区大小字段　sb_size

22 位正整数字段。以字节为单位，表示相关基本流或其他数据的平滑缓冲区 SB_n 的大小。

2.6.32　STD 描述符

该描述符为可选的，仅适用于 T-STD 模型及视频基本流。其使用参见 2.4.2。该描述符不适用于节目流，见表 72。

表 72　STD 描述符

语　法	位　数	助 记 符
STD_descriptor() {		
descriptor_tag	8	uimsbf
descriptor_length	8	uimsbf
reserved	7	bslbf
leak_valid_flag	1	bslbf
}		

2.6.33　STD 描述符中各字段的语义定义

泄漏有效标志字段　leak_valid_flag

1 位标志位。值为'1'时，在 T-STD 中从缓冲区 MB_n 至 EB_n 的数据传输使用 2.4.2.3 定义的泄漏方式；值为'0'时并且相关视频流中的 vbv_delay 字段不为 0xFFFF，则从缓冲区 MB_n 至 EB_n 的数据传输使用 2.4.2.3 定义的 vbv_delay 方式。

2.6.34　IBP 描述符

该可选描述符提供了视频序列中帧类型序列的某些特征信息。见表 73。

表 73　IBP 描述符

语　法	位　数	助 记 符
ibp_descriptor() {		
descriptor_tag	8	uimsbf

表 73（续）

语　　法	位　　数	助　记　符
descriptor_length	8	uimsbf
closed_gop_flag	1	uimsbf
identical_gop_flag	1	uimsbf
max_gop_length	14	uimsbf
}		

2.6.35 IBP 描述符中各字段的语义定义

a） 闭合图像组标志字段 closed_gop_flag

1 位标志。置'1'时表示图像头组在每个 I 帧之前编码，且在视频序列中所有图像头组的 closed_gop 标志应设置为'1'。

b） 相同图像组标志字段 identical_gop_flag

1 位标志。置'1'时表示 I 帧之间的 P 帧与 B 帧的数目，且图像编码类型及 I 图像之间的图像类型序列在整个序列中相同。

c） 最大图像组长度字段 max_gop_length

14 位无符号数。表示序列中任意两个连续的 I 图像之间的最大编码图像数。该字段取值不能为'0'。

2.7 对多路复用流语义的约束

2.7.1 系统时钟参考的编码频率

在节目流的编码中，应使得相继包中包含 system_clock_reference_base 字段末位的字节间的时间间隔均小于等于 0.7 s，也即对任何 i 和 i'都有：

$$|t(i)-t(i')|\leqslant 0.7\ \mathrm{s}$$

式中 i 和 i'指的是包含相继出现的 system_clock_reference_base 字段末位的字节下标。

2.7.2 节目时钟参考的编码频率

在传输流的编码中，应使得对每一个节目而言，其 PCR_PID 传输流分组中相继 PCR 中 program_clock_reference_base 字段末位的字节间的时间间隔均小于等于 0.1 s，也即对任何 i 和 i'都有：

$$|t(i)-t(i')|\leqslant 0.1\ \mathrm{s}$$

式中 i 和 i'指的是每一个节目 PCR_PID 的传输分组中包含相继出现的 program_clock_reference_base 字段末位的字节下标。

从节目流中指定的 PCR_PID 开始，在相继 PCR 不连续点（见 2.4.4）之间至少应有两个 PCR，以确保相位锁定和字节传输时间外推。

2.7.3 基本流时钟参考的编码频率

在节目流和传输流的编码构造中，若基本流时钟参考字段编码在任意包含一给定基本流数据的 PES 分组中，则 PES_STD 中包含相继 ESCR_base 字段的字节之间的时间间隔应不大于 0.7 s。在 PES 流中，ESCR 编码也要求同样的时间间隔。即对所有的 i 和 i'都有：

$$|t(i)-t(i')|\leqslant 0.7\ \mathrm{s}$$

式中 i 和 i'指的是包含相继出现的 ESCR_base 字段末位的字节下标。

注：基本流时钟参考字段的编码是可选的，它不一定被编码，但如果被编码，就要遵循以上限制。

2.7.4 播放时间戳的编码频率

在节目流和传输流的编码构造中，指向每一基本音频或视频流的播放时间戳之间的最大时间间隔应不大于 0.7 s。即

$$|tp_n(k)-tp_n(k'')|\leqslant 0.7\ s$$

对所有的n,k和k″满足：

a) $P_n(k)$和$P_n(k'')$是指编码播放时间戳对应的播放单元；

b) k和k″的选择应使得不存在满足$k<k'<k''$编码播放时间戳的播放单元$P_n(k')$；而且

c) 在基本流n中，$P_n(k)$和$P_n(k'')$之间没有解码不连续点。

对静态图像，0.7 s的限制并不适用。

2.7.5 时间戳的条件编码

对传输流或节目流的每一基本流而言，应该为第一个接入单元进行播放时间戳(PTS)编码。

如果基本流n中一个接入单元$A_n(j)$的解码时间大于system_clock_frequency容限下的最大允许值，则该接入单元的起始处存在解码不连续。对视频而言，除非处于特技方式或low_delay标志置'1'，该情况只允许出现在视频序列开始处。如果在节目流或传输流的音频或视频基本流中存在解码不连续，除非处于特技模式，每一解码不连续点后的第一个接入单元应有对应的PTS编码。

当low_delay置'1'时，PTS应对EB_n或B_n下溢后的第一个接入单元编码。

如果一个图像起始码或音频接入单元的首字节包含在一个GB/T 17975.1视频或音频基本流PES分组中，则PTS编码可能仅出现在该分组头中。

一个解码时间戳(DTS)应出现在PES分组头中当且仅当满足以下条件：

a) 在PES分组头中存在一个PTS；

b) 解码时间与播放时间不同。

2.7.6 可伸缩编码的时间限制

若一音频序列按GB/T 17975.3扩展比特流来进行编码，则两层中相对应的解码/播放单元应具有相同PTS值。

若一视频序列按GB/T 17975.2中7.8的定义被编码为另一个序列的SNR增强方式，则两个序列中的播放时间集合应相同。

若一视频序列按GB/T 17975.2中7.10的规定编码为两部分，则两部分的播放时间集合应相同。

若一视频序列被编码为另一序列的空间可伸缩增强编码，见GB/T 17975.2中7.7的规定，则应遵循以下规则：

a) 若两个序列有相同的帧速率，则两个序列的播放时间集应相同；

注：这并不意味着两层中的图像编码类型相同。

b) 若两序列帧速率不同，播放时间集应使尽可能多的播放时间对两个序列一致；

c) 用作空间预测的图像，必须是以下之一：

1) 同时的或最新解码的低层图像；

2) 同时的或最新解码的图像为I图像或P图像的低层图像；

3) 倒数第二个解码的图像为I图像或P图像的低层图像，如果低层的low_delay未置'1'。

若一视频序列，被编码为另一序列的时间可伸缩增强编码，见GB/T 17975.2中7.9的规定，则下列较低层图像可作为参考。时间是相对于播放时间而言的：

a) 同时的或最新播放的较低层图像；

b) 将要播放的下一个较低层图像。

2.7.7 PES分组头中P-STD_buffer_size的编码频率

在一个节目流中，P-STD_buffer_scale和P-STD_buffer_size字段应出现于每个基本流的第一个PES分组中，且当值改变时应再次出现。它们也可能存在于任何其他的PES分组中。

2.7.8 节目流中系统头编码

在节目流中，系统头紧跟在包头之后，可能出现在任何包中。系统头应出现于节目流的第一个包中。该节目流的所有系统头中的编码值均应相同。

2.7.9 受限系统参数节目流

如果一个节目流遵循本条的规范，则是一个“约束系统参数流”(CSPS)。节目流不受 CSPS 的约束，可以通过在 2.5.3.5 中的系统头中定义 CSPS_flag 字段来标识一个 CSPS。CSPS 是所有可能节目流的一个子集。

分组速率

在 CSPS 中，如果 packet_rate_restriction_flag 置'1'且 rate_bound 字段(见 2.5.3.6)中的编码值不大于 4 500 000 bit/s，或 packet_rate_restriction_flag 置'0'且 rate_bound 字段中的编码值不大于 2 000 000 bit/s，分组进入 P-STD 的最大速率是 300 分组每秒。对于更高的比特率，CSPS 分组速率与 rate_bound 字段的码值成正比。

具体而言，若 packet_rate_restriction_flag 字段(见 2.5.3.5)置'1'，则对节目流中所有包 p 有：

$$NP \leqslant (t(i') - t(i)) \times 300 \times \max[1, R_{max}/(4.5 \times 10^6)] \qquad \cdots\cdots(27)$$

若 packet_rate_restriction_flag 字段置 0，则有：

$$NP \leqslant (t(i') - t(i)) \times 300 \times \max[1, R_{max}/(2.0 \times 10^6)] \qquad \cdots\cdots(28)$$

式中：

$$R_{max} = 8 \times 50 \times \text{rate\_bound bit/s} \qquad \cdots\cdots(29)$$

NP：是相邻 pack_start_codes 或 last_start_code 与 MPEG_program_end_code(见表 40 及 2.5.3.2 的语法)之间的 packet_start_code_prefixes 和 system_header_start_codes 的数目。

t(i)：是包 p 的 SCR 中编码的以秒(s)为单位的时间。

t(i')：是紧跟在包 p 后的包 p+1 的 SCR 中编码的以秒为单位的时间。如果是节目流中的最后一个包，则该项表示包含 MPEG_program_end_code 末位的字节的到达时间。

解码缓冲区大小

在 CSPS 情形下，系统目标解码器中每一输入缓冲区的大小是有限的。音频基本流和视频基本流有不同的缓冲区大小。

对 CSPS 中的视频基本流，以下规则适用：

BS_n 大小等于 GB/T 17975.2 规定的视频缓冲区校验器(vbv)大小和一个附加缓冲区 BS_{add} 的总和。BS_{add} 规定如下：

$$BS_{add} \leqslant MAX[6 \times 1\,024, R_{vmax} \times 0.001] \text{字节}$$

其中，R_{vmax} 是视频基本流中的最大视频比特率。

对 CSPS 中的音频基本流，以下规则适用：

$$BS_n \leqslant 4\,096 \text{ 字节}$$

2.7.10 传输流

传输流中采样率的锁定

在传输流中，音频采样率和系统目标解码器的系统时钟频率之间应有固定的比例关系。同样，视频帧速率和系统时钟频率之间也应有一种特定的比例关系。system_clock_frequency 的定义见 2.4.2。视频帧速率在 GB/T 17975.2 或 GB/T 17191.2 中规定。音频采样速率在 GB/T 17975.3 或 GB/T 17191.3中规定。对传输流中所有音频基本流的所有播放单元而言，system_clock_frequency 对实际音频采样率的比例 SCASR 是一常量，且等于表 74 中音频流在标准采样率下的值。

$$SCASR = (\text{system\_clock\_frequency})/(\text{audio\_sample\_rate\_in\_the\_T-STD}) \qquad \cdots\cdots(30)$$

符号 X/Y 表示实数除法。

表 74 标准采样率下 SCASR 值

标准音频采样频率/kHz	16	32	22.05	44.1	24	48
SCASR	$\frac{27\,000\,000}{16\,000}$	$\frac{27\,000\,000}{32\,000}$	$\frac{27\,000\,000}{22\,050}$	$\frac{27\,000\,000}{44\,100}$	$\frac{27\,000\,000}{24\,000}$	$\frac{27\,000\,000}{48\,000}$

对传输流中所有视频基本流的所有播放单元而言，system_clock_frequency 对实际视频帧速率的比例 SCFR 是一常量，且等于表 75 中视频流在标准帧速率下的值。

SCFR=(system_clock_frquency)/(frame_rate_in_the_T-STD) ……(31)

表 75 标准帧速率下 SCFR 值

标准帧速率/Hz	23.976	24	25	29.97	30	50	59.94	60
SCFR	1 126 125	1 125 000	1 080 000	900 900	900 000	540 000	450 450	450 000

SCFR 的值是精确的。对于 23.976，29.97 或 59.94 帧/秒的标准速率，实际的帧速率与标准速率略有不同。

2.8 与 GB/T 17191 的兼容性

本标准中所定义的节目流与 GB/T 17191.1 相兼容。本标准中所定义的节目流解码器应同时支持 GB/T 17191.1 的解码。

2.9 与 GB/T 20090 的兼容性

本部分所定义的节目流与 GB/T 20090 相兼容。本部分所定义的节目流解码器应同时支持 GB/T 20090.2的解码。

附 录 A
（规范性附录）
CRC 解码器模型

A.1 CRC 解码器模型

32 位 CRC 解码器模型的规定见图 A.1。

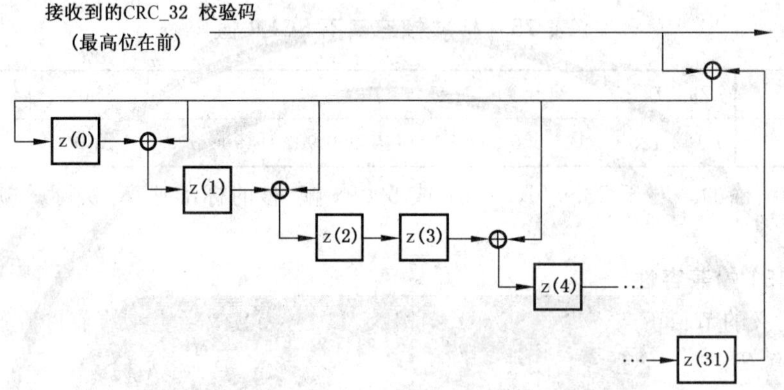

图 A.1 32 位 CRC 解码模型

32 位 CRC 解码器在位级操作，含有 14 个加法器和 32 个延迟单元 z(i)。CRC 解码器的输入与 z(31)的输出相加，结果作为 z(0)的输入及其余每个加法器的一个输入。每个剩余加法器的其余输入则来自 z(i)的输出，而每个剩余加法器的输出连接到 z(i+1)的输入。i 的取值为 i=0,1,3,4,6,7,9,10,11,15,21,22 和 25。见图 A.1。

通过以下多项式计算出 CRC 循环冗余码：

$$x^{32}+x^{26}+x^{23}+x^{22}+x^{16}+x^{12}+x^{11}+x^{10}+x^{8}+x^{7}+x^{5}+x^{4}+x^{2}+x+1 \quad \cdots\cdots(A.1)$$

数据字节在 CRC 解码器的输入端被接收。每一字节都按一次一位的最左位优先的顺序移入 CRC 解码器。例如，对字节 0x01，七个'0'首先进入 CRC 解码器，然后是末位'1'。在对一个段的数据作 CRC 处理之前，每一延迟单元 z(i)都被设为初始值'1'。初始化之后，包括 4 个 CRC_32 字节在内的所有字节作为 CRC 解码器的输入。当最后一个 CRC_32 字节的末位在和 z(31)输出相加后移入解码器，即移进 z(0)后，所有延迟单元 z(i)的输出均被读出。在无差错情形下，所有 z(i)的输出都应是 0。在 CRC 编码器中，CRC_32 字段的编码值对此作出了保证。

附 录 B
（资料性附录）
数字存储媒体命令与控制（DSM-CC）

B.1 引言

DSM-CC 协议是一个特定的应用协议，其目的在于提供专用于在数字存储媒体上管理 GB/T 17975.1比特流的基本控制功能和操作。本 DSM-CC 是一个网络/操作系统层之上、应用层之下的低层协议。

DSM-CC 在以下意义上是透明的：

a) 它独立于所用的 DSM；

b) 它与 DSM 是位于本地还是远程无关；

c) 它独立作用于 DSM-CC 相交互的网络协议；

d) 它独立于 DSM 所工作的各类操作系统。

B.1.1 目标

许多 GB/T 17975.1 DSM 控制命令的应用都需要对存储在本地或远程的各种数字存储媒体上的 GB/T 17975.1 比特流进行接入。不同的 DSM 有其自身特定的控制命令，从而用户要了解特定 DSM 控制命令的不同集合以接入来源于不同 DSM 的 GB/T 17975.1 比特流。这给 GB/T 17975.1 或 GB/T 17191.1应用系统的接口设计带来了很多困难。为克服这些困难，本附录提出一个独立于所用特定 DSM 的公用 DSM 控制命令集。本附录仅供参考。ISO/IEC 13818-6 定义了一个更广范围内的 DSM-CC 扩展。

B.1.2 未来的应用

除当前 DSM 控制命令支持的目前应用以外，基于 DSM 命令控制扩展的未来的应用如下：

a) 视频点播

视频节目按用户需求通过各种通信信道提供。用户可以从视频服务器提供的节目表中任选一个视频节目。这类应用可用于旅馆、有线电视、教育机构和医院等。

b) 交互视频服务

在这类应用中，用户提供经常性的反馈信息来控制存储视频和音频的操作。这类服务包括基于视频的游戏、用户控制视频旅游和电子购物等。

c) 视频网络

不同的应用也许需要通过某些类型的计算机网络来互换存储的音/视频信息，用户可以通过视频网络来将 AV 信息送到他们的终端。电子出版和多媒体应用就是这类应用的例子。

B.1.3 优点

制定了独立于 DSM 的 DSM 控制命令，用户就可以在对所用特定 DSM 的细节操作知之不详的情况下，完成 GB/T 17975.1 的解码。

DSM 控制命令码保证了用户能够使用独立于 DSM 和用户界面的相同的语义来播放和存储 GB/T 17975.1比特流。它们构成了控制 DSM 操作的基本命令。

B.1.4 基本功能

B.1.4.1 流选择

DSM-CC 提供了一个途径来选择一个 GB/T 17975.1 比特流以进行后续的操作，这些操作包括新比特流的创建。该功能包括以下参数：

a) GB/T 17975.1 比特流的索引（该索引和对一个应用是有意义的名称之间的映射关系超出了

当前 DSM-CC 的范畴)；

b) 方式(获取/存储)。

B.1.4.2 获取

DSM-CC 提供途径用于：

a) 播放一指定的 GB/T 17975.1 比特流；

b) 从一给定播放时间开始播放；

c) 设置回放速度(常速或快速)；

d) 设置回放持续时间(即直到一个指定的播放时间,正向播放时到达比特流尾或反向播放时到达比特流始端或发出停止命令)；

e) 设置播放方向(正向/反向)；

f) 暂停；

g) 继续；

h) 改变比特流中的接入点；

i) 停止。

B.1.4.3 存储

DSM-CC 提供途径用于：

a) 在指定时间内存储有效比特流；

b) 停止存储。

B.2 通用元素

B.2.1 范围

本工作的范围包括开发一个标准以制定一个有用的命令集用于控制存储 GB/T 17975.1 比特流的数字存储媒体。这些命令可以独立于特定 DSM,用一种通用方法对数字存储媒体进行远程控制,且适用于任何存储在 DSM 上的 GB/T 17975.1 比特流。

B.2.2 DSM-CC 应用概述

当前 DSM-CC 语法和语义覆盖了 DSM 应用的单用户,用户系统能获取也可以生成(可选地)GB/T 17975.1比特流。用于传送 DSM 命令的控制信道在图 B.1 中作为一带外信道描述。如果无法获得一个带外信道,则 DSM-CC 的命令和响应也可被插入 GB/T 17975.1 比特流。

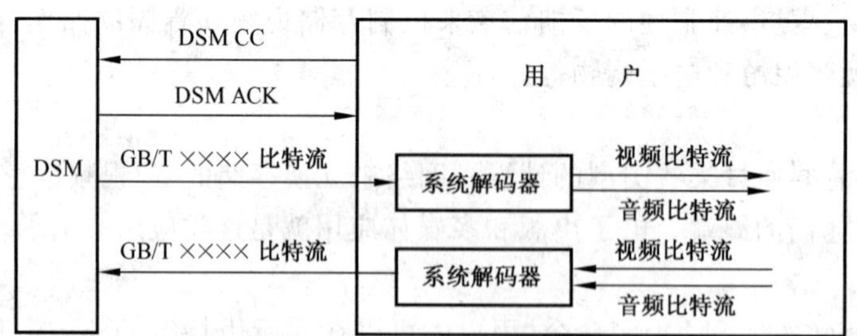

图 B.1 DSM-CC 应用结构

B.2.3 DSM-CC 命令和响应的传输

DSM-CC 按 B.3.1.1～B.3.1.7 中定义的语法和语义编码为一个 DSM-CC 比特流。DSM-CC 比特流既可作为独立的流也可在 GB/T 17975.1 系统比特流中传送。

当 DSM-CC 比特流以独立模式传输时,它和系统比特流的关系及解码过程可用图 B.2 来说明。此时,DSM-CC 比特流未被嵌入到系统比特流中。该传输方式可用于 DSM 直接连接到 GB/T 17975.1 解码器的应用,它也能用于 DSM-CC 比特流可被其他类型网络多路复用器控制和传输的情形。

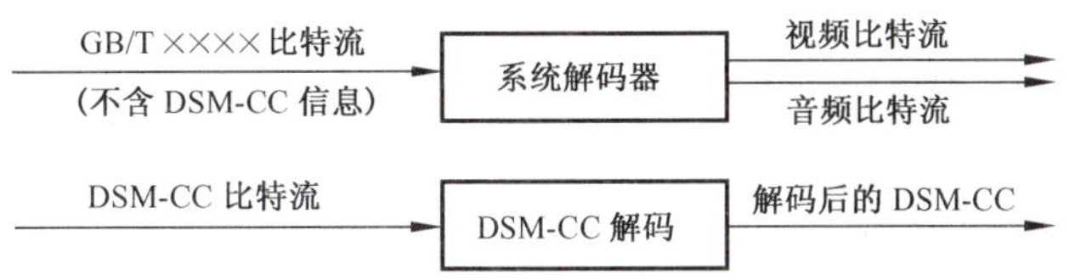

图 B.2 DSM-CC 比特流作为独立流解码

对有些应用，为使 GB/T 17975.1 系统的一些特征也能作用于 DSM-CC 比特流，要求在 GB/T 17975.1系统流中传输 DSM-CC。在这种场合，DSM-CC 比特流被系统多路复用器嵌入到系统流中。

系统编码器对 DSM-CC 比特流按以下过程编码。首先，按 2.4.4.2 中描述的语法将 DSM-CC 比特流分组，成为分组基本流(PES)。接下来，按照传输媒体的要求，PES 分组复用成为节目流(PS)或传输流(TS)。解码过程与编码过程正好相反，见图 B.3。

在图 B.3 中系统解码器的输出是视频比特流、音频比特流或 DSM-CC 比特流，DSM-CC 比特流由值为'1111 0010'的 stream_id 字段标识，见表 25 中 stream_id 的定义。当 DSM-CC 比特流被识别出后，它将遵循 T-STD 或 P-STD 的规则。

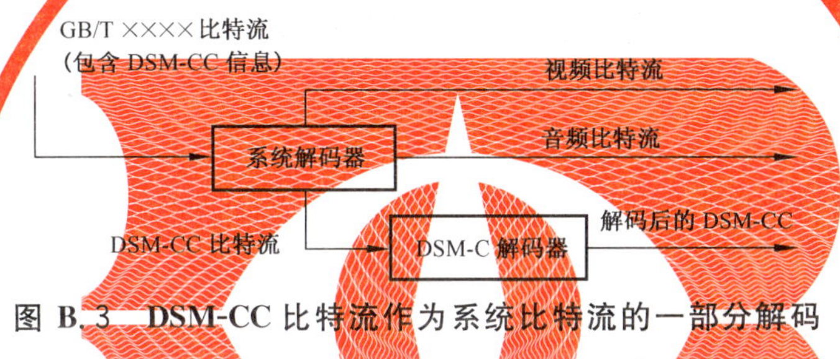

图 B.3 DSM-CC 比特流作为系统比特流的一部分解码

B.3 技术原理

B.3.1 定义

下列定义适用于本标准。

B.3.1.1 数字存储媒体命令与控制命令 DSM-CC

由本部分规定，用于控制包含有 GB/T 17975.1 比特流的在本地或远端的数字存储媒体。

B.3.1.2 DSM 响应 DSM ACK

从 DSM-CC 命令接收器到命令发送器的响应。

B.3.1.3 MPEG 比特流 MPEG bitstream

一个 GB/T 17191.1 系统流，GB/T 17975.1 传输流或节目流。

B.3.1.4 DSM-CC 服务器 DSM-CC Server

一个本地或远端的用于存储及(或)获取 GB/T 17975.1 比特流的系统。

B.3.1.5 随机接入点 point of random access

GB/T 17975.1 比特流中的一个点，它具有以下特性：对于该比特流中的至少一个基本流，完全包含在比特流中的下一个接入单元'N'，不需要参考前面的接入单元就能被解码，且对于比特流中每一基本流，所有具有相同或稍后播放时间的接入单元都完全包含在后面的比特流中，且不需要参考该点之前的信息就能被 STD 完全解码。存储在 DSM 上的比特流中可存在好几个随机接入点；DSM 的输出可能包括 DSM 自身对存储材料操作而产生的附加的随机接入点(例如，存储量化矩阵以在需要时能生成一个序列头)。一个随机接入点有一个相关 PTS，即接入单元'N'的实际的或隐含的 PTS。

B.3.1.6 当前操作 PTS 值 current operational PTS value

与当前选定的 GB/T 17975.1 比特流中 DSM 的末接入单元前最后一个随机接入点相关联的实际的或隐含的 PTS。如果该比特流未提供接入单元，DSM 就无法提供对当前比特流的随机接入。这样，当前操作 PTS 值就是 GB/T 17975.1 比特流中的第一个随机接入点。

B.3.1.7 DSM-CC 比特流 DSM-CC bitstream

满足 B.3.2 语法的一个比特序列。

B.3.2 DSM-CC 语法规范

a) 每个 DSM 控制命令以表 B.1 中指定的 start_code 开始。

b) 每个 DSM 控制命令有一个 packet_length 字段以指出该 DSM-CC 分组的字节数。

c) 当 DSM-CC 比特流作为 2.4.4.2 中定义的 PES 分组传输时，直到 packet_length 字段为止的字段应和 2.4.4.2 中规定的相一致。也就是说，DSM-CC 分组被封装为 PES 分组。PES 分组起始码是该分组开始处的唯一起始码。

d) 实际的控制命令或响应应跟在 packet_length 字段的末字节之后。

e) DSM 控制比特流接收器在要求的操作开始或完成后（这取决于收到的命令）给出一个响应流。

f) 任何时候，DSM 均负责提供标准的 GB/T 17975.1 流。可能包括 2.4.4.2 定义的特技方式操作。

表 B.1 DSM-CC 语法

语　法	位　数	助 记 符
DSM-CC(){		
packet_start_code_prefix	24	bslbf
stream_id	8	uimsbf
packet_length	16	uimsbf
command_id	8	uimsbf
if (command_id = = '01'){		
control()		
} else if (command_id = = '02') {		
ack()		
}		
}		

B.3.3 DSM-CC 语法规范中各字段的语义

a) 分组起始码前缀字段 packet_start_code_prefix

24 位码，与其后的 stream_id 共同组成 DSM-CC 分组起始码以标识 DSM-CC 分组比特流的起始。该字段是值为'0000 0000 0000 0000 0000 0001' (0x000001)的位串。

b) 流标识字段 stream_id

8 位字段，规定比特流类型，在 DSM-CC 比特流中值为'1111 0010'。见表 26。

c) 分组长度字段 packet_length

16 位字段，规定紧跟在该字段末字节后的 DSM-CC 分组字节数。

d) 命令标识字段 command_id

8 位无符号整数，规定该比特流为控制流还是响应流，见表 B.2。

表 B.2 command_id 指定值

值	command_id
0x00	禁止
0x01	控制
0x02	响应
0x03～0xFF	保留

B.3.4 控制层

DSM-CC 控制中标志设置的限制

a) 每个 DSM 控制命令中，选择、回放、存储标志中至多一个被设为'1'；如果都没有置位，则该命令被忽略。

b) 每个获取命令中，暂停、继续、停止、播放、跳过标志至多一个被置位；如果都没有置位，则该命令被忽略。

c) 每个存储命令中，记录标志、停止模式至多一个被选择；如果都没有置位，则该命令被忽略。

见表 B.3。

表 B.3 DSM-CC 控制

语 法	位 数	助 记 符
Control() {		
select_flag	1	bslbf
retrieval_flag	1	bslbf
storage_flag	1	bslbf
Reserved	12	bslbf
marker_bit	1	bslbf
if (select_flag = ='1') {		
bitstream_id[31..17]	15	bslbf
marker_bit	1	bslbf
bitstream_id[16..2]	15	bslbf
marker_bit	1	bslbf
bitstream_id[1..0]	2	bslbf
select_mode	5	bslbf
marker_bit	1	bslbf
}		
if (retrieve_flag = = '1') {		
jump_flag	1	bslbf
play_flag	1	bslbf
pause_mode	1	bslbf
resume_mode	1	bslbf
stop_mode	1	bslbf
Reserved	10	bslbf
marker_bit	1	bslbf
if (jump_flag = = '1'){		
Reserved	7	bslbf
direction_indicator	1	bslbf
time_code()		
}		

表 B.3（续）

语 法	位 数	助记符
if (play_flag = = '1'){		
speed_mode	1	bslbf
direction_indicator	1	bslbf
Reserved	6	bslbf
time_code()		
}		
}		
if (storage_flag = = '1'){		
Reserved	6	bslbf
record_flag	1	bslbf
stop_mode	1	bslbf
if (record_flag = = '1'){		
time_code()		
}		
}		
}		

B.3.5 控制层中各字段的语义

a) 标记位字段 marker_bit

1 位标志，总是置'1'以防止起始码冲突。

b) 保留位字段 reserved_bits

12 位保留字段，供本标准将来用于 DSM 控制命令。除非标准另作规定，否则值总为'0000 0000 0000'。

c) 选择标志字段 select_flag

1 位标志，置'1'时规定一个比特流选择操作；置'0'时不允许存在比特流选择操作。

d) 获取标志字段 retrieval_flag

1 位标志，置'1'时表示将出现一个特定的获取（回放）动作。该操作始于当前操作 PTS 值。

e) 存储标志字段 storage_flag

1 位标志，置'1'时表示将执行一个存储操作。

f) 比特流 ID 字段 bitstream_ID

32 位字段，分三部分编码。各部分组合起来形成一个无符号整数以指定选择哪个 GB/T 17975.1 比特流。DSM 服务器负责将存储在 DSM 上的 GB/T 17975.1 比特流的名字唯一地映射为能用 bitstream_id 表示的一系列数字。

g) 选择方式字段 select_mode

5 位无符号数，指定所需要的比特流操作方式。已定义的方式见表 B.4。

表 B.4 选择方式指定值

代　　码	方　　式
0x00	禁止
0x01	存储
0x02	检索
0x03～0x1F	保留

h) 跳跃标志字段 jump_flag

1 位标志。置'1'时表示回放指针跳至一个新的接入单元。新的 PTS 由相对的 time_code 参照当前操作 PTS 值来指定。该功能仅当当前 GB/T 17975.1 比特流为"停止"方式时有效。

i) 播放标志字段 play_flag

1 位标志，置'1'时表示播放一段特定的时间。速度、方向及持续时间是比特流中的附加参数。播放开始于当前操作 PTS 值。

j) 暂停方式字段 pause_mode

1 位代码，表示暂停回放操作，将回放指针保持为当前操作 PTS 值。

k) 恢复方式字段 resume_mode

1 位代码，规定从当前操作 PTS 值开始继续回放操作，仅当当前比特流处于"暂停"状态时有效，比特流将被设为以常速正向播放。

l) 停止方式字段 stop_mode

1 位代码，规定停止比特流传输。

m) 方向指示符字段 direction_indicator

1 位代码，指示回放方向。置'1'时表示正向播放，否则表示反向播放。

n) 速度方式字段 speed_mode

1 位代码，规定速度比率。置'1'时表示常速播放，否则表示快速播放(即快进或快倒)。

o) 录制标志字段 record_flag

1 位代码，规定从终端用户到 DSM 的在一段时间内的或直到收到停止命令(取决于谁先出现)时的比特流录制要求。

B.3.6 响应层

DSM-CC 控制中设置标志的限制

对于每个 DSM 响应比特流，下面指定的响应位中只有 1 位可以置'1'(见表 B.5)。

表 B.5 DSM-CC 响应

语　　法	位　数	助 记 符
ack() {		
select_ack	1	bslbf
retrieval_ack	1	bslbf
storage_ack()	1	bslbf
error_ack()	1	bslbf
reserved	10	bslbf
marker_bit	1	bslbf
cmd_status	1	bslbf
if (cmd_status =='1'&&		

表 B.5(续)

语 法	位 数	助记符
(retrieval_ack == '1' || storage_ack == '1')){		
time_code()		
}		
}		

B.3.7 响应层中各字段的语义

a) 选择 ACK 字段 select_ack

1 位字段,置'1'时表示 ack()命令用于响应一个选择命令。

b) 获取 ACK 字段 retrieval_ack

1 位字段,置'1'时表示 ack()命令用于响应一个获取命令。

c) 存储 ACK 字段 storage_ack

1 位字段,置'1'时指示一个 DSM 错误。已定义的错误有正在被检索的流中的 EOF 错(正向播放时遇到文件结束或反向播放时遇到文件开始)及正在被存储流中的磁盘满错。若该位为'1',则 cmd_status 未定义,当前流仍然被选中。

d) 命令状态字段 cmd_status

1 位标志,置'1'时表示命令被接受,置'0'时表示命令被拒绝。根据收到的命令类型,该字段语义有以下不同:

1) 若 select_ack 被置位且 cmd_status 置'1',则该字段表明 GB/T 17975.1 比特流已被选中且服务器已准备提供选定方式的操作。当前操作 PTS 值被设为新选中的 GB/T 17975.1 流的第一个随机接入点。若 cmd_status 值为'0',表示操作失败,没有流被选中。
2) 若 retrieval_ack 被置位且 cmd_status 值设为'1',这表明对所有检索命令检索操作已被初始化。当前操作 PTS 指针位置由后继的 time_code 指示。
3) 若在 infinite_time_flag 不为'1'的情况下接到 play_flag 命令,就需要发送第二个响应。这将表明到达由 play_flag 命令定义的时间段,播放操作已结束。
4) 若在检索响应中 cmd_status 置'0',则操作失败。失败原因可能包括无效的 bitstream_ID,跳转超过了文件尾,或一个不被支持的功能,如常速倒放。
5) 若 storage_ack 被置位,则表明存储操作已由 record_flag 开始或已由 stop_mode 命令结束。接下来的 time_code 字段指示了存储的最后一个完整访问单元的 PTS 值。
6) 若由 storage_flag 命令定义的录制操作已经结束,将发送另一个响应,且当前操作 PTS 值在录制后将被报告。
7) 若 cmd_status 在存储响应中置'0',则操作失败。原因可能是非法 bitstream_ID 或 DSM 不能存储数据。

B.3.8 时间编码(见表 B.6)

时间编码的限制:

a) 在测到一个实际的或隐含的 PTS,且该 PTS 与操作开始时的当前操作 PTS 值的差值对 2^{33} 取模后值超过这一时间段,则由 time_code 给出的一特定时间段内的正向操作终止。
b) 在测到一个实际的或隐含的 PTS 后,且操作开始时的当前操作 PTS 值与该 PTS 的差值对 2^{33} 取模后值超过这一时间段,则由 time_code 给出的一特定时间段内的反向操作终止。
c) 对控制层()中所有命令,time_code 被指定为相对于当前操作 PTS 值的一段持续时间。
d) 对 ack()层中所有命令,time_code 由当前操作 PTS 决定。

表 B.6 时间编码

语 法	位 数	助 记 符
time_code() {		
reserved	7	bslbf
infinate_time_flag	1	bslbf
if (infinite_time_flag = ='0') {		
reserved	4	bslbf
PTS[32..30]	3	bslbf
marker	1	bslbf
PTS[29..15]	15	bslbf
marker_bit	1	bslbf
PTS[14..0]	15	bslbf
marker_bit	1	bslbf
}		
}		

B.3.9 时间编码中各字段的语义

a) 有限时间标志字段 infinite_time_flag

1位标志，置'1'时指示一个无限定的时间段，该标志在特定操作持续时间不能预知的应用中被置'1'。

b) PTS[32..0]字段 PTS[32..0]

比特流中接入单元的播放时间戳。该字段可以为时间的绝对值或以90 kHz系统时钟周期为单位的相对值，这取决于相应的功能操作。

附 录 C
（资料性附录）
节目特定信息

C.1 传输流中节目特定信息的说明

2.4.5 包含了有关节目特定信息 PSI 的标准语法、语义和文本。在所有场合下，均要求与 2.4.5 的限制一致，本附录给出如何使用 PSI 函数的说明信息，同时讨论了如何在实际中运用的例子。

C.2 引言

本标准给出了一种为分离和播放节目而描述传输流分组内容的方法。编码规范通过 PSI 来提供这一功能。该附录讨论 PSI 的应用。

可将 PSI 看作属于下列 4 个表：

1） 节目关联表(PAT)；

2） 传输流节目映射表(PMT)；

3） 网络信息表(NIT)；

4） 条件接入表(CAT)。

PAT、PMT 和 PCT 的内容在本标准已有描述。NIT 为一专用表，但承载 NIT 的传输流分组的 PID 值在 PAT 中说明。然而，它还必须遵循本标准的段结构。

C.3 功能机制

以上各表都是概念化的，因为它们不必以一种指定形式在解码器中被重新生成。这些结构可能被看作为简单表，它们可能在被送到传输流分组之前被分割。语法允许表被分为几段，并提供了一个到传输流分组有效负载数据的标准映射，从而支持分割操作。同时它还给出了一种按类似格式承载专用数据的方法。这一方法的优越性在于解码器的相同基本处理过程既适用于 PSI 数据，又适用于专用数据，从而有助于降低费用。有关在传输流中的优化放置 PSI 的建议可参见附录 D。

每个段均通过以下元素的组合而唯一标识。

a） 表标识 table_id

8 位字段以标识该段属于哪个表。

1） table_id 为 0x00 的段属于节目关联表；

2） table_id 为 0x01 的段属于条件接入表；

3） table_id 为 0x02 的段属于传输流节目映射表；

4） table_id 的其余值可被用户按专用目的分配。还可以设置滤波器来查看 table_id 字段以确认一新段是否属于一感兴趣的表。

b） 表标识扩展 table_id_extention

这个 16 位字段存在于一个段的长版本中。在 PAT 中，它被用于标识流的 transport_stream_id——一个有效的用户自定义的标志，以使一个网络或交叉网络中的传输流互相区别开来。在 CAT 中，该字段目前尚无意义，因此被标记为“保留”以表示它可被编码为 0xFFFF，但在本标准的后续版本中可能会对它给出一个定义。在一个传输流节目映射段中，该字段含有 program_number 从而标识了该段中的数据涉及哪一个节目。在有些场合下，table_id_extention 字段也可被用作一个滤波点。

c） 段号 section_number

section_number 字段允许解码器将一个特定表的各段按原先顺序重新组装。本标准并不强制各段按数字顺序传输,但推荐这么做,除非是表的某些段的传送和其余段相比特别频繁,例如出于随机接入的考虑。

d) 版本号 version_number

一旦 PSI 中描述的传输流特性变化了(例如:额外节目的加入,给定节目的基本流的不同组合),就必须传送带有更新信息的新 PSI 数据,因为标志为“当前”的段的最近传输版本必须始终是有效的。解码器需要能够识别最新收到的段是否和已处理/存储过的段一致(若一致则该段可被丢弃)。在不一样的情况下,可能表示一个结构变化。这是通过发送一个包含相关数据,且具有和前一个段相同的 table_id、table_id_extension 和 section_number 字段,但 version_number 字段取下一个值的段来实现的。

e) 当前下一个指示符 current_next_indicator

知道 PSI 在比特流的哪一点生效是很重要的。这样,每个段均可被标上数字以表示“现在”(当前)有效或在不久的将来(下一个)有效。这允许在变化发生之前传输一个将来的结构,使解码器可以为变化作好准备。然而,并不强制提前传输一个段的下一个版本,但如果传输了,它将是该段的下一个正确版本。

C.4 段到传输流分组的映射

段直接映射到传输流分组,即不先映射到 PES 分组。段不一定在传输流分组的起始处开始(虽然有可能会这样),因为传输流分组有效负载数据中的第一个段的开始是由 pointer_field 指出的。在 PSI 分组中 payload_unit_start_indicator 置'1',就标志着 pointer_field 的存在(在非 PSI 的分组中,该指示符标志 PES 分组在传输流分组中开始)。pointer_field 指向传输流分组中第一个段的起始位置,一个传输流分组中决不会有多于一个的 pointer_field,其余段的起始位置均可从第一个段及其后各段的长度中计算出来,这是因为语法规定传输流分组中段与段之间没有空隙。

有一点很重要,即任一 PID 值的传输流分组中,一个段必须在下一个段允许开始之前结束,否则就无法识别数据属于哪一个段头。若一个段在传输流分组的末尾前结束了,但又不便打开另一个段,则提供一种填充机制来填满剩余空间。该机制对分组中剩下的每个字节均填充为 0xFF。这样,table_id 就不允许取值为 0xFF,以免与填充相混淆。一旦一个段的末尾出现了字节 0xFF,该传输流分组的剩余字节必然都被填充为 0xFF,从而允许解码器丢弃传输流分组的剩余部分。填充也可用一般的 adptation_field 机制实现。

C.5 重复率和随机接入

在考虑随机接入的系统中,推荐对 PSI 段重复传输数次,即使结构没有发生变化。因为在通常情况下,解码器需要 PSI 数据来识别传输流的内容,以能够开始解码。本标准对 PSI 段的重复和出现率没有要求。但是,显然重复传输对随机接入应用是有帮助的,虽然导致了 PSI 数据所用比特率数据量的增加。如果节目映射是静态或准静态的。它们可能被存于解码器中以加快数据接入,而不是等待它重新传输。所需存储量和所期望通道的获取时间之间的折中由解码器制造商决定。

C.6 节目是什么

节目的概念在本部分中有精确定义(见 2.1.53)。对一个传输流,时基由 PCR 定义,这就在传输流中有效地创建了一个虚拟通道。

注意这和广播中广泛使用的定义不同。广播中一个“节目”是指不仅有共同时基而且有共同起止时间的基本流集合。一个“广播节目”序列(在本附录中称为事件)通过使用同一个 program_number 来创建一个"广播协定"的 TV 频道(有时称为一个服务),可在传输流中被顺序地传送。

事件描述可在 private_section ()中传输。

一个节目可由 program_number 标识,它只在传输流中有意义。program_number 是一个 16 位无符号整数,从而允许 65 535 个单独节目存在于一个传输流中(program_number 0 被保留用作标识 NIT)。当解码器接到多个传输流时(例如在有线网络中),为了成功地分离出一个节目,解码器必须同时收到 transport_stream_id(以寻找正确的复用流)和 program_number(以寻找复用流中的正确节目)的通知。

传输流映射可以由可选网络信息表完成。注意 NIT 可能存储于解码器非易失存储器中,以减少通道获取时间。在此场合下,它的传输次数只需保证及时地支持解码器初始化设置操作。NIT 的内容是专用的,但至少应具有最小段的结构。

C.7 program_number 的分配

在所有场合都把共享时钟参考的所有节目编为一组可能会带来不便。可以设想一个仅具有唯一共用 PCR 集的多服务传输流。然而,通常情况下,一个广播也许宁可在逻辑上把传输流分为若干个节目,其中,PCR_PID(时钟参考的位置)总是相同的。这种把节目成分分为伪独立节目的方式有许多用途,以下举出两例:

a) 各个市场的多语种传输

一个视频流可能伴有不同语种的多个音频流。建议包含一个与每个音频流相关的 ISO_639_language_descriptor 实例以能够选择正确节目和音频。可以有带有不同 program_number 的节目定义。其中,所有节目参照同一视频流和 PCR_PID,但有不同的音频 PID。当然,也可以把视频流和所有音频流列为一个节目,但不能超出 1 024 字节的段大小限制。

b) 极大节目定义

段长度的最大限制 1 024 字节(包括段头和 CRC_32)。这意味着,单个节目定义不能超过这个长度。在大多数情况下,即使每个节目元素有几个描述符,这一长度是足够了。然而,有时会遇到超过这一限制的高比特率系统。故常常需要一种对流参考进行分割的方式,使得它们不必列在一起。一些节目成分可以在多个节目中引用,另一些则仅存在于单个节目中,但二者不能同时出现。

C.8 典型系统中 PSI 的使用

一个通信系统,尤其是广播应用中,可能包含一些单独的传输流。4 个 PSI 数据结构中的任何一个都可能出现在系统中的任一传输流中。通常,必须有一个节目关联表的完整版本以列出 TS 中的所有节目,以及一个包含传输流中所有节目完整定义的完整的传输流节目映射表。如果有一些流被加扰了,则也必须有一个条件接入表以列出相关 EMM 流(名称管理信息)。NIT 表的有无完全是可选的。

PSI 表经由上述段结构映射到传输流分组。每个段在头部分有一个 table_id 字段,允许来自 PSI 表的段和 private_sections 中的专用数据混合在有相同 PID 值的传输流分组中或甚至在同一个传输流分组中。但须注意到,在有相同 PID 的分组中,在下一段开始之前,前一段必须完成传输。然而,只有被标记为含有 TS PMT 段的分组或 NIT 分组,这才是可能的。因为专用段不一定映射到 PAT 或 CAT 分组。

所有 PAT 段都要求被映射到 PID 值为 0x0000 的传输流分组且所有 CA 段都要求被映射到 PID 值为 0x0001 的传输流分组。PMT 段可能被映射到具有用户选择 PID 的分组,对 PAT 中的每个节目均作为 PMT_PID 列出。类似的,带有 NIT 的传输流分组的 PID 也是用户可选的,若存在 NIT,则必须由 PAT 中的入口"program_number = = 0x00"指出。

任何 CA 参数流内容是完全专用的，但 EMM 和 ECM 也必须被传送到传输流分组以和本标准一致。

专用数据表可用 private_section()语法来传送。例如，该表可用在广播环境中以描述一个服务，一个将要发生事件、广播时刻表和相关信息。

C.9 PSI 结构的关系

图 C.1 显示了 4 个 PSI 结构和传输流关系的示例。还可能有其他例子，但该图中显示了最基本的关联。

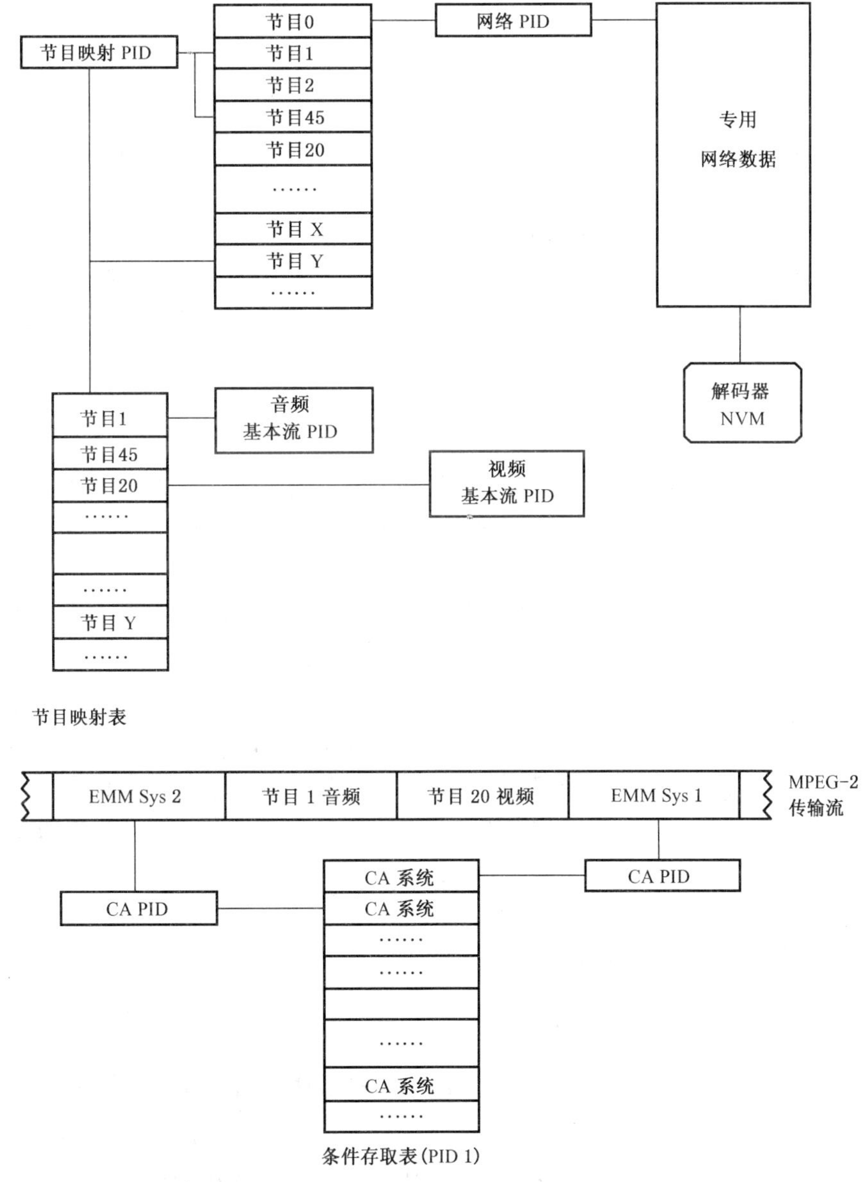

图 C.1 节目与网络映射关系

以下几条中，对每个 PSI 表都作了说明。

C.9.1 节目相关表

每一传输流必须含有一个完整有效的节目相关表。节目相关表给出了 program_number 与承载节目定义的传输流分组的 PID(PMT_PID)的对应关系。PAT 在映射到传输流分组之前可能被分为至多 255 个段。每段承载整个 PAT 的一部分。划分有助于减少误差条件下的数据丢失。也就是说,分组丢失或位错误可以限制在 PAT 的较少段中,而使其余段仍可被接收和正确解码。若所有 PAT 信息被放到一个段中,则一个小错误,例如,导致一个位发生改变,就可能导致整个 PAT 的丢失。但在段长度不超过 1 024 字节的最大长度限制时这还是允许的。

节目 0 被保留并用以指定网络 PID。这是一个指向承载网络信息表的传输流分组的指针。

节目相关表的传输是不加密的。

C.9.2 节目映射表

节目映射表给出了节目号与包含该节目号的各节目元素之间的映射。该表存在于含一个或多个专门选择的 PID 的传输流分组中。这些传输流分组可能包含其他由 table_id 字段定义的专用结构。使引用不同节目的各个 TS PMT 段承载于有相同 PID 值的传输流分组中是可行的。

本标准至少需要以下节目标识:节目号、PCR PID、流类型及节目元素 PID。用于节目或基本流的附加信息可通过使用描述符构造来传送。见 C.9.6。

专用数据也可以在标记为含传输流节目映射表的各段的传输流分组中传送。这是由使用 private_section()来实现。在 private_section()中,version_number 和 current_next_indicator 是表示单个段中的值还是适用于作为更大的专用表的组成部分的各个段,这由应用节目决定。

注 1：含有 PMT 的传输流分组的传输是不加密的。

注 2：可以包含在 TS_program_map_section()中的专用描述符中传送事件信息。

C.9.3 条件接入表

条件接入(CA)表给出了一个或多个 CA 系统及其 EMM 流和与之相关的任何特定参数间的联系。

注:包含 EMM 和 CA 参数的传输流分组的(专用)内容,如果有的话,一般是加密(加扰)的。

C.9.4 网络信息表

NIT 的内容是专用的且本标准未对其作出规定。通常,它包含用户选择服务与 transport_stream_id、通道频率、卫星发射器号码、调制特性等的映射。

C.9.5 专用段 private_section()

private_section()可以以两种基本形式出现,短版本(仅有直到且包括 section_length 的字段)或长版本(直到且包括 last_section_number 的所有字段均出现,在专用数据字节后面有 CRC_32 字段)。

private_section()可以出现在被标记为 PMT_PID 的 PID 中或具有其他 PID 值的分组中,该分组仅含有 private_section(),包括分配给 NIT 的 PID。若承载有 private_section()的传输流分组的 PID 被标志为承载有 private_section 的 PID (stream_type 值为 0x05),则 private_section 将仅会出现在具有该 PID 值的传输流分组中。各段可以是长类型或短类型。

C.9.6 描述符

本标准定义了一些标准描述符,还可以定义更多。所有描述符均有一种共同的格式:{标志,长度,数据}。任意专门定义的描述符必须遵循该格式。这些专用描述符的数据部分是专门定义的。

在 TS PMT 的段中,有一个描述符(CA_discriptor())用于指示与节目元素相关的 ECM 数据的位置(传输流分组的 PID 值)。在 CA 段中它指向 EMM。

为扩展可用的专用描述符的数量,可采用以下机制:专门定义一个专用 discriptor_tag 以用来构造一个合成描述符,这使得需要进一步专门定义一个子描述符作为专用描述符的专用数据字节的首字段。描述结构见表 C.1 和表 C.2。

表 C.1 Composite_descriptor

语 法	位 数	助 记 符
Composite_descriptor() {		
descriptor_tag(privately defined)	3	uimsbf
descriptor_length	3	uimsbf
for(i=0;i<N;i++) {		
sub_descriptor()		
}		
}		

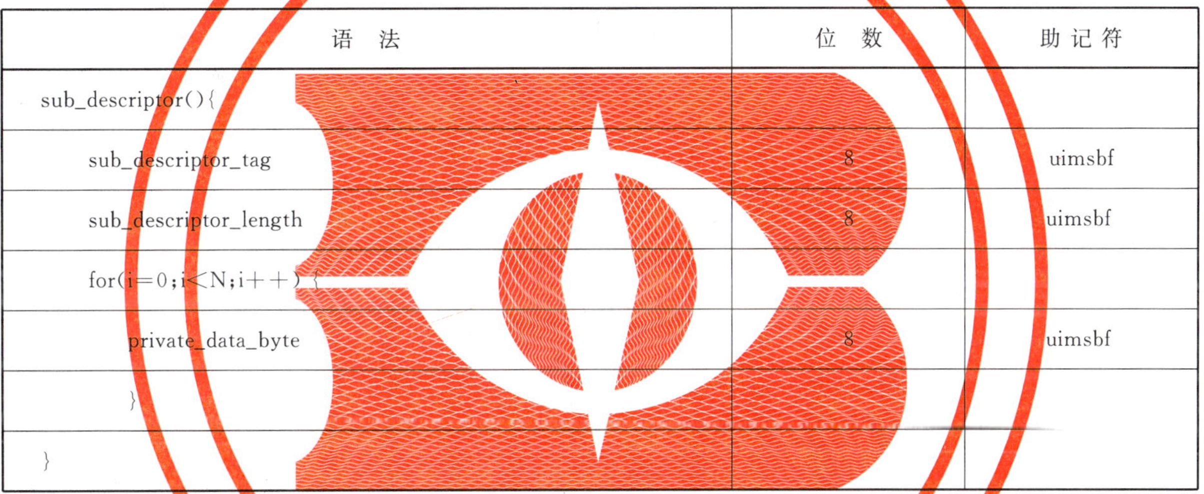

表 C.2 Sub_descriptor

语 法	位 数	助 记 符
sub_descriptor(){		
sub_descriptor_tag	8	uimsbf
sub_descriptor_length	8	uimsbf
for(i=0;i<N;i++){		
private_data_byte	8	uimsbf
}		
}		

C.10 带宽利用和信号采集时间

所有 GB/T 17975.1 比特流的实现都应对 PSI 信息作合理带宽要求，且在需要考虑随机接入的应用中，还应提供快速信号采集。本条分析该问题并给出一些广播应用实例。

传输流的基于分组的特性使得 PSI 信息以较小的粒度分布在多路复用的数据中。这为 PSI 的构造和传输提供了极大的灵活性。

一个实际解码器的信号采集时间取决于许多因素，包括：FDM 调谐旋转时间、分流时间、序列头、I 帧占用率、密钥获取和处理。

C.10 检查了 2.4.5.4 和 2.4.5.9 PSI 语法对比特率和信号采集时间的影响。假定不必在每个节目变化时动态接收 CAT。该假定对 EMM 流也成立。这是因为这些流不包含用于节目元素(加扰)加密的快速变化的 ECM 成分。

在以下讨论中，采集和处理 ECM 的时间也被忽略。

表 C.3 和表 C.4 给出了一系列传输流条件下带宽的使用值。表的一个轴表示包含于单个传输流中的节目数。另一个轴表示 PSI 信息在传输流中的传输频率。

这一频率将是 PSI 结构信号采集时间的关键决定因素。

这两个带宽利用表均假定只提供最小节目映射信息。这意味着所提供的 PID 值和流类型是不带附加描述符的。示例中所有节目均包含两个基本流。节目关联的长度为 2 个字节，而最小节目映射的长度为 26 字节。还有些有关版本号,段长度等信息的附加耗用。这在适中长度(几百字节到 1 024 字节)的分段的总 PSI 比特率中占 1%～3%,因此这里将其忽略。

以上假设允许 46 个节目关联映射到一个 PAT 传输流分组(如果不出现适应字段)。类似的,7 个 TS_program_map_section 装配到一个传输流分组中。可以注意到,为使“丢弃/添加”简单化,可能在每个 PMT_PID 中,传输率只有 1 个 TS_program_map_section。但这可能引起不希望出现的 PSI 比特率增加。

这两张 PSI 表使用 25 Hz 的频率,产生一个约 80 ms 的最坏信号采集时间。这只在所要求的 PAT 数据“刚刚错过”,且一旦 PAT 被采集并解码,所需的 PMT 数据也“刚刚错过”。这种双重最坏情况是 PAT 结构所引入的额外的迂回层次的一个缺点。这一后果可以通过协调传输相关 PAT 和 PMT 分组来减少。可以认为该方式提供对“丢弃/添加”再复用操作的优越性是一种补偿。

表 C.3　节目相关表带宽利用(bit/s) 每个传输流的节目数

		1	5	10	32	128
PA 表频率信息(s^{-1})	1	1 504	1 504	1 504	1 504	4 512
	10	15 040	15 040	15 040	15 040	45 120
	25	37 600	37 600	37 600	37 600	112 800
	50	75 200	75 200	75 200	75 200	225 600
	100	150 400	150 400	150 400	150 400	451 200
注:由于 46 个 program_association_section 被装配为一个传输分组,该表中的数目直到最后一列才变化。						

表 C.4　节目映射表带宽利用(bit/s) 每个传输流的节目数

		1	5	10	32	128
PM 表频率信息(s^{-1})	1	1 504	1 504	3 008	7 520	28 576
	10	15 040	15 040	30 080	75 200	285 760
	25	37 600	37 600	75 200	188 000	714 400
	50	75 200	75 200	150 400	376 000	1 428 800
	100	150 400	150 400	300 800	601 600	2 857 600

以 25Hz 的 PSI 频率可以建立以下例子(所有实例均为各种数据连接,FEC,CA 和路由耗用留下了足够的余地):

6 MHz CATV 通道

a) 5 个 5.2 M bit/s 的节目:　26.5 M bit/s(包括传输耗用)

b) 完整 PSI 带宽:　5.2 k bit/s

c) CA 带宽:　500 k bit/s

d) 总 GB/T 17975.1 带宽:　27.1 M bit/s

e) PSI 耗用:　0.28%

OC-3 光纤通道(155 M bit/s)

a) 32 个 3.9 M bit/s 的节目:　127.5 M bit/s(包括传输耗用)

b) 完整 PSI 带宽:　225.6 M bit/s

c) CA 带宽:　500 k bit/s

d) 总 GB/T 17975.1 带宽:　128.2 M bit/s

e) PSI 耗用:　0.18%

C-波段卫星发送器

a） 128 个 256 k bit/s 的节目： 33.5 M bit/s(包括传输耗用)

b） 完整 PSI 带宽： 826.4 M bit/s

c） CA 带宽： 500 k bit/s

d） 总 GB/T 17975.1 带宽： 34.7 M bit/s

e） PSI 耗用： 2.4%(实际上,若每个节目仅使用一个 PID,则会更低)

正如所期望的,PSI 耗用百分比在低速率服务中相对较大,因为每个传输流中可能有更多服务。但在所有场合中其值均不太大。可以用更高的传输率(高于 25 Hz)来传输 PSI 数据以减小对通道采集时间,同时仅适度地增加比特率需求。

附 录 D
（资料性附录）
本标准的系统定时模型及应用指南

D.1 引言

GB/T 17975.1 系统规范包括一个对数字音/视频信号的组合进行采样、编码、编码器缓冲、传输、接收、解码器缓冲、解码及播放的特定定时模型。该模型直接嵌入符合 GB/T 17975.1 数据流的语法和语义需求规范中。若一个解码系统接收到一个按定时模型正确传递的规范比特流，则实现一个输出正确同步的高质量音/视频信息的解码器将是很简单的，但在这方面并无标准的要求。解码器可以用某种途径实现，只要能提供高质量的播放输出即可。在数据未以正确的定时被传递给解码器的应用中，有可能产生预期的播放输出，但这一功能常常不被保证。本附录详细描述了 GB/T 17975.1 的系统定时模型，并给出了一些参考建议以实现适用于某些典型应用的解码系统。

D.1.1 定时模型

GB/T 17975.1 系统中包括一个定时模型。在该模型中，所有进入解码器的数字图像和音频样本均在一个恒定的端到端延迟后在解码器输出端顺序播放。这样，样本速率，即视频帧速率和音频采样率，在解码器中和编码器中严格相等。该定时模型参见图 D.1。

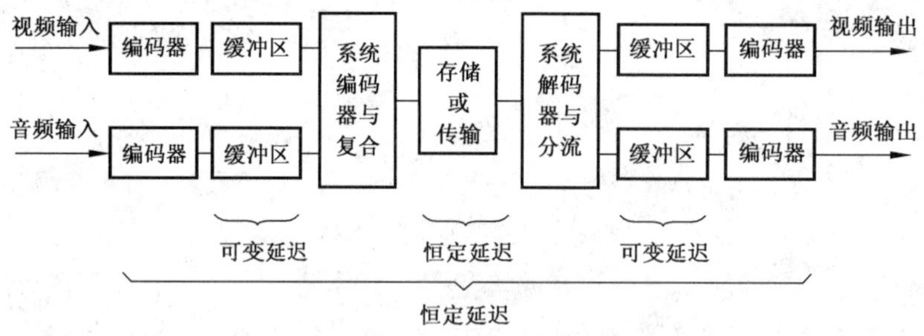

图 D.1 恒定延迟模型

从图 D.1 看出，在该模型中，从编码器输入到解码器输出的延迟是恒定的[1)]，但在每个编码器和解码器的缓冲区中的延迟则是可变的。这种延迟可变性不仅存在于一个基本流路径中，也存在于音/视频路径的单独缓冲区中。所以，代表音/视频的编码位在复用流中的相对位置并不指示同步信息。它们仅受 STD 模型的限制，这样解码缓冲区必须正确地工作的；因而，代表那些要求同时播放的声音和图像的编码的音频和视频，在编码比特流中可能有长达 1 s 的时间差，该值是 STD 模型所允许的解码器缓冲区延迟的上限。

编码器的音/视频采样率彼此相差很大，也未必存在确切的固定的关系，这些都取决于复用流是节目流还是传输流，以及节目流中的 System_audio_locked 和 Sysem_video_locked 标志是否置位。一个音频样本块（一个音频播放单元）的持续时间往往和视频图像的持续时间不同。

在编码器中有一个单一的公用系统时钟，该时钟用于创建指出音频和视频的正确的播放和解码时间的时间戳，也用于创建指出在采样间隔时系统时钟瞬时值的时间戳。指出音频和视频播放时间的时间戳称为播放时间戳（PTS），指出解码时间的称为解码时间戳（DTS），而指出系统时钟值的在节目流中称为系统时钟参考（SCR），在传输流中称为节目时钟参考（PCR）。正是编码器中的公用系统时钟和由它所创建的时间戳，以及解码器中重新生成的时间和时间戳的正确使用，才提供可恰当地同步解码器操

---

1) 整个系统的恒定延迟对于正确地同步是必须的，然而也可能有一些偏差。网络延迟被看作是恒定的。轻微的偏差是允许的，且网络调节可以允许较大的网络延迟。这两者均在后面讨论。

作的措施。

编码器的实现不一定严格遵循该模型,但实际的编码器、存储系统、网络和一个或多个复用器产生的数据流必须严格遵守该模型。(在具体应用中,数据传输可能有一定的偏差)。因此,在本附录中术语“编码器系统时钟”指的是本模型描述的实际公用时钟或与之等价的功能,而不管它是如何实现的。

因为整个系统的端到端延迟是恒定的,所以音/视频播放严格同步。系统比特流构造受到一定的限制,以使得当它们被遵循该模型且具有适当大小的缓冲区的解码器解码时,解码器缓冲区保证不发生上溢和下溢,除非那些允许故意下溢的特定情况。

为了使解码器系统产生精确的延迟以保证整个系统的端到端延迟恒定,解码器就必须有一个在工作频率和绝对瞬时值上和编码器精确匹配的时钟。传送编码器系统时钟的信息编码在时钟 SCR 或 PCR 中;下面对此功能加以详细说明。

按此模型实现的,可以以恒定速率一次性播放音频采样和视频图像,且保证解码缓冲区按照本模型正确动作的解码器,在本附录中,被称为精确定时解码器或能产生精确定时输出的解码器。本标准并不要求解码器的实现按此模型播放音频或视频。有可能构造出没有恒定延迟或不是对每一个图像或音频样本播放一次的解码器。但在这些实现中,音/视频信息的同步可能是不精确的,解码器缓冲区的动作也可能不遵守参考解码器模型。避免解码缓冲区上溢是很重要的,因为它可能导致对后续解码过程产生严重后果的数据丢失。本附录主要包括这种精确定时解码器的操作及实现这些解码器的一些可行的选择。

D.1.2　音频和视频播放同步

在本标准的系统数据编码中包含了涉及视频图像和音频样本块的播放和解码的时间戳,这些图像和块被称为“播放单元”,简称 PU。代表 PU 且包含在 GB/T 17975.1 比特流中的编码比特的集合,被称为接入单元,简称 AU。视频及音频访问单元分别简称 VAU 和 AAU。在 GB/T 17975.3 中,术语“音频帧”根据其上下文与 AAU 或 APU 的含义相同。VPU 指一幅图像,VAU 指一幅编码图像。

有一些,但并不要求全部,AAU 和 VAU 与它们的 PTS 有关。一个 PTS 指出了解码与该 PTS 相关的 AU 所得的 PU 播放给用户的时间。音频 PTS 和视频 PTS 都是来自称为系统时钟或 STC 的共同时钟的样本值。通过在数据流中包含音/视频 PTS 的正确值,以及在根据共同 STC 的合适的 PTS 所指示的时刻播放音/视频 PU,就可以在解码系统中实现音频和视频播放的正确同步。尽管 STC 并非该标准的一个标准组成部分,且等价的信息在本标准中通过 system_clock_frequency 等术语来传递,但 STC 对于解释定时模型是一个重要和方便的概念,且实现一个以某种形式包含 STC 的编码器和解码器通常是可行的。

PTS 对于传达在音/视频之间精确的相对定时很有必要,因为音频和视频 PU 的持续时间常有很大差别且必须互相无关,例如,具有 1 152 个 44.1 kHz 采样率的音频 PU 持续时间约 26.12 ms,而帧速率为 29.97 kHz 的视频 PU 持续时间为 33.76 ms。一般来说,APU 和 VPU 当时的边界很难吻合。分离的音频和视频 PTS 在对二者持续时间及间隔的特定的关系不作要求的情况下,提供了指示音频和视频 PU 之间精确关系的信息。

PTS 字段的值是根据 STD 定义的,它为所有系统比特流提供了一个标准限制。STD 是一个理想解码器的数学模型,它精确规定了进入和流出解码器缓冲区的所有位的动作,对比特流的基本语义约束是保证 STD 中的缓冲区不发生上溢和下溢,除非在特定情况下的下溢。在 STD 模型中,虚拟解码器总是和数据源严格同步,音/视频解码和播放也严格同步。在保持精确和一致的前提下,STD 相对于解码器的物理实现而言,作了某些简化,以清楚地阐述其规范及方便各种解码器的实现。特别地,在 STD 模型中,所有对解码器中的比特流的操作都是瞬时的,只有位在解码缓冲区中的时间是一个明显的例外。在一个实际解码系统中,音视频解码器的单独操作不是瞬时完成的,在设计实现中必须考虑其延迟。例如,若视频图像严格按一个图像播放时间间隔 1/P 来解码(P 为帧频率),而压缩数据以速率 R 到达解码器,则把与每个图像相关的位完全移出将比 PTS 和 DTS 字段指出的时间延迟 1/P,视频解码缓冲区必须比STD模型规定的大出R/P。视频播放同样也比STD延迟,PTS应该被适当地处理。由于视频的延迟,相应造成音频解码和播放的相同量的延迟以满足正确的同步要求。解码器中,音频和视频解码和播放的延迟可通过诸如在解码器中使用PTS时给PTS加一个常量来实现。

STD和实际解码器实现的另一个不同点在于STD模型中明确地假定最终的视频和音频输出被瞬时播放给用户而没有进一步的延迟。但实际应用中未必如此,尤其是CRT显示器,且这一延迟也应在设计时加以考虑。编码器需要对音频和视频编码以使数据在STD中解码时可实现正确同步。输入和音/视频采样中的延迟,诸如视频摄像机光学充电集成等,都必须加以考虑。

在STD模型中,假设正确同步、时间戳和缓冲区行为都被检测以作为比特流有效性的条件。当然,在实际解码器中并不能自动地同步,尤其是在开始处和有定时抖动的场合。解码器设计的目标之一是精确的解码器定时。解码器定时不准将影响到缓冲区的动作。本附录的以下各条将对此主题作进一步论述。

STD包括DTS和PTS字段。在STD模型中,DTS指示AU从缓冲区中被抽取并解码的时间。因为STD中的音/视频基本流解码器是瞬时的,解码时间和播放时间在大多数场合是一致的。唯一的一个例外是在编码比特流中对视频图像作了重排,即非low_delay序列中的I图像和P图像。在重排序场合下,视频解码器中使用一个暂时延迟缓冲区来存储恰当的I图像或P图像直到它们被播放。在STD中解码与播放时间一致的所有场合下,即low_delay序列中的所有AAU、B图像VAU及I图像和P图像VAU,DTS不被解码,因为其值与PTS相同。在值不同时,若一个被解码则二者均被解码。对只有PTS被编码的AU,该字段既可被解释为PTS又可被解释为DTS。

因为不是每个AAU和VAU都需要PTS和DTS值,故解码器应在适当的地方插入未编码的值。在每个基本音/视频流中每隔不超过700 ms的间隙就需要PTS值。这些间隙以播放时间计量,也就是说,在具有相同字段值的上下文中,而不是按照字段被传输和接收的时间。在系统,视频和音频时钟被锁定的数据流中,参见本标准部分的定义,跟在一个DTS或PTS被明确编码的AU之后的每个AU都有一个有效解码时间,即先前AU的相应值再加上一个固定的规定的STC差值后的和。例如,在以29.97 Hz编码的视频中,当视频和系统时钟锁定时,每一图像与其前一图像都有3003个周期的90 kHz部分的STC时间差。解码连续AU时存在同样的时间关系,虽然解码器中的重排序延迟影响到解码AU和播放PU间的关系。如果数据流的编码中音频或视频时钟不被锁定到系统时钟,则解码连续AU之间的时间差可用上述的同一值估出。然而,由于在编码器中帧速率、音频样本速率、系统时钟频率之间的关系并不精确,故上述时间差并不精确。

注意到在起始时间以及其他任何时间,PTS和DTS字段自身并不指示解码缓冲区的正确占用度,它们同样也不指示在解码开始前接收数据流初始位的延迟总和。通过结合DTS和PTS的功能以及正确地恢复时钟(在下面讨论)来获得这一信息。在STD模型中,也就是在解码器中,解码缓冲区的动作完全由SCR(或PCR)值,它们被接收的时间及PTS和DTS值决定,假定数据传送方式与定时模型吻合。这一信息指出了编码数据在解码缓冲区中的时间。编码数据缓冲区中的数据总量并未明确规定,这一信息也是不必要的,因为定时已完全规定。还应注意数据缓冲区的占用度可能随时间变化有很大不同,解码器无法对此作出预测,除非适当地利用时间戳。

为使音频和视频PTS正确指向公用STC,解码系统中必须有一个正确定时的公用时钟。下一条详述这一问题。

D.1.3 解码器中的系统时钟恢复

在GB/T 17975.1系统数据流中,除PTS和DTS字段外还有时钟参考时间戳。这些参考是系统时钟的取样,既适用于编码器,也适用于解码器。它们每个部分的分辨率为27 000 000每秒,在传输流中每隔至多100 ms的时间间隔出现一次,在节目流中每隔至多700 ms的时间间隔出现一次。从而在解码器中能利用它们来实现对任何应用均为足够精度的时钟控制环的重建。

在节目流中,时钟参考称为系统时钟参考或SCR,在传输流中称为节目时钟参考或PCR,一般而言,SCR和PCR被认为是等同的,尽管它们存在区别。本章余下部分为清晰起见,除非另有说明,把它们统称为 SCR。传输流中的 PCR,提供了一个节目的时钟参考,一个传输流中,可能含多个节目,每一个都可能有独立的时基和分离的 PCR 集。

当 SCR 字段被解码器接收时 SCR 字段指出了 STC 的正确值。因为 SCR 占据了多于一个字节且系统数据流被定义为字节流。故 SCR 被定义为在 system_clock_reference_base 字段的末字节被解码器接收时到达解码器。假定已知 SCR 是正确的,SCR 也可被解释为 SCR 应当到达解码器的时间。采用哪一种解释取决于应用系统的结构,在数据源可被解码器控制的应用中,例如一个接在本地的 DSM,可以让解码器有一个自主的 STC 频率,从而不必恢复 STC。但在许多重要系统中,这一假设并不成立,例如在数据流同时送到多个解码器的场合,若每个解码器均有具备自己独立时钟参考的 STC,自主的 STC 就不能确保 SCR 值在正确时刻到达所有解码器,一个解码器对 SCR 的要求往往快于它们被传送的速率,另一个则可能正好相反,这一差别无法通过一个数据接收时间长度无限制但大小限定的数据缓冲区来加以弥补。因而下文着重讲述 STC 定时必须服从于接收到的 SCR(或 PCR)的场合。

在一个正确构造和传输的 GB/T 17975.1 数据流中,每个 SCR 都在其值指示的时刻精确地到达解码器。在此处,"时间"意味着 STC 的正确值。在概念上,STC 值与 SCR 被存储或传送时编码器的 STC 值是一样的。但编码未必实时进行,数据流在初始产生后也可能已被修改,且通常编码器或数据源可能以多种方式实现以保证编码器的 STC 是理论值。

如果解码器时钟频率与编码器精确匹配,则音/视频信号的解码和播放速率将与编码器一致,端到端延迟将是恒定的。有了匹配的编码器和解码器时钟频率,任何正确 SCR 值均可用于设置解码器 STC 的瞬时值,且此后解码器的 STC 将与编码器匹配,不需要作进一步调整。除非存在时间不连续现象,如节目流的末端或传输流中出现不连续指示符。

实际上,解码器的自由运行系统时钟频率并不与编码器匹配,编码器的时钟频率被采样并由 SCR 值指出。通过使用接收到的 SCR,解码器的 STC 能使它的定时服从于编码器。使解码器的时钟服从于所接收的数据流的原型的实现方法是通过相位锁定环(PLL)。根据具体的应用需求,可采用多种形式的相位锁定环或其他方法。

此处画出并描述了一个在解码器中恢复 STC 的简单的 PLL。

图 D.2 图示了一个典型 PLL,除了参考和反馈术语是数字的(STC 和 SCR 或 PCR)值,而不是诸如边界之类的信号事件。

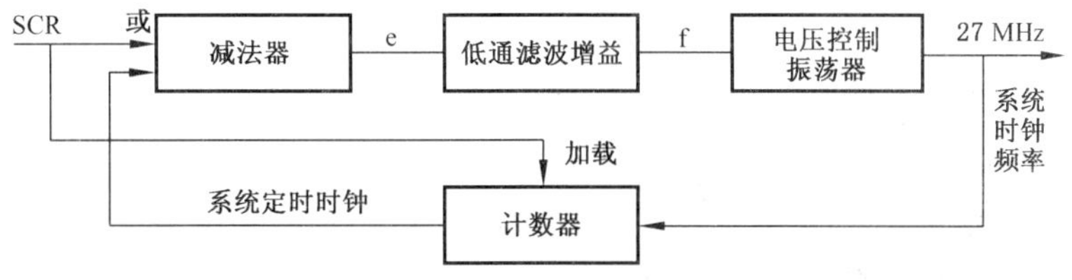

图 D.2　使用 PLL 恢复 STC

根据一个新时基,即一个新节目的要求,STC 被设置为 SCR 编码的当前值。第一个 SCR 常常被直接载入 STC 计数器,其后是 PLL 作闭环操作。该方式的其他的形式也是可能的,即由于抖动或错误而使 SCR 值不可信。

PLL 的闭环是这样实现的。在每个 SCR 到达解码器的时刻,它的值与当前 STC 值作比较差值为一个数值,一个部分以 90 kHz 为单位,另一个部分以该频率的 300 倍即 27 MHz 为单位。该差值被线性化到单个的数值空间,通常以 27MHz 为单位,称为"e",该循环中的误差项。e 值序列输入到按照应用需求设计的低通滤波器及增益。该阶段的输出是一个对控制信号"f",用于控制电压控制晶振(VCO)的瞬时频率。VCO 的输出是一个标称值为 27 MHz 的振荡信号,在解码器中用作系统时钟,该时钟输入到计数器中以生成当前 STC 值。STC 值包括一个由被 300 所除而产生的 27 MHz 的扩展和由对90 kHz计数结果的 33 位计数器得到的 90 kHz 的基准值。这 33 位,即 STC 输出中的 90 kHz 部分在需要时被用来与 PTS 和 DTS 相比较。整个 STC 也作为减法器的反馈输入。

连续 SCR 或 PCR 间限定的最大时间间隔允许设计和构造稳定的 PLL。PLL 带宽的上限受这一时间间隔的限制。如下文所述,在许多应用中所需 PLL 的带宽极窄,故这一限制对解码器设计和性能影响不大。

若 VCO 的自运行或初始频率与正确值即编码器系统时钟频率足够接近,则一旦 STC 被正确初始化,在 PLL 到达定义的锁定状态前,解码器就能令人满意地操作。对一个给定的解码器 STC 频率,该频率与 SCR 中的频率相差一个限定值且在解码器应用所需的绝对频率范围之内,若没有 PLL,则编码器和解码器 STC 频率的失配将造成解码器缓冲区占用度渐进地不可避免地递增或递减,最终导致缓冲区上溢或下溢。因而解码器 STC 锁定到编码器前所允许的时间长度取决于附加解码缓冲区和延迟的大小。

如果解码器收到的 SCR 的值和定时反映了编码器中恒定频率 STC 的正确采样,则误差 e 将在循环到达锁定状态后收敛为一个常量。在数据从编码器到解码器的存储和传输延迟恒定或延迟不恒定,但 SCR 值已被修正以反映延迟变动从而存储或传输与恒定延迟相等效时,SCR 值是正确的。随着 e 值收敛为一个常量,VCO 瞬时频率的变化在循环锁定后趋于 0,VCO 会有很小的抖动或频率旋转。在循环锁定的过程中,VCO 频率的变化率,旋转率可通过低通滤波和增益的设计加以严格控制。通常,VCO 变化率在满足缓冲区尺寸和延迟限制的前提下,可按应用需求设计。

D.1.4 SCR 和 PCR 抖动

如果一个网络或传输流再复用器使从编码器或存储系统到解码器的数据传送延迟不同,则将导致 SCR(或 PCR)值和实际接收值之间的差异,这称为 SCR 或 PCR 抖动,例如,若 SCR 的传输延迟大于同一节目中其余类似字段,则 SCR 被延迟了。同样地,若延迟小于同一节目中其他时钟参考字段,则 SCR 提前了。

解码器输入中的定时抖动在 SCR 值与其被接收时间组合时反映出来。假定一个时钟恢复结构如图 D-2,所有这样的时间抖动都反映在误差值 e 上,e 值非零使得 f 值变化,并最终导致 27 MHz 系统时钟频率的波动。在解码系统中可能允许也可能不允许恢复时钟频率波动,取决于具体应用要求。例如,在产生合成视频输出的精确定时解码器中,恢复后的时钟频率常被用于生成合成视频样本时钟和色差副载波。副载波频率稳定性的适用规范可能只允许极慢的系统时钟频率调整。在解码器输入端有严重 SCR 或 PCR 抖动及对 STC 的频率回转率有严格限制的应用中,对合理的解码缓冲区大小和延迟的约束不能保证正常工作。

例如,SCR 和 PCR 抖动可能是由包括分组或单元复用或分组在网络中延迟可变的网络传输造成的,或媒体共享系统中队列延迟或可变的网络接入时间导致的。

传输流或节目流的复用与再复用改变了数据分组,当然也对 SCR 或 PCR,的顺序或相对位置。SCR 位置的改变使原先正确的 SCR 值变为不正确。因为,通常它们的值并没有反映它们经过一定的延迟后被传送的时间。类似地,具有正确 SCR 或 PCR 值的节目流或传输流可能在一个网络中传输,该网络会对数据流产生可变延迟的影响而未对 PCR 和 SCR 加以修正。上述结果也造成 SCR 或 PCR 抖动,同时对解码器设计和性能产生附加影响。网络对 SCR 和 PCR 所造成抖动的最坏情形往往取决于一些在本标准范围之外的因素,例如各个网络开关中所实现的队列深度以及网络开关总数或对数据流进行的级连再复用操作。

对于传输流而言,再复用操作中需要对 PCR 进行纠正以从一个或多个传输流中创建一个新的传输流。这一纠正通过加入一个纠正项来实现。该项计算如下:

$$\Delta PCR = del_{act} - del_{const}$$

式中 del_{act} 是 PCR 的实际延迟,del_{const} 是一个用于该节目中所有 PCR 的常量,其值取于初始的编码器/复用器所使用的策略。例如,该策略可能是尽可能早地安排分组,以允许传输链较晚地延迟它们。表 D.1 给出了 3 种不同的策略以及相应合适的 del_{const} 值。

表 D.1 再复用策略

策　略	del_{const}
早	del_{min}
晚	del_{max}
适中	del_{avg}

在设计一个系统时，对于编码器/复用器应该采用何种策略可能需要专用的协定，因为这将影响到执行任何附加的再复用操作的能力。

在本标准中并未对复用抖动所允许的界限作出规定。然而，在一个好的系统中，4ms 被认为是一个合适的上限值。

在包括特殊考虑的再复用器的系统中可能需要确保传输流中信息的一致性。这对 PSI 和不连续点尤为重要。PSI 表中的改变可能需要以某种方式被插入到传输流中，从而后续的再复用器不再移动它们直到该信息不再正确。例如，在有些情况下，变动所影响的数据的 PMT 段的新版本在 4 ms 中不应该被传送。

类似地，编码器/复用器应避免在不连续点周围±4 ms 窗口内插入 PTS 或 DTS。

D.1.5　网络抖动情形下的时钟恢复

对于接收到的时钟参考时间戳存在明显抖动的应用，解码器的设计有多种选择；解码器如何实现从很大程度上取决于解码输出信号特征和输入信号及抖动特征的需求。

不同应用中的解码器对恢复的系统时钟的精确性和稳定性的要求也不同，而且所要求的稳定性和精确性被认为会沿单个轴下降。该轴的一个极端是那些直接利用重建后的时钟来合成用于混合视频中的色差副载波的应用。该需求通常存在与具有精确定时类型的展示视频场合，如上所述。这样，每个编码图像仅被播放一次，且输出是符合可适用需求的复用视频。在该情况下，色差副载波、像素时钟及帧速率均有精确规定的比率，且都和系统时钟有已定义的关系。合成视频副载波应至少有足够的精确性和稳定性以使任何普通电视接收机的色差副载波 PLL 能够锁定到该副载波，且使用恢复后的副载波来解调的色差信号不显示出明显的人为相位失真。某些应用中需要使用系统时钟来生成与 NTSC、PAL 或 SECAM 制式完全兼容的副载波。这种需求往往比对典型的电视接收机的需求更为迫切。例如，NTSC 的 SMPTE 规范对副载波的精度要求为 3×10^{-6}，每个水平行时间中的最大短期抖动为 1 ns 且每秒最大长期漂流为 0.1 Hz。

在不利用恢复后的系统时钟来生成色差副载波的应用中，仍可利用它来生成视频的像素时钟或音频的采样时钟。根据对接收监视器和可接受的音频频率漂移容限的假设，这些时钟有自身的稳定性要求。

对于视频图像和音频采样被播放不恰好是一次的应用，即允许图像和音频采样"滑动"，系统时钟可能具有较松的精确性和稳定性的要求。这种解码器可能没有精确的音频和视频播放同步，视频播放也不具有与精确定时的解码器一样的质量。

对恢复后的系统时钟的精确性及稳定性要求的选择取决于应用。下文着重讲述以上描述的最迫切的需求，即利用系统时钟生成色差副载波的情况。

D.1.6　用于色差副载波生成的系统时钟

解码器的设计要求由对生成的副载波和必须接受的网络抖动最大量的需求所决定。类似地，若已知系统时钟性能要求和解码器设计的性能，就可确定所允许的最大网络抖动。虽然对这些需求的讨论已超出本标准的范畴，但为了清晰地说明问题并阐述一个有代表性的设计，仍标识了一些说明设计所必须的数值。

利用图 D.2 所示的时钟恢复 PLL 电路，所恢复的系统时钟就能满足在频率相对于标准有最大偏移(以 10^{-6} 为单位)，且频率旋转率(以 ppm 为单位)最差情况下的要求。点对点的未经过纠正的网络定时抖动值是以毫秒为单位的。在图上的 PLL 中网络定时抖动是以误差项 e 出现的，且由于 PLL 作为一个对以抖动为输入的低通滤波器来工作，当输入端有一个 PCR 定时的最大增幅函数时，就会出现对 27MHz 输出的最坏情况。值 e 会有一个等于点到点网络抖动的最大增辐，该值被表达为抖动乘以 SCR 或 PCR 编码中基本部分的 2^{33}。以 e 的这个最大值作为其输入的低通滤波器(LPF)输出的最大变化率，f 直接决定了 27 MHz 输出的最大频率旋转率。对于任一给定的 e 的最大值和 f 的最大变化率，均可决定一个 LPF。但是，随着 LPF 增益或停止频率的减小，PLL 锁定到 SCR 或 PCR 所表示的频率所需的时间相应延长。利用数字的 LPF 技术或模拟滤波技术可实现长时间恒定的 PLL。在数字 LPF 实现中，当频率项 f 输入到模拟 VCO 时，f 经 D/A 转换器量化。在计算输出频率的最大旋转率时，应考虑到该转换器的级别。

为确保 e 值收敛到 0，PLL 的开环增益必须很高，例如在该 PLL 的低通滤波器中采用积分函数。

在精度给定时，可以构造一个初始操作频率符合该需求的 PLL。此时，在 PLL 锁定前，初始的 27 MHz频率的精确性已足够满足频率需求。如果不是因为解码器的缓冲区最终会上溢或下溢的话，这一初始频率对长时间的操作是足够的。但是从解码器开始接收并解码数据到系统时钟被锁定到以接收的 SCR 或 PCR 所表示的时间和时钟频率的这一段时间内，数据到达缓冲区的速率和被抽取的不一致，或者说，解码器在与 STD 不同的时间抽取接入单元。伴随着所恢复的系统时钟频率与解码器时钟频率的不同，解码器的缓冲区占用度将与 STD 中的不同。解码缓冲区的占用度将随初始的 VCO 频率及编码器系统时钟频率增加或减少。假定该关系未知，则解码器需要附加的缓冲区以考虑每种情况。解码器应被构造为能够将所有的解码操作延迟一段时间，该时间至少等于在初始 VCO 频率大于编码器时钟频率时为避免缓冲区溢出所分配的附加缓冲区所代表的时间。如果初始 VCO 频率不够精确以满足所述的精度要求，则 PLL 必须在可以开始解码前到达锁定状态，且有关于在这段时间内 PLL 性能及合适的附加缓冲区和静态延迟量的一个不同的集合。

在图 D.2 的 PLL 的误差项 e 中产生一个阶跃函数的输入定时抖动中的阶跃信号将产生一个输出频率项 f。这样，当它乘以 VCO 增益值后，最大变化率将小于规定的频率旋转率。VCO 的增益用输出频率相对与控制输入的改变而发生的改变来表示。对 PLL 中的 LPF 有一个附加限制，即当循环锁定时，e 的稳定值必须是有界的，这样才能保证必须实现的附加缓冲区和静态解码延迟量的有界性。当 LPF 有很高的 DC 增益时，该项值最小。

和图 D.2 略有差别的时钟恢复电路也是可行的。例如，可用数控晶振(NCO)代替 VCO 来实现一个控制循环，该 NCO 使用一个固定频率的晶振且在输出端从规则的周期性的施加事件中插入或删除时钟周期以调整解码和播放定时。当在合成视频中使用这种类型的方法时可能有一些困难，因为可能会导致副载波错误的相位偏移或水平或垂直扫描定时中的抖动。一个可能的方法是在垂直消隐开始时调整水平扫描周期，同时维持色差副载波的相位。

总之，能否构造一个可以重构有足够的精确性和稳定性的解码器，同时又能维护所需的解码器缓冲区大小及增加解码延迟，这取决于该需求所规定的值。

D.1.7 分量视频与音频的重构

如果在解码器输出端产生一个分量视频，则定时精确性和稳定性要求通常不像合成视频那么严格，典型的频率容限应限制在显示偏转电路能接受的范围之内，稳定性容限则由在显示器上避免出现可察觉的图像移动要求所决定。

不管特定的需求通常较容易满足，以上原理总是适用的。

音频采样率重建也遵循以上原理。然而，稳定性需求由可接受的长期和短期采样率的变化量所决定。使用上条所述的 PLL 方法可以使短期偏差很小且长期频率变化表现为感知的斜度变化。同样，一旦对这些变化设置了特定的界限，就能决定设计要求。

D.1.8 帧滑动

在某些对解码定时不作精确要求的应用中，解码器系统时钟不一定调节其工作频率以匹配接收的

SCR(或 PCR)所代表的频率;它可能有一个自运行的 27 MHz 的时钟。但解码器 STC 仍须服从所接收到的数据。在此场合下,STC 值必须更新以匹配收到的 SCR,这会导致 STC 值的不连续。这种不连续的幅值取决于解码器的 27 MHz 频率与编码器的 27 MHz(即收到的 SCR 所代表的值)之间的差及收到相邻 SCR 或 PCR 的时间间隔。因为解码器的 27 MHz 系统时钟频率没有锁定到接收数据,故在假定每个视频和音频播放单元恰好播放一次且保持解码器和编码器中的图像和音频播放率一致的精确定时时,不能用于创建视频或音频采样时钟。使用这种结构的解码和播放系统有多种可能实现方式。

在一种类型的实现中,图像和音频样本在解码器 STC 指定的时间被解码,而在稍有差别的时间被播放,这取决于本地产生的样本时钟。图像和音频样本可能偶尔播放多于一次或不被播放,这依赖于解码器采样时钟和编码器系统时钟的关系。对音频而言,这被称为"帧滑动"或"样本滑动"。该机制将会引入可察觉的人为失真,音视频常常因为在某些时间单元上重复或删除图像和音频播放单元而不严格同步。在特定实现方式中,编码数据或解码的播放数据常常需要附加缓冲区。解码与播放可能紧密衔接,而不遵循解码器 STC;解码的播放单元也可能由于延迟和重复播放而被存储。若解码与播放时间相同,则需要一种机制以支持删除图像和音频采样的播放而不会使预测编码数据的解码出现问题。

D.1.9 网络抖动的平滑处理

在某些应用中,可以在网络和解码器之间引入某种机制以减弱网络引起的抖动程度。这种机制是否可行,决定于接收流的种类及抖动幅值和类型的期望值。

传输流和节目流在它们的语法中均指出了该流期望输入到解码器的速率。这一速率并不精确且不能用于精确地重建数据流定时。但它们可用作平滑机制的一部分。

例如从网络接收的一个传输流,其数据可能以突发方式传送。有可能缓冲所接收到的数据并以近似恒定速率将数据从缓冲区传输到解码器,以保证缓冲区近似半充满。

然而一个变速流不能以恒定的速率传输,且对于变速流而言,平滑缓冲区不会总是半充满的。缓冲区的恒定平均延迟要求缓冲区占用度随数据率变化。从缓冲区中抽取数据并输入到解码器的速率,可近似地使用数据流中的速率信息。在传输流中,期望的速率由各 PCR 字段值及彼此间的传输流字节数决定。在节目流中,则由 program_max_rate 明确指定,尽管在本标准中,该速率可能在 SCR 处下降为 0,即当数据以指定速率传送时,SCR 在预计的时间之前到达。

在变速流的场合下,平滑缓冲区的占用度随时间变化,不一定能由速率信息完全确定。在另一个可行的途径中,可以用 SCR 或 PCR 测出数据进入缓冲区的时间,并控制数据离开缓冲区的时间。可以设计一个控制环来提供恒定的缓冲区平均延迟。可以看到,这种设计与图 D.2 的控制环是类似的。在解码器之前插入一个平滑机制所获得的性能也可以通过多个时钟恢复 PLL 来达到。通过级联 PLL 的组合低通滤波器可以达到消除所接收到的定时的抖动。

附　录　E
（资料性附录）
数据传输应用

E.1　一般性考虑

- GB/T 17975.1 传输复用在传输音频和视频之外还用于传输其他数据。
- 不像广播应用中的音/视频流那样，数据基本流可能是不连续的。
- 尽管标识一个 PES 分组的开始已经是可能的，但未必总能通过下一个 PES 分组的开始来标识前一个 PES 分组的结束。这是由于承载 PES 分组的一个或多个传输分组可能会丢失。

E.2　建议

一个合适的解决方案是在一个相关的 PES 分组之后紧接着传输下一个 PES 分组。当没有更多的 PES 分组要发送时，可以发送一个不带有效载荷数据的 PES 分组。

表 E.1 是该 PES 分组的一个例子。

表 E.1　PES 分组头示例

PES 分组头字段	值
packet_start_code_prefix	0x000001
stream_id	已指定
PES_packet_length	0x0003
'10'	'10'
PES_scrambling_control	'00'
PES_priority	'0'
data_alignment_indicator	'0'
Copyright	'0'
original_or_copy	'0'
PTS_DTS_flags	'00'
ESCR_flag	'0'
ES_rate_flag	'0'
DSM_trick_mode_flag	'0'
additional_copy_info_flag	'0'
PES_CRC_flag	'0'
PES_extension_flag	'0'
PES_header_data_length	0x00

附 录 F
（资料性附录）
本标准语法的图形表示

本附录给出了传输流和节目流语法图示信息，但它并不能取代任一标准章条。

为了图示清楚，图中未完整地描述或表示所有字段。保留字段可能被省略或仅由一个区域指出而无任何细节。字段长度以位为单位给出。

F.1 传输流语法

见图 F.1。

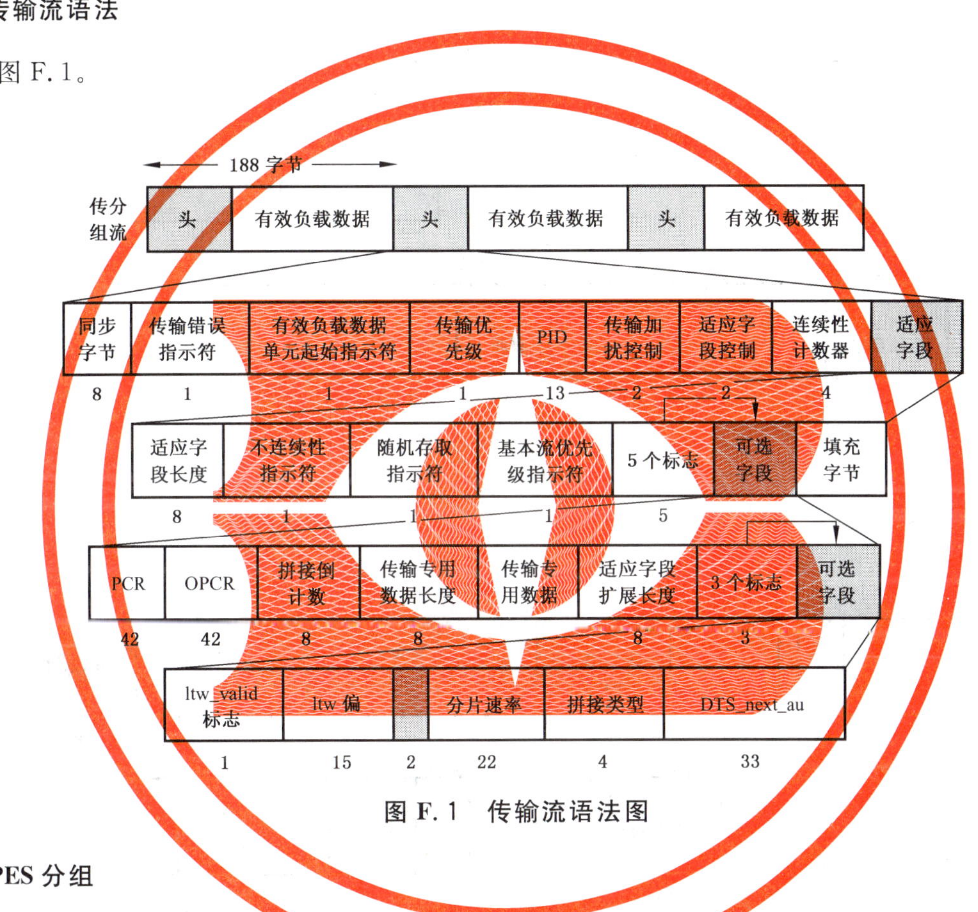

图 F.1 传输流语法图

F.2 PES 分组

见图 F.2。

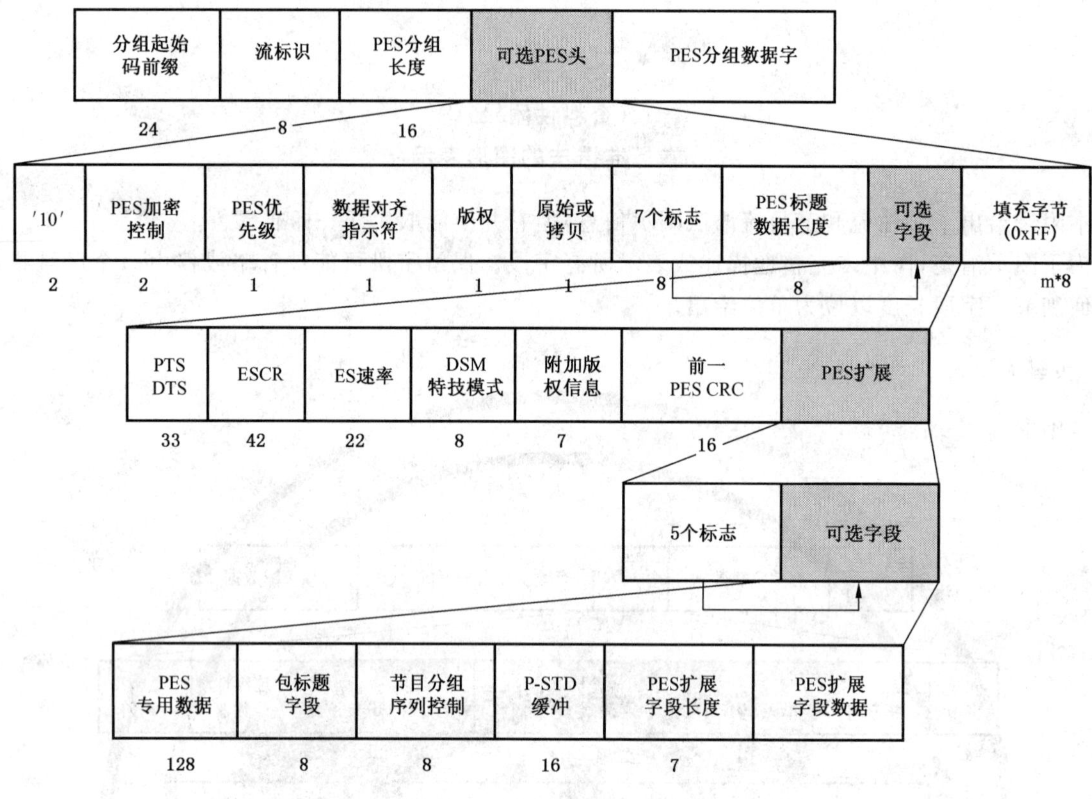

图 F.2 PES 分组语法图

F.3 节目相关段

见图 F.3。

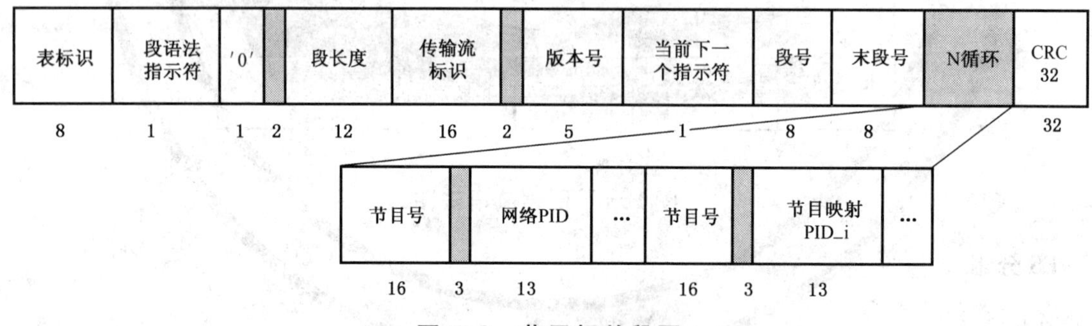

图 F.3 节目相关段图

F.4 CA 段

见图 F.4。

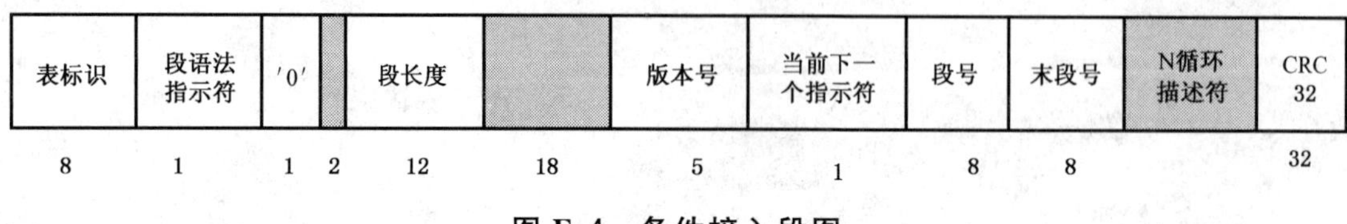

图 F.4 条件接入段图

F.5 传输流节目映射段

见图 F.5。

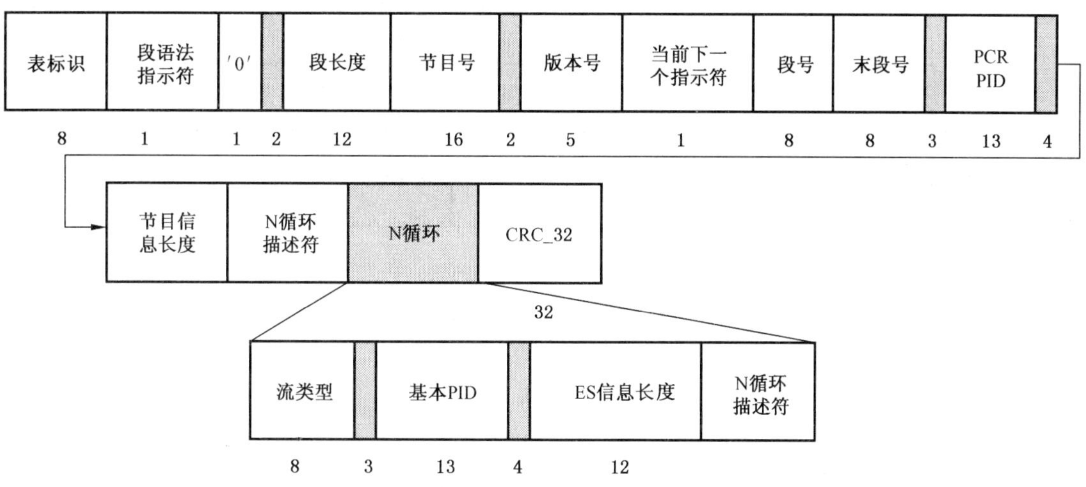

图 F.5 传输流节目映射段图

F.6 专用段

见图 F.6。

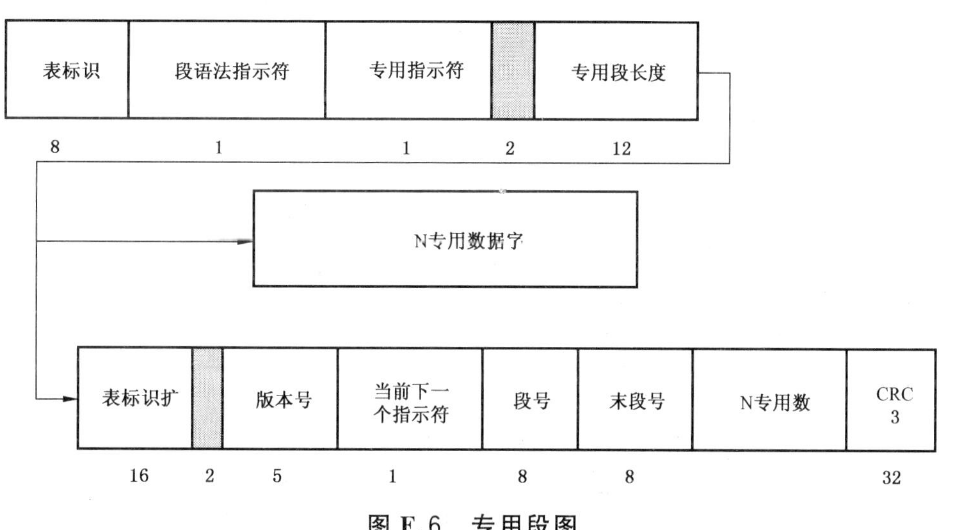

图 F.6 专用段图

F.7 节目流

见图 F.7。

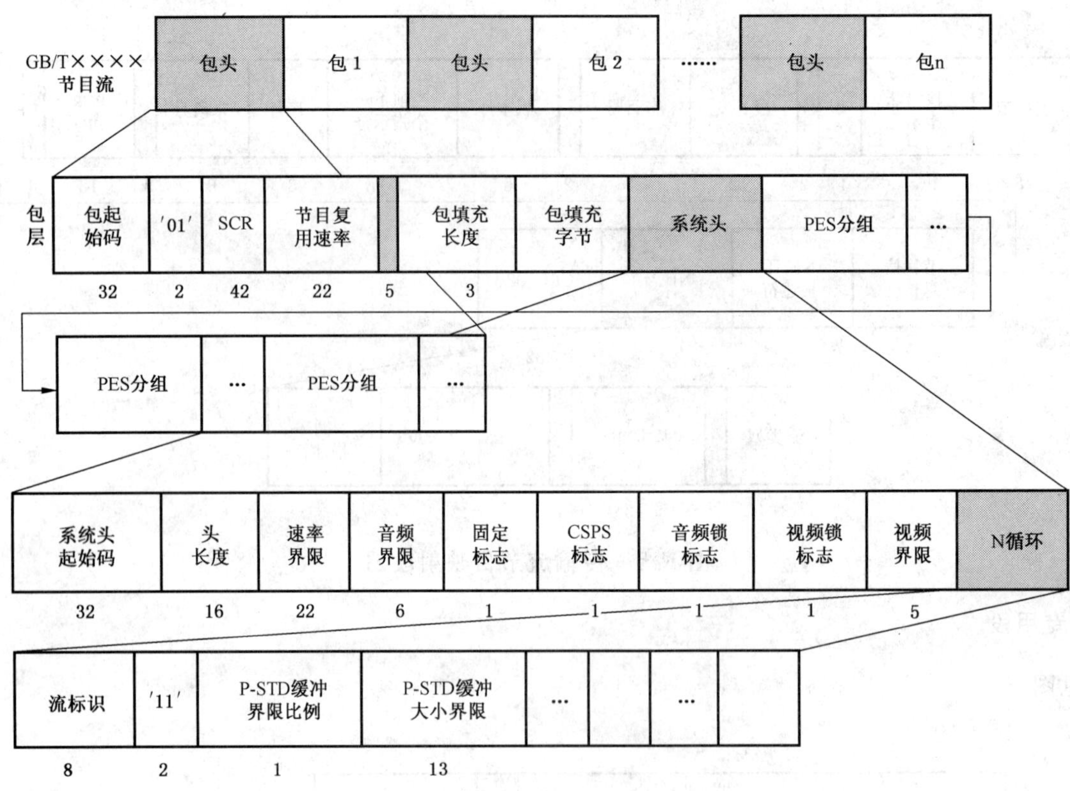

图 F.7　节目流图

F.8　节目流映射

见图 F.8。

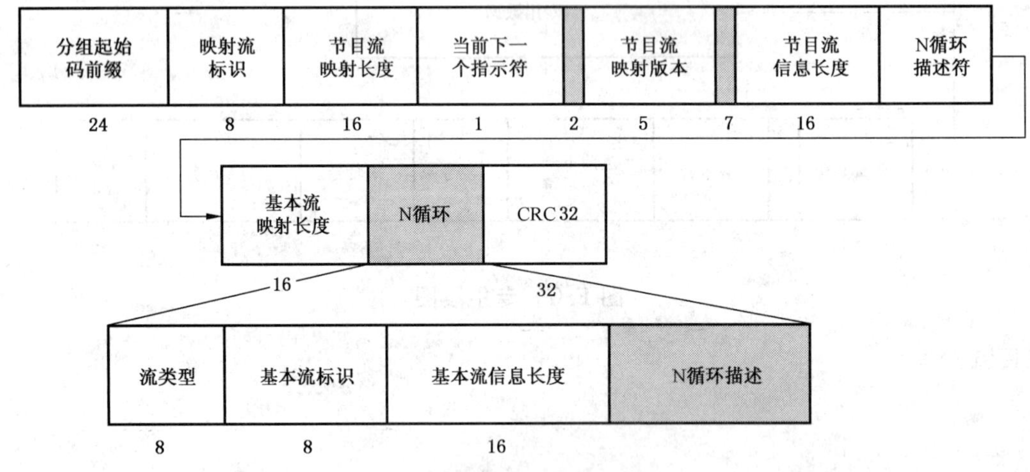

图 F.8　节目流映射图

附 录 G
（资料性附录）
通 用 信 息

G.1 同步字节冲突

建议在PID值的选择中应避免同步字节的周期性冲突。这一冲突可能会潜在地出现在PID字段或PID字段与相邻标志设置的组合中。建议允许在最多4个连续传输分组的头的同一个位置上出现同步字节冲突。

G.2 跳过的图像状态和解码处理

假定正在被显示的序列中只包含I图像和P图像。用picture_next表示下一幅待解码的图像，而正在被播放的图像用picture_current来表示。因为视频解码器可能跳过图像这一事实，当移出那些位以用于瞬时解码和显示的时间到达时，picture_next的所有比特不一定都在STD缓冲区EB_n或B_n中。当此情况发生时，不从缓冲区中移出任何位，并再次播放picture_current。当下一幅图像的显示时间到达时，若此时与picture_next相对应的剩余位在缓冲区EB_n或B_n中，picture_next的所有位被移走且picture_next被显示。若此时与picture_next相对应的所有位不在缓冲区EB_n或B_n中，则重复上述再次显示picture_current的过程。该过程一直重复到picture_next能被显示为止。注意到在比特流中，若picture_next前有一个PTS，则PTS可能是不正确的，相差图像显示间隔的若干倍，该差值本身取决与一些参数，且PTS必须被忽略。

当上述跳过的图像情况发生时，要求编码器在picture_next后解码的图像前插入一个PTS。这使得解码器可以立即确认它已正确播放了所收到的图像序列。

G.3 PID值的选择

应用应尽可能地使用低编号的PID值（避免表7中规定的保留值）并将它们编组在一起。

G.4 PES start_code 冲突

三个具有packet_start_code_prefix值（0x000001）的连续字节，在和第4个字节拼接在一起时，可能会在流中的一个意想不到的位置与四字节的PES_packet_header相冲突。

这种所谓的起始码冲突在视频率基本流中不会出现。在音频和数据流中可能出现。这种情况也可能在PES_packet_header和PES_packet有效载荷的边界处出现。即使PES_packet有效载荷数据是视频。

附　录　H
（资料性附录）
私 有 数 据

私有数据指未按照国家标准规定的，并在 GB/T 17975 中涉及的标准进行编码的任何用户数据。本标准并未（今后也不会）对这些数据的内容进行规定。GB/T 17975 中定义的 STD 未涉及私有数据，除了分离操作过程之外。一个专门的团体可以为各个专用流定义 STD。

在 GB/T 17975.1 语法中，私有数据可承载于下列位置。

a）　传输流分组表 5

transport_packet()语法的数据字节可能包含私有数据。以该格式承载的私有数据在 stream_type 表 32 中被称为用户专用。包含私有数据的传输流分组也可包括 adaptation_field()。

b）　传输流适应字段表 9

adaptation_field()中出现的任何可选 private_data_bytes 由 transport_private_data_flag 标记。private_data_bytes 的数量受 adaptation_field_length 字段语义的固有限制，这里的 adaptation_field_length 的值不能超过 183 字节。

c）　PES 分组表 24

有两种方法在 PES 分组中承载私有数据。一种是在 PES_packet_header 中，在 PES_private_data 可选的 16 个字节中。该字段的存在由 PES_private_data_flag 标识，PES_private_data_flag 字段的存在由 PES_extension_flag 标识。如果出现这些字节时，则它们与相邻字段一起考虑时，不应和 packet_start_code_prefix 发生冲突。

第二种方法是在 PES_packet_data_byte 字段中。在 stream_type 表 37 中将其称为 PES 分组中的私有数据。这种私有数据可被一分为二：private_stream_1 表示遵循 PES_packet()语法的 PES 分组中的私有数据，这样，直到且包括（但并不局限于）PES_header_dat_length 的所有字段均会出现。private_stream_2 表示包含私有数据的 PES_packet_data_byte 之后仅跟有前 3 个字段的 PES 分组中的私有数据。

注意，PES 分组同时存在于节目流和传输流中，因此 private_stream_1 和 private_stream_2 也同时存在于节目流和传输流中。

d）　描述符

描述符存在于节目流和传输流中。用户可定义一系列的专用描述符。这些描述符应以 descriptor_tag 和 descriptor_length 字段开始。对于专用描述符，descriptor_tag 取值为 64～255，如表 50 所示。这些描述符可放在 program_stream_map()表 37、CA_section()表 35、TS_program_map_section()表 36 及任意专用段表 38 中。

e）　私有段

私有段表 38 进一步以两种形式提供了承载私有数据的方法。这种类型的基本流可以在 stream_type 表 37 中标识为 PSI 段的 private_data。一种类型的 private_section()只包含前 5 个已定义字段，后跟私有数据。在这种结构中，section_syntax_indicator 应置'0'。在另一种类型中，section_syntax_indicator 应置'1'，直到且包括 last_section_number 的所有语法均须出现，后跟 private_data_bytes，且以 CRC_32 校验码结尾。

附　录 I
（资料性附录）
系统符合性和实时接口

GB/T 17975.1节目流和传输流的符合性由本标准规定。这些规定除其他要求外还包括一个系统目标解码器(T-STD及P-STD)以规定当流输入到理想解码器时该解码器的行为。这一模型及有关验证，除传输流和节目流所表示的系统时钟频率的精确性之外，不包括涉及流实时传输的信息。所有传输流和节目流必须符合本标准。

此外，对于传输流和节目流输入到解码器，还有一个实时接口规范。本标准允许对MPEG解码器和网络适配器、通道、存储媒体间的接口加以标准化。通道的时间效应，以及实际适配器无法完全消除该效应，导致了实际传输和理想传输之间存在偏差。虽然不是所有MPEG解码器都要实现该接口，但包括该接口的实现必须遵循本实时接口规范。本标准包括了传输流和节目流到解码器的实时传输行为，以保证解码器中的编码数据缓冲区不发生上溢和下溢，以及解码器能以应用所要求的性能来恢复时钟。

MPEG实时接口规定了理想字节传送时间表允许的最大偏差，该值由编码在流中的节目时钟参考(PCR)和系统时钟参考(SCR)来指出。

附 录 J
（资料性附录）
引入抖动的网络与 MPEG-2 解码器的接口

J.1 引言

在本附录中系统流这个词既用于表示 GB/T 17975.1 传输流也用于表示 GB/T 17975.1 节目流。在使用术语 STD 时，对节目流专指 P-STD（节目系统目标解码器），对传输流专指 T-STD（传输系统目标解码器）。

通过对流的分析可得到系统流预期的字节传输时间表。如果一个系统流能被理想解码器的一个数学模型 STD 解码，则称它为一致的。如果一个一致的系统流在一个引起抖动的网络上传输，则实际的字节传送时间表可能和预期的时间表有很大不同。此时可能无法在理想解码器中对系统流进行解码，因为抖动会引起缓冲区上溢或下溢，且很难恢复时间基准。ATM 就是引起抖动的网络的一个重要例子。

本附录的目的是对在引起抖动的网络上传输系统流的实体给出指导和考察。可以为多种类型的网络，包括 ATM，开发用于传输系统流的特定网络符合性模型。STD 加上一个实时接口定义在该模型的定义中居主导地位。开发网络符合性模型的一个框架见 J.2。

J.3 讨论了网络编码的三个例子，网络编码使构造平滑抖动的网络适配器成为可能。在第一个例子中，假定系统比特流速率恒定，并用 FIFO 来平滑抖动。例 2 中，网络适配层中包含了时间戳以方便平滑抖动。例 3 中，假定有一个端到端的公共网络时钟，并用它来平滑抖动。

J.4 给出可以适应网络引起的抖动的解码器的两个实现例子。在例一中，在网络输出与 MPEG-2 解码器之间插入了一个平滑抖动的网络适配器。假定 MPEG-2 解码器符合实时 MPEG-2 接口标准。这一接口要求 MPEG-2 解码器比 STD 的理想解码器有更高的抖动容限。网络适配器处理输入的抖动比特流并输出字节传输时间表符合实时要求的系统流。例一在 J.4.1 中讨论。对某些应用而言，采用网络适配器的代价太大，因为它需要两个阶段的处理。因此，在例 2 中，去除抖动和 MPEG-2 解码的功能集成在一起，忽略了去处抖动设备的中间处理过程，故只须一个阶段的时钟恢复。在本附录中将这种把去处抖动和解码综合在一起的解码器称为特定网络集成解码器，简称集成解码器。在 J.4.2 中对集成解码器加以讨论。

为了构造网络适配器或集成解码器，需要对点对点网络抖动的峰值作出假设。为提高互操作性，对每种相关的网络类型均须规定抖动的边界值。

J.2 网络一致模型

图 J.1 给出了在引入抖动的网络中传输系统流的一个模型。

系统流在进入特定网络编码装置后，被转变为特定网络格式的系统流。该格式中包含部分有助于在网络输出消除抖动的信息。网络解码器包含一个特定网络解码器和一个 GB/T 17975.1 解码器。假定 GB/T 17975.1 解码器符合实时接口规范，与 STD 有相同的结构且有适当扩充的缓冲区以提供更高的抖动容限。特定网络解码器移去由特定网络编码器加入的非 GB/T 17975.1 数据，并对网络输出进行去抖动。特定网络解码器的输出是符合实时规范的系统流。

一个网络目标解码器（NTD）可按以上构造定义。一个一致的网络比特流应能被 NTD 解码。一个网络解码器如果能对任何可被 NTD 解码的网络流解码，则称之为一致的。一个实际网络解码器在结构上不一定和 NTD 相同。

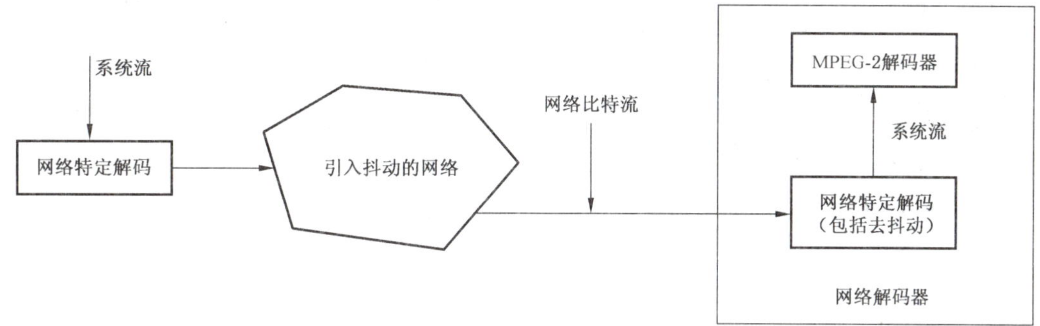

图 J.1 在引起抖动的网络上传送系统流

J.3 平滑抖动的网络规范

对比特率恒定的系统流而言，平滑抖动可通过 FIFO 实现。在网络适配层中不需要附加对去抖动提供特定支持的数据。移去网络编码所加入的字节后，系统流被置入 FIFO。一个 PLL 根据缓冲区占用度来调节输出速率以保持缓冲区为近似半充满状态。本例中，平滑抖动的效果取决于 FIFO 的大小和 PLL 的性能。

图 J.2 给出了实现平滑抖动的另一方法。在该例子中，假定网络适配层提供时间戳支持。使用这种技术对恒定或可变速率的系统流均可去抖动。

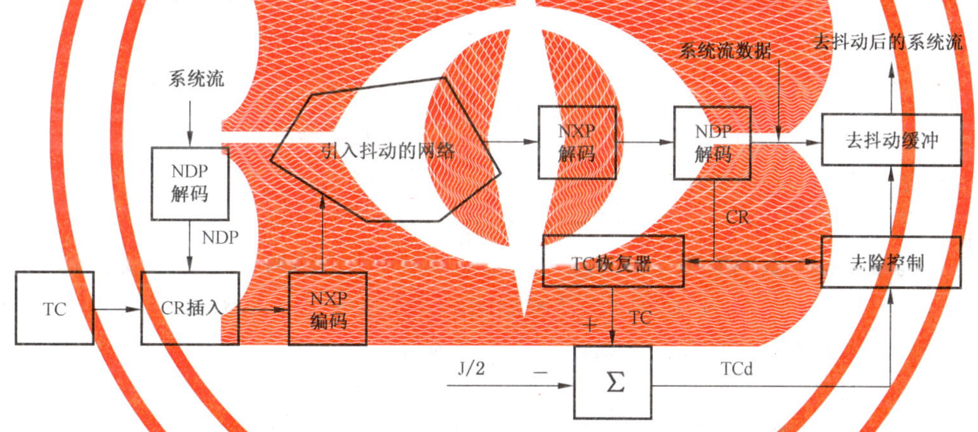

图 J.2 用网络层时间戳来平滑抖动

假定网络适配器被设计为补偿 J 秒的峰一峰抖动。通过使用对时钟(TC)的时钟参考(CR)采样来重建预期的字节传送时间表。CR 和 TC 类似于 PCR 和 STC。网络数据分组(NDP)编码把每个系统流分组转变为一个网络数据分组(NDP)。NDP 中包含一个传送 CR 值的字段，在 NDP 离开 NDP 编码器时 TC 的当前值被插入到该字段。网络传输分组功能(NXP)把 NDP 封装成网络传输分组。通过网络传输之后，当 NDP 进入 NDP 解码器时，CR 被 NDP 解码器提取出来。CR 用于重建 TC，例如通过使用 PLL。当被延迟的 TC(TCd)等于第一个 MPEG-2 分组的 CR 时，第一个 MPEG-2 分组从去抖动缓冲区中移走。当后续 MPEG-2 分组的值等于 TCd 的值时也被移走。

忽略掉诸如 TC 时钟恢复循环的速度以及 TC 的纯正性之类的实现细节，去抖动缓冲区的大小仅取决于所需平滑的最大的峰一峰抖动及系统流中的最大传输率。去抖动缓冲区的大小，B_{dj}，由下式决定：

$$B_{dj}=JR_{max}$$

其中，R_{max}是系统流的最大数据率，以比特/秒为单位。在分组穿过网络遇到标准延迟的情况下，缓冲区为半满。当延迟为 J/2 s 时，缓冲区是空的，当延迟(提前)为−J/2 s 时，缓冲区为满。

作为最后一个例子，在有些场合下，有一个端到端的公共网络时钟，且把系统时钟频率锁定到公共时钟是可行的。网络适配器能通过 FIFO 来去抖动。适配器用 PCR 和 SCR 重建原始的字节传送时间表。

解码器实现举例

J.3.1 跟有 MPEG-2 解码器的网络适配器

在实现中,一个符合网络符合性规范的网络适配器被连接到一个符合实时接口规范的 MPEG-2 解码器。

J.3.2 集成解码器

J.4.1 中的例子需要两个阶段的处理过程。前一阶段用于对网络输出去抖动。后一阶段通过处理 PCR 或 SCR 来恢复 STC,以满足 STD 解码的需要。本条的例子是一个在单个系统中集成了去抖动和解码两个功能的解码器。通过使用去抖动后的 PCR 或 SCR 值直接恢复 STC 时钟。为了表述该示例,假定使用传输流。

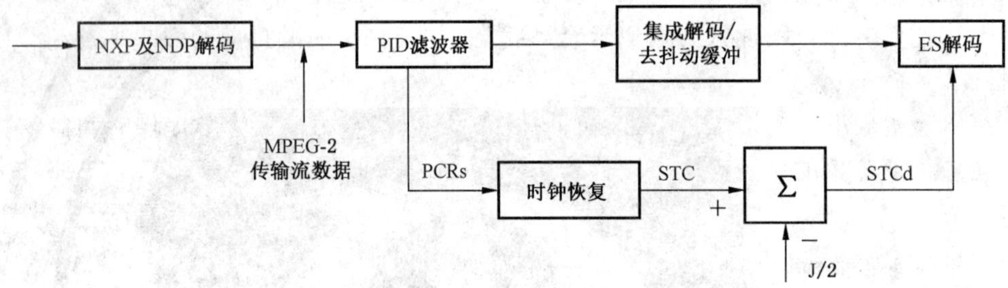

图 J.3 集成去抖动和 MPEG-2 解码

图 J.3 描述了集成解码器的操作。假定输入到解码器的网络分组流与图 J.2 中的一样。

输入的网络分组被 NXP 和 NDP 解码功能重组为 MPEG-2 传输流数据。抖动的 GB/T 17975.1 传输流分组被滤波以抽取具有有效 PID 的分组。在本例中,被解码的 PID 也承载有 PCR。PCR 值被送到 PLL 以恢复 STC。所选 PID 的整个分组被放入到集成缓冲区。从 STC 中减去 J/2 以获得延迟的 STC、STCd。同样,J 是网络解码器能容纳的峰一峰抖动。引入延迟是为了保证访问单元需要的所有数据在该接入单元的 PTS/DTS 等于 STCd 的当前值时,都已到达了缓冲区。

不考虑诸如 STC 时钟恢复循环的速度以及 STC 的纯正性之类的实现细节,有:

$$B_{size}=B_{dec}+B_{mux}+B_{OH}+512+B_j$$
$$=B_n+512+B_j$$

其中:$B_j=R_{max}J$,R_{max} 指数据输入到 PID 滤波器中的最大速率。和传输 STD 中一样,集成的存储器可被分为两部分,这取决于具体的实现。

附 录 K
（资料性附录）
拼接传输流

K.1 引言

在本附录中，术语“拼接”指的是对两个不同基本流的传输层进行的连结操作，产生的传输流完全符合本标准。这两个基本流可能创建于不同的地点或时间，且在创建时也未必就打算要拼接在一起。下文中，我们称其中“旧”的流为连续基本流（音频或视频），它在某一点开始被另一个流（“新”的流）取代，该点称为拼接点。它是“新”“旧”两个流的数据之间的边界。

拼接可以是无缝的或非无缝的：

a) 一个无缝的拼接不会导致解码的不连续性（见 2.7.6）。也就是说，“新”流的第一个接入单元的解码时间与拼接前“旧”流的访问单元的解码时间一致，即若“旧”流继续的话，它等于“旧”流的下一个访问单元的解码时间。以下，这一解码时间被称为“无缝解码时间”。

b) 一个非无缝拼接将导致解码的不连续性，也就是说，“新”流的第一个访问单元的解码时间大于无缝解码时间。

注：不允许解码时间小于无缝解码时间。

只要所产生的流是合法的，拼接可在任何传输流分组边界处进行。但在一般情况下，如果不知道 PES 分组和访问单元的起始位置，这一限制将导致传输层和 PES 层及基本流层均被分析，在有些情况下，甚至需要对传输流分组的有效载荷数据作一些处理。要想避免这些复杂的操作，拼接就应在传输流具有良好特性的部位进行，这些特性由拼接点的出现所指出。

拼接的存在由 splice_flag 和 splice_countdown 字段指示（这些字段的语义见 2.4.4）。在下文中，splice_countdown 字段值为 0 的传输流分组称为“拼接分组”。拼接点紧跟在拼接分组的末字节之后。

K.2 拼接点的不同类型

一个拼接点可以是普通的或无缝的。

K.2.1 普通拼接点

如果没有 seamless_splice_flag 字段或其值为 0，则该拼接点为普通的。一个普通拼接点仅标志基本流的对齐特性：拼接分组在访问单元的末字节处结束，具有相同 PID 的下一个传输分组的有效载荷以一个 PES 分组的头开始，该 PES 分组的有效载荷数据以基本流接入点开始（对视频而言，也可以紧跟在一个基本流接入点之后的 sequence_end_code() 为开始）。这一特性允许对传输层方便地进行“剪贴”操作，同时遵守句法限制并确保流的一致性。但它并不提供有关定时和缓冲区特性的任何信息。这样，对这类拼接点，无缝拼接只能在专用安排的帮助下或通过分析传输流分组的有效载荷数据并跟踪缓冲区状态及时间戳的值才能实现。

K.2.2 无缝拼接点

若 seamless_splice_flag 字段存在并置'1'，则该拼接点给出了“旧”流的一些特性的有关信息。这一信息不是针对解码器的。它的目的在于方便无缝拼接。这一拼接点称为无缝拼接点。有用的信息包括：

a) 无缝解码时间，即 DTS，该值被编码在 DTS_next_AU 字段内的 DTS 值。该 DTS 值以拼接分组中有效的时间基准来表示。

b) 对视频基本流，为便于无缝拼接，在“旧”流产生时加上一些限制。这些条件在与视频流的档次和等级相对应的表中由 splice_type 字段给出。

注意，通过丢弃附加信息，一个无缝拼接点就可被用作普通拼接点。如果认为这一信息有助于进行非无缝拼接或除拼接以外的其他目的，则也可使用该信息。

K.3 拼接中解码器的行为

K.3.1 非无缝拼接

如上所述，一个非无缝拼接将导致解码不连续。

值得注意的是，对于这种拼接，必须满足与解码不连续性(2.7.6)相关的限制。特别地：

a) 在"新"流的首访问单元中，应对 PTS 编码(除非在特技模式操作中或 low_delay='1'时)；

b) 从该 PTS(或相关的 DTS)导出的解码时间不应早于无缝解码时间；

c) 对视频基本流，若拼接包不以 sequence_end_code()结束，则"新"流应以其后紧跟 sequence_header()的 sequence_end_code()为开始。

理论上，因为它们引入了解码的不连续性，这些拼接将导致播放单元播放的不连续(即两幅连续图像或音频帧之间的一段可变长度的静止时间)。实际上，结果取决于解码器的实现方式，特别是视频。对某些视频解码器，冻结若干图像可能是一种较受欢迎的解决方法。见 ISO/IEC 13818-4。

K.3.2 无缝拼接

解码连续性是为了保证播放连续性。对音频而言，它总是能得到保证。但要注意的是，对视频而言，播放的连续性在以下两种情况时理论上是不可能的：

a) "旧"流以一个低延迟序列的末尾为结束，而"新"流以一个非低延迟序列的起始为开始。

b) "新"流以一个低延迟序列的末尾为结束，"新"流以一个非低延迟序列的起始为开始。

以上情形造成的影响取决于实现方法。例如，对情形 a)一幅图像可能持续显示两个帧周期，对情形 b)可能要跳过一幅图像。然而，在技术上无副作用地实现对以上情形的支持是可能的。

此外，见 GB/T 17975.2 的 6.1.1.6，sequence_end_code()应在"新"流的第一个 sequence_header()之前出现，如果在两个流中至少有一个参数(即定义在序列头或序列头扩展中的参数)的值不同。唯一的例外是那些定义在量化矩阵中的参数。例如，如果"旧"流和"新"流的比特率字段值相异，则 sequence_end_code()就应出现。于是，如果拼接包不以 sequence_end_code 结束，拼接流就应以一个跟有 sequence_header 的 sequence_end_code 为开始。

根据以上各段，在大多数拼接中，sequence_end_code 字段是强制的，即使在无缝连接中。必须注意到 ISO/IEC 13818-2 规定了视频序列(即 sequence_header 和 sequence_end_code 之间的数据)解码过程，而未规定如何处理一个序列变化。因此，对于该情况下解码器的行为见 ISO/IEC 13818-4。

K.3.3 缓冲区溢出

即使两个基本流在拼接前均符合 T-STD 模型，也不能保证在这两个流的比特均位于这些缓冲区中的时间段内，STD 缓冲区不发生拼接流溢出。

对恒定速率视频，如果对"旧"流没有特殊条件，在拼接中也未采取特殊预防措施，则在"新"流视频比特率大于"旧"流时可能溢出。实际上，若数据以"旧"流速率被传给 T-STD 则 MB_n 和 EB_n 一定不会溢出。但如果在"旧"流被完全移出 T-STD 之前，TB_n 输入端的移入速率加快，STD 缓冲区的占用度将会比"旧"流继续而不进行拼接时提高，且可能导致 EB_n 或 MB_n 溢出。对可变速率比特流，若"新"流的传送速率高于创建"旧"流时所作的限制，也存在类似问题。这种情形是不允许的。

然而，生成"旧"流的编码器可以在拼接点附近添加 VBV 缓冲区管理的条件以限制"新"视频流的比特率小于某个选定值。例如，对无缝拼接点，这些对 splice_decoding_delay 和 max_splice_rate 的附加条件可由在表 10～表 23 中与之相对应的 splice_type 值指出。此时若"新"流比特率小于 max_splice_rate，则可确保在两个流的比特均位于 T-STD 缓冲区期间拼接流不会导致溢出。

在没有以上限制的场合，可通过在"旧"流和"新"流之间的比特流传输中引入一个静止时间来避免这一问题,使 T-STD 缓冲区在传送"新"流的之前足够空。设 t_{in} 为"旧"流的最后一个访问单元的末字节进入 STD 的时间,t_{out} 为它离开 STD 的时间,可以确保在[t_{in},t_{out}]时间间隔内进入 T-TD 的拼接流的比特数和"旧"流继续而不拼接时一样。例如,若"旧"流有恒定比特率 R_{old},"新"有恒定比特率 R_{new},则引入满足下式的静止时间 T_d 足以避免溢出:

$$T_d \geqslant 0 \text{ 且 } T_d \geqslant (t_{out} - t_{in}) \times (1 - R_{old}/R_{new})$$

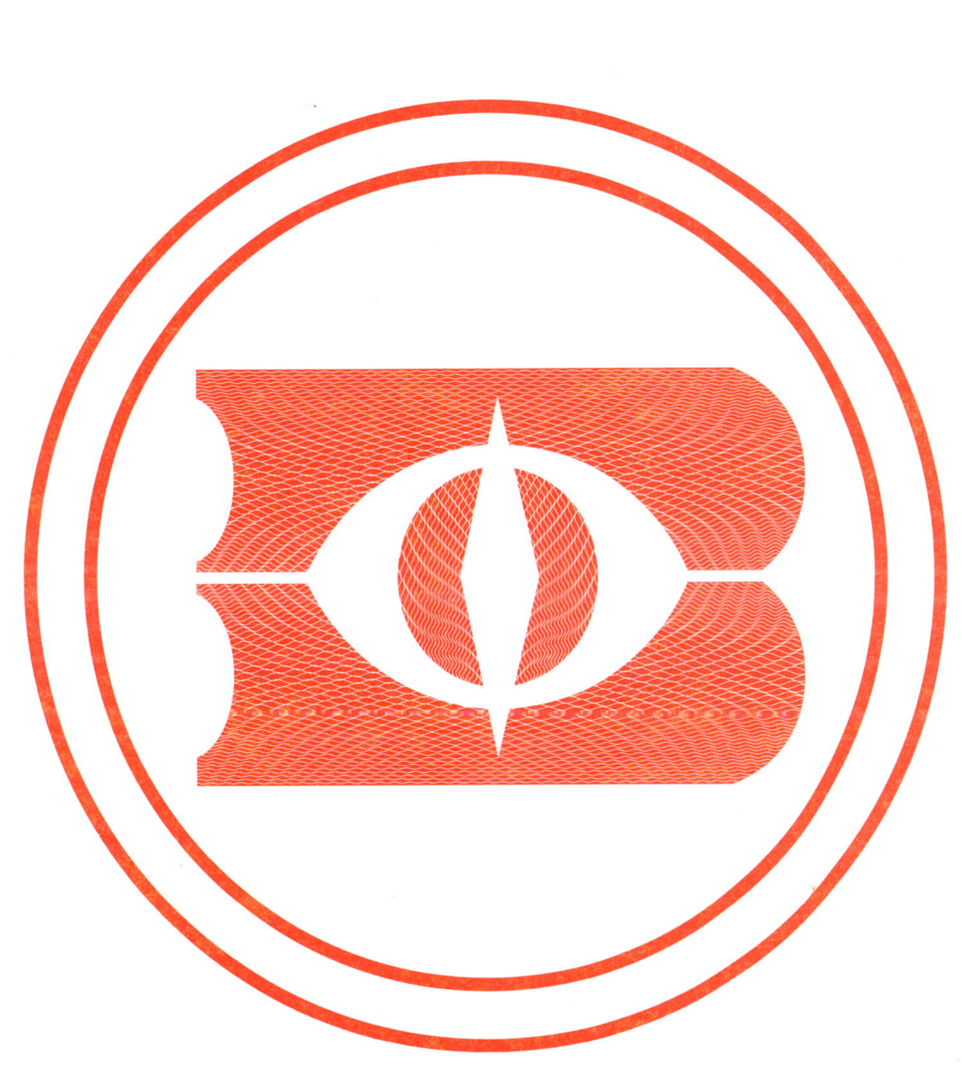

ICS 25.100.30
J 41

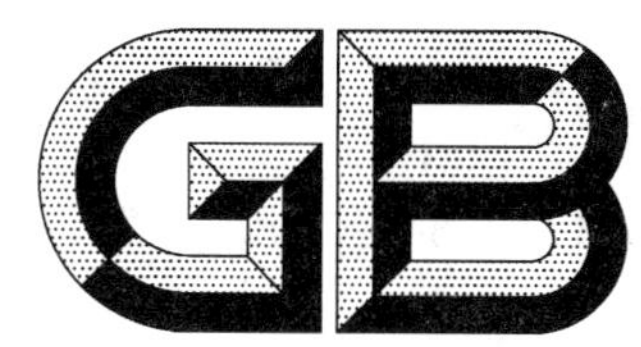

中华人民共和国国家标准

GB/T 17984—2010
代替 GB/T 17984—2000

麻花钻　技术条件

Twist drills—Technical specifications

2010-11-10 发布　　2011-03-01 实施

中华人民共和国国家质量监督检验检疫总局
中国国家标准化管理委员会　发布

前　言

本标准代替 GB/T 17984—2000《麻花钻　技术条件》。

本标准与 GB/T 17984—2000 相比主要变化如下：

——修改了规范性引用文件，取消了规范性引用文件中引用标准的年份；

——修改了 4.2，麻花钻工作部分直径倒锥度：每 100 mm 长度上为“0.02 mm～0.08 mm”改为“0.02 mm～0.12 mm”；

——修改了 4.3，“其柄部直径公差为 f11”改为“其柄部直径公差允许为 f11”；

——修改了 4.5，“上、下相邻麻花钻长度的基本尺寸”改为“上、下相邻麻花钻长度范围内的基本尺寸”；

——修改了 4.9.1 普通级麻花钻沟槽分度误差中图 6；

——修改了 4.11，麻花钻允许有钻芯增量中的“允许”改为“应该”；

——修改 4.12，增加了普通级麻花钻刃带宽度的图 9 及注释，并在附录 B 中增加了计算公式。将原精密级麻花钻刃带宽度的图 9 改为图 10；

——修改了 5.1，高性能高速钢不规定具体牌号；

——修改了 5.3.2 工作部分硬度、5.3.3 整体麻花钻柄部硬度、5.3.4 锥柄扁尾硬度，在原有 HV 硬度基础上增加了 HRC 硬度；

——增加了附录 B，并将所有图表下的计算公式全部移至附录 B 中，并把公式中的指数统一为小数点后三位有效数。

根据 GB/T 17984—2000《麻花钻　技术条件》第 1 号修改单，修改如下：

——5.3.2 中，“790 HV～900 HV”改为“780 HV～900 HV”；

——附录 A 表 A.1 序号 3 中，“……触靠在切削刃中部，”改为“……触靠在靠近转角处的切削刃上，”。

本标准的附录 A、附录 B 均为资料性附录。

本标准由中国机械工业联合会提出。

本标准由全国刀具标准化技术委员会（SAC/TC 91）归口。

本标准负责起草单位：上海工具厂有限公司、成都工具研究所、成都成量工具集团有限公司、河南一工工具有限公司、北京京城工业物流有限公司。

本标准主要起草人：励政伟、陈丽萍、沈士昌、赵建敏、陈伦、樊英杰。

本标准所代替标准的历次版本发布情况为：

——GB/T 17984—2000。

麻花钻　技术条件

1 范围

本标准规定了普通级麻花钻和精密级麻花钻的尺寸、材料和硬度、外观和表面粗糙度、标志和包装的技术要求。

本标准适用于按 GB/T 6135.1～6135.4 和 GB/T 1438.1～1438.4 用各种工艺制造的麻花钻(轧制工艺不适于制造精密级麻花钻),根据供需双方协议,其他麻花钻也可参照采用。本标准不适用于木工钻和自制自用麻花钻。

2 规范性引用文件

下列文件中的条款通过本标准的引用而成为本标准的条款。凡是注日期的引用文件,其随后所有的修改单(不包括勘误的内容)或修订版均不适用于本标准,然而,鼓励根据本标准达成协议的各方研究是否可使用这些文件的最新版本。凡是不注日期的引用文件,其最新版本适用于本标准。

GB/T 1438.1　锥柄麻花钻　第1部分:莫氏锥柄麻花钻的型式和尺寸

GB/T 1438.2　锥柄麻花钻　第2部分:莫氏锥柄长麻花钻的型式和尺寸

GB/T 1438.3　锥柄麻花钻　第3部分:莫氏锥柄加长麻花钻的型式和尺寸

GB/T 1438.4　锥柄麻花钻　第4部分:莫氏锥柄超长麻花钻的型式和尺寸

GB/T 1443　机床和工具柄用自夹圆锥

GB/T 1804　一般公差　未注公差的线性和角度尺寸的公差

GB/T 6135.1　直柄麻花钻　第1部分:粗直柄小麻花钻的型式和尺寸

GB/T 6135.2　直柄麻花钻　第2部分:直柄短麻花钻和直柄麻花钻的型式和尺寸

GB/T 6135.3　直柄麻花钻　第3部分:直柄长麻花钻的型式和尺寸

GB/T 6135.4　直柄麻花钻　第4部分:直柄超长麻花钻的型式和尺寸

3 符号

d　麻花钻直径

l　总长度

l_1　沟槽长度

δ_r　工作部分对柄部轴线的径向圆跳动

δ_k　钻芯对工作部分轴线的对称度

δ_h　切削刃对工作部分轴线的斜向圆跳动

δ_d　沟槽分度误差

K_{min}　钻芯厚度最小值

f_G　刃带宽度的推荐值

f_U　刃带宽度的上限值

f_L　刃带宽度的下限值

4 尺寸

4.1　麻花钻直径公差按 GB/T 6135.1～6135.4 和 GB/T 1438.1～1438.4 的规定。

4.2 麻花钻工作部分直径倒锥度：每 100 mm 长度上为 0.02 mm～0.12 mm，但麻花钻工作部分直径总倒锥量不应超过 0.25 mm。

注：d<1 mm 的麻花钻工作部分可不制倒锥，允许有不大于 0.003 mm 的正锥，但应在直径公差范围内。

4.3 精密级直柄麻花钻的柄部直径公差为 h11（工作部分直径有倒锥量的精密级直柄麻花钻，其柄部直径公差允许为 f11），其夹持部分的圆柱度公差为 0.02 mm。粗直柄小麻花钻的柄部直径公差为 h8。

4.4 锥柄麻花钻的锥柄为带扁尾的莫氏锥柄，莫氏锥柄按 GB/T 1443 中的规定，圆锥公差为 AT7。

4.5 麻花钻总长及沟槽长度公差按 GB/T 1804 最粗级的规定。

特殊情况下，根据供需双方协议，麻花钻总长和沟槽长度的极限尺寸允许是上、下相邻麻花钻长度范围内的基本尺寸。

粗直柄小麻花钻总长及沟槽长度公差按 GB/T 6135.1 的规定。

4.6 工作部分对柄部轴线的径向圆跳动最大不应超过按图 1 所示，计算方法参见附录 B。检测方法参见附录 A。

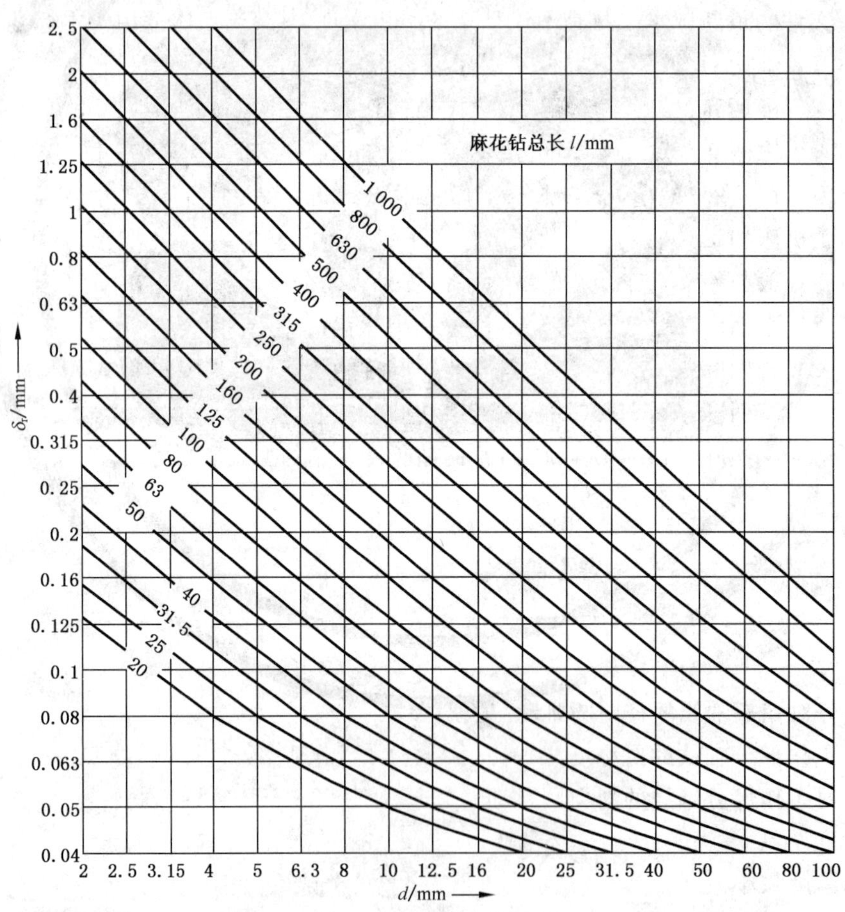

图 1

4.7 钻芯对工作部分轴线的对称度最大不应超过下列规定。

4.7.1 普通级麻花钻按图 2 所示，计算方法参见附录 B。检测方法参见附录 A。

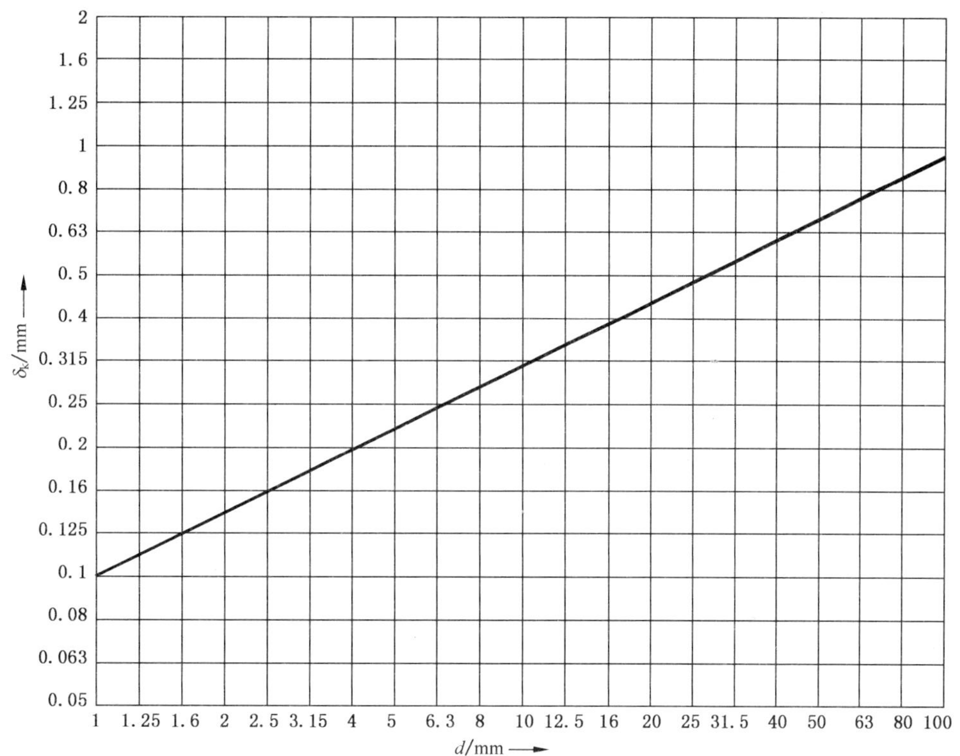

图 2

4.7.2 精密级麻花钻按图 3 所示,计算方法参见附录 B。检测方法参见附录 A。

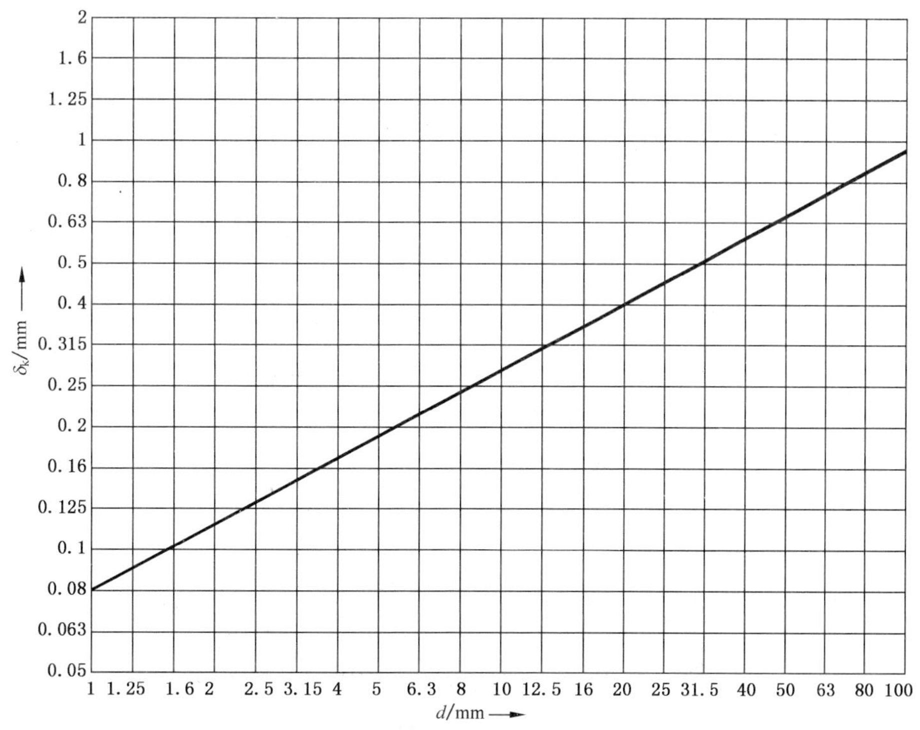

图 3

4.8 切削刃对工作部分轴线的斜向圆跳动最大不应超过下列规定。

4.8.1 普通级麻花钻按图 4 所示,计算方法参见附录 B。检测方法参见附录 A。

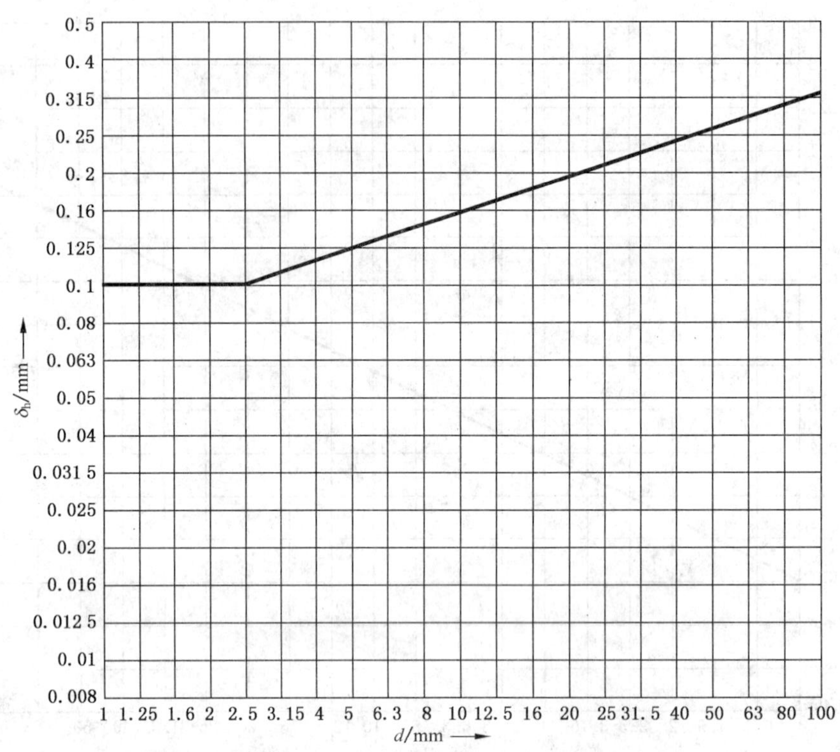

图 4

4.8.2 精密级麻花钻按图 5 所示，计算方法参见附录 B。检测方法参见附录 A。

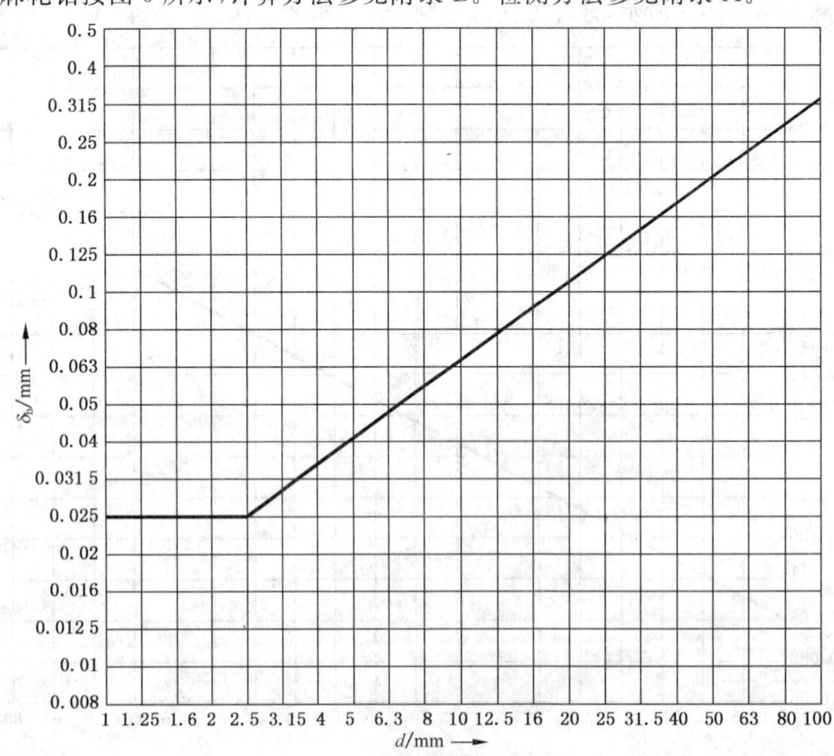

图 5

4.9 沟槽分度误差最大不应超过下列规定。

4.9.1 普通级麻花钻按图 6 所示，计算方法参见附录 B。检测方法参见附录 A。

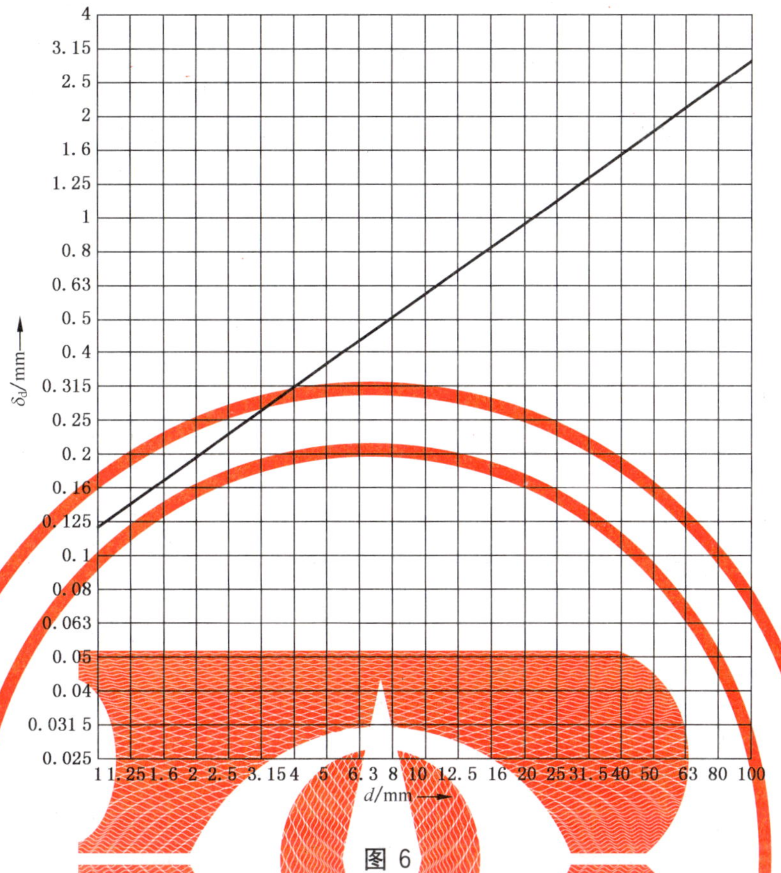

图 6

4.9.2 精密级麻花钻按图 7 所示，计算方法参见附录 B。检测方法参见附录 A。

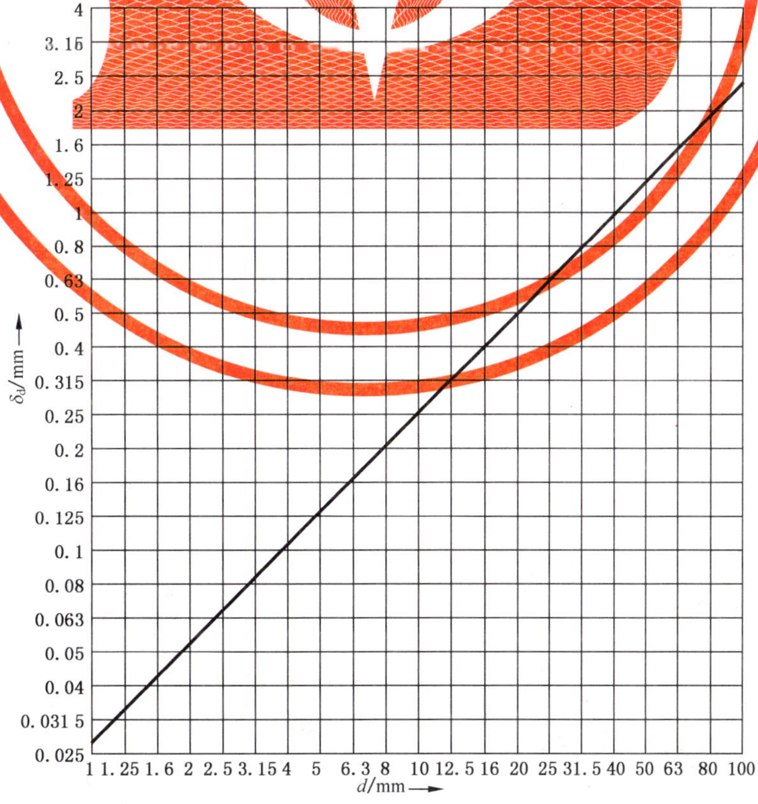

图 7

4.10 麻花钻的几何角度按下列规定。

4.10.1 螺旋角:由制造厂自定,也可按供需双方的协议制造。

4.10.2 顶角:通常麻花钻顶角角度为118°。极限偏差为±3°,适用于不同顶角角度的麻花钻。

4.11 钻芯厚度的最小值按图8所示。麻花钻应该有钻芯增量,计算方法参见附录B。

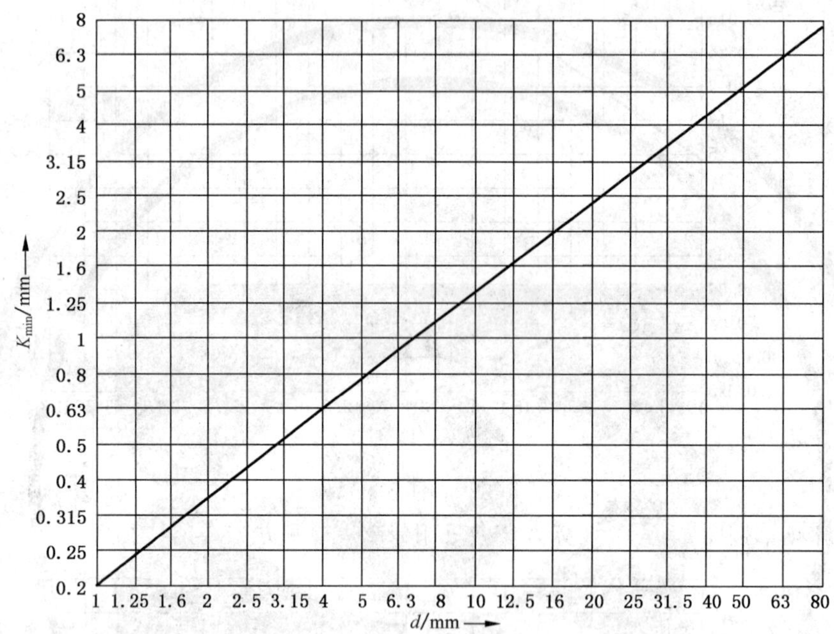

图 8

4.12 刃带宽度

4.12.1 普通级麻花钻按图9所示,计算方法参见附录B。

注:$d \leqslant 0.75$ mm 的麻花钻可不制刃带。

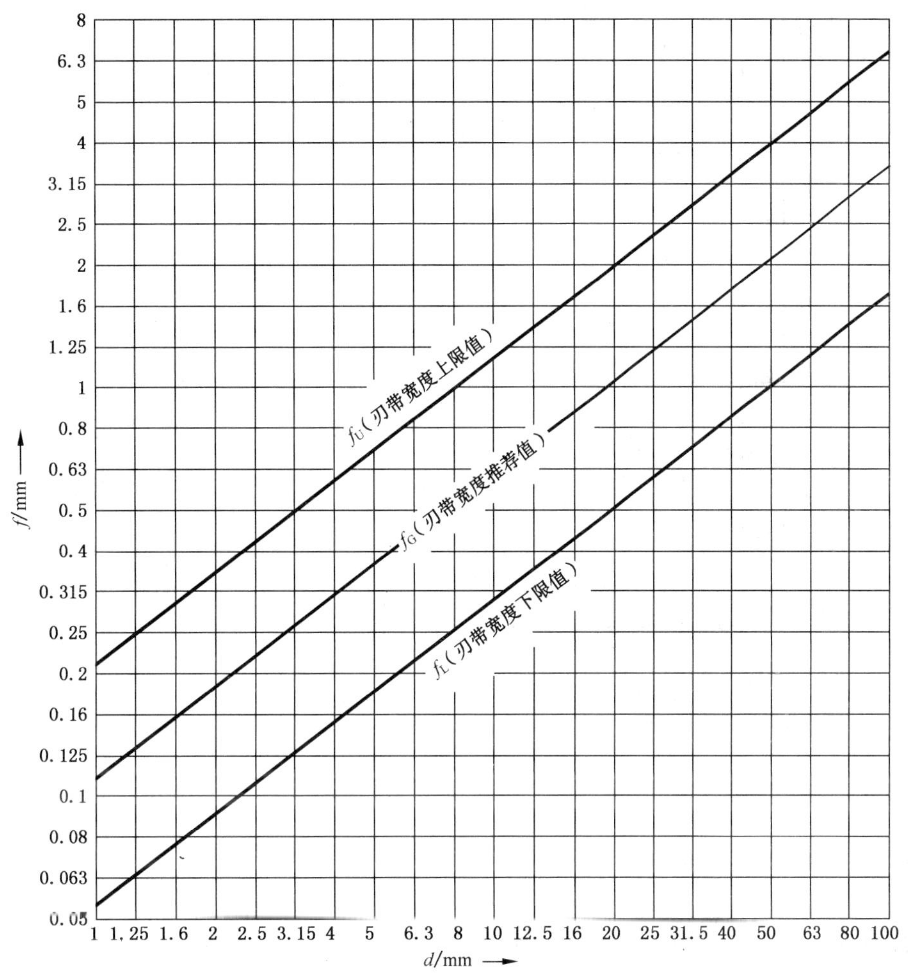

图 9

4.12.2 精密级麻花钻按图 10 所示。精密级麻花钻两刃带宽度差不应超过图 10 所示公差的三分之一，即$(f_U-f_L)/3$，计算方法参见附录 B。

注：$d \leqslant 0.75$ mm 的麻花钻可不制刃带。

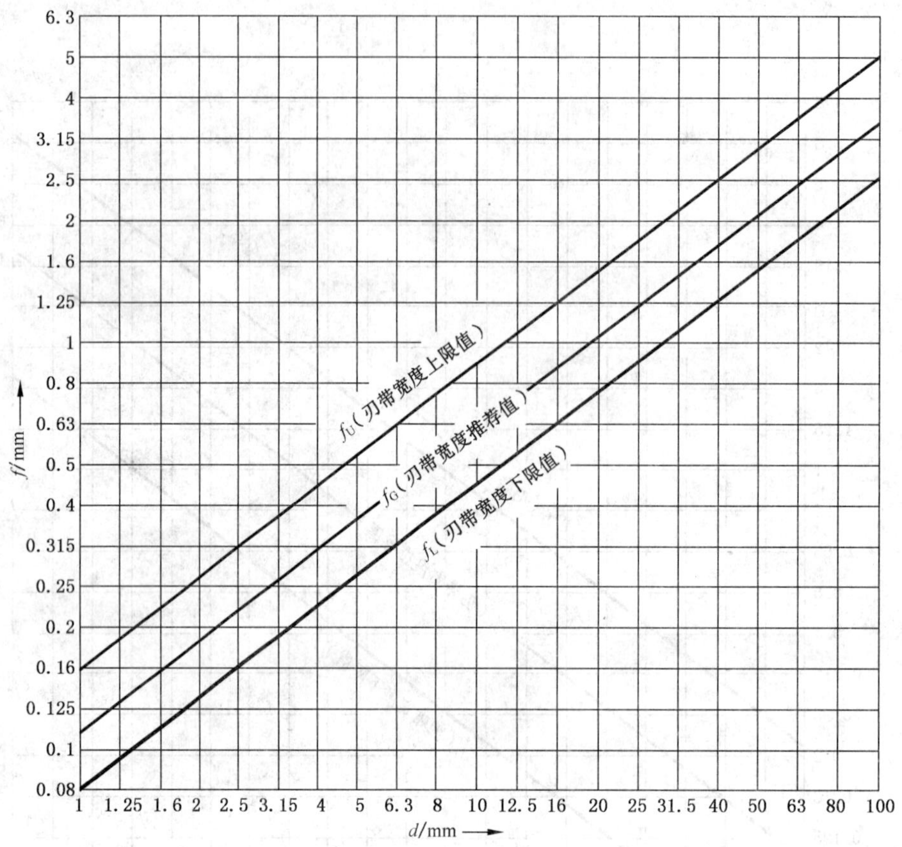

图 10

5 材料和硬度

5.1 麻花钻工作部分用 W6M$_o$5Cr4V2 或其他同等性能的普通高速钢(代号:HSS)制造,直径 d 大于等于 3 mm 的麻花钻应经蒸汽表面处理或其他表面强化处理(如麻花钻未经表面强化处理,沟槽表面须磨光或抛光)。麻花钻工作部分也可用高性能高速钢(代号:HSS-E)制造。

5.2 焊接麻花钻柄部用 45 钢或同等性能的其他钢材制造。

5.3 麻花钻硬度按下列规定:

5.3.1 淬硬范围:整体麻花钻在离钻尖(4/5)l_1 的长度上,允许整体淬硬;焊接麻花钻在离钻尖(3/4)l_1 的长度上。

5.3.2 工作部分硬度:普通高速钢(HSS)780 HV～900 HV(或 62.5 HRC～66.5 HRC);
高性能高速钢(HSS-E)820 HV～950 HV(或 64 HRC～68 HRC)。

硬度试验载荷根据麻花钻直径选择,在刃带或靠近刃带的刃背上测量。

5.3.3 柄部硬度:整体麻花钻不低于 240 HV(或不低于 23 HRC);
焊接麻花钻不低于 170 HV。
柄部的最高硬度不应大于工作部分硬度。
硬度试验载荷根据麻花钻直径选择。

5.3.4 锥柄扁尾硬度(d>10 mm):不低于 220 HV30(或不低于 19 HRC)。

6 外观和表面粗糙度

6.1 麻花钻切削刃不应有崩刃、钝口、裂纹、显著的凹凸以及磨削烧伤等影响使用性能的缺陷,焊接麻花钻在焊缝处不应有砂眼和未焊透现象。

6.2 麻花钻表面粗糙度的上限值按表1的规定。

表 1

单位为微米

部　　位	普通级麻花钻	精密级麻花钻	
		$d \leqslant 15$ mm	$d > 15$ mm
后面	$Rz6.3$	$Rz3.2$	$Rz6.3$
刃带			
沟槽	$Rz12.5$		
柄部	$Ra0.8$	$Ra0.8$	

7 标志和包装

7.1 标志

7.1.1 产品上应标志(直径 $d<4$ mm 的麻花钻可不标志):

a) 制造厂或销售商的商标;

b) 麻花钻直径;

c) 高速钢代号;

d) 麻花钻等级(精密级麻花钻标志"H",普通级麻花钻不标志)。

标志应持久,标志凸出量不大于0.03 mm。

7.1.2 包装盒上应标志:

a) 制造厂或销售商的名称、地址和商标;

b) 麻花钻的标记;

c) 高速钢的牌号或代号;

d) 件数;

e) 制造年月。

7.2 包装

麻花钻在包装前应经防锈处理,包装应牢靠并能防止运输过程中的损伤。

附　录　A
（资料性附录）
麻花钻位置公差的检测方法

A.1　麻花钻位置公差的测量按表 A.1 的规定。

表 A.1

序号	检查项目	测量方法	测量方法简图	测量工具
1	工作部分对柄部轴线的径向圆跳动	将麻花钻柄部放在 V 型铁上，柄部顶靠一定位块(锥柄麻花钻端部与定位块间加一钢珠)，将指示表测头触靠在转角处的刃带上，读取指示表的读数，然后旋转麻花钻 180°，读取另一刃带上的指示表读数，取其差值；再将测头触靠在距转角为 1/4 沟槽导程的刃带上，重复前述操作，取二处差值的最大值	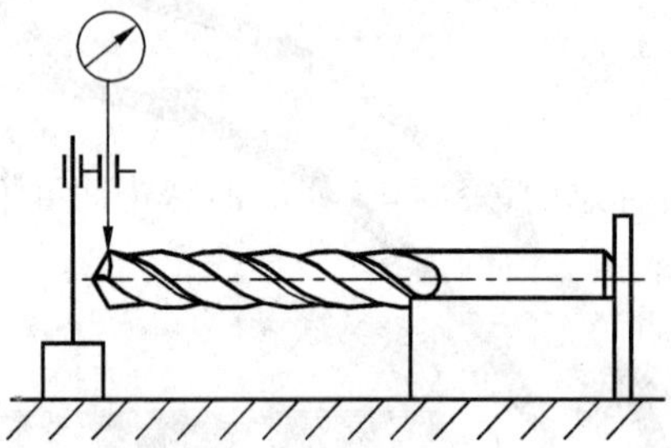	V 型铁、0.01 刻度值的指示表、定位块、钢珠、磁力表架、平板
2	钻芯对工作部分轴线的对称度	将麻花钻工作部分放在 V 型铁上，钻尖横刃顶靠一定位块，将指示表测头触靠在钻尖处的沟底上，稍左右旋转麻花钻，读取指示表上最小读数，然后将麻花钻旋转 180°，读取另一沟底的指示表读数，取其差值；再将测头触靠在距钻尖为 1/4 沟槽导程的沟底上，重复前述操作，取二处差值的最大值	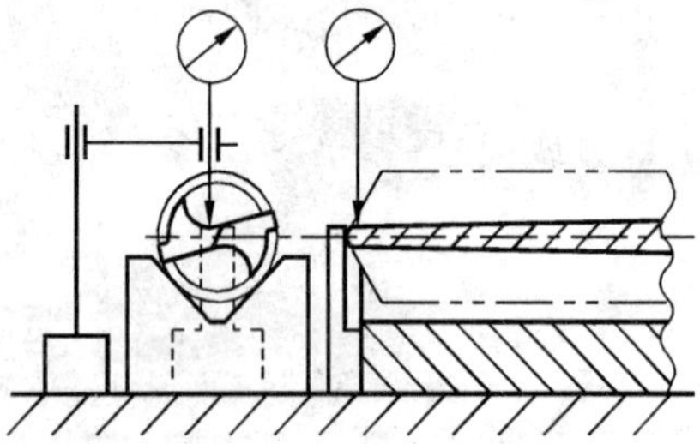	V 型铁、0.01 刻度值的指示表、尖测头、定位块、磁力表架、平板
3	切削刃对工作部分轴线的斜向圆跳动	将麻花钻工作部分放在 V 型铁上，钻尖横刃顶靠一定位块，将指示表测头垂直触靠在靠近转角处的切削刃上，读取指示表读数；旋转麻花钻，重复测量另一切削刃，读取指示表读数，取其差值	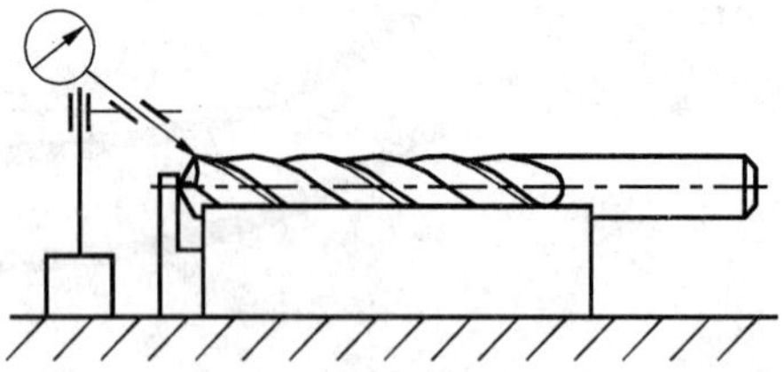	V 型铁、0.01 刻度值的指示表、定位块、磁力表架、平板
4	沟槽分度误差	将麻花钻工作部分放在 V 型铁上，钻尖横刃顶靠一定位块，并使另一定位块顶靠在一沟槽周刃处，指示表测头触靠在另一沟槽周刃处，读取指示表读数，重复测量另一沟槽，读取指示表读数，取其差值	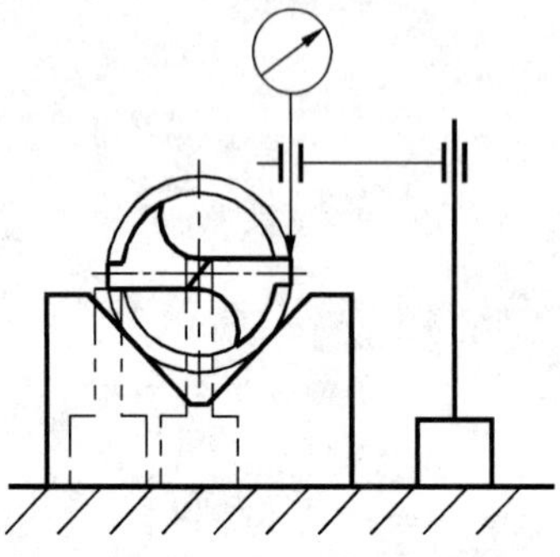	V 型铁、0.01 刻度值的指示表、定位块、磁力表架、平板

附 录 B
（资料性附录）
麻花钻位置公差、刃带宽度、钻芯厚度的计算方法

B.1 工作部分对柄部轴线的径向圆跳动按式(B.1)。

$$\delta_r = 0.03 + 0.01(l/d) \qquad d \geqslant 2\ \text{mm} \qquad \cdots\cdots(\text{B.1})$$

B.2 钻芯对工作部分轴线的对称度按式(B.2)～式(B.5)。

——普通级麻花钻：

$$\delta_k = 0.10 \qquad d \leqslant 1\ \text{mm} \qquad \cdots\cdots(\text{B.2})$$

$$\delta_k = 0.10\ d^{0.489} \qquad d > 1\ \text{mm} \qquad \cdots\cdots(\text{B.3})$$

——精密级麻花钻：

$$\delta_k = 0.08 \qquad d \leqslant 1\ \text{mm} \qquad \cdots\cdots(\text{B.4})$$

$$\delta_k = 0.08\ d^{0.537} \qquad d > 1\ \text{mm} \qquad \cdots\cdots(\text{B.5})$$

B.3 切削刃对工作部分轴线的斜向圆跳动按式(B.6)～式(B.9)。

——普通级麻花钻：

$$\delta_h = 0.10 \qquad d \leqslant 2.5\ \text{mm} \qquad \cdots\cdots(\text{B.6})$$

$$\delta_h = 0.075\ d^{0.317} \qquad d > 2.5\ \text{mm} \qquad \cdots\cdots(\text{B.7})$$

——精密级麻花钻：

$$\delta_h = 0.025 \qquad d \leqslant 2.5\ \text{mm} \qquad \cdots\cdots(\text{B.8})$$

$$\delta_h = 0.013\ d^{0.699} \qquad d > 2.5\ \text{mm} \qquad \cdots\cdots(\text{B.9})$$

B.4 沟槽分度误差按式(B.10)～式(B.13)。

——普通级麻花钻：

$$\delta_d = 0.12 \qquad d \leqslant 1\ \text{mm} \qquad \cdots\cdots(\text{B.10})$$

$$\delta_d = 0.12\ d^{0.690} \qquad d > 1\ \text{mm} \qquad \cdots\cdots(\text{B.11})$$

——精密级麻花钻：

$$\delta_d = 0.027 \qquad d \leqslant 1\ \text{mm} \qquad \cdots\cdots(\text{B.12})$$

$$\delta_d = 0.027\ d^{0.974} \qquad d > 1\ \text{mm} \qquad \cdots\cdots(\text{B.13})$$

B.5 钻芯厚度的最小值按式(B.14)。

$$K_{min} = 0.2\ d^{0.830} \qquad \cdots\cdots(\text{B.14})$$

B.6 刃带宽度按式(B.15)～式(B.20)。

——普通级麻花钻：

$$f_G = 0.110\ d^{0.750} \qquad \cdots\cdots(\text{B.15})$$

$$f_U = 0.210\ d^{0.750} \qquad \cdots\cdots(\text{B.16})$$

$$f_L = 0.054\ d^{0.750} \qquad \cdots\cdots(\text{B.17})$$

——精密级麻花钻：

$$f_G = 0.110\ d^{0.750} \qquad \cdots\cdots(\text{B.18})$$

$$f_U = 0.158\ d^{0.750} \qquad \cdots\cdots(\text{B.19})$$

$$f_L = 0.080\ d^{0.750} \qquad \cdots\cdots(\text{B.20})$$

ICS 01.080.20
D 04

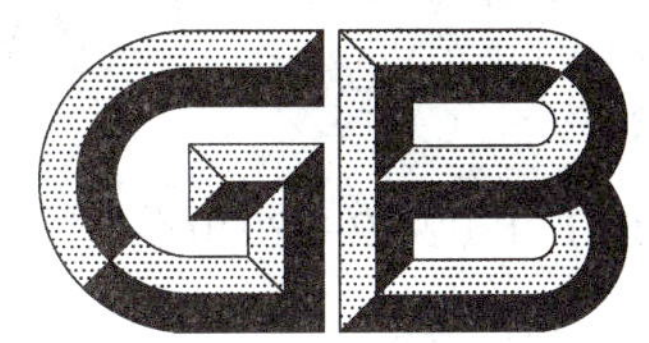

中华人民共和国国家标准

GB/T 18024.2—2010
代替 GB/T 18024.2—2000

煤矿机械技术文件用图形符号 第2部分:采煤工作面支架及支柱图形符号

Graphical symbols for the technical documentation of coal mine machinery—
Part 2: Graphical symbols for coal face support and prop

2010-09-26 发布 2011-02-01 实施

中华人民共和国国家质量监督检验检疫总局
中国国家标准化管理委员会 发布

前　言

GB/T 18024《煤矿机械技术文件用图形符号》分为七个部分：

——第1部分:总则；

——第2部分:采煤工作面支架及支柱图形符号；

——第3部分:采掘机械图形符号；

——第4部分:井下运输机械图形符号；

——第5部分:提升和地面生产机械图形符号；

——第6部分:露天矿机械图形符号；

——第7部分:压气机、通风机和泵图形符号。

本部分为GB/T 18024的第2部分。

本部分代替GB/T 18024.2—2000《煤矿机械技术文件用图形符号　采煤工作面支护机械图形符号》。

本部分与GB/T 18024.2—2000相比主要变化如下：

——扩大了标准的适用范围(见第1章)；

——修改了图形符号的设计,设计在标准模数M的点阵网格中,网格系统为0.125 M(见3.4)；

——增加了在使用图形符号时,其缩放比例更灵活的内容(见3.4)；

——增加了1个图形符号:超前支架(见2-12)。

本部分与GB/T 18024.1、GB/T 18024.3～18024.7配套使用。

本部分由中国煤炭工业协会提出并归口。

本部分由西安科技大学负责起草。

本部分主要起草人:马中骥、李勇、秋兴国、马劲。

本部分所代替标准的历次版本发布情况为：

——GB/T 18024.2—2000。

煤矿机械技术文件用图形符号
第2部分:采煤工作面
支架及支柱图形符号

1 范围

GB/T 18024 的本部分规定了采煤工作面支架及支柱图形符号及其使用规则。

本部分适用于采区机械配备图及有关技术文件,也适用于其他行业同类机械的技术文件。

2 规范性引用文件

下列文件中的条款通过 GB/T 18024 的本部分的引用而成为本部分的条款。凡是注日期的引用文件,其随后所有的修改单(不包括勘误的内容)或修订版均不适用于本部分,然而,鼓励根据本部分达成协议的各方研究是否可使用这些文件的最新版本。凡是不注日期的引用文件,其最新版本适用于本部分。

GB/T 16901.1 技术文件用图形符号表示规则 第1部分:基本规则(GB/T 16901.1—2008,ISO 81714-1:1999,MOD)

GB/T 17450 技术制图 图线(GB/T 17450—1998,idt ISO 128-20:1996)

3 符号使用规则

3.1 使用图形符号时,应用 GB/T 17450 规定的线型绘制。

3.2 本部分表示运动方向的箭头用细实线绘制,头部角度应在 45°~60°间。

3.3 本部分规定图形符号的方向,按需要可旋转某一角度或成镜像配置。

3.4 本部分规定的图形符号是按 GB/T 16901.1 的规定,设计在 0.125 M 的点阵网格系统中,用以规定符号比例,使用时可根据需要对图形符号在不同方向按相同比例或不同比例作适当调整,但应能完全传递原图形符号的信息。

3.5 本部分规定的一般符号,用于不需指明表达对象特定类型的场合。

4 采煤工作面支架及支柱图形符号

采煤工作面支架及支柱图形符号见表1。

表1 采煤工作面支架及支柱图形符号

编号	图形符号	名称	说明
2-01	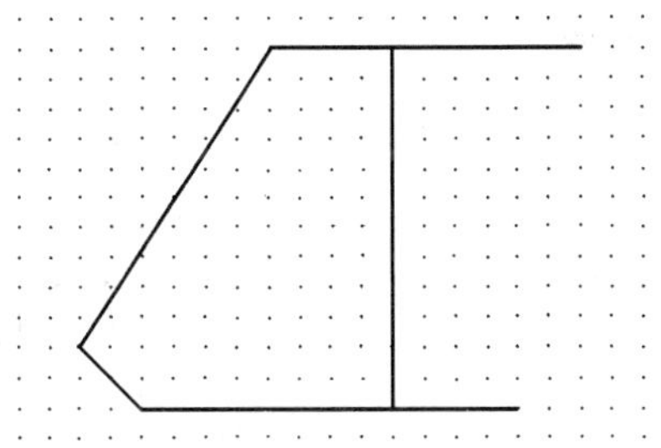	液压支架 hydraulic support	一般符号

表 1（续）

编号	图形符号	名称	说明
2-02	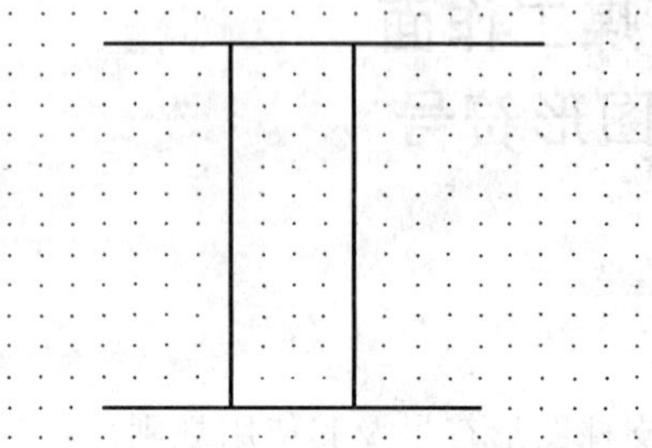	支撑式支架 chock-frame-type support	
2-03	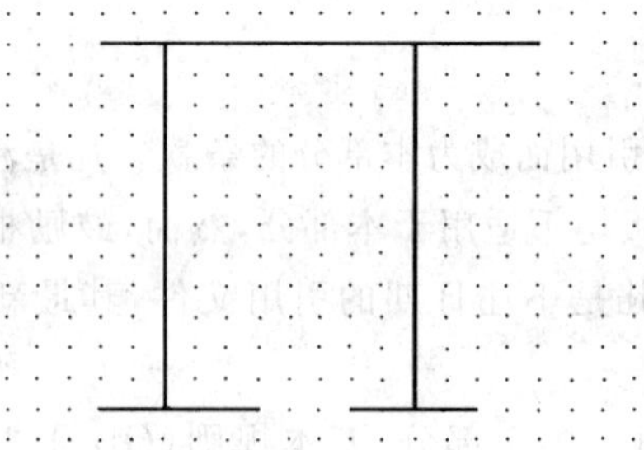	节式支架 frame-type support	
2-04	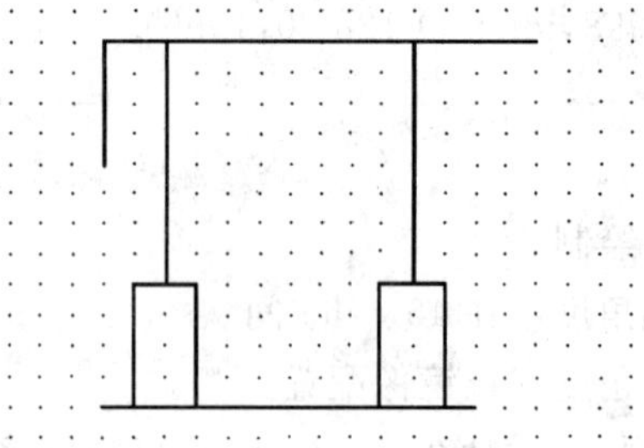	垛式支架 chock-type powered support	
2-05	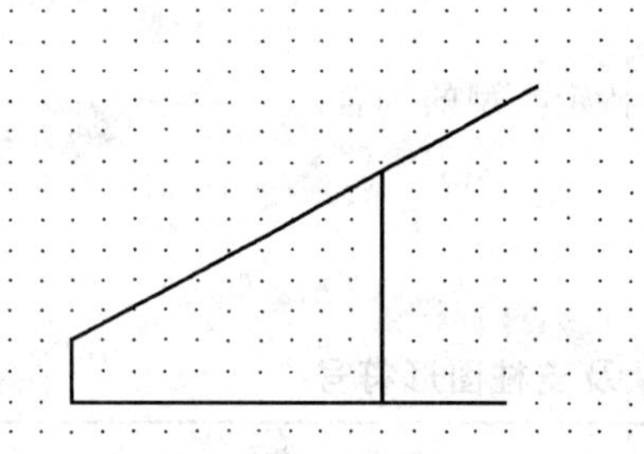	掩护式支架 shield-type powered support	
2-06	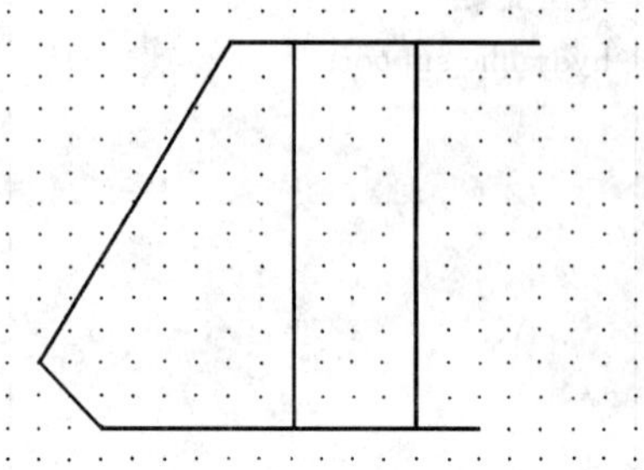	支撑-掩护式支架 chock-shield-type support	

表 1（续）

编　号	图形符号	名　　称	说　　明
2-07		大倾角支架 steeply pitching support	
2-08		充填支架 filling support	
2-09		放顶煤支架 caving mining support	一般符号
2-10		铺网支架 meshy support	
2-11		端头支架 face-end support	

表 1（续）

编　号	图形符号	名　　称	说　　明
2-12	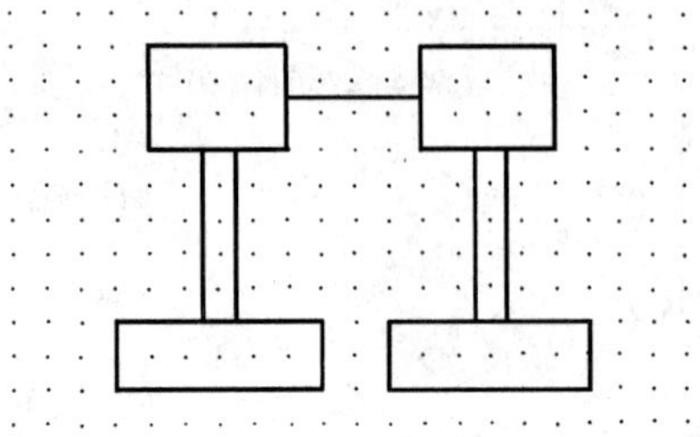	超前支架 advance shield support	
2-13	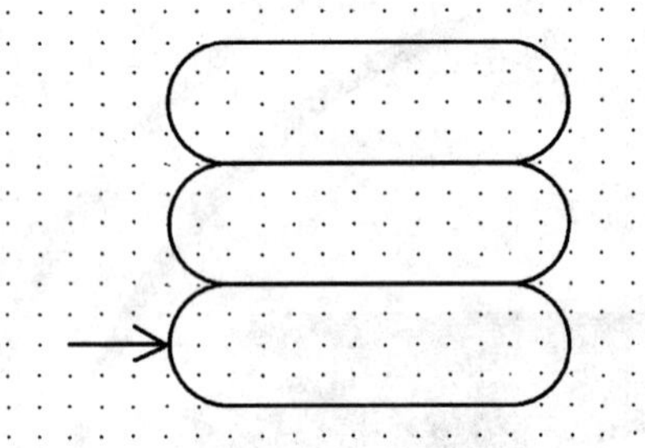	气囊支架 air-bag support	
2-14	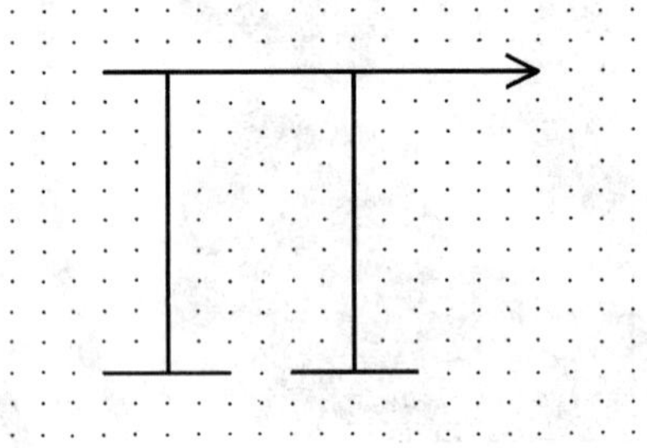	滑移顶梁支架 slipping bar composite support	
2-15	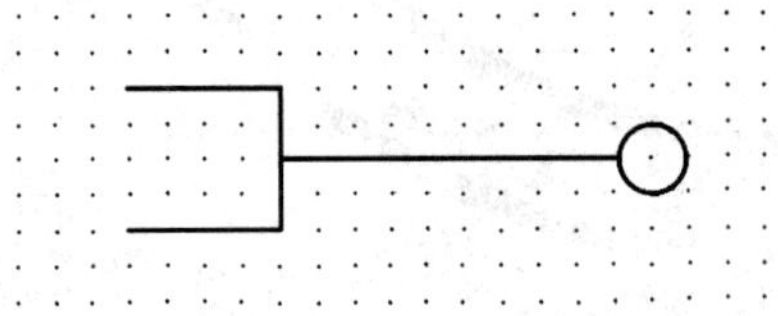	铰接顶梁 hinged girder	
2-16	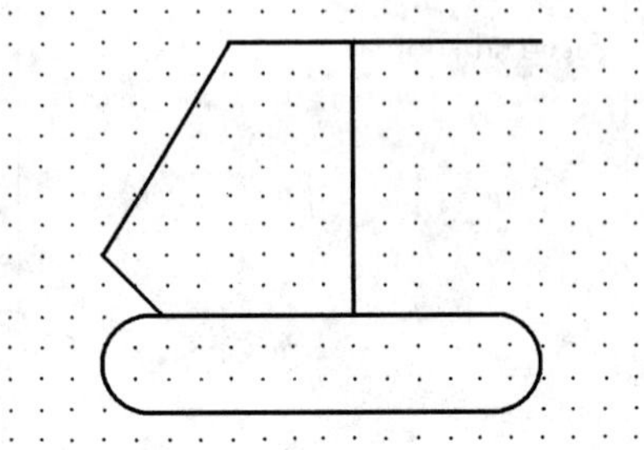	履带式行走支架 caterpillar walking support	

表 1（续）

编　号	图形符号	名　　称	说　　明
2-17	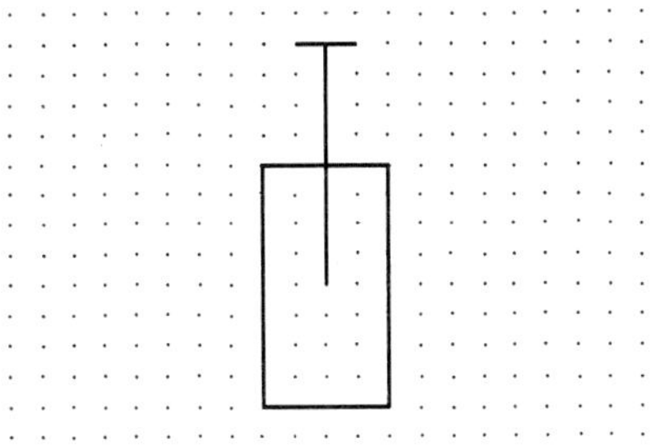	单体支柱 individual prop	
2-18	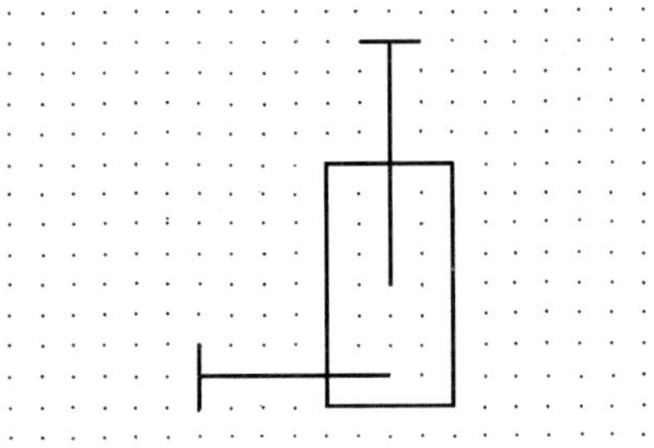	切顶支柱 breaking prop	
2-19	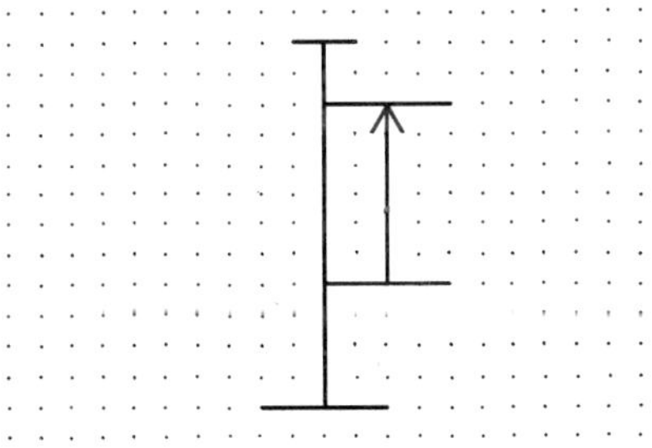	升柱器 prop riser	一般符号

ICS 01.080.20
D 04

中华人民共和国国家标准

GB/T 18024.3—2010
代替 GB/T 18024.3—2000

煤矿机械技术文件用图形符号 第3部分:采掘机械图形符号

Graphical symbols for the technical documentation of coal mine machinery—Part 3:Graphical symbols for machinery of coal winning and road heading

2010-09-26 发布　　　　2011-02-01 实施

中华人民共和国国家质量监督检验检疫总局
中国国家标准化管理委员会　发布

前　言

GB/T 18024《煤矿机械技术文件用图形符号》分为七个部分：

——第1部分：总则；

——第2部分：采煤工作面支架及支柱图形符号；

——第3部分：采掘机械图形符号；

——第4部分：井下运输机械图形符号；

——第5部分：提升和地面生产机械图形符号；

——第6部分：露天矿机械图形符号；

——第7部分：压气机、通风机和泵图形符号。

本部分为GB/T 18024的第3部分。

本部分代替GB/T 18024.3—2000《煤矿机械技术文件用图形符号　采掘机械图形符号》。

本部分与GB/T 18024.3—2000相比主要变化如下：

——扩大了标准的适用范围(见第1章)；

——修改了图形符号的设计，设计在标准模数M的点阵网格中，网格系统为0.125M(2000年版的3.1；本版的3.3)；

——增加了在使用图形符号时，其缩放比例更灵活的内容(见3.3)；

——将"钻采机"改名为"钻孔采煤机"(见3-04)；

——增加了2个图形符号：锚杆钻车和伞型钻架(见3-30和3-31)；

——修改了4个图形符号：双滚筒采煤机、单滚筒采煤机、全断面掘进机和高压水射流掘进机(见3-01、3-02、3-06和3-08)。

本部分与GB/T 18024.1、GB/T 18024.2、GB/T 18024.4～18024.7配套使用。

本部分由中国煤炭工业协会提出并归口。

本部分由西安科技大学负责起草。

本部分主要起草人：马中骥、李勇、秋兴国、马劲。

本部分所代替标准的历次版本发布情况为：

——GB/T 18024.3—2000。

煤矿机械技术文件用图形符号 第3部分：采掘机械图形符号

1 范围

GB/T 18024的本部分规定了采掘机械图形符号及其使用规则。

本部分适用于采区机械配备图及有关技术文件，也适用于其他行业同类机械的技术文件。

2 规范性引用文件

下列文件中的条款通过GB/T 18024的本部分的引用而成为本部分的条款。凡是注日期的引用文件，其随后所有的修改单(不包括勘误的内容)或修订版均不适用于本部分，然而，鼓励根据本部分达成协议的各方研究是否可使用这些文件的最新版本。凡是不注日期的引用文件，其最新版本适用于本部分。

GB/T 16901.1 技术文件用图形符号表示规则 第1部分：基本规则(GB/T 16901.1—2008，ISO 81714-1:1999，MOD)

GB/T 17450 技术制图 图线(GB/T 17450—1998，idt ISO 128-20:1996)

3 符号使用规则

3.1 使用图形符号时，应用GB/T 17450规定的线型绘制。

3.2 本部分规定图形符号的方向，按需要可旋转某一角度或成镜像配置。

3.3 本部分规定的图形符号是按GB/T 16901.1的规定，设计在0.125M的点阵网格系统中，用以规定符号比例，使用时可根据需要对图形符号在不同方向按相同比例或不同比例作适当调整，但应能完全传递原图形符号的信息。

3.4 本部分规定的一般符号，用于不需指明表达对象特定类型的场合。

4 采掘机械图形符号

采掘机械图形符号见表1。

表1 采掘机械图形符号

编号	图形符号	名称	说明
3-01		双滚筒采煤机 double drum shearer	
3-02		单滚筒采煤机 single drum shearer	

表 1（续）

编号	图形符号	名　称	说　明
3-03	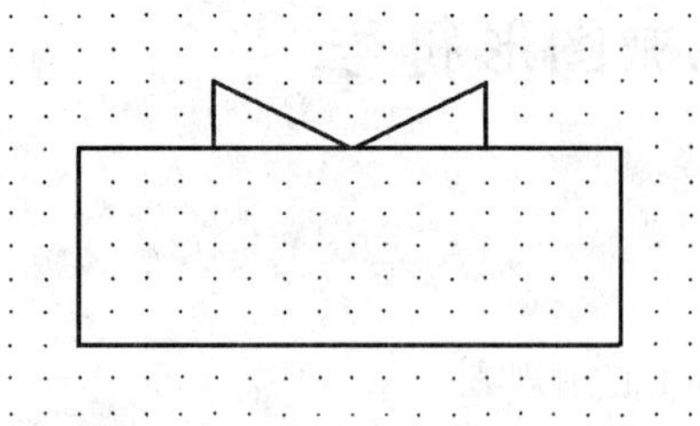	刨煤机 coal plough	一般符号
3-04	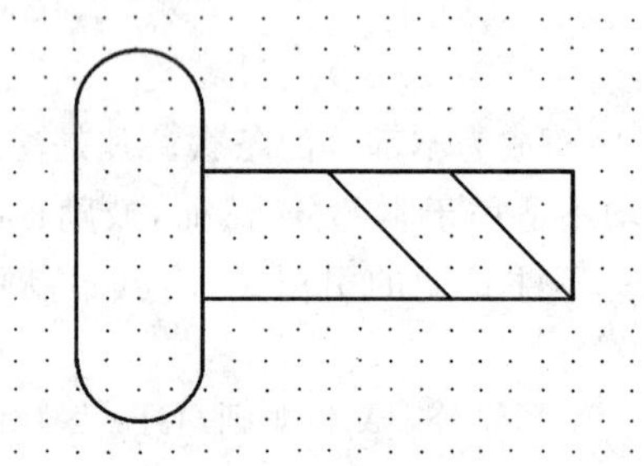	钻孔采煤机 auger miner	
3-05	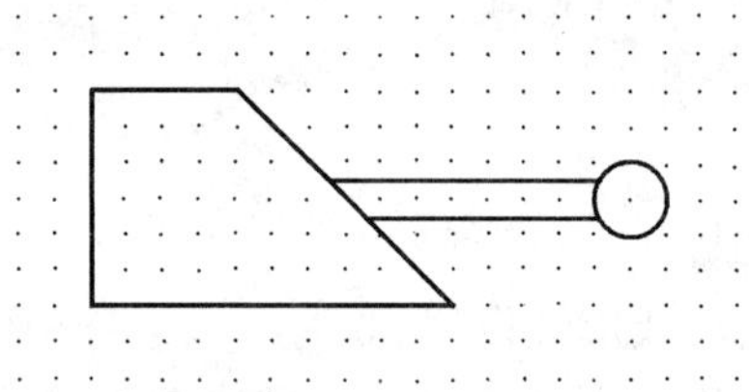	连续采煤机(掘采机) continuous miner	
3-06	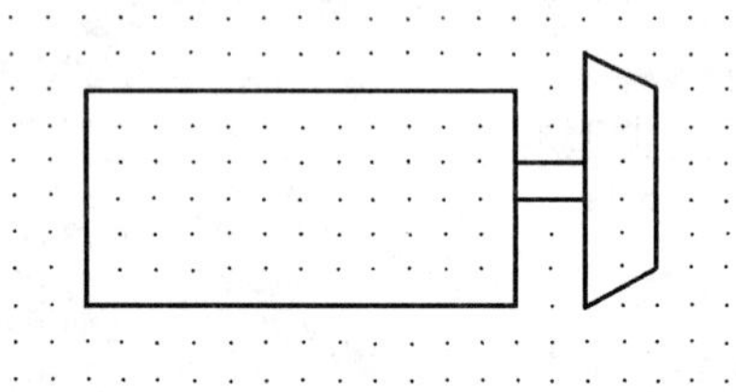	全断面掘进机 full-section tunneling	
3-07	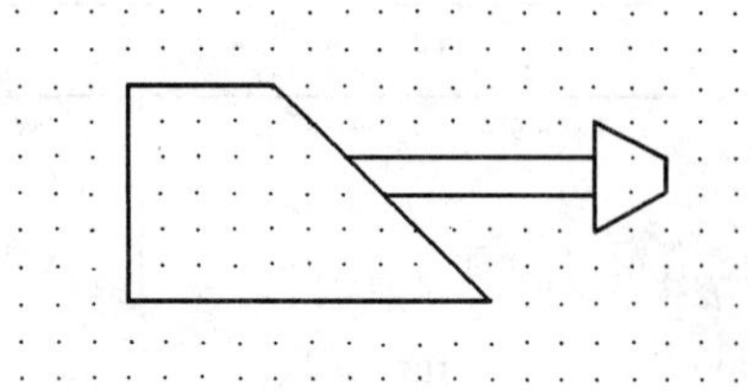	部分断面掘进机 selective roadhead; partial-size tunneling machine	一般符号
3-08	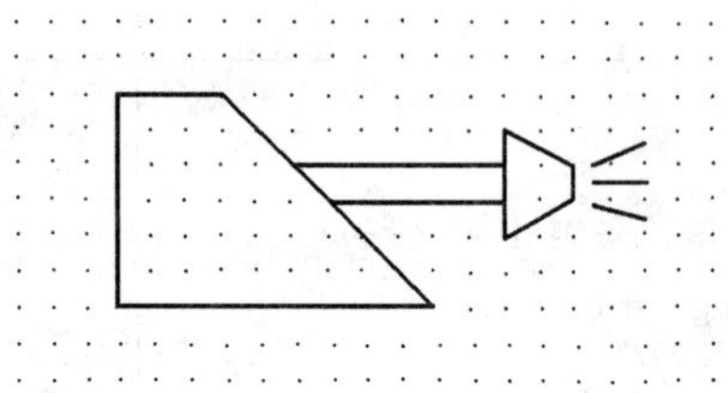	高压水射流掘进机 boring machine of high pressure water jetting	

表 1（续）

编号	图形符号	名 称	说 明
3-09	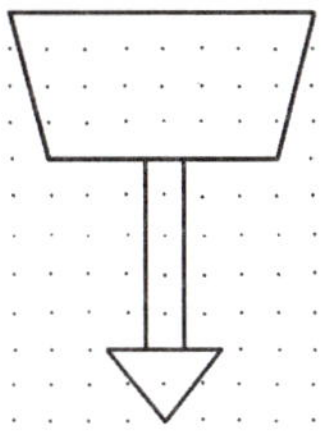	钻井机 shaft boring machine	
3-10	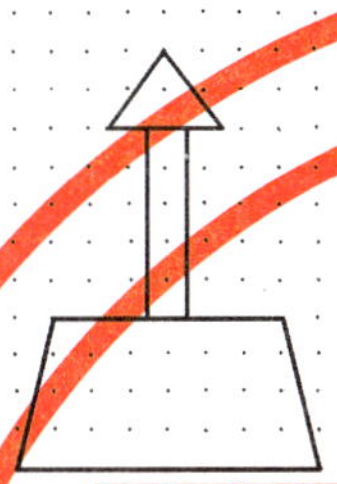	反井钻机 raise boring machine	
3-11		铲斗装载机 bucket loader	
3-12		耙斗装载机 scraper loader	
3-13		侧卸式装载机 side discharge loader	
3-14	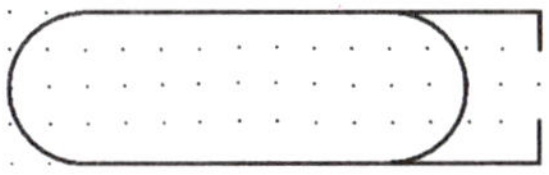	扒爪装载机 gathering-arm loader	
3-15		抓岩机 grab	

表 1（续）

编号	图形符号	名　称	说　明
3-16	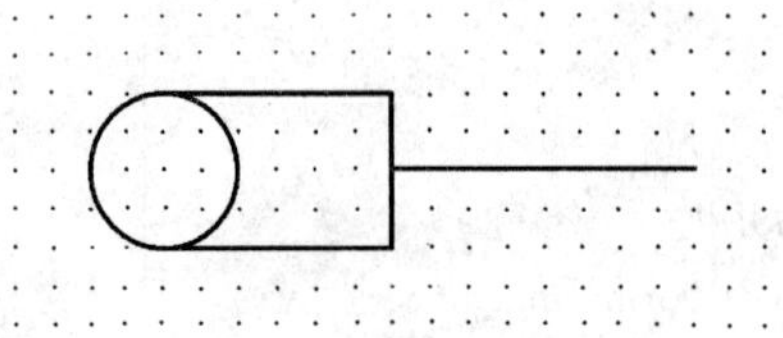	风镐 air pick	
3-17	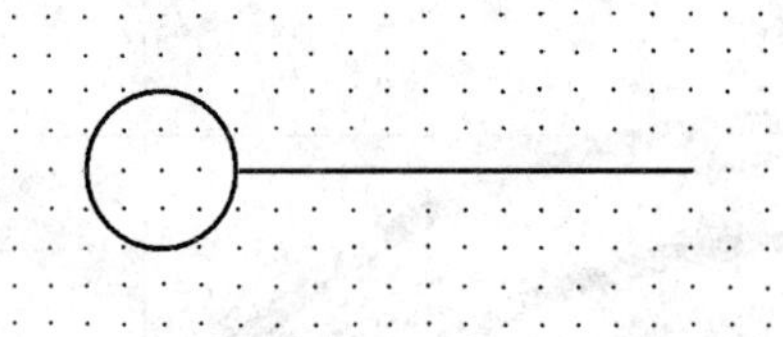	岩石电钻 electric rock drill	
3-18	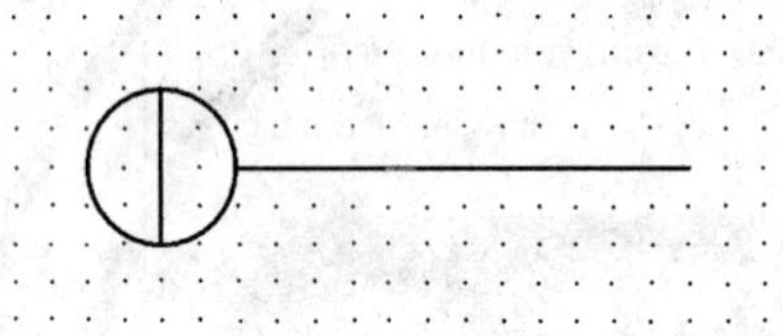	煤电钻 electric coal drill	
3-19	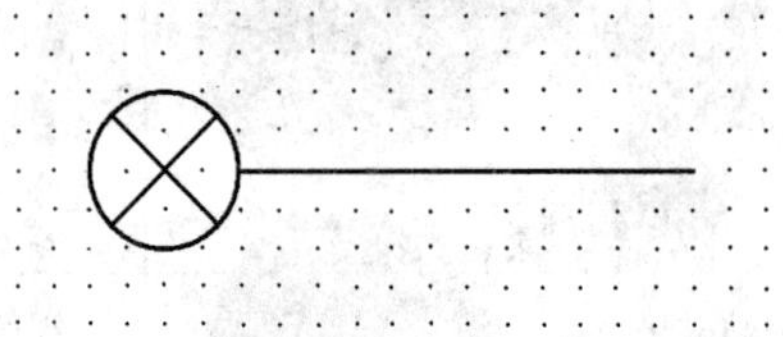	锚杆电钻 electric bolt drill	
3-20	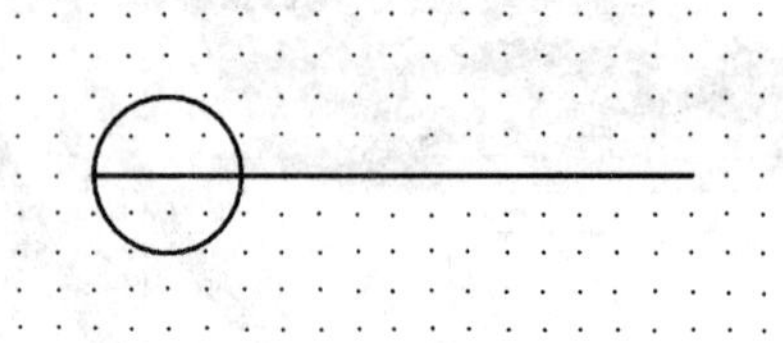	注水电钻 electric water-jet drill	
3-21	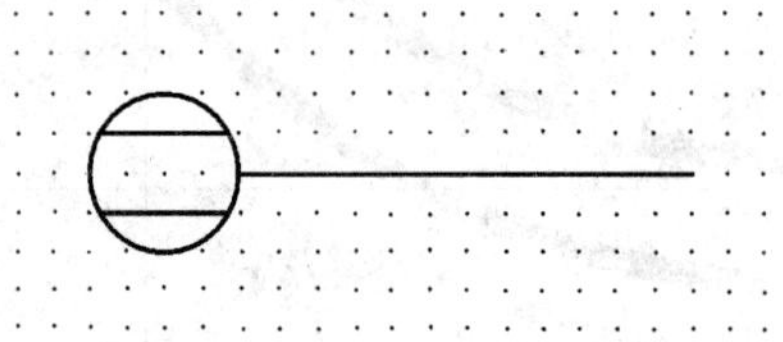	探水电钻 water prospecting	
3-22	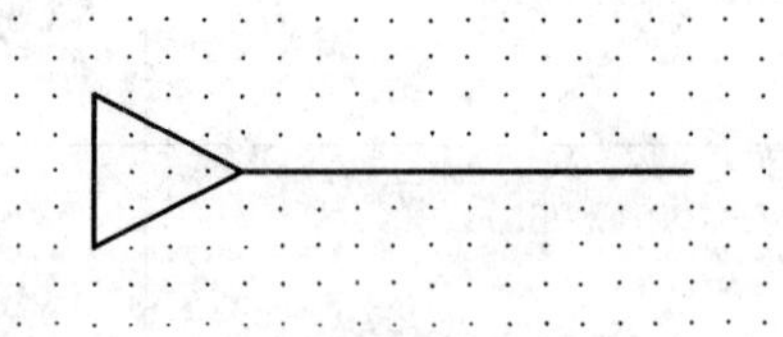	凿岩机 hammer drill	
3-23	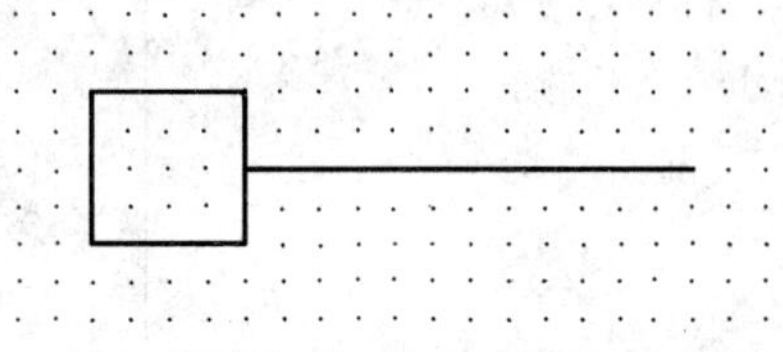	钻孔机 boring machine	用于井下

表 1（续）

编号	图形符号	名　称	说　明
3-24	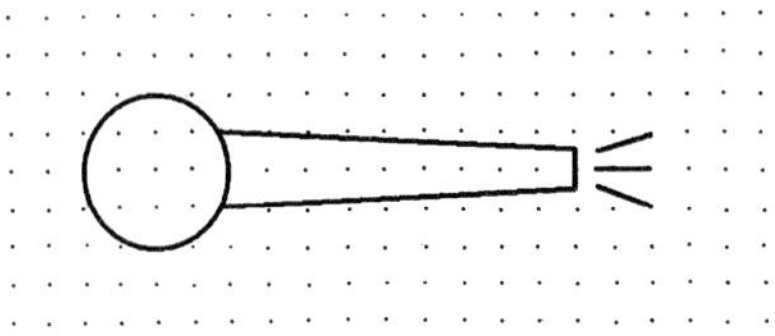	水枪 monitor	
3-25	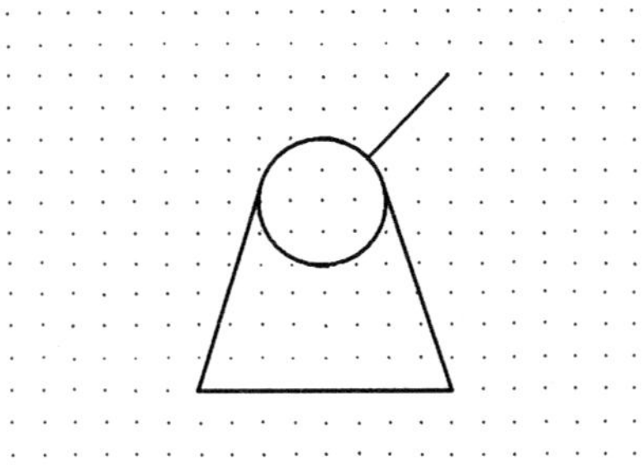	喷浆机 throwing jet	
3-26	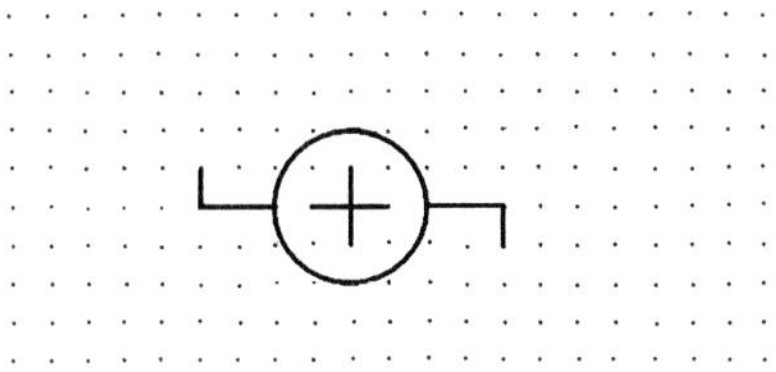	混凝土搅拌机 concrete-mixing machine	
3-27	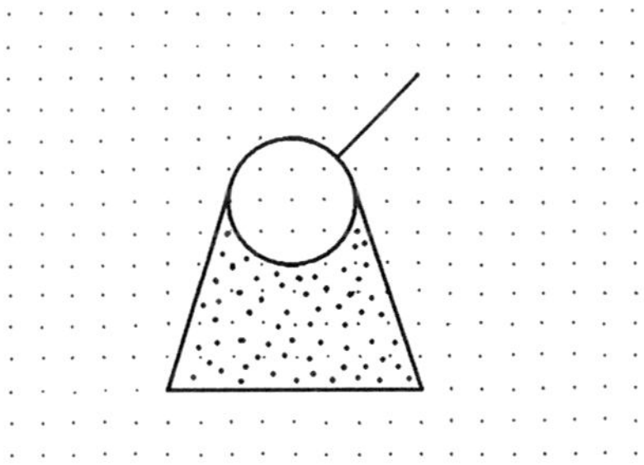	混凝土喷射机 concrete-spraying machine	
3-28	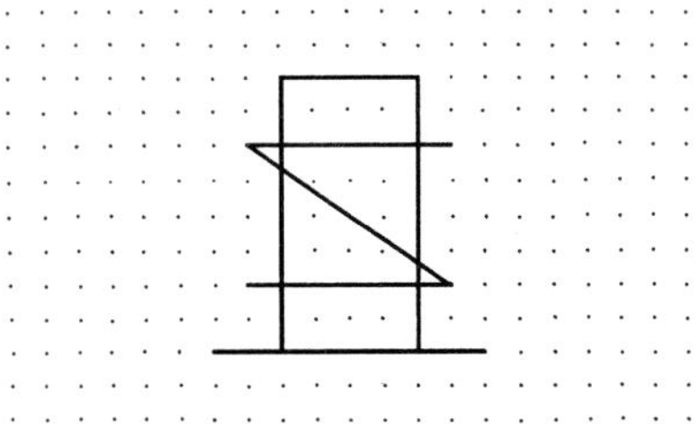	锚杆安装机 bolt-assembly machine	
3-29	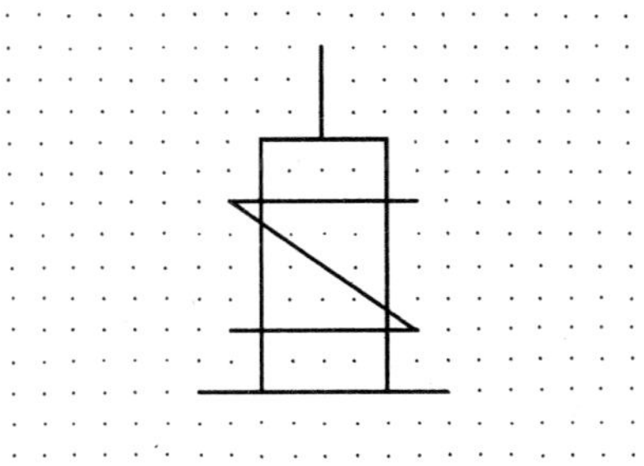	锚杆钻机 roofbolter	一般符号

表 1（续）

编号	图形符号	名　称	说　明
3-30	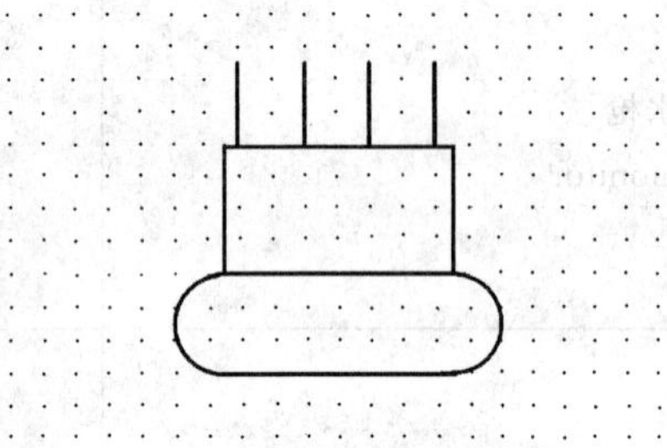	锚杆钻车 bolter-miner	
3-31	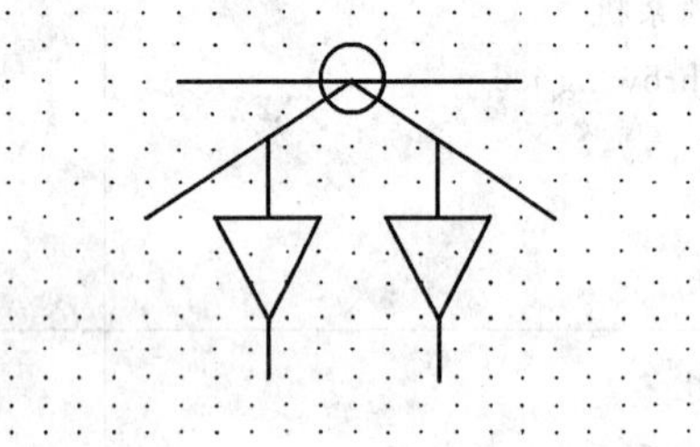	伞型钻架 jumbos	
3-32	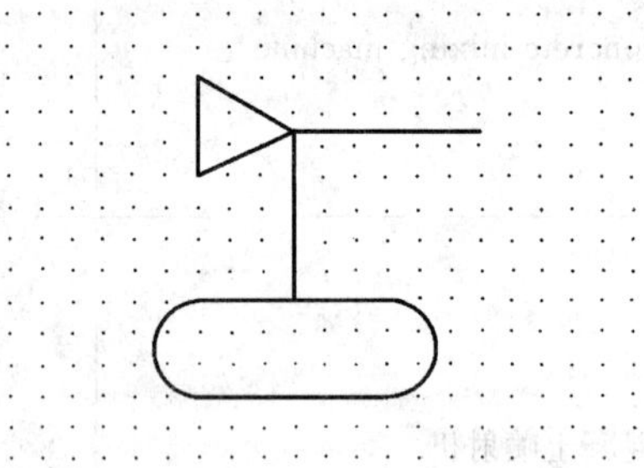	凿岩台车(钻车) jumbo	
3-33	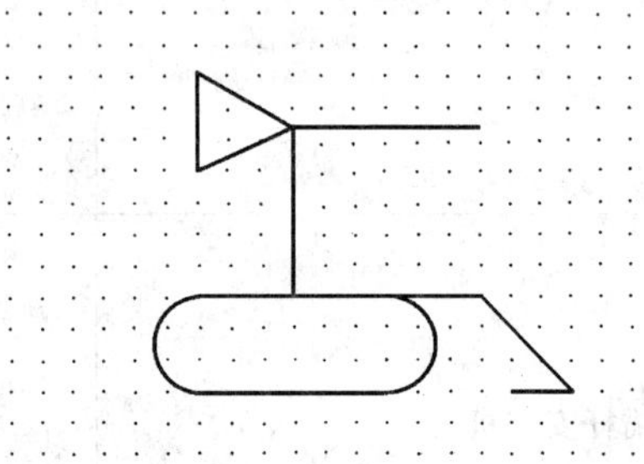	钻装机 drill loader	一般符号
3-34	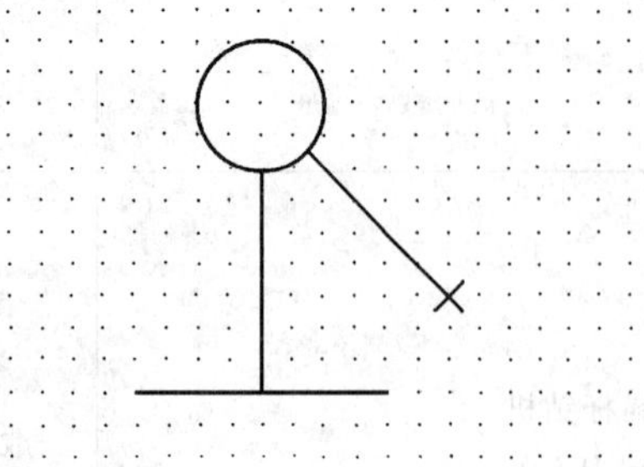	机械手 manipulator	

ICS 01.080.20
D 04

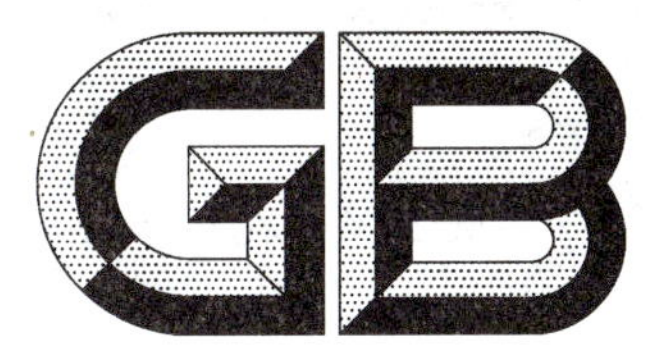

中华人民共和国国家标准

GB/T 18024.4—2010
代替 GB/T 18024.4—2000

煤矿机械技术文件用图形符号 第4部分:井下运输机械图形符号

Graphical symbols for the technical documentation of coal mine machinery—Part 4:Graphical symbols for underground haulage machinery

2010-09-26 发布 2011-02-01 实施

中华人民共和国国家质量监督检验检疫总局
中国国家标准化管理委员会 发布

前　　言

GB/T 18024《煤矿机械技术文件用图形符号》分为七个部分：

——第1部分：总则；

——第2部分：采煤工作面支架及支柱图形符号；

——第3部分：采掘机械图形符号；

——第4部分：井下运输机械图形符号；

——第5部分：提升和地面生产机械图形符号；

——第6部分：露天矿机械图形符号；

——第7部分：压气机、通风机和泵图形符号。

本部分为 GB/T 18024 的第4部分。

本部分代替 GB/T 18024.4—2000《煤矿机械技术文件用图形符号　井下运输机械图形符号》。

本部分与 GB/T 18024.4—2000 相比主要变化如下：

——扩大了标准的适用范围(见第1章)；

——修改了图形符号的设计，设计在标准模数 M 的点阵网格中，网格系统为 0.125M(2000 年版的 3.2；本版的 3.5)；

——增加了在使用图形符号时，其缩放比例更灵活的内容(本版的 3.5)；

——将"调车盘"改名为"转盘"(2000 年版的 4-50；本版的 4-54)；

——将"复式交叉道岔"改名为"交叉渡线道岔"(2000 年版的 4-57；本版的 4-61)；

——增加了9个图形符号：可弯曲刮板输送机、凿井绞车、无轨胶轮人车、无轨胶轮材料车、无轨胶轮支架搬运车、无轨胶轮多功能运输车、起重服务车、井下自卸卡车和装药车(见 4-03、4-25、4-44、4-47、4-48、4-49、4-50、4-51、4-52)；

——修改了5个图形符号：带式输送机(平面，侧卸)、多驱动带式输送机、卡轨车、胶轮梭车和交叉渡线道岔(2000 年版的 4-08、4-14、4-42、4-44、4-57；本版的 4-09、4-15、4-39、4-41、4-61)；

——取消了 2000 年版的5个图形符号：转向带式输送机、吊挂落地两用带式输送机、吊挂可伸缩带式输送机、落地可伸缩带式输送机和吊挂落地两用可伸缩带式输送机(2000 年版的 4-15、4-20、4-22、4-23、4-24)。

本部分与 GB/T 18024.1～18024.3、GB/T 18024.5～18024.7 配套使用。

本部分由中国煤炭工业协会提出并归口。

本部分由西安科技大学负责起草。

本部分主要起草人：马中骥、李勇、秋兴国、马劲。

本部分所代替标准的历次版本发布情况为：

——GB/T 18024.4—2000。

煤矿机械技术文件用图形符号
第4部分:井下运输机械图形符号

1 范围

GB/T 18024的本部分规定了井下运输机械图形符号及其使用规则。

本部分适用于采区机械配备图、简图,及有关技术文件,也适用于其他行业同类机械的技术文件。

2 规范性引用文件

下列文件中的条款通过GB/T 18024的本部分的引用而成为本部分的条款。凡是注日期的引用文件,其随后所有的修改单(不包括勘误的内容)或修订版均不适用于本部分,然而,鼓励根据本部分达成协议的各方研究是否可使用这些文件的最新版本。凡是不注日期的引用文件,其最新版本适用于本部分。

GB/T 16901.1 技术文件用图形符号表示规则 第1部分:基本规则(GB/T 16901.1—2008,ISO 81714-1:1999,MOD)

GB/T 17450 技术制图 图线(GB/T 17450—1998,idt ISO 128-20:1996)

3 符号使用规则

3.1 使用图形符号时,应用GB/T 17450规定的线型绘制。

3.2 表示流程或运动方向的箭头用细实线绘制,头部角度应在45°~60°间。

3.3 本部分规定的图形符号一般是从表达对象的某一个方向绘制的,也有按不同视图或功能绘制的不同符号,使用时可按需要选择。

3.4 本部分规定图形符号的方向,按需要可旋转某一角度或成镜像配置,但文字不得倒置。

3.5 本部分规定的图形符号是按GB/T 16901.1的规定,设计在0.125M的点阵网格系统中,用以规定符号比例,使用时可根据需要对图形符号在不同方向按相同比例或不同比例作适当调整,但应能完全传递原图形符号的信息。

3.6 本部分规定的一般符号,用于不需指明表达对象特定类型的场合。

4 井下运输机械图形符号

井下运输机械图形符号见表1。

表1 井下运输机械图形符号

编号	图形符号	名称	说明
4-01		刮板输送机(单点卸料) scraper conveyor (one discharge)	引用GB/T 16660—2008[4.5.13a)]

表 1（续）

编号	图形符号	名　　称	说　　明
4-02	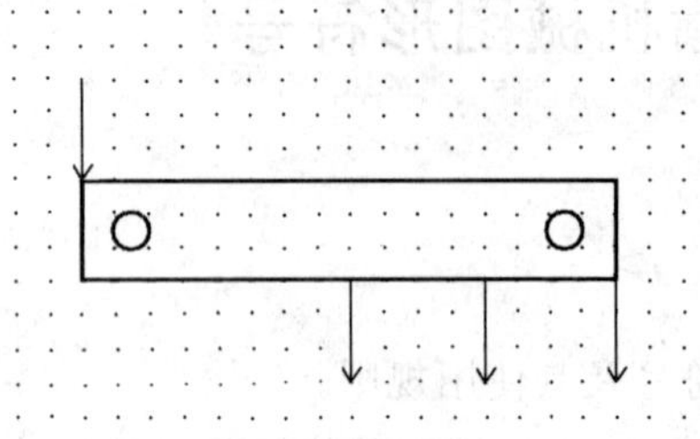	刮板输送机(多点卸料) scraper conveyor (multiple discharge)	引用 GB/T 16660—2008 [4.5.13b)]
4-03	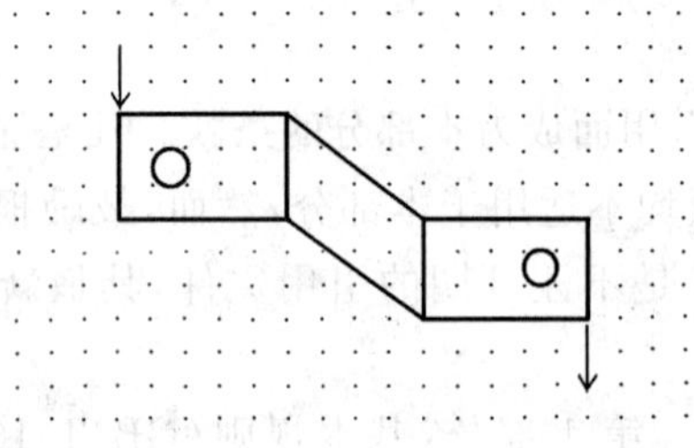	可弯曲刮板输送机 flexible flight conveyor	一般符号
4-04	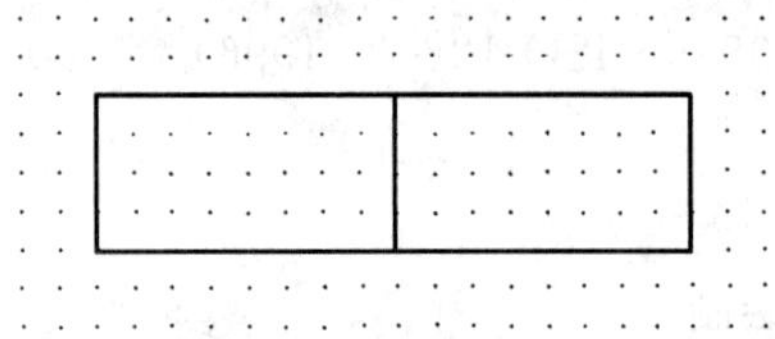	钢溜槽 steel trough	
4-05	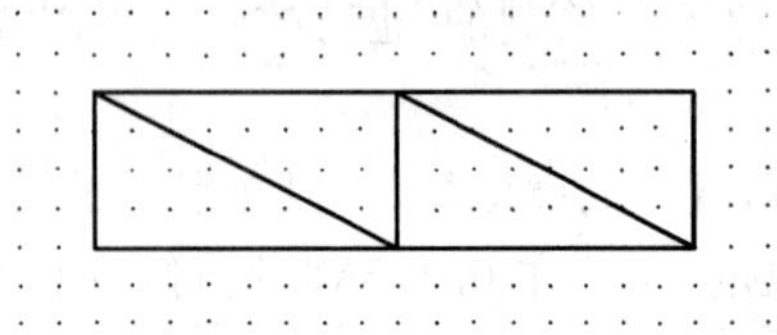	搪瓷溜槽 enameled trough	
4-06	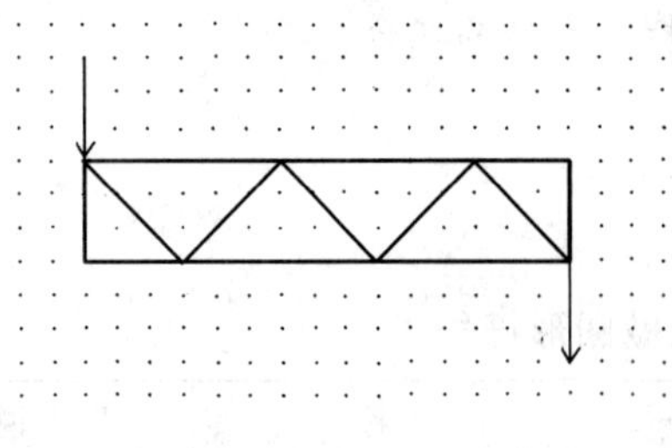	螺旋输送机 conveyor, screw	引用 GB/T 16660—2008 (4.5.14)
4-07	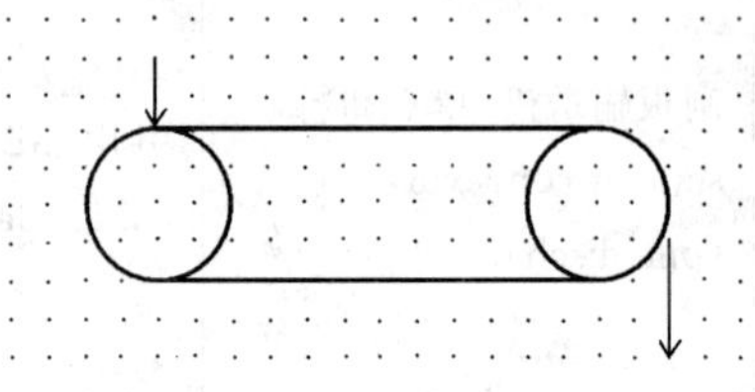	带式输送机(侧面) belt conveyor (side)	引用 GB/T 16660—2008 (4.5.9)

表 1（续）

编号	图形符号	名　称	说　明
4-08		带式输送机(平面) belt conveyor (plan)	
4-09		带式输送机(平面,侧卸) belt conveyor (plan, side dumping)	一般符号
4-10		深槽带式输送机 troughing conveyor	
4-11		花纹带式输送机 figured belt conveyor	
4-12		钢丝绳芯带式输送机 steel cord belt conveyor	
4-13		钢丝绳牵引带式输送机 wire-rope conveyor	
4-14		压带式大倾角带式输送机 pressure belt type steeply conveyor	

表 1（续）

编号	图 形 符 号	名 称	说 明
4-15	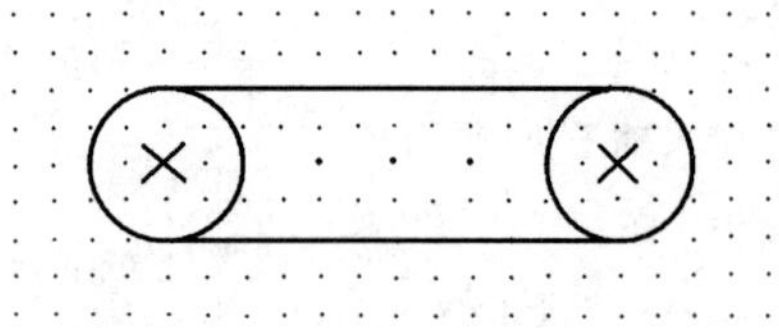	多驱动带式输送机 multi-drive conveyor	一般符号
4-16	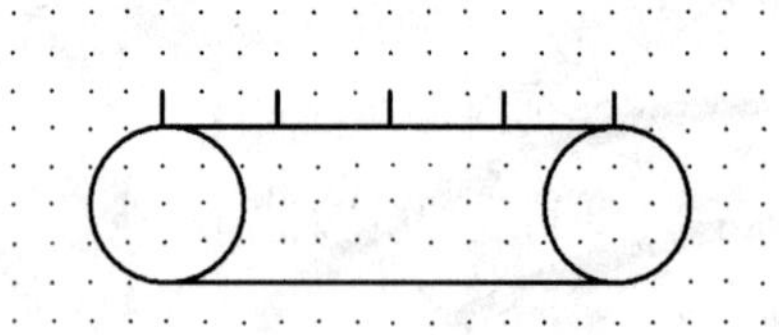	裙边带式输送机 apron conveyor	
4-17	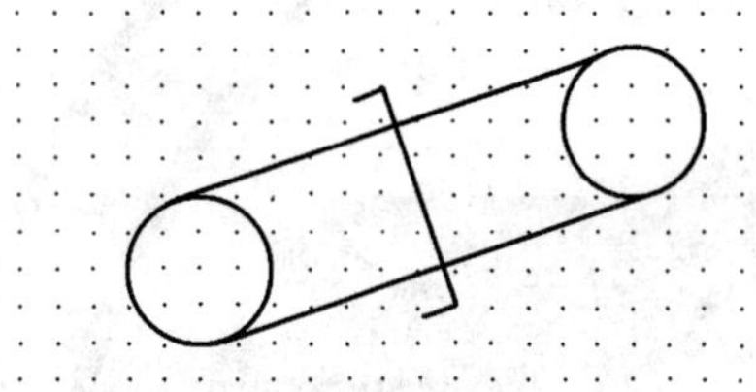	乘人、运料带式输送机 belt conveyor for man and materials	
4-18	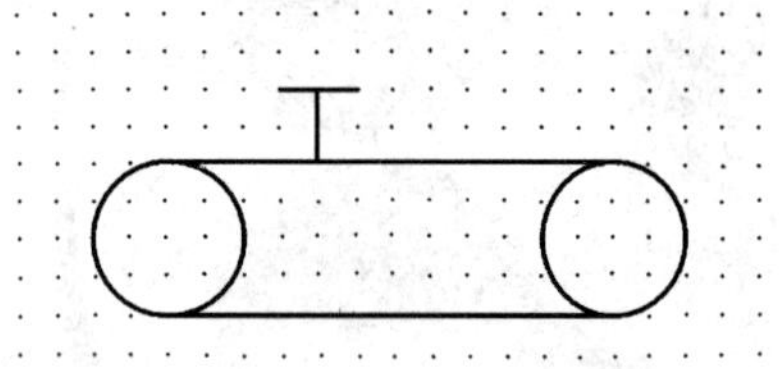	吊挂式带式输送机 suspended belt conveyor	
4-19	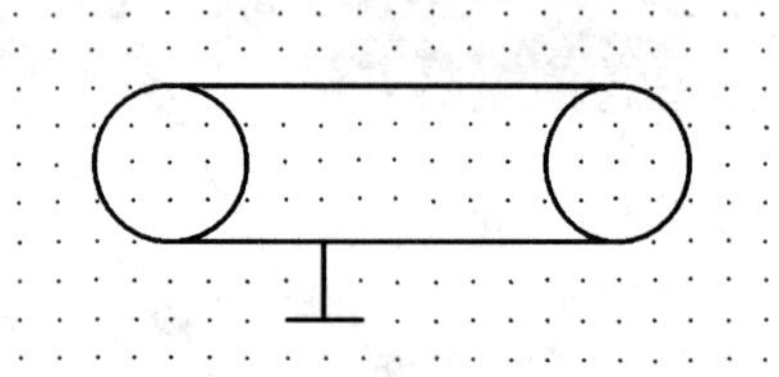	落地带式输送机 ground belt conveyor	
4-20	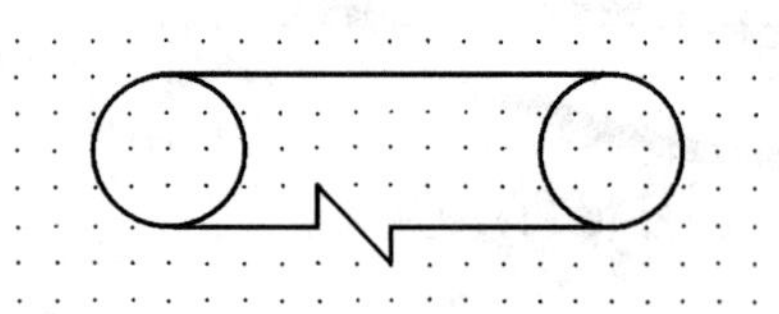	可伸缩带式输送机 extensible belt conveyor	一般符号
4-21	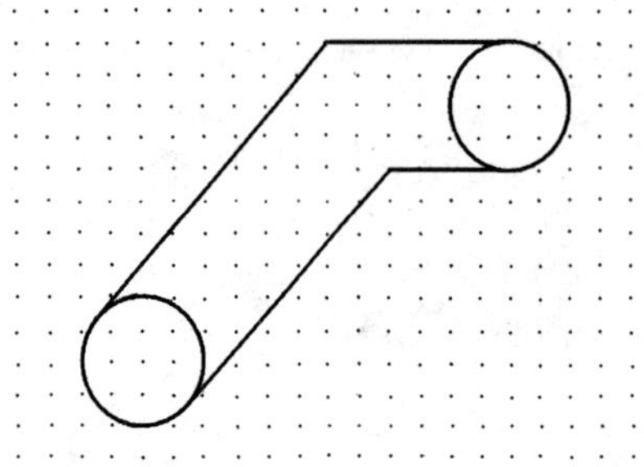	带式转载机 belt relay conveyor	

表 1（续）

编号	图形符号	名称	说明
4-22	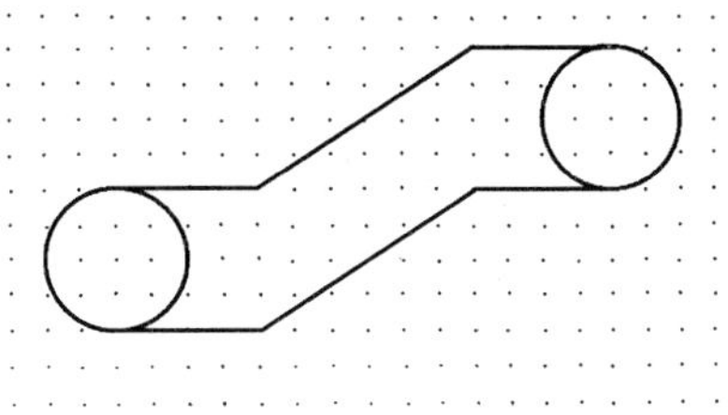	刮板转载机 flight relay conveyor	一般符号
4-23	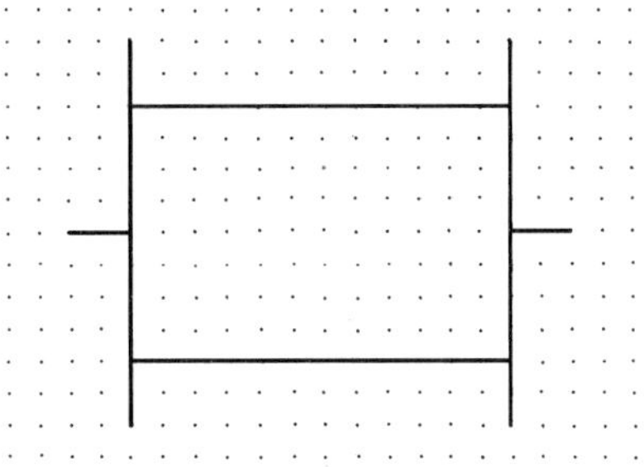	矿用绞车(侧面) mine winch (side)	一般符号
4-24	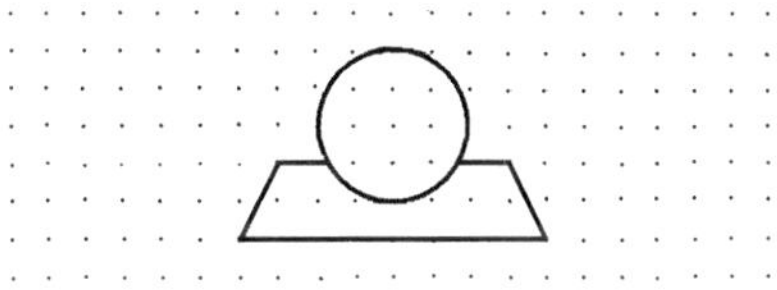	矿用绞车(端面) mine winch (end)	一般符号 引用 GB/T 16660—2008 (4.5.4)
4-25	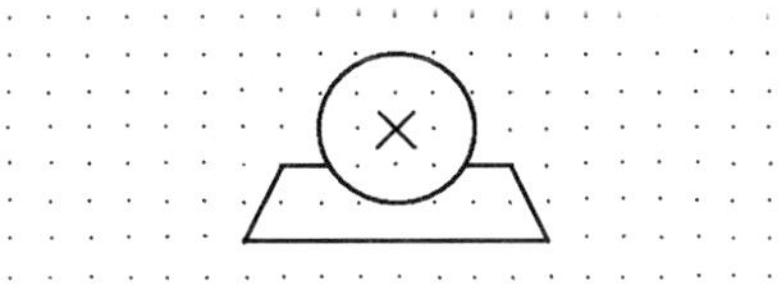	凿井绞车 sinking winch	
4-26	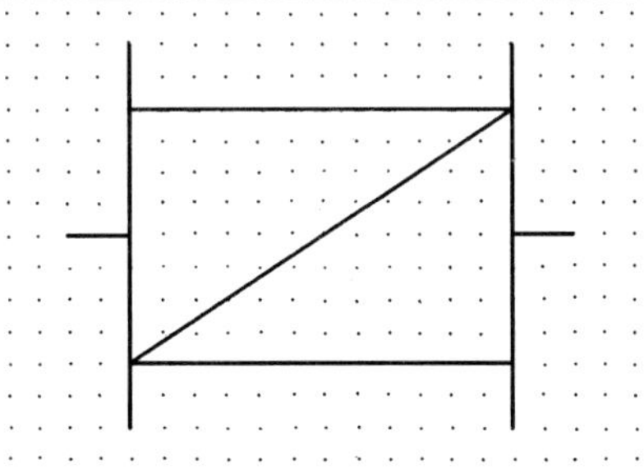	回柱绞车 drawing hoist	
4-27	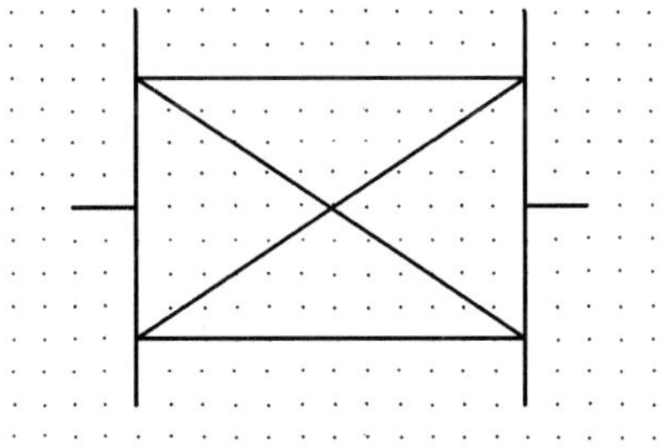	调度绞车 maneuver winch	

表 1（续）

编号	图形符号	名称	说明
4-28	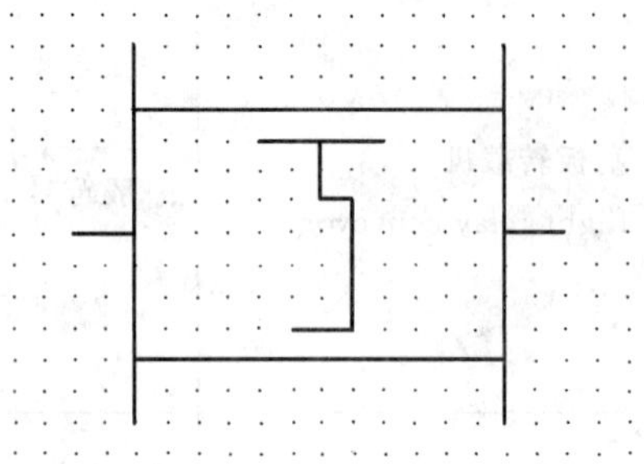	架空乘人绞车 overhead man winch	
4-29	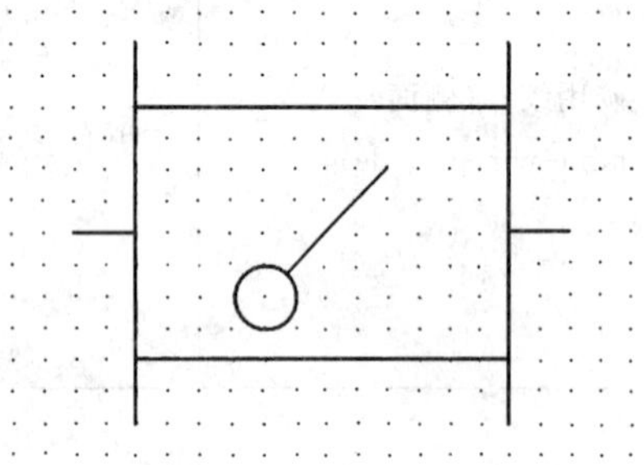	拉料绞车 supply winch	一般符号
4-30	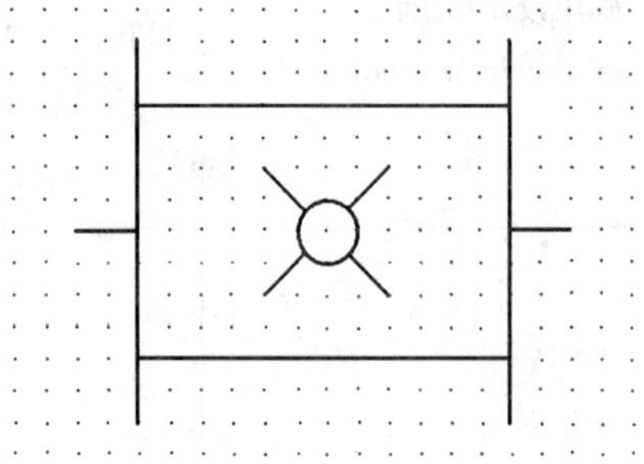	防爆绞车 explosion-proof winch	一般符号
4-31	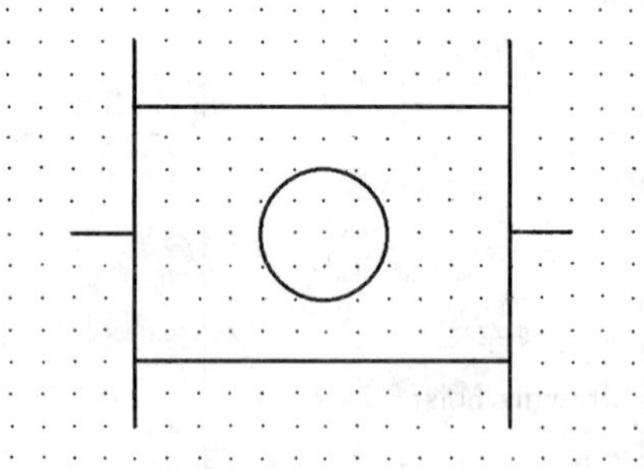	无极绳绞车 endless rope hoist	
4-32	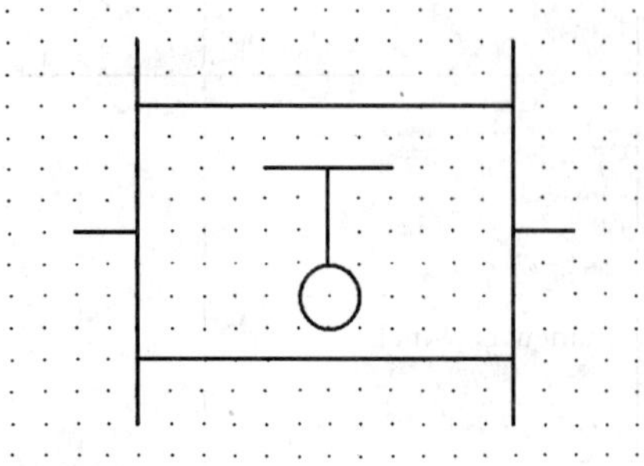	绳牵引单轨吊绞车 rope haulage monorail winch	

表 1（续）

编号	图形符号	名称	说明
4-33	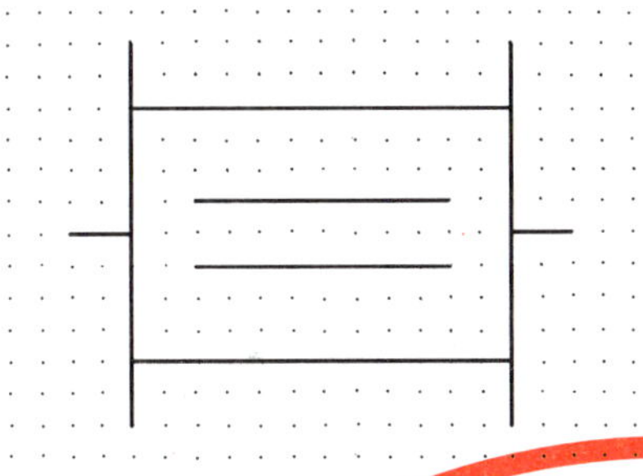	绳牵引卡轨车绞车 rope haulage coolie car winch	
4-34		液压绞车 hydraulic winch	
4-35	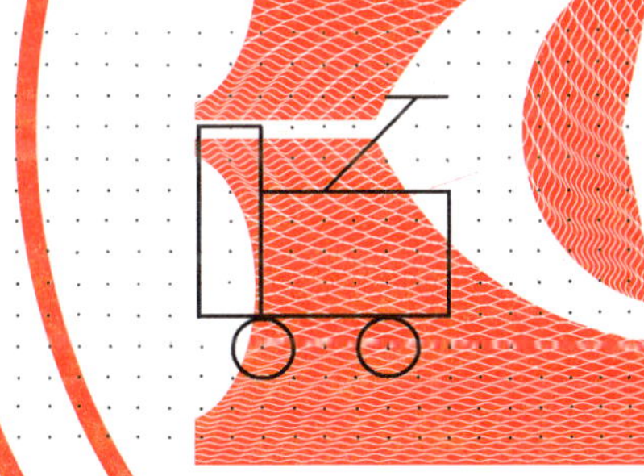	架线式电机车 electrical trolley locomotive	
4-36	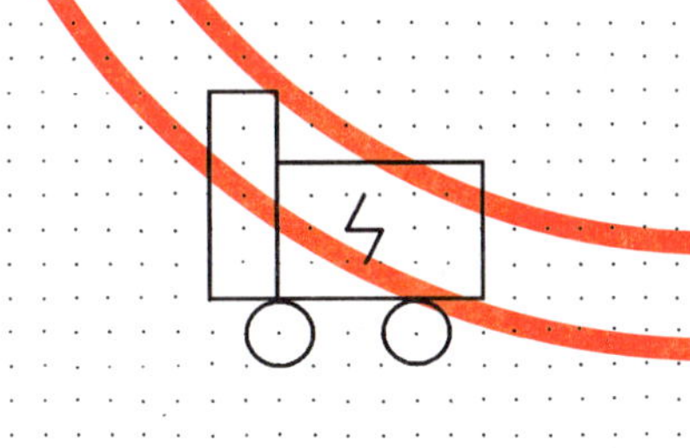	蓄电池式电机车 electrical battery locomotive	
4-37		矿用内燃机车 diesel mine locomotive	一般符号

表 1（续）

编号	图形符号	名　称	说　明
4-38	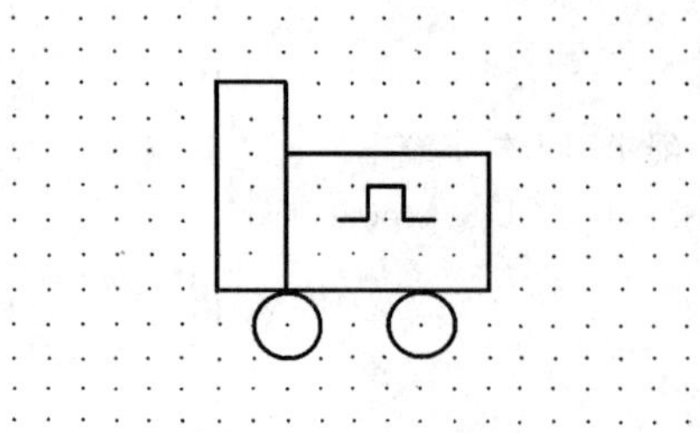	齿轨机车 rack locomotive	一般符号
4-39	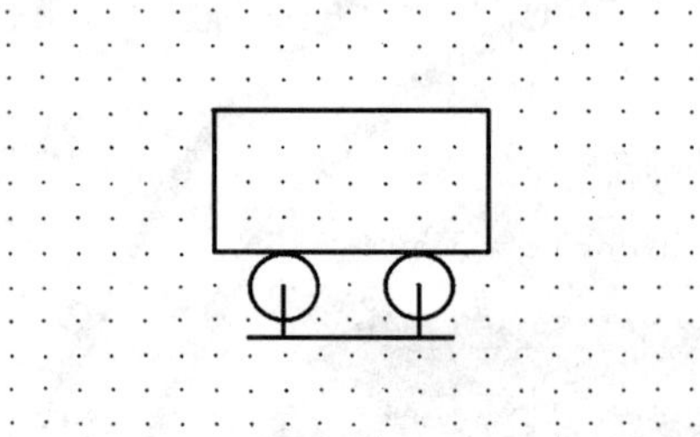	卡轨车 road railer	一般符号 代替 GB/T 18024.4—2000(4-42)
4-40	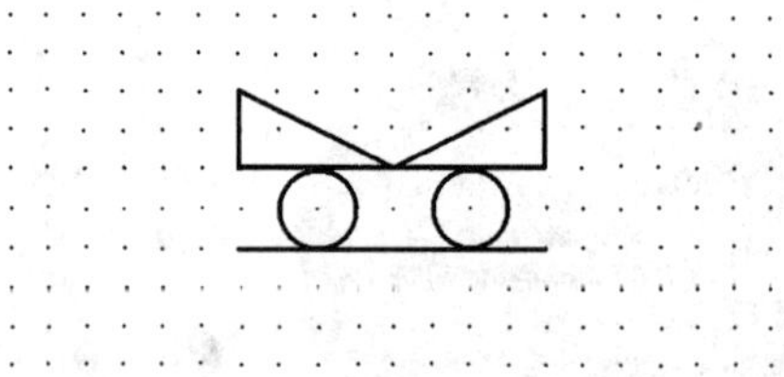	轨道梭车 rail shuttle car	代替 GB/T 18024.4—2000(4-43)
4-41	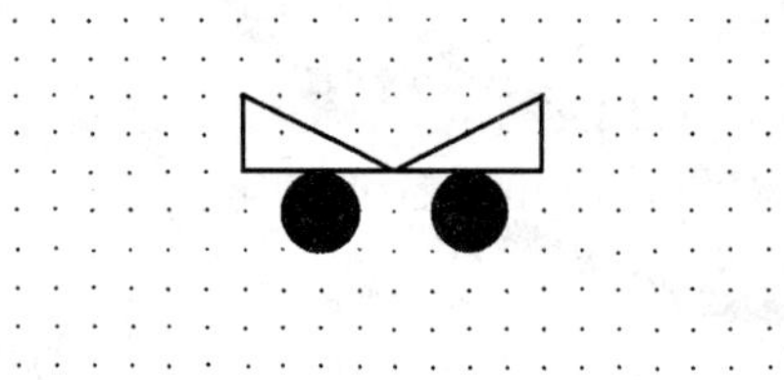	胶轮梭车 rubber-tyred shuttle car	代替 GB/T 18024.4—2000(4-44)
4-42	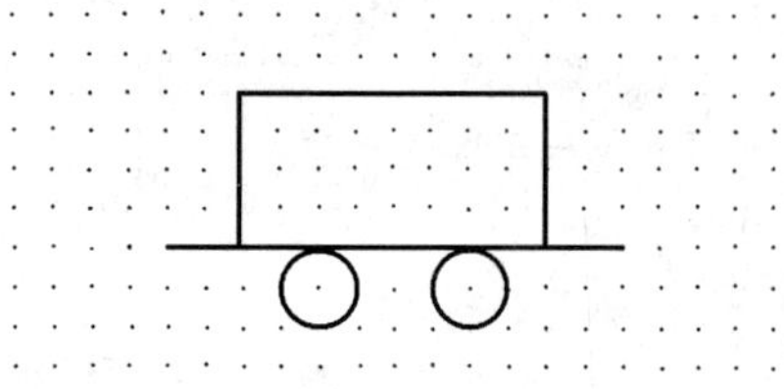	平巷人车 man car for flat course	

表 1（续）

编号	图形符号	名称	说明
4-43	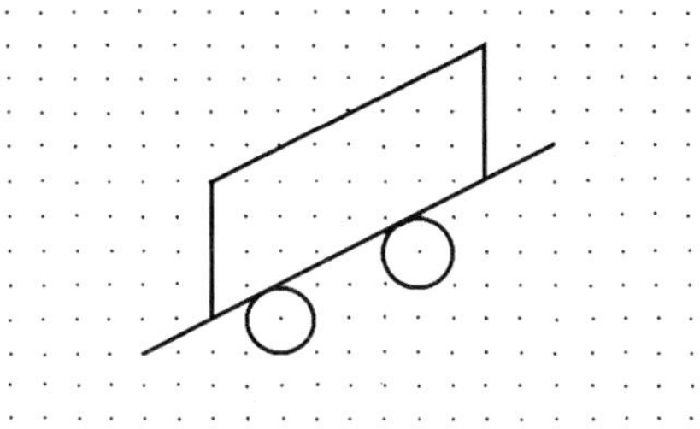	斜井人车 man car for inclined shaft	
4-44	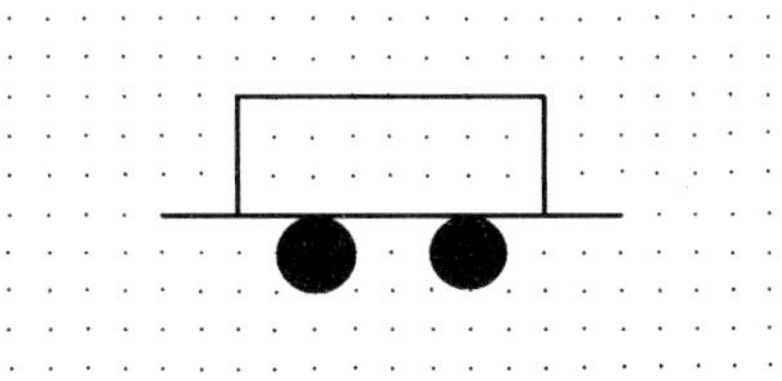	无轨胶轮人车 man car with the rubber wheels	
4-45	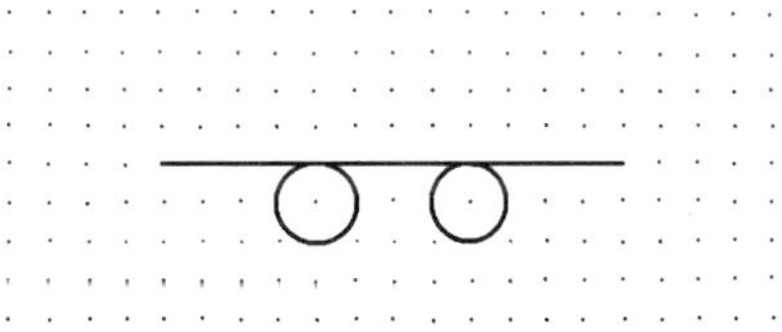	平板车 flat-deck car	
4-46	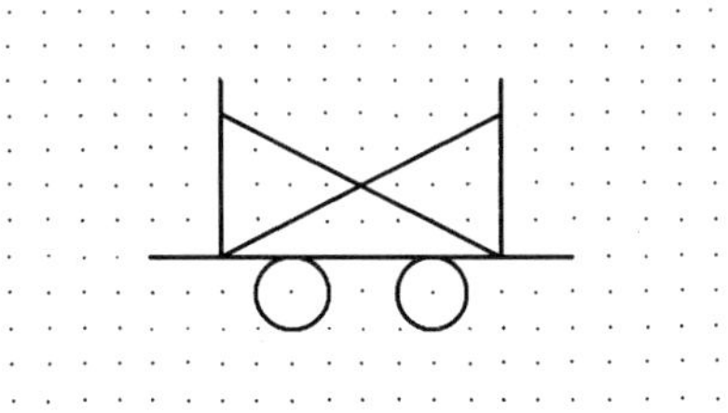	材料车 supply car	
4-47	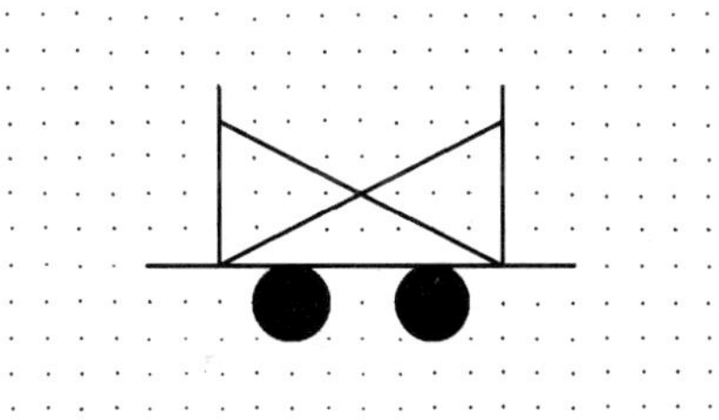	无轨胶轮材料车 supply car with the rubber wheels	

表 1（续）

编号	图 形 符 号	名 称	说 明
4-48	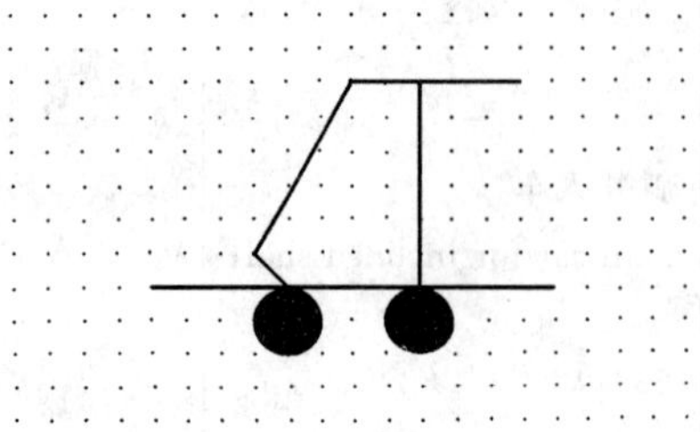	无轨胶轮支架搬运车 support transporter with the rubber wheels	
4-49		无轨胶轮多功能运输车 multifunction transporter with the rubber wheels	
4-50	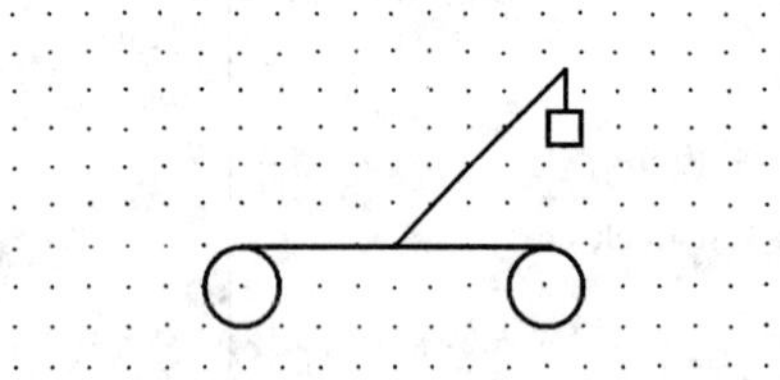	起重服务车 derrick service car	
4-51	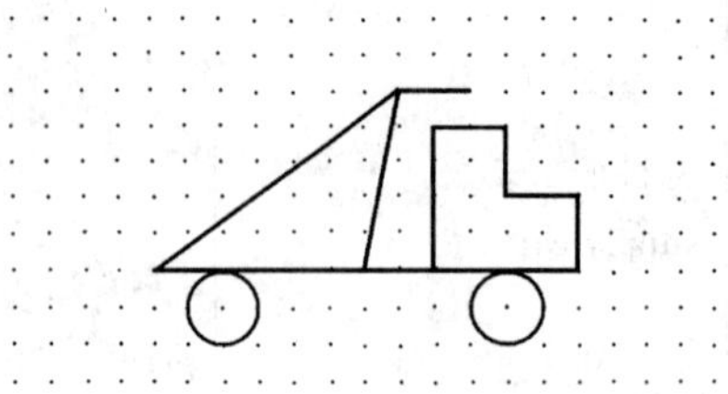	井下自卸卡车 self-discharge truck for underground	
4-52	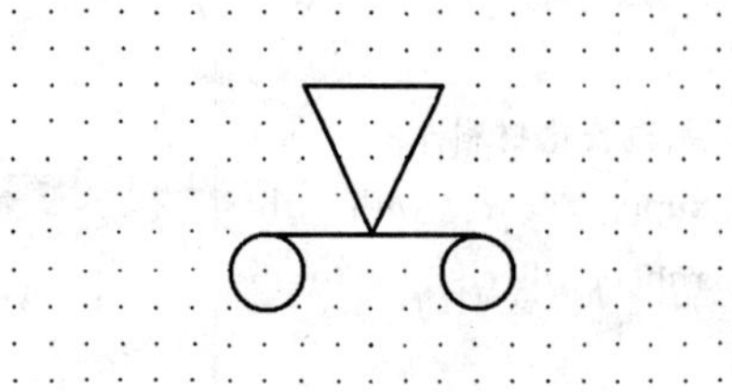	装药车 charge car	

表 1（续）

编号	图形符号	名称	说明
4-53		单轨吊车 overhead monorail	一般符号
4-54		转盘 turntable	
4-55		井下轨道道岔 underground switch	一般符号
4-56		单轨吊车道岔 monorail switch	一般符号
4-57		齿轨车道岔 rack car switch	一般符号
4-58		单开道岔 one side switch	扳道器右上方的 n 代表道岔编号

表 1（续）

编号	图 形 符 号	名 称	说 明
4-59	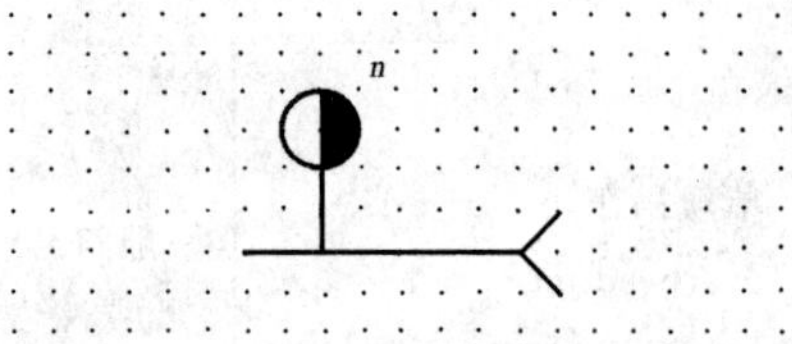	对称道岔 symmetry switch	扳道器右上方的 n 代表道岔编号
4-60	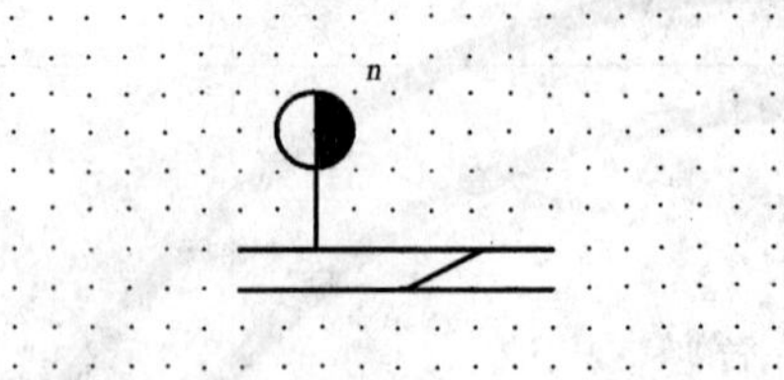	渡线道岔 cross line switch	扳道器右上方的 n 代表道岔编号
4-61	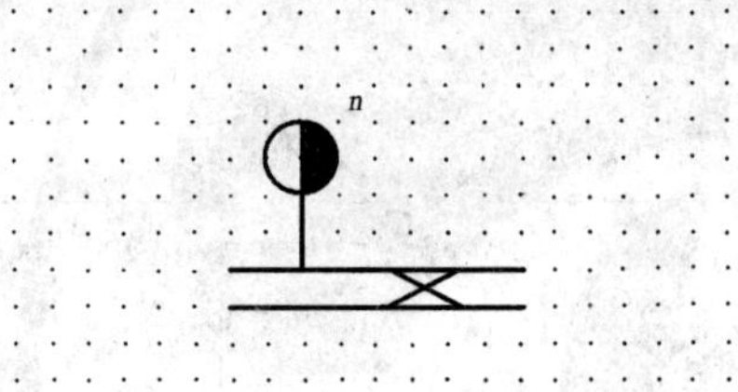	交叉渡线道岔 intersect cross line switch	扳道器右上方的 n 代表道岔编号

参 考 文 献

[1] GB/T 15663.5—2008 煤矿科技术语 提升运输
[2] GB/T 16660—2008 选煤厂用图形符号
[3] 张荣立，何国伟，李铎. 采矿工程设计手册[M]. 北京：煤炭工业出版社，2003.
[4] ISO 561:1992 Coal preparation plant—Graphical symbols

中 文 索 引

英 文 索 引

A

B

C

D

E

F

G

H

I

M

O

P

R

S

ICS 01.080.20
D 04

中华人民共和国国家标准

GB/T 18024.5—2010
代替 GB/T 18024.5—2000

煤矿机械技术文件用图形符号 第5部分：提升和地面生产机械图形符号

Graphical symbols for the technical documentation of coal mine machinery—Part 5: Graphical symbols for machinery of ground production and hoisting

2010-09-26 发布　　2011-02-01 实施

中华人民共和国国家质量监督检验检疫总局
中国国家标准化管理委员会　发布

前　言

GB/T 18024《煤矿机械技术文件用图形符号》分为七个部分：

——第1部分：总则；

——第2部分：采煤工作面支架及支柱图形符号；

——第3部分：采掘机械图形符号；

——第4部分：井下运输机械图形符号；

——第5部分：提升和地面生产机械图形符号；

——第6部分：露天矿机械图形符号；

——第7部分：压气机、通风机和泵图形符号。

本部分为 GB/T 18024 的第5部分。

本部分代替 GB/T 18024.5—2000《煤矿机械技术文件用图形符号　提升和地面生产机械图形符号》。

本部分与 GB/T 18024.5—2000 相比主要变化如下：

——扩大了标准的适用范围(见第1章)；

——修改了图形符号的设计，设计在标准模数 M 的点阵网格中，网格系统为 0.125 M(见 3.4)；

——增加了在使用图形符号时，其缩放比例更灵活的内容(见 3.4)；

——将“煤仓”改名为“煤(料)仓”(2000 年版的 5-53；本版的 5-57)；

——增加了7个图形符号：矿车装载站、矿车卸载站、箕斗装载设备、箕斗卸载设备、装车闸门、煤(料)仓振动装置和胶带秤(见 5-20、5-21、5-22、5-23、5-55、5-58 和 5-75)；

——修改了4个图形符号：摇台、箕斗卸载装置、翻转箕斗和移动式带式输送机(2000 年版的 5-02、5-14、5-15 和 5-38；本版的 5-28、5-23、5-13 和 5-41)。

本部分与 GB/T 18024.1～18024.4、GB/T 18024.6 和 GB/T 18024.7 配套使用。

本部分由中国煤炭工业协会提出并归口。

本部分由西安科技大学负责起草。

本部分主要起草人：马中骥、李勇、秋兴国、马劲。

本部分所代替标准的历次版本发布情况为：

——GB/T 18024.5—2000。

煤矿机械技术文件用图形符号
第5部分：提升和地面生产机械图形符号

1 范围

GB/T 18024的本部分规定了提升和地面生产机械图形符号及其使用规则。

本部分适用于提升系统示意图、地面生产系统工艺流程图及有关技术文件，也适用于其他行业同类机械的技术文件。

2 规范性引用文件

下列文件中的条款通过GB/T 18024本部分的引用而成为本部分的条款。凡是注日期的引用文件，其随后所有的修改单（不包括勘误的内容）或修订版均不适用于本部分，然而，鼓励根据本部分达成协议的各方研究是否可使用这些文件的最新版本。凡是不注日期的引用文件，其最新版本适用于本部分。

GB/T 16901.1 技术文件用图形符号表示规则 第1部分：基本规则（GB/T 16901.1—2008，ISO 81714-1:1999，MOD）

GB/T 17450 技术制图 图线（GB/T 17450—1998，idt ISO 128-20:1996）

3 符号使用规则

3.1 使用图形符号时，应用GB/T 17450规定的线型绘制。

3.2 本部分规定的图形符号一般是从表达对象的某一个方向绘制的，也有按不同视图或功能绘制的不同符号，使用时可按需要选择。

3.3 本部分规定图形符号的方向，按需要可旋转某一角度或成镜像配置。

3.4 本部分规定的图形符号是按GB/T 16901.1的规定，设计在0.125 M的点阵网格系统中，用以规定符号比例，使用时可根据需要对图形符号在不同方向按相同比例或不同比例作适当调整，但应能完全传递原图形符号的信息。

3.5 表示流程或运动方向的箭头，用细实线绘制，头部角度应在45°～60°间。

3.6 涉及流程或运动方向的简图和示意图，其流程线应用细线画出，由图形符号的上部或左侧进入，由下部或右侧引出，必要时可增加或取消表示流程或运动方向的箭头。

3.7 本部分规定的一般符号，用在不需指明表达对象特定类型的场合。

4 提升和地面生产机械图形符号

提升和地面生产机械图形符号见表1。

表 1 提升和地面生产机械图形符号

编号	图形符号	名 称	说 明
5-01	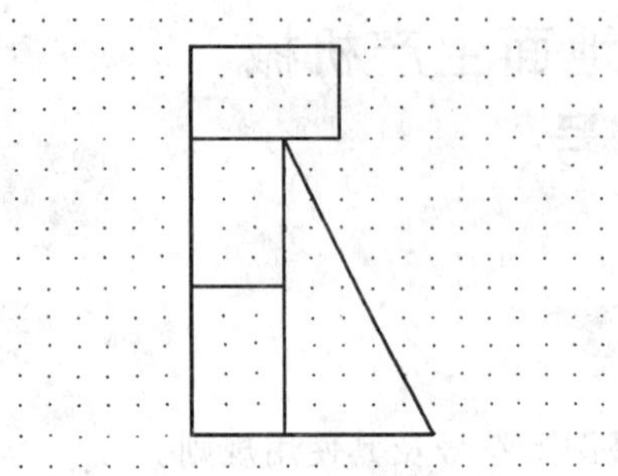	立井井架 vertical shaft headframe	
5-02	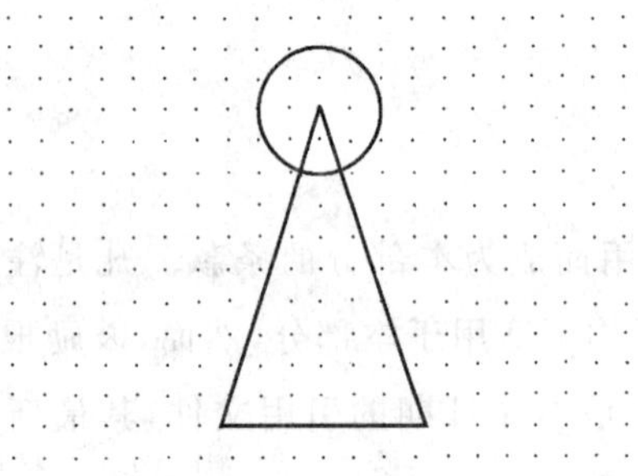	斜井井架 inclined shaft headframe	
5-03	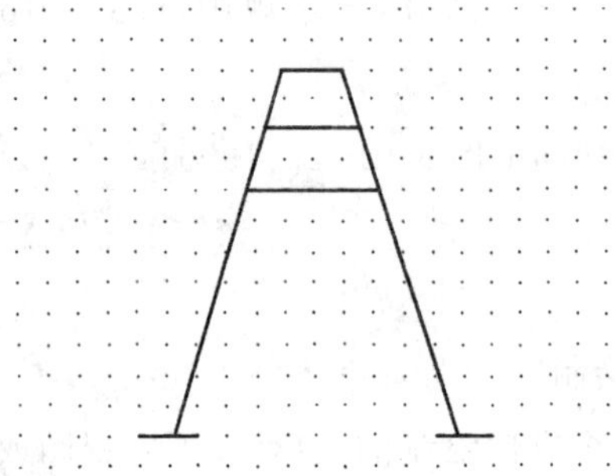	落地多绳井架 multi-rope console	
5-04	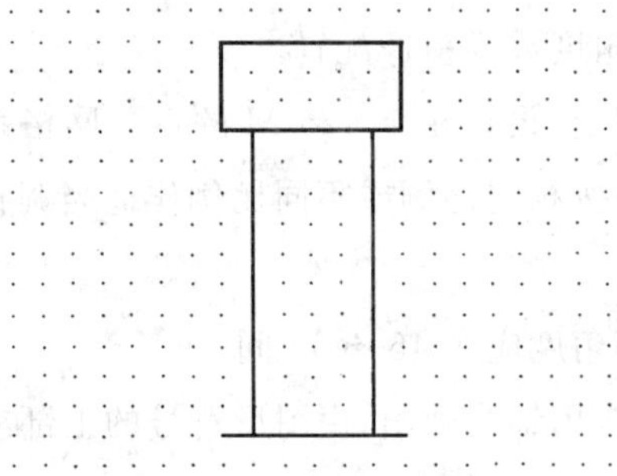	井塔 hoist tower	
5-05	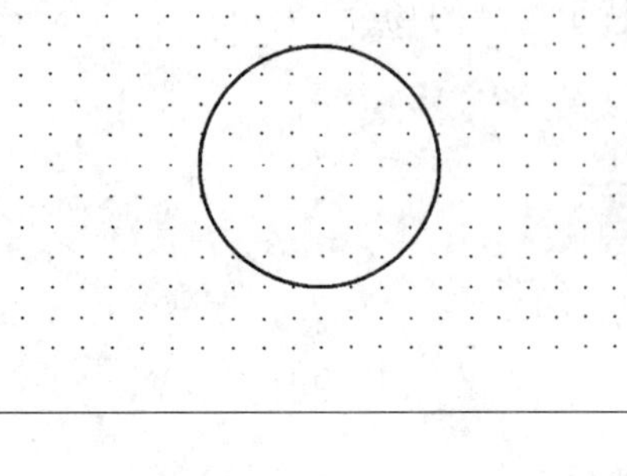	天轮(端面) head sheave(end)	

表 1（续）

编号	图形符号	名 称	说 明
5-06		天轮（侧面） head sheave(side)	
5-07		矿井提升机 mine winding	一般符号
5-08		单筒提升机 single drum winding	
5-09		双筒提升机 double drum winding	
5-10		多绳摩擦提升机 multi-rope friction winding	
5-11		吊桶 kibble	

表 1（续）

编号	图形符号	名　称	说　明
5-12	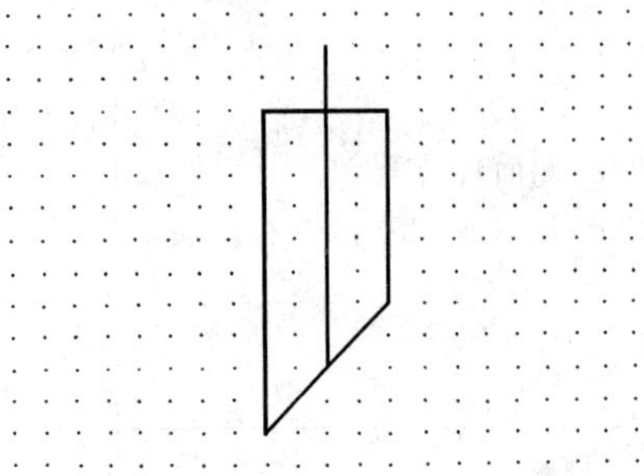	箕斗 skip	一般符号 引用 GB/T 16660—2008[4.5.20a)]
5-13	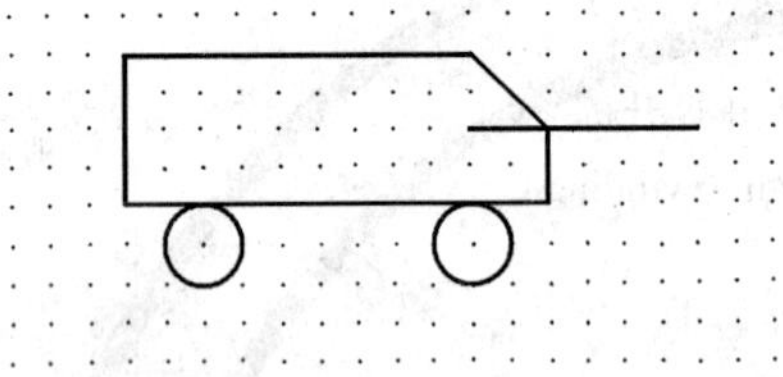	翻转箕斗 rotary skip	
5-14	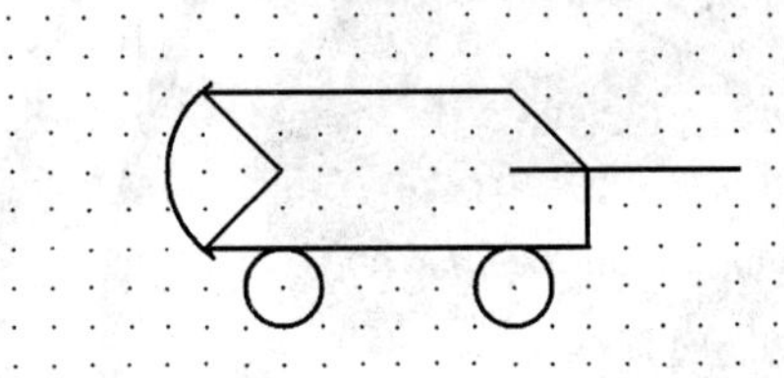	后卸式箕斗 rear dumping skip	
5-15	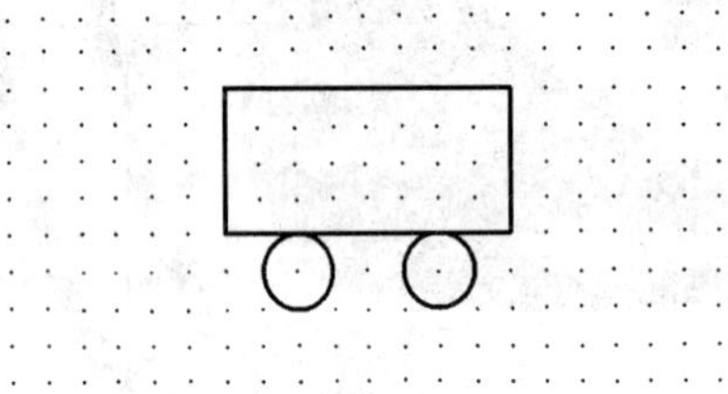	矿车(侧面) mine car;pit tub(side)	一般符号
5-16	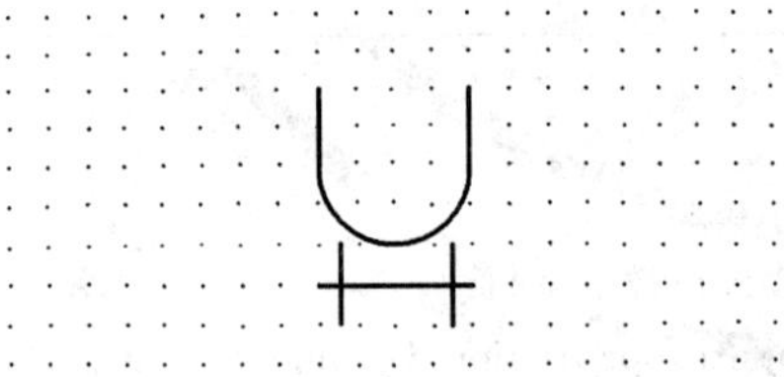	矿车(端面) mine car;pit tub(end)	一般符号
5-17		V 型矿车 v-mine car	
5-18	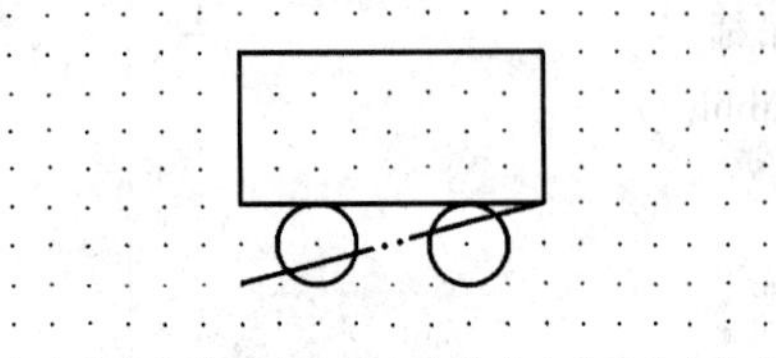	底卸式矿车 bottom-longitudinal dumping car	

表 1（续）

编号	图形符号	名　称	说　明
5-19	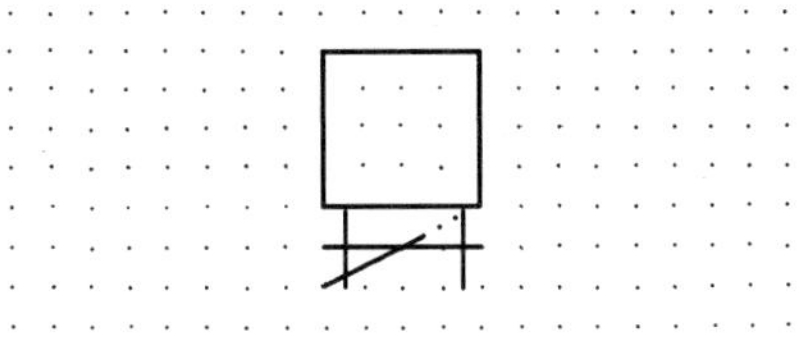	底侧卸式矿车 bottom-side dumping car	
5-20	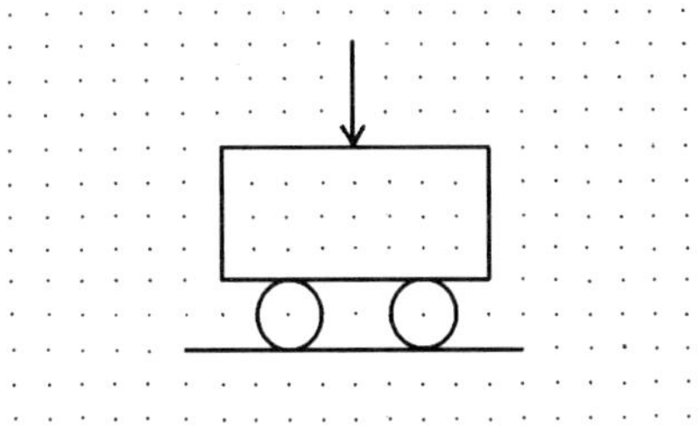	矿车装载站 mine car loading station	
5-21	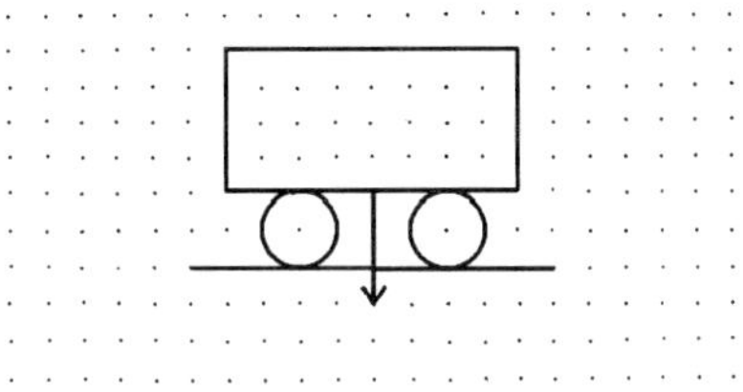	矿车卸载站 mine car unloading station	
5-22	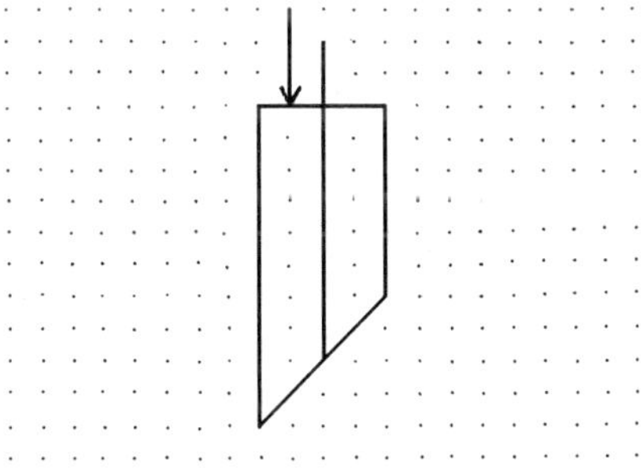	箕斗装载设备 skip loading device	
5-23	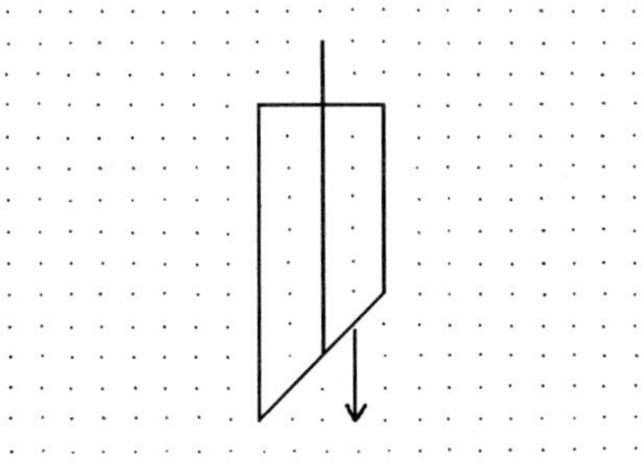	箕斗卸载设备 skip unloading device	
5-24	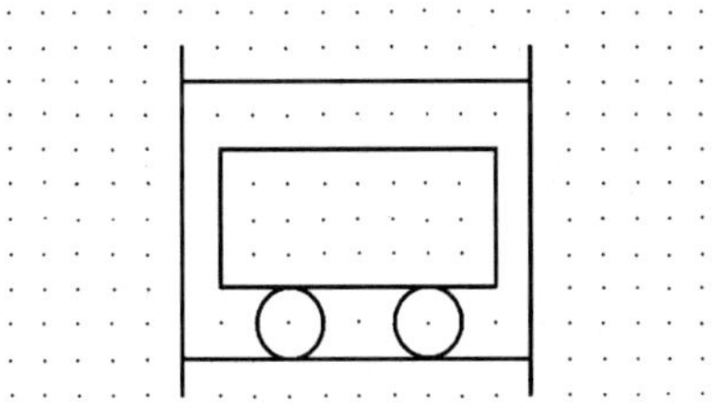	翻车机(侧面) tippler(side)	

表 1（续）

编号	图形符号	名　称	说　明
5-25	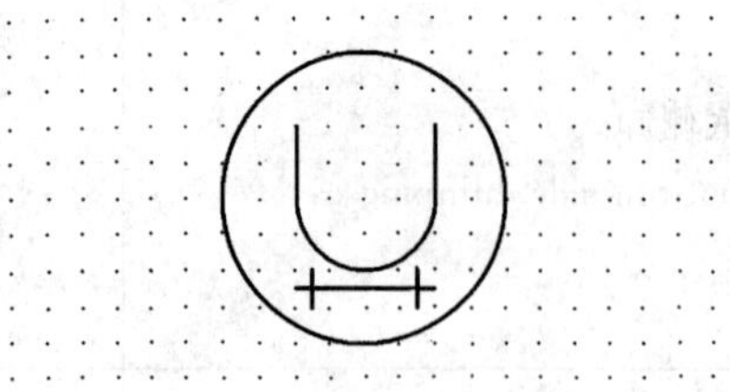	翻车机（端面） tippler(end)	
5-26	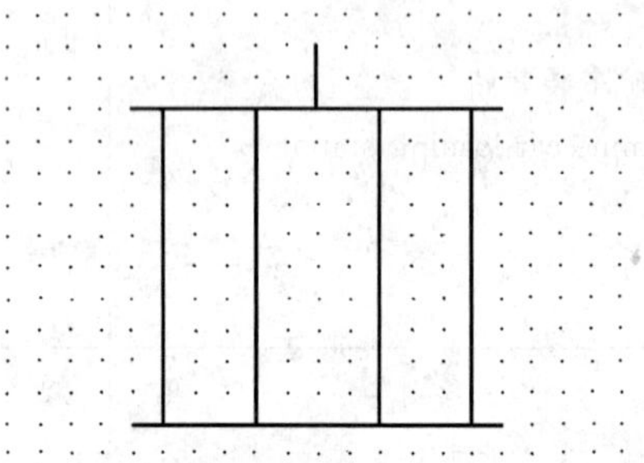	单层罐笼 single decker cage	
5-27	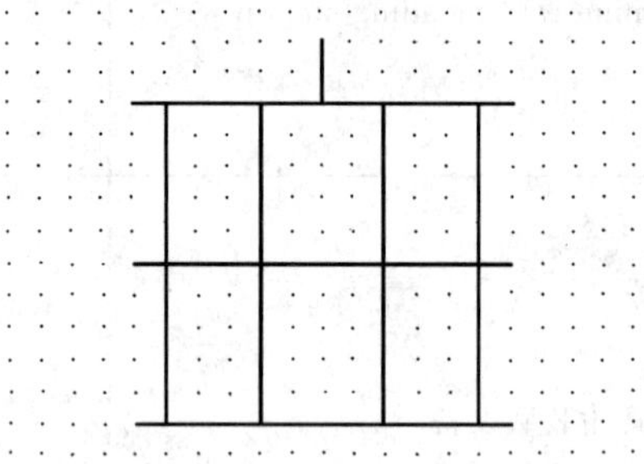	双层罐笼 double decker cage	
5-28	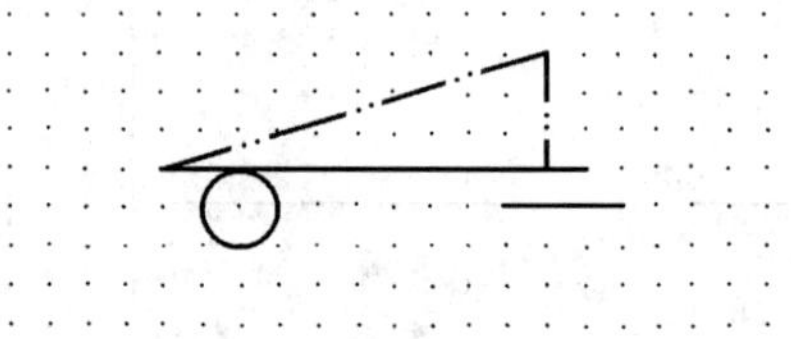	摇台 shaking platform	代替 GB/T 18024.5—2000(5-02)
5-29	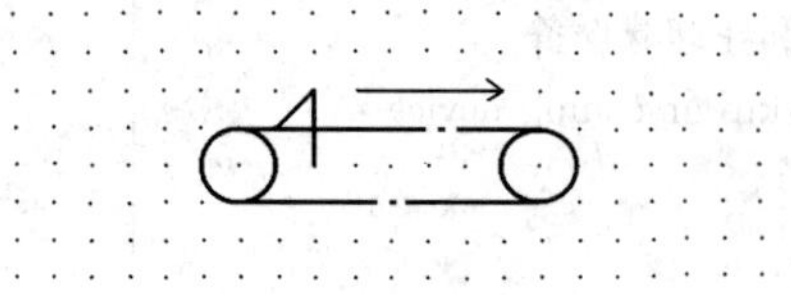	推车机 car pusher	三角形竖直线一边为推车方向
5-30	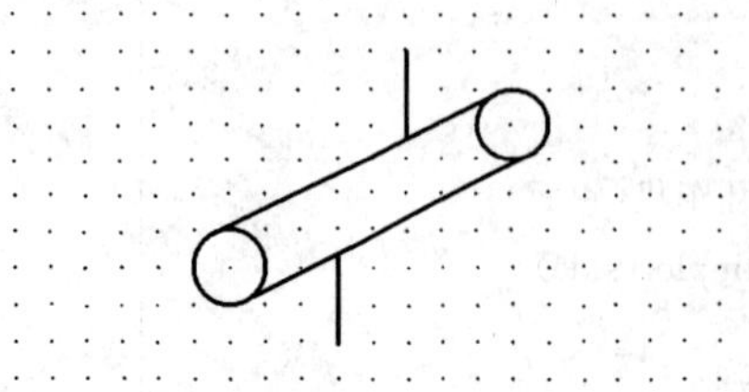	爬车机 creeper	

表 1（续）

编号	图形符号	名　称	说　明
5-31		阻车器 car stop	一般符号 竖直线一边为阻车方向
5-32		手选带式输送机 picking belt conveyor	引用 GB/T 16660—2008(4.5.10)
5-33		给煤(料)机 feeder	一般符号 引用 GB/T 16660—2008(4.5.18)
5-34		板式给煤机 plate feeder	
5-35		磁力吸铁器(悬挂式) magnetic separator, tramp iron (suspended)	引用 GB/T 16660—2008[(4.6.14a)]
5-36		颚式破碎机 jaw breaker	
5-37		单齿辊破碎机 single-roll crusher	

表 1（续）

编号	图形符号	名　称	说　明
5-38	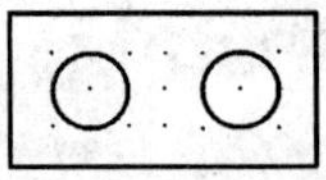	双齿辊破碎机 double-roll crusher	
5-39	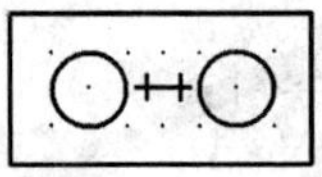	四齿辊破碎机 four-roll crusher	
5-40	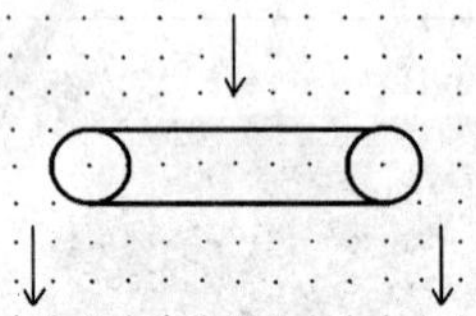	可逆带式输送机 invertible belt conveyor	
5-41	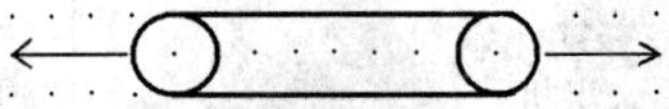	移动式带式输送机 portable belt conveyor	
5-42	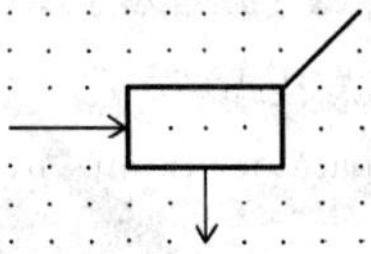	犁式卸煤器 belt plough	对于移动式加箭头符号“↔”于框内
5-43	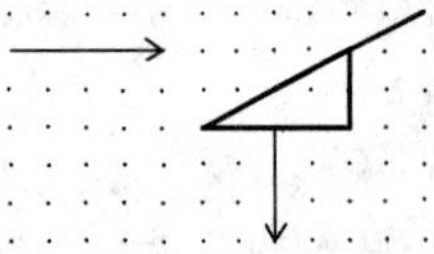	刀式卸煤器 knife-edge coal dumper	
5-44	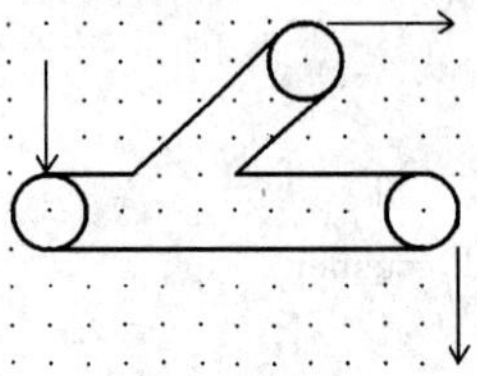	卸料小车 tripper	引用 GB/T 16660—2008(4.5.12)

表 1（续）

编号	图形符号	名　称	说　明
5-45	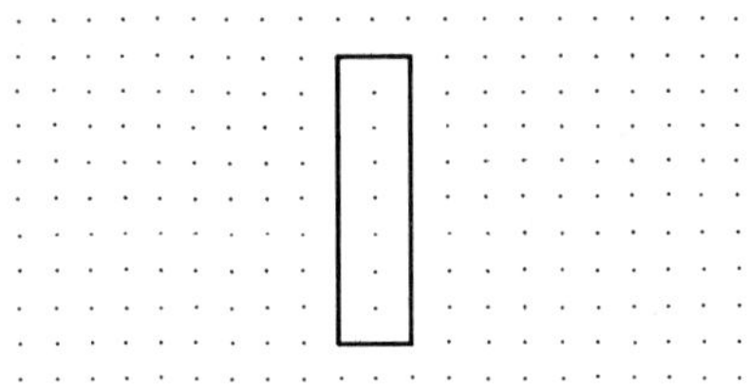	直溜槽 vertical chute	
5-46	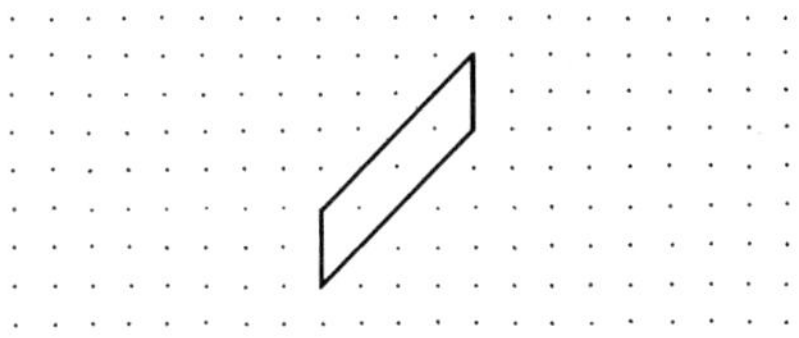	斜溜槽 chute	
5-47	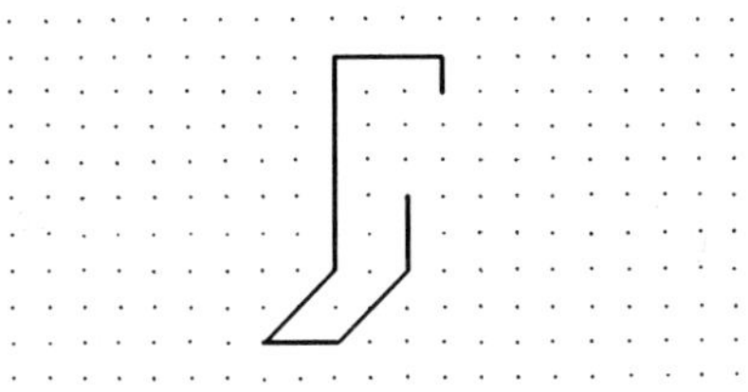	机头溜槽 head chute	
5-48	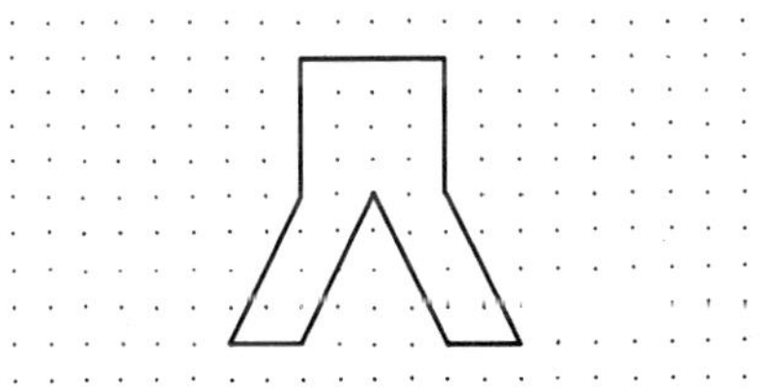	分岔溜槽 two-way chute	
5-49	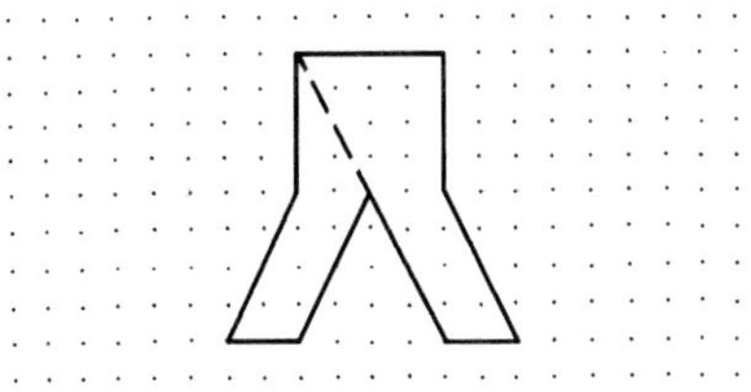	带翻板分岔溜槽 plate-controlled chute	
5-50	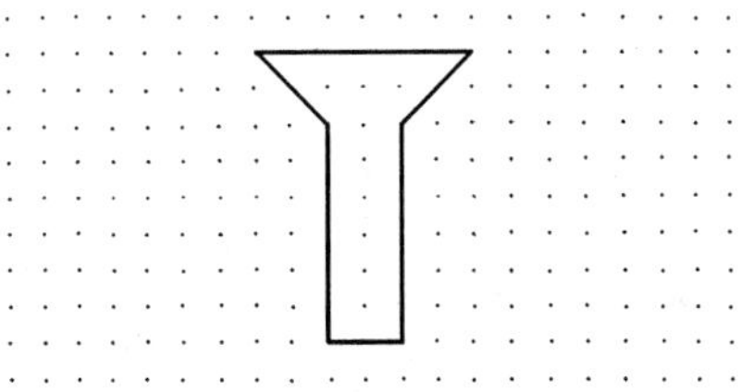	漏斗 hopper；funnel	
5-51		旁侧式漏斗 side funnel	

表 1（续）

编号	图形符号	名　称	说　明
5-52	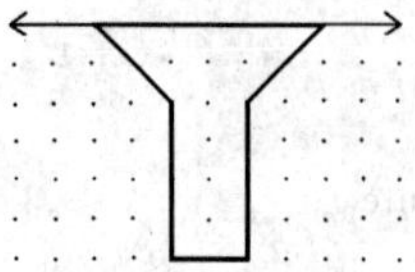	移动式漏斗 portable funnel	
5-53	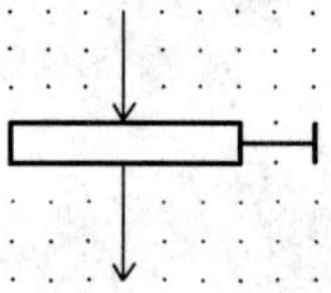	平板闸门 plate gate	引用 GB/T 16660—2008[4.5.19a)]
5-54	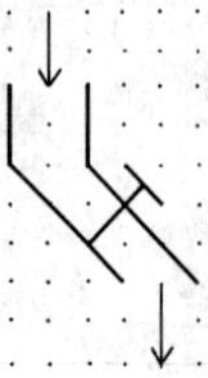	扇形闸门 sector gate	引用 GB/T 16660—2008[4.5.19b)]
5-55		装车闸门 loading gate	
5-56	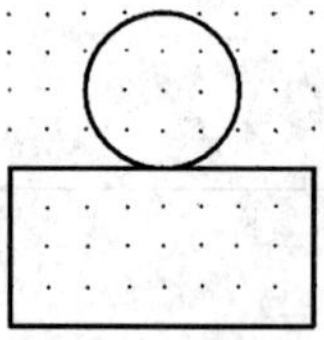	压磁测重装置 magneto weigher	
5-57	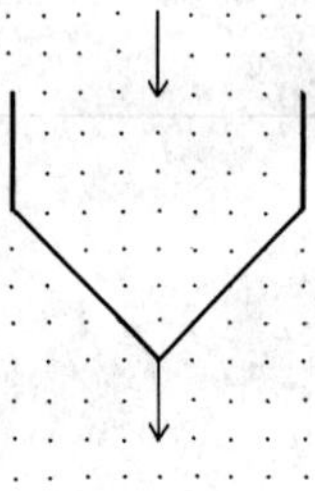	煤(料)仓 bunker	一般符号

表 1（续）

编号	图形符号	名　称	说　明
5-58	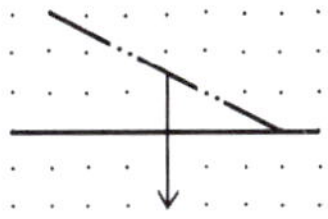	煤(料)仓振动装置 bunker vibro-installation	
5-59		空气炮 air cannonry	
5-60	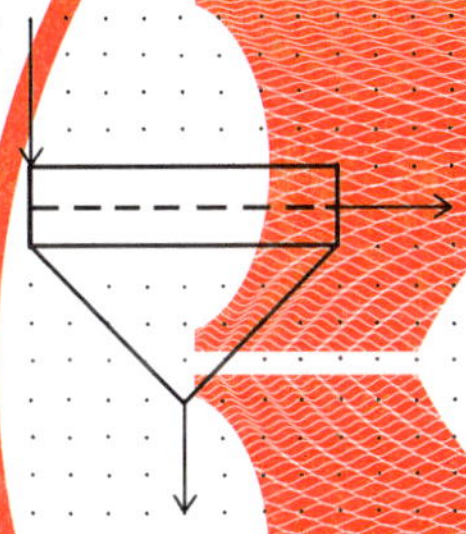	筛分机(单层,一种筛下产品) screen (single-deck, one under-product)	引用 GB/T 16660—2008[4.1.6a)]
5-61	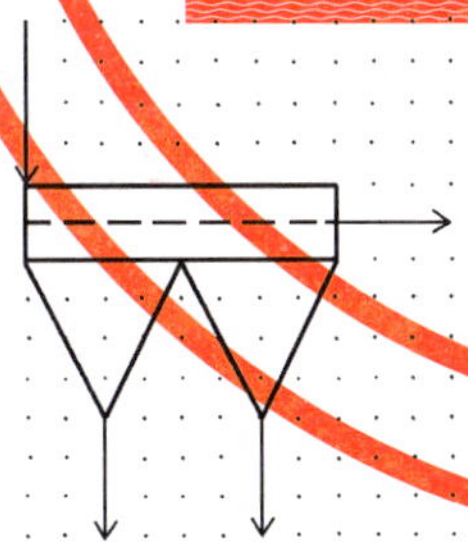	筛分机(单层,二种筛下产品) screen (single-deck, two under-product)	引用 GB/T 16660—2008[4.1.6b)]
5-62	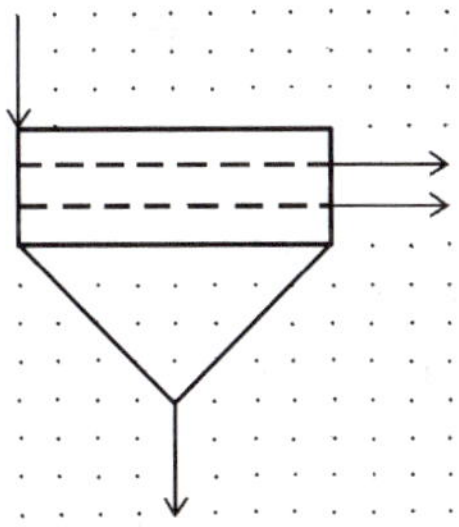	筛分机(双层,一种筛下产品) screen (double-deck, one under-product)	引用 GB/T 16660—2008[4.1.7a)]

表 1（续）

编号	图形符号	名　称	说　明
5-63	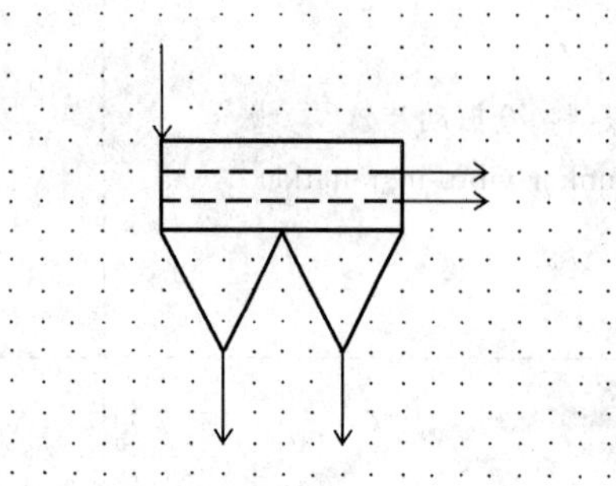	筛分机（双层，二种筛下产品） screen（double-deck，two under-product）	引用 GB/T 16660—2008［4.1.7b)］
5-64	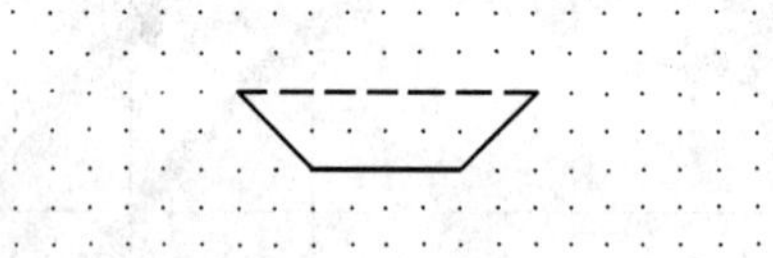	铁箅 iron grill	
5-65	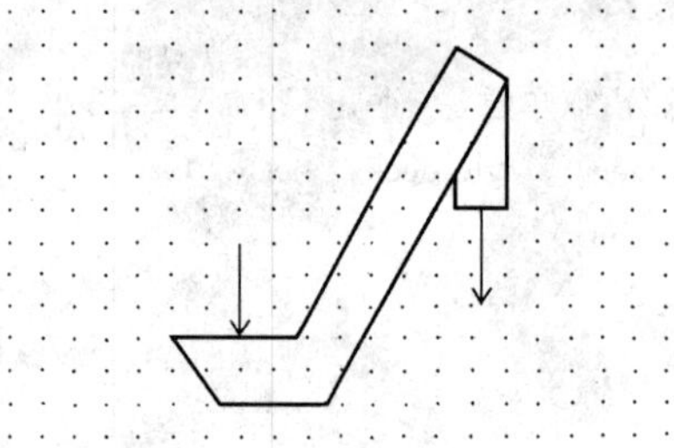	斗式提升机 elevator	倾角按需要配置 引用 GB/T 16660—2008（4.3.7）
5-66	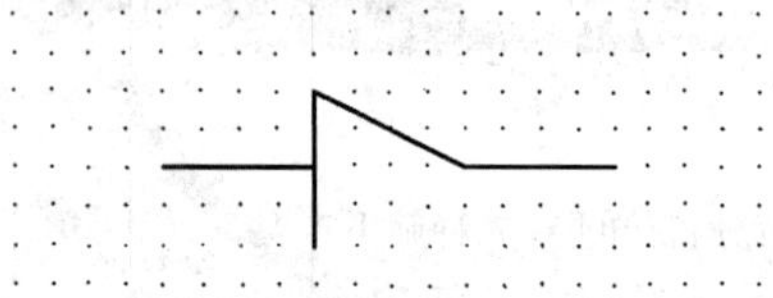	扒煤机（侧面） coal scraper(side)	
5-67	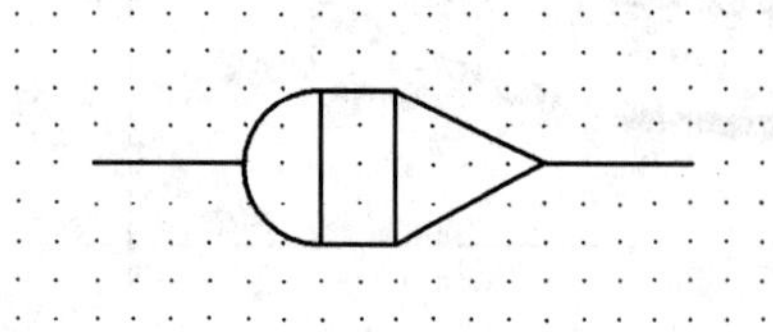	扒煤机（平面） coal scraper(plan)	
5-68	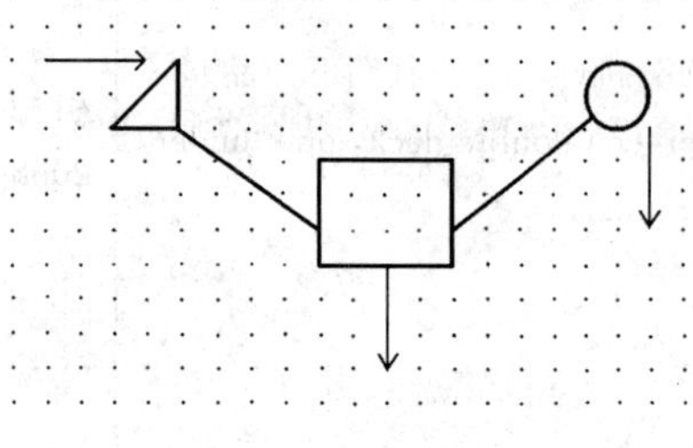	堆取料机 stocker-reclaimer	引用 GB/T 16660—2008（4.5.17）

表 1（续）

编号	图形符号	名　称	说　明
5-69	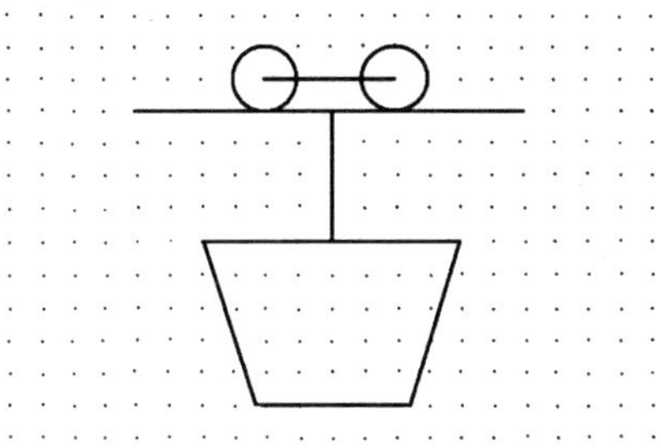	架空索道 aerial ropeway	引用 GB/T 16660—2008(4.5.5)
5-70	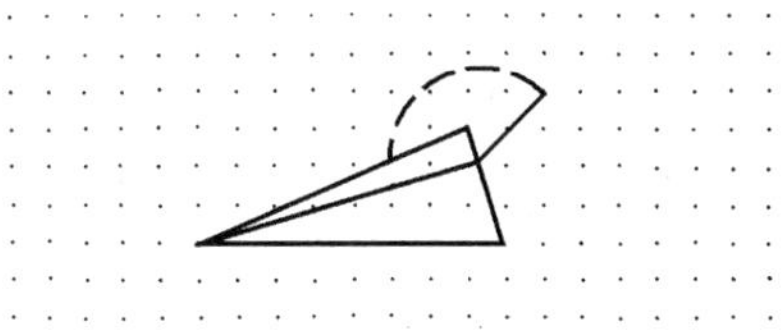	卸矸架 waste dumping frame	引用 GB/T 16660—2008(4.5.21)
5-71	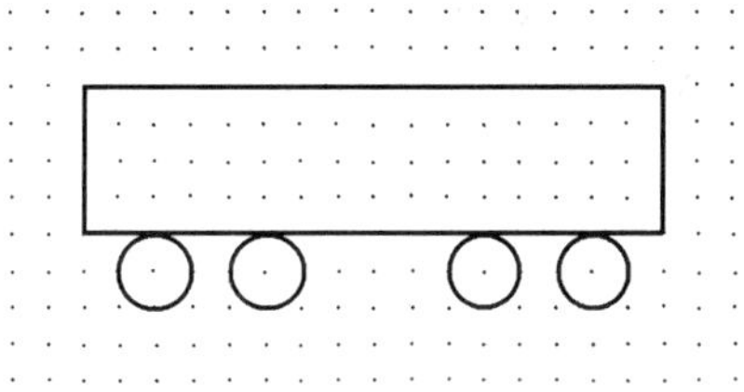	铁道车辆(侧面) wagon(side)	引用 GB/T 16660—2008[4.5.6a)]
5-72	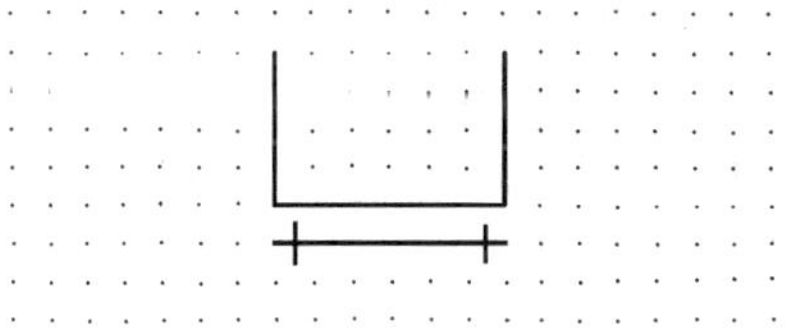	铁道车辆(端面) wagon(end)	引用 GB/T 16660—2008[4.5.6a)]
5-73	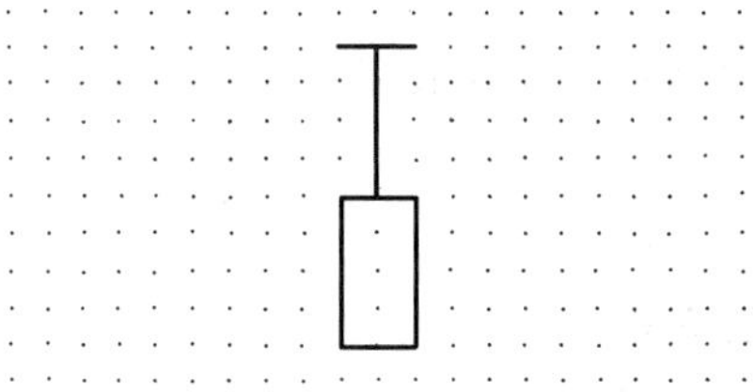	平煤器 coal planer;planer	
5-74		衡器 weigher	一般符号 引用 GB/T 16660—2008(4.6.17)
5-75	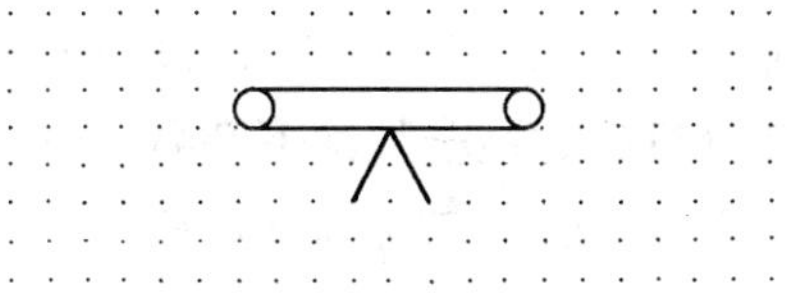	胶带秤 weigher for belt conveyor	

中 文 索 引

英 文 索 引

I

J

K

L

M

P

R

S

T

V

W

参 考 文 献

[1] GB/T 15663.5—2008 煤矿科技术语 提升运输

[2] GB/T 16660—2008 选煤厂用图形符号

[3] ISO 561:1992 Coal preparation plant—Graphical symbols

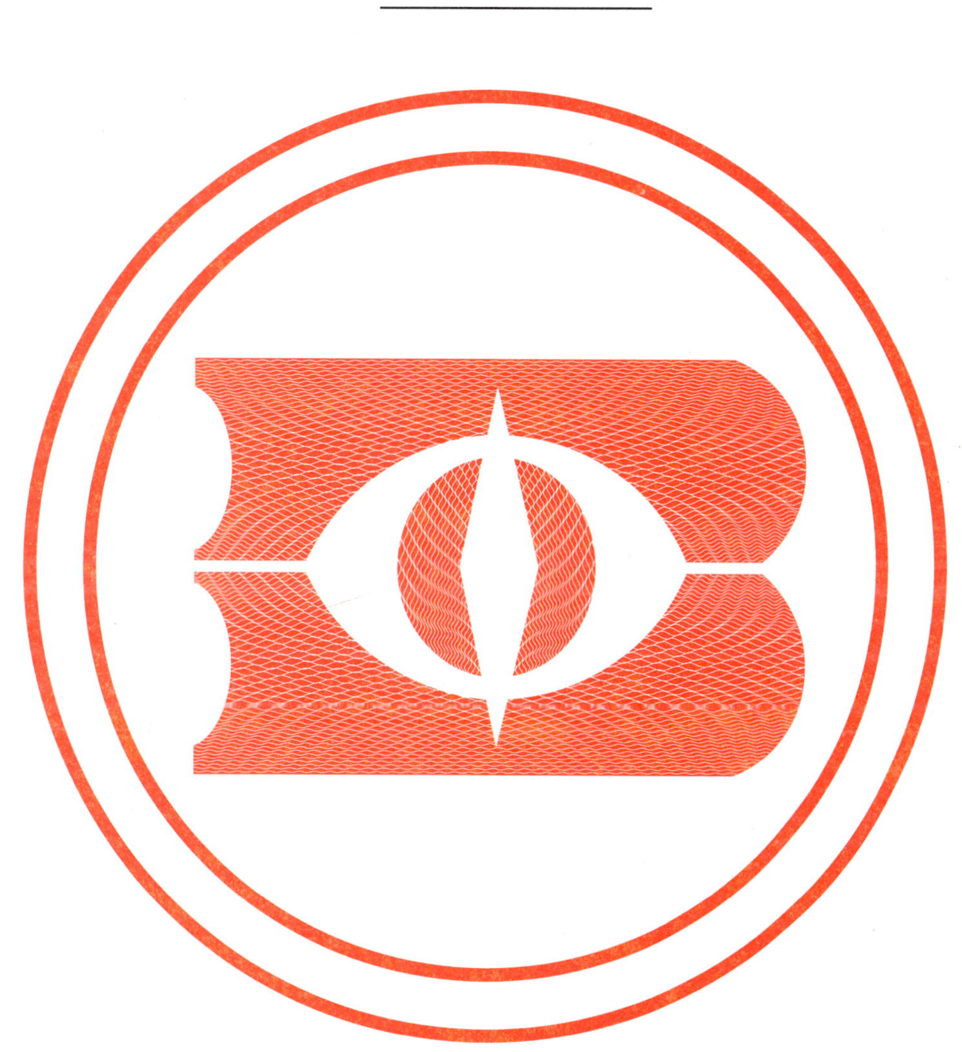

ICS 01.080.20
D 04

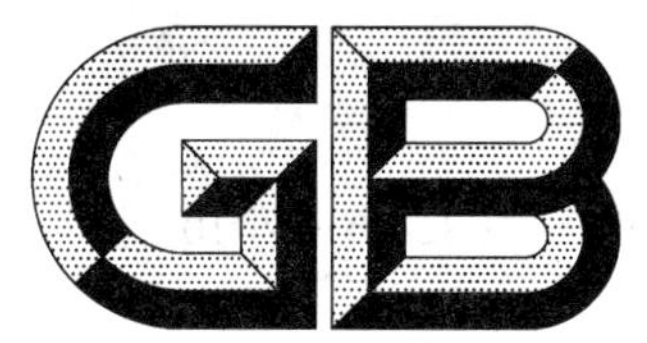

中华人民共和国国家标准

GB/T 18024.6—2010
代替 GB/T 18024.6—2000

煤矿机械技术文件用图形符号 第6部分:露天矿机械图形符号

Graphical symbols for the technical documentation of coal mine machinery— Part 6:Graphical symbols for surface mine machinery

2010-09-26 发布　　2011-02-01 实施

中华人民共和国国家质量监督检验检疫总局
中国国家标准化管理委员会　发布

前　言

GB/T 18024《煤矿机械技术文件用图形符号》分为七个部分：

——第1部分：总则；

——第2部分：采煤工作面支架及支柱图形符号；

——第3部分：采掘机械图形符号；

——第4部分：井下运输机械图形符号；

——第5部分：提升和地面生产机械图形符号；

——第6部分：露天矿机械图形符号；

——第7部分：压气机、通风机和泵图形符号。

本部分为GB/T 18024的第6部分。

本部分代替GB/T 18024.6—2000《煤矿机械技术文件用图形符号　露天矿机械图形符号》。

本部分与GB/T 18024.6—2000相比主要变化如下：

——扩大了标准的适用范围(见第1章)；

——修改了图形符号的设计，设计在标准模数M的点阵网格中，网格系统为0.125M(见3.3)；

——增加了在使用图形符号时，其缩放比例更灵活的内容(见3.3)。

本部分与GB/T 18024.1～18024.5、GB/T 18024.7配套使用。

本部分由中国煤炭工业协会提出并归口。

本部分由西安科技大学负责起草。

本部分主要起草人：马中骥、李勇、秋兴国、马劲。

本部分所代替标准的历次版本发布情况为：

——GB/T 18024.6—2000。

煤矿机械技术文件用图形符号 第6部分:露天矿机械图形符号

1 范围

GB/T 18024 的本部分规定了露天矿机械图形符号及其使用规则。

本部分适用于煤矿露天矿设计图纸,及有关技术文件,也适用于其他行业同类机械的技术文件。

2 规范性引用文件

下列文件中的条款通过GB/T 18024 的本部分的引用而成为本部分的条款。凡是注日期的引用文件,其随后所有的修改单(不包括勘误的内容)或修订版均不适用于本部分,然而,鼓励根据本部分达成协议的各方研究是否可使用这些文件的最新版本。凡是不注日期的引用文件,其最新版本适用于本部分。

GB/T 16901.1 技术文件用图形符号表示规则 第1部分:基本规则(GB/T 16901.1—2008,ISO 81714-1:1999,MOD)

GB/T 17450 技术制图 图线(GB/T 17450—1998,idt ISO 128-20:1996)

3 符号使用规则

3.1 使用图形符号时,应用GB/T 17450 规定的线型绘制。

3.2 本部分规定图形符号的方向,按需要可旋转某一角度或成镜像配置。

3.3 本部分规定的图形符号是按GB/T 16901.1 的规定,设计在0.125 M 的点阵网格系统中,用以规定符号比例,使用时可根据需要对图形符号在不同方向按相同比例或不同比例作适当调整,但应能完全传递原图形符号的信息。

3.4 本部分规定的一般符号,用在不需指明表达对象特定类型的场合。

4 露天矿机械图形符号

露天矿机械图形符号见表1。

表1 露天矿机械图形符号

编号	图形符号	名称	说明
6-01		钻机 drilling machine	一般符号
6-02		挖掘机 excavator	一般符号

表 1（续）

编号	图形符号	名　称	说　明
6-03	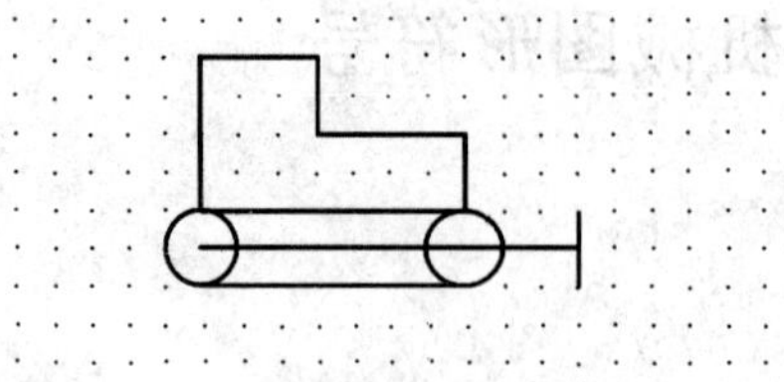	推土机 bulldozer	引用 GB/T 16660—2008 (4.5.22)
6-04	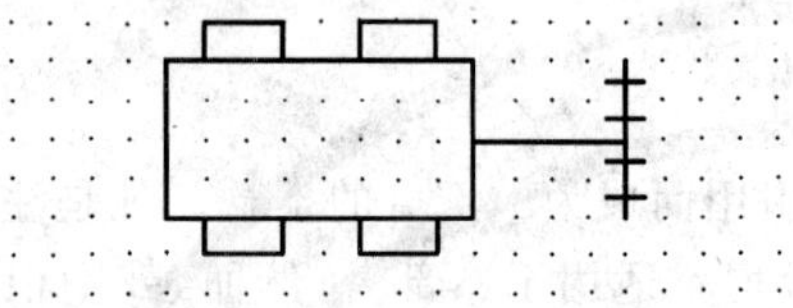	松土机(犁) loosener	
6-05	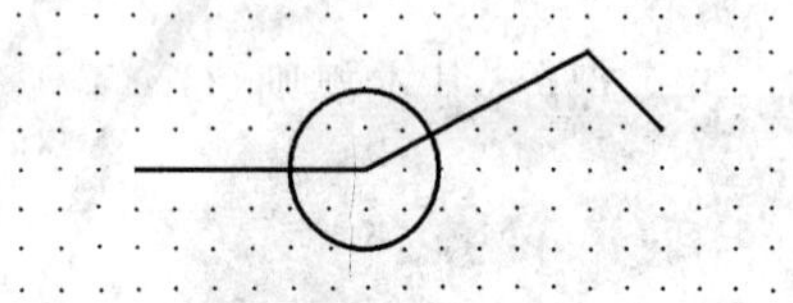	带式排土机 belt spoil disposal machine	
6-06	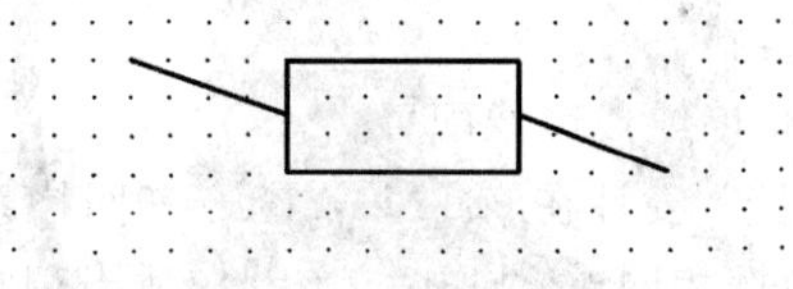	转载机 relay conveyor	
6-07	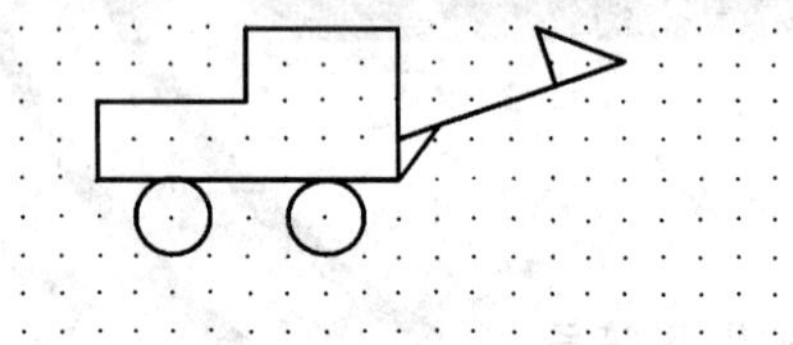	轮胎式转载机 tyre-type relay conveyor	
6-08	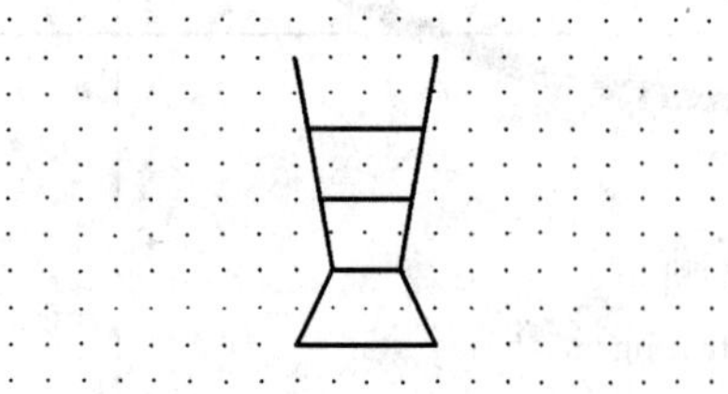	固定(半固定)式破碎机 fixed (semifixed) breaker	
6-09	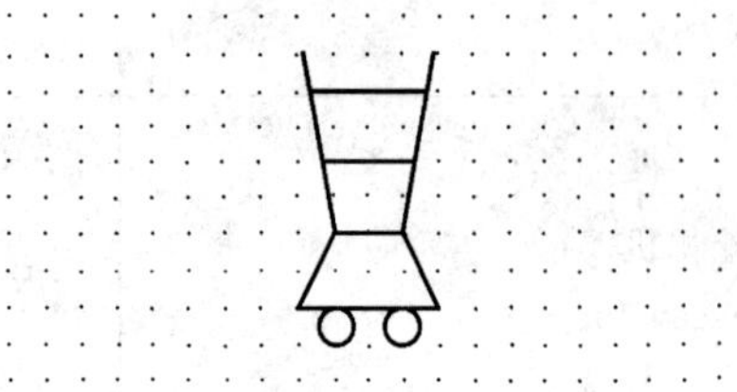	移动式破碎机 portable breaker	

表 1（续）

编号	图形符号	名　称	说　明
6-10	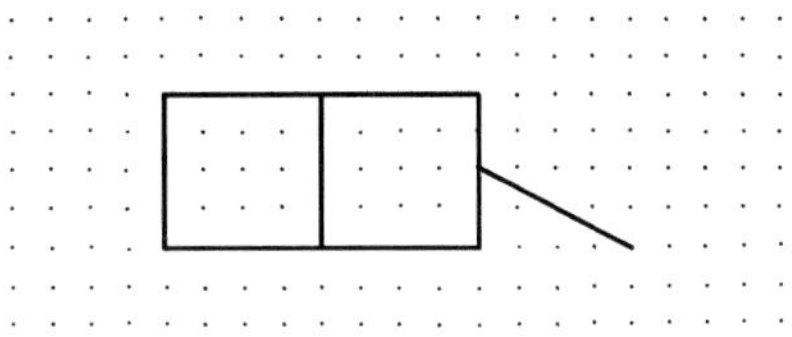	自行式破碎机 self-propelled breaker	
6-11	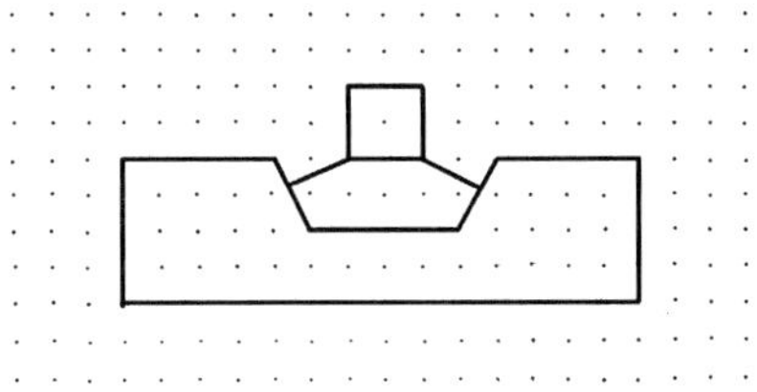	破碎站 breaking station	
6-12	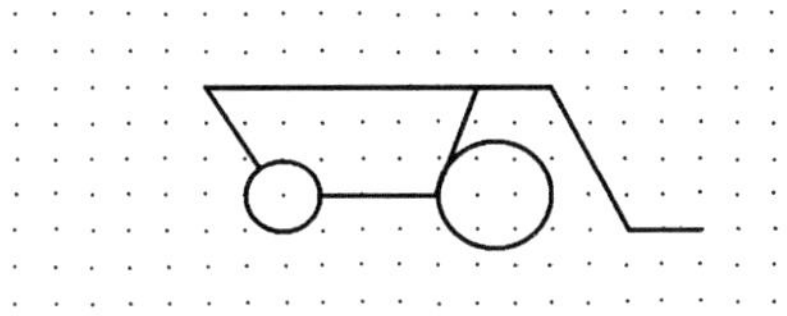	拖拉铲运机 drag scraper	
6-13	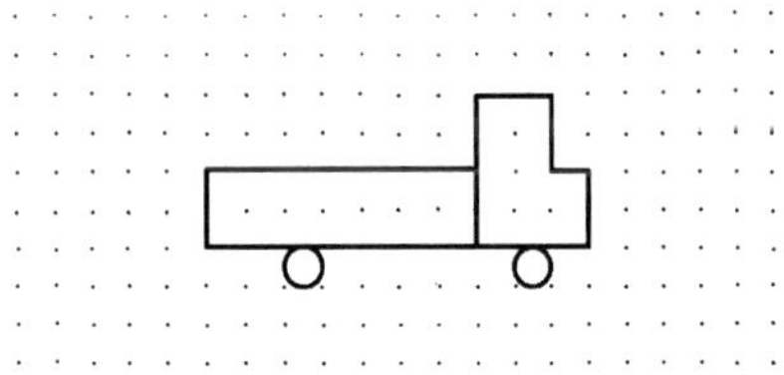	卡车 truck	引用 GB/T 16660—2008 (4.5.7)

参 考 文 献

[1] GB/T 16660—2008 选煤厂用图形符号
[2] GB/T 15663.5—2008 煤矿科技术语 提升运输

ICS 01.080.20
D 04

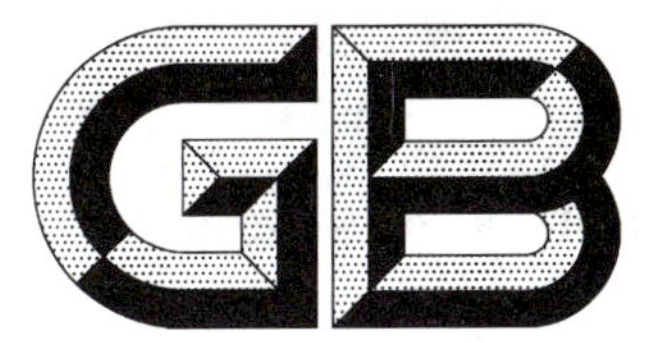

中华人民共和国国家标准

GB/T 18024.7—2010
代替 GB/T 18024.7—2000

煤矿机械技术文件用图形符号 第7部分:压气机、通风机和泵图形符号

Graphical symbols for the technical documentation of coal mine machinery—Part 7:Graphical symbols for compressor,fan and pump

2010-09-26 发布　　2011-02-01 实施

中华人民共和国国家质量监督检验检疫总局
中国国家标准化管理委员会　发布

前　言

GB/T 18024《煤矿机械技术文件用图形符号》分为七个部分：

——第1部分：总则；

——第2部分：采煤工作面支架及支柱图形符号；

——第3部分：采掘机械图形符号；

——第4部分：井下运输机械图形符号；

——第5部分：提升和地面生产机械图形符号；

——第6部分：露天矿机械图形符号；

——第7部分：压气机、通风机和泵图形符号。

本部分为GB/T 18024的第7部分。

本部分代替GB/T 18024.7—2000《煤矿机械技术文件用图形符号　压气、通风及排水机械图形符号》。

本部分与GB/T 18024.7—2000相比主要变化如下：

——扩大了标准的适用范围(见第1章)；

——修改了图形符号的设计，设计在标准模数M的点阵网格中，网格系统为0.125M(2000年版的3.1；本版的3.4)；

——增加了在使用图形符号时，其缩放比例更灵活的内容(见3.4)；

——增加了2个图形符号：移动式空气压缩机和移动式瓦斯抽放泵(见7-02和7-20)。

本部分与GB/T 18024.1～18024.6配套使用。

本部分由中国煤炭工业协会提出并归口。

本部分由西安科技大学负责起草。

本部分主要起草人：马中骥、李勇、秋兴国、马劲。

本部分所代替标准的历次版本发布情况为：

——GB/T 18024.7—2000。

煤矿机械技术文件用图形符号 第7部分:压气机、通风机和泵图形符号

1 范围

GB/T 18024 的本部分规定了压气机、通风机和泵图形符号及其使用规则。

本部分适用于矿井设计、生产、科研、教学、书刊及管理等方面的技术文件,用以绘制各种设备配备图、系统图、示意图等。也适用于其他行业同类机械的技术文件。

2 规范性引用文件

下列文件中的条款通过 GB/T 18024 的本部分的引用而成为本部分的条款。凡是注日期的引用文件,其随后所有的修改单(不包括勘误的内容)或修订版均不适用于本部分,然而,鼓励根据本部分达成协议的各方研究是否可使用这些文件的最新版本。凡是不注日期的引用文件,其最新版本适用于本部分。

GB/T 16901.1 技术文件用图形符号表示规则 第1部分:基本规则(GB/T 16901.1—2008,ISO 81714-1:1999,MOD)

GB/T 17450 技术制图 图线(GB/T 17450—1998, idt ISO 128-20:1996)

3 符号使用规则

3.1 使用图形符号时,应用 GB/T 17450 规定的线型绘制。

3.2 表示流动方向的箭头,用细实线绘制,头部角度应在45°~60°间。

3.3 本部分规定图形符号的方向,按需要可旋转某一角度或成镜像配置。

3.4 本部分规定的图形符号是按 GB/T 16901.1 的规定,设计在 0.125M 的点阵网格系统中,用以规定符号比例,使用时可根据需要对图形符号在不同方向按相同比例或不同比例作适当调整,但应能完全传递原图形符号的信息。

3.5 本部分规定的一般符号,用在不需指明表达对象特定类型的场合。

4 压气机、通风机和泵图形符号

压气机、通风机和泵图形符号见表1。

表1 压气机、通风机和泵图形符号

编号	图形符号	名称	说明
7-01	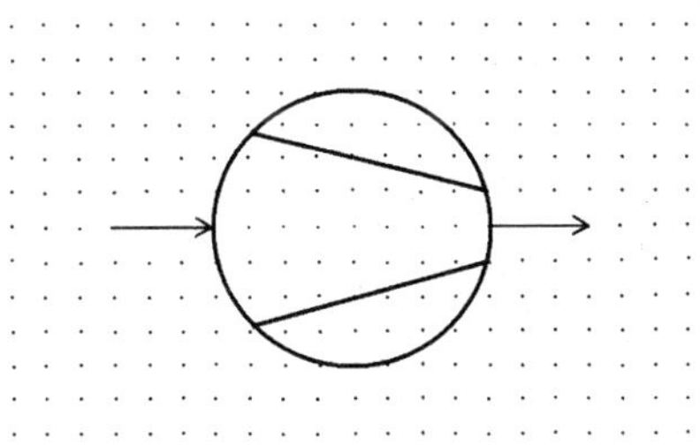	压风机 compressor	一般符号 引用 GB/T 16660—2008 (4.4.9)

表 1（续）

编号	图形符号	名称	说明
7-02	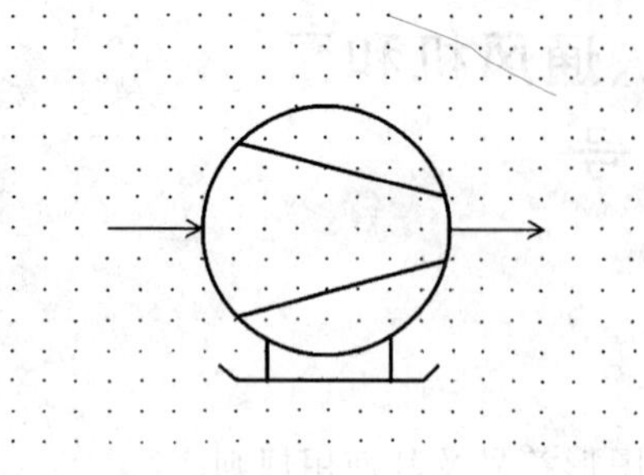	移动式空气压缩机 portable compressor	
7-03	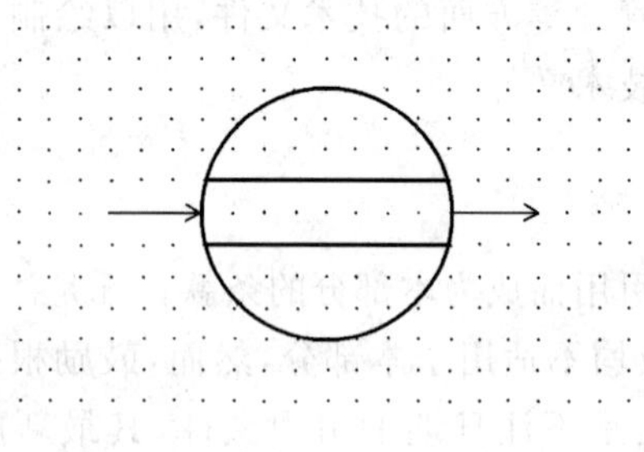	风机 fan	引用 GB/T 16660—2008 (4.4.8)
7-04	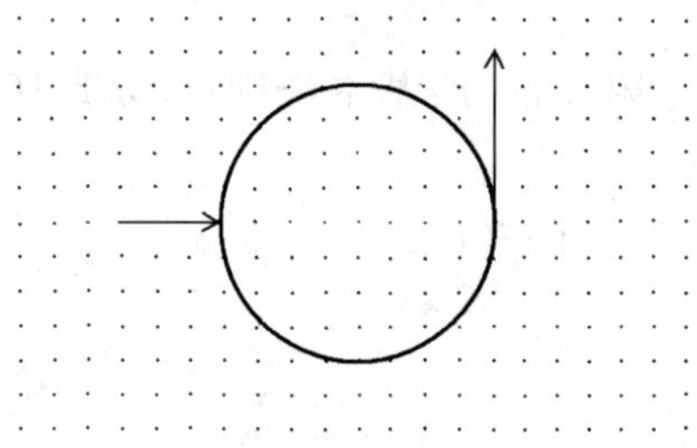	泵 pump	一般符号 引用 GB/T 16660—2008 (4.4.6)
7-05	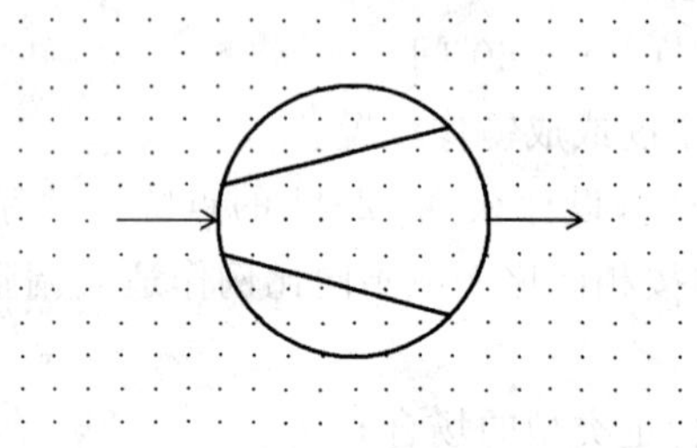	真空泵 vacuum pump	引用 GB/T 16660—2008 (4.4.7)
7-06	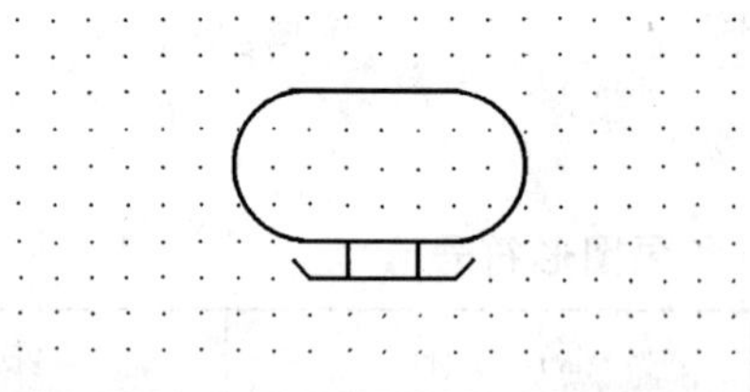	移动式风包 portable air receiver	
7-07	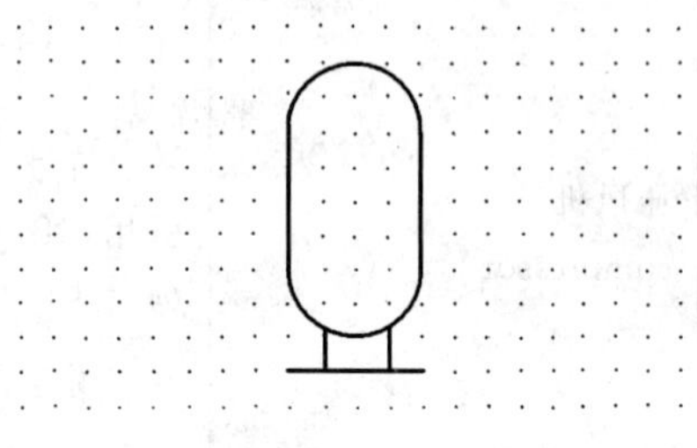	固定式风包 fixed air receiver	

表 1（续）

编号	图形符号	名称	说明
7-08		离心式通风机 centrifugal fan	一般符号 引用 GB/T 4270—1999 (2.4.6.3)
7-09		主要通风机 main fan;axial-flow fan	一般符号
7-10		局部通风机 auxilary fan	圆内填写功率特征
7-11		湿式除尘风机 wet-type dust fan	
7-12		水泵 water pump	
7-13		注水泵 infusion pump	

表 1（续）

编号	图 形 符 号	名 称	说 明
7-14	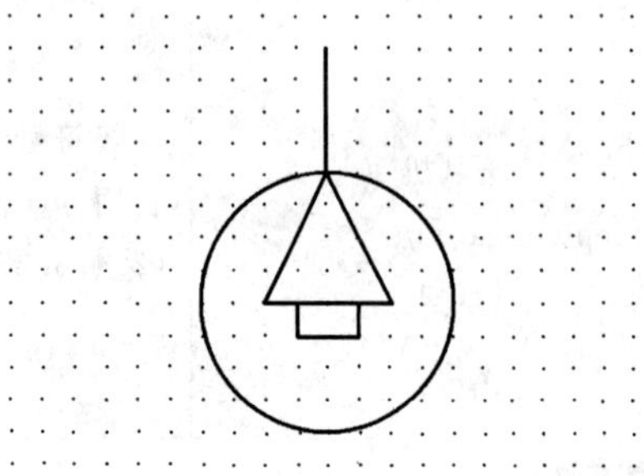	深井泵 bore hole pump	
7-15	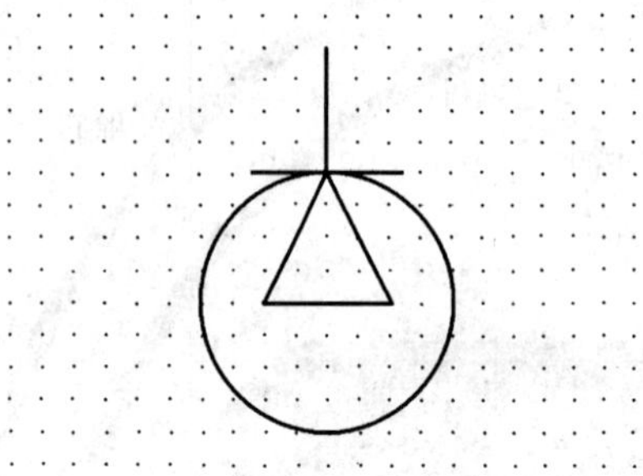	潜水泵 diving pump	
7-16	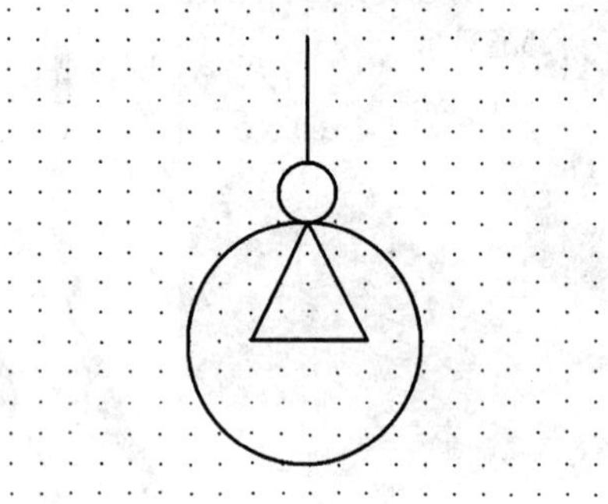	吊泵 pendent pump	
7-17	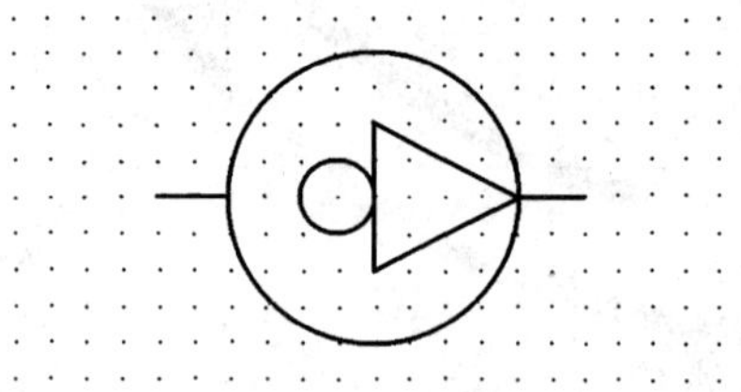	泥浆泵 mud pump	
7-18	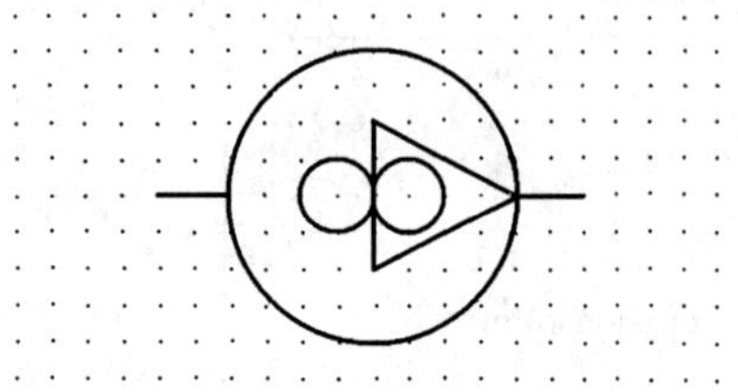	煤水泵 coal-slurry pump	

表 1（续）

编号	图形符号	名称	说明
7-19	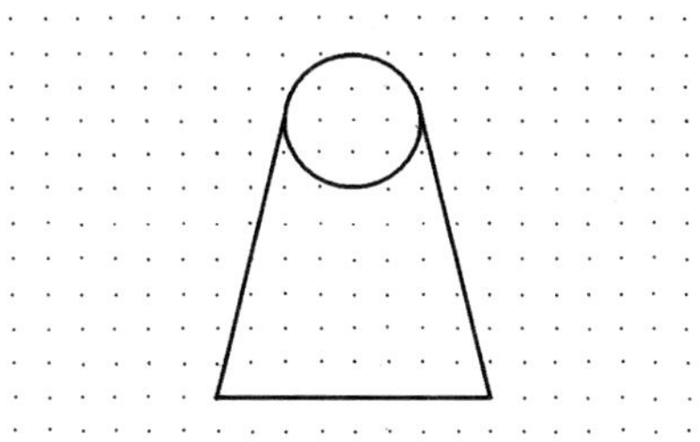	污水泵 sewage pump	
7-20		移动式瓦斯抽放泵 portable degassing pump	
7-21	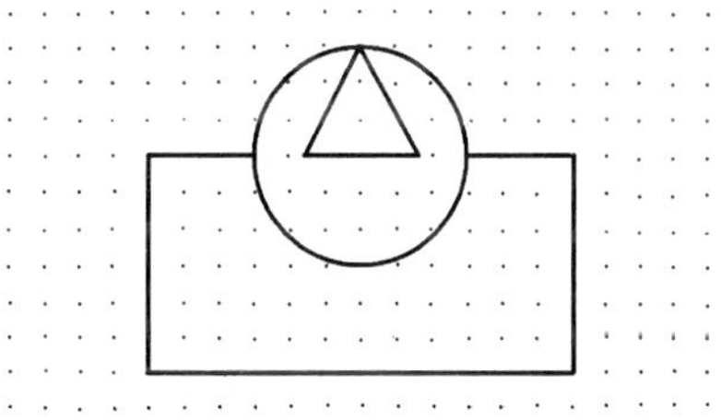	乳化液泵站 emulsion power pack; emulsion pump station	
7-22	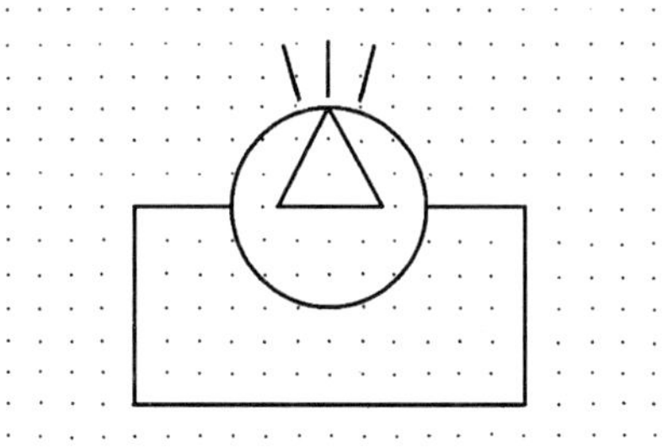	喷雾泵站 water-spraying pump station	
7-23	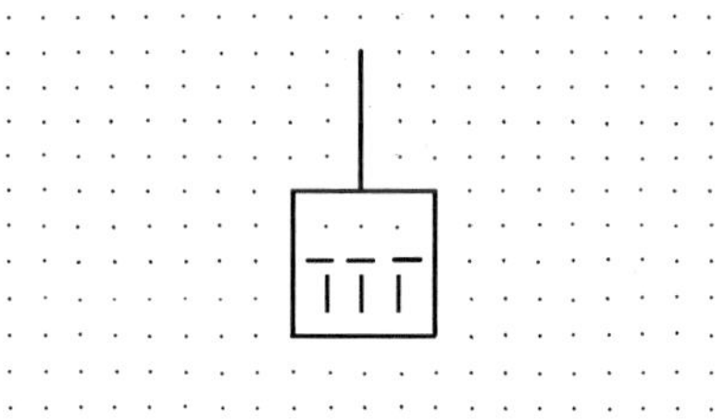	吸入阀 drawing valve	

表 1（续）

编号	图　形　符　号	名　　称	说　　明
7-24		释压阀 relief pressure valve	
7-25		乳化液箱 emulsion box	

参 考 文 献

[1] GB/T 4270—1999 技术文件用热工图形符号与文字代号
[2] GB/T 16660—2008 选煤厂用图形符号